"十三五"应用型本科院校系列教材/力学类

程燕平 编

理论力学

（第3版）

Theoretical Mechanics

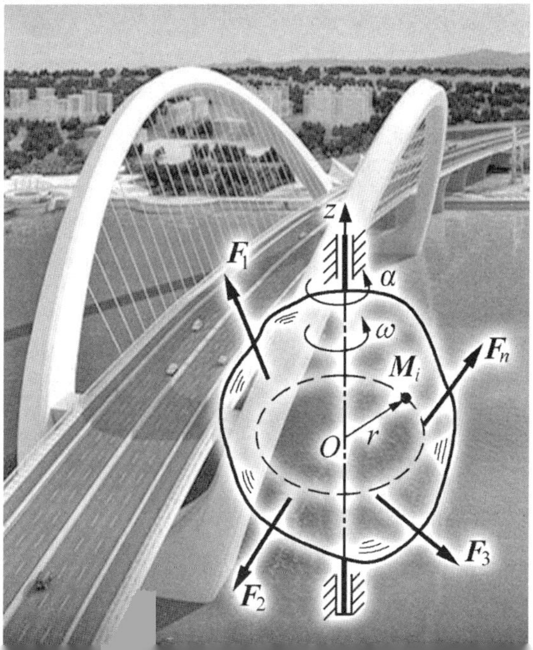

哈爾濱工業大學出版社

内 容 简 介

本教材重点面向培养应用型人才的高等院校，涵盖了教育部非力学专业课程指导委员会制定的“工科多学时理论力学课程基本要求”的内容。

本书分静力学、运动学、动力学3个部分，主要内容有：静力学公理和物体的受力分析、汇交力系、力矩和力偶、平面任意力系、空间任意力系、摩擦、点的运动学、刚体的简单运动、点的合成运动、刚体平面运动、质点动力学基本方程、动量定理、动量矩定理、动能定理、动静法(达朗贝尔原理)、虚位移原理、机械振动基础。

本教材可作为培养应用型人才的高等院校机械、土建、交通、动力、水利、化工等专业的理论力学教材，同时也可作为高职高专、成人教育、夜大、函授大学、职工大学相应专业的理论力学教材，还可供有关工程技术人员参考。

图书在版编目(CIP)数据

理论力学/程燕平编. —3版. —哈尔滨：哈尔滨工业大学出版社，2019.7(2022.8重印)

应用型本科院校“十三五”规划教材

ISBN 978-7-5603-8398-9

Ⅰ.①理… Ⅱ.①程… Ⅲ.①理论力学－高等学校－教材 Ⅳ.①O31

中国版本图书馆CIP数据核字(2019)第131748号

策划编辑 杜 燕
责任编辑 杜 燕
出版发行 哈尔滨工业大学出版社
社 址 哈尔滨市南岗区复华四道街10号 邮编 150006
传 真 0451－86414749
网 址 http://hitpress.hit.edu.cn
印 刷 哈尔滨市工大节能印刷厂
开 本 787mm×1092mm 1/16 印张 20.25 字数 500千字
版 次 2008年7月第1版 2019年7月第3版
2022年8月第2次印刷
书 号 ISBN 978-7-5603-8398-9
定 价 48.00元

序

哈尔滨工业大学出版社策划的《"十三五"应用型本科院校系列教材》即将付梓，诚可贺也。

该系列教材卷帙浩繁，凡百余种，涉及众多学科门类，定位准确，内容新颖，体系完整，实用性强，突出实践能力培养。不仅便于教师教学和学生学习，而且满足就业市场对应用型人才的迫切需求。

应用型本科院校的人才培养目标是面对现代社会生产、建设、管理、服务等一线岗位，培养能直接从事实际工作、解决具体问题、维持工作有效运行的高等应用型人才。应用型本科与研究型本科和高职高专院校在人才培养上有着明显的区别，其培养的人才特征是：①就业导向与社会需求高度吻合；②扎实的理论基础和过硬的实践能力紧密结合；③具备良好的人文素质和科学技术素质；④富于面对职业应用的创新精神。因此，应用型本科院校只有着力培养"进入角色快、业务水平高、动手能力强、综合素质好"的人才，才能在激烈的就业市场竞争中站稳脚跟。

目前国内应用型本科院校所采用的教材往往只是对理论性较强的本科院校教材的简单删减，针对性、应用性不够突出，因材施教的目的难以达到。因此亟须既有一定的理论深度又注重实践能力培养的系列教材，以满足应用型本科院校教学目标、培养方向和办学特色的需要。

哈尔滨工业大学出版社出版的《"十三五"应用型本科院校系列教材》，在选题设计思路上认真贯彻教育部关于培养适应地方、区域经济和社会发展需要的"本科应用型高级专门人才"精神，根据前黑龙江省委书记吉炳轩同志提出的关于加强应用型本科院校建设的意见，在应用型本科试点院校成功经验总结的基础上，特邀请黑龙江省9所知名的应用型本科院校的专家、学者联合编写。

本系列教材突出与办学定位、教学目标的一致性和适应性，既严格遵照学科体系的知识构成和教材编写的一般规律，又针对应用型本科人才培养目标及与之相适应的教学特点，精心设计写作体例，科学安排知识内容，围绕应用讲授理论，做到"基础知识够用、实践技能实用、专业理论管用"。同时注意适当融入新理论、新技术、新工艺、新成果，并且制作了与本书配套的PPT多媒体教学课件，形成立体化教材，供教师参考使用。

《“十三五”应用型本科院校系列教材》的编辑出版，是适应“科教兴国”战略对复合型、应用型人才的需求，是推动相对滞后的应用型本科院校教材建设的一种有益尝试，在应用型创新人才培养方面是一件具有开创意义的工作，为应用型人才的培养提供了及时、可靠、坚实的保证。

希望本系列教材在使用过程中，通过编者、作者和读者的共同努力，厚积薄发、推陈出新、细上加细、精益求精，不断丰富、不断完善、不断创新，力争成为同类教材中的精品。

第3版前言

理论力学是高等工科院校普遍开设的一门重要的技术基础课(许多高等院校将其列为硕士研究生入学考试科目),主要研究物体机械运动的一般规律与其在工程中的应用。理论力学知识的学习对后续课程的学习影响重大,是贯彻全面素质教育内涵的重要组成部分。

随着近几年大学扩招、社会对应用型人才需求增加等因素的影响,国内许多高等院校的教育模式从精英化教育向大众化教育转变,对高等教育提出了许多新的要求。为适应形势的这种转变,教材的重要性毋庸置疑。因此,在哈尔滨工业大学出版社的热心倡议和积极支持下,根据编者多年来以培养应用型人才为主所讲授的"理论力学"教学内容、课程体系等方面的改革实践和体会,编写了本书。

和大多数理论力学教材一样,本书仍分为静力学、运动学和动力学3部分,静力学主要内容有:静力学公理和物体的受力分析、汇交力系、力矩和力偶、平面任意力系、空间任意力系、摩擦;运动学主要内容有:点的运动学、刚体的简单运动、点的合成运动、刚体平面运动;动力学主要内容有:质点动力学基本方程、动量定理、动量矩定理、动能定理、动静法(达朗贝尔原理)、虚位移原理、机械振动基础。

本教材重点面向一般高等院校和近几年由大专升格为本科的培养应用型人才的高等院校。在编写中,综合考虑到一般院校学生的数学和物理基础、目前理论力学课程讲授学时的普遍减少、应用型人才的培养目标等因素,在满足工科院校多学时理论力学课程基本要求的框架下,在尽量减小内容难度,尽量具体、通俗、易理解地阐述问题等方面做了一些尝试和努力。全书尽量通过对正文由浅入深的讲解,通过对各种类型适量例题的分析、提示、讨论、解题技巧说明与求解,通过对各种类型适量习题的精心选编,使读者更容易掌握理论力学的基本概念、基本理论、基本方法与重点、难点。

本教材的编写宗旨、特点与一些具体做法,在后记中详细说明。

在第3版中,对全书内容和文句做了更细致的推敲,最主要的是对一些内容做了必要的增删和修改。做增删和修改的出发点是:

1.考虑到培养应用型人才的特点,对许多院校的学生来说,许多知识和结论会用即可。

2.多数院校理论力学学时压缩较多,且此走势看起来不会改变。原来必须讲的理论推导现在讲授起来,学时已非常紧张;可讲可不讲的内容已基本没有学时讲授。所以,必须要抓"干货",抓主要内容。

基于以上考虑,对一些内容做了必要的增删和修改。具体的增删和修改,有以下几点:

增加了"实际力学问题与力学模型"一节内容。(以小5号字印出)

在其他各类力学教材中,给出的基本上都是称之为力学模型的计算模型。从实际力学问题到力学模型,工程中非常重要,且很少有教材涉及这方面的问题,本教材加上一节这方面的内容。

删去了"质点相对运动动力学基本方程"一节。

质点相对运动动力学基本方程,也可以称之为"非惯性参考系下的牛顿第二定律",现在哈尔滨工业大学已没有学时讲授这一节的内容，其他院校也基本没有时间讲授这一节的内容，所以删去了这一节。

主要修改的内容有：

在静力学中，能熟练应用基本式平衡方程解决问题是静力学中最主要的内容。所以，对平面、空间任意力系，主要推出简化中间结果，得出平衡方程。对力系简化结果分析，对二矩式、三矩式、四矩式等形式的平衡方程的来龙去脉与限制条件等，本人认为是次要的内容，以小五号字印出。

在运动学中点的合成运动一章，点的加速度合成定理的推导是运动学中最复杂的一个推导，对应用型人才来说，能熟练利用公式与概念求解速度与加速度是本章最主要的内容，所以，对加速度合成定理，主要给出结论，推导过程用小五号字印出。

在动力学中，有同样的考虑与做法。

对小五号字印出的内容，教师可根据学时多少与学生水平的高低，决定讲授与否。对于学生，如果学有余力，这些内容教材里仍然有，系统仍然完整，如果想掌握仍然可以掌握。

本教材在编写过程中，参考了许多优秀的教材（见参考文献），吸取了这些教材的许多长处，在此向这些教材的编者们表示感谢。

由于编者水平有限，教材中的疏漏和不足之处在所难免，衷心希望读者批评指正。

编 者

2019 年 5 月于哈尔滨

目　录

运动学

动力学

绪　论

1.理论力学课程的任务

理论力学课程的任务是什么？用一句话可以概括，理论力学是研究物体机械运动一般规律的科学。

世界是由物质组成的，物体是由物质组成的肉眼可见的宏观实体，理论力学的研究对象是物体。世界处于永恒的运动中，哲学家一般把所有的运动分为五种形式：机械运动、物理运动、化学运动、生物运动和社会运动，前四种运动属于自然科学范畴，后一种运动属于社会科学范畴。理论力学研究的是物体的机械运动。何谓物体的机械运动？物体在空间的位置随时间的改变，称这种运动为物体的机械运动。那么，物体相对地面（或其他物体）静止，是不是物体的机械运动？这也是物体的机械运动，是物体机械运动的一种特殊形式。物体的机械运动是如此的普遍，以致哲学家把这种运动排在第一位，这也是人们最早认识和研究的运动。物体的机械运动具有很多的规律，由于课程学时和内容的限制，理论力学只研究物体机械运动的一般规律，对一些特殊的规律，如物体的机械振动、陀螺仪理论等，要做到相当透彻的了解，则应由相应的课程来研究。

从实际应用和研究问题方便的角度考虑，理论力学的内容一般分为三部分：静力学、运动学和动力学。

静力学——研究物体受力分析、力系等效替换、建立各种力系平衡条件的科学。

运动学——研究物体机械运动几何性质（位移、轨迹、速度、加速度等）的科学。

动力学——研究物体机械运动几何性质与作用力之间关系的科学。

2.理论力学的研究方法

任何一门科学由于研究对象的不同而有不同的方法，但其有一些共性。通过实践而发现真理，又通过实践而证实真理和发展真理，这是任何科学研究的必用方法，是科学发展的正确途径。理论力学也是这样，具体地说，就是从实践出发，对实际现象进行研究，经过抽象、综合、归纳，建立公理，再应用数学演绎和逻辑推理而得到定理和结论，形成理论体系，然后再通过实践来证实理论的正确性。

科学研究离不开抽象这种方法，理论力学也是这样。从实际观察到的情况和现象，往往是复杂多样的，在各种现象和情况中抓主要矛盾，抓起决定性作用的因素，抛开次要的、局部的、带偶然性的因素，这样才能从现象中抓住事物的本质，从而解决问题。例如，在研究物体的机械运动时，忽略物体的尺寸就得到点和质点的概念，忽略物体的变形就得到刚体的概念，忽略摩擦的作用就得到理想约束的概念，等等。点、质点、刚体、理想约束等都是抽象后的力学模型。再有，现在几乎所有理论力学教材里讲到的例题和习题，都是简化好和抽象好的力学模型。这些例题与习题，大部分都是从实际中来的，但这些例题和习题，与实际问题多少还是有些区别的。当然，也并不是所有例题与习题都是从实际中来的，有一部分是从做练习、验证理论的角度出发而编造出来的。

3. 学习理论力学的目的和重要性

理论力学是研究物体机械运动一般规律的科学，哲学家把物体的机械运动排在世界(宇宙)所有运动的第一位，这本身就说明了理论力学课程的重要性。在实际工作中，在现实生活中，无论是从事机械工程的机械工程师、从事建筑工程的建筑工程师，还是从事航天航空工程的工程师，等等，都要和物体的机械运动打交道，都要用物体机械运动的规律来搞设计，解决物体机械运动方面的问题。所以，学习理论力学的目的和重要性不言而喻。

再有，在大学里要学习多门课程，因为在实际中，单靠一门课程不可能解决所有问题。就力学方面而言，理论力学是许多力学课程和其他课程的基础，如材料力学、机械原理、机械设计、结构力学、弹塑性力学、流体力学、飞行力学、振动理论、断裂力学、细观力学、复合材料力学等许多课程，都要以理论力学课程为基础，理论力学课程学不好，其他后续课程肯定学不好，这又说明了学习理论力学的目的和重要性。

还有，随着现代科学技术的发展，力学的研究内容已渗透到其他科学领域，例如固体力学和流体力学的理论被用来研究人体骨骼的强度、血液流动的规律以及植物中营养的输送问题等，在生物力学中有重要用途。另外，还有新兴的爆炸力学、物理力学、电磁流体力学等都是力学和其他学科结合而形成的边缘性科学，都有很重要的应用和发展前景。这些学科的建立和发展，都必须有很好的理论力学知识为基础。

4. 理论力学课程的特点

理论力学课程的特点，理论力学的老师们都知道，学过理论力学课程的学生一般也都知道，但这个特点一般没有写进正式出版的教材里，不见经传。现在把这个特点直接写出来，写进理论力学开篇(绪论)里。理论力学课程的特点是："理论易懂掌握难"(七个字)，说得更直白一点，就是"理论易懂做题难"。初学理论力学、初接触理论力学的人，往往因为理论力学里许多名词和概念，在中学和大学物理里都已经熟悉而感觉理论容易理解、容易掌握，从而认为这门课程好学，但实际并不是如此。在中学物理和大学物理里已学过的力学知识的基础上，理论力学里的许多名词和概念确实和物理里的一样，所以理论易懂。但由于理论力学的研究对象和物理里的不一样且相差较大(理论力学面对的对象基本是工程实际问题)，所以解决问题的方法不完全一样，而初接触理论力学课程的人对此还没有掌握，实际做起题来感觉很难。因此，初学理论力学的读者一定要注意到理论力学课程的这个特点，不要轻视这门课程，不要满足理论上觉得懂了，就认为掌握这门课程了，实际上远不是如此。理论上懂了，真正会做题了，这门课程才算是基本掌握了。所以，忠告各位学习理论力学课程的读者，除掌握、熟悉理论力学的理论外，一定要做题，并且在可能的情况下多做题，只有会做一定量的习题了，这门课程才可能掌握好。

静　力　学

引　　言

静力学是研究物体受力分析、力系等效替换(或简化)、建立各种力系平衡条件的科学。当然，所做这些的主要目的都是为了解决工程问题和为后继课程打基础的。

此处所说的物体一般是指刚体，所谓刚体就是绝对不变形的物体，或者说，物体内任意两点间的距离不会改变的物体，是物体在力的作用下变形可以忽略不计而抽象出的理想化的力学模型。和刚体对应的一般是指变形体，物体在力的作用下变形不能忽略不计时，称这样的物体为变形体。

物体的受力分析　工程中存在着各种各样的结构和机构，它们的受力状况如何，是人们关心的问题之一。静力学首先要对物体进行受力分析，画出物体的受力图，然后才能给以定量求解。物体的受力分析是静力学主要研究的问题之一。

力系的等效替换(或简化)　实际中存在各种各样的力系，分布比较复杂，如何用一个简单的力系等效代替一个复杂的力系，进而确定复杂力系对物体的总效应，并为建立各种力系的平衡条件打基础，是静力学主要研究的问题之二。

建立各种力系的平衡条件　实际中存在各种各样的力系，其平衡时均应满足什么样的条件？研究与建立各种力系的平衡条件，并应用这些条件去解决工程问题，是静力学主要研究的问题之三。

力的概念　力是物体间的相互作用，其作用效果使物体的运动状态发生改变或者使物体产生变形。力对物体的作用效果由三个要素——力的大小、方向、作用点来确定，称为力的三要素。因为力不但有大小，而且有方向，所以力是矢量，用矢量来表示。

力系　称作用于物体上的一群力为力系。按力的作用线分布情况来分，可分为平面共点、汇交、平行、任意力系，空间共点、汇交、平行、任意力系，此外还有平面力偶系、空间力偶系。静力学的主要任务之一就是要建立这些力系的平衡条件并用于解决实际问题。

平衡　物体相对于惯性参考系(一般取固连于地面的参考系为惯性参考系)保持静止或做匀速直线运动，则称此物体处于平衡。

物体的受力分析、力系的平衡条件在解决工程问题中有着非常重要的意义，是设计各种结构与机构静力计算的基础，静力学的概念和知识在工程中有着广泛的应用。

第1章 静力学公理和物体的受力分析

只要具有中学物理力学的基本概念与知识，即可学习本章。

本章介绍与阐述静力学5条公理，得出两条推论，介绍与解释工程中常见的几种约束类型，并对其约束力进行分析，最后引进物体受力图的概念并对画物体的受力图进行练习。

1.1 静力学公理

公理是人们在生活和生产实践中长期积累的经验总结，又经过实践反复检验，被确认是符合客观实际的最普遍、最一般的规律，是人们公认的道理。在中学物理已有的力学概念与知识的基础上，本节介绍与阐述静力学五条公理，并得出两条推论。

公理1 二力平衡公理

作用在刚体上的两个力使刚体平衡的充分必要条件是：这两个力大小相等，方向相反，作用在同一条直线上。简言之，这两个力等值、反向、共线，作用在同一个刚体上。这是一个最简单的平衡力系（不受力除外）。

工程中常有只受两个力作用（已知其作用点）而平衡的构件或杆件，称其为**二力构件**或**二力杆**，其判别依据就是二力平衡公理。这条公理在理论力学作业中常用。

公理2 加减平衡力系公理

和零力系等效的力系称为平衡力系，显然，零力系不会改变刚体的运动状态，也就是说，平衡力系对刚体的作用效果为零，因而有，在任一原有力系上，加上或减去任意的平衡力系而形成的新力系，原有力系和新力系两力系对刚体的作用效果相同。

这条公理在做作业中不常用，但其是研究力系等效替换的重要依据和主要手段。

依据公理1与公理2，可得推论1。

推论1 力的可传性

作用于刚体上某点的力，可以沿着其作用线移到刚体内此作用线上任意一点，不改变该力对刚体的作用。

举一例，如图1.1(a)所示小车，把小车作为刚体，在后面点A用力$\boldsymbol{F}$推小车，和用同样的力$\boldsymbol{F}$在前面点B拉小车，其作用效果相同。实际上，在力$\boldsymbol{F}$的作用线上任意一点C用同样的力拉小车，其作用效果均相同，这就是力的可传性一实例。但要注意，此物体必须是刚体。图1.1(b)所示两小车完全相同，中间用弹簧相连，力$\boldsymbol{F}$由点A移到点B，其作用效果就不同，因此时系统不是刚体。

力的可传性可以证明，下面证明之。

证明：在刚体上的点A作用一力$\boldsymbol{F}$，如图1.2(a)所示。根据加减平衡力系公理，在力的作用线上任取一点B，并加上两个相互平衡的力$\boldsymbol{F}'$和$\boldsymbol{F}''$，三个力大小相等，方向如图1.2(b)

所示，则图 1.2(a)和 1.2(b)所示力系等效。由于力 $\boldsymbol{F}$ 和 $\boldsymbol{F}''$ 也是一个平衡力系，故可除去。这样只剩下一个力 $\boldsymbol{F}'$，如图 1.2(c)所示，即原来的力 $\boldsymbol{F}$ 沿其作用线等效移到了点 B。

图 1.1

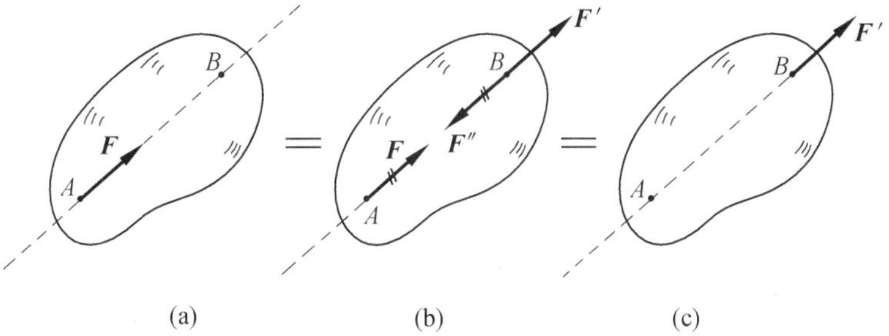

图 1.2

由此可见，对于刚体来说，**力的三要素**已变为：力的大小、方向和作用线。作用于刚体上的力可以沿着作用线移动的矢量被称为**滑动(移)矢量**。对变形体来说，力的三要素为大小、方向、作用点，这种只能固定在某一点的矢量被称为**定位矢量**。

公理 2 与推论 1 只适用于刚体而不适用于变形体，例如，如图 1.3 所示，图 1.3(a)中直杆受平衡力 $\boldsymbol{F}_1$ 和 $\boldsymbol{F}_2$ 作用，产生拉伸变形，如果将此二力移到图1.3(b)所示位置，直杆将产生压缩变形。如果从杆上减去平衡力系($\boldsymbol{F}_1$，$\boldsymbol{F}_2$)，杆的变形将消失，如图 1.3(c)所示。因此，在研究物体的变形时，不能应用公理 2 和推论 1。

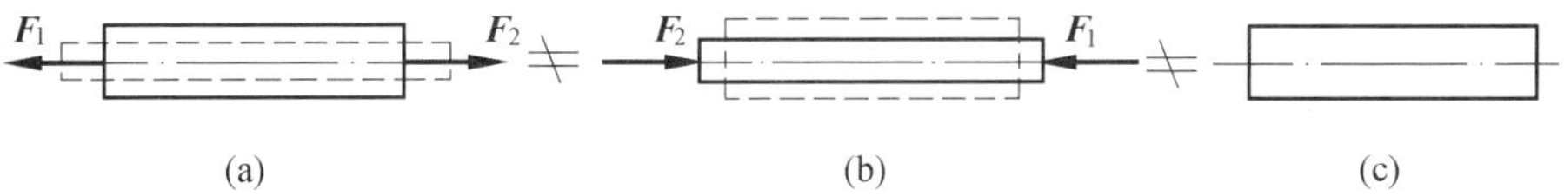

图 1.3

公理 3　力的平行四边形公理(法则)

这条公理就是中学物理里讲到的力的平行四边形法则，如图 1.4 所示，因为其基础性同时也就具有重要性，所以，此处作为公理提出，叙述如下：

作用于物体上同一点的两个力，可以合成为一个力，称为**合力**。合力的作用点也在该点，合力的大小和方向，由这两个力为邻边构成的平行四边形的对角线确定。或者说，合力矢等于这两个力的矢量和。以数学公式表示，为

$$\boldsymbol{F}_R=\boldsymbol{F}_1+\boldsymbol{F}_2$$

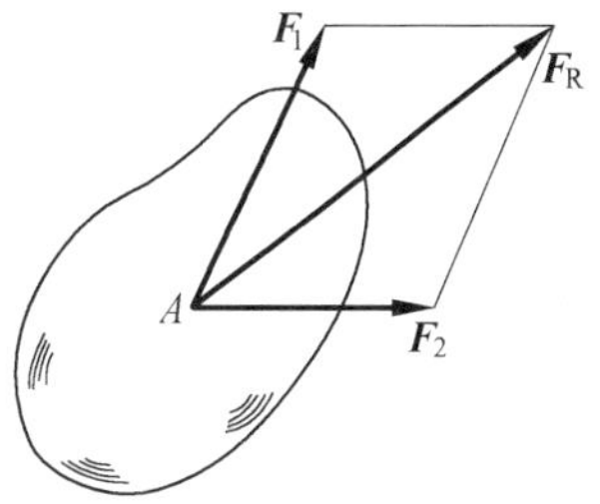

图 1.4

这条公理虽然简单，但此公理表明了两个交于一点的最简

单力系的简化规律,复杂力系的简化乃以此公理为基础。

由公理 1 与公理 3 可得推论 2。

推论 2 三力平衡汇交定理

如果刚体在三个力作用下平衡,其中两个力的作用线交于一点,则第三个力的作用线必通过此汇交点,且三个力共面。习惯称此推论为定理。

证明:如图 1.5 所示,在刚体的 A,B,C 三点上,分别作用三个力 $\boldsymbol{F}_1,\boldsymbol{F}_2,\boldsymbol{F}_3$,刚体平衡,其中 $\boldsymbol{F}_1,\boldsymbol{F}_2$ 两力的作用线交于点 O,根据力的可传性,把力 $\boldsymbol{F}_1,\boldsymbol{F}_2$ 移到汇交点 O,再根据力的平行四边形公理,得合力 $\boldsymbol{F}_{12}$。由二力平衡公理,力 $\boldsymbol{F}_3,\boldsymbol{F}_{12}$ 必平衡,则力 $\boldsymbol{F}_3,\boldsymbol{F}_{12}$ 必共线,即力 $\boldsymbol{F}_3$ 必通过汇交点 O,且力 $\boldsymbol{F}_3$ 必位于力 $\boldsymbol{F}_1,\boldsymbol{F}_2$ 所在的平面内,三力共面。推论 2 得证。

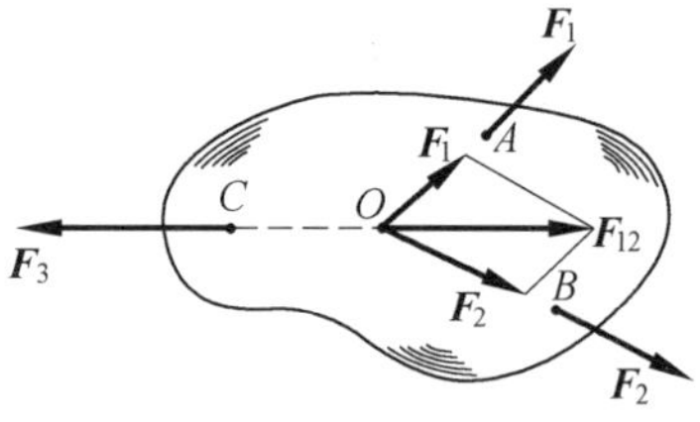

图 1.5

在后面画物体的受力图和用几何法求平面汇交力系的平衡问题时,用此推论会带来一些方便。

公理 4 作用与反作用公理(定律)

这条公理就是中学物理里讲过的作用与反作用定律,也就是牛顿第三定律。但因为其基础性同时也就具有重要性,所以,此处作为公理提出,复习叙述如下:

作用力和反作用力总是同时出现,同时消失,两力等值、反向、共线,分别作用在相互作用的两个物体上。

作用与反作用公理和二力平衡公理的描述有相同之处,两力均是等值、反向、共线,但其区别是,作用与反作用力作用在相互作用的两个物体上,二力平衡公理中的二力作用于同一个刚体上。

此公理虽然大家熟知,但在画物体的受力图时,常常用到作用与反作用定律,所以要给以足够的重视。

公理 5 刚化公理

变形体在某一力系作用下平衡,如将此变形体看作(刚化)为刚体,其平衡状态不变。

如图 1.6 所示,一段无重柔性绳在等值、反向、共线的两个拉力作用下平衡,如将绳索看作(刚化)为刚体,其平衡状态不会改变。

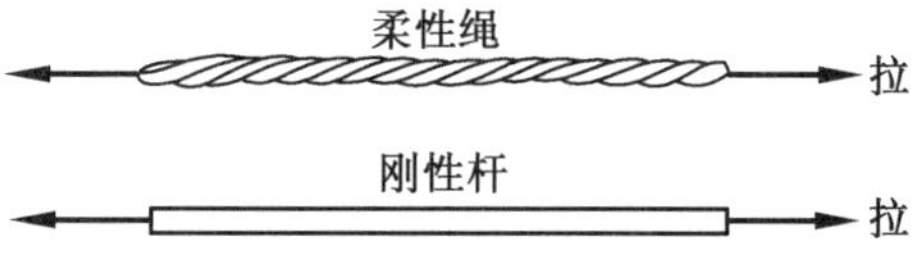

图 1.6

由此公理,如果一变形体在一力系作用下平衡,一刚体在此力系作用下也会平衡。在这种情况下,此力系无论是作用在刚体上还是变形体上,其所满足的平衡条件是相同的。所以,据此公理在刚体上推得的各种力系的平衡条件,可推广应用于处于平衡的变形体上。因此,此公理建立了刚体力学与变形体力学之间的联系。

但要注意,变形体在一力系作用下平衡,此力系必为平衡力系。若变形体在一平衡力系作用下,则变形体不一定平衡。如对图 1.6 中的柔性绳施加等值、反向、共线的两个压力,此柔性绳(变形体)不会平衡。也即在刚体上建立的力系的平衡条件是变形体平衡的必要条件,而非充分条件。

这 5 条公理虽然简单，但其构成了静力学的理论基础，静力学的全部理论均可由这几条公理推出。同时，某些公理在动力学中也要用到。所以，大家要熟知。

1.2　约束和约束力

工程和日常生活中的物体，其位移大多都受到一定的限制，例如，钉子限制黑板的位移，地板限制课桌的位移，灯绳限制灯管的位移，轴承限制轴的位移，等等如此。在理论力学中，把限制物体位移的物体称为**约束**。则钉子对于黑板，地板对于课桌，灯绳对于灯管，轴承对于轴均为约束。约束对被约束物体一般都有力的作用，约束给被约束物体的力被称为**约束力**，也可称为**被动力**，一般为未知力。与约束（被动）力对应的力被称为**主动力**，如物体上受到的各种荷载（重力、风力、切削力、发动机产生的驱动力等），在教材中，一般为已知力。静力学求解的主要任务就是依据力系的平衡条件，由已知的主动力确定未知的约束力。

在实际中，存在各种各样的约束，样式繁多，难以一一列举。依据分类法的思想，理论力学对工程中一些常见的约束予以简化和理想化，归纳为以下几种基本类型，并根据约束的特点确定出其约束力的方向（位），为后面定量求解打下基础。

1. 光滑（面、线、点）接触约束

当一物块放于地板上时（图 1.7(a)），接触处为一个面；当一圆柱放于地板上时（图 1.7(b)），接触处为一条线；当一钢球放于钢板上时（图 1.7(b)），接触处为一个点。若接触处（面、线、点）的摩擦可以忽略不计，称这类约束为光滑接触约束。当接触处为光滑时，此类约束只能限制物体在接触处沿公法线方向的位移，而不能限制物体沿公切线方向的位移，如图 1.8 所示。因此，光滑接触约束，其约束力沿着接触处的公法线，作用在接触处，指向被约束的物体。

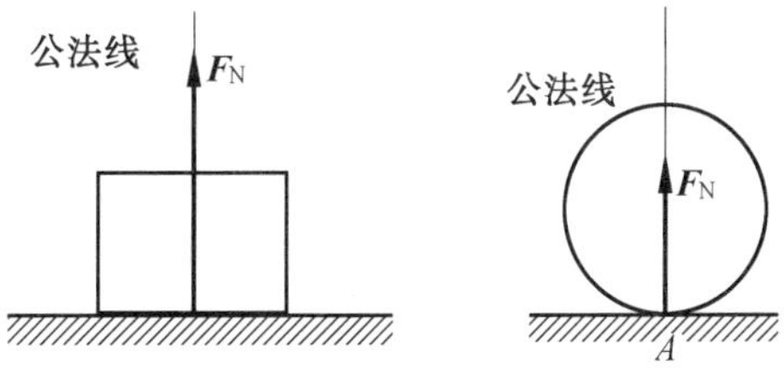

(a)　　(b)

图 1.7

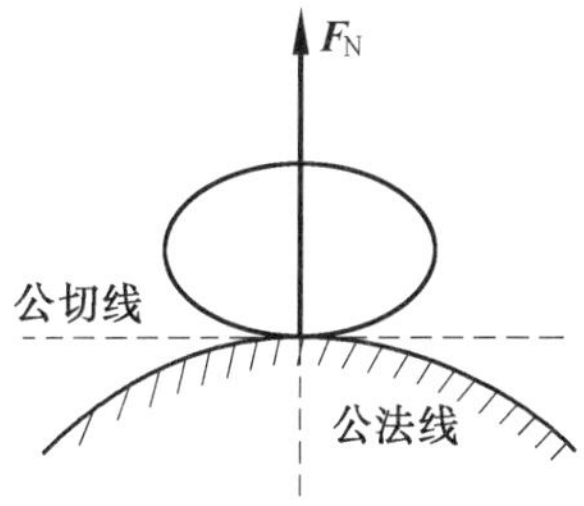

图 1.8

对图 1.9 所示齿轮啮合情况，视其中任一齿轮为约束，另一齿轮则为被约束物体，设接触处光滑，则约束力如图 1.9 所示。

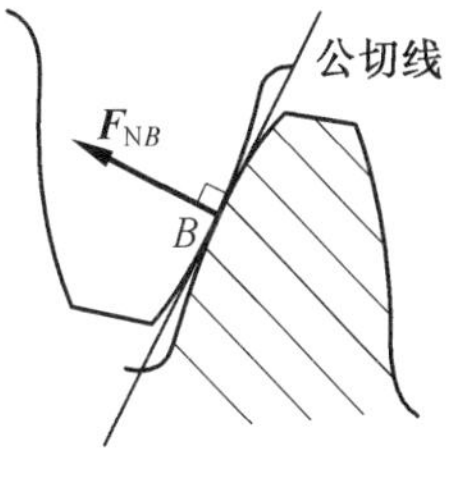

图 1.9

2. 柔索（绳索、胶带、链条等）约束

属于这类约束的有各种绳索、胶带、链条等柔性体构成的约束，视此类约束为绝对柔软，则对这类约束来说，只能承受拉力而不能承受压力，因此，柔索约束的约束力只能是拉力，作用在连接点或假想截割处，沿着柔索的轴线（或切线）。如图 1.10 和 1.11 所示。

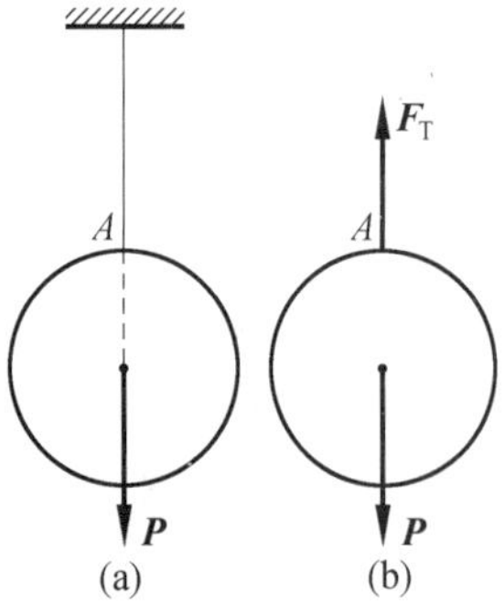

图 1.10

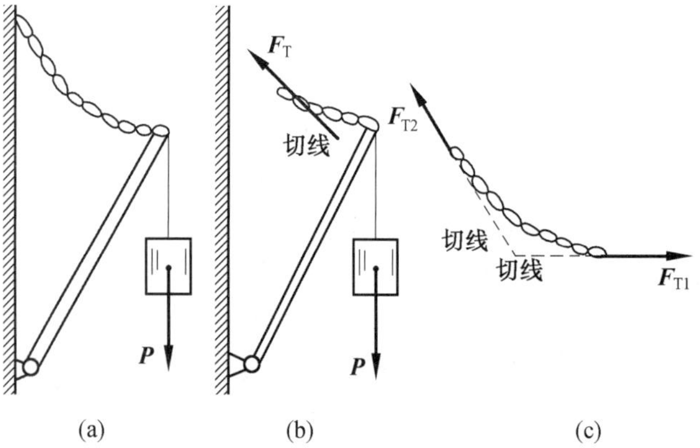

图 1.11

如图 1.12 所示为胶带(链条)轮传动,胶带(链条)对两个轮也是约束,也为柔索约束,对两个轮来说,约束力如图1.12所示。

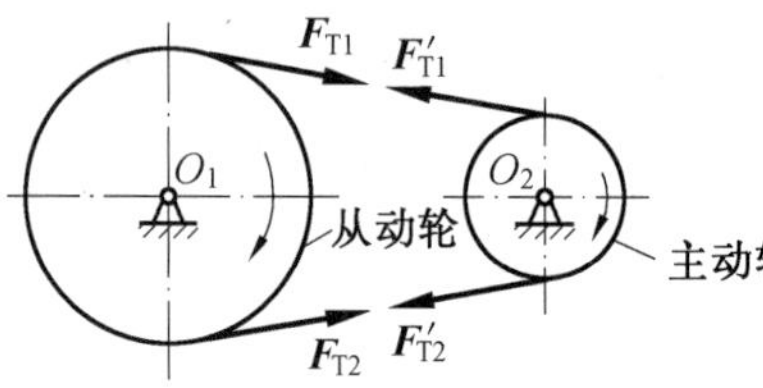

图 1.12

3. 光滑铰链(径向轴承、圆柱形销钉、固定铰支座等)约束

(1)径向(向心)轴承

如图 1.13(a)所示,一般称其为径向(向心)轴承,可画成图 1.13(b)所示的简图,轴承对轴是约束,轴可在轴承内任意转动,也可沿轴线移动,但轴承限制轴沿径向向外的位移。当轴与轴承在某点接触且忽略摩擦时,轴承对轴的约束力 $\boldsymbol{F}_R$ 作用在接触点,且沿公法线指向轴心,如图 1.13(a)所示。但随着轴所受主动力的不同,轴和轴承接触点的位置也随之不同,所以,当主动力尚未确定时,约束力的方向预先不能确定。然而,无论约束力朝向何方,它的作用线必垂直于轴线而通过轴心。这样一个方向预先不能确定的约束力,通常用通过轴心的两个大小未知的正交分力 $\boldsymbol{F}_x$,$\boldsymbol{F}_y$ 表示,如图 1.13(b),(c)所示,且 $\boldsymbol{F}_x$,$\boldsymbol{F}_y$ 的方向可任意假定,但在大家熟知的坐标系下,一般表示为图示的方向。在平面问题中,为方便起见,此类约束一般用图 1.13(c)所示的符号表示,称之为**铰链符号**。

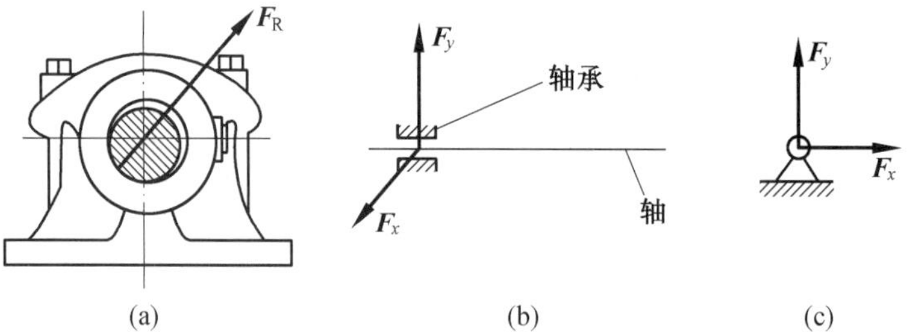

图 1.13

(2)圆柱形销钉

圆柱形销钉是工程中用来连接构件的一种常用方式，将两个要连接的构件在连接处钻上同样大小的圆孔，然后用圆柱形销钉穿入圆孔内将两个构件连接起来，如图1.14(a)，(b)所示。把销钉与其中任一构件，如构件B相连，作为约束，若圆孔与销钉接触处光滑，则此约束只能限制另一构件沿圆孔径向方向的位移，但指向不定，如图1.14(c)所示，约束性质和向心(径向)轴承相同。为画图方便，此种约束以图1.14(d)所示的形式画出，也称为铰链符号。为求解此未知力方便起见，通常以两个正交分力$\boldsymbol{F}_x$，$\boldsymbol{F}_y$表示，如图1.14(e)所示。

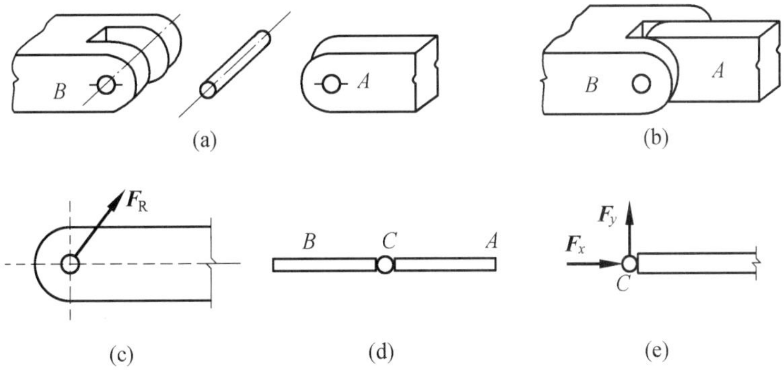

图1.14

(3)固定铰支座

在圆柱形销钉连接方式中若其中一构件固定于基础(或机架)上，则此构件成为另一构件的支座，称为**固定铰支座**，这也是工程中常见的一种约束，如图1.15(a)所示。此时把支座看作为约束，则约束性质和圆柱形销钉相同，简化表示和约束力表示如图1.15(b)，(c)，(d)所示。

(1)，(2)，(3)中介绍的几种类型的约束，约束形式不同，但约束性(实)质相同，统称为**光滑铰链约束**，其约束力实质是一个力，为求解方便，一般表示为正交的两个分力。但在作用线能够确定的情况下，为求解方便，有时也画为一个力。

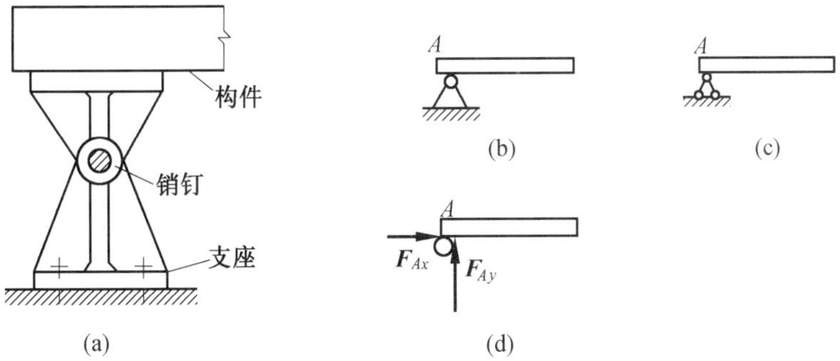

图1.15

4. 其他类型约束

工程中有多种形式的约束，再介绍如下几种。

(1)滚(可)动铰支座

在固定铰支座下面,装上一排滚子或类似滚子的物体,就构成了**滚(可)动铰支座**,又称辊轴支座,如图 1.16(a)所示,简图如图 1.16(b)所示。滚动铰支座的约束性质和光滑接触约束性质相同,其总的约束力必垂直于支撑面,通过销钉中心,如图 1.16(c)所示。

在桥梁、屋架等结构中,其一端常采用滚动铰支座,而另一端必采用固定铰支座,如图 1.17 所示,为何?

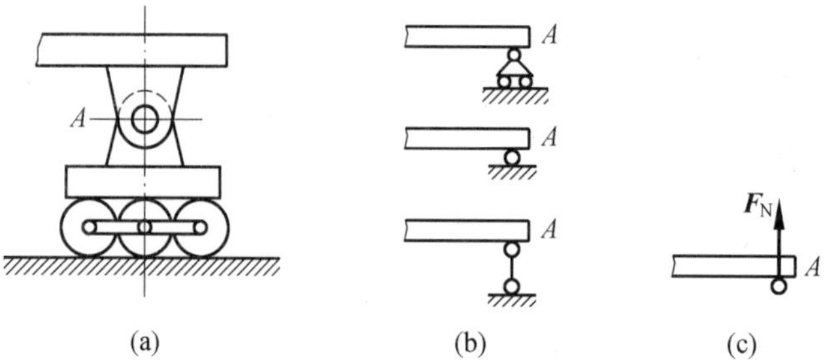

图 1.16

(2)球铰链

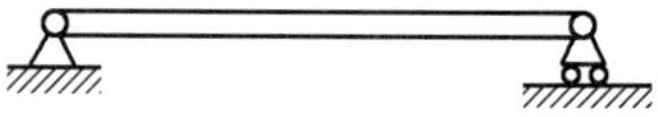

图 1.17

固连于物体上的圆球嵌入另一物体的球壳内构成的约束被称为**球铰链**,如图 1.18(a)所示。球壳限制圆球沿球壳法线方向的位移,但不能限制带圆球的构件绕球心的转动,略去摩擦,约束性质与铰链相似,但约束力通过球心可指向空间任意方位,为计算方便,一般以三个正交分力 $\boldsymbol{F}_x,\boldsymbol{F}_y,\boldsymbol{F}_z$ 表示,简图与约束力表示如图 1.18(b)所示。

(3)止推轴承

图 1.19 所示轴承(以及类似的轴承)被称为**止推轴承**,与径向轴承不同之处是,它除了限制轴的径向位移外,还限制轴沿轴向的位移。因此,它比径向轴承多承受一个沿轴向的约束力,一般用三个正交分力表示,如图 1.19 所示。

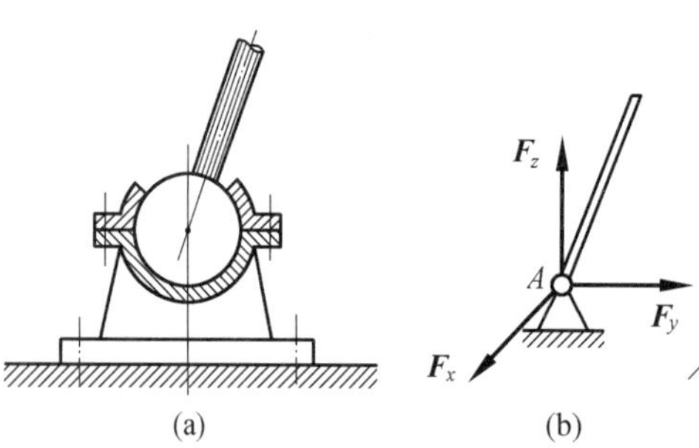

图 1.18

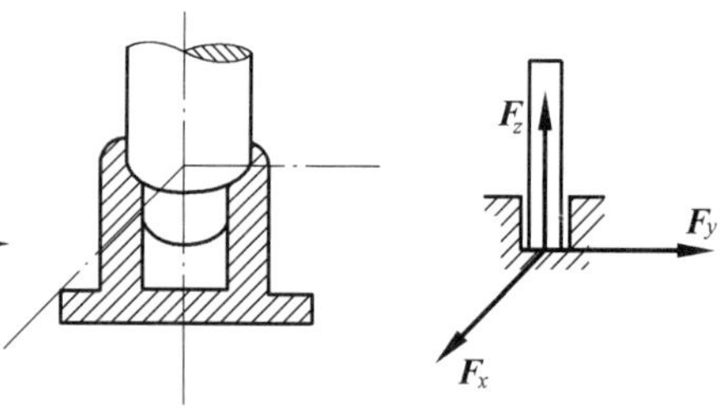

图 1.19

工程中存在的约束多种多样,教材中只介绍了简单的常见的几种。有的约束比较复杂,分析时需要专门的知识和经验,给以适当的简化和抽象。在工程中,这是一个很重要的问题,但已超过一般教材所述范围,简言难以概之,所以很少有教材对此问题有所讨论。但考虑到问题的重要性,本教材加了 1.4 一节内容,对此问题加以讨论。

1.3 物体的受力分析和受力图

工程中，任何一个结构或机构，均受到力的作用。各物体的受力情况如何，是工程中人们十分关心的问题。为此，分析物体的受力情况，确定物体受几个力，各力的作用点(线)如何？方向或方位如何？是解决静(动)力学问题重要的一步。这种分析过程被称为物体的受力分析。

为了把分析结果清晰地表示出来，需要把所要研究的物体从周围的物体中分离出来，单独画出它的简图，这个步骤叫作取研究对象或取分(隔)离体，此简图叫作分(隔)离体图。然后把此物体所受的所有力(包括主动力和约束力)在分(隔)离体图上画出来，这种表示物体受力的简明图形被称为物体的**受力图**。画好物体的受力图，是解决静(动)力学问题非常重要的一步。下面举例说明。

特别声明，在下面所有例题和习题中，在本书和绝大多数理论力学或各类力学教材中，给出的都是称之为力学模型的简化好的计算模型，至于如何由实际问题到力学模型，比较复杂，大多数教材都没有涉及。但考虑到问题的重要性，本教材加了1.4一节内容，对此做了初步讨论。

例1.1 如图1.20(a)所示，一端为固定铰支座、一端为滚动铰支座的结构被称为**简支梁**，在梁上作用有集中力 $\boldsymbol{F}_1$ 和 $\boldsymbol{F}_2$，梁的自重不计。要求画出此简支梁的受力图。

解题分析与思路：(1)取 AB 梁为研究对象，解除 A，B 处约束，画出其分(隔)离体图。

(2)在分离体图上画出主动力 $\boldsymbol{F}_1$ 和 $\boldsymbol{F}_2$。

(3)画约束力。A 处为固定铰支座，其约束力作用线和方向不能确定，所以用两个起名为 $\boldsymbol{F}_{Ax}$，$\boldsymbol{F}_{Ay}$ 的正交分力表示。B 处为滚动铰支座，按滚动铰支座约束性质画出起名为 $\boldsymbol{F}_{NB}$ 的一个力。

解： 简支梁的受力图如图1.20(b)所示。

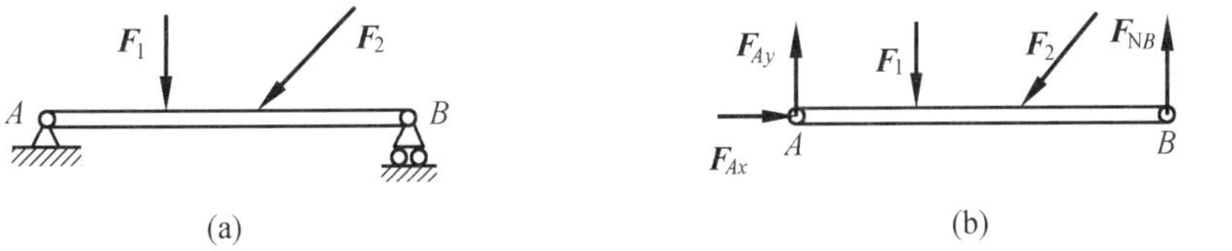

图1.20

例1.2 如图1.21(a)所示，水平梁 AB 用不计自重的斜杆 CD 支撑，A，D，C 处均为光滑铰链连接。均质水平梁重为 $\boldsymbol{P}_1$，其上固定一重为 $\boldsymbol{P}_2$ 的电动机。要求分别画出杆 CD 和梁(包括电动机)的受力图。

解题分析与思路：(1)先画斜杆 CD 的受力图。画出分离体如图1.21(b)所示，注意铰链 C，D 处实际各为一个力作用，分别以 $\boldsymbol{F}_C$ 和 $\boldsymbol{F}_D$ 表示，又由于不计此杆的重量，此杆实际是在两个力作用下平衡，由二力平衡公理，此二力应通过 C，D 两点连线，方向假定如图(也可画为反方向)所示。则 CD 杆的受力图如图1.21(b)所示。

只在两个力作用下平衡的构件，被称为**二力构件**，若构件为直杆或弯杆，则被称为**二力杆**。在题目中若有二力构件(杆)存在且能准确判断出来，往往会给解题带来方便。而判断二力构件(杆)的依据就是二力平衡公理。

(2)画 AB 梁(包括电动机)的受力图。画出分离体如图1.21(c)所示，它受两个主动力 $\boldsymbol{P}_1$，$\boldsymbol{P}_2$ 的作用，在铰链 D 处受二力杆 CD 给它的反作用力 $\boldsymbol{F}'_D$ 的作用。在铰链 A 处受固定铰支座给它的约束力作用，由于方位未知，所以用正交两个分力 $\boldsymbol{F}_{Ax}$，$\boldsymbol{F}_{Ay}$ 表示，则梁 AB 的受力图如图1.21(c)所示。

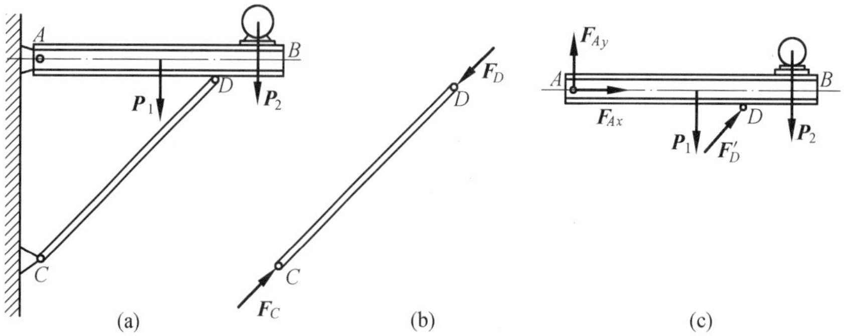

图 1.21

解： 杆 CD 和梁(包括电动机)的受力图分别如图 1.21(b),(c)所示。

例 1.3 图 1.22 所示结构一般被称为三铰拱,其由左、右两拱铰接而成。设各拱自重不计,在左拱上作用有铅直荷载 $\boldsymbol{P}$。要求画出左、右拱的受力图。

解题分析与思路:(1)先画右拱 BC 的受力图。由于拱自重不计,且只在 B,C 两处受到铰链约束力作用,所以其在二力作用下平衡,为二力构件。依据二力平衡公理,画出其受力图如图 1.22(b)所示。

(2)画左拱 AC 的受力图。由于自重不计,但其有主动力 $\boldsymbol{P}$ 作用,所以左拱不是二力构件。$\boldsymbol{F}_C$ 是假设左拱对右拱的作用力,根据作用和反作用公理,其对左拱的作用力如图1.22(c)所示。左拱在 A 处受铰链 A 的约束作用,可用正交的两分力 $\boldsymbol{F}_{Ax}$,$\boldsymbol{F}_{Ay}$ 表示。则左拱 AC 的受力图如图 1.22(c)所示。

对左拱,考虑到铰链 A 处实质是一个力作用,所以左拱在 3 个力作用下平衡,且力 $\boldsymbol{P}$,$\boldsymbol{F}'_C$ 两力交于一点,由三力平衡汇交定理,也可画出左拱的受力图如图 1.22(d)所示。有时也称这样的构件为**三力构件**。

请读者考虑,若计入左、右两拱的重量,其受力图该如何画?并画出其受力图。

解： 左、右拱的受力图分别如图 1.22(b),(c),(d)所示。

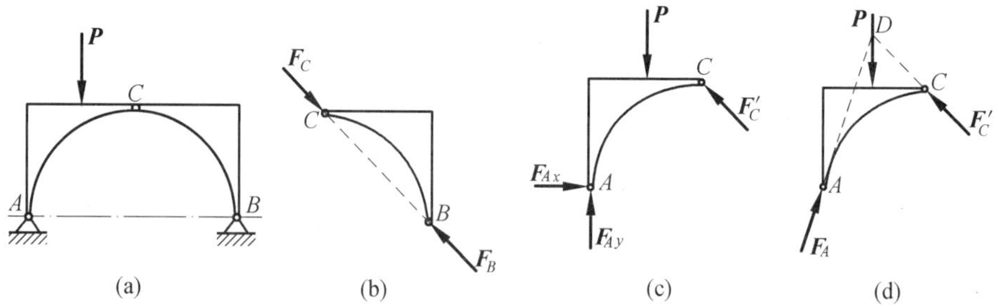

图 1.22

例 1.4 图 1.23(a)所示为一折叠梯子的示意图,梯子的 AB,AC 两部分在点 A 铰接,在 D,E 两点用水平绳相连。梯子放在光滑水平地板上,自重忽略不计,点 H 处站立一人,其重为 $\boldsymbol{P}$。要求分别画出梯子左、右两部分和梯子的整体受力图。

解题分析与思路:(1)先画梯子左边部分 AB 的受力图。其在 B 处受到光滑地板对它的法向约束力作用,以 $\boldsymbol{F}_{NB}$ 表示。在 D 处受到绳子对它的拉力作用,以 $\boldsymbol{F}_D$ 表示。在 H 处受到主动力人重 $\boldsymbol{P}$ 的作用。在铰链 A 处,可画为正交两分力,以 $\boldsymbol{F}_{Ax}$,$\boldsymbol{F}_{Ay}$ 表示。左侧梯子的受力图如图 1.23(b)所示。

(2)画梯子右边部分 AC 的受力图。其在 C 处受到光滑地板对它的法向约束力作用,以 $\boldsymbol{F}_{NC}$ 表示。在 E 处受到绳子对它的拉力作用,以 $\boldsymbol{F}_E$ 表示。在铰链 A 处,受到梯子左边部分对它的反作用力作用,以 $\boldsymbol{F}'_{Ax}$,$\boldsymbol{F}'_{Ay}$ 表示。右侧梯子的受力图如图 1.23(c)所示。

梯子右边的受力图也可按三力平衡汇交画出,从画受力图的角度,受力图是对的,但对此题,实际求解时,按三力平衡汇交求解并不方便,所以图从略。

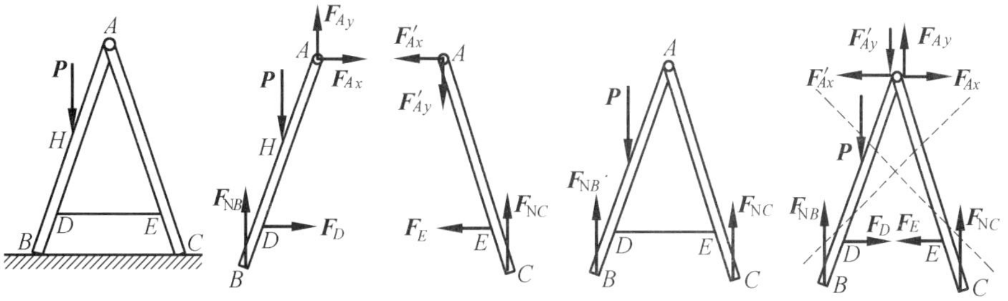

(a)　(b)　(c)　(d)　(e)

图 1.23

(3)画梯子整体的受力图。在画系统(梯子)的整体受力图时，AB 与 AC 两部分在 A 处相互有力的作用，在 D 点与 E 点绳子对其也有力作用，这些力是存在的，若画在整体受力图上，如图 1.23(e)所示。物体与物体未分离(拆开)处相互作用的力被称为**内力**，内力是存在的，若画在受力图上，将使得图形很乱，而且给后面的定量求解(投影、取矩)将带来很大的不便，因此特规定，内力一律不画在受力图上，受力图(e)的画法是绝对禁止的。在受力图上只画出系统以外的物体给系统的力，称这种力为**外力**。对此题，人重 $\boldsymbol{P}$ 和地板约束力 $\boldsymbol{F}_{NB}$，$\boldsymbol{F}_{NC}$ 是作用于系统上的外力，所以整个系统(梯子)的受力图如图 1.23(d)所示。

当然，内力与外力不是绝对的，例如，当把梯子两部分拆开时，A 处的作用力和绳子的拉力即为外力，但取整体为研究对象时，这些力又为内力。所以，内力与外力的区分只有相对某一确定的研究对象才有意义。

解： 梯子左右两部分和梯子整体受力图分别如图 1.23(b)，(c)，(d)所示。

荷载(载荷)的分类

实际中的荷载一般分为两大类：集中荷载和分布荷载。当荷载和物体接触处的面积很小可以忽略不计时，称之为集中荷载，如图 1.23(a)中的力 $\boldsymbol{P}$；当荷载和物体的接触处不能当作一个点时，称之为分布荷载。分布荷载又可分为体积荷载、面积荷载与线分布荷载。所谓体积荷载就是其荷载呈现体积分布状态，单位是 N/m^3，如不规则物体所受重力作用等；所谓面积荷载就是其荷载呈现面积分布状态，单位是 N/m^2，如作用在物体上的风荷载、雪荷载等；所谓线分布荷载就是其荷载呈现长度分布状态，单位是 N/m，如等截面均质杆、均质梁所受重力作用等。

例 1.5 图 1.24(a)所示为一单跨桥的示意图，力 $\boldsymbol{F}$ 为作用在桥左侧的侧向荷载，为集中荷载，桥面所受荷载为线分布荷载，q 的单位为 N/m。不计桥的自重，要求画出此单跨桥的受力图。

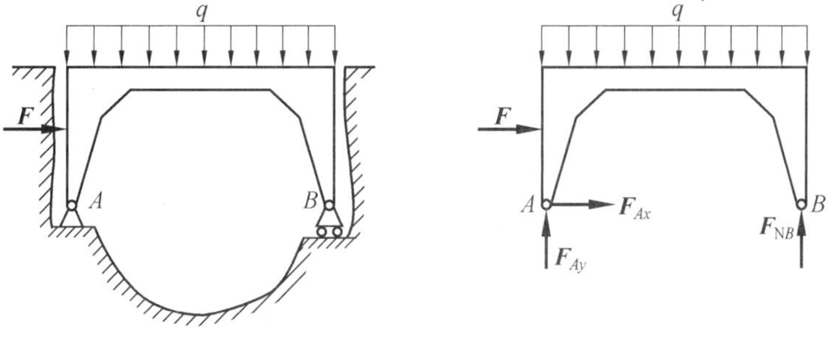

(a)　(b)

图 1.24

解题分析与思路：1.取单跨桥 AB 为研究对象，解除 A，B 处约束，画出其分(隔)离体图如图 1.24(b)所示。

2.在分离体图上画出集中荷载 $\boldsymbol{F}$ 和线分布荷载 q。

3.画约束力。A 处为固定铰支座，其约束力作用线和方向不能确定，所以用两个分别为 $\boldsymbol{F}_{Ax}$，$\boldsymbol{F}_{Ay}$ 的正交分力表示。B 处为滚动铰支座，按滚动铰支座约束性质画出为 $\boldsymbol{F}_{NB}$ 的一个力表示。

解：简支梁的受力图如图 1.24(b)所示。

说明：画受力图时，肯定是有分析过程的，但此分析过程一般不要写在作业本上，只要画出受力图即可，如本书例题一样。所以做作业时，画受力图的过程不必像有些教材的例题一样，分析用文字写出，只需画出所要求的受力图即可。有了正确的受力图，其受力情况便一目了然。

正确地画出物体的受力图，是分析、解决力学问题的基础，应该给以足够的重视。画受力图时必须注意以下几点：

(1)必须明确研究对象，画出其分(隔)离体图。根据求解需要，可以取单个物体为研究对象，也可以取由几个物体组成的系统为研究对象。一般情况下，不要在一系统的简图上画某一物体或某子系统的受力图。

(2)不得漏画力，也不得多画力。主动力、约束力均是物体受力，均应画在受力图上。所取研究对象(分离体)和其他物体接触处，一般均存在约束力，要根据约束特性来确定，严格按约束性质来画，不能主观臆测。

(3)注意作用力和反作用力的画法，作用力的方向一旦假定，图上的反作用力一定与之反向。

(4)注意二力构件(杆)的判断，是二力构件(杆)最好按二力构件(杆)画受力图。

(5)物体与物体未拆开(分离)处相互作用的力称为内力，内力一律不能画在受力图上。

(6)受力分析过程不要用文字写出，按要求画出受力图即可。

1.4* 实际力学问题与力学模型

在理论力学教材和其他各类力学教材的题目中，给出的基本上都是称之为力学模型的简化好的计算模型，把力学模型用简单图形表示出来，称之为力学简图。对任何实际的力学问题进行分析、计算时，都要将实际的力学问题抽象为力学模型，然后对力学模型进行分析、计算。任何的力学计算实际上都是针对力学模型进行的。把实际力学问题转化为力学模型是进行力学计算必需的、重要的、关键的一环，这一环节的好坏，直接影响计算过程和计算结果。

从实际问题到简化后的力学模型，是个比较复杂的问题，很少有力学教材涉及这个问题。本节内容做一下这方面的尝试。

实际的力学问题往往比较复杂，掺杂各方面的因素，这里面有关键的因素，次要的因素。如同在多种矛盾中抓主要矛盾，数学中忽略高阶无穷小一样，对实际的力学问题，抓住关键的因素，忽略次要的因素，才能进行计算，得到的就是称之为力学模型的计算模型。

下面先举几个大家熟知的简单的力学模型的例子。

理论力学研究的是物体，当物体尺寸和其运动轨迹相比，物体的尺寸可以忽略不计且不考虑质量时，我们称之为点，点就是一种力学模型。当物体的尺寸和其运动轨迹相比，物体的尺寸可以忽略不计，但必须考虑质量时，我们称之为质点，质点也是一种力学模型。当物体的尺寸不能忽略不计，任何物体在力的作用下，从理论上讲，都要产生变形，但当物体的变形非常小，可以忽略不计时，我们就忽略物体的变形，得到刚体的概念，刚体也是一种力学模型。

又例如，实际问题中物体都是三维的，其受力也是三维的。但当其有一几何对称面，且受力也关于此对称面对称时，就把三维物体当成二维物体，力系按平面力系处理。还有其他情况，也把三维物体当成二维物体，力系按平面力系处理。

下面再举其他一些例子。

1. 简支梁的力学模型

图 1.25 是一种常见的力学模型，一般称之为简支梁，那么，什么样的实际力学问题可以用此力学模型来表示呢？

图 1.25 所示力学模型，可以是由一实际单跨水泥桥梁简化而来，如图 1.26 所示。水泥桥板直接放在桥墩上。固定铰支座并不是如图 1.15 所示，由销钉与穿孔的底座构成。滚动铰支座，也不是如图 1.16(a) 所示，在底座和基础之间垫上滚子构成。但由于桥板直接放在桥墩上，由于接触处的摩擦，可以限制桥板产生很大的水平位移，所以就相当于有一个固定铰支座。又由于物体的弹性，桥板可以自由的热胀冷缩，所以就相当于垫有滚子。因此，一实际单跨水泥桥梁可以简化为图 1.25 所示的力学模型。

类似的实际问题还有，独木桥，两端直接放在河岸上；平房上的木梁，两端直接放在砖墙或泥墙上。由于同样的原因，均可用图 1.25 所示的力学模型表示。

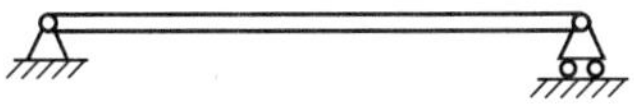

图 1.25

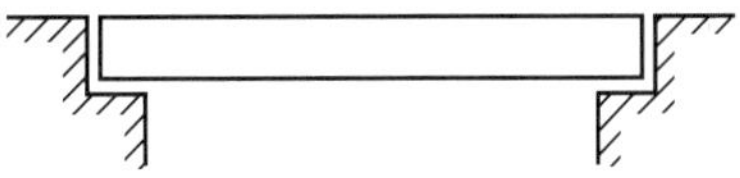

图 1.26

2. 平面桁架的力学模型

工程中，房屋建筑、桥梁、起重机、油田井架、电视塔等结构物常用桁架结构。

桁架是一种由直杆在两端用铰链连接且几何形状不变的结构，桁架中各杆件的连接点被称为节点。若桁架中各杆件轴线均在同一平面内（几何平面），且荷载也位于此平面内的桁架被称为平面桁架。平面桁架就是一种简化后的力学模型。实际中的许多结构均可简化为平面桁架。

图 1.27(a)所示，为一木屋架示意图，经简化后，其力学模型如图 1.27(d)所示，为一平面桁架。此屋架两端直接放在墙上，两端并不是如图 1.15 和图 1.16 所示的固定铰支座和滚动铰支座构成，但如上所述，两端可用如图 1.27(d)所示固定铰支座与滚动铰支座表示。

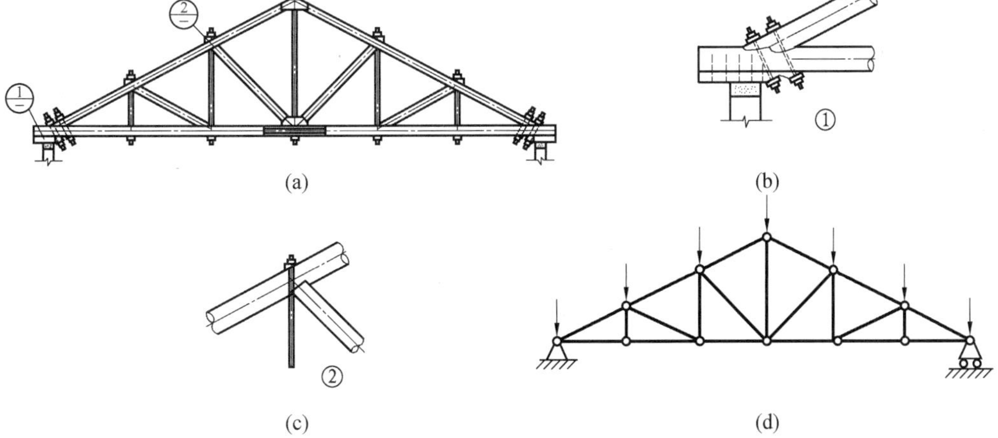

图 1.27

此屋架中的5根竖直杆可为铁条或木头，其他主要部分为木头。局部1处为螺栓连接，如图1.27(b)所示，局部2处用螺帽加箍钉连接，如图1.27(c)所示。其各连接处并不是图1.14所示的圆柱形销钉连接方式，但可以简化为铰链连接。原因是：由于各杆件比较细长，而各连接处可以看作为一点。如同一直细铁条，细铁条短，其轴线为直线，细铁条长，则自然会弯曲。因为杆比较细长，杆件绕连接处(点)有些微转动，这种连接(约束)限制不了杆件的转动，所以可简化为铰链连接。

实际上，这些连接处还可以是铆接、焊接等，如图1.28(a)，(b)所示。如果全是木质结构，这些连接处还可以是榫卯连接，图略。

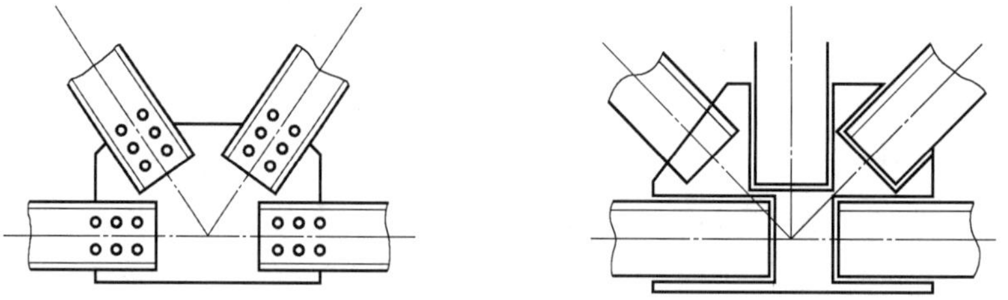

(a) (b)

图1.28

所以，铰链连接，可以是图1.14所示的连接方式，但实际上，螺栓连接、铆接、焊接、榫接等均可看作为铰链连接。

实际中的桁架，各杆件均有自重，其荷载也不作用在节点上，这样计算起来，非常复杂。为了满足工程要求且简化计算，通常用力系等效替换的方法，把所有荷载均等效到节点上，如图1.27(d)所示。

图1.27(d)所示就是图1.27(a)所示实际屋架简化后的力学模型，计算图1.27(a)所示实际屋架，就是通过计算图1.27(d)所示的力学模型来完成。

3. 止推轴承的力学模型

图1.19所示轴承被称为止推轴承，它限制轴沿轴向的位移。

图1.19所示只是止推轴承的一种形式，实际中的止推轴承有多种形式。如图1.29(a)所示，一种轴承为圆台形，轴的一端也为圆台形，这样的轴承也为止推轴承。

图1.29(b)所示轴的直径不同，粗的地方为一径向轴承，细的地方也为一径向轴承，其本质上也是止推轴承，其受力均如图1.19所示。

读者可分析一下，在各种自行车、摩托车、汽车等所有交通工具的车轮上，均有轴承，其设计与实施方案各种各样，其实质上是什么轴承？

实际上，所有交通工具的车轮上的轴承均为止推轴承，其受力也均如图1.19所示。

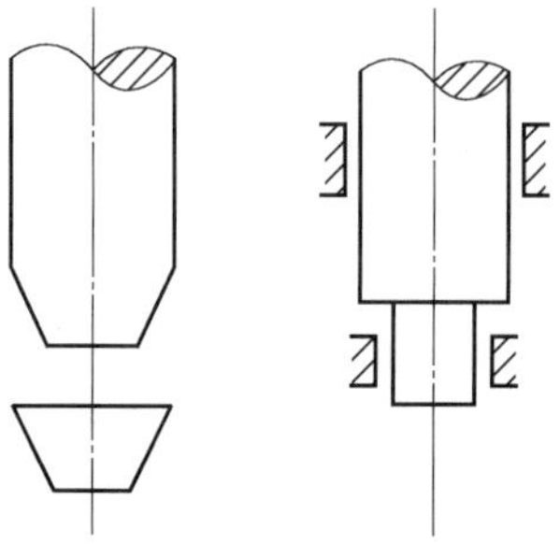

(a) (b)

图1.29

4. 人体中的力学模型

对人体，在力学研究中，一般把骨骼抽象为刚体，关节处抽象为铰链，肌肉可看作为柔索，即可建立人体的力学模型。举一例。

如图1.30(a)所示，为人的胳膊呈90°手握一重为$\boldsymbol{P}_1$的重物，其重心位于点C_1，小臂重为$\boldsymbol{P}_2$，重心位于点C_2，重量均为已知。小臂骨可抽象为一直杆，骨关节B处可抽象为一铰链，肌肉CD可看为一柔索(或拉杆)，则抽象出的力学模型如图1.30(b)所示。给出荷载和尺寸就可计算肌肉CD与骨关节B处的受力。

由实际力学问题简化到力学模型，一般说来，是个比较复杂的问题，有时需要专门的知识或经验。本教材只是给出几个例子，以说明在实际的力学计算中，由实际力学问题到简化好的力学模型，是个非常重要的环节。在本教材和多数理论力学教材中，给出的都是简化好的力学模型。

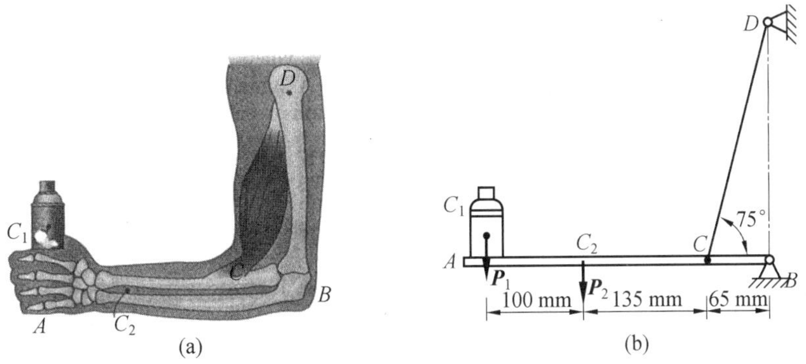

图 1.30

习　题

1.1　画出下列各图中构件 AB 或 ABC 的受力图，未画重力的物体的重量均不计，所有接触处均为光滑接触。

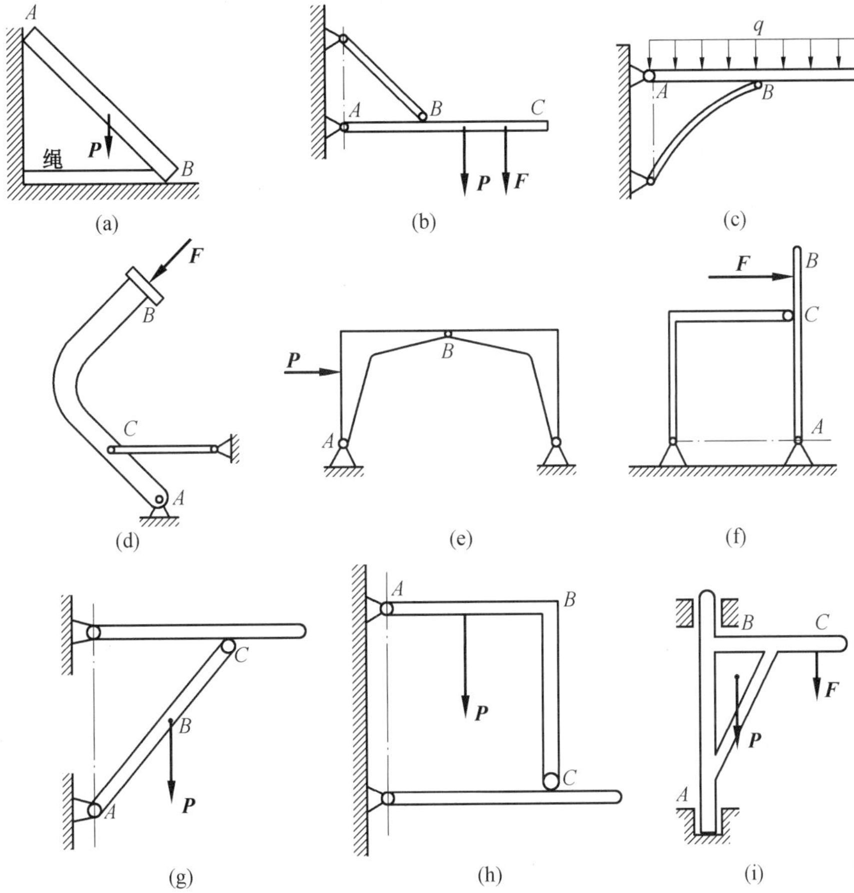

题 1.1 图

1.2 画出下列每个标注字符的物体(不包含销钉、支座、基础)受力图和系统整体受力图。未画重力的物体重量均不计,所有接触处均为光滑接触。

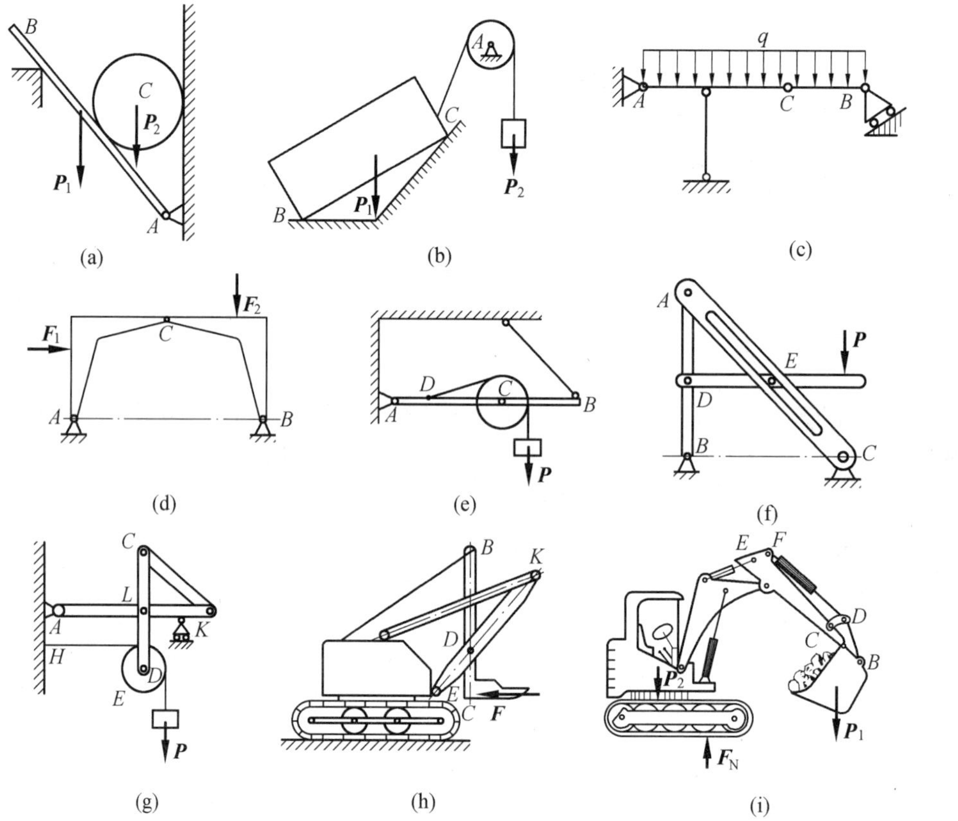

题 1.2 图

第 2 章　汇交力系

只要具有中学物理力学的基本概念与知识,再加上基本掌握本书第 1 章的内容即可学习本章。

本章对汇交力系,用两种方法讨论两个问题,即用几何法与解析法讨论汇交力系的合成与平衡,并主要对汇交力系的平衡问题进行练习。

所谓**汇交力系**是指各力作用线都汇交于一点的力系,可分为**空间汇交力系**和**平面汇交力系**。汇交力系是一种简单的力系,研究汇交力系,一方面因实际中存在汇交力系合成与平衡的问题,另一方面,为研究复杂力系打下基础。本章用几何法与解析法来讨论汇交力系的合成与平衡问题,所谓几何法就是几何画图的方法(因此也称为图解法),解析法是在坐标系里考虑问题的方法(因此也称为坐标法)。合成是指多个力汇交于一点,其能否用一个力来等效代替?结论是可以用一个力来代替,称此力为合力。如果一个力的作用效果和一个力系的作用效果等效,则称此力为该力系的**合力**。平衡是讨论汇交力系若平衡,其应满足的条件。

2.1　汇交力系合成与平衡的几何法(图解法)

现在用几何法来讨论汇交力系的合成与平衡。

1. 两个共点(汇交)力的合成——力三角形法(规)则

如图 2.1(a)所示,设在刚体上点 A 作用两个力 $\boldsymbol{F}_1$ 和 $\boldsymbol{F}_2$,由平行四边形公理,这两个力可以合成为一个合力 $\boldsymbol{F}_R$,它的作用线通过汇交点 A,其大小和方向由平行四边形的对角线确定。实际上,此两力的合力也可从任一点 O_1 或 O_2 画如图 2.1(b),(c)所示的图而求出。这两个由力构成的三角形均称为力三角形。这两个三角形虽然有所不同,但若把力矢的起端称为首,箭头端称为尾,如图 2.1(d)所示,这两个三角形各分力矢在顶点处均为首尾相接,而合力矢是从初始的力矢首与末了的力矢尾相连。这种作图求合力的方法,称为**力三角形法(规)则**。

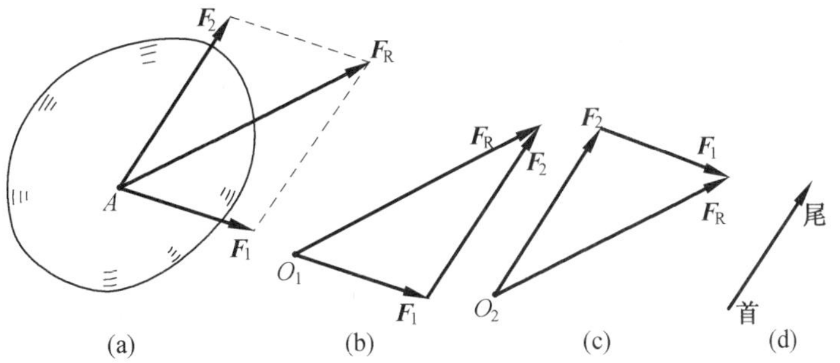

图 2.1

力有三要素，用力三角形法则求出的是合力的大小和方向，其作用点仍在汇交点。

力三角形法则来自于力的平行四边形法则，虽然很简单，但多个汇交力的合成正是以力三角形法则为基础的，这样就可以由已知的简单方法去解决相对复杂的问题。

2. 多个汇交(共点)力的合成——力多边形法(规)则

图 2.2(a)所示一刚体受到汇交力系 $\boldsymbol{F}_1,\boldsymbol{F}_2,\boldsymbol{F}_3,\boldsymbol{F}_4,\cdots,\boldsymbol{F}_{n-1},\boldsymbol{F}_n$ 的作用，各力的作用线汇交于点 O，由力的可传性，已将各力沿其作用线移至汇交点 O，变为共点力系，此汇交力系和此共点力系等效。为合成此力系，利用力三角形法则，如图 2.2(b)所示，任取一点 A，先画力三角形 ABC 求出力 $\boldsymbol{F}_1,\boldsymbol{F}_2$ 的合力 $\boldsymbol{F}_{R1}$；再做力三角形 ACD 求出力 $\boldsymbol{F}_{R1},\boldsymbol{F}_3$ 的合力 $\boldsymbol{F}_{R2}$，此力即为 $\boldsymbol{F}_1,\boldsymbol{F}_2,\boldsymbol{F}_3$ 的合力；再画力三角形 ADE 得到力 $\boldsymbol{F}_{R3}$，此力即为力 $\boldsymbol{F}_1,\boldsymbol{F}_2,\boldsymbol{F}_3,\boldsymbol{F}_4$ 的合力；点 E 至 F 省略，表示有多少力均如此办理，照此画下去直至力 $\boldsymbol{F}_{n-1}$，这时力 $\boldsymbol{F}_{R(n-1)}$ 已为 $\boldsymbol{F}_1,\boldsymbol{F}_2,\boldsymbol{F}_3,\boldsymbol{F}_4,\cdots,\boldsymbol{F}_{n-1}$ 的合力；此时最后用一次力三角形法则，得到力 $\boldsymbol{F}_R$，显然力 $\boldsymbol{F}_R$ 为 $\boldsymbol{F}_1,\boldsymbol{F}_2,\boldsymbol{F}_3,\boldsymbol{F}_4,\cdots,\boldsymbol{F}_{n-1},\boldsymbol{F}_n$ 的合力。还可注意到在连续用力三角形法则求力系的合力时，中间带虚线的力矢可以不画，并不影响最后结果，如图 2.2(c)所示。而且任意交换各分力矢的作图顺序，如图 2.2(d)所示(此图中交换了力 $\boldsymbol{F}_1,\boldsymbol{F}_2$ 的顺序)，可得形状不同的多边形，也不影响最后结果。同时还可注意到，图 2.2(c)，(d)所示两个多边形形状虽然不同，但有一共同规律，即各分力矢在端点处均为首尾相接，而合力矢从初始的力矢首与最后的力矢尾相连。这样，由力矢组成的多边形被称为**力多边形**，这种作图求汇交力系合力的方法，被称为**力多边形法(规)则**。这就是求汇交力系合成的几何法(图解法)。

交换各分力矢的作图顺序，可得形状不同的力多边形，不影响最后结果，这说明力矢量相加满足矢量相加的交换律。

当然，力有三要素，用力多边形法则求出的是合力的大小和方向，其作用点仍在汇交点。上述画图的方法，即力多边形规则，以数学公式表示，为

$$\boldsymbol{F}_R=\boldsymbol{F}_1+\boldsymbol{F}_2+\cdots+\boldsymbol{F}_n=\sum_{i=1}^{n}\boldsymbol{F}_i=\sum\boldsymbol{F}_i\text{①} \tag{2.1}$$

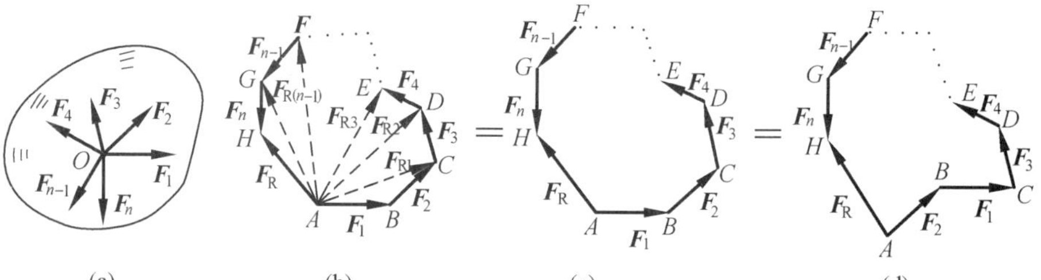

图 2.2

请读者考虑，若各力作用线都沿同一直线，则称此力系为共线力系，它是不是汇交力系，如何求其合力？力多边形规则是否适用？以数学公式如何表示？

---

① 为了以后书写方便，把 $\sum\limits_{i=1}^{n}$ 用 $\sum$ 表示，在无混淆的情况下，本书以后均这样表示。

3. 汇交力系平衡的几何条件

由于汇交力系可用其合力来代替，即一个力的作用效果和一个力系的作用效果等效，显然，汇交力系平衡的充分必要条件是：该力系的合力等于零。以数学公式表示，为

$$\sum \boldsymbol{F}_i = 0 \tag{2.2}$$

反映在力多边形上，为力多边形中最后一分力的尾与第一个分力的首重合，称此时的力多边形为力多边形自行封闭。力多边形自行封闭即说明力系的合力为零，力系平衡。于是，可得结论：汇交力系平衡的几何条件是，该力系的力多边形自行封闭。

用几何法求汇交力系的合成与平衡，可用尺和量角器等画图工具，按比例和角度画出各已知量，然后在图上量得所要求的未知量。也可根据图形的几何关系，画出大致草图，用几何里的公式（特别是三角公式）计算出要求的未知量。现在实际求解时，采用后者较多。下面举例说明。

例 2.1　电动机重 $P=5\ 000$ N，放在水平梁 AC 的中央，如图 2.3(a)所示。梁的 A 端以铰链固定，另一端以 BC 杆支撑，撑杆与水平梁的夹角为 30°。忽略梁和 BC 杆的重量，求 BC 杆受力和铰支座 A 处的约束力。

解题分析与思路：静力学计算题解题的第一步大多数情况是要画物体的受力图。对此题，首先要考虑梁 AC 和杆 BC 的受力图。考虑到不计 BC 杆的重量，其在两个力作用下平衡，所以其为二力杆，画出其受力图如图 2.3(b)所示。对梁 AC，考虑到三力平衡汇交定理，画出其受力图如图 2.3(c)所示。梁 AC 在 3 个力作用下平衡，应画出一封闭的力三角形。画封闭力三角形的步骤为，选一定的比例，先画出主动(重)力 $\boldsymbol{P}$，然后通过点 D 画力 $\boldsymbol{F}_{CB}$ 的平行线 mm，通过点 E 画力 $\boldsymbol{F}_{\mathrm{R}A}$ 的平行线 nn，如图 2.3(d)所示，两条线的交点为 F，则封闭力三角形可画出，如图 2.3(e)所示。按比例量得或用简单的三角公式计算，可得题目所求。

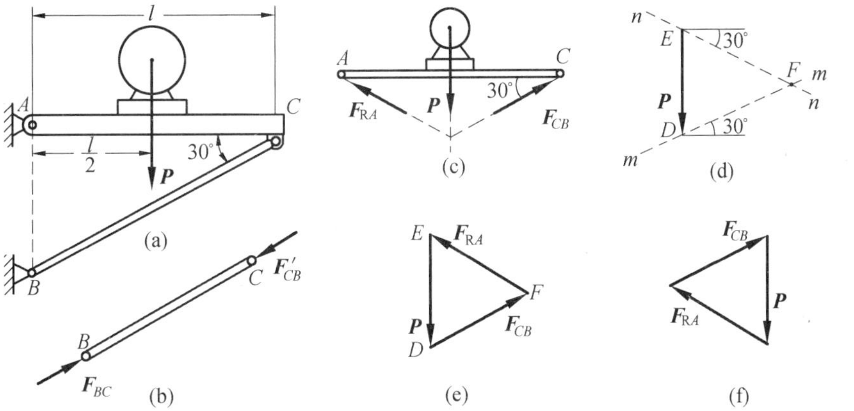

图 2.3

解：　分别画出 BC 杆和梁 AC 的受力图如图 2.3(b)，(c)所示，按比例或画草图画出封闭的力三角形如图 2.3(e)所示，按比例量得或用简单的三角公式计算，可得题目所求为

$$F_{CB}=5\ 000\ \mathrm{N}(受压),\quad F_{\mathrm{R}A}=5\ 000\ \mathrm{N}$$

几点说明：

(1)对二力杆来说，在求得其力的大小后，一般还要说明其受拉还是受压，因为其受力大小相同，但在材料力学中，其变形不相同，所以应说明其是受拉还是受压。以后遇到求二力杆受力问题，均应如此，不再说明。

(2)对此题，图 2.3(e)中力三角形自行封闭，说明各力的方向为正确方向，所以二力杆 BC 受压力作用。

(3)读者在画 BC 杆和梁 AC 的受力图时，也可反向画出图 2.3(b)中的两力(此时 BC 杆受拉)，反向画出力 $\boldsymbol{F}_{RA}$，那么，在画封闭力三角形时，将会出现什么情况？读者可以一做。BC 杆到底是受拉还是受压？其可不可能既受拉又受压？约束力 $\boldsymbol{F}_{RA}$ 的方向是不是既可以向左上，又可以向右下？读者做一做(画出封闭力三角形)便可知。

结论是，画受力图时可以假设其方向，但在画封闭力三角形(多边形)时，可以确定其正确(实际)方向，各约束力不可能既朝这方向又朝另一个方向。以后用其他方法求解时也是如此。

(4)在图 2.3(d)中，也可交换作平行线的顺序，得到封闭的力三角形如图 2.3(f)所示，可见，图 2.3(e)，(f)中，力矢量的“流向”不同，但结果相同。

(5)画封闭力三角形时，可以严格按比例画，按比例量得大小；但实际上也可画出一草图，求解三角形即可。

(6)解题之前的分析过程在做作业时不必写出。分析过程肯定是要有的，但这应在脑子里或演草纸上进行。分析好了，寻求好解题思路了，然后再落笔写在作业本或卷子上。做题时，写在作业本或卷子上的文字不要太多，一般不要像好多教材一样，把分析过程写在解题过程中。这一点，对做所有理论力学题都一样，以后不再说明。

汇交力系包括空间汇交力系和平面汇交力系，求合力的力多边形法则和求平衡问题的力多边形自行封闭规律，对平面汇交力系无疑是适用的，此时求合力的力多边形和求平衡问题的封闭力多边形均是平面的多边形。那么，对空间汇交力系，此合成和平衡的法则和规律是否可用？下面通过一简例说明。

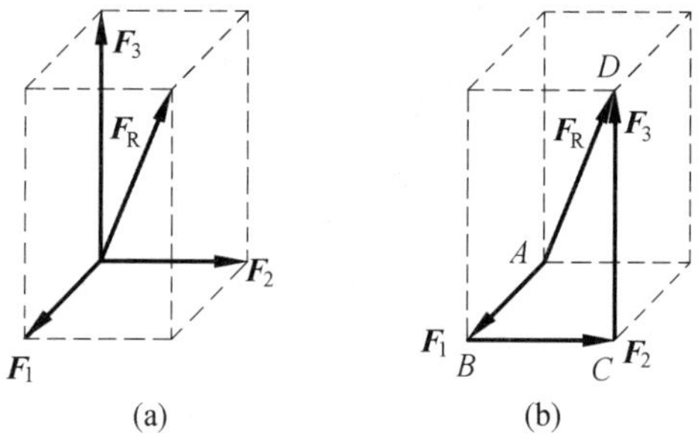

图 2.4

图 2.4(a)中，空间中汇交于一点的 3 个正交分力，其合力用中学物理里的方法可求得，如图2.4(a)所示。若用力多边形法则，其合力可由图 2.4(b)所示的力四边形 $ABCD$ 求得，其结果显然是相同的。3 个分力，一个合力，因此形成一四边形，此四边形是一空间的四边形。空间中汇交于一点的 3 个正交分力，是空间汇交力系中最简单的情况，此四边形的形状还可想象出来。对空间汇交于一点的 3 个斜交的分力，其力多边形也可以画出，但就比图 2.4 难以想象。对一汇交于一点的由 n 个分力组成的空间汇交力系，其力多边形也可以画出，但这是理论上的，实际画起来将很不方便与难以想象。同样，对空间汇交力系，平衡时的力多边形自行封闭规律也是成立的，但实际画平衡时封闭的力多边形也很困难。

所以，结论是：力系合成的多边形法则和力系平衡时的力多边形自行封闭规律，对空间汇交力系在理论上仍然适用，但实际用起来则相当不方便。即使对平面汇交力系，当力的数目比较多时，用几何法求力系的合成与平衡也并不很方便，所以，下面介绍一般常采用的解析法。

2.2 汇交力系合成与平衡的解析法(坐标法)

解析法是通过力矢在坐标轴上的投影来完成力系合成与平衡的计算方法，力矢(矢量)在坐标轴上的投影是解析法计算的基础。一般说来，读者应该已经具备矢量投影、矢量计算的基本知识，但考虑到读者水平的不一和力矢投影的基础(重要)性，在此予以复习与介绍。

1. 力在轴上的投影

如图 2.5 所示，建一斜角坐标系 Oxy，一力 $\boldsymbol{F}$ 与 x 轴的夹角为 θ，与 y 轴的夹角为 β。力 $\boldsymbol{F}$ 在 x 轴上的投影定义为，一束垂直于 x 轴的平行光线射向 x 轴，力 $\boldsymbol{F}$ 在 x 轴上投下一条影子 ab，此影子就定义为力 $\boldsymbol{F}$ 在 x 轴上的投影，以 F_x 表示，为 $F_x=ab$，显然，$ab=a'b'$，有 $F_x=F\cos\theta$。然而，力有方向性，当力 $\boldsymbol{F}$ 反向时，其投影大小相同。为表明其方向性，用正、负号来区分。在图示情况下，力 $\boldsymbol{F}$ 的投影为正；力 $\boldsymbol{F}$ 反向，则投影为负。正、负号的确定，用不太标准的说法，可以理解为，当力和轴的方向一致时为正，不一致时为负。也可以用角度 θ 来确定，当角 θ 为锐角时，投影为正；角 θ 为直角时，投影为零；角 θ 为钝角时，投影为负。

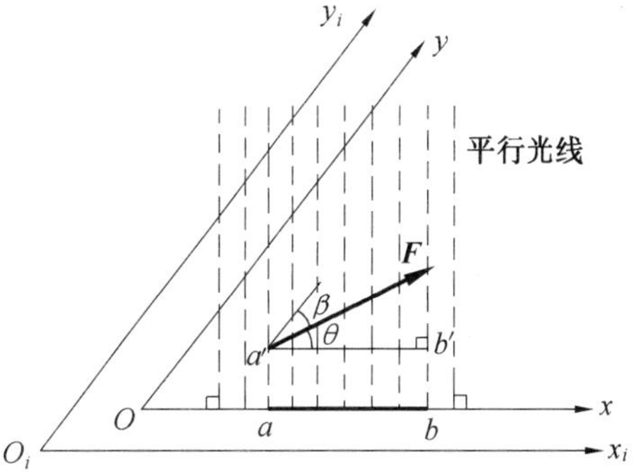

图 2.5

同理，定义力 $\boldsymbol{F}$ 在 y 轴上的投影为 $F_y=F\cos\beta$，图略。

请读者考虑，如图 2.5 所示，坐标系 Oxy 和坐标系 $O_ix_iy_i$，坐标原点不同，但坐标轴相互平行，力在轴上的投影与坐标原点的选择有无关系？结论是，与坐标原点的选择无关。

上面介绍的是平面中投影的基本概念，在空间中，若已知力 $\boldsymbol{F}$ 与直角坐标系 $Oxyz$ 三轴间的夹角为 θ,β,γ，如图 2.6(a)所示，则力 $\boldsymbol{F}$ 在 3 个坐标轴上的投影为

$$F_x=F\cos\theta,\quad F_y=F\cos\beta,\quad F_z=F\cos\gamma$$

称此为**直接(一次)投影法**。当力 $\boldsymbol{F}$ 与轴 Ox，Oy 间的夹角未知或不易确定，但已知图 2.6(b)所示角度 γ,φ 时，可采用**间接(二次)投影法**，即

$$F_x=F\sin\gamma\cos\varphi,\quad F_y=F\sin\gamma\sin\varphi,\quad F_z=F\cos\gamma$$

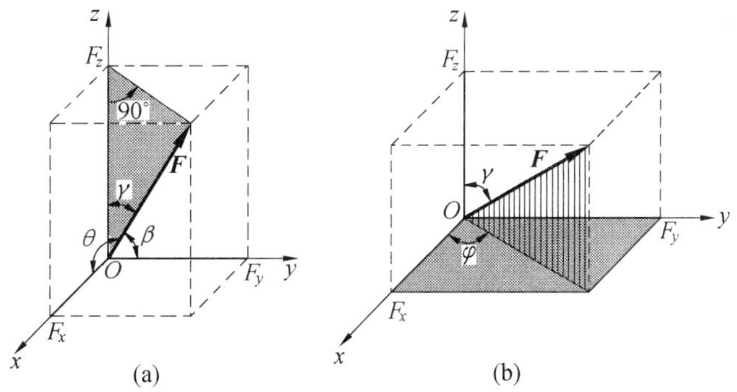

图 2.6

2. 汇交力系合成的解析法(坐标法)

由上节所讲，力多边形法则由数学公式表示为

$$\boldsymbol{F}_R=\sum\boldsymbol{F}_i$$

从力学角度看，$\boldsymbol{F}_R$ 是合力矢量，$\boldsymbol{F}_i$ 是分力矢量。从数学角度看，$\boldsymbol{F}_R$ 是合矢量，$\boldsymbol{F}_i$ 是分矢量。数学里讲过矢量投影定理：有限个矢量的和在任何轴上的投影等于各分矢量在同一轴上投

影的和。利用合矢量投影定理，在各分力已知的情况下，有

$$F_{Rx}=\sum F_{ix},\quad F_{Ry}=\sum F_{iy},\quad F_{Rz}=\sum F_{iz}$$

其中 F_{Rx}，F_{Ry}，F_{Rz}为合力在 x，y，z 轴上的投影；F_{ix}，F_{iy}，F_{iz}为各分力在 x，y，z 轴上的投影。

若把矢量投影定理里的矢量赋予力的概念，则称为**合力投影定理**，用语言叙述，为：合力在某轴上的投影等于各分力在同一轴投影的代数和。在各分力已知的情况下，则合力的大小和方向余弦为

$$F_R=\sqrt{(\sum F_{ix})^2+(\sum F_{iy})^2+(\sum F_{iz})^2} \tag{2.3}$$

$$\cos(\boldsymbol{F}_R,\boldsymbol{i})=\sum F_{ix}/F_R,\quad \cos(\boldsymbol{F}_R,\boldsymbol{j})=\sum F_{iy}/F_R,\quad \cos(\boldsymbol{F}_R,\boldsymbol{k})=\sum F_{iz}/F_R \tag{2.4}$$

当然，合力的作用点仍在汇交点。这就是空间汇交力系合成的解析法公式。

平面汇交力系是空间汇交力系的特殊情况，对平面汇交力系，选力系所在平面为 Oxy 平面，z 轴垂直于力系所在平面，则$\sum F_{iz}=0+0+\cdots+0=0$，式(2.3)和(2.4)变为

$$F_R=\sqrt{F_{Rx}^2+F_{Ry}^2}=\sqrt{(\sum F_{ix})^2+(\sum F_{iy})^2} \tag{2.5}$$

$$\cos(\boldsymbol{F}_R,\boldsymbol{i})=\sum F_{ix}/F_R,\quad \cos(\boldsymbol{F}_R,\boldsymbol{j})=\sum F_{iy}/F_R \tag{2.6}$$

这就是平面汇交力系合成的解析法公式，可求出合力的大小和方向，当然，合力的作用点仍在汇交点。

3. 汇交力系平衡的解析条件(平衡方程)

如同几何法，由于汇交力系可用其合力来代替，显然汇交力系平衡的充分必要条件是：该力系的合力等于零，即 $F_R=0$，由式(2.3)有

$$\sum F_{ix}=0,\quad \sum F_{iy}=0,\quad \sum F_{iz}=0 \tag{2.7}$$

为以后书写方便计，也可写为

$$\sum F_x=0,\quad \sum F_y=0,\quad \sum F_z=0 \tag{2.7'}$$

称式(2.7)与(2.7′)为空间汇交力系的平衡条件或平衡方程。用文字叙述，为：空间汇交力系平衡的解析条件是，该力系中各力在三个坐标轴上投影的代数和分别等于零。

对平面汇交力系，由式(2.5)或式(2.7)，其平衡方程为

$$\sum F_{ix}=0,\quad \sum F_{iy}=0 \tag{2.8}$$

为以后书写方便计，也可写为

$$\sum F_x=0,\quad \sum F_y=0 \tag{2.8'}$$

用文字叙述，为：平面汇交力系平衡的解析条件是，该力系中各力在两个坐标轴上投影的代数和分别等于零。

下面举例说明汇交力系平衡方程的实际应用。

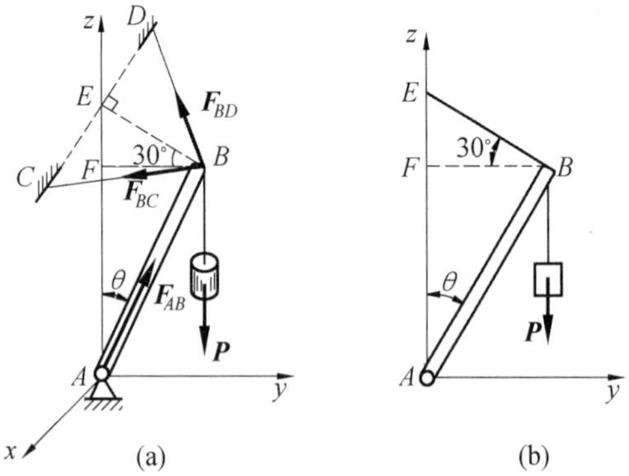

图 2.7

例 2.2　如图 2.7(a)所示，用起重杆吊起重物，起重杆的 A 端用球铰链固定在地面上，B 端用两根等长绳 CB 和 DB 拉住，两绳分别系在墙上的点 C 和 D，连线 CD 平行于 x 轴。已知：$CE=EB=ED$，$\theta=30°$，物重 $P=10$ kN。起重杆的重量不计，CDB 平面与水平面间的夹角$\angle EBF=30°$，参见图 2.7(b)，求起重杆和绳子

所受力。

解题分析与思路：取起重杆 AB 与重物为研究对象，其上受主动力 $\boldsymbol{P}$，B 处绳子的拉力 $\boldsymbol{F}_{BC}$ 与 $\boldsymbol{F}_{BD}$ 作用；由于杆重不计，杆只在 A，B 两端受力，所以起重杆 AB 为二力杆，球铰 A 对 AB 杆的约束力用 $\boldsymbol{F}_{AB}$ 表示，其沿着 A，B 两点连线。$\boldsymbol{P}$，$\boldsymbol{F}_{BC}$，$\boldsymbol{F}_{BD}$，$\boldsymbol{F}_{AB}$ 四个力汇交于点 B，为一空间汇交力系。用几何法可以画出封闭的力四边形，但比较困难，所以用解析法求解。对空间汇交力系，一般都用解析法求解。

解：　取起重杆为研究对象，受力图和坐标系如图 2.7(a)所示，由题给条件知 $\angle CBE=\angle DBE=45°$，列平衡方程，有

$\sum F_x=0$，　$F_{BC}\sin 45°-F_{BD}\sin 45°=0$

$\sum F_y=0$，　$F_{AB}\sin 30°-F_{BC}\cos 45°\cos 30°-F_{BD}\cos 45°\cos 30°=0$

$\sum F_z=0$，　$F_{AB}\cos 30°+F_{BC}\cos 45°\sin 30°+F_{BD}\cos 45°\sin 30°-P=0$

求解上面的三个平衡方程，得

$$F_{BC}=F_{BD}=3.54\ \text{kN},\quad F_{AB}=8.66\ \text{kN(压)}$$

（提示：其中，两绳的拉力在 y，z 轴上的投影用到了二次投影。F_{AB} 为正值，说明图中所设 F_{AB} 的方向为实际受力方向，杆 AB 受压力作用。）

例 2.3　如图 2.8(a)所示，重物重 $P=20$ kN，用钢丝绳连接如图。不计杆、钢丝绳和滑轮 B 的重量，忽略轴承摩擦和滑轮 B 的大小，求平衡时杆 AB，BC 所受的力。

解题分析与思路：由于不计杆的重量，所以两根杆均为二力杆，设 AB 杆受拉，BC 杆受压，其受力图如图 2.8(b)所示。又忽略滑轮 B 的大小，滑轮 B 处为力的汇交点，其受到钢丝绳的拉力 $\boldsymbol{F}_1$，$\boldsymbol{F}_2$ 和杆 AB，BC 对滑轮的约束力 $\boldsymbol{F}_{BA}$，$\boldsymbol{F}_{BC}$ 的作用，4 个力汇交于此处（点），其受力图如图 2.8(c)所示。由于是 4 个力作用，所以用解析法求解比较方便。列平衡方程时，为避免解联立方程，使每个方程为一元一次方程，可选取坐标轴如图 2.8(c)所示，列平衡方程。

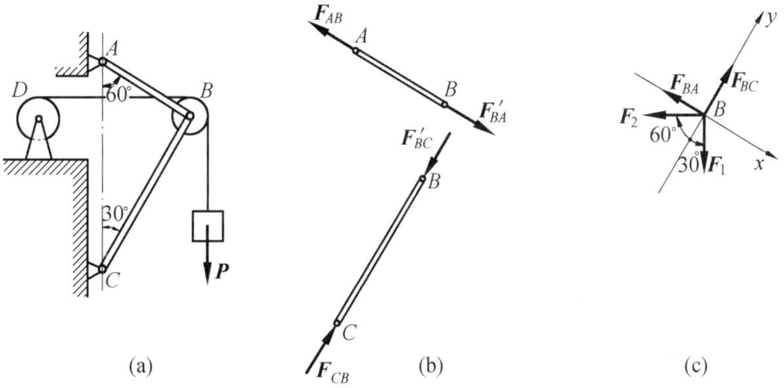

图 2.8

解：　取杆 AB，BC 和点（滑轮）B 为研究对象，其受力图如图 2.8(b)，(c)所示，在图示坐标系下列平衡方程，为

$$\sum F_x=0,\quad -F_{BA}+F_1\sin 30°-F_2\sin 60°=0$$

$$\sum F_y=0,\quad F_{BC}-F_1\cos 30°-F_2\cos 60°=0$$

分别解得　$F_{BA}=-7.32\ \text{kN(压)}$，　$F_{BC}=27.32\ \text{kN(压)}$

（提示：F_{BC} 为正值，说明此杆受压；F_{BA} 为负值，说明此杆也受压。）

例 2.4　图 2.9(a)所示的压榨（增力）机构中，不计各构件自重，杆 AB 和 BC 的长度相等。A，B，C 处为铰链连接。活塞 D 上受到油缸内的总压力为 $F=3$ kN，尺寸 $h=200$ mm，$l=1\ 500$ mm。求压块 C 对工件与工作台的压力。

解题分析与思路：由于不计杆 AB，BC 的自重，两杆均为二力杆，画出其受力图如图2.9(b)所示，构件

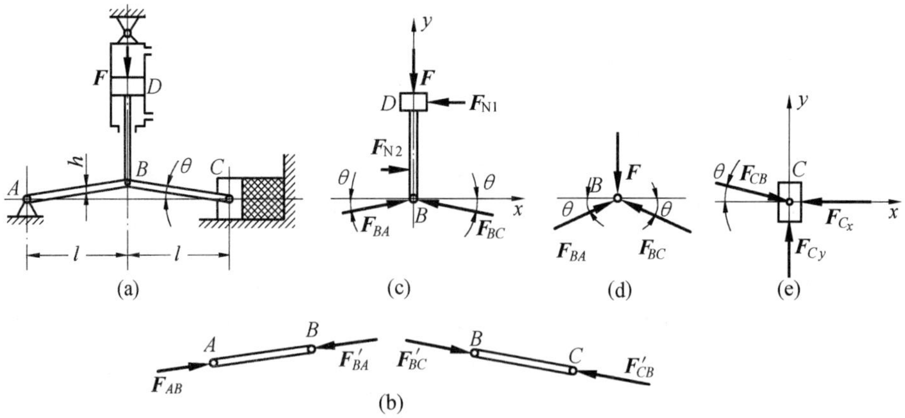

图 2.9

DB 的受力图如图 2.9(c)所示，其中 $\boldsymbol{F}_{N1}$ 与 $\boldsymbol{F}_{N2}$ 分别是汽缸与气缸出口处对此构件的作用力，此力系不是汇交力系，现在还无法求解。所以利用力的可传性，把力 $\boldsymbol{F}$ 传至销钉 B 上，取销钉 B 为研究对象画出其受力图如图 2.9(d)所示，可用几何法或解析法求出杆 AB,BC 所受力。然后取压块 C 为研究对象，画出其受力图如图 2.9(e)所示，用几何法或解析法可求出题目所求。

解： 分别取杆 AB 和 BC、销钉 B、压块 C 为研究对象，画出其受力图如图 2.9(b)、(d)、(e)所示，对销钉 B，用解析法，列平衡方程有

$$\sum F_x=0,\quad F_{BA}\cos\theta-F_{BC}\cos\theta=0$$

$$\sum F_y=0,\quad F_{BA}\sin\theta+F_{BC}\sin\theta-F=0$$

解得

$$F_{BC}=F_{BA}=\frac{F}{2\sin\theta}$$

对压块 C，用解析法，列平衡方程有

$$\sum F_x=0,\quad F_{CB}\cos\theta-F_{Cx}=0$$

$$\sum F_y=0,\quad F_{Cy}-F_{CB}\sin\theta=0$$

分别解得

$$F_{Cx}=11.25\ \text{kN},\quad F_{Cy}=1.5\ \text{kN}$$

（提示：对此题，分别对销钉 B 和压块 C 用几何法画封闭力三角形求解也很方便，具体求解，略。有兴趣的读者可以一做。）

通过以上例题，可总结出求解汇交力系平衡问题（实际也是其他平衡问题）的主要步骤如下：

(1)选取研究对象。根据题意，选取适当的平衡物体为研究对象，并用文字说明。

(2)分析受力，画出受力图。对研究对象进行受力分析，画出其所受的全部外力，包括已知力和未知力。在画受力图时，注意二力杆(构件)的确定。对平面汇交力系，注意三力平衡汇交定理的应用。

(3)选择解题方法。若用解析法，建立适当的坐标系，列出平衡方程；若用几何法，画出封闭的力三角形或多边形(一般均先从已知力画起)。

(4)求出未知量。解析法须通过求解平衡方程求出未知量；几何法可利用三角公式求出，也可用尺、量角器在图上量出未知量。

这些解题步骤是求解汇交力系平衡问题的步骤，实际也是求解静力学平衡问题的一般步骤，初学者要给以一定的注意。

另外，解题过程要分析，解题思路要寻求，但这些要做在正式落笔解题之前，在脑子里分

析，在演草纸上演算，真正做作业或考试，落在纸上的是解题主要步骤，要简单扼要。

习　题

2.1　图示杆 AB，不计其自重，杆中间没有力作用。图(a)中在点 A 作用一力 $\boldsymbol{F}$，在点 B 作用由 n 个力形成的汇交力系，杆件平衡，问点 B 处 n 个力的合力如何？此杆是不是二力杆？图(b)中在点 A 作用由 m 个力形成的汇交力系，在点 B 作用由 n 个力形成的汇交力系，杆件平衡，问 A，B 处的合力如何？此杆是不是二力杆？

2.2　铆接薄板在孔心 A，B，C 处受三个力作用，$F_1=10$ kN，沿铅直方向，$F_3=5$ kN，沿水平方向，$F_2=5$ kN，三个力的作用线均通过点 A，尺寸如图所示。求这三个力的合力。

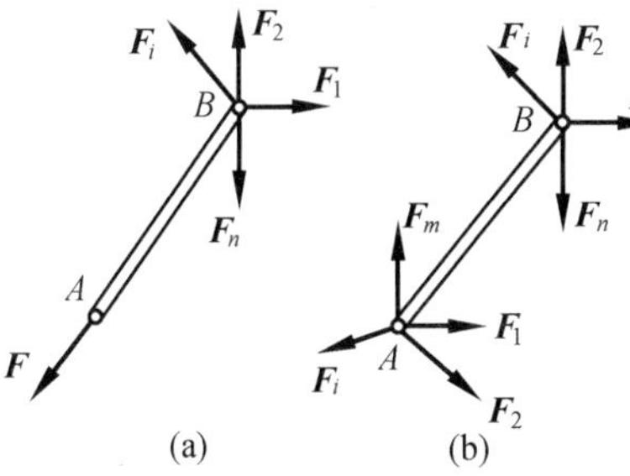

题 2.1 图

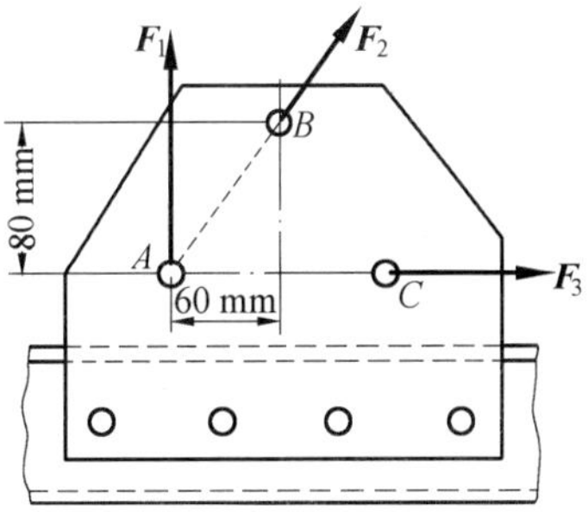

题 2.2 图

2.3　图示不计自重的杆 AC 和 BC 用铰链 C 连接，两杆的另一端分别铰接在墙上，在点 C 悬挂重 $P=10$ kN 的物体，尺寸 $AB=AC=2$ m，$BC=1$ m。求两杆所受的力。

2.4　物体重 $P=20$ kN，用绳子挂在支架的滑轮 B 上，绳子的另一端接在绞车 D 上，如图所示。转动绞车，物体便能升起。设滑轮的大小、AB 和 BC 杆的自重、滑轮轴承处摩擦略去不计，A，B，C 三处均为铰链连接。当物体处于平衡状态时，求杆 AB 和 BC 所受的力。

2.5　图示火箭沿与水平面成 $\beta=25^\circ$ 的方向做匀速直线运动，火箭的推力 $F_1=100$ kN，与运动方向成角 $\theta=5^\circ$，火箭重 $P=200$ kN。求空气动力 $\boldsymbol{F}_2$ 和它与飞行方向的夹角 γ。

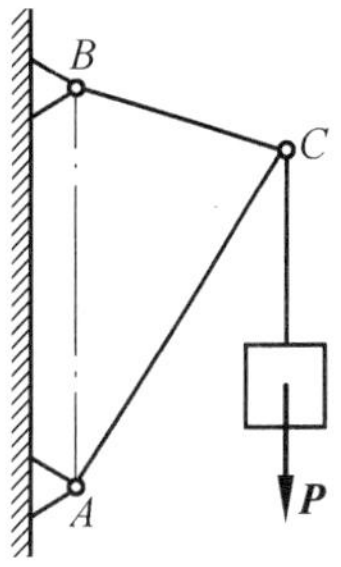

题 2.3 图

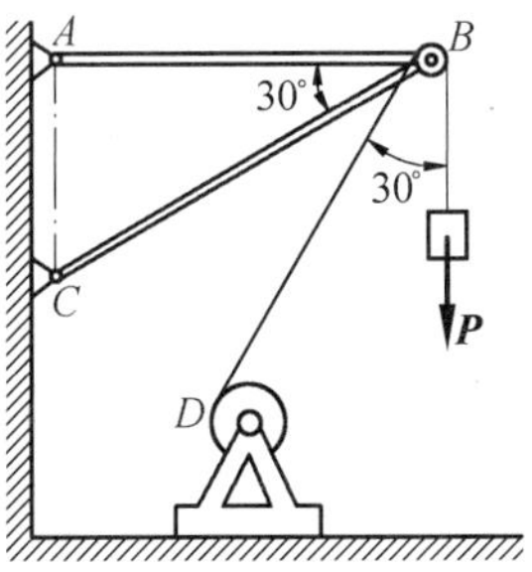

题 2.4 图

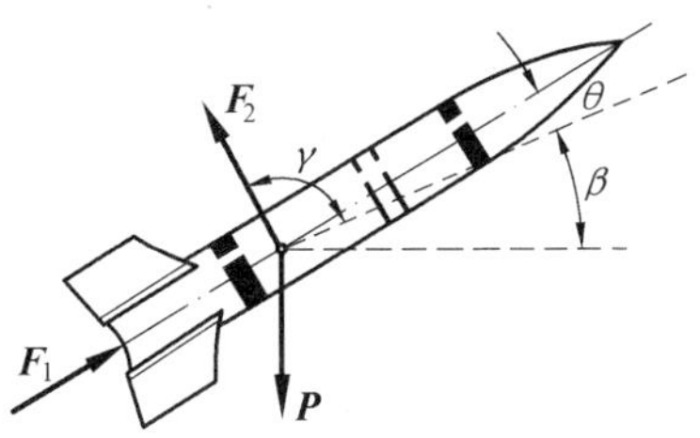

题 2.5 图

2.6　如图所示，电线 ACB 架在两电线杆之间，形成一下垂曲线，下垂距离 $CD=f=1$ m，两电线杆间距离 $AB=40$ m。电线 ACB 段重 $P=400$ N，可近似认为沿直线 AB 均匀分布。求电线中点和两端的拉力。

2.7　图为弯管机的夹紧机构示意图,已知:压力缸直径 $D=120$ mm,压强 $p=6$ MPa,各构件重量和各处摩擦不计。求 $\theta=30°$平衡时产生的水平夹紧力 $\boldsymbol{F}$。

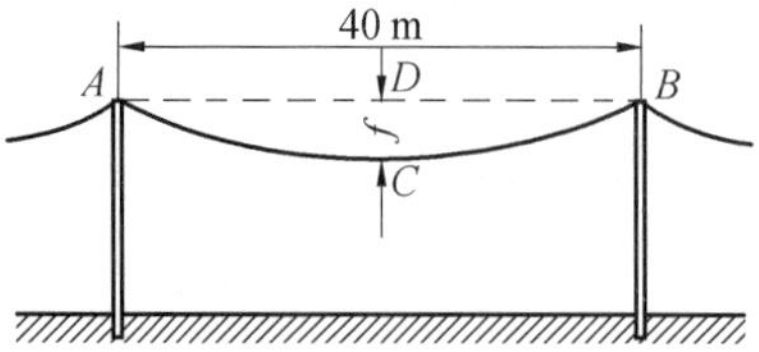

题 2.6 图

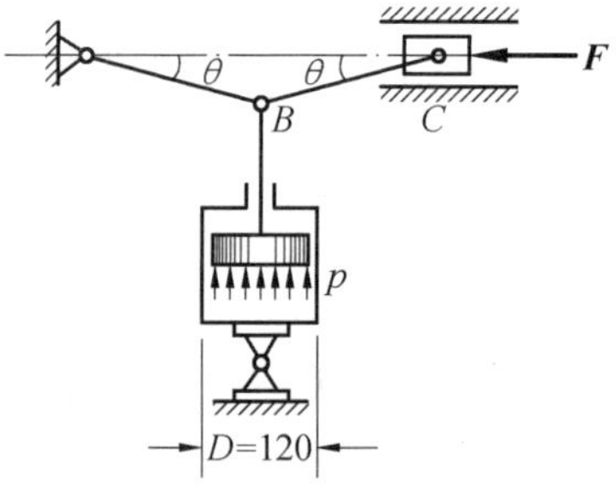

题 2.7 图

2.8　图示为一拔桩装置。在木桩的点 A 上系一绳,将绳的另一端固定在点 C,在绳的点 B 系另一绳 BE,将它的另一端固定在点 E。然后在绳的点 D 用力向下拉,并使绳的 BD 段水平,AB 段铅直,DE 段与水平线、CB 段与铅直线间分别成等角 $\theta=0.1$ rad(θ 很小,$\tan\theta\approx\theta$)。如向下的拉力 $F=800$ N,求绳 AB 作用于桩上的拉力。

2.9　图示空间构架由三根无重直杆组成,在 D 端用球铰链连接,如图所示。A,B,C 端用球铰链固定在水平地板上。如果挂在 D 端的重物 $P=10$ kN,求铰链 A,B,C 处的约束力。

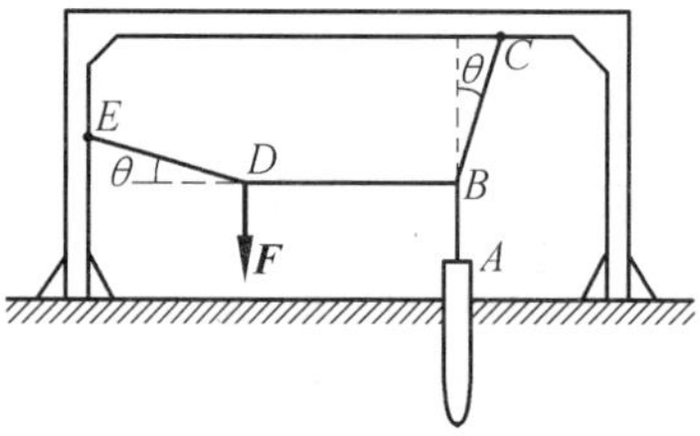

题 2.8 图

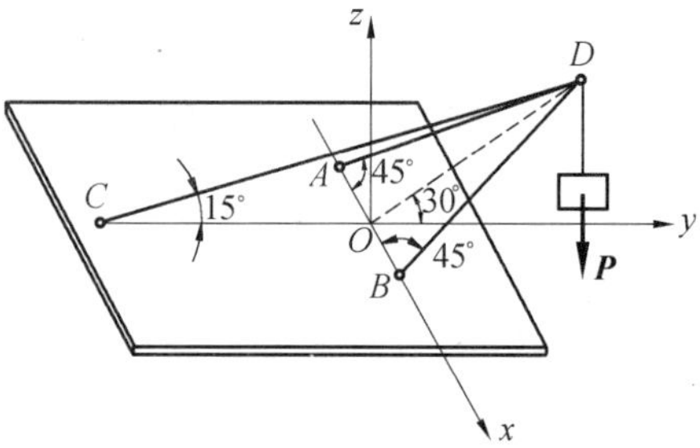

题 2.9 图

2.10　挂物架如图所示,三杆的重量不计,用球铰链连接于 O 点,平面 BOC 是水平面,且 $OB=OC$,角度如图所示。在 O 点挂一重 $P=1\ 000$ N 的重物 G。求三杆所受的力。

2.11　在图示起重机中,$AB=BC=AD=AE$,A,B,D,E 处均为球铰链连接,三角形 ABC 的投影为 AF,AF 与 y 轴夹角为 θ,起吊重物重量为 $\boldsymbol{P}$,不计各杆件重量。求系统在图示位置平衡时,各杆受力。

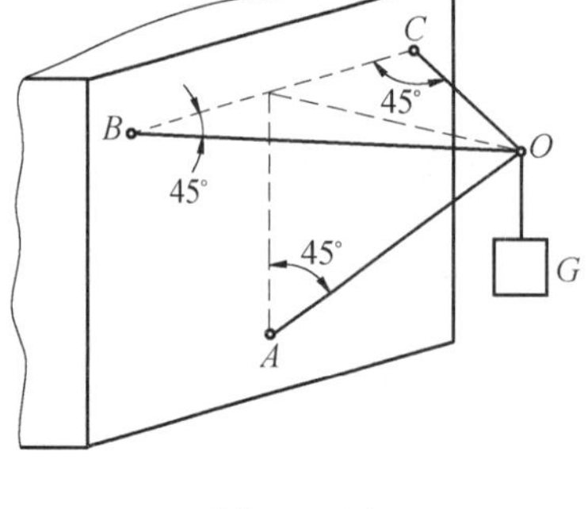

题 2.10 图

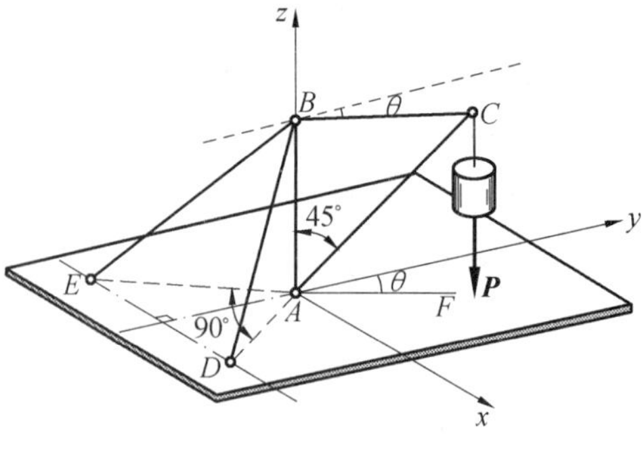

题 2.11 图

2.12　图示空间桁架由六根杆 1、2、3、4、5 和 6 构成。在节点 A 上作用一力 $\boldsymbol{F}$，此力作用在矩形 $ABCD$ 平面内，且与铅直线成 45°角。等腰三角形 $\triangle AEK$ 与 $\triangle FBM$ 全等，且 $\triangle EAK$，$\triangle FBM$，$\triangle NDB$ 在顶点 A，B，D 处均为直角，又 $EC=CK=FD=DM$，力 $F=10$ kN。求各杆受力。

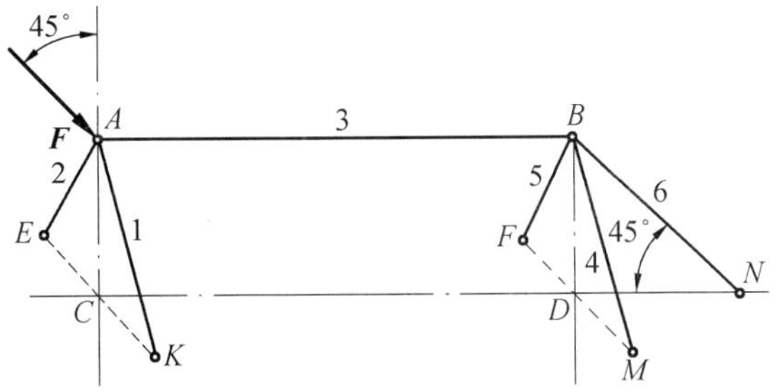

题 2.12 图

第3章　力矩和力偶

只要具有中学物理力学的基本概念与知识，再加上基本掌握本书第1章的内容即可学习本章。

本章介绍平面问题中力对点的矩、空间问题中力对点的矩、力对轴的矩，力偶、力偶矩的概念，力偶的性质，力偶系的合成与平衡条件，并对力矩的计算，力偶系的平衡问题进行练习。

力矩的概念和计算在中学物理里一般都已经熟悉，由于其在理论力学中的基础性同时也就具有重要性，所以在本章中予以复习，同时对力矩的概念与计算予以扩充与加深。力偶的概念大家可能比较陌生，但在前面学习的基础上，也很容易掌握。

3.1　力对点的矩和力对轴的矩

力可以使物体产生移动（平移），也可以使物体产生转动。力使物体绕点或轴转动的效应用力对点的矩和力对轴的矩来度量。

1. 平面问题中力对点的矩（用代数量表示）

力对点的矩的概念和计算在物理里已经讲过，提到杠杆，大家一般都知道，其实际上就是力对点的矩的概念和计算，但物理里讲到的实际上是平面问题中力对点的矩，现予以复习与巩固如下。

人们从实践中知道，力除了能使物体移动（平移）外，还能使物体绕某一点转动。我国很早就发明了杠杆、滑轮等简单机械，用到了力的转动效应。在公元前的著作《墨经》中，已有关于力矩的论述。如古代汲水用的桔槔(jié gāo)，如图3.1所示，利用的就是杠杆（力矩）的原理。用扳手拧螺母时，人们知道作用力 $\boldsymbol{F}$ 应该尽量靠近 A 端并与扳手垂直，如图3.2(a)所示，而绝不会采用如图3.2(b)所示的用力方法。当力 $\boldsymbol{F}$ 的大小相同时，图3.2(c)所示的施力方式显然不如图3.2(a)所示方法理想，而且很明显，力 $\boldsymbol{F}$ 使扳手转动的方向不同，作用效果也不同，如图3.2(d)所示。

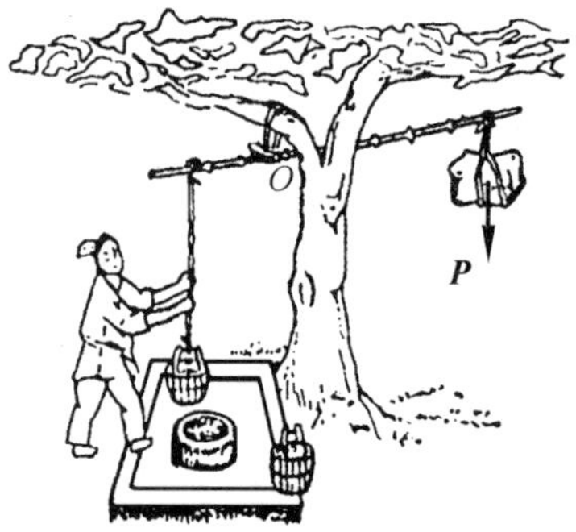

图3.1

由此及许多其他例子，人们抽象出了力对点的矩的概念并给予了定义。一直线和一点形成一平面，力 $\boldsymbol{F}$ 与点 O 也形成一平面，称此平面为**力矩作用面**，称点 O 为**矩心**，见图3.3，在此平面内，力 $\boldsymbol{F}$ 使物体绕点 O 转动的效果，取决于两个要素：

(1) 力的大小 F 与力臂 h（矩心到力作用线的距离）的乘积；

(2) 力使物体绕矩心转动的方向。

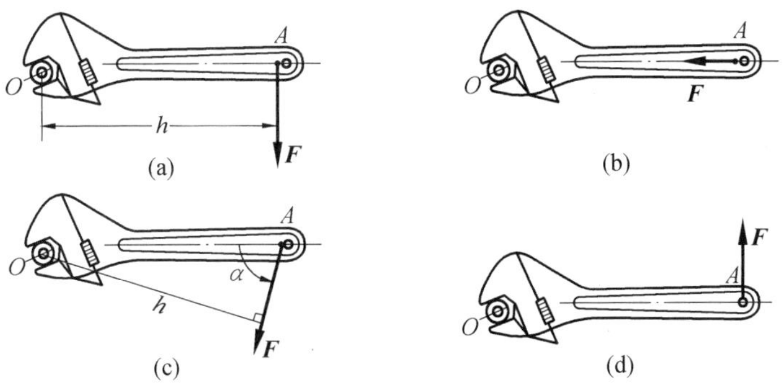

图 3.2

为此，有力矩的定义：在力矩作用面内，力对点的矩是一个代数量，它的绝对值等于力的大小与力臂的乘积，它的正负习惯按下法规定，力使物体绕矩心逆时针转向为正，反之为负。以公式表示，为

$$M_O(\boldsymbol{F}) = \pm F \cdot h \tag{3.1}$$

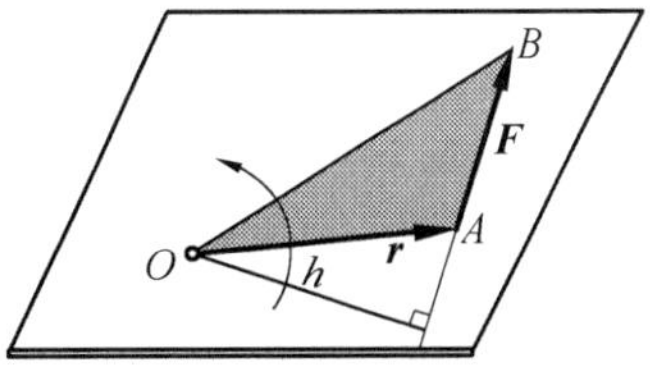

图 3.3

这实际上就是中学物理里讲的力矩的概念，但因为其基础性与重要性，所以在此处给以复习。显然，当力为零或力臂为零(力的作用线通过矩心)时，力对点的矩为零。力矩的常用单位是 N·m 或 kN·m。

按力系等效概念，若一力系有合力，此合力对一点的矩应等于各分力对此点力矩的代数和，称此为合力矩定理，以公式表示，为

$$M_O(\boldsymbol{F}_R) = \sum M_O(\boldsymbol{F}_i) \tag{3.2}$$

对合力矩定理，可从物理概念解释，在后面有关章节也要给以证明，现在在可用到合力矩定理的地方可以先使用，下面举两例。

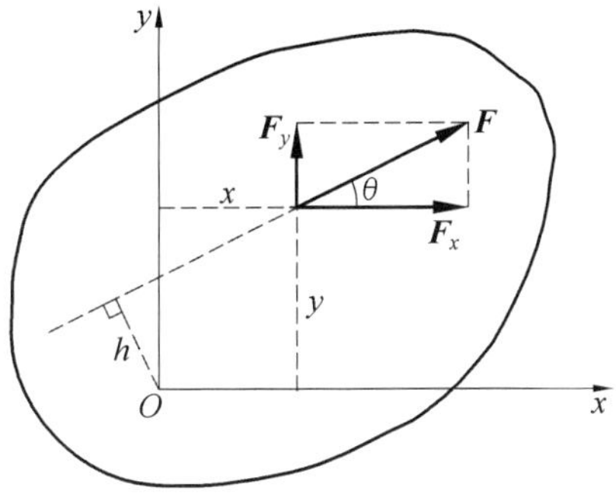

图 3.4

例 3.1　如图 3.4 所示，已知作用于物体上的力 $\boldsymbol{F}$，角度 θ，力 $\boldsymbol{F}$ 作用点的坐标 x，y。求力 $\boldsymbol{F}$ 对点 O 的矩。

解题分析与思路：可直接利用力矩的概念，写出力 $\boldsymbol{F}$ 作用线的方程，再利用点到直线的距离公式，求出力臂 h，用公式 $\pm F \cdot h$ 计算力矩。但这样计算比较麻烦，若利用合力矩定理，把力 $\boldsymbol{F}$ 分解为两个分力 $\boldsymbol{F}_x$，$\boldsymbol{F}_y$，由合力矩定理 $M_O(\boldsymbol{F}) = M_O(\boldsymbol{F}_x) + M_O(\boldsymbol{F}_y)$ 计算则比较简单。

解：　用合力矩定理计算，有

$$M_O(\boldsymbol{F}) = M_O(\boldsymbol{F}_x) + M_O(\boldsymbol{F}_y) = -F_x \cdot y + F_y \cdot x = F\sin\theta \cdot x - F\cos\theta \cdot y$$

提示：可见这样计算力矩比直接按定义 $\pm F \cdot h$ 计算简单，所以对一些题目，要注意合力矩定理的应用。

例 3.2　图 3.5 所示圆柱直齿轮，受到啮合力 $\boldsymbol{F}$ 的作用，$F = 1\,400$ N，压力角 $\theta = 20°$，齿轮的节圆(啮合圆)的半径 $r = 60$ mm。求力 $\boldsymbol{F}$ 对于轴心 O 的力矩。

解题分析与思路：齿轮压力角的概念为齿轮间实际传递的力和其啮合点的切线之间的夹角，如图 3.5(a)所示。求力 $\boldsymbol{F}$ 对于轴心 O 的力矩，可直接按力矩的定义计算，也可把力 $\boldsymbol{F}$ 分解为切向力 $\boldsymbol{F}_t$ 和径向力 $\boldsymbol{F}_n$，用合力矩定理计算。

解：　力 $\boldsymbol{F}$ 对于轴心 O 的力矩，直接按力矩的定义计算(图 3.5(a))有

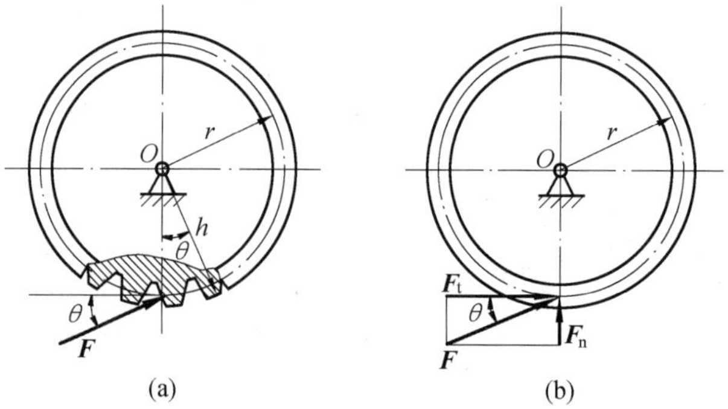

图 3.5

$$M_O(\boldsymbol{F})=F\cdot h=F\cdot r\cos\theta=1\ 400\times 60\times\cos 20^\circ\ \text{N}\cdot\text{m}=78.93\ \text{N}\cdot\text{m}$$

也可以根据合力矩定理，将力 $\boldsymbol{F}$ 分解为切向力 $\boldsymbol{F}_t$ 和径向力 $\boldsymbol{F}_n$（图 3.5(b)），由于径向力 $\boldsymbol{F}_n$ 通过矩心 O，其对点 O 的力矩为零，则

$$M_O(\boldsymbol{F})=M_O(\boldsymbol{F}_t)+M_O(\boldsymbol{F}_n)=F\cos\theta\cdot r=1\ 400\cos 20^\circ\times 60\ \text{N}\cdot\text{m}=78.93\ \text{N}\cdot\text{m}$$

可见，两种方法计算结果相同。

提示：对此题，两种计算方法难易程度相差不大，但通过此题，要知道齿轮压力角的概念。

在理论力学教材和实际中，要碰到图 3.6 所示的三角形分布荷载，一般已知其分布长度 l，单位一般为 m，荷载的最大值为 q，其单位一般为 N/m 或kN/m，可以用积分的方法求出其合力大小，用合力矩定理可求出其合力作用线位置。现求解如下。

设距 O 端为 x 的微段处的荷载为 $q(x)$，由相似三角形的关系，有 $\frac{q(x)}{x}=\frac{q}{l}$，则 $q(x)=\frac{q}{l}x$，微段 $\mathrm{d}x$ 上的合力为 $q(x)\cdot\mathrm{d}x$，因此，三角形分布荷载的合力大小 F 为

$$F=\int_0^l\frac{q}{l}x\cdot\mathrm{d}x=\frac{1}{2}ql \tag{3.3}$$

设合力作用线距 O 端的距离为 h，微段 $\mathrm{d}x$ 上的微小力对点 O 的力矩为 $q(x)\cdot\mathrm{d}x\cdot x$，由合力矩定理，有

$$F\cdot h=\int_0^l\frac{q}{l}x^2\cdot\mathrm{d}x=\frac{1}{3}ql^2$$

解得

$$h=\frac{2}{3}l \tag{3.4}$$

所以三角形分布荷载的合力为 $\frac{1}{2}ql$，合力作用线距点 O 的距离为 $\frac{2}{3}l$，此结论可作为公式使用。

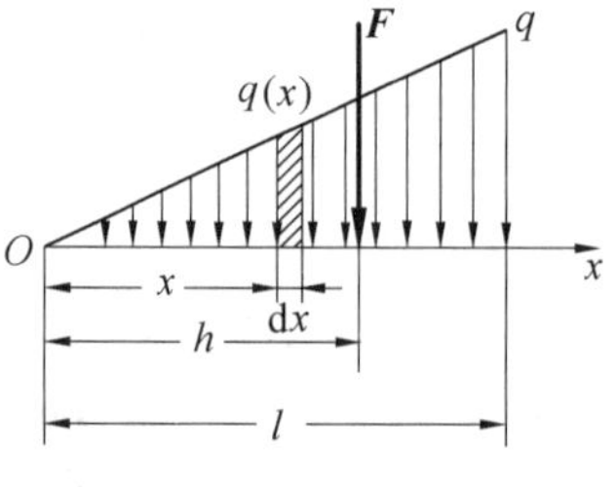

图 3.6

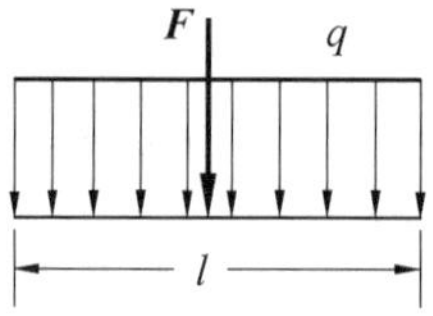

图 3.7

在理论力学教材和实际中，还会遇到图 3.7 所示的均布荷载作用，显然其合力大小为 ql，合力作用线位置为均布荷载的正中间，此结论也可以直接使用。

顺便指出，当平面汇交力系平衡时，合力为零，由式(3.2)可知，各力对任一点 O 之矩的代数和皆为零，即

$$\sum M_O(\boldsymbol{F}_i)=0$$

上式说明：可用力矩方程代替投影方程求解平面汇交力系的平衡问题。

2. 空间问题中力对点的矩(用矢量表示)

在平面问题中，力对点的矩取决于两个要素。但当力矩作用面不同时，力使物体转动的效果也不同。例如，一长方体在点 O 用球铰链约束，如图 3.8 所示，在点 A 作用有力 $\boldsymbol{F}_1$ 与 $\boldsymbol{F}_2$，$\boldsymbol{F}_1$ 和 $\boldsymbol{F}_2$ 的大小相同，作用点相同，但显然力 $\boldsymbol{F}_1$，$\boldsymbol{F}_2$ 使长方体绕点 O 转动的效果不同。这是由于力矩作用面 OAB，OAC 不同而致。又如，作用在飞机尾部铅垂舵和水平舵上的力，对飞机绕重心转动的效果不同，前者能使飞机转弯，后者能使飞机俯仰。因此，在空间情况下，不仅要考虑力矩的大小、转向，还要考虑力矩作用面的方位。也即，在空间问题中，力 $\boldsymbol{F}$ 对点 O 的矩取决于三个要素：

(1)在力矩作用面内，力 $\boldsymbol{F}$ 的大小与力臂的乘积，即力矩的大小；

(2)在力矩作用面内，力 $\boldsymbol{F}$ 使物体绕点 O 转动的方向，即力矩的转向；

(3)力矩的作用面。

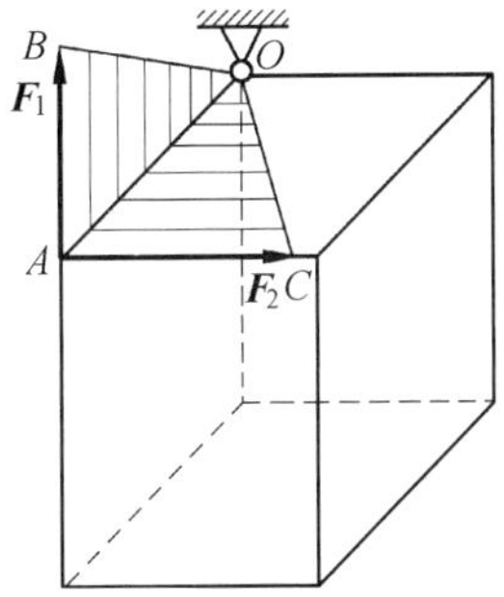

图 3.8

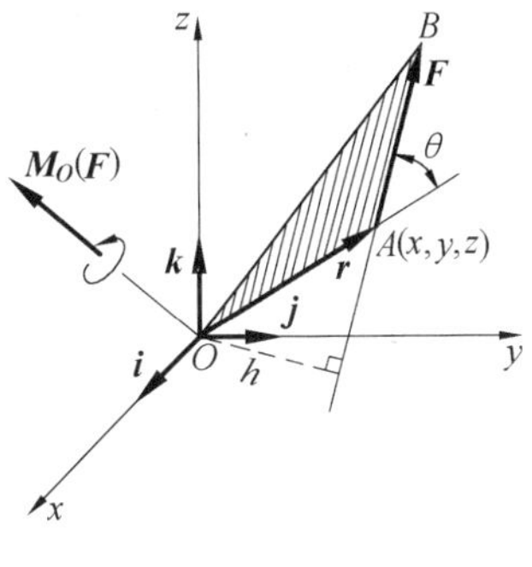

图 3.9

由矢量叉乘的定义，如图 3.9 所示，此三要素可用下式表示为

$$\boldsymbol{M}_O(\boldsymbol{F})=\boldsymbol{r}\times\boldsymbol{F} \tag{3.5}$$

也即，空间问题中，力对点的矩是一个矢量，此矢量等于矩心到该力作用点的矢径与该力的矢量积。

由此可知，力有三要素(大小、方向、作用点或线)，力对点的矩也有三要素(大小、转向、作用面)，所以均以矢量表示。

3. 力对轴的矩

工程中，经常遇到一个物体绕某一轴转动的情况，作用于该物体的力一般可使该物体的转动状态发生改变，为了度量这种改变，引进力对轴的矩的概念。

以门为例，如图 3.10 所示，当力 $\boldsymbol{F}$ 与门轴 z 平行、正交或斜交，分别如图 3.10(a)，(b)，(c)所示时，可知这些力不会使门转动。在图 3.10(d)的情况下，把力 $\boldsymbol{F}$ 分解为平行于轴 z

的分力 $\boldsymbol{F}_z$ 与垂直于轴 z 的平面内的分力 $\boldsymbol{F}_{xy}$，由经验知，只有分力 $\boldsymbol{F}_{xy}$ 才能使门绕轴 z 转动。将类似的现象加以概括和抽象，定义力对轴的矩的概念和计算如下：力对轴的矩是力使刚体绕该轴转动效应的度量，是一个代数量。其绝对值等于该力在垂直于该轴的平面上的投影对于这个平面与该轴的交点的矩。正负号习惯规定为，从轴正向看，若力使刚体绕该轴逆时针向转动，为正号，反之为负号。也可按右手螺旋规则确定正负号，如图 3.10(e)所示，拇指指向与轴正向相同为正，反之为负。

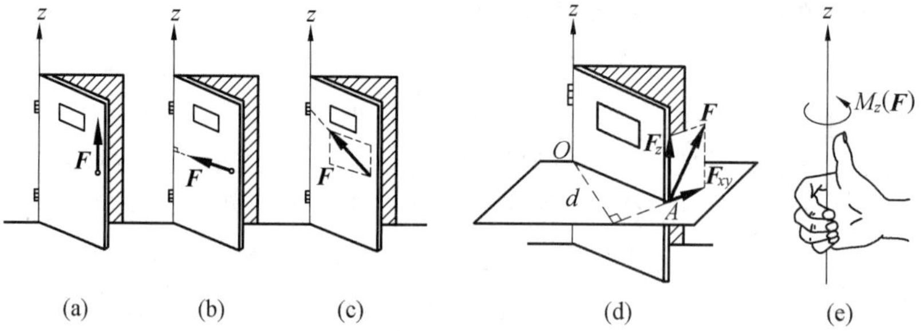

图 3.10

用符号 $M_z(\boldsymbol{F})$ 表示力 $\boldsymbol{F}$ 对轴 z 的矩，有

$$M_z(\boldsymbol{F})=M_O(\boldsymbol{F}_{xy})=\pm F_{xy}h \tag{3.6}$$

显然，当力与轴平行或相交时，力对该轴的矩等于零，或者说，当力和轴在同一平面内时，力对该轴的矩等于零。

力对轴的矩的单位为 N·m 或 kN·m。

例 3.3 在图 3.11 所示物体上建一直角坐标系 $Oxyz$，已知力 $\boldsymbol{F}$ 与力 $\boldsymbol{F}$ 在 x,y,z 轴的分力 $\boldsymbol{F}_x,\boldsymbol{F}_y,\boldsymbol{F}_z$，力 $\boldsymbol{F}$ 作用点 A 的坐标 x,y,z。若轴 x 为转轴，求力 $\boldsymbol{F}$ 对轴 x 的力矩。同样，若轴 y,z 为转轴，求力 $\boldsymbol{F}$ 对轴 y,z 的力矩。

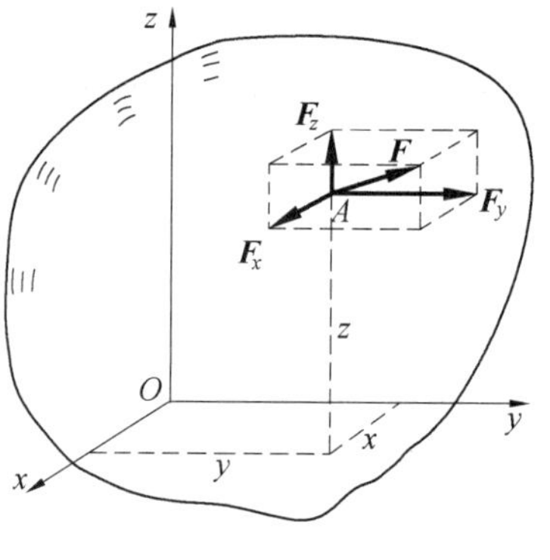

图 3.11

解题分析与思路：类同例 3.1，可用合力矩定理求对 3 根轴的力矩。

解：

$$M_x(\boldsymbol{F})=M_x(\boldsymbol{F}_x)+M_x(\boldsymbol{F}_y)+M_x(\boldsymbol{F}_z)=0-F_y\cdot z+F_z\cdot y=yF_z-zF_y$$

$$M_y(\boldsymbol{F})=M_y(\boldsymbol{F}_x)+M_y(\boldsymbol{F}_y)+M_y(\boldsymbol{F}_z)=F_x\cdot z+0-F_z\cdot x=zF_x-xF_z$$

$$M_z(\boldsymbol{F})=M_z(\boldsymbol{F}_x)+M_z(\boldsymbol{F}_y)+M_z(\boldsymbol{F}_z)=-F_x\cdot y+F_y\cdot x+0=xF_y-yF_x$$

4. 空间力对点的矩与力对过该点的轴的矩的关系

例 3.3 中，即图 3.11 中，力可以对 x,y,z 轴取力矩，也可以对坐标原点 O 取矩。空间中力对点的矩为矢量，力对轴的矩为代数量，其力矩（转动效应）明显不同，但两者之间有没有关系？实际上，空间力对点的矩与力对过该点的轴的矩之间有一定的关系，下面证明之。

空间力 $\boldsymbol{F}$ 对点 O 的矩为 $\boldsymbol{M}_O(\boldsymbol{F})=\boldsymbol{r}\times\boldsymbol{F}$，在直角坐标系内可表示为

$$\boldsymbol{M}_O(\boldsymbol{F})=\boldsymbol{r}\times\boldsymbol{F}=(x\boldsymbol{i}+y\boldsymbol{j}+z\boldsymbol{k})\times(F_x\boldsymbol{i}+F_y\boldsymbol{j}+F_z\boldsymbol{k})=$$

$$\begin{vmatrix} \boldsymbol{i} & \boldsymbol{j} & \boldsymbol{k} \\ x & y & z \\ F_x & F_y & F_z \end{vmatrix} = (yF_z - zF_y)\boldsymbol{i} + (zF_x - xF_z)\boldsymbol{j} + (xF_y - yF_x)\boldsymbol{k}$$

则力对点 O 的矩矢在 x,y,z 轴的投影为

$$[\boldsymbol{M}_O(\boldsymbol{F})]_x = yF_z - zF_y,\quad [\boldsymbol{M}_O(\boldsymbol{F})]_y = zF_x - xF_z,\quad [\boldsymbol{M}_O(\boldsymbol{F})]_z = xF_y - yF_x$$

与例 3.3 力 $\boldsymbol{F}$ 对 x,y,z 轴的矩 $M_x(\boldsymbol{F}),M_y(\boldsymbol{F}),M_z(\boldsymbol{F})$ 比较，可见

$$[\boldsymbol{M}_O(\boldsymbol{F})]_x = M_x(\boldsymbol{F}),\quad [\boldsymbol{M}_O(\boldsymbol{F})]_y = M_y(\boldsymbol{F}),\quad [\boldsymbol{M}_O(\boldsymbol{F})]_z = M_z(\boldsymbol{F}) \tag{3.7}$$

这些式子说明，力对点的矩矢在通过该点的某轴上的投影，等于力对该轴的矩。这就是力对点的矩与力对过该点的轴的矩的关系，在后面的理论推导中，要用到此关系。

3.2　力偶　力偶矩　力偶的性质

1. 力偶

在实际中，常见物体受大小相等、方向相反、平行但不共线的两个力作用，如图 3.12 所示的拧水龙头、转动方向盘、电动机的定子磁场对转子的电磁力作用等。由此抽象出力偶的概念，由两个大小相等、方向相反、平行但不共线的力组成的力系，称为**力偶**，用图 3.13 所示图形表示，记作$(\boldsymbol{F},\boldsymbol{F}')$。两条非重合平行线确定一个平面，由力偶（两个非重合平行力）所形成的平面被称为**力偶的作用面**，称力偶两力之间的距离为**力偶臂**。

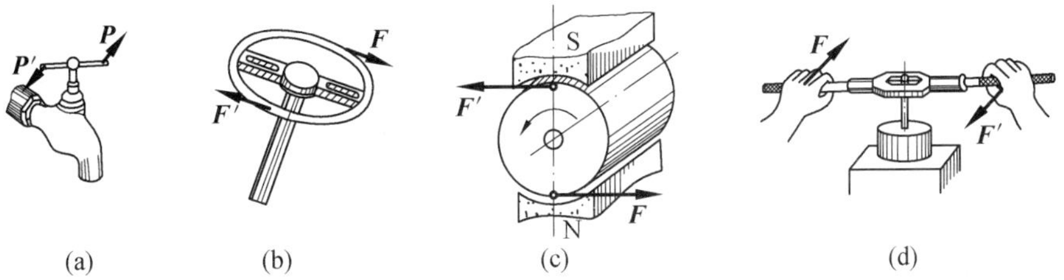

图 3.12

由于力偶中的两力不共线，不满足二力平衡公理，因此力偶不是平衡力系。事实上，由以上实例可知，只受一个力偶作用的物体，一定会转动，而不会处于平衡状态。

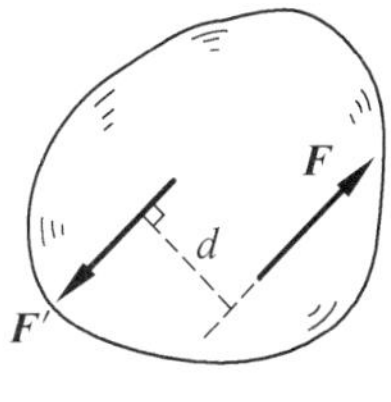

图 3.13

2. 力偶矩

和平面中力对点的矩类似，在力偶作用面内，力偶使物体转动的效果，也取决于两个要素：

(1)力偶中力的大小与力偶臂的乘积；

(2)力偶使物体转动的方向。

为此，在平面中，有力偶矩的定义：在力偶作用面内，力偶矩是一个代数量，其绝对值等于力的大小与力偶臂的乘积，它的正负习惯按下法规定，力偶使物体逆时针转向为正，反之为负。

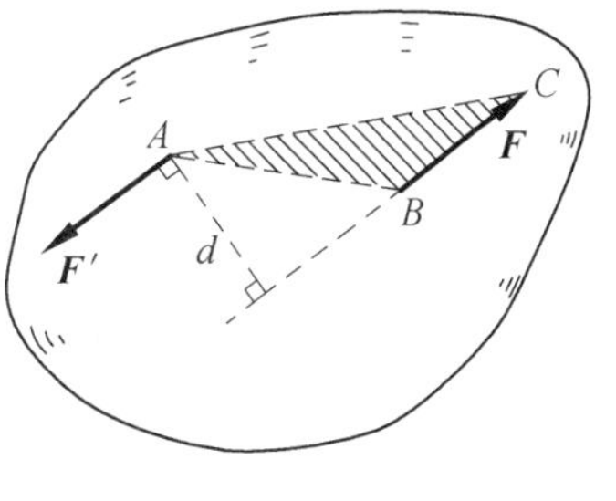

图 3.14

以公式表示，为

$$M = \pm F \cdot d = \pm 2A_{\triangle ABC} \tag{3.8}$$

力偶矩的单位和力矩的单位相同，力偶矩也可以用三角形的面积表示，如图 3.14 所示。

和空间中力对点的矩类似，在空间中，力偶对物体的作用效果还与力偶的作用面有关。图 3.15 所示为一长方体，同一个力偶作用在平面 $ABCD$ 内和平面 $ABFE$ 内，显然，力偶对物体的作用效果不同，这是由于力偶作用面不同所致。在这种情况下，力偶对物体的作用效果取决于三个要素：

(1)力偶中力的大小与力偶臂的乘积；

(2)力偶使物体转动的方向；

(3)力偶的作用面。

为此，空间中的力偶矩用矢量叉乘积来表示，如图 3.16(a)所示，为

$$\boldsymbol{M} = \boldsymbol{r}_{BA} \times \boldsymbol{F} \tag{3.9}$$

方向可用右手螺旋法则确定，如图 3.16(b)所示，称 $\boldsymbol{M}$ 为力偶矩矢。

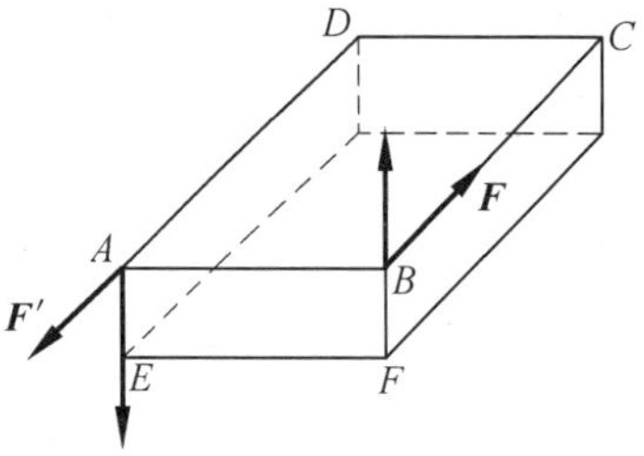

图 3.15

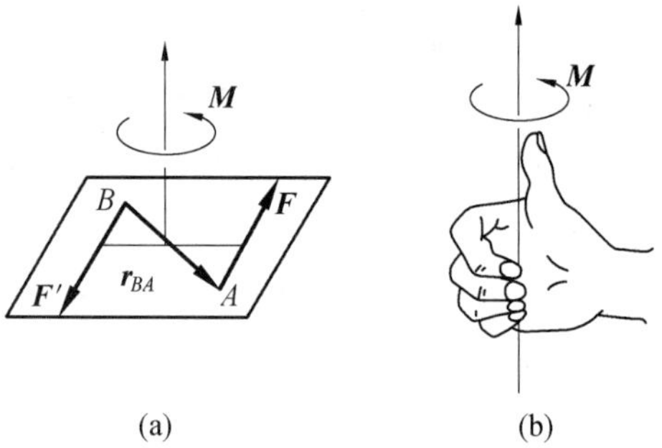

图 3.16

由此可知，力有三要素(大小、方向、作用点或作用线)，空间中力对点的矩也有三要素(大小、转向、作用面)，空间力偶矩也有三要素(大小、转向、作用面)，所以均以矢量表示。

3. **力偶的性质**

(1)力偶中的两力在任何轴上投影的代数和为零。

力偶由等值、反向、平行的两个力组成，其在任意轴投影的代数和必然为零。

在后面各章列力的投影方程时，由力偶的这一条性质，不用考虑力偶中力在轴上的投影。

(2)力偶没有合力，即力偶不能用一个力等效代替，因而也不能用一个力来平衡，力偶只能由力偶来平衡。

力偶的两力在任何坐标轴上投影的代数和为零，其若有合力，合力不可能在任何坐标轴上投影均为零，因此，力偶没有合力。再者，由力偶的定义，力偶中的两个力等值、反向、平行，力矢和为零。若有合力，其合力应该为零，合力为零，就应该平衡，但实际上在一个力偶作用下，物体不会平衡，这也说明力偶没有合力。既然没有合力，力偶就不能由一个力来平衡，力偶只能由力偶来平衡。

在解一些题目时，要注意力偶这一条性质中“力偶只能由力偶来平衡”的特点。

(3)力偶对任意点取力矩都等于力偶矩，不因矩心的改变而改变。

如图3.17所示，该力偶的力偶矩为 Fd，在力偶所在平面内任取一点 O_1，把力偶中两力对此点取矩，有

$$M_{O_1}(\boldsymbol{F})+M_{O_1}(\boldsymbol{F}')=F\cdot(d+x_1)-F'\cdot x_1=Fd$$

对点 O_2 取矩，有

$$M_{O_2}(\boldsymbol{F})+M_{O_2}(\boldsymbol{F}')=-F\cdot x_2+F'\cdot(x_2+d)=Fd$$

可见力偶对任何点取矩都等于力偶矩，不因矩心的改变而改变。而力矩就不同，一般矩心若改变，则力矩就改变，这是力矩与力偶矩的一个重要区别。力矩的符号用 $M_O(\boldsymbol{F})$ 表示，力偶矩的符号用 M 表示，实际上就隐含了力矩与力偶矩的区别。

在后面解一些题目列力矩平衡方程时，要注意力偶矩的这一特点，力偶对任意点取矩都等于力偶矩，不因矩心的改变而改变。

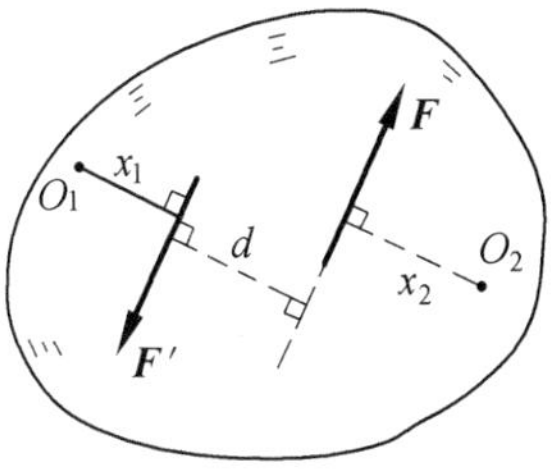

图3.17

(4)只要保持力偶矩不变，力偶可在其作用面内任意移转，且可以同时改变力偶中力的大小与力偶臂的长短，对刚体的作用效果不变。

如图3.18(a)所示，刚体上有一力偶($\boldsymbol{F}_1$，$\boldsymbol{F}'_1$)作用，其力偶矩为 F_1d，据加减平衡力系公理，在 A，B 两点加一平衡力系 $\boldsymbol{F}_2=-\boldsymbol{F}'_2$，如图3.18(b)所示，再据平行四边形公理，把 A，B 两点的力合成得力 $\boldsymbol{F}_R$，$\boldsymbol{F}'_R$，显然此二力构成一力偶($\boldsymbol{F}_R$，$\boldsymbol{F}'_R$)，其力偶矩为 F_Rd_1，再据力的可传性，把力 $\boldsymbol{F}_R$，$\boldsymbol{F}'_R$ 传递如图3.18(c)所示，很明显，力偶($\boldsymbol{F}_1$，$\boldsymbol{F}'_1$)和($\boldsymbol{F}_R$，$\boldsymbol{F}'_R$)中力的大小，力偶臂的长短，力的作用点，力的方向均已改变，但两力偶等效。而力偶($\boldsymbol{F}_1$，$\boldsymbol{F}'_1$)的力偶矩为 $Fd=2A_{\triangle ABC}$，力偶($\boldsymbol{F}_R$，$\boldsymbol{F}'_R$)的力偶矩为 $F_Rd_1=2A_{\triangle ABD}$，显然，两三角形的面积相等，所以两力偶的力偶矩相等，此性质得证。

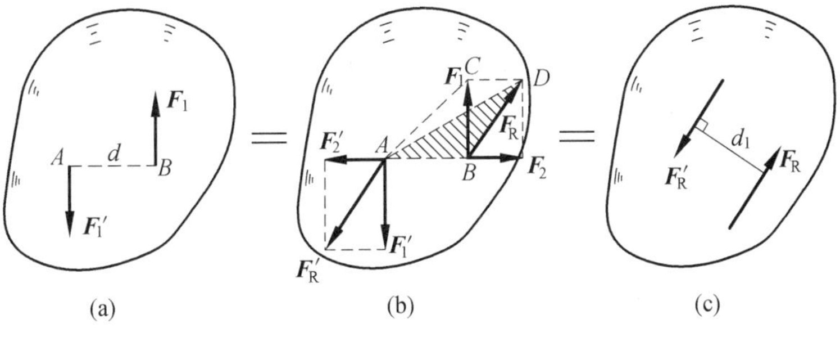

图3.18

由于力偶具有这样的性质，同时也为画图方便，以后常用图3.19所示符号表示力偶与力偶矩。

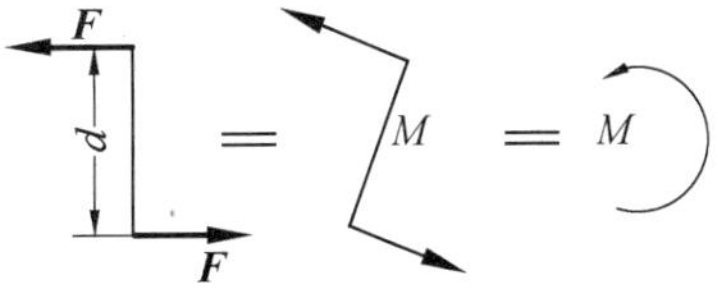

图3.19

图3.20所示驾驶员给方向盘的三种施力方式，图中 $F_1=F'_1=F_2=F'_2$，即是说明此性质的一个实例。

由于力偶可在其作用面内任意移转，所以力偶矩矢画在力偶作用面内任意一点均可，只要保持其大小、方向不变，力偶矩矢可在力偶作用面内平行移动，用形象的话说，可以“搬来搬去”。

(5)只要保持力偶矩不变，力偶可从其所在平面内等效移至与此平面平行的任一平面内，对刚体的作用效果不变。

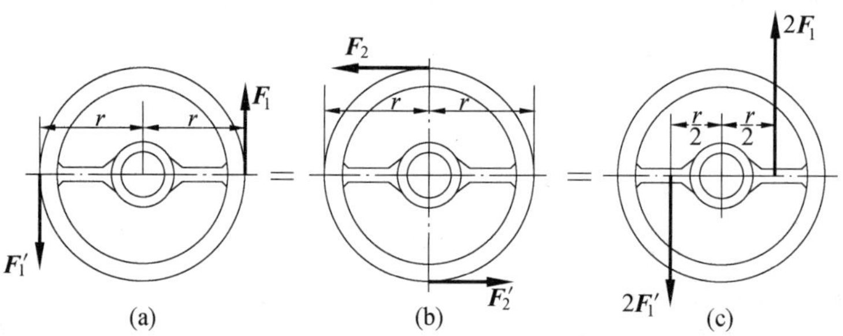

图 3.20

如图 3.21 所示，设有力偶$(\boldsymbol{F}_1, \boldsymbol{F}'_1)$作用在平面Ⅰ内，力偶臂为 A_1B_1。做与平面Ⅰ平行的任一平面Ⅱ，并在该平面内取线段 A_2B_2，使其与 A_1B_1 平行相等。在点 A_2，B_2 处各加一对平衡力 $\boldsymbol{F}_2$，$\boldsymbol{F}'_3$ 和 $\boldsymbol{F}'_2$，$\boldsymbol{F}_3$，各力与原力偶的两个力平行且大小相等，方向如图 3.21(b)所示。据加减平衡力系公理，图 3.21(a)，(b)图中的力系等效。连接 A_1，A_2 与 B_1，B_2 得平行四边形 $A_1B_1B_2A_2$，对角线 A_1B_2 与 B_1A_2 相交于中点 O。将作用于 A_1，B_2 两点的力 $\boldsymbol{F}_1$，$\boldsymbol{F}_3$ 合成得一合力 $\boldsymbol{F}_R$，且 $F_R=2F_1$，作用线过点 O。将作用于 B_1，A_2 两点的力 $\boldsymbol{F}'_1$，$\boldsymbol{F}'_3$ 合成得一合力 $\boldsymbol{F}'_R$，且 $F'_R=2F'_1$，作用线也过点 O。由于力 $\boldsymbol{F}_R$，$\boldsymbol{F}'_R$ 为一对平衡力，由加减平衡公理，可以除去，而剩下作用于 A_2，B_2 两点的力 $\boldsymbol{F}_2$，$\boldsymbol{F}'_2$，两力构成一新力偶$(\boldsymbol{F}_2, \boldsymbol{F}'_2)$，如图 3.21(c)所示。显然，图 3.21(a)，(c)中的两力偶等效，力偶矩相同，但已从平面Ⅰ内移至与之平行的任一平面Ⅱ内。

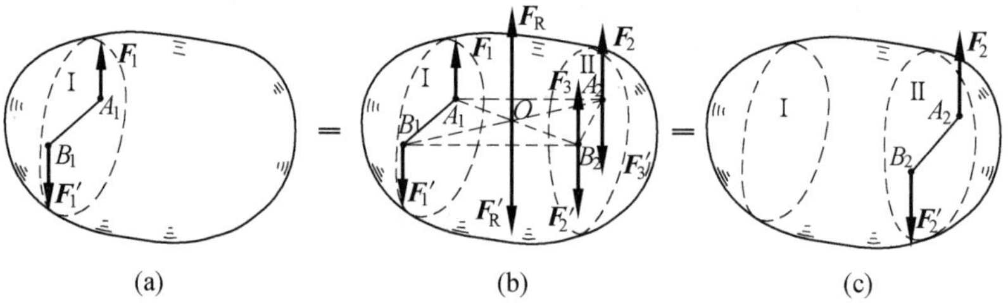

图 3.21

图 3.22 和图 3.23 所示，是说明此性质的两个实例。

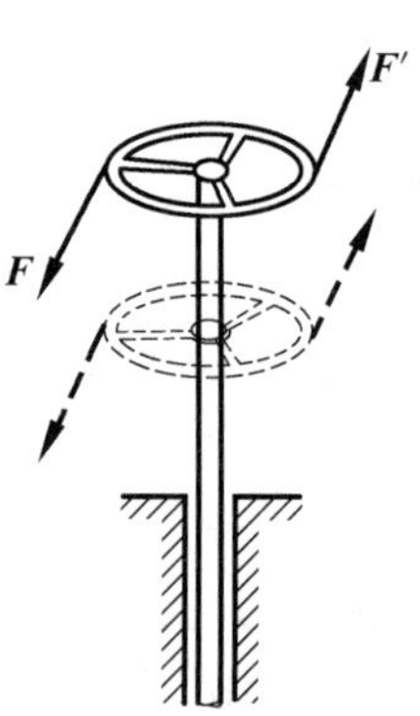

图 3.22

力偶矩用矢量表示以后，力偶的这一性质和力的可传性类似，力偶矩矢可以沿着作用线滑移，用形象的话说，可以“滑来滑去”。

力的三要素，大小、方向、作用点，用矢量表示，这样的矢量被称为**定位矢量**；力的三要素，大小、方向、作用线，用矢量表示，可以“滑来滑去”，这样的矢量被称为**滑移矢量**；力偶矩矢量可以“滑来滑去”，又可以“搬来搬去”，这样的矢量被称为**自由矢量**。力偶矩矢量是一个自由矢量。

力偶的性质(4)与性质(5)也可以用一句话来概括，即力偶矩矢相等的力偶等效。

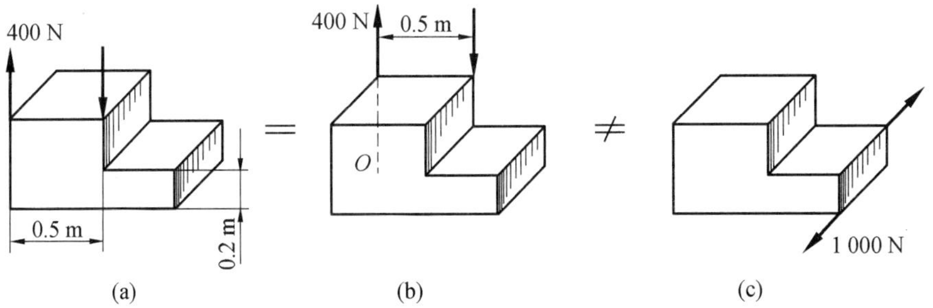

图 3.23

3.3　力偶系的合成与平衡

纯粹由一群力偶组成的力系称为**力偶系**。若各力偶的作用面在同一平面内，称为**平面力偶系**，否则称为**空间力偶系**。力偶系能否用一个简单的力系代替，若平衡，其应满足什么样的条件？这就是本节要讨论的力偶系的合成和平衡问题。

1. 力偶系的合成

设刚体上有 n 个力偶作用，形成一个空间力偶系，首先把每一个力偶的矩用矢量表示，然后根据力偶矩是自由矢量，可以"搬来搬去，滑来滑去"的特点，将这些力偶矩矢汇聚于一点，形成一个空间汇交的力偶矩矢系。过一点可以做无数个平面，因此可以包含 n 个力偶所在的平面。此汇交一点的空间力偶矩矢系，如同空间汇交力系，各分力有一矢量和 $\boldsymbol{F}_R=\sum\boldsymbol{F}_i$ 一样，则各分力偶矩矢 $\boldsymbol{M}_i$ 也有一矢量和，记为 $\boldsymbol{M}$，有

$$\boldsymbol{M}=\sum\boldsymbol{M}_i \tag{3.10}$$

一个力偶 $\boldsymbol{M}$ 与 n 个力偶等效，如同称 $\boldsymbol{F}_R$ 为合力一样，称 $\boldsymbol{M}$ 为合力偶。因此，空间力偶系可以合成为一个合力偶，合力偶矩矢等于各分力偶矩矢的矢量和。求合力偶矩矢，一般采用解析形式，因为

$$M_x=\sum M_{ix},\quad M_y=\sum M_{iy},\quad M_z=\sum M_{iz}$$

所以有合力偶矩矢 $\boldsymbol{M}$ 的大小和方向为

$$M=\sqrt{(\sum M_{ix})^2+(\sum M_{iy})^2+(\sum M_{iz})^2} \tag{3.11}$$

$$\cos(\boldsymbol{M},\boldsymbol{i})=\sum M_{ix}/M,\quad \cos(\boldsymbol{M},\boldsymbol{j})=\sum M_{iy}/M,\quad \cos(\boldsymbol{M},\boldsymbol{k})=\sum M_{iz}/M \tag{3.12}$$

对于平面力偶系，其是空间力偶系的特殊情况，取力偶系所在平面为 Oxy 平面，把各力偶矩矢用矢量表示，则各分力偶矩矢均垂直于此平面，因而有

$$\sum M_{ix}=0,\quad \sum M_{iy}=0$$

则

$$M=\sum M_{iz}=M_i \tag{3.13}$$

即平面力偶系可以合成为一合力偶，合力偶矩等于各分力偶矩的代数和，一般规定，逆时针转向为正，反之为负。

2. 力偶系的平衡条件和平衡方程

由于力偶系可以用一个合力偶来代替，显然，力偶系平衡的充分必要条件是：该力偶系的合力偶矩等于零，亦即各分力偶矩矢的矢量和等于零，即

$$\boldsymbol{M}=\sum \boldsymbol{M}_i=0 \tag{3.14}$$

求解力偶系平衡的方法可有几何法(类似于汇交力系平衡的几何法),但这只是理论上的,实际用起来并不方便,实际一般采用的方法是解析法,即由式(3.11)知,有

$$\sum M_{ix}=0,\quad \sum M_{iy}=0,\quad \sum M_{iz}=0 \tag{3.15}$$

称此为空间力偶系的平衡方程,即该力偶系中各分力偶矩矢在三个坐标轴上投影的代数和分别等于零。

对于平面力偶系,取力偶系所在平面为 Oxy 平面,则方程 $\sum M_{ix}=0$,$\sum M_{iy}=0$,失去求解价值,有

$$\sum M_{iz}=\sum M_i=0 \tag{3.16}$$

称此为平面力偶系的平衡方程,即平面力偶系中各分力偶矩的代数和等于零。

在理论上,存在空间力偶系,但在实际问题中,纯粹的空间力偶系很少遇到。若遇到空间力偶系,可作为空间任意力系处理。对于平面力偶系,还有些题目可做,下面举例说明。

例 3.4 如图 3.24 所示,为在钢板上同时钻 3 个孔,钻头给孔的作用力为力偶,若 3 个力偶的矩分别为:$M_1=M_2=10\ \mathrm{N\cdot m}$,$M_3=20\ \mathrm{N\cdot m}$,钢板放在光滑台面上,为使钢板不转动,在两端 A 和 B 用两个光滑螺栓固定,固定螺栓 A 和 B 间的距离 $l=200\ \mathrm{mm}$。求两个光滑螺栓所受的水平力。

解题分析与思路:选钢板为研究对象,钢板在水平面内受 3 个力偶和两个螺栓的水平力的作用。根据力偶只能由力偶平衡的性质,螺栓 A,B 受到的水平力设为 $\boldsymbol{F}_A$ 和 $\boldsymbol{F}_B$,则 $\boldsymbol{F}_A$ 和 $\boldsymbol{F}_B$ 必形成一力偶,它们的方向假设如图 3.24 所示,列平面力偶系的平衡方程可求解。

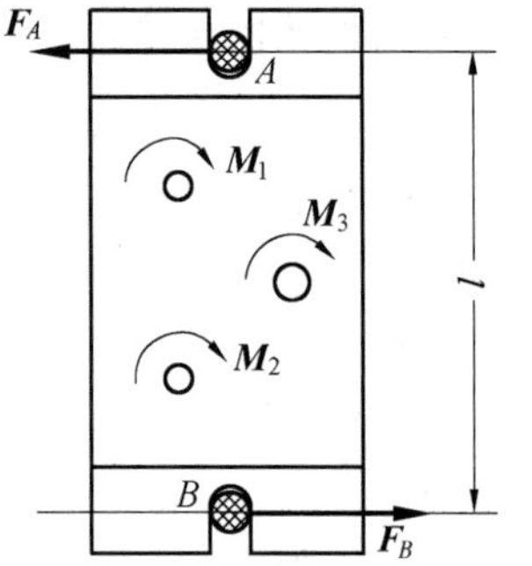

图 3.24

解: 取钢板为研究对象,其受力图如图 3.24 所示,列平面力偶系的平衡方程,为

$$\sum M_i=0,\quad \boldsymbol{F}_A\cdot l-M_1-M_2-M_3=0$$

代入数据后解得

$$F_A=F_B=200\ \mathrm{N}$$

螺栓 A,B 受到的水平力分别为 200 N,方向和图示方向相反。

例 3.5 不计图 3.25(a)所示机构的自重,销子 A 固连于圆轮上,放在摇杆 BC 的光滑导槽内。圆轮上作用力偶矩 $M_1=2\ \mathrm{kN\cdot m}$ 的力偶,$OA=r=0.5\ \mathrm{m}$。图示位置 OA 与 OB 垂直,$\theta=30°$,系统平衡。求作用于摇杆 BC 上的力偶的矩 M_2 和铰链 O,B 处的约束力。

解题分析与思路:先取圆轮为研究对象,受力分析如图 3.25(b)所示,其中 $\boldsymbol{F}_A$ 为光滑导槽对销子 A 的作用力,据力偶必须由力偶来平衡的性质,因而 $\boldsymbol{F}_O$ 与 $\boldsymbol{F}_A$ 必组成一力偶,列平面力偶系的平衡方程可求出销子 A 和铰链 O 处所受的力。然后取摇杆 BC 为研究对象,此也为一平面力偶系,受力分析如图 3.25(c)所示,列平面力偶系平衡方程求解。

解: 先取圆轮为研究对象,受力图如图 3.25(b)所示,由力偶系平衡方程有

$$\sum M_i=0,\quad M_1-F_O\cdot r\sin\theta=0$$

解得

$$F_O=F_A=8\ \mathrm{kN}$$

再取摇杆 BC 为研究对象,受力图如图 3.25(c)所示,列力偶系平衡方程有

$$\sum M_i=0,\quad F'_A\cdot AB-M_2=0$$

而 $F'_A=F_A$,解得

$$M_2=8\ \mathrm{kN\cdot m}$$

且

$$F_B=F_O=F_A=8\ \mathrm{kN}$$

方向均如图 3.25 所示。

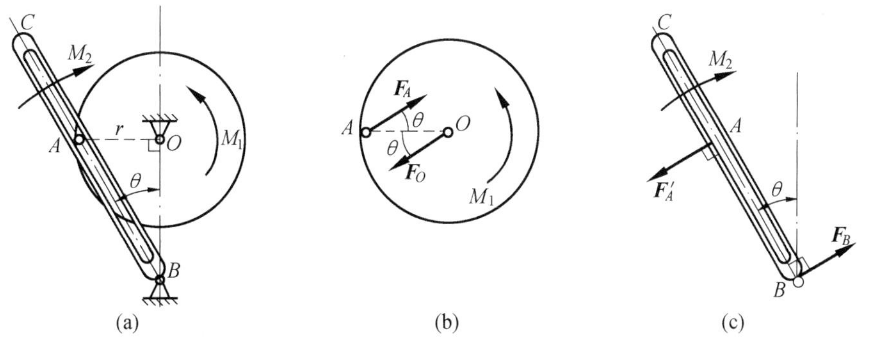

图 3.25

习　　题

3.1　计算下列各图中力 $\boldsymbol{F}$ 对点 O 的矩。

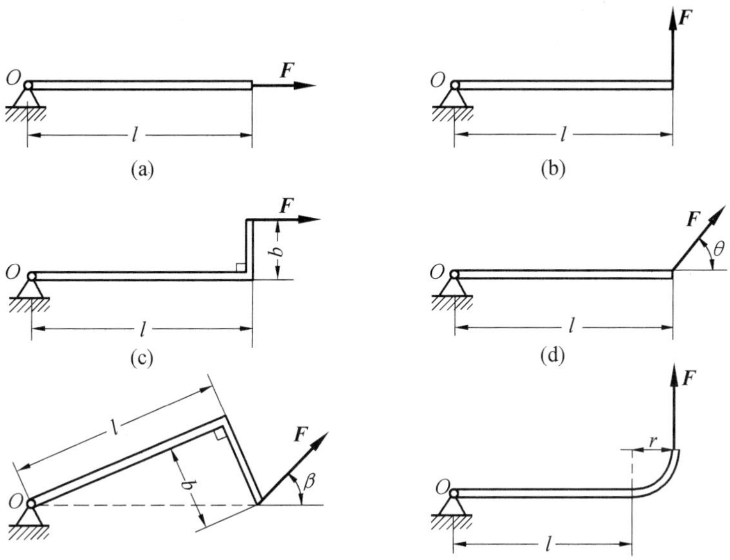

题 3.1 图

3.2　如图所示，刚架上作用力有 $\boldsymbol{F}$，求力 $\boldsymbol{F}$ 对点 A 和 B 的力矩。

3.3　如图所示，两水池由闸门板分开，此板与水平面成 60°角，板长 2 m，板的上部沿水平线 A—A 与池壁铰接。左池水面与 A—A 线相齐，右池无水。水压力垂直于板，合力 $\boldsymbol{F}_\mathrm{R}=16.97$ kN，作用于 C 点，如不计板重，求能拉开闸门板的最小铅直力 $\boldsymbol{F}$。

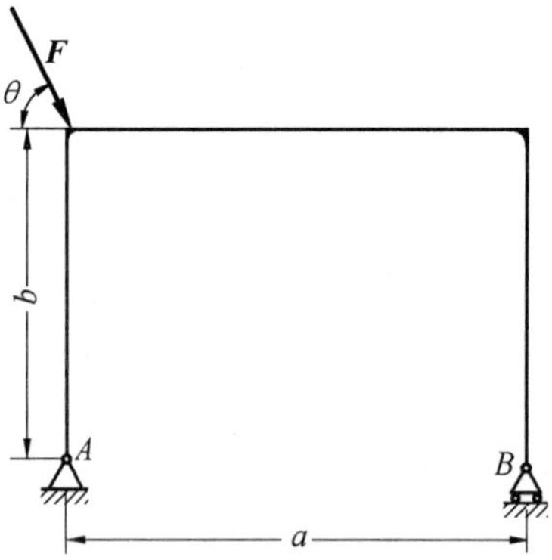

题 3.2 图

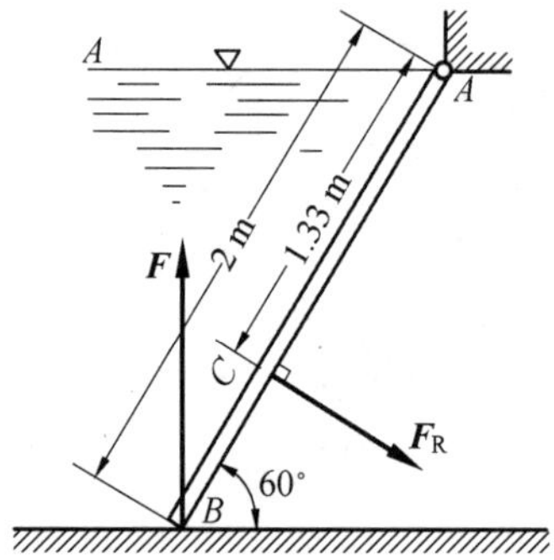

题 3.3 图

3.4 四块相同的均质板，各重 P，长为 $2b$，叠放如图所示。在板Ⅰ右端点 A 悬挂重物 B，其重为 $2P$。欲使各板都平衡，求每块板可伸出的最大距离。

3.5 手柄 $ABCE$ 位于平面 Axy 内，在 D 处作用一力 $\boldsymbol{F}$，它在垂直于 y 轴的平面内，偏离铅直线的角度为 θ。$CD=a$，杆 BC 平行于 x 轴，杆 CE 平行于 y 轴，$AB=BC=l$，求力 $\boldsymbol{F}$ 对 x,y,z 轴的矩。

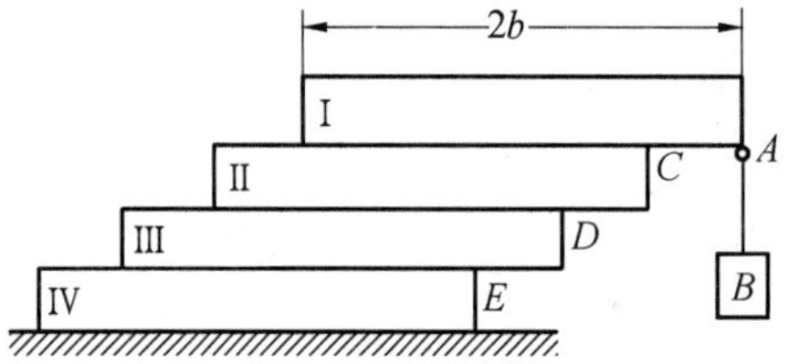

题 3.4 图

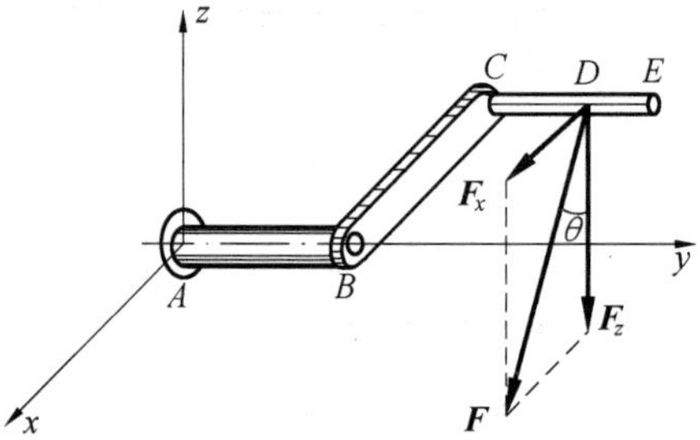

题 3.5 图

3.6 图示轴 AB 与铅直线成 β 角，悬臂 CD 与轴垂直地固定在轴上，其长为 a，并与铅直面 zAB 成 θ 角，在点 D 作用一铅直向下的力 $\boldsymbol{F}$，求此力对轴 AB 的矩。

3.7 水平圆盘的半径为 R，外缘 C 处作用有力 $\boldsymbol{F}$，力 $\boldsymbol{F}$ 位于圆盘 C 处的切平面内，且与 C 处圆盘切线夹角为 $60°$，其他尺寸如图所示。求力 $\boldsymbol{F}$ 对 x,y,z 轴之矩。

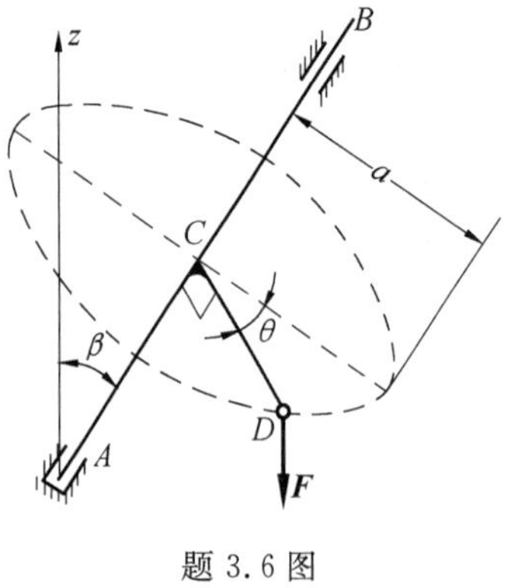

题 3.6 图

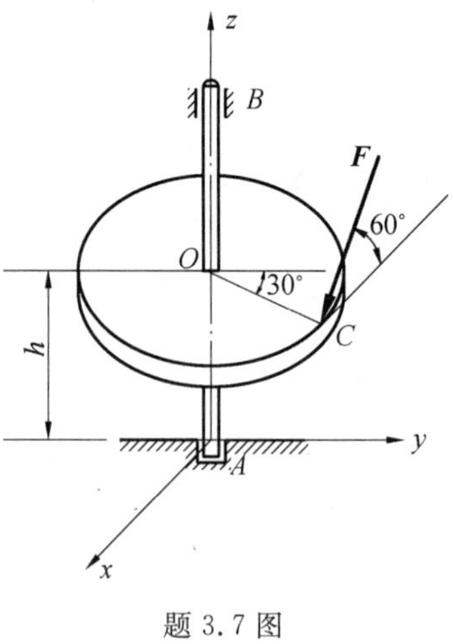

题 3.7 图

3.8　图示为自动焊机起落架，EH 为提升起落架的钢索。在提升起落架时，导轮 A，D 将沿固定立柱滚动。已知作用在起落架上的总重量 $P=9$ kN，尺寸如图所示，不计摩擦。求平衡时钢索的拉力和导轮的约束力。

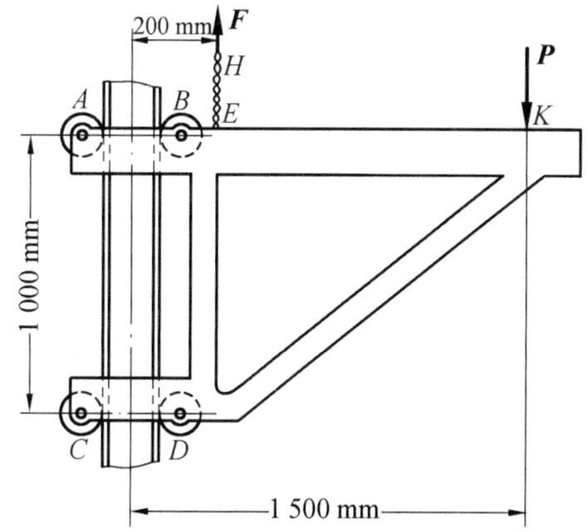

题 3.8 图

3.9　已知梁 AB 上作用一力偶，力偶矩为 M，梁长为 l，梁重不计。求在图示(a)，(b)，(c)三种情况下，支座 A 和 B 的约束力。

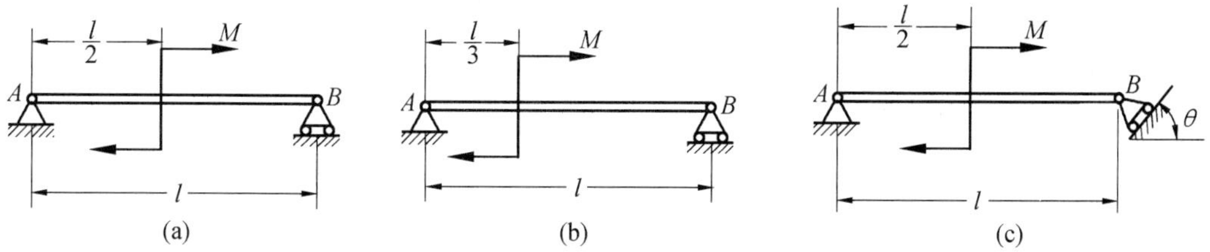

题 3.9 图

3.10　在图示结构中，各构件的自重略去不计。在构件 AB 上作用力偶矩为 M_1 与 M_2 的力偶，求支座 A 和 C 的约束力。

3.11　两齿轮的半径分别为 r_1，r_2，作用于轮 Ⅰ 上的主动力偶的力偶矩为 M_1，齿轮压力角为 θ，不计两齿轮的重量。求使两轮维持匀速转动时，齿轮 Ⅱ 的阻力偶之矩 M_2 与轴承 O_1，O_2 的约束力的大小和方向。

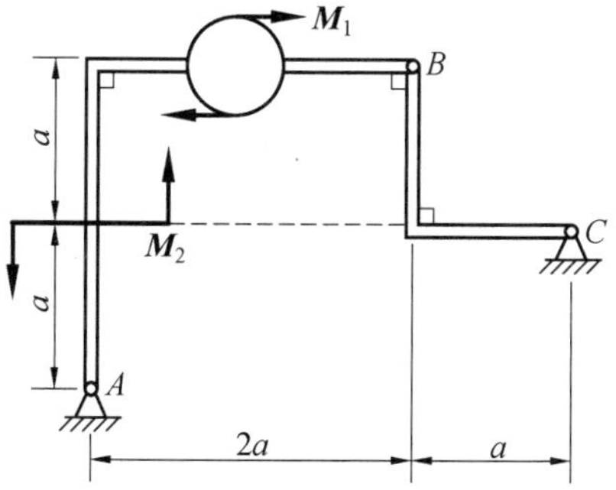

题 3.10 图

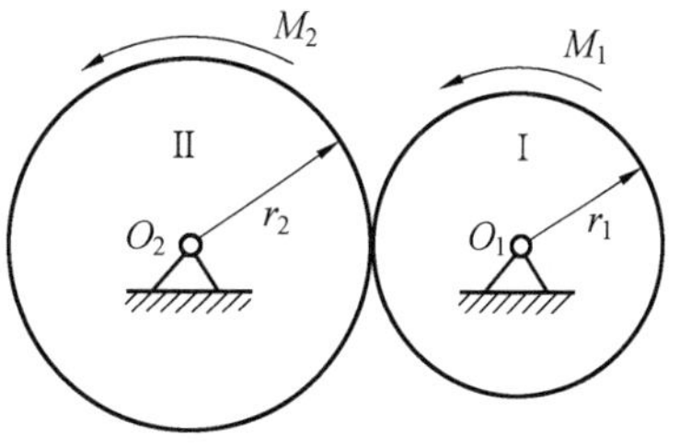

题 3.11 图

3.12　四连杆机构 O_1ABO_2 在图示位置平衡，$O_1A=0.4$ m，$O_2B=0.6$ m，作用在 O_1A 杆上的力偶的力偶矩 $M_1=100$ N·m，各杆的重量不计。求力偶矩 M_2 的大小和杆 AB 所受的力。

3.13　直角弯杆 $ABCD$ 与直杆 DE，EC 铰接如图，作用在 DE 杆上力偶的力偶矩 $M=40$ kN·m，不计各构件自重，不考虑摩擦，尺寸如图。求支座 A，B 处的约束力和 EC 杆受力。

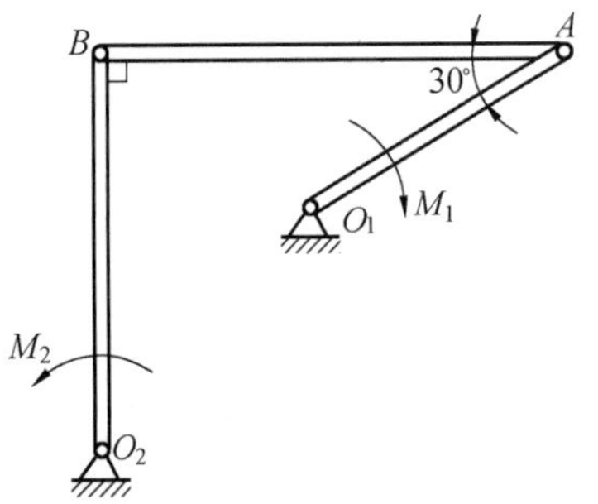

题 3.12 图

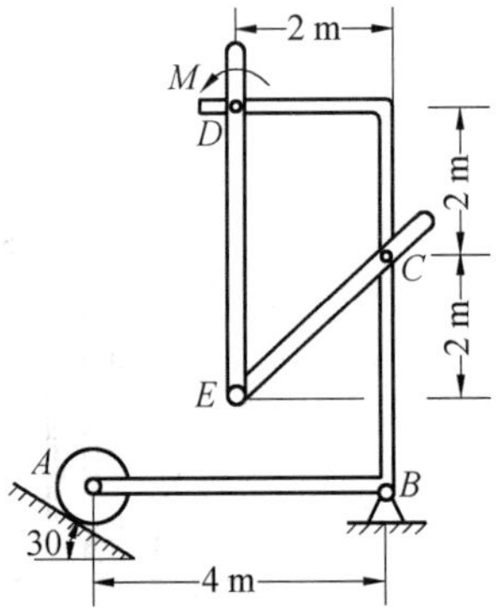

题 3.13 图

3.14　在图示结构中，各构件的自重略去不计，在构件 BC 上作用一力偶矩为 M 的力偶，各尺寸如图。求支座 A 的约束力。

3.15　在图示机构中，在曲柄 OA 上作用一力偶，其矩为 M，在滑块 D 上作用一水平力 $\boldsymbol{F}$，机构尺寸如图所示，各杆重量不计。求当机构平衡时，力 F 与力偶矩 M 的关系。

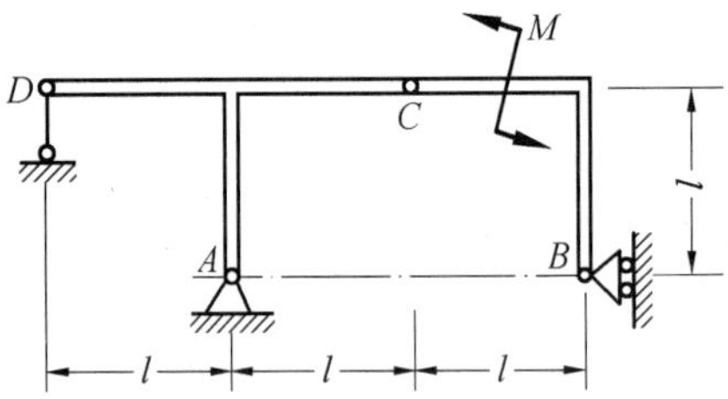

题 3.14 图

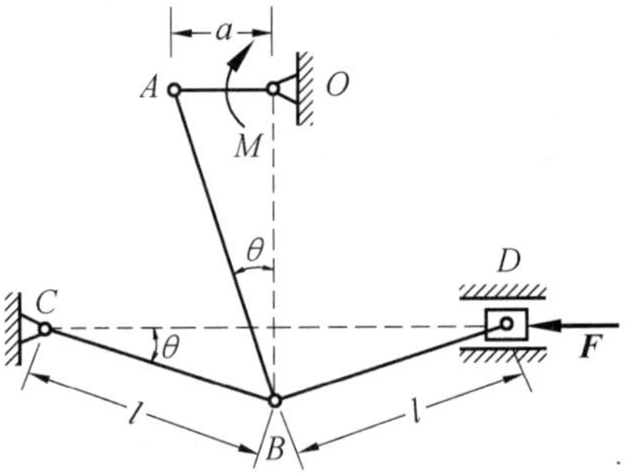

题 3.15 图

第 4 章 平面任意力系

在基本掌握前三章内容的基础上，即可学习本章。

所谓平面任意力系是指各力的作用线都在同一平面内且任意分布的力系。工程与实际中，结构与机构的几何形状是立体的，受力也往往呈空间状态。但在许多情况下，可视为平面任意力系，例如，当物体有一几何对称面，且所受荷载也对称于此平面时，如汽车、推(挖)土机等，可作为平面任意力系处理。还有许多其他情况，均可作为平面任意力系处理，如本章例题与习题中的结构与机构，均可视作平面任意力系。

本章在前三章讨论的基础上，主要研究平面任意力系的简化和平衡条件，并应用平衡条件解决一些工程实际问题和为后续课程打基础。

4.1 平面任意力系向作用面内任意一点简化

一个平面任意力系，能否用一个简单力系等效代替，这就是任意力系的简化问题。为了讨论力系的简化问题，首先要介绍一个定理——力的平移定理。

1. 力的平移定理

对刚体来说，力的三要素为大小、方向、作用线，那么，能否保持此力的大小、方向不变，把作用线任意平移一段距离？力的平移定理可以回答这个问题。

力的平移定理：可以把作用在刚体上点 A 的力 $\boldsymbol{F}$ 平行移到此刚体上任一点 B，但同时必须附加一个力偶，此附加力偶的矩等于原来的力 $\boldsymbol{F}$ 对新作用点 B 的力矩。

证明：图 4.1(a)中的力 $\boldsymbol{F}$ 作用于刚体的点 A，在刚体上任取一点 B，并在点 B 加上两个等值、反向、共线的力 $\boldsymbol{F}'$ 和 $\boldsymbol{F}''$，它们与力 $\boldsymbol{F}$ 平行，且 $F=F'=F''$，如图 4.1(b)所示。显然，这 3 个力与原来的一个力 $\boldsymbol{F}$ 等效。这 3 个力又可看作一个作用在点 B 的力 $\boldsymbol{F}'$ 和一个力偶($\boldsymbol{F}$, $\boldsymbol{F}''$)，称此力偶为附加力偶，显然，附加力偶的矩为

$$M=Fd=M_B(\boldsymbol{F})$$

定理得证。

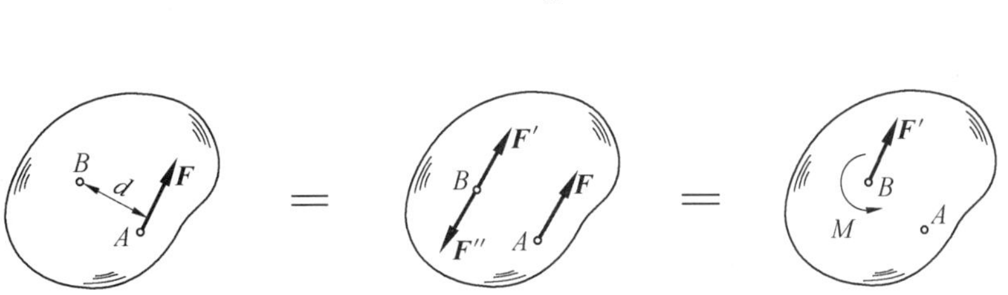

(a) (b) (c)

图 4.1

力的平移定理不仅是平面任意力系简化的依据，而且可以用来解释一些现象与问题。例如，请读者考虑，打乒乓球时，球拍若给球的力擦在球边上，乒乓球将如何运动？如何解释？又如单桨划小船时，小船将如何运动？为什么？用图 4.2 所示的丝锥攻螺纹时，为什么

要求用两只手,且两手用力要均匀?等等。

下面用力的平移定理来讨论平面任意力系向任意一点的简化。

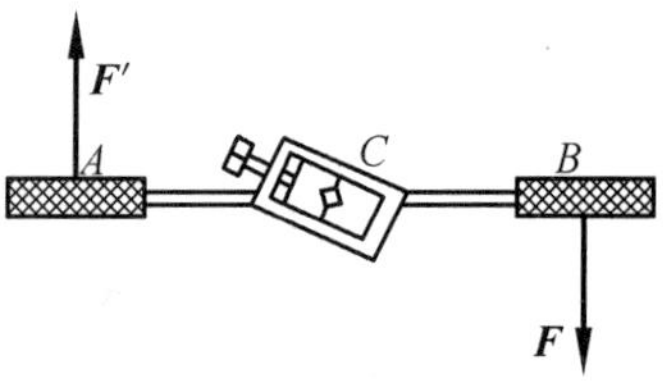

图 4.2

2. 平面任意力系向作用面内任意一点的简化　主矢和主矩

刚体上作用有 n 个力 $\boldsymbol{F}_1,\boldsymbol{F}_2,\cdots,\boldsymbol{F}_n$,形成一平面任意力系,如图 4.3(a)所示。在此平面内任取一点 O,称其为**简化中心**,应用力的平移定理,把各力都平移到点 O。这样,得到作用于点 O 的力 $\boldsymbol{F}'_1,\boldsymbol{F}'_2,\cdots,\boldsymbol{F}'_n$,以及相应的附加力偶,其矩分别为 $M_1,M_2,\cdots,M_n$,如图 4.3(b)所示。这些附加力偶的矩分别为

$$M_1=M_O(\boldsymbol{F}_1),M_2=M_O(\boldsymbol{F}_2),\cdots,M_n=M_O(\boldsymbol{F}_n)$$

这样,一个平面共点力系和一个平面力偶系等效代替了一个平面任意力系。

作用于点 O 的平面共点力系可合成为一个合力 $\boldsymbol{F}'_{\mathrm{R}}$,如图 4.3(c)所示,其作用线通过点 O,大小和方向为

$$\boldsymbol{F}'_{\mathrm{R}}=\sum\boldsymbol{F}'_i=\sum\boldsymbol{F}_i \tag{4.1}$$

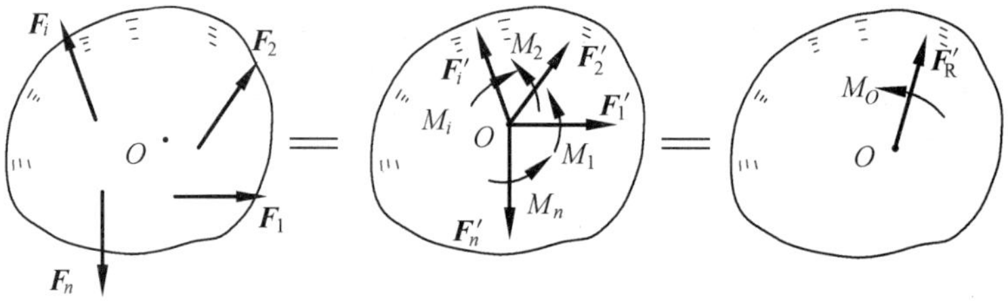

图 4.3

显然,此力不能与原任意力系等效,不能称其为原力系的合力,一般称其为原力系的**主矢**。可以看出,若选不同的点为简化中心,对主矢的大小和方向没有影响,也即主矢的大小和方向与简化中心无关。

注意,主矢不是原力系的合力,但其是共点力系的合力,是力就有三要素,其大小与方向虽然与简化中心无关,但其作用点与简化中心有关,向哪一点简化,其作用线就通过哪一点,而不能画在其他任意地方。

平面力偶系可合成为一个合力偶,如图 4.3(c)所示,此力偶的矩 M_O 为

$$M_O=\sum M_i=\sum M_O(\boldsymbol{F}_i) \tag{4.2}$$

显然,此力偶也不能与原力系等效,不能称其为原力系的合力偶,一般称其为原力系的**主矩**。可以看出,若选不同的点为简化中心,各力的力矩将有所改变,所以主矩一般与简化中心有关,因此,以 M_O 而不以 M 来表示主矩,以示主矩一般与简化中心有关。

求主矢的大小和方向,类似于平面汇交力系,可以用几何法,但为了方便起见,一般采用解析法,即主矢 $\boldsymbol{F}'_{\mathrm{R}}$ 的大小和方向余弦一般用下面的公式来计算

$$F'_{\mathrm{R}}=\sqrt{(\sum F_{ix})^2+(\sum F_{iy})^2},\quad \cos(\boldsymbol{F}'_{\mathrm{R}},\boldsymbol{i})=\frac{\sum F_{ix}}{F'_{\mathrm{R}}},\quad \cos(\boldsymbol{F}'_{\mathrm{R}},\boldsymbol{j})=\frac{\sum F_{iy}}{F'_{\mathrm{R}}} \tag{4.3}$$

式中，$\sum F_{ix}$，$\sum F_{iy}$分别表示各分力在 x，y 轴上投影的代数和。

于是，可得结论，在一般情况下，平面任意力系简化的中间结果为一个力与一个力偶，此力等于各分力的矢量和，此力偶的矩等于各分力对简化中心的力矩的代数和。

此处再介绍一种类型的约束，当物体的一端完全固结（嵌）于另一物体上，称这种约束为**固定端约束**。阳台、烟囱、水塔根部的约束及其他许多约束基本上属于固定端约束，对这些约束，当主动力都分布在一个平面内时，约束力也必定分布在此平面内，称其为**平面固定端约束**，如图 4.4(a)，(b)，(c)，(d)所示。由力系简化理论，该力系可由一个力（主矢）与一个力偶（主矩）与之等效，如图 4.4(e)所示。一般情况下，该力用它的两个正交分力来表示，如图 4.4(f)所示。因此，平面固定端的约束力为两个力与一个力偶。其物理（力学）意义可解释为，此种约束限制物体根部沿两个方向的线位移与绕根部的角位移（转动）。注意固定端约束有一约束力偶，如果对固定端约束不画此约束力偶，只画正交两个力，如图 4.4(g)所示，则固定端约束与铰链约束无区别，这无疑相当于在阳台根部装了一轴，如图 4.4(h)所示，其约束性质已经改变，读者注意在做这类题目时，一定不要犯此错误。

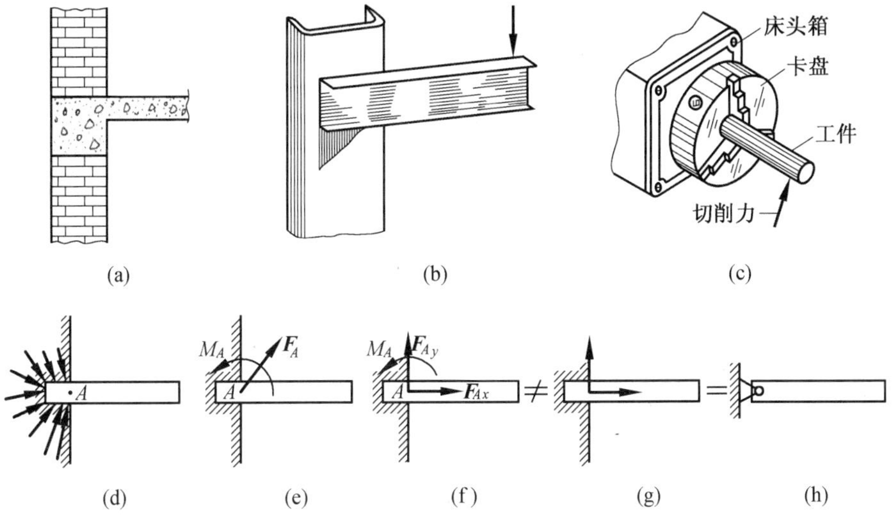

图 4.4

3. 平面任意力系简化的最后结果　合力矩定理

平面任意力系向作用面内任意一点简化的结果为一主矢和主矩，可以称此结果为中间结果，其能不能进一步简化？或者说简化的最后结果是什么？从主矢主矩是否等于零入手考虑，可能有下面 4 种情况，即：

(1)　$\boldsymbol{F}'_{\mathrm{R}} \neq 0, M_O \neq 0$；

(2)　$\boldsymbol{F}'_{\mathrm{R}} \neq 0, M_O = 0$；

(3)　$\boldsymbol{F}'_{\mathrm{R}} = 0, M_O \neq 0$；

(4)　$\boldsymbol{F}'_{\mathrm{R}} = 0, M_O = 0$。

在这 4 种情况下，力系可以进一步简化，得到简化的最后结果或者说简化到最简单的情况。下面对这 4 种情况分别予以讨论。

(1) $\boldsymbol{F}'_{\mathrm{R}} \neq 0, M_O \neq 0$，即主矢主矩均不为零，如图 4.5(a)所示。此时令M_O/F'_{R}，得一长度 d，把主矩 M_O 用两个力 $\boldsymbol{F}_{\mathrm{R}}$ 和 $\boldsymbol{F}''_{\mathrm{R}}$ 表示，且 $F'_{\mathrm{R}} = F_{\mathrm{R}} = F''_{\mathrm{R}}$，方向如图 4.5(b)所示，$\boldsymbol{F}_{\mathrm{R}}$ 和 $\boldsymbol{F}''_{\mathrm{R}}$ 形成一力偶，和主矩 M_O 等

效。$\boldsymbol{F}'_R$ 和 $\boldsymbol{F}''_R$ 为一对平衡力系，由加减平衡力系公理，可以去掉，则此时情况已如图 4.5(c)所示。力系已由一个力 $\boldsymbol{F}_R$ 代替，可称此力为力系的合力，则力系简化的最后结果为合力。此种情况下合力作用线距简化中心的距离为 M_O/F'_R。

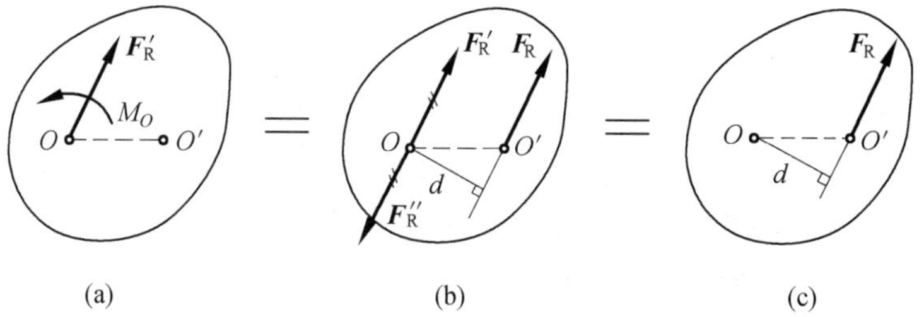

图 4.5

在此种情况下，可以证明合力矩定理，从图 4.5(c)可以看出，合力对点 O 的力矩为

$$M_O(\boldsymbol{F}_R)=F_R d$$

且主矩 $M_O=F'_R d=F_R d$，所以有 $M_O(\boldsymbol{F}_R)=M_O$，又 $M_O=\sum M_O(\boldsymbol{F}_i)$，则有

$$M_O(\boldsymbol{F}_R)=\sum M_O(\boldsymbol{F}_i) \tag{4.4}$$

此式表明了合力对任一点的矩等于各分力对同一点力矩的代数和，称此为**合力矩定理**。由于此式对平面任意力系成立，对其他平面力系也肯定成立，这就从一般意义上证明了合力矩定理。

(2) $\boldsymbol{F}'_R\neq 0$，$M_O=0$，即主矢不为零，主矩为零。此时一个力已与原力系等效，所以也称此时简化的最后结果为合力。此时合力作用线通过简化中心。

(3) $\boldsymbol{F}'_R=0$，$M_O\neq 0$，即主矢为零，主矩不为零。此时一个力偶与原力系等效。如同一个力与一个力系等效，称此力为合力，现在一个力偶与一个力系等效，则称此力偶为合力偶。由于主矢大小与方向与简化中心无关，向一点简化主矢为零，向其他点简化主矢也为零，此种情况下，简化结果与简化中心无关。

(4) $\boldsymbol{F}'_R=0$，$M_O=0$，即主矢主矩均为零。此时原力系与一个零力系等效，则力系必平衡，称此时的平面任意力系为平衡力系。此时简化结果与简化中心也无关。此种情况在下一节详细讨论。

4.2 平面任意力系的平衡条件和平衡方程

由上面所述力系简化理论知，当一平面任意力系向一点简化后，得一主矢和主矩，若主矢主矩分别为零，则相当于与之等效的平面共点力系与平面力偶系为零，力系为零力系，也即为平衡力系。反过来，当一平面任意力系为一平衡力系时，则与之等效的平面共点力系与平面力偶系也必为平衡力系，因此必有主矢主矩分别为零。于是可得平面任意力系平衡的充分必要条件为：力系的主矢和对任一点的主矩都等于零。即，$\boldsymbol{F}'_R=0$，$M_O=0$。这些平衡条件以解析形式表示，由式(4.3)和(4.2)得

$$\sum F_{ix}=0,\quad \sum F_{iy}=0,\quad \sum M_O(\boldsymbol{F}_i)=0 \tag{4.5}$$

为书写方便计，也可写为

$$\sum F_x=0,\quad \sum F_y=0,\quad \sum M_O=0 \tag{4.5'}$$

称此为**平面任意力系的平衡方程**。用文字叙述为：平面任意力系平衡的解析条件是，力系中各力在两个任选的坐标轴上的投影的代数和与对任意一点的力矩的代数和分别等于零。

下面举例说明平面任意力系平衡方程的应用。

例 4.1 简易起重机如图 4.6 所示，起重机自重 $P_1=10$ kN，可绕铅直轴 AB 转动，起重机的挂钩上挂一重为 $P_2=40$ kN 的重物。起重机的重心 C 到转动轴的距离为 1.5 m，其他尺寸如图所示。求止推轴承

A 和径向轴承 B 处的约束力。

解题分析与思路:取起重机为研究对象,它所受的主动力有重力 $\boldsymbol{P}_1$,$\boldsymbol{P}_2$,由于对称性,主动力和约束力都位于同一平面内,形成一平面任意力系。止推轴承 A 处有两个约束力,轴承 B 处只有与转轴垂直的一个约束力。按平面任意力系的平衡方程(4.5)列两个投影方程,对此题,点 O 取为点 A,列出3个平衡方程可求出3个约束力。

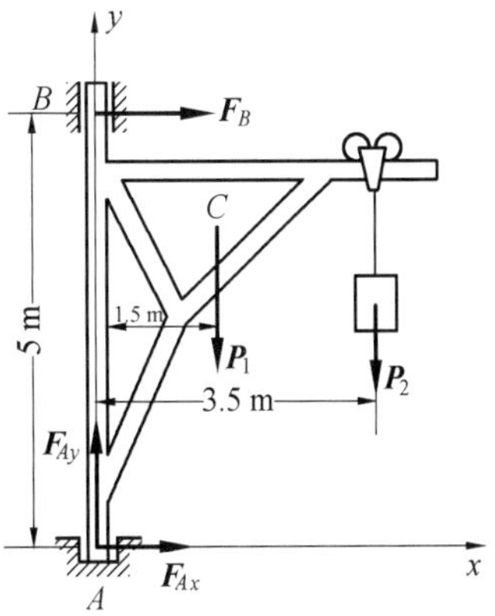

图 4.6

解: 设止推轴承 A 处有两个约束力为 $\boldsymbol{F}_{Ax}$,$\boldsymbol{F}_{Ay}$,轴承 B 处的约束力为 $\boldsymbol{F}_B$,起重机的受力图如图4.6所示。

建坐标系如图,列平衡方程,有

$\sum F_x=0,\quad F_{Ax}+F_B=0$

$\sum F_y=0,\quad F_{Ay}-P_1-P_2=0$

$\sum M_A=0,\quad -F_B\cdot 5-P_1\cdot 1.5-P_2\cdot 3.5=0$

解得 $F_{Ay}=50\ \text{kN}$, $F_B=-31\ \text{kN}$, $F_{Ax}=31\ \text{kN}$

例 4.2 图4.7所示的简易起重机中,梁重 $P=4\ \text{kN}$,荷载重 $F=10\ \text{kN}$,不计杆 CB 的自重,尺寸和角度如图4.7所示,求杆 CB 受力和铰链 A 的约束力。

解题分析与思路:杆 CB 为二力杆,取梁 AB,画出其受力图如图4.7所示。平面任意力系的平衡方程(4.5)的顺序可以颠倒,可以本着列一个平衡方程求一个未知数的原则列平衡方程,可看出,先对点 A 列取矩方程可求出杆受力,然后列两个投影方程可求出 A 处约束力。

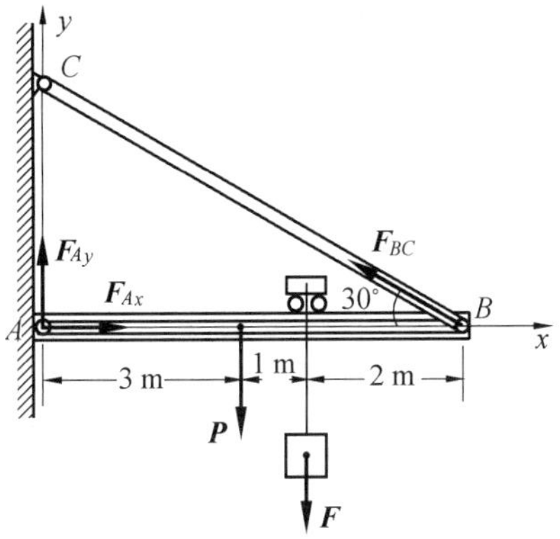

图 4.7

解: 杆 CB 为二力杆,取横梁 AB 为研究对象,其受力图如图4.7所示。列平衡方程有

$$\sum M_A=0,\quad F_{BC}\sin 30^\circ\cdot 6-F\cdot 4-P\cdot 3=0 \tag{1}$$

$$\sum F_x=0,\quad F_{Ax}-F_{BC}\cos 30^\circ=0 \tag{2}$$

$$\sum F_y=0,\quad F_{Ay}-P-F+F_{BC}\sin 30^\circ=0 \tag{3}$$

分别解得

$$F_{BC}=17.33\ \text{kN},\quad F_{Ax}=15.01\ \text{kN},\quad F_{Ay}=5.33\ \text{kN}$$

另外的分析与提示:平衡方程中取矩方程中的点是任意点,因此也可以对点 B 列取矩方程,为

$$\sum M_B=0,\quad -F_{Ay}\cdot 6+P\cdot 3+F\cdot 2=0 \tag{4}$$

方程(1),(2),(4)组合,也为3个平衡方程,但为两个取矩方程,一个投影方程,能否求出3个未知数?

同样也可以对点 C 取矩,为

$$\sum M_C=0,\quad F_{Ax}\cdot 6\cdot\tan 30^\circ-P\cdot 3-F\cdot 4=0 \tag{5}$$

则方程(1),(4),(5)组合,也为3个平衡方程,但为3个取矩方程,能否求出3个未知数?

这样,对此题已列出3组方程。一组为两个投影方程,一个取矩方程;一组为一个投影方程,两个取矩方程；一组为3个取矩方程，无投影方程。从理论上讲，这3组平衡方程能否求出相同的结果？而后两组平衡方程与给出的平衡方程(4.5′)的形式不一样，是否正确的平衡方程？结论是，3组平衡方程求出的结果相同(计算误差除外)，这3组平衡方程均为正确的平衡方程。也就是说，平衡方程不只(4.5′)一种形式，平面任意力系的平衡方程还有其他两种形式。

再者，请读者思考，对此题共列出了3组9个平衡方程，能否求出9个未知数？对一个平面平衡任意力系可以列出多少个平衡方程？可以求解多少个未知量？

平面任意力系的平衡方程不只式(4.5′)一种形式，称平衡方程(4.5′)为**基本式平衡方程**，还有另外两种形式的平衡方程，为

$$\sum F_x=0,\quad \sum M_A=0,\quad \sum M_B=0 \tag{4.6}$$

$$\sum M_A=0,\quad \sum M_B=0,\quad \sum M_C=0 \tag{4.7}$$

分别称为平面任意力系的**二矩式平衡方程**与**三矩式平衡方程**。使用二矩式、三矩式平衡方程分别有一个限制条件：二矩式平衡方程的限制条件为A,B两个取矩点的连线不能与投影轴垂直；三矩式平衡方程的限制条件为，三个取矩点不得共线。

这两组平衡方程均可以从平面任意力系的平衡条件主矢主矩分别为零推出，下面予以推导。

平面任意力系向一点A简化以后，得主矢$\boldsymbol{F}'_{\mathrm{R}}$和主矩$M_A$，如图4.8(a)所示，若此力系满足方程$\sum M_A=0$，但力系不平衡，则力系应为图4.8(b)所示，$\boldsymbol{F}'_{\mathrm{R}}$为力系的合力。若此力系再满足$\sum M_B=0$，且不平衡，则此时合力只能通过$A$,$B$两点，以$\boldsymbol{F}'_{\mathrm{R1}}$表示，如图4.8(c)所示。若此力系再满足$\sum F_x=0$，且$A$,$B$两点连线与投影轴不垂直，则合力$\boldsymbol{F}'_{\mathrm{R1}}$必为零，如图4.8(d)所示，此时，主矢和主矩已分别为零，满足力系的平衡条件，力系为平衡力系。

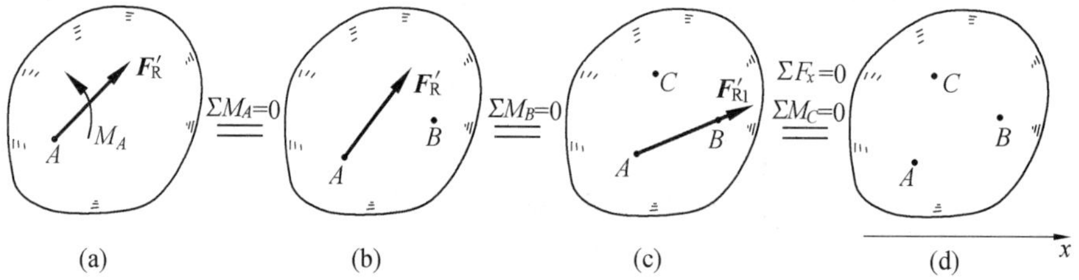

图4.8

对三矩式平衡方程，当力系满足方程$\sum M_A=0$，$\sum M_B=0$时，若力系不平衡，则如图4.8(c)所示，若再满足方程$\sum M_C=0$，但A,B,C三点不在一条直线上，如图4.8(d)所示，则主矢和主矩已分别为零，满足力系的平衡条件，力系为平衡力系。

对于平面任意力系的平衡问题，一般说来，平衡方程的基本式、二矩式、三矩式均为三元一次方程组，都可用来解决平面任意力系的平衡问题，究竟选用哪一组方程，需根据具体条件灵活确定。采用投影方程也好，取矩方程也好，多数情况下可以避免求解三元一次方程组，而列出三个比较简单的一元一次方程，这样，可给解题带来方便。

对平面任意力系二矩式、三矩式平衡方程的使用，一般不用刻意注意二矩式、三矩式平衡方程的限制条件，只要列出三个平衡方程能解出三个未知数，就没有违反限制条件。

平面平行力系是平面任意力系的一种特殊情况，如图4.9所示，物体受平行力系作用而平衡，选取x轴与各力垂直，则平衡方程$\sum F_x=0$失去求解价值，所以平面平行力系的平衡方程为

$$\sum F_y=0,\quad \sum M_O=0$$

平面平行力系的平衡方程也可用两个取矩方程的形式，即

$$\sum M_A=0,\quad \sum M_B=0$$

平面汇交力系、平面力偶系均是平面任意力系的特殊情况，其平衡方程均可从平面任意力系的平衡方程中推出，有兴趣的读者可以一试，此处从略。

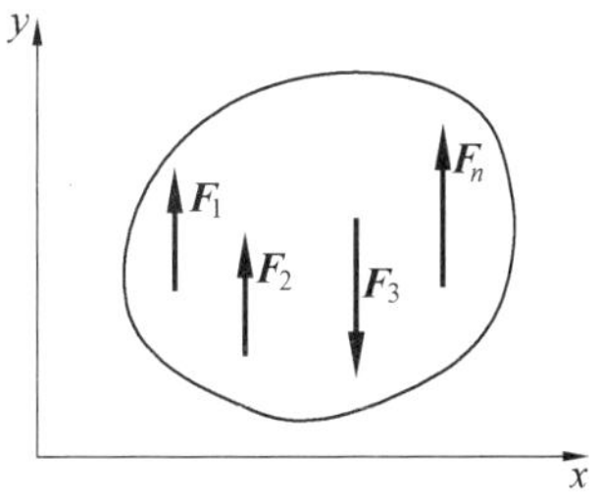

图 4.9

平面任意力系的平衡，从物理(力学)意义上讲，其沿任意方向(任一轴)投影的代数和应该为零，对任意一点的力矩的代数和也应该为零，从这个意义上讲，对一个力系可以列出无数个平衡方程。可以列出无数个平衡方程，但能否求解出无数个未知数呢？这是不可能的。如对平面任意力系，只要满足了 3 组平衡方程中任意一组 3 个平衡方程，就已经说明力系是一个零力系，已经说明主矢主矩为零，再列其他的平衡方程也肯定是平衡方程，但这些方程已不再独立，也就是说，平面任意力系独立的平衡方程只有 3 个，只能求解 3 个未知数。读者也可以得出结论，平面汇交力系、平面平行力系独立的平衡方程为两个，只能求解两个未知数，平面力偶系独立的平衡方程为 1 个，只能求解 1 个未知数(或两个未知力)。

4.3　物体系的平衡　静定和超静定问题

在工程实际平衡问题中，会遇到由多个物体组成的物体系统的平衡问题，因为一般的结构或机构均是由多个部件或零件组成，这种系统的平衡，被称为**物体系的平衡**。相对于物体系的平衡，前面一些平衡问题(如例 4.1、4.2)可称为**单个物体的平衡**。对单个物体的平衡问题，若为平面任意力系，可列出 3 个平衡方程。对物体系的平衡问题，设由 n 个物体组成，且均在平面任意力系作用下平衡，则可列出 $3n$ 个独立的平衡方程。解单个物体的平衡，有技巧性问题，解物体系的平衡，就更有技巧性问题。对物体系的平衡问题，怎样灵活地选取研究对象，怎样灵活地列平衡方程，以使每一个方程中的未知数尽可能地少，或在可能的情况下，使每一个方程都是较简单的一元一次方程，以避免解联立方程，是求解物体系平衡问题的重点和难点，同时也是静力学求解问题的重点和难点，本节在这方面要做些练习。在做练习之前，先介绍一下静定和超静定的概念。

设物体系由 n 个物体组成，每一个物体都在平面任意力系作用下平衡，则该物体系有 $3n$ 个独立的平衡方程，若有其他力系作用，独立平衡方程数目将减少。当系统中的未知量数目等于独立的平衡方程的数目时，所有的未知量都能由平衡方程求出，称这样的问题为**静定问题**。在工程实际中，为了提高结构的坚固性和安全性，在静定的基础上，常常增加约束，因而使结构未知量的数目多于平衡方程的数目，未知量就不能全部由平衡方程求出，称这样的问题为**超静定问题**。对超静定问题，必须考虑物体受力产生的变形，平衡方程加列某些补充方程才能使方程的数目等于未知量的数目而求解，这将在材料力学、结构力学等学科中研究。

下面举出一些静定和超静定问题的例子。

用两根绳子悬挂一重物，如图 4.10(a)所示，未知的约束力有两个，而重物受平面汇交力系作用，有两个独立平衡方程，因此为静定问题。若用 3 根绳子悬挂重物，且力的作用线在平面内交于一点，如图 4.10(b)所示，未知约束力有3 个，而独立平衡方程为两个，因此是超静定问题。

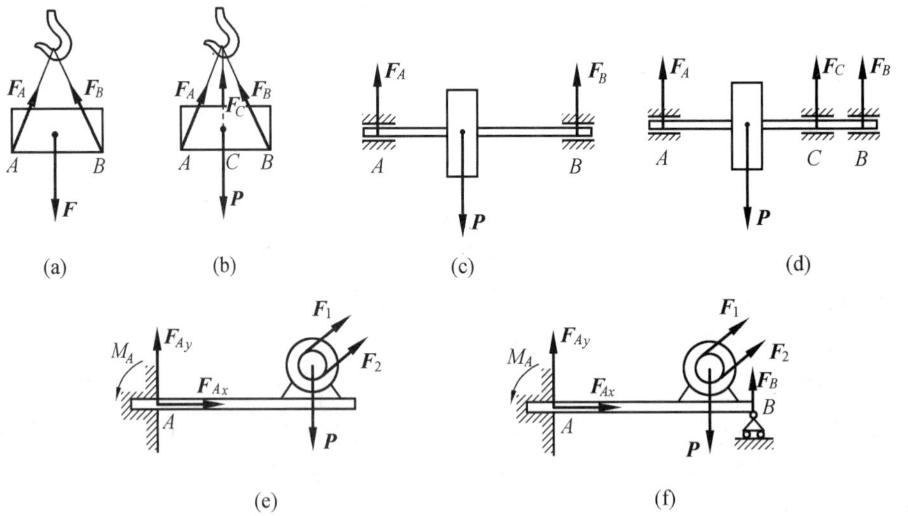

图 4.10

用两个径向轴承支承一根轴，如图 4.10(c)所示，未知约束力为两个，轴受平面平行力系作用，有两个独立平衡方程，是静定的。若用 3 个径向轴承支承，如图 4.10(d)所示，则未知的约束力为 3 个，而独立平衡方程为两个，因此是超静定的。图 4.10(e)所示系统受平面任意力系作用，有 3 个独立平衡方程，有3 个未知数，因此是静定的。图 4.10(f)所示系统受平面任意力系作用，有 3 个独立平衡方程，有 4 个未知数，因此是超静定的。

图 4.11 所示的梁由两部分组成，每部分有 3 个独立平衡方程，共有 6 个未知数(除图示的 4 个外，还有 C 处两个未知力)，因此是静定的，但若在 AB 之间再加一个滚动支座或把 B 处的滚动支座改为固定铰支座，则系统共有 7 个未知数，因此是超静定的。

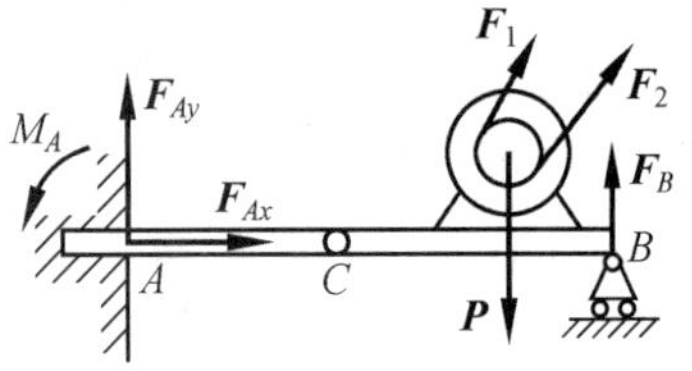

图 4.11

提问：在理论力学静力学计算题的求解中，用不用判断系统是静定、超静定问题？答案是，不用。因为完全求解超静定问题还需后续其他课程给出相应的补充方程。

下面举例求解物体系的平衡问题。

例 4.3 结构由不计重量的杆 AB，AC，DF 铰接而成，如图 4.12(a)所示。在杆 DEF 上作用一矩为 M 的力偶，求杆 AB 上铰链 A，D，B 所受的力。

解题分析与思路：这是一个物体系的平衡问题。先取整体为研究对象，共有 3 个未知约束力，题目要求 B 处两个约束力，可用两个而不用 3 个方程求出要求两个约束力。整体无法求出 A，D 处约束力，所以要考虑拆开。若先取 DEF 杆为研究对象，其受力图如图 4.12(b)所示，可看出，由对点 E 取矩可求出 D 处铅直方向约束力，然后再取杆 ADB 为研究对象，其受力图如图 4.12(c)所示，对此构件已剩 3 个约束力，有 3 个平衡方程，所以可求解。此题可用 6 个一元一次方程求解 6 个未知数。

解： 首先取整体为研究对象，受力图如图 4.12(a)所示，由

$$\sum F_x=0, \quad F_{Bx}=0$$

$$\sum M_C=0, \quad -2a\cdot F_{By}-M=0$$

解得

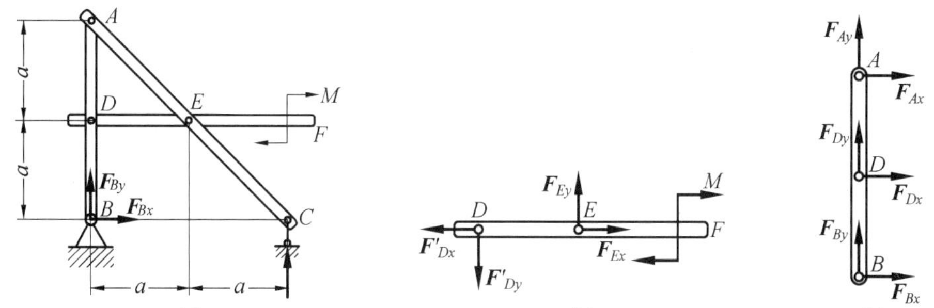

(a)　(b)　(c)

图 4.12

$$F_{Bx}=0, \quad F_{By}=-\frac{M}{2a}$$

再取杆 DEF 为研究对象，受力图如图 4.12(b)所示，由

$$\sum M_E=0, \quad F'_{Dy}\cdot a-M=0$$

解得

$$F'_{Dy}=F_{Dy}=\frac{M}{a}$$

最后取杆 ADB 为研究对象，受力图如图 4.12(c)所示，由

$$\sum M_A=0, \quad 2a\cdot F_{Bx}+a\cdot F_{Dx}=0$$

$$\sum F_x=0, \quad F_{Bx}+F_{Dx}+F_{Ax}=0$$

$$\sum F_y=0, \quad F_{By}+F_{Dy}+F_{Ay}=0$$

分别解得

$$F_{Dx}=F_{Ax}=0, \quad F_{Ay}=-\frac{M}{2a}$$

例 4.4　图 4.13(a)所示为钢结构拱架，由两个相同的钢架 AC，BC 铰接，吊车梁支撑在钢架的 D，E 上。两钢架各重 $P=60$ kN，吊车梁重 $P_1=20$ kN，其作用线通过点 C，荷载 $P_2=10$ kN，风力 $F=10$ kN。D，E 两点在力 $\boldsymbol{P}$ 的作用线上，各尺寸如图 4.13(a)所示。求铰支座 A，B 的约束力。

解题分析与思路：首先取整体为研究对象，其受力图如图 4.13(a)所示，共有 4 个约束力且均为要求约束力，能否列出 4 个方程求出 4 个未知数？答案是可以列出 4 个方程，不能求出 4 个未知数，因独立方程为 3 个。但可看到，若对点 B 取矩，则可求出 A 处 y 方向约束力，此时由对点 A 取矩或沿 y 轴投影可得 B 处 y 方向约束力。这样，整体已用去两个方程，还剩一个方程两个未知数，所以不能求解。为此考虑拆开，取右边(或左边)钢架为研究对象，受力图如图 4.13(b)所示，现共有 4 个未知数，3 个独立平衡方程，所以不能全部求解。但题目没有要求 C 处约束力，若 $\boldsymbol{F}_E$ 为已知，由对点 C 取矩可求出 B 处水平方向约束力，此时由整体可求 A 处水平方向约束力。这样问题就转换为求 F_E，为此取吊车梁为研究对象，其受力图如图 4.13(c)所示，可看出由一个方程可求出 $\boldsymbol{F}'_E$。这样，整个解题思路就已确定。

解：　首先取整体为研究对象，受力图如图 4.13(a)所示，由

$$\sum M_B=0, \quad -12F_{Ay}-5F+10P+8P_2+6P_1+2P=0$$

解得　$F_{Ay}=72.5$ kN

由　$\sum F_y=0, \quad F_{Ay}+F_{By}-P-P_2-P_1-P=0$

解得　$F_{By}=77.5$ kN

然后取吊车梁为研究对象，其受力图如图 4.12(c)所示，由

$$\sum M_D=0, \quad 8F'_E-4P_1-2P_2=0$$

解得　$F'_E=12.5$ kN

取右边钢架为研究对象，受力图如图 4.13(b)所示，由

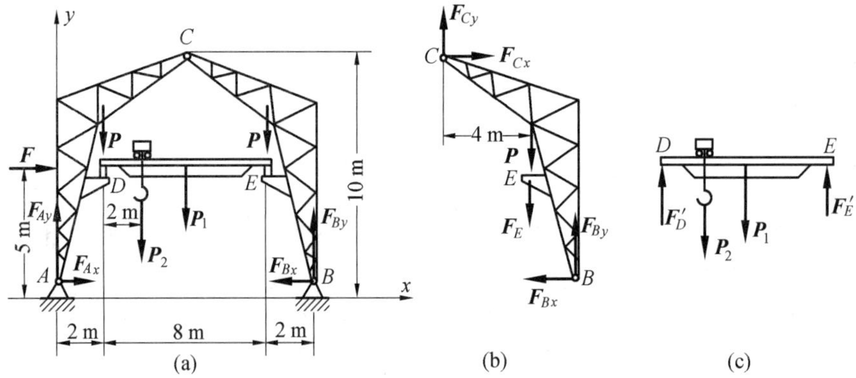

(a) (b) (c)

图 4.13

$$\sum M_C=0,\quad 6F_{By}-10F_{Bx}-4(P+F_E)=0$$

解得 $F_{Bx}=17.5\ \text{kN}$

最后,对图 4.13(a),由

$$\sum F_x=0,\quad F+F_{Ax}-F_{Bx}=0$$

解得

$$F_{Ax}=7.5\ \text{kN}$$

这样,列出了 5 个一元一次方程,求出了要求的 4 个未知力。

例 4.5 图 4.14(a)所示的忽略自重的组合梁由 AC,CD 在 C 处铰接而成,已知 $F=20$ kN,均布荷载 $q=10$ kN/m,$M=20$ kN·m,$l=1$ m。求固定端 A 处与支撑 B 处的约束力。

解题分析与思路:首先取整体为研究对象,共有 4 个未知约束力,例 4.4 整体也有 4 个未知约束力,可以求出其中两个未知力,但此题在图示受力图情况下,一个约束力也求不出,为此应首先考虑拆开。取 CD 梁为研究对象,其受力图如图 4.14(b)所示,有 3 个未知约束力,可以全求出,但题目没有要求 C 处约束力,所以可以避开不求。题目要求 B 处约束力,由图可看出,由一个取矩方程可求出。此时整体已剩 3 个未知力,所以取整体已可求解。

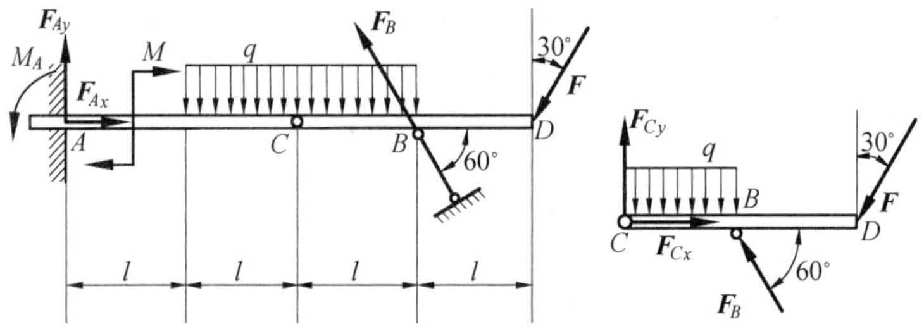

(a) (b)

图 4.14

解: 首先取 CD 梁为研究对象,其受力图如图 4.14(b)所示,由

$$\sum M_C=0,\quad F_B\sin 60^\circ\cdot l-ql\cdot l/2-F\cos 30^\circ\cdot 2l=0$$

解得 $F_B=45.77\ \text{kN}$

其次取整体为研究对象,受力图如图 4.14(a)所示,由

$$\sum F_x=0,\quad F_{Ax}-F_B\cos 60^\circ-F\sin 30^\circ=0$$

$$\sum F_y=0,\quad F_{Ay}+F_B\sin 60^\circ-2ql-F\cos 30^\circ=0$$

$$\sum M_A=0,\quad M_A-M-2ql\cdot 2l+F_B\sin 60^\circ\cdot 3l-F\cos 30^\circ\cdot 4l=0$$

分别解得

$$F_{Ax}=32.89\ \text{kN},\quad F_{Ay}=-2.32\ \text{kN},\quad M_A=10.37\ \text{kN}\cdot\text{m}$$

这样，对此题，先局部后整体，列出了 4 个一元一次方程求出了 4 个未知数。

例 4.6　图 4.15 所示的结构由杆件 AB,BC,CD,滑轮 O,软绳与重物 E 构成。已知物 E 重 P,其他构件自重不计，滑轮半径为 R,尺寸 l。求固定端 A 处约束力。

解题分析与思路：首先取整体为研究对象，其受力图如图 4.15(a)所示，共有 5 个未知约束力，由整体看，一个约束力也求不出。但若注意到杆 BC 为二力杆，如果此力已知，则由杆 AB 的受力图 4.15(b)可看出 A 处 3 个约束力已可求。所以此时的问题就转化为求杆 BC 的受力，为求此力，可考虑杆 CD(带着滑轮，也可以不带)的受力图为图 4.15(c),可看出用一个取矩方程可求杆 BC 受力。

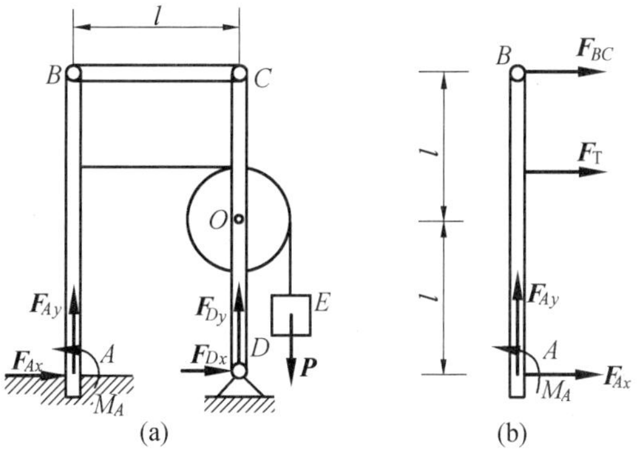

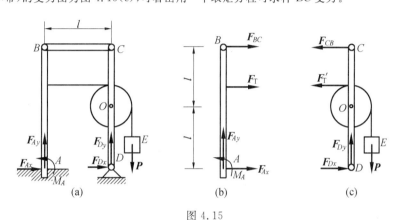

图 4.15

解：　首先取杆 CD 与滑轮一体为研究对象，其受力图如图 4.15(c)所示，由

$$\sum M_D=0,\quad F_{CB}\cdot 2l+F'_{T}\cdot(R+l)-P\cdot R=0$$

解得　$F_{CB}=-P/2$

取杆 AB 为研究对象，其受力图如图 4.15(b)所示，由

$$\sum F_x=0,\quad F_{Ax}+F_T+F_{BC}=0$$

$$\sum F_y=0,\quad F_{Ay}=0$$

$$\sum M_A=0,\quad M_A-F_T\cdot(R+l)-F_{BC}\cdot 2l=0$$

分别解得　$F_{Ax}=-P/2$，　$F_{Ay}=0$，　$M_A=PR$

对物体系的平衡问题，因为首先看到的是整个系统(整体)，所以应先对整体进行受力分析。若整体为 3 个未知量，且为平面任意力系，则可把未知量全部求出，如例 4.3。但也要看求出的未知量对题目求解有无用处，若有用，则求出或全部求出，若无用则不求，如例 4.3 则没有求 C 处约束力。若整体看到的是4 个未知量，则有的可以求出一个或两个未知量，有的则一个未知量也求不出，如例 4.4 与例 4.5。当整体为 5 个未知量或超过 5 个时，则整体一般一个未知量也难以求出，如例 4.6。对整体受力分析完之后，若没有达到题目所要求，则应考虑拆开，拆又如何拆？如何灵活地列平衡方程？应首先对各个构件进行受力分析，在受力分析清楚的基础上寻求较佳或最佳解题思路。对单个物体的平衡问题，要先寻求解题思路，对物体系的平衡问题，更要先寻求解题思路。读者应注意，一般应在寻求好解题思路的基础上，再正式落笔做题。

由杆件在两端用铰链连接且几何形状不变的结构被称为**桁架**，桁架中各杆件的连接点被称为**节点**，在做了一些简化后每根杆均为二力杆的桁架被称为**理想桁架**，单靠平衡方程能求出各杆件受力(内力)的桁架被称为**简单桁架**，图 4.16(a)所示的结构即为一简单理想桁架，同时也为一平面桁架(当然也有空间桁架)。对图4.16(a)所示桁架,每根杆的长度都为1 m,荷载$F_E=10$ kN,$F_G=7$ kN,$F_F=5$ kN,要求计算出杆件1,2,3的内力。

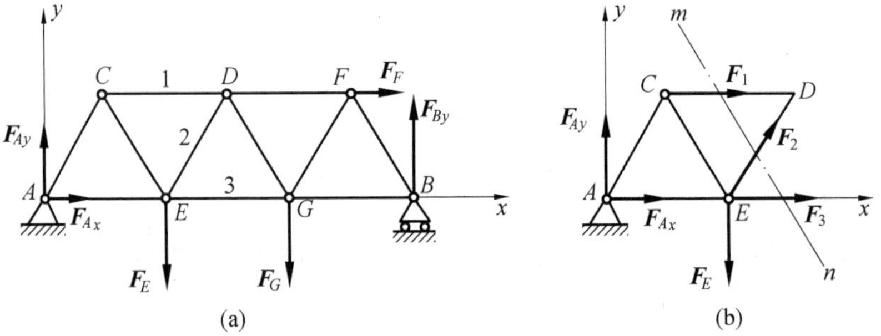

图4.16

首先考虑整体,其受力图如图4.16(a)所示,先求出支座A处的约束力,由

$$\sum F_x=0,\quad F_{Ax}+F_F=0$$

$$\sum M_B=0,\quad 2\cdot F_E+1\cdot F_G-3\cdot F_{Ay}-1\cdot \sin 60^\circ\cdot F_F=0$$

解得　$F_{Ax}=-5$ kN,　$F_{Ay}=7.557$ kN

为求杆件1,2,3的内力,可设想用一截面$m-n$把3根杆断开,选取左半部分为研究对象(也可选右半部分),其受力图如图4.16(b)所示,为一平面任意力系,称这种求桁架内力的方法为**截面法**。设每根杆均受拉力,仍本着列一个平衡方程求一个未知数的原则,有

$$\sum M_E=0,\quad -F_1\cdot 1\cdot \sin 60^\circ-F_{Ay}\cdot 1=0$$

$$\sum F_y=0,\quad F_{Ay}+F_2\sin 60^\circ-F_E=0$$

$$\sum F_x=0,\quad F_{Ax}+F_1+F_2\cos 60^\circ+F_3=0$$

分别解得

$F_1=-8.726$ kN(压力),　$F_2=2.821$ kN(拉力),　$F_3=12.32$ kN(拉力)

若要求每根杆件受力,可从节点A开始,按A,C,E,D,G,F,B顺序,把每一个节点取完,每一个节点所受力系均为平面汇交力系,逐节点列平衡方程可得每根杆件受力,称这种求内力的方法为**节点法**。

若题目还要求杆DG受力,在求得杆1,2受力的情况下,可取节点D用节点法求出杆DG受力。

习　题

4.1　已知$F_1=150$ N,$F_2=200$ N,$F_3=300$ N,$F=F'=200$ N。求力系向点O的简化结果,并求力系合力的大小及其与原点O的距离d。

4.2　图示平面任意力系中$F_1=40\sqrt{2}$ N,$F_2=80$ N,$F_3=40$ N,$F_4=110$ N,$M=2\ 000$ N·mm。各力作用位置如图所示,图中尺寸的单位为mm。求:(1)力系向O点简化的结果;(2)力系的合力的大小、方向及合力作用线方程。

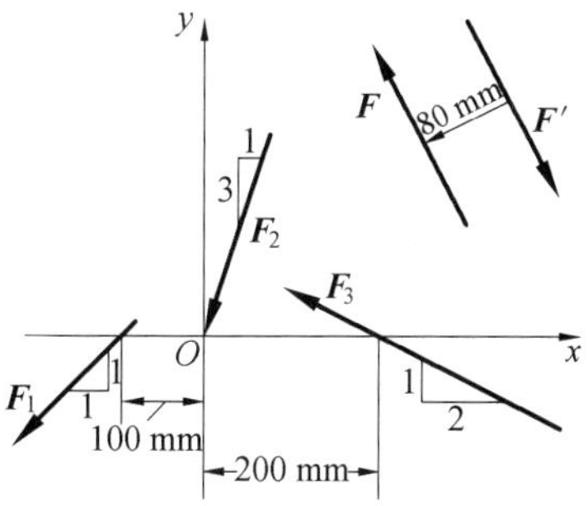

题 4.1 图

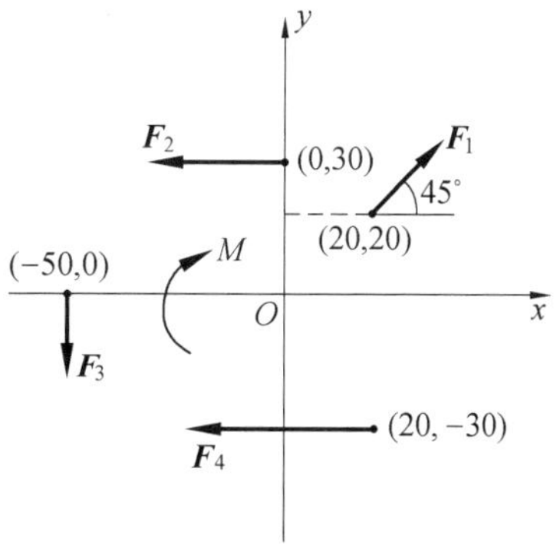

题 4.2 图

4.3 高炉上料小车如图所示，料车处于匀速运动状态。车和料共重 $P=240$ kN，重心在点 C，尺寸 $a=1$ m，$b=1.4$ m，$e=1$ m，$d=1.4$ m，$\theta=55°$。认为料车和轨道直接接触，即不计料车和轨道间的摩擦力，求钢索的拉力和轨道的约束力。

4.4 起重机的铅直支柱 AB 由点 B 的止推轴承和点 A 的径向轴承支持。起重机上有荷载 $\boldsymbol{P}_1$ 和 $\boldsymbol{P}_2$ 作用，它们与支柱的距离分别为 a 和 b。A，B 两点间的距离为 c，求轴承 A，B 两处的约束力。

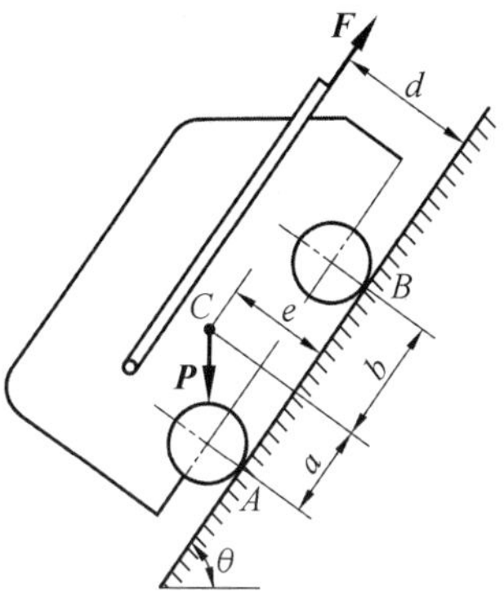

题 4.3 图

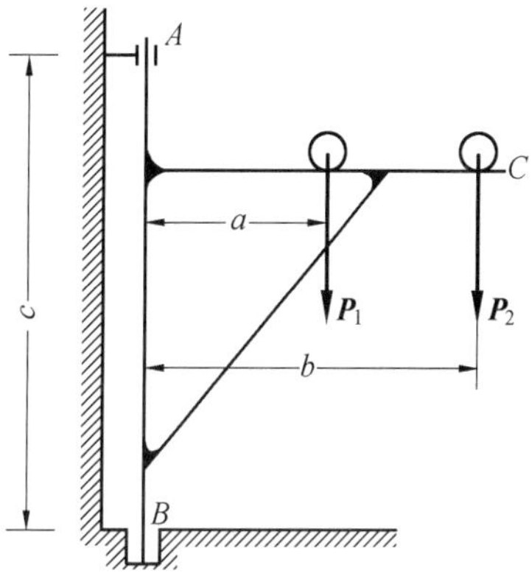

题 4.4 图

4.5 在图示刚架中，已知 $q=3$ kN/m，$F=6\sqrt{2}$ kN，$M=10$ kN·m，不计刚架自重。求固定端 A 处的约束力。

4.6 如图所示，对称屋架 ABC 重 100 kN，AC 边承受风压，风力平均分布，并垂直于 AC，其合力等于 8 kN，尺寸如图。求支座约束力。

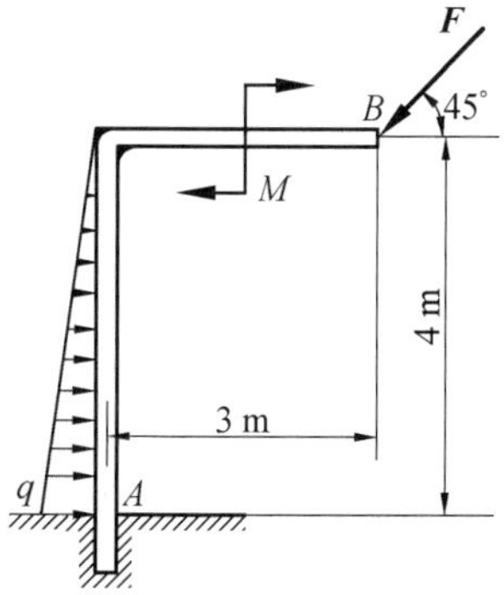

题 4.5 图

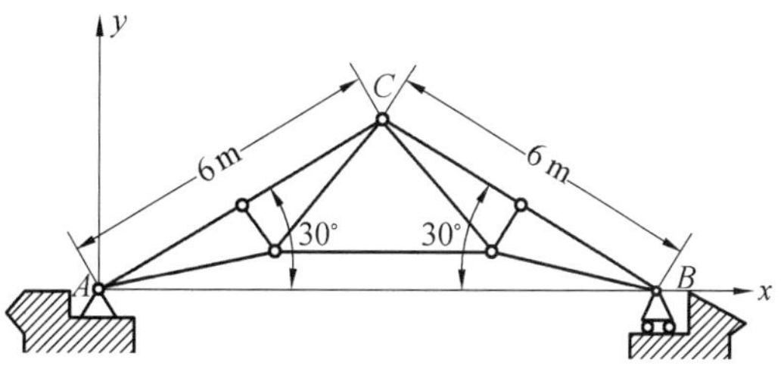

题 4.6 图

4.7 梁的支撑、荷载与尺寸如图所示，$F=20$ kN，三角形分布荷载的最大值 $q=10$ kN/m，不计梁重，求支座约束力。

4.8 如图所示水平梁 AB，在梁上 D 处用销子安装半径为 $r=0.1$ m 的滑轮。有一跨过滑轮的绳子，其一端水平地系于墙上，另一端悬挂有重 $P=1\,800$ N的重物。$AD=0.2$ m，$BD=0.4$ m，$\theta=45°$，不计梁、杆、滑轮和绳的重量。求铰链 A 处和杆 BC 对梁的约束力。

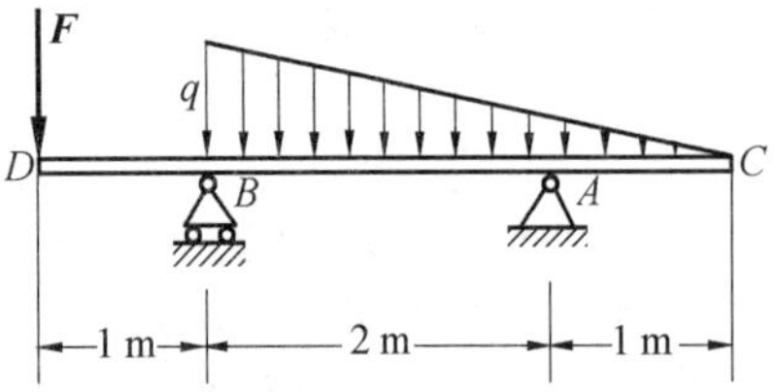

题 4.7 图

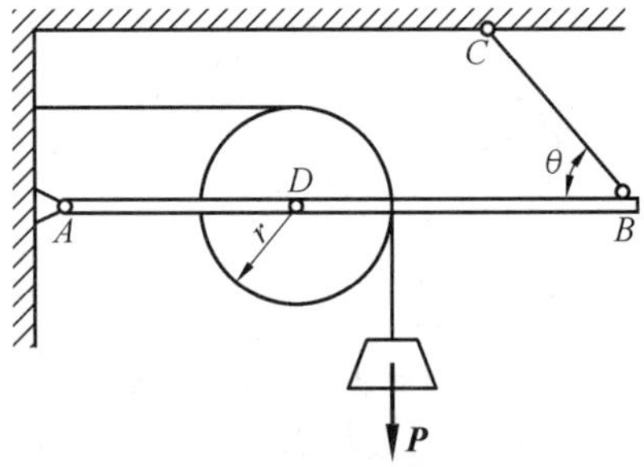

题 4.8 图

4.9 如图所示，窗外封闭凉台的水平梁承受强度为 p(N/m)的均布荷载。在水平梁的外端从柱上传下荷载 $\boldsymbol{P}$。柱的轴线到墙的距离为 l，垂直作用于柱上的总的风力为 $\boldsymbol{F}$，距梁中心线的距离为 a。求梁根部 A 处的约束力。

4.10 如图所示，行动式起重机不计平衡锤的重为 $P=500$ kN，其重心在离右轨 1.5 m 处。起重机的起重量为 $P_1=250$ kN，突臂伸出距右轨 10 m。跑车本身重量略去不计，欲使跑车满载或空载时起重机均不致翻倒，求平衡锤的最小重量 P_2 以及平衡锤到左轨的最大距离 x。

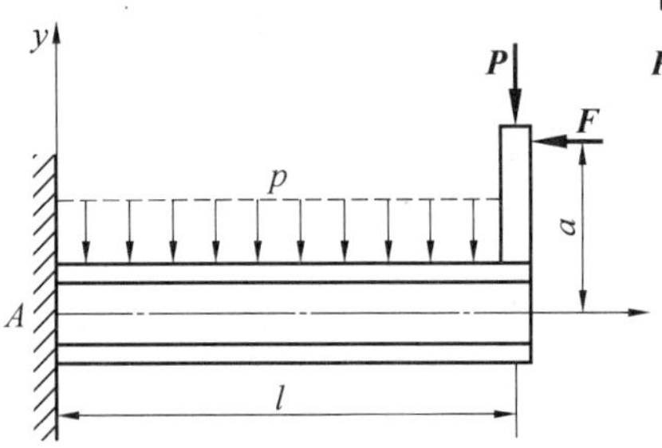

题 4.9 图

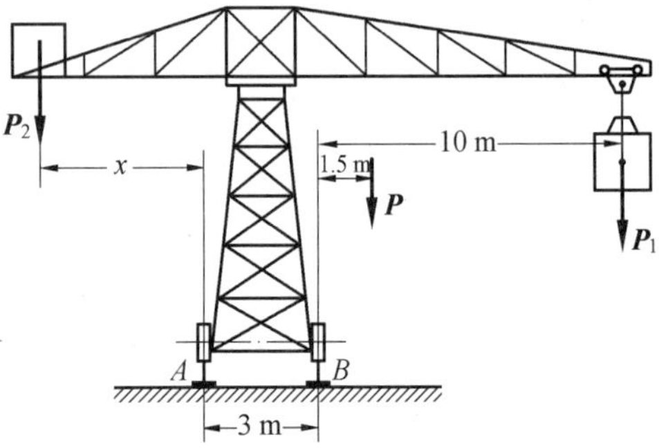

题 4.10 图

4.11 由 AC 和 CD 构成的组合梁支撑和受力如图所示，均布荷载强度 $q=10$ kN/m，力偶矩 $M=40$ kN·m，不计梁重。求支座 A，B，D 处的约束力。

4.12 图示为一种闸门启闭设备的传动系统。已知各齿轮的半径分别为 r_1，r_2，r_3，r_4，鼓轮的半径为 r，闸门重 $\boldsymbol{P}$，齿轮的压力角为 θ，不计各齿轮的自重，求最小的启门力偶矩 M 及轴承 O_3 的约束力。

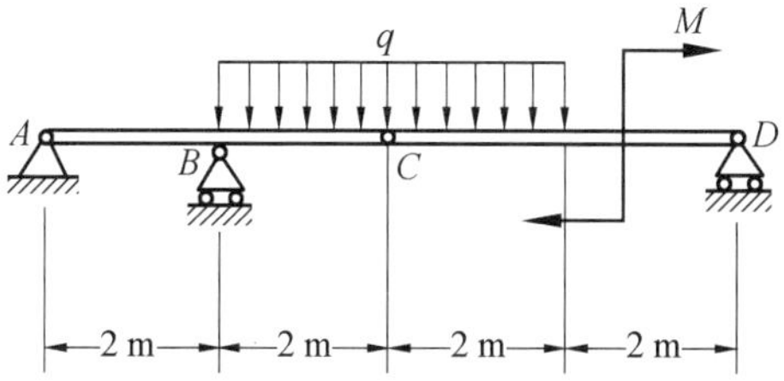

题 4.11 图

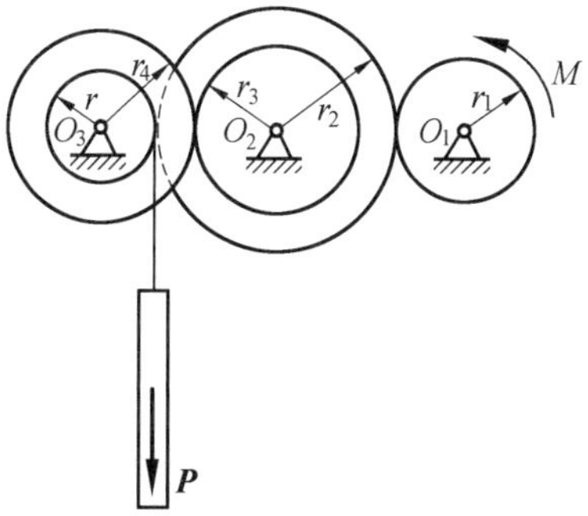

题 4.12 图

4.13　梯子的两部分 AB 和 AC 在点 A 铰接，又在 D，E 两点用水平绳连接，如图所示。梯子放在光滑的水平面上，其一边作用有铅直力 $\boldsymbol{F}$，尺寸如图所示，不计梯重。求绳的拉力 $\boldsymbol{F}_{\mathrm{T}}$。

4.14　图示构架由杆 AB，AC 和 DF 组成，杆 DF 上的销子 E 可在杆 AC 的光滑窄槽内滑动，不计各构件的重量，在水平杆 DF 的一端作用铅直力 $\boldsymbol{F}$。求铅直杆 AB 上铰链 A，D，B 处所受的力。

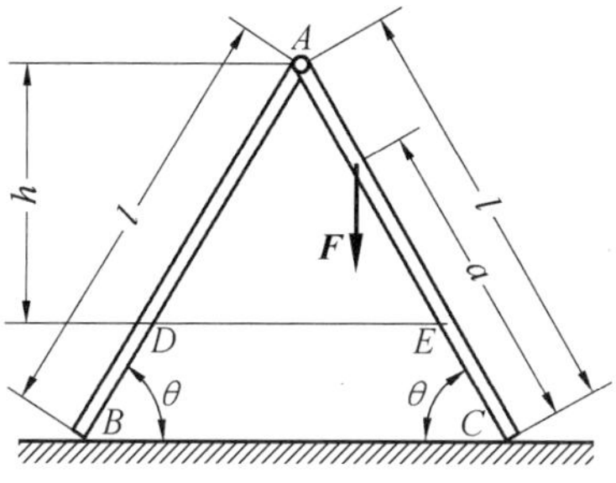

题 4.13 图

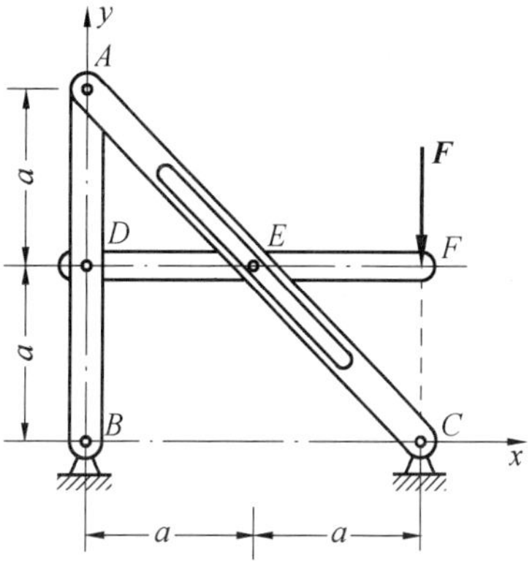

题 4.14 图

4.15　图示构架中，物体 P 重 1 200 N，由细绳跨过滑轮 E 而水平系于墙上，尺寸如图所示。不计杆和滑轮的重量，求支撑 A，B 处的约束力和杆 BC 的内力 $\boldsymbol{F}_{BC}$。

4.16　图示结构中，A 处为固定端约束，C 处为光滑接触，D 处为铰链连接。已知 $F_1=F_2=400$ N，$M=300$ N·m，$AB=BC=400$ mm，$CD=CE=300$ mm，$\theta=45°$，不计各构件自重，求固定端 A 处与铰链 D 处的约束力。

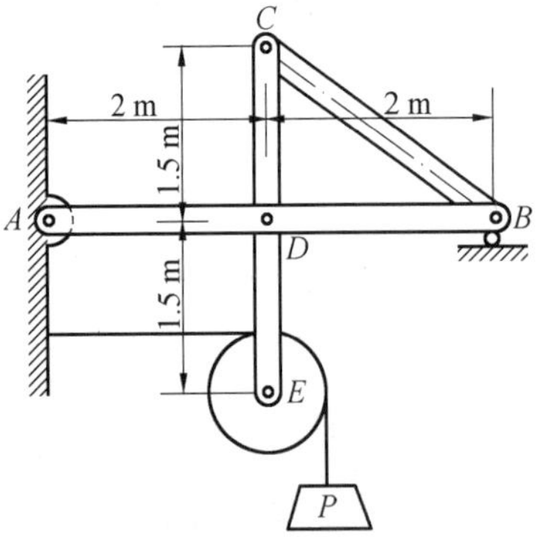

题 4.15 图

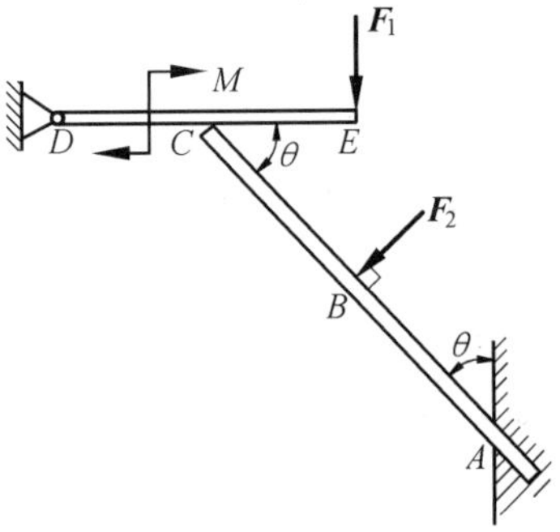

题 4.16 图

4.17 不计图示构架中各杆件重量，力 $F=40$ kN，各尺寸如图所示，求铰链 A,B,C 处受力。

4.18 如图所示，用三根杆连接成一构架，各连接点均为铰链，B 处接触表面光滑，不计各杆的重量。图中尺寸单位为 m。求铰链 D 受的力。

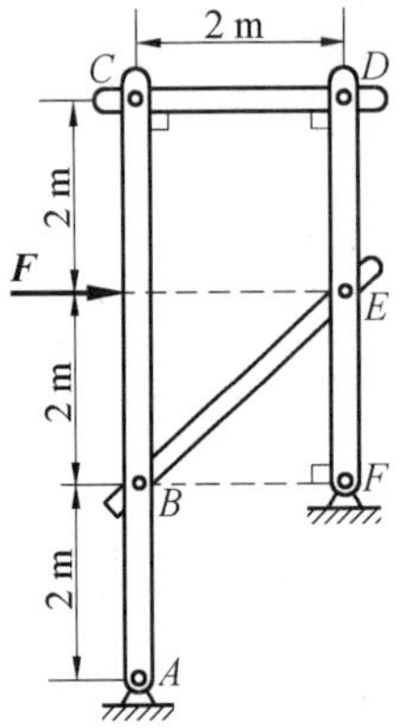

题 4.17 图

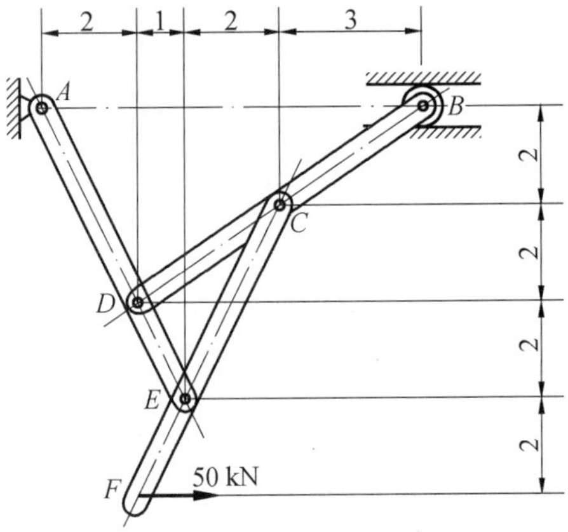

题 4.18 图

4.19 在图示构架中，各杆单位长度的重量为 30 N/m，荷载 $P=1\ 000$ N，求固定端 A 处与铰链 B,C 处的约束力。

4.20* 图示构架，由直杆 BC,CD 和直角弯杆 AB 组成，各杆自重不计，荷载分布和尺寸如图所示。销钉 B 穿透 AB 和 BC 两构件，在销钉 B 上作用一集中荷载 $\boldsymbol{P}$。q,a,M 为已知，且 $M=qa^2$。求固定端 A 处的约束力和销钉 B 对 BC 杆、AB 杆的作用力。

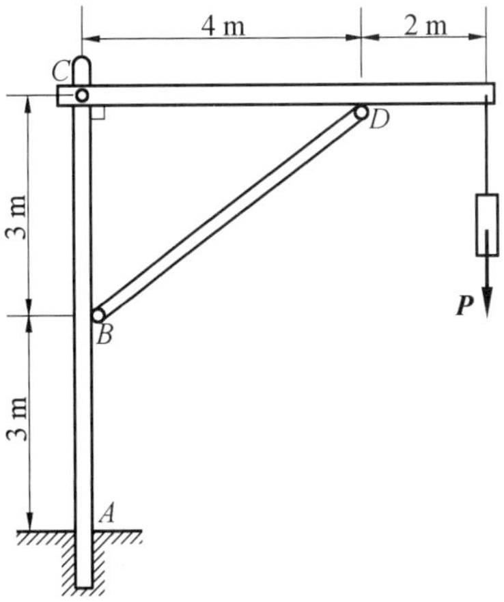

题 4.19 图

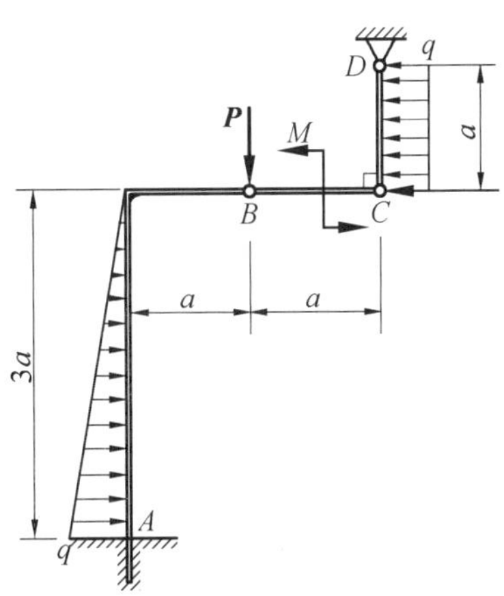

题 4.20 图

4.21　图示为一种折叠椅的对称面示意图。已知人重为 $\boldsymbol{P}$，不计各构件重量，地面光滑，求 C，D，E 处铰链约束力。

4.22　图示挖掘机计算简图中，挖斗荷载 $P=12.25$ kN，作用于 G 点，尺寸如图。不计各构件自重，求在图示位置平衡时杆 EF 和 AD 所受的力。

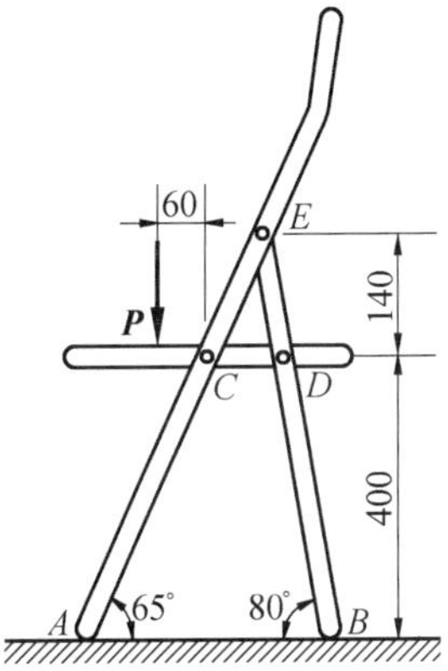

题 4.21 图(单位：mm)

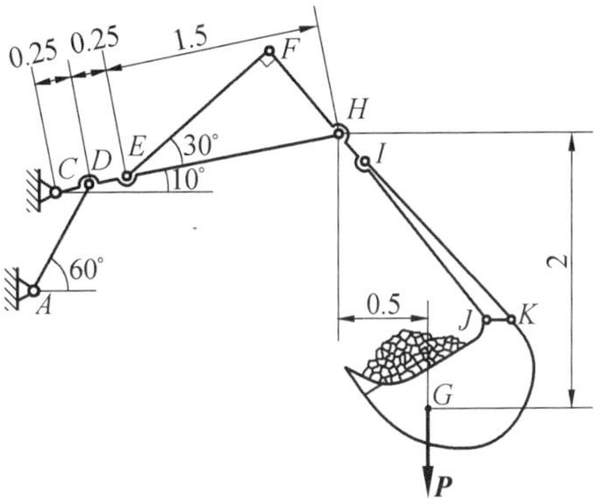

题 4.22 图(单位：m)

4.23　图示掘铲机的计算简图中，铲斗荷载为 $P=4.9$ kN，作用于 G 处，尺寸如图。不计各构件自重，求在图示位置平衡时杆 BC 和 IJ 所受的力。

4.24　图示平面桁架中，已知：$F_1=10$ kN，$F_2=F_3=20$ kN。求桁架 6，7，9，10 杆受力。

4.25　图示平面桁架中，ABC 为等边三角形，E，F 为两腰中点，又 $AD=DB$。求杆 CD 受力。

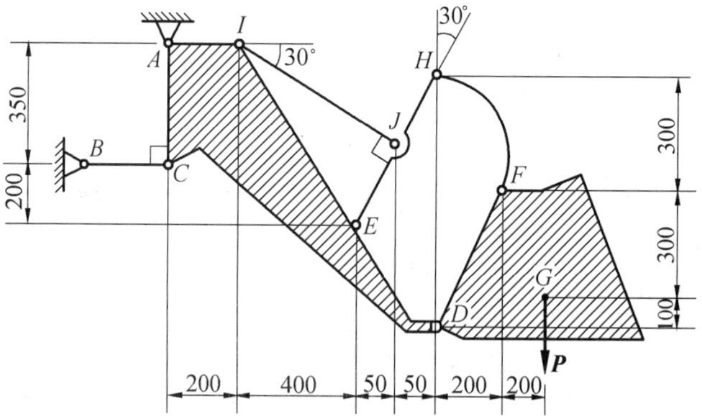

题 4.23 图(单位:mm)

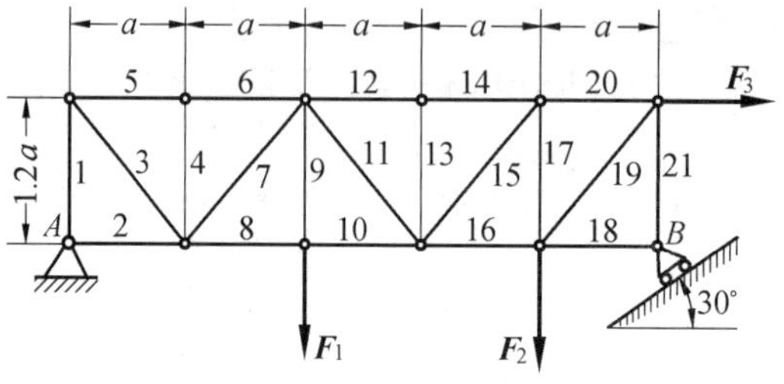

题 4.24 图

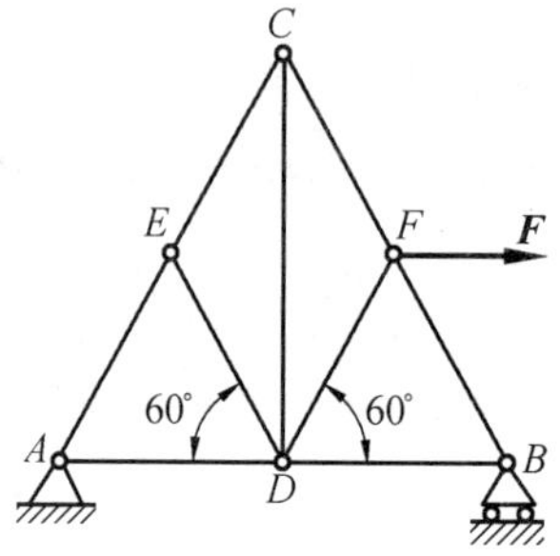

题 4.25 图

4.26 求图示平面桁架中杆 1,2,3 所受力。

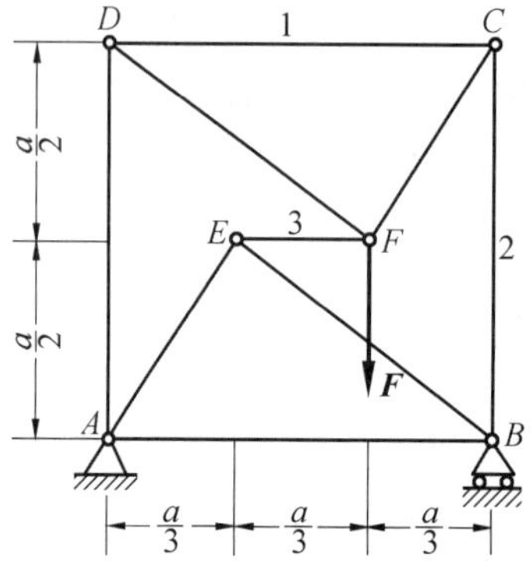

题 4.26 图

第 5 章　空间任意力系

在基本掌握前 4 章内容的基础上，即可学习本章。

所谓空间任意力系是指力的作用线不在同一平面内且任意分布的力系，工程中的许多建筑物、交通车辆、车床主轴、起重设备、高压输电线塔等结构和机构，一般都处于空间任意力系状态下。

和平面任意力系一样，本章主要讨论空间任意力系的简化和平衡条件，并应用这些平衡条件解决一些工程实际问题和为后继课程打基础。

5.1　空间任意力系向任意一点简化

一个空间任意力系，能否用一个简单的力系来等效代替，这就是空间任意力系的简化问题。为了讨论空间任意力系的简化问题，仍然要用到力的平移定理。不过和平面任意力系不同的是，由于力不在同一平面内，平移后产生的附加力偶矩在平面中用代数量表示，在空间中用矢量表示。也即，在空间中，力对点的矩用矢量来表示。

1. 空间任意力系向一点的简化　主矢和主矩

如图 5.1(a)所示，在刚体上作用一空间任意力系 $\boldsymbol{F}_1,\boldsymbol{F}_2,\cdots,\boldsymbol{F}_n$，现讨论其简化。应用力的平移定理，依次把各力向简化中心 O 平移，同时附加一相应的力偶，如图 5.1(b)所示，其中，各力 $\boldsymbol{F}'_i=\boldsymbol{F}_i$，各分力偶矩等于各分力对点 O 的力矩，即 $\boldsymbol{M}_i=\boldsymbol{M}_O(\boldsymbol{F}_i)$。

这样，原来的空间任意力系被空间汇交力系和空间力偶系两个简单力系等效代替。

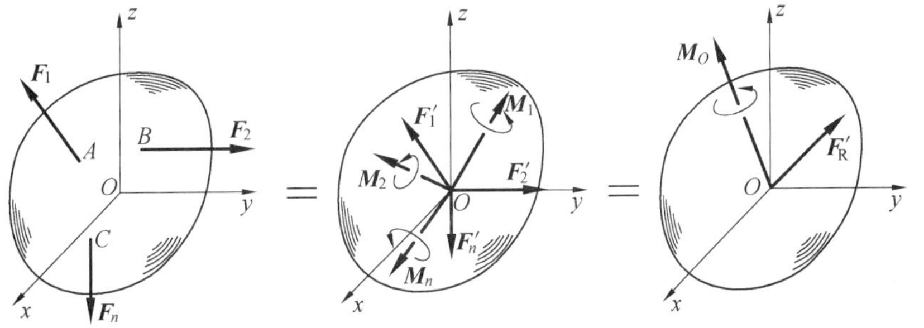

(a)　　(b)　　(c)

图 5.1

作用于点 O 的空间汇交力系可合成为一力，用 $\boldsymbol{F}'_R$ 表示为

$$\boldsymbol{F}'_R=\sum\boldsymbol{F}'_i=\sum\boldsymbol{F}_i \tag{5.1}$$

显然，和平面任意力系类同，此力不能与原任意力系等效，不能称其为原任意力系的合力，一般称其为原任意力系的**主矢**。可以看出，若选不同的点为简化中心，对主矢的大小和方向没有影响，也即主矢的大小和方向与简化中心无关。

注意，主矢不是原力系的合力，但其是汇交力系的合力，是力就有三要素，其大小、方向与简化中心无关，但其作用点与简化中心有关，向哪一点简化，其作用线就通过哪一点，而不能画在其他任意地方。

空间力偶系可合成为一力偶，其矩用 $\boldsymbol{M}_O$ 表示，如图 5.1(c)所示，为

$$\boldsymbol{M}_O=\sum\boldsymbol{M}_i=\sum\boldsymbol{r}_i\times\boldsymbol{F}_i \tag{5.2}$$

显然，此力偶也不能与原任意力系等效，不能称其为原任意力系的合力偶，一般称其为原力系的**主矩**。可以看出，若选不同的点为简化中心，各力的力矩将有所改变，所以主矩一般与简化中心有关，因此，以 $\boldsymbol{M}_O$ 而不以 $\boldsymbol{M}$ 来表示主矩，以示主矩一般与简化中心有关。

求空间任意力系主矢的大小和方向，通常采用解析法，即

$$F'_{\mathrm{R}}=\sqrt{(\sum F_{ix})^2+(\sum F_{iy})^2+(\sum F_{iz})^2} \tag{5.3}$$

$$\cos(\boldsymbol{F}'_{\mathrm{R}},\boldsymbol{i})=\sum F_{ix}/F'_{\mathrm{R}},\quad \cos(\boldsymbol{F}'_{\mathrm{R}},\boldsymbol{j})=\sum F_{iy}/F'_{\mathrm{R}}$$
$$\cos(\boldsymbol{F}'_{\mathrm{R}},\boldsymbol{k})=\sum F_{iz}/F'_{\mathrm{R}} \tag{5.4}$$

式中，$\sum F_{ix}$，$\sum F_{iy}$，$\sum F_{iz}$ 分别表示各分力在 x，y，z 轴上投影的代数和。

求空间任意力系主矩的大小和方向，通常也采用解析法，且考虑到力对点的矩与力对过该点的轴的矩的关系，有

$$M_O=\sqrt{(\sum M_{ix})^2+(\sum M_{iy})^2+(\sum M_{iz})^2} \tag{5.5}$$

$$\cos(\boldsymbol{M}_O,\boldsymbol{i})=\sum M_{ix}/M_O,\quad \cos(\boldsymbol{M}_O,\boldsymbol{j})=\sum M_{iy}/M_O$$
$$\cos(\boldsymbol{M}_O,\boldsymbol{k})=\sum M_{iz}/M_O \tag{5.6}$$

式中，$\sum M_{ix}$，$\sum M_{iy}$，$\sum M_{iz}$ 分别表示各分力 $\boldsymbol{F}_i$ 对 x，y，z 轴的矩的代数和。

此处举一例说明空间任意力系简化的实际意义，飞机在飞行时受到重力、升力、推力、阻力等力系组成的空间任意力系作用，通过其重心 O 建直角坐标系 $Oxyz$，如图 5.2 所示。把力系向飞机的重心 O 简化，可得一力 $\boldsymbol{F}'_{\mathrm{R}}$ 与一力偶，力偶矩矢为 $\boldsymbol{M}_O$。如果把此力和力偶矩矢向上述三根坐标轴分解，则得到 3 个作用于重心 O 的正交分力 $\boldsymbol{F}'_{\mathrm{R}x}$，$\boldsymbol{F}'_{\mathrm{R}y}$，$\boldsymbol{F}'_{\mathrm{R}z}$ 和 3 个绕坐标轴的力偶矩 $\boldsymbol{M}_{Ox}$，$\boldsymbol{M}_{Oy}$，$\boldsymbol{M}_{Oz}$。可以看出它们的意义分别是：

$\boldsymbol{F}'_{\mathrm{R}x}$——有效推进力；$\boldsymbol{F}'_{\mathrm{R}y}$——有效升力；$\boldsymbol{F}'_{\mathrm{R}z}$——侧向力；

$\boldsymbol{M}_{Ox}$——滚转力矩；$\boldsymbol{M}_{Oy}$——偏航力矩；$\boldsymbol{M}_{Oz}$——俯仰力矩。

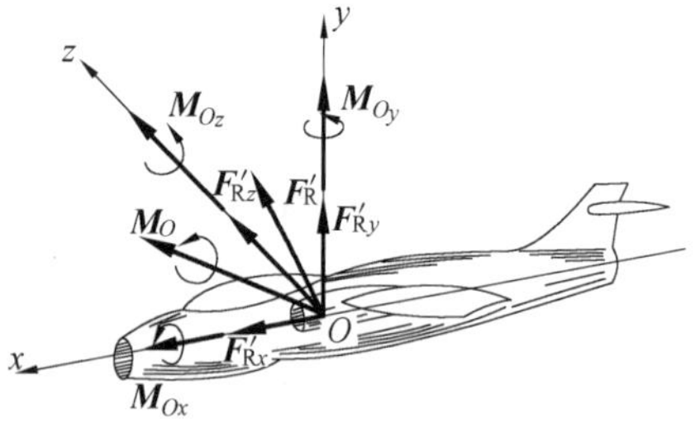

图 5.2

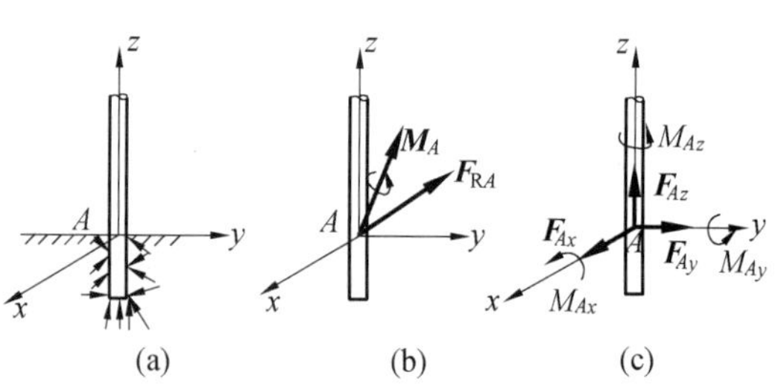

图 5.3

此处再举一例说明空间任意力系简化的实际应用，在平面任意力系简化中，曾提到固定端约束，当烟囱、水塔、电线杆等所受到的主动力分布在同一平面内时，称此类约束为平面固定端约束。但当烟囱、水塔、电线杆等所受到的主动力不分布在同一平面内时，约束给被约束物体的力也是空间分布的，如图 5.3(a)所示，对这些约束力的实际分布很难搞清楚，而且搞清楚也没有必要，只要知道其总体效果就行。利用空间任意力系简化的理论，把此复杂力

系向点 A 简化，得到一个力 $\boldsymbol{F}_{RA}$ 和一个力偶 $\boldsymbol{M}_A$，如图 5.3(b)所示。通常情况下，为计算方便计，用它们的正交分量 $\boldsymbol{F}_{Ax}$，$\boldsymbol{F}_{Ay}$，$\boldsymbol{F}_{Az}$ 和 M_{Ax}，M_{Ay}，M_{Az} 表示，如图 5.3(c)所示。称这样的约束为**空间固定端约束**，其物理(力学)意义可解释为，空间固定端约束的 6 个正交约束分量所起的作用分别是阻止物体沿 3 个坐标轴方向的移动和绕 3 根坐标轴的转动。

2. 空间任意力系简化的最后结果　合力矩定理

空间任意力系向一点简化得到一个力(主矢)和一个力偶(主矩)，在此基础上，还可以进一步简化，得到简化的最后结果或者说简化到最简单的力系。空间任意力系简化的最后结果有 4 种情况，合力、力螺旋、合力偶、平衡，下面分别予以讨论。

(1)空间任意力系简化为合力的情况　合力矩定理

当 $\boldsymbol{F}'_R \neq 0$，$\boldsymbol{M}_O = 0$ 时，一个力 $\boldsymbol{F}'_R$ 与原力系等效，力系简化为一合力，合力通过简化中心 O。

当 $\boldsymbol{F}'_R \neq 0$，$\boldsymbol{M}_O \neq 0$，$\boldsymbol{F}'_R \perp \boldsymbol{M}_O$ 时，此时如图 5.4(a)所示。因 $\boldsymbol{F}'_R$，$\boldsymbol{M}_O$ 均不为零，得 $d = \dfrac{|\boldsymbol{M}_O|}{|\boldsymbol{F}'_R|}$，在图 5.4(a)上量取 $OO' = d$，且令 $F_R = F'_R = F''_R$，则图 5.4(b)所示力系与图 5.4(a)所示情况等效，再由二力平衡公理与加减平衡力系公理，可知图 5.4(c)中的一个力 $\boldsymbol{F}_R$ 与图 5.4(b)所示力系等效，力系简化为一合力，且 $\boldsymbol{F}_R = \boldsymbol{F}'_R$，合力作用线离简化中心 O 的距离为 $d = \dfrac{|\boldsymbol{M}_O|}{|\boldsymbol{F}'_R|}$，由此式及图中可看出

$$\boldsymbol{M}_O = \boldsymbol{d} \times \boldsymbol{F}_R = \boldsymbol{d} \times \boldsymbol{F}'_R = \boldsymbol{M}_O(\boldsymbol{F}_R)$$

又因 $\boldsymbol{M}_O = \sum \boldsymbol{M}_O(\boldsymbol{F}_i)$，则

$$\boldsymbol{M}_O(\boldsymbol{F}_R) = \sum \boldsymbol{M}_O(\boldsymbol{F}_i)$$

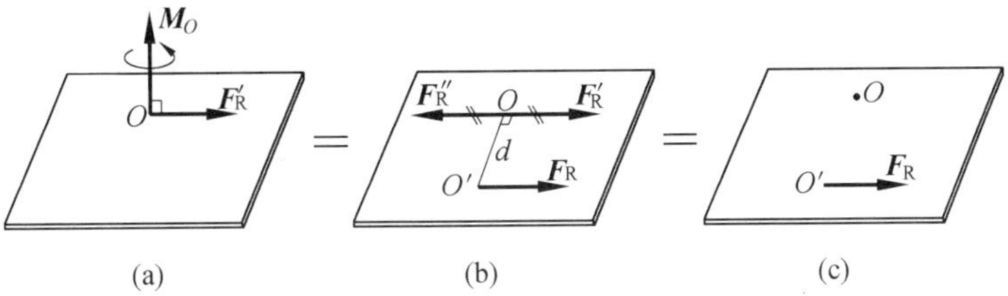

图 5.4

此式表达的意思是：空间任意力系的合力对任意一点的力矩等于各分力对同一点力矩的矢量和，称此为空间任意力系的合力矩定理。又由对点的矩与对轴的矩的关系，可知对轴的合力矩定理也成立。

(2)空间任意力系简化为力螺旋的情况

当 $\boldsymbol{F}'_R \neq 0$，$\boldsymbol{M}_O \neq 0$，$\boldsymbol{F}'_R \,/\!/\, \boldsymbol{M}_O$ 时，此时如图 5.5(a)、(b)所示。称这种结果为**力螺旋**。所谓力螺旋就是由一力与一力偶组成的力系，且此力垂直于力偶的作用面。钻孔时钻头对工件的作用，用螺丝刀松紧螺钉的作用，都是力螺旋作用的情形。力偶的转向和力的指向符合右手螺旋规则的称为**右螺旋**(图 5.5(a))，反之称为**左螺旋**(图 5.5(b))。力螺旋中力的作用线称为该力螺旋的中心轴。在 $\boldsymbol{F}'_R \,/\!/\, \boldsymbol{M}_O$ 的情况下，力螺旋的中心轴过简化中心。

当 $\boldsymbol{F}'_R \neq 0$，$\boldsymbol{M}_O \neq 0$，$\boldsymbol{F}'_R$ 与 $\boldsymbol{M}_O$ 既不垂直又不平行，两者成任意角 θ 时，如图 5.6(a)所示。此时可将 $\boldsymbol{M}_O$ 分解为两个分力偶 $\boldsymbol{M}''_O$ 与 $\boldsymbol{M}'_O$，它们分别垂直和平行于 $\boldsymbol{F}'_R$，如图 5.6(b)所示。则 $\boldsymbol{M}''_O$ 与 $\boldsymbol{F}'_R$ 可用作用于点 O' 的力 $\boldsymbol{F}_R$ 代替。由于力偶矩是自由矢量，可将 $\boldsymbol{M}'_O$ 平行移动，使之与 $\boldsymbol{F}_R$ 共线，这样得到的也是一个力螺旋，但螺旋中心轴不在点 O，而是距点 O 为 $d = M_O \sin\theta / F'_R$ 的另一点 O'。

(3)空间任意力系简化为合力偶的情况

当 $\boldsymbol{F}'_R = 0$，$\boldsymbol{M}_O \neq 0$ 时，这时一个力偶 $\boldsymbol{M}_O$ 与原力系等效，力系简化为合力偶。由于主矢大小与简化中心无关，向点 O 简化，主矢为零，向其他任意点简化主矢也为零，所以力系向任意点简化均为一力偶。又由力偶的性质知，在此种情况下，简化结果与简化中心位置无关。

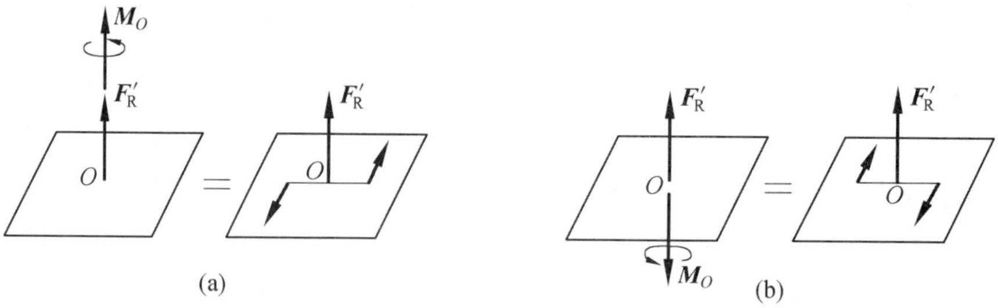

图 5.5

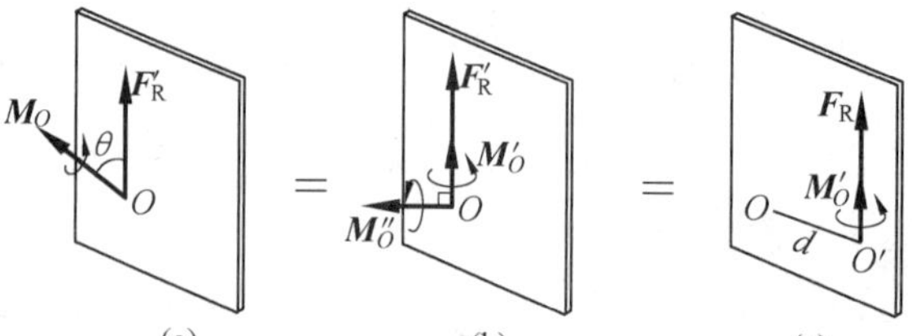

图 5.6

(4)空间任意力系为平衡力系的情况

当 $\boldsymbol{F}'_R=0$,$\boldsymbol{M}_O=0$ 时,这说明空间任意力系与一零力系等效,空间任意力系为一平衡力系。这种情况在下一节详细讨论。

5.2 空间任意力系的平衡条件和平衡方程

由上面所述力系简化理论知,当一空间任意力系向一点简化后,得一与之等效的空间汇交力系与空间力偶系,若主矢、主矩分别为零,则此力系为平衡力系。反过来,当一空间任意力系为一平衡力系时,则与之等效的空间汇交力系与力偶系也必为平衡力系,因此必有主矢、主矩分别为零。由此可得空间任意力系平衡的充分必要条件是,该力系的主矢和对任一点的主矩都等于零。即

$$\boldsymbol{F}'_R=0, \quad \boldsymbol{M}_O=0 \tag{5.7}$$

这一平衡条件一般以解析形式表示,由式(5.3)与(5.5),为书写方便,把下标i略去,有

$$\begin{aligned} &\sum F_x=0, \quad \sum F_y=0, \quad \sum F_z=0 \\ &\sum M_x=0, \quad \sum M_y=0, \quad \sum M_z=0 \end{aligned} \tag{5.8}$$

称此为空间任意力系的平衡方程。用文字叙述为:空间任意力系平衡的解析条件是,力系中各力在直角坐标系三个坐标轴每一个轴上投影的代数和与对各轴的力矩的代数和分别等于零。

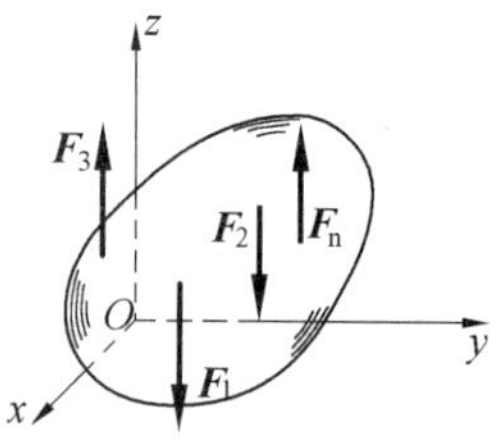

图 5.7

空间平行力系是空间任意力系的特殊情况之一,对图 5.7 所示的空间平行力系,设 z 轴与这些力平行,则各力对 z 轴的力矩为零,各力在 x,y 轴的投影也为零,因此平衡方程(5.8)中的$\sum F_x=0$,$\sum F_y=0$,$\sum M_z=0$ 方程已无求解价值,空间平行力系只有 3 个平衡方程,为

$$\sum F_z=0, \quad \sum M_x=0, \quad \sum M_y=0 \tag{5.9}$$

空间任意力系是力系最一般的情况，其他力系均是空间任意力系的特殊情况，因此，空间汇交、力偶、平行力系，平面任意、汇交、力偶、平行力系的平衡方程均可从平衡方程(5.8)中推出，有兴趣的读者可以一试。

下面举例说明空间任意力系平衡方程的应用。

例 5.1　图 5.8(a)所示一小型起重车，车重 $P_1=12.5$ kN，重力作用线通过点 E，起吊重量 $P_2=5$ kN，尺寸如图 5.8(b)所示。重物在图示位置时，系统静止，求地面对车轮的作用力。

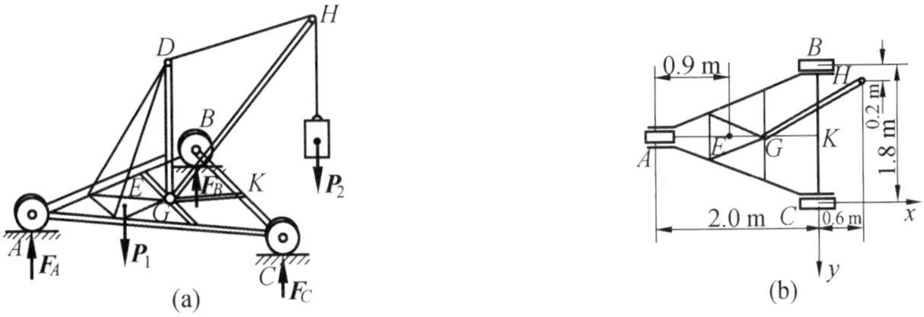

图 5.8

解题分析与思路：题目要求地面对车轮的作用力，实际要求的是地面对车轮的铅直作用力，因系统静止，主动力为起重车的重量和重物的重量，没有滑动的趋势，所以没有摩擦力。取小车为研究对象，画出受力图，可看出其受空间平行平衡力系作用，本着列一个方程求一个未知力的思路，列 3 个平衡方程求解 3 个未知力。

解：　取小车为研究对象，画出其整体受力图如图 5.8(a)所示，其中 $\boldsymbol{F}_A$，$\boldsymbol{F}_B$，$\boldsymbol{F}_C$ 为地面对车轮的作用力，由

$$\sum M_y=0,\quad 1.1P_1-0.6P_2-2F_A=0$$

$$\sum M_x=0,\quad 1.8F_B-0.9P_1-1.6P_2+0.9F_A=0$$

$$\sum F_z=0,\quad F_A+F_B+F_C-P_1-P_2=0$$

分别解得　$F_A=5.375$ kN，　$F_B=8.01$ kN，　$F_C=4.115$ kN

例 5.2　图 5.9 所示轴中，皮带的拉力 $F_2=2F_1$，曲柄上作用有铅垂力 $F=2\,000$ N，皮带轮的直径 $D=400$ mm，曲柄长 $R=300$ mm，皮带与铅垂线间夹角分别为 $\theta=30°$和 $\beta=60°$，其余尺寸如图所示。求皮带拉力和轴承约束力。

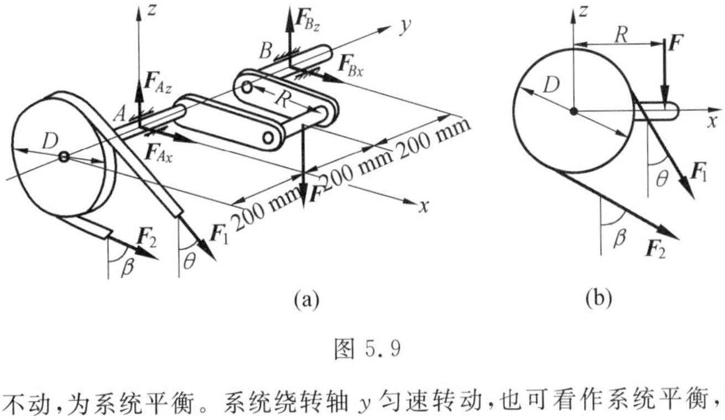

图 5.9

提示：系统静止不动，为系统平衡。系统绕转轴 y 匀速转动，也可看作系统平衡，因为，由方程 $J\alpha=M$ 可知，当角加速度 $\alpha=0$ 时，$M=0$，即对转轴的力矩和为零。

解题分析与思路：以整个轴为研究对象，轴承 A，B 为径向轴承，画出其受力图，轴受空间任意力系作用。可按空间任意力系平衡方程(5.8)的顺序列平衡方程，也可按列一个方程求一个未知数的原则不按平衡方程(5.8)的顺序列平衡方程。可看出，先由 $\sum M_y=0$ 可以求出皮带受力，由 $\sum M_x=0$ 可以求出约束力

$\boldsymbol{F}_{Bz}$，由$\sum M_z=0$可以求出约束力$\boldsymbol{F}_{Bx}$，最后由$\sum F_x=0$和$\sum F_z=0$可求出其余两个约束力。本题采用第二种解法。

解： 以整个轴为研究对象，画出其受力图如图示，列平衡方程

$$\sum M_y=0 \quad F\cdot R+F_1\cdot\frac{D}{2}-F_2\cdot\frac{D}{2}=0$$

又有$F_2=2F_1$代入解得皮带拉力分别为

$$F_1=3\ 000\ \text{N},\quad F_2=6\ 000\ \text{N}$$

由 $\sum M_x=0,\quad F_1\cos 30°\cdot 200+F_2\cos 60°\cdot 200-F\cdot 200+F_{Bz}\cdot 400=0$

解得 $F_{Bz}=-1\ 799\ \text{N}$

由 $\sum M_z=0,\quad F_1\sin 30°\cdot 200+F_2\sin 60°\cdot 200-F_{Bx}\cdot 400=0$

解得 $F_{Bx}=3\ 348\ \text{N}$

最后由

$$\sum F_x=0,\quad F_1\sin 30°+F_2\sin 60°+F_{Ax}+F_{Bx}=0$$

$$\sum F_z=0,\quad -F_1\cos 30°-F_2\cos 60°-F+F_{Az}+F_{Bz}=0$$

分别解得 $F_{Ax}=-10\ 044\ \text{N}$，$F_{Az}=9\ 397\ \text{N}$

例 5.3 车床主轴如图 5.10(a)所示，已知车刀对工件的径向切削力为$F_x=4.25$ kN，纵向切削力$F_y=6.8$ kN，主切削力(切向)$F_z=17$ kN，方向如图所示。$\boldsymbol{F}_t$与$\boldsymbol{F}_r$分别为作用在直齿轮C上的切向力和径向力，且$F_r=0.36F_t$。齿轮C的节圆半径$R=50$ mm，被切削工件的半径$r=30$ mm。不考虑卡盘和工件等的自重，其余尺寸（单位为 mm）如图所示。求：(1)齿轮啮合力$\boldsymbol{F}_t$与$\boldsymbol{F}_r$；(2)径向轴承A和止推轴承B的约束力；(3)三爪卡盘E在O处对工件的约束力。

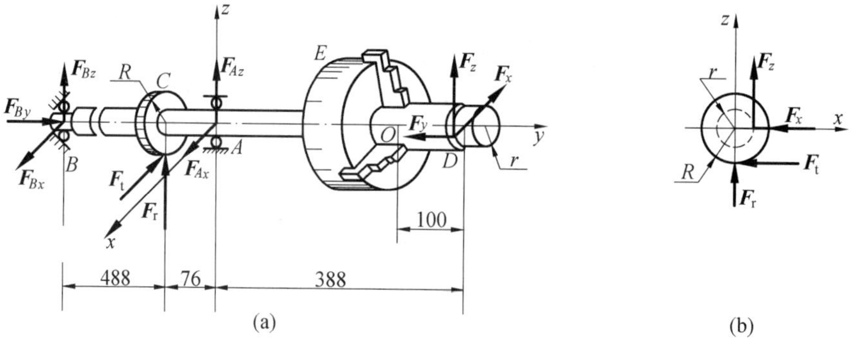

图 5.10

提示：见例 5.2 提示。

解题分析与思路：先取主轴、卡盘、齿轮以及工件系统整体为研究对象，画出其受力图，为一空间任意力系。

(1)为求齿轮啮合力F_t与F_r，可看出，由$\sum M_y=0$可求出齿轮啮合力F_t，由$F_r=0.36F_t$可求出齿轮啮合力F_r。

(2)可按空间任意力系平衡方程(5.8)的顺序列平衡方程，也可按列一个方程求一个未知数的原则不按平衡方程(5.8)的顺序列平衡方程。可看出，由$\sum F_y=0$可求出止推轴承B的约束力$\boldsymbol{F}_{By}$，由$\sum M_x=0$可以求出约束力$\boldsymbol{F}_{Bz}$，由$\sum M_z=0$可以求出约束力$\boldsymbol{F}_{Bx}$，最后由$\sum F_x=0$和$\sum F_z=0$可求出其余两个约束力。本题采用第二种解法。

(3)三爪卡盘E在O处对工件的约束相当于空间固定端约束，其约束力为6个，3个力和3个力偶，单独取出工件画出受力图，列6个方程求解即可。

解： (1)取整个系统为研究对象，画出其受力如图 5.10(a)所示，列平衡方程

$$\sum M_y=0,\quad F_t\cdot R-F_z\cdot r=0$$

求得　$\underline{F_t=10.2\ \text{kN}}$

又 $F_r=0.36F_t$，解得　$\underline{F_r=3.67\ \text{kN}}$

(2)对图5.10(a)所示受力图，由

$$\sum F_y=0,\quad F_{By}-F_y=0$$

解得　$\underline{F_{By}=6.8\ \text{kN}}$

$$\sum M_x=0,\quad -(488+76)\cdot F_{Bz}-76\cdot F_r+388\cdot F_z=0$$

解得　$\underline{F_{Bz}=11.2\ \text{kN}}$

由　$\sum M_z=0,\quad (488+76)\cdot F_{Bx}-76\cdot F_t-30F_y+388\cdot F_x=0$

解得　$\underline{F_{Bx}=-1.19\ \text{kN}}$

由　$\sum F_x=0,\quad F_{Ax}+F_{Bx}-F_t-F_x=0$

$\sum F_z=0,\quad F_{Az}+F_{Bz}+F_r+F_z=0$

分别解得　$\underline{F_{Ax}=15.64\ \text{kN}}$，$\underline{F_{Az}=-31.87\ \text{kN}}$

(3)取工件为研究对象，画出其受力图如图5.11所示，由方程

$\sum F_x=0,\quad F_{Ox}-F_x=0$

$\sum F_y=0,\quad F_{Oy}-F_y=0$

$\sum F_z=0,\quad F_{Oz}+F_z=0$

$\sum M_x=0,\quad M_x+100F_z=0$

$\sum M_y=0,\quad M_y-30F_z=0$

$\sum M_z=0,\quad M_z+100F_x-30F_y=0$

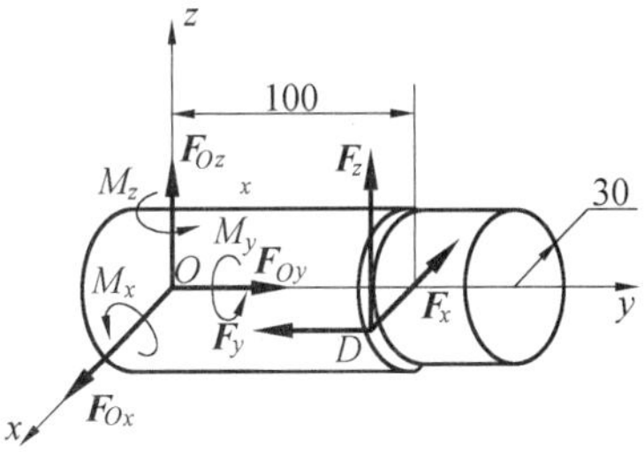

图5.11

分别解得

$\underline{F_{Ox}=4.25\ \text{kN}}$，$\underline{F_{Oy}=6.8\ \text{kN}}$，$\underline{F_{Oz}=-17\ \text{kN}}$

$\underline{M_x=-1.7\ \text{kN}\cdot\text{m}}$，$\underline{M_y=0.15\ \text{kN}\cdot\text{m}}$，$\underline{M_z=-0.22\ \text{kN}\cdot\text{m}}$

和平面任意平衡力系的物理(力学)意义相同，空间任意平衡力系的物理(力学)意义是，空间任意平衡力系在任意坐标轴上投影的代数和为零，对任意轴的力矩的代数和为零。同样可列出无数个平衡方程，但其只有6个独立的平衡方程，最多只能求解6个未知量。

同样和平面任意平衡力系类似，空间任意平衡力系的平衡方程不只是式(5.8)所示的形式，可称平衡方程(5.8)为空间任意力系平衡方程的基本形式。在平面任意力系中，有平衡方程的基本形式、二矩式、三矩式三种形式，在空间任意力系中，也有平衡方程的**四矩式、五矩式、六矩式平衡方程**。在解题时，为使解题简便，每个方程中最好只包含一个未知量，把六元一次方程组列为比较简单的6个一元一次方程。为此，在选投影轴时应尽量与其余未知力垂直；在选取矩的轴时应尽量与其余的未知力平行或相交。投影轴不必相互垂直，取矩轴也不必与投影轴重合。在空间任意力系的平衡问题中，对绝大部分题目都可以做到列一个方程求解一个未知数。

平面任意力系平衡方程的二矩式和三矩式，分别有限制条件，空间任意力系平衡方程的四矩式、五矩式、六矩式也有限制条件，但在所有理论力学教材或力学教材中，都没有给出(或列出)其限制条件，原因是其限制条件太多，很难将其详尽列出，所以就没有提到或没有列出。但在使用时，不必担心，只要能列出一个方程求解一个未知数，其就没有违反限制条件，或列出的方程能够全部求解，也就没有违反其限制条件。

下面举一例，说明六矩式平衡方程的使用。

例5.4　图5.12所示工作台由6根无重直杆支持于水平位置，直杆两端各用球铰链与工作台和地面连接，尺寸 a,b 为已知，工作台重和所有各物体的重量为 $\boldsymbol{P}$，作用于工作台的正中央，要求用六矩式平衡方

程求各杆的内力。

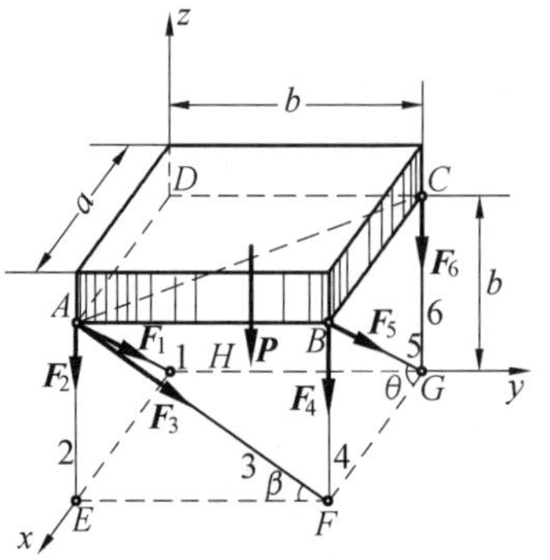

图 5.12

解题分析与思路：取工作台为研究对象，各直杆均为二力杆，设它们均受拉力，画出工作台的受力图。由空间任意平衡力系的物理意义，其对任意一根轴的力矩的代数和为零，可看出由$\sum M_{EA}=0$可求出杆 5 的受力，由$\sum M_{FB}=0$可求出杆 1 的受力等。按题目要求，列出 6 个取矩方程，且均为一元一次方程可求出 6 根杆受力。

解：取工作台为研究对象，画出工作台的受力图如图 5.12 所示。由平衡方程

$$\sum M_{EA}=0,\quad F_5\cos\theta\cdot b=0$$

$$\sum M_{FB}=0,\quad -F_1\cos\theta\cdot b=0$$

$$\sum M_{GC}=0,\quad F_3\cos\beta\cdot a=0$$

$$\sum M_{AC}=0,\quad F_4\cdot h=0$$

$$\sum M_{AB}=0,\quad -F_6\cdot a-P\cdot\frac{a}{2}=0$$

$$\sum M_{CB}=0,\quad F_2\cdot b+P\cdot\frac{b}{2}=0$$

分别解得

$$F_5=0,\quad F_1=0,\quad F_3=0$$

$$F_4=0,\quad F_6=-P/2,\quad F_2=-P/2$$

分析此题求得的结果，可看出杆 1，3，4，5 不受力，杆 2，4 受压力，分别为$\frac{P}{2}$，那么，既然杆 1，3，4，5 不受力，是否可将其除去？去掉这 4 根杆后，工作台是否还平衡？结论是工作台可处于平衡状态，但这 4 根杆不能去掉。

在此介绍一下平衡的分类问题，图 5.13(a)，(b)，(c)所示三种情况，均质杆只受重力作用，均质杆质心为点 C，杆均处于平衡状态，但这三种平衡状态明显不同。图 5.13(a)所示情况，当给杆一个微小扰动后，杆不会回到原位置平衡，称这种平衡状态为**非稳定平衡**；图 5.13(b)所示情况，当给杆一个微小扰动后，杆仍会回到原位置平衡，称这种平衡状态为**稳定平衡**；图 5.13(c)所示情况，当给杆一个微小扰动后，杆就会在新的位置平衡，称这种平衡状态为**随遇平衡**。在工程中，涉及的许许多多平衡基本上都是稳定平衡。在地震预报和地震测定的仪器中，在许多杂技节目中，很多都是非稳定平衡。随遇平衡也能找到其应用的例子。在例题 5.4 中，若去掉不受力的 4 根杆，工作台也可以处于平衡状态，但是其处于非稳定平衡状态，所以不能去掉，一般来说，工作台应处于稳定平衡状态。

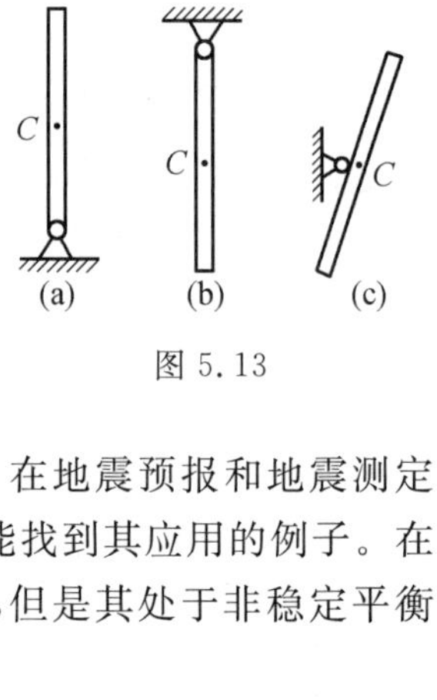

图 5.13

图 5.13 所示的平衡状态，直接可以判断出来，但对于复杂的结构或机构，其处于什么平衡状态？如何判别？一般不能直接判断出来。实际上，对平衡的稳定性的判断问题，是可以从理论上判断的，这在一些多学时的理论力学教材和其他一些力学教材中，有所介绍，有兴趣的读者可以查阅相关教材或书籍。

5.3　物体的重心

在地球表面附近的空间中，任何物体的每一微小部分都受到铅垂向下的地球引力作用，习惯称之为重力。这些力严格说来组成一个空间汇交力系，力系的汇交点在地球中心附近。但是，工程中物体的尺寸都远较地球为小，离地心又很远，若把地球看作为圆球，可以算出，在地球表面一个长约为 31 m 的物体，其两端重力之间的夹角不超过 1″。因此，在工程中，把物体各微小部分的重力视为空间平行力系是足够精确的。

物体各微小部分的重力组成一个空间平行力系，此平行力系的合力大小被称为物体的重量，此平行力系的中心被称为物体的重心，也即物体重力合力的作用点被称为物体的重心。如果把物体看作为刚体，则此物体的重心相对物体本身来说是一个固定的点，不因物体的放置方位而改变。

物体的重心是力学和工程中一个重要的概念，在许多工程问题中，物体重心的位置对物体的平衡或运动状态起着重要的作用。例如，起重机重心的位置若超出某一范围，起重机工作时就会出事故；高速旋转的轴及其上各部件的重心如不在转轴轴线上，将引起剧烈的振动而影响机器的寿命甚至发生事故；而飞机、轮船及车辆的重心位置对它们运动的稳定性和可操纵性也有极大的关系。因此，测定或计算物体重心的位置，在工程中有着重要的意义。下面介绍几种常见的确(测)定或计算物体重心的方法。

1. 对称确定法

对某些均质物体，若此物体具有几何对称面、对称轴或对称点，则此物体的重心必定在此对称面、对称轴或对称点上。这种确定物体重心的方法虽然简单，但方便实用。此时，物体的重心也被称为物体的形心(几何中心)。

2. 实验测定法

工程中经常遇到形状复杂或非均质的物体，此时其重心的位置可用实验方法确定。另外，虽然设计时重心的位置计算很精确，但由于在制造和装配时产生误差等原因，待产品制成后，也可以用实验的方法来进行重心的测定。下面介绍两种常用的实验方法。

(1)悬挂法

对于薄板形物体或具有对称面的薄零件，可将该物体悬挂于任一点 A，如图 5.14(a)所示，待平衡时，设法标出线段 AB，据二力平衡公理，重心必在此线上。再将该物体悬挂于任一点 D，如图 5.14(b)所示，待平衡时，设法标出线段 DE，则两线段的交点 C 就是该物体的重心。

请读者想一想，若将此物体分为左、右两部分 Ⅰ 和 Ⅱ，如图 5.14(a)所示，则此两部分的重量是否一定相等？(答案是：不一定。)

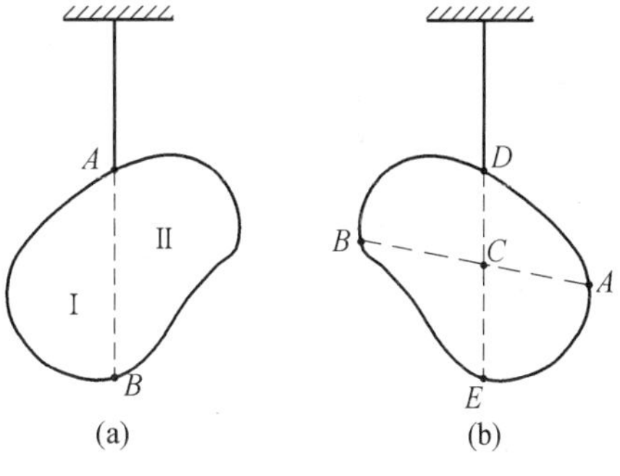

图 5.14

(2)称重法

对于形状复杂、体积庞大的物体或由许多零部件构成的物体系，常用称重法测定重心的位置。下面以汽车为例，说明测定重心的称重法。

首先称量出汽车的重量 P，测量出汽车前后轮距 l 和车轮半径 r。汽车重心为一个点，为确定其位置，需要 3 个参数，如离前（或后）轮的距离，距地面的高度，离左（或右）轮的距离。这 3 个参数确定，则汽车重心的位置确定。

现在先测定汽车重心离后轮的距离，设为 x_C。为了测定 x_C，将汽车后轮放在地面上，前轮放在磅秤上，车身保持水平，如图 5.15(a)所示。读出磅秤上的读数，设以 F_1 表示。因系统是平衡的，由 $\sum M_A=0$，有

$$P\cdot x_C-F_1\cdot l=0$$

得
$$x_C=\frac{F_1}{P}l$$

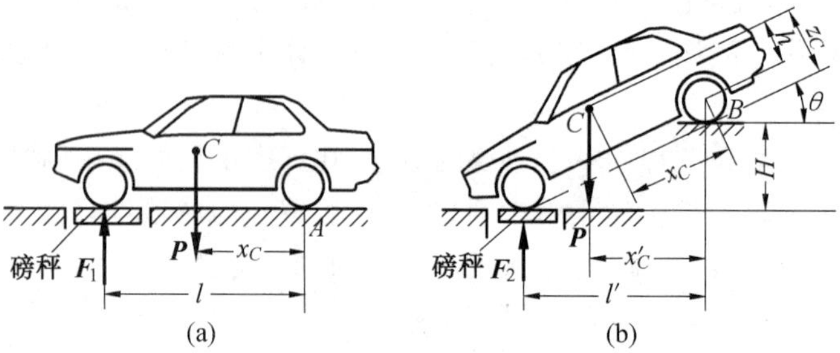

图 5.15

再测定汽车重心离地面的高度，设为 z_C。欲测定 z_C，将车的后轮抬到适当高度 H，如图 5.15(b)所示。读出磅秤上的读数，设以 F_2 表示。因系统是平衡的，由 $\sum M_B=0$，有

$$P\cdot x'_C-F_2\cdot l'=0$$

得到
$$x'_C=\frac{F_2}{P}l'$$

由图中的几何关系知

$$l'=\sqrt{l^2-H^2}$$

$$x'_C=x_C\cos\theta+h\sin\theta=\frac{x_C}{l}\sqrt{l^2-H^2}+(z_C-r)\frac{H}{l}$$

整理以后得

$$z_C=r+\frac{F_2-F_1}{P}\ \frac{l}{H}\sqrt{l^2-H^2}$$

式中等号右边均为已测定的数据。

请读者考虑，若汽车左、右不对称，如何测出汽车重心距左轮（或右轮）的距离？

3. **解析计算法**

重心是空间的一个点，在空间中确定一个点需要 3 个坐标。下面给出在坐标系下计算物体重心坐标的公式，称这种方法为解析计算法。

(1)有限分割法

取固连于物体上的直角坐标系如图 5.16 所示，使重力与 z 轴平行，设任一微体（或零部件）的重量为 $\boldsymbol{P}_i$，其重心坐标为 x_i, y_i, z_i，根据合力矩定理，对 y 轴取矩，有

$$Px_C=\sum P_i x_i$$

对 x 轴取矩，有

$$-Py_C=-\sum P_i y_i$$

为求坐标 z_C，根据物体重心相对物体本身从而相对固连于物体的坐标系的位置，不会因物体放置方式的改变而改变，因而把物体绕 x 轴逆时针转 90°，使 y 轴向上（图略），此时再对 x 轴取矩，有

$$Pz_C=\sum P_i z_i$$

这样，即得到计算物体重心坐标的公式为

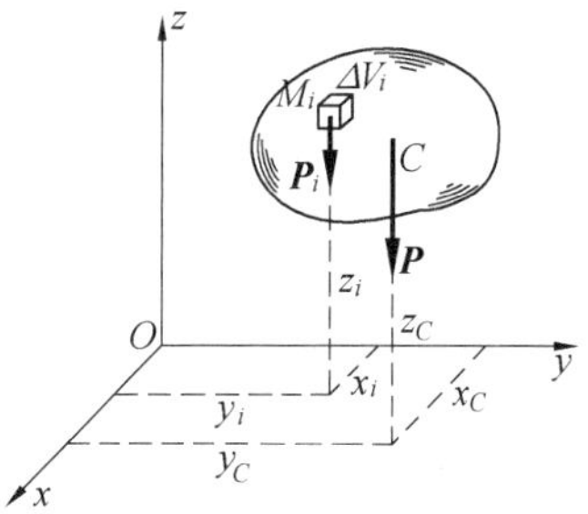

图 5.16

$$x_C=\frac{\sum P_i x_i}{P},\quad y_C=\frac{\sum P_i y_i}{P},\quad z_C=\frac{\sum P_i z_i}{P}\quad (5.10)$$

考虑到 $P_i=m_i g$，$P=mg$，式中，g 为重力加速度，m_i 为微体的质量，m 为物体的质量，即得到计算物体重心（质心）的坐标公式为

$$x_C=\frac{\sum m_i x_i}{m},\quad y_C=\frac{\sum m_i y_i}{m},\quad z_C=\frac{\sum m_i z_i}{m}\quad (5.11)$$

如果物体是均质的，又有 $m_i=V_i\rho$，$m=V\rho$，式中，ρ 为物体的密度，V_i 为微体的体积，V 为物体的体积，又得到计算物体重心（形心）的坐标公式为

$$x_C=\frac{\sum V_i x_i}{V},\quad y_C=\frac{\sum V_i y_i}{V},\quad z_C=\frac{\sum V_i z_i}{V}\quad (5.12)$$

如果物体为等厚均质板或薄壳，又有 $V_i=A_i h$，$V=Ah$，式中，h 为板或壳的厚度，A_i 为微体的面积，A 为物体的面积，又有计算物体重心（形心）的坐标公式为

$$x_C=\frac{\sum A_i x_i}{A},\quad y_C=\frac{\sum A_i y_i}{A},\quad z_C=\frac{\sum A_i z_i}{A}\quad (5.13)$$

下面举一例，说明有限分割法的应用。

例 5.5　图 5.17 所示等厚度均质 Z 形板，其尺寸如图 5.17 所示，求其重心位置。

解题分析与思路：在图示坐标系下，将该图形分割为 3 个矩形（例如用 ab 和 cd 两线分割），则每个矩形的面积和其重心位置为已知，用公式（5.13）计算即可。

解：　矩形 C_1，C_2，C_3 的面积和坐标分别为

$A_1=300\ \text{mm}^2$，$x_1=-15$ mm，$y_1=45$ mm

$A_2=400\ \text{mm}^2$，$x_2=5$ mm，$y_2=30$ mm

$A_3=300\ \text{mm}^2$，$x_3=15$ mm，$y_3=5$ mm

由公式

$$x_C=\frac{A_1x_1+A_2x_2+A_3x_3}{A_1+A_2+A_3}$$

$$y_C=\frac{A_1y_1+A_2y_2+A_3y_3}{A_1+A_2+A_3}$$

计算后得　$x_C=2$ mm，　$y_C=27$ mm

（2）无限分割法（积分法）

利用微积分的方法，把微体取为微元，物体的有限份变为无限份，则计算物体重心坐标的公式变为

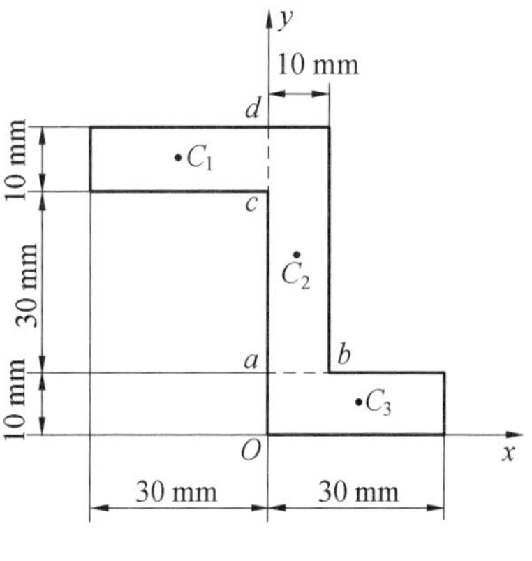

图 5.17

$$x_C=\frac{\int_V x\,\mathrm{d}P}{P},\quad y_C=\frac{\int_V y\,\mathrm{d}P}{P},\quad z_C=\frac{\int_V z\,\mathrm{d}P}{P}$$

（5.14）

类同有限分割法，也可以推出相应的多组计算物体重心坐标的积分法公式。由于这已完全是一个数学上的积分问题，数学里一般做过一些练习，故此处练习从略。

在实际应用中，许多物体重心的位置可从工程手册中查到，工程中常用的型钢(如工字钢、角钢、槽钢等)的截面的重(形)心，也可以从型钢表中查到。此书对一些常见的简单形状物体的重心列表给出，见表5.1，这些物体的重心位置，均可按积分法求得。

表 5.1 简单物体重心表

图 形	重心位置	图 形	重心位置
三角形 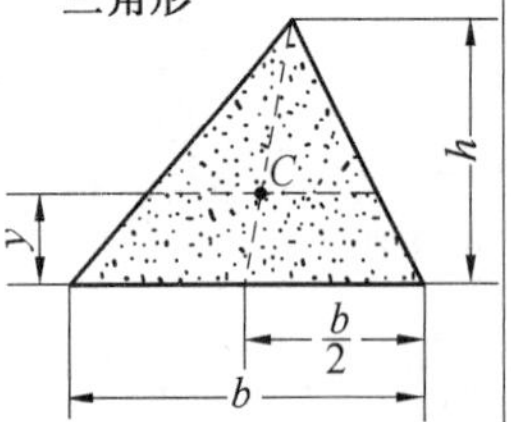	在中线的交点 $y_C=\dfrac{1}{3}h$	扇形 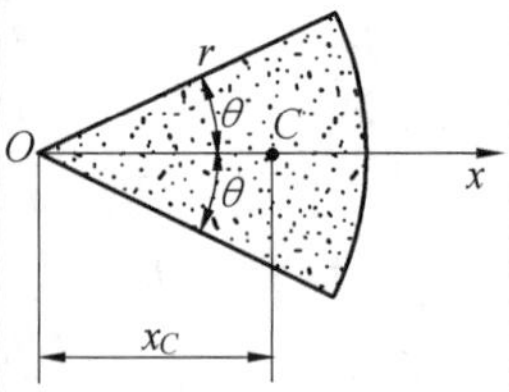	$x_C=\dfrac{2}{3}\dfrac{r\sin\theta}{\theta}$ 对于半圆 $x_C=\dfrac{4r}{3\pi}$
梯形 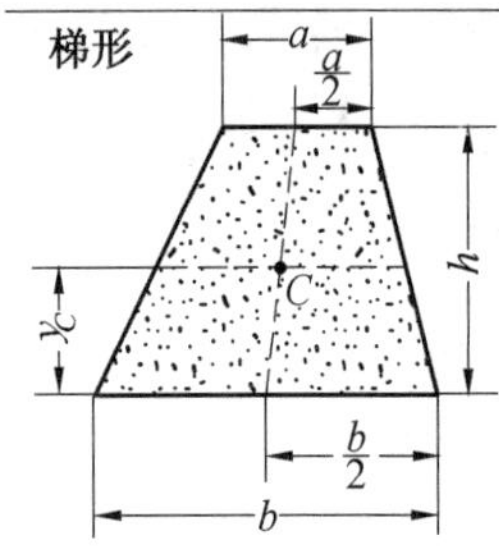	$y_C=\dfrac{h(2a+b)}{3(a+b)}$	部分圆环 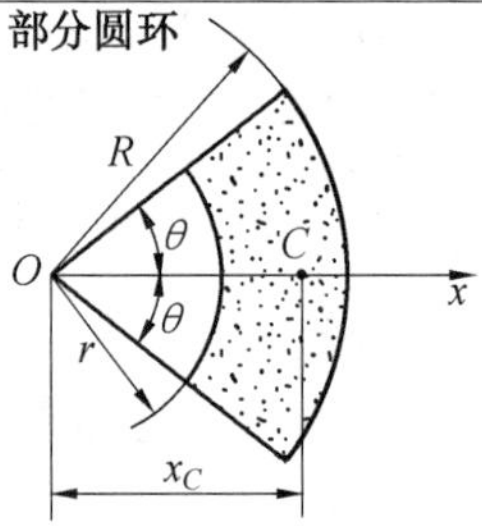	$x_C=\dfrac{2}{3}\dfrac{R^3-r^3}{R^2-r^2}\dfrac{\sin\theta}{\theta}$
圆弧 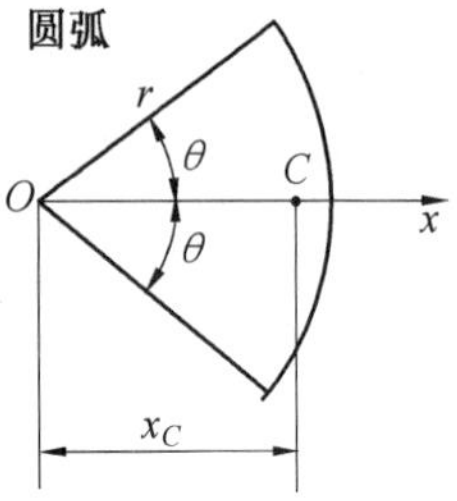	$x_C=\dfrac{r\sin\theta}{\theta}$ 对于半圆弧 $x_C=\dfrac{2r}{\pi}$	抛物线面 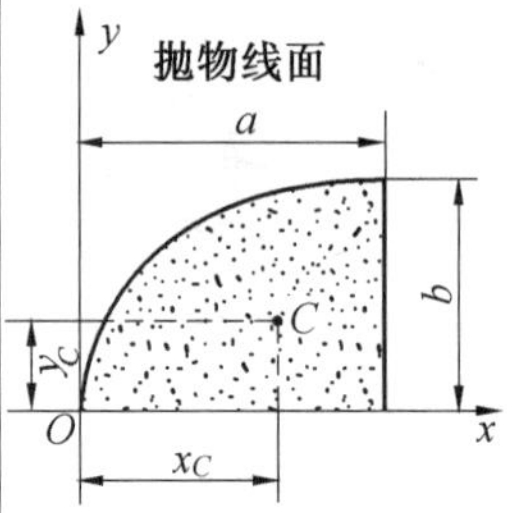	$x_C=\dfrac{3}{5}a$ $y_C=\dfrac{3}{8}b$
弓形 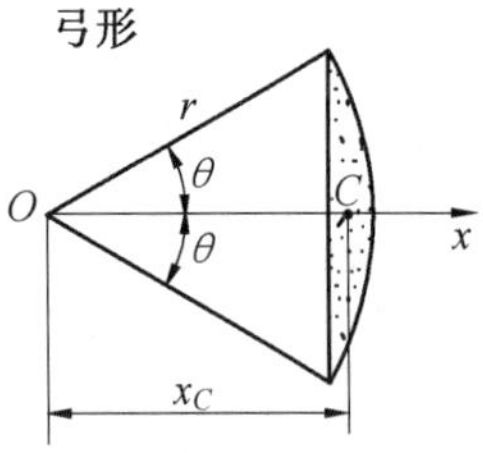	$x_C=\dfrac{2}{3}\dfrac{r^3\sin^3\theta}{A}$ 面积 $A=\dfrac{r^2(2\theta-\sin2\theta)}{2}$	抛物线面 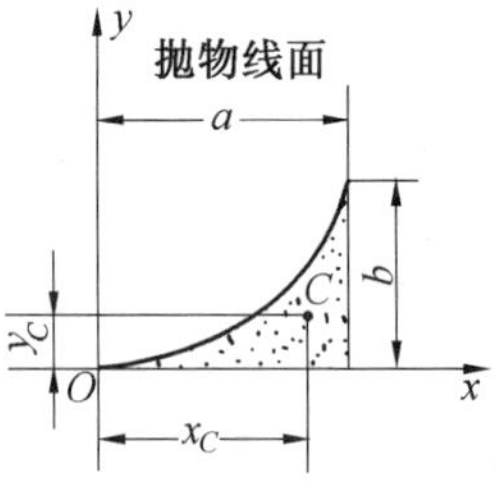	$x_C=\dfrac{3}{4}a$ $y_C=\dfrac{3}{10}b$

续表 5.1

图　　形	重心位置	图　　形	重心位置
半圆球 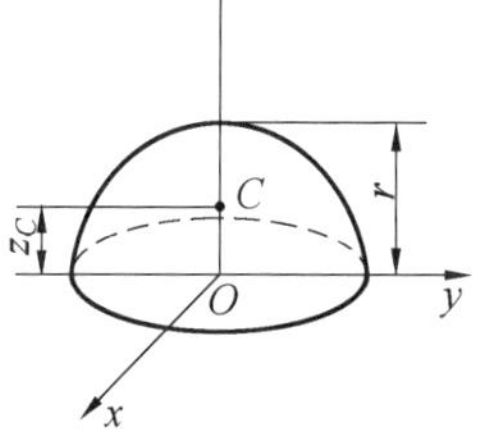	$z_C=\dfrac{3}{8}r$	正角锥体 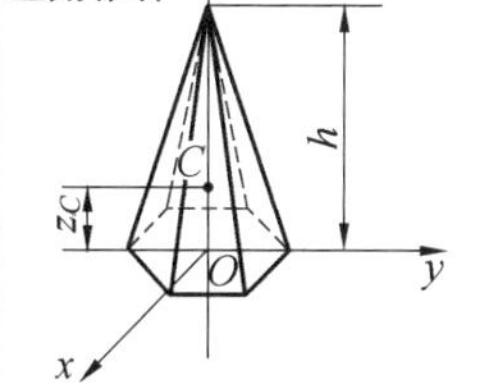	$z_C=\dfrac{1}{4}h$
正圆锥体 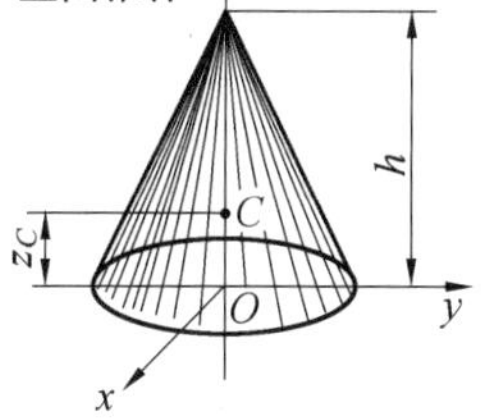	$z_C=\dfrac{1}{4}h$	锥形筒体 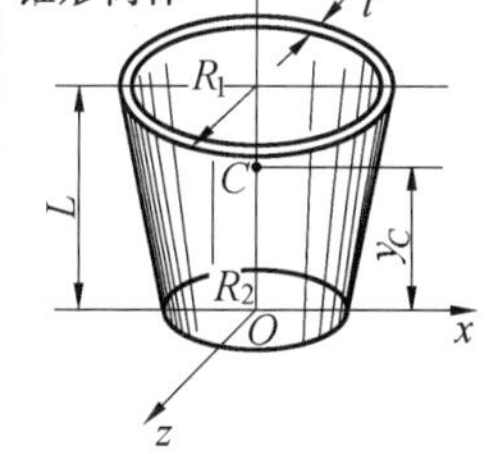	$y_C=\dfrac{4R_1+2R_2-3t}{6(R_1+R_2-t)}L$

(3)负重量(面积、体积)法

若在物体内切去一部分，例如有空穴、孔或槽等的物体，则这类物体的重心，先按没有这些空穴、孔或槽用有限分割法来计算，再把这些空穴、孔或槽去掉。如何去掉？把这些空穴、孔或槽的重量、面积或体积取为负值，作为额外部分按有限分割法公式计算即可。

例 5.6　用负面积法计算例 5.5 中 Z 形板的重心。

解题分析与思路：把图 5.18 所示 Z 形板看成是由 60 mm×50 mm的大矩形板，两个面积为 30 mm×40 mm 和 20 mm×40 mm小矩形板组成，但这两个小矩形的面积为负值，用有限分割法的公式(5.13)计算即可。

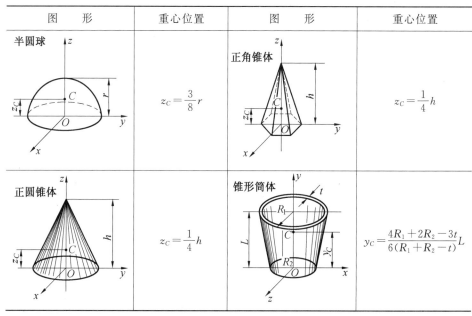

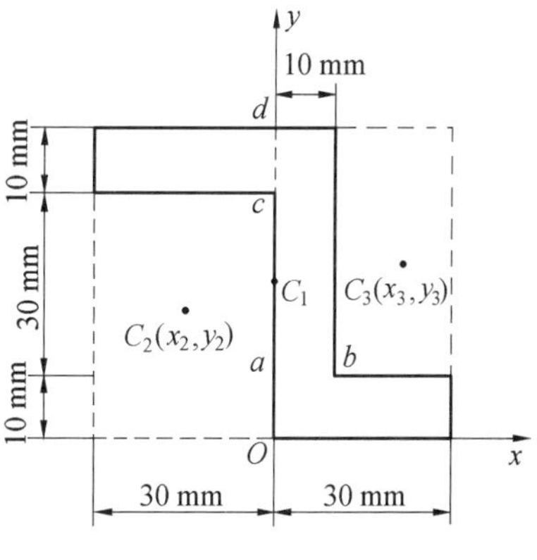

图 5.18

解：　大矩形和两个小矩形的面积和坐标分别为

$A_1=3\ 000\ \text{mm}^2$，$x_1=0$，$y_1=25\ \text{mm}$

$A_2=-1\ 200\ \text{mm}^2$，$x_2=-15\ \text{mm}$，$y_2=20\ \text{mm}$

$A_3=-800\ \text{mm}^2$，$x_3=20\ \text{mm}$，$y_3=30\ \text{mm}$

由公式

$$x_C=\frac{A_1x_1+A_2x_2+A_3x_3}{A_1+A_2+A_3}$$

$$y_C=\frac{A_1y_1+A_2y_2+A_3y_3}{A_1+A_2+A_3}$$

计算后同样得

$$x_C=2\ \text{mm},\quad y_C=27\ \text{mm}$$

习　　题

5.1　图示手摇钻当支点 B 处加压力 $\boldsymbol{F}_x$，$\boldsymbol{F}_y$ 和 $\boldsymbol{F}_z$ 以及手柄上加力 $\boldsymbol{F}$ 时，即可带动钻头绕轴 AB 转动而钻孔，已知 $F_z=50$ N，$F=150$ N。求：(1)压力 F_x，F_y；(2)钻头受到的阻抗力偶矩 M；(3)材料给钻头的反作用力 F_{Ax}，F_{Ay} 和 F_{Az}。

5.2　图示水平轴由径向轴承 A 和 B 支撑，在轴上 C 处装有轮子，其半径等于 200 mm，在此轮上用细绳挂一重物重 $P_2=250$ N。在轴上 D 处装有杆 DE，此杆垂直地固结在轴 AB 上，杆端套有重 $P_1=1\ 000$ N 的重物。平衡时，杆 DE 与铅直线成 30°角。不计轴及轮的重量，轴的尺寸如图所示。求重物 P_1 的重心 E 到轴 AB 的距离 l 和轴承 A，B 的作用力。

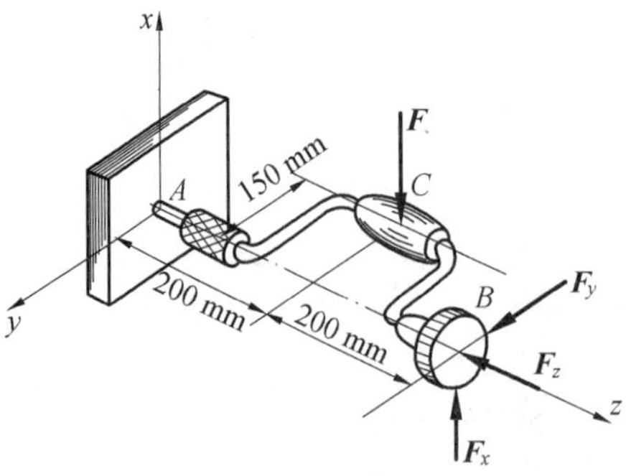

题 5.1 图

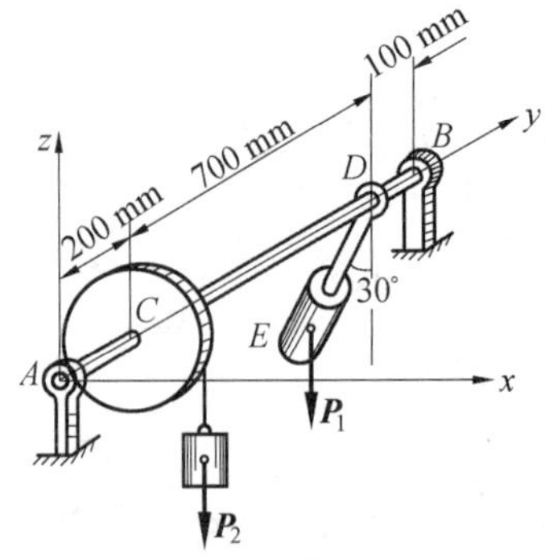

题 5.2 图

5.3　图示水平传动轴装有两个皮带轮 C 和 D，可绕 AB 轴转动，皮带轮的半径各为 $r_1=200$ mm 和 $r_2=250$ mm，皮带轮与轴承间的距离为 $a=b=500$ mm，两皮带轮间的距离为 $c=1\ 000$ mm。套在轮 C 上的皮带是水平的，其拉力为 $F_1=2F_2=5\ 000$ N；套在轮 D 上的皮带与铅直线成角 $\theta=30°$，其拉力为 $F_3=2F_4$。求在平衡情况下，拉力 F_3 和 F_4 的值，并求由皮带拉力所引起的轴承约束力。

5.4　绞车的卷筒 AB 上绕有绳子，绳上挂重物 P_2。轮 C 装在轴上，轮的半径为卷筒半径的 6 倍，其他尺寸如图所示。绕在轮 C 上的绳子沿轮与水平线成 30°角的切线引出，绳跨过轮 D 后挂一重物 $P_1=6$ kN。各轮和轴的重量均略去不计。求平衡时重物 P_2 的重量，轴承 A，B 处的作用力。

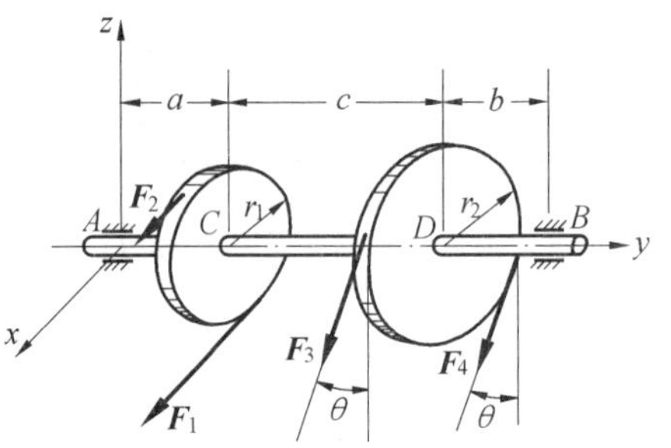

题 5.3 图

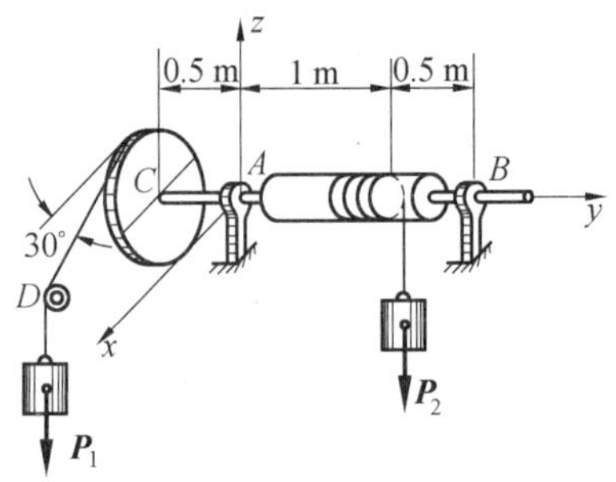

题 5.4 图

5.5　图示电动机以转矩 M 通过链条传动将重物 P 等速提起，链条与水平线成 30°角（直线 Ox_1 平行于 x 轴），$r=100$ mm，$R=200$ mm，$P=10$ kN，链条主动边（下边）的拉力为从动边拉力的两倍，轴及轮重不计。求径向轴承 A，B 的约束力和链条的拉力。

5.6　图示某减速箱由三轴组成，动力由 Ⅰ 轴输入，在 Ⅰ 轴上作用转矩 $M_1=697$ N·m。齿轮节圆直径为 $D_1=160$ mm，$D_2=632$ mm，$D_3=204$ mm，齿轮压力角为 20°，不计摩擦及轮、轴重量。求等速传动时轴承 A，B，C，D 处的约束力。

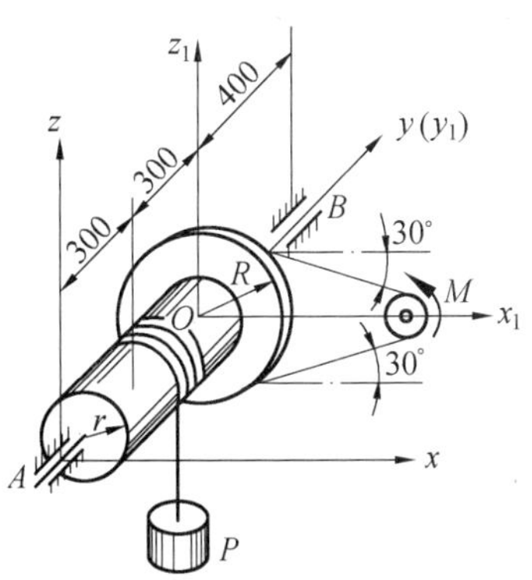

题 5.5 图(单位:mm)

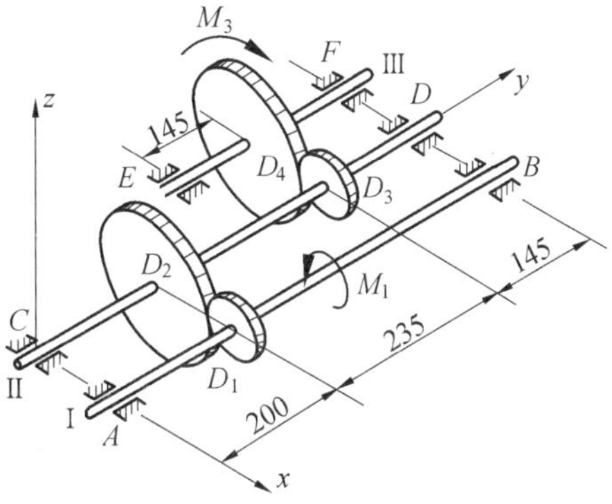

题 5.6 图(单位:mm)

5.7　使水涡轮转动的力偶矩 $M=1\ 200\ \text{N}\cdot\text{m}$。在锥齿轮 B 处受到的力分解为 3 个分力:圆周力 $\boldsymbol{F}_t$,轴向力 $\boldsymbol{F}_a$ 和径向力 $\boldsymbol{F}_r$,这 3 个力的比例为 $F_t : F_a : F_r = 1 : 0.32 : 0.17$。水涡轮连同轴和锥齿轮的总重为 $P=12\ \text{kN}$,作用线沿轴 Cz,锥齿轮的平均半径 $OB=0.6\ \text{m}$,其余尺寸如图示。求轴承 A,C 处的约束力。

5.8　图示均质长方形薄板重 $P=200\ \text{N}$,用球铰链 A 和蝶铰链 B 固定在墙上,并用绳子 CE 维持在水平位置。求绳子的拉力和支座约束力。

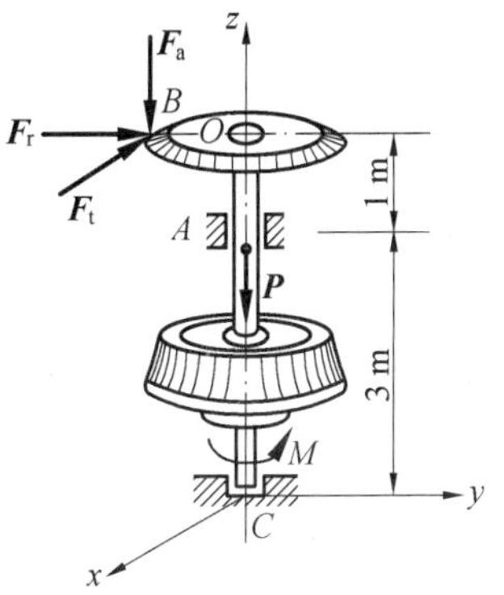

题 5.7 图

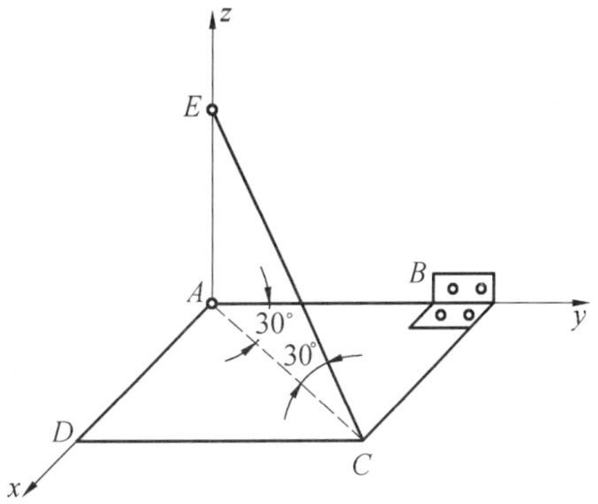

题 5.8 图

5.9　图示 6 根杆支撑一水平板,在板角处受铅直力 $\boldsymbol{F}$ 作用,不计板和杆的自重,求各杆的内力。

5.10　边长为 a 的等边三角形板 ABC 用 3 根铅直杆 1,2,3 和 3 根与水平面成 30°角的斜杆 4,5,6 支撑在水平位置。在板的平面内作用一力偶,其矩为 M,方向如图所示,不计板和杆的重量。求各杆内力。

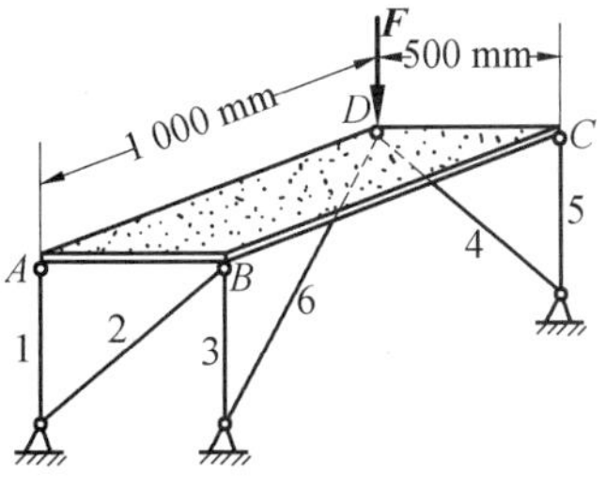

题 5.9 图

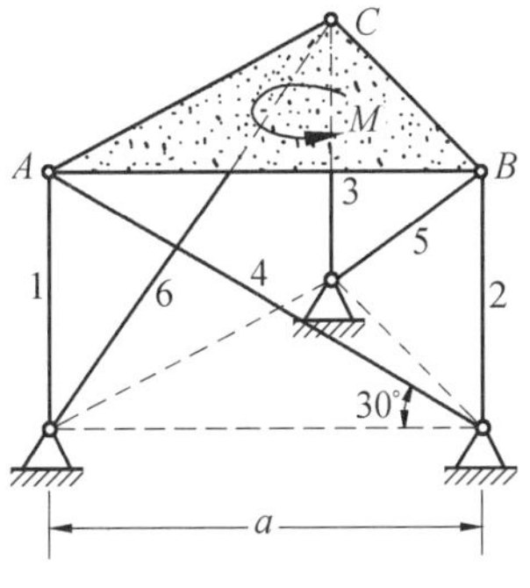

题 5.10 图

5.11 工字钢截面尺寸如图所示，求此截面的重心(几何中心)。

5.12 图示薄板由形状为矩形、三角形和四分之一圆形的三块等厚板组成，尺寸如图所示。求此薄板重心的位置。

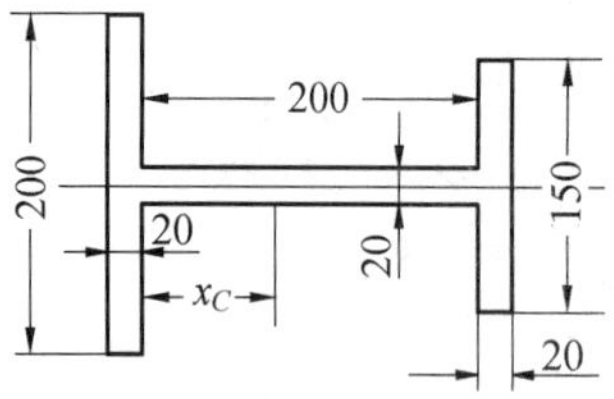

题 5.11 图(单位：mm)

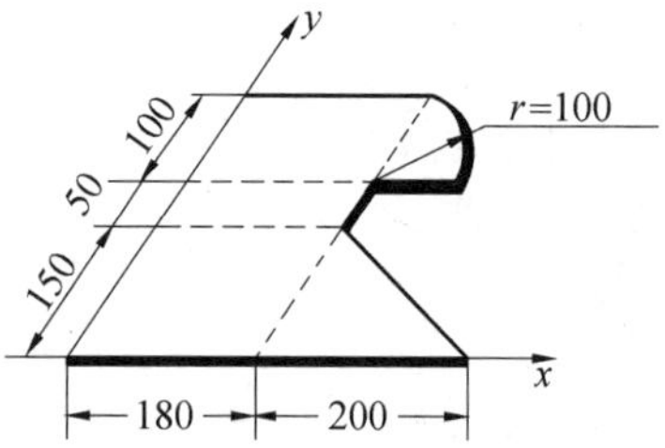

题 5.12 图(单位：mm)

5.13 图示平面图形中每一方格的边长为 20 mm，求挖去一圆后剩余部分面积的重心位置。

5.14 均质块尺寸如图所示，求其重心的位置。

5.15 图示均质物体由半径为 r 的圆柱体和半径为 r 的半球体相结合组成，如均质物体的重心位于半球体的大圆的中心点 C，求圆柱体的高。

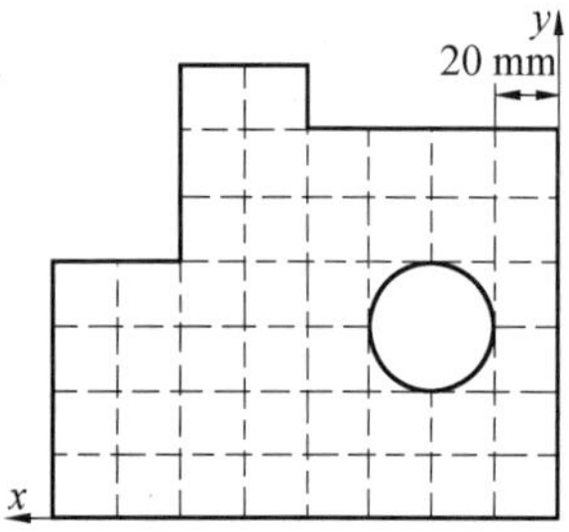

题 5.13 图

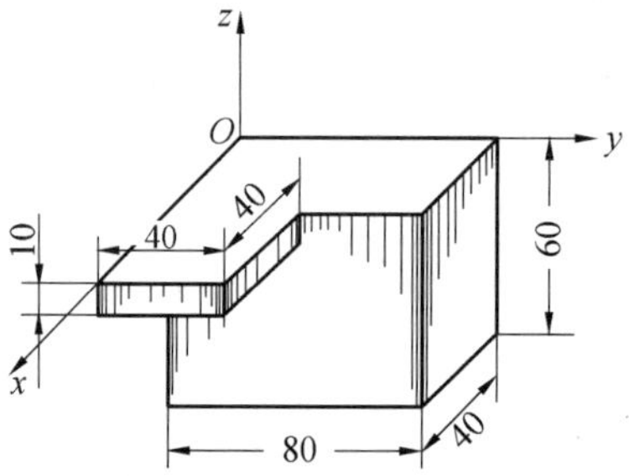

题 5.14 图(单位：mm)

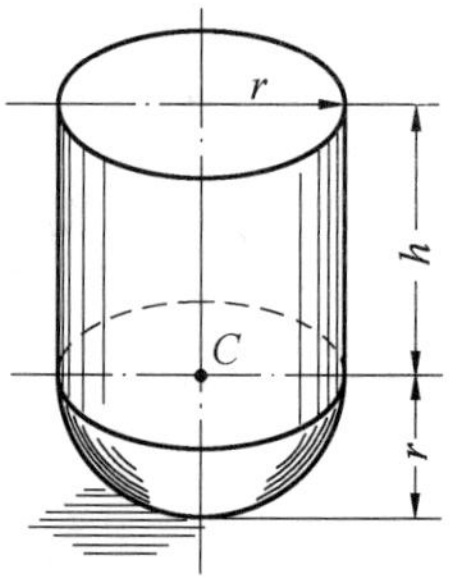

题 5.15 图

第6章　摩　　擦

摩擦的一些概念和知识一般在物理课程里已经介绍过，所以只要基本掌握了本书前几章的内容，即可学习本章。

前面各章在考虑问题和画受力图时，均不考虑摩擦，这是在摩擦力相对较小可以忽略的情况下可以这样考虑。但不是在任何情况下，摩擦都可以忽略不计。在摩擦不能忽略不计的情况下，就必须考虑摩擦。

什么是摩擦？当两个相互接触的物体有相对运动趋势或有相对运动时，会有一种阻碍现象发生，称这种阻碍现象为**摩擦**。从相对运动的形式来分，可以分为滑动摩擦和滚动摩擦（阻）。另外一种分类是依据物体接触处是否有润滑剂而分为湿摩擦和干摩擦，有润滑剂的摩擦称为湿摩擦，否则为干摩擦。

为什么会产生摩擦？这种阻碍现象是如何发生的？也即摩擦的机理是什么？有多种解释，但均不够完善。由于其复杂性，近些年来已形成一门新学科——《摩擦学》。基于教材内容所限，此处就不予以介绍。但对大多数读者来说，不管摩擦的机理是什么，只要能够用摩擦的概念和知识解决一些实际问题就已经达到目的。

本章介绍静滑动摩擦和动滑动摩擦的性质、摩擦定律、摩擦角和自锁的概念，举例说明考虑摩擦时物体平衡问题的解法，对滚动摩擦（阻）也给以适当讨论。

6.1　滑动摩擦

两个相互接触的物体有相对滑动趋势或产生相对滑动时，在接触处的公切面内有一种阻碍现象发生，称此种现象为**滑动摩擦**，彼此间作用的阻碍相对滑动的阻力，称为滑动摩擦力。称前者为**静滑动摩擦**，滑动摩擦力为**静滑动摩擦力**，常以 $\boldsymbol{F}_s$ 表示，简称**静摩擦力**；称后者为**动滑动摩擦**，滑动摩擦力为**动滑动摩擦力**，以 $\boldsymbol{F}$ 表示，简称**动摩擦力**。

1. 静滑动摩擦力和静滑动摩擦定律

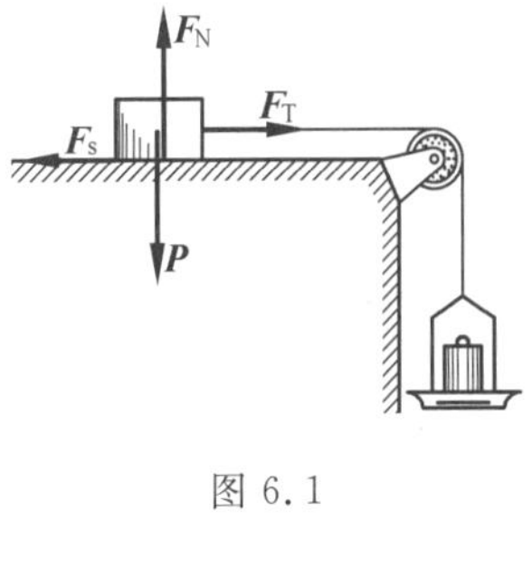

图 6.1

对滑动摩擦的讨论一般建立在如下简单实验的基础上，在水平平面上放一重量为 $\boldsymbol{P}$ 的物块，然后用一根重量可以不计的细绳跨过一小滑轮，绳的一端系在物块上，另一端悬挂一可放砝码的平盘，如图 6.1 所示。显然，当物块平衡时，绳对物块的拉力 $\boldsymbol{F}_T$ 等于平盘与砝码的重量。当 $\boldsymbol{F}_T$ 等于零时，物块处于静止状态，当 $\boldsymbol{F}_T$ 逐渐增大（盘中砝码增加）时，物块仍可处于静止状态。但当 $\boldsymbol{F}_T$ 增大到某值时，物块将开始运动，此时已为动滑动摩擦。现研究静滑动摩擦。取静止时的物块为研究对象，其受力图如图6.1所示，由平衡方程

$$\sum F_x = 0,\quad F_T - F_s = 0$$

得 $F_s=F_T$。由此可得静滑动摩擦力的几个特点：

(1)方向：静摩擦力沿着接触处的公切线，与相对滑动趋势反向。

(2)大小：静摩擦力有一取值范围，为

$$0\leqslant F_s\leqslant F_{max} \tag{6.1}$$

称 F_{max} 为**最大静摩擦力**，为物体处于临界平衡状态时的摩擦力，超过此值，物体将开始运动。

(3)最大静摩擦力是一个很重要的量，大量实验和实践表明，F_{max} 的大小与物体接触处的正压力(法向约束力)F_N 成正比，即

$$F_{max}=f_sF_N \tag{6.2}$$

一般称之为**静滑动摩擦定律**(或**库仑摩擦定律**)，是法国科学家库仑在做了大量实验的基础上，于1781年得出的结论。称式中的 f_s 为**静滑动摩擦因数**。f_s 是一个无量纲的正数，需由实验来确定，它与接触物体的材料、接触处的粗糙程度、湿度、温度、润滑情况等因素有关。静摩擦因数的数值可在工程手册中查到，表6.1列出了一些常用材料的滑动摩擦因数。但这是常规情况下的，若需要较准确的数值，可在具体条件下由实验测定。现在一般查表中得到的静摩擦因数是小于1的，但实际中存在大于1的情况。

表6.1 常用材料的滑动摩擦因数

材料名称	静摩擦因数		动摩擦因数	
	无润滑	有润滑	无润滑	有润滑
钢—钢	0.15	0.1～0.2	0.15	0.05～0.1
钢—软钢			0.2	0.1～0.2
钢—铸铁	0.3		0.18	0.05～0.15
钢—青铜	0.15	0.1～0.15	0.15	0.1～0.15
软钢——铸铁	0.2		0.18	0.05～0.15
软钢—青铜	0.2		0.18	0.07～0.15
铸铁—铸铁		0.18	0.15	0.07～0.12
铸铁—青铜			0.15～0.2	0.07～0.15
青铜—青铜		0.1	0.2	0.07～0.1
皮革—铸铁	0.3～0.5	0.15	0.6	0.15
橡皮—铸铁			0.8	0.5
木材—木材	0.4～0.6	0.1	0.2～0.5	0.07～0.15

应该指出，式(6.2)是近似的，它不能完全反映出静滑动摩擦的复杂现象。但是，由于公式简单，计算简便，且有一定的精度，所以在工程中仍被广泛使用。

2. **动滑动摩擦力和动滑动摩擦定律**

由实验和实践结果，动滑动摩擦力具有下面的特点：

(1)方向：动摩擦力沿着接触处的公切线，与相对滑动速度反向。

(2)大小：动摩擦力的大小与接触物体间的正压力(法向约束力)F_N 成正比，即

$$F=fF_N \tag{6.3}$$

一般称之为**动滑动摩擦定律**，称式中的 f 为**动滑动摩擦因数**。f 也是一个无量纲的正数，也

须由实验来测定。

动摩擦力与静摩擦力不同，没有变化范围。

一般情况下，动摩擦因数小于静摩擦因数，且随相对速度的增加而减小。

6.2　摩擦角和自锁现象

考虑有摩擦的平衡问题时，有时需要用到摩擦角的概念，工程中还要常常利用自锁现象使物体保持平衡。所以本节介绍摩擦角和自锁现象。

1. 全约束力与摩擦角

当有静滑动摩擦时，支撑面对物体的约束力包含法向约束力 $\boldsymbol{F}_N$ 和切向约束力 $\boldsymbol{F}_s$（即静摩擦力），为讨论问题的方便，在有些情况下，把这两个力合起来，即 $\boldsymbol{F}_{RA}=\boldsymbol{F}_N+\boldsymbol{F}_s$，称为**全约束力**。全约束力的作用线与接触处的公法线间有一夹角 φ，如图 5.2(a)所示。当物块处于临界平衡状态时，静摩擦力达到由式(6.2)确定的最大值，偏角 φ 也达到最大值 φ_f，如图 6.2(b)所示。称全约束力与法线间的夹角的最大值 φ_f 为摩擦角。由图可得

$$\tan\varphi_f=F_{max}/F_N=f_sF_N/F_N=f_s \tag{6.4}$$

即：摩擦角的正切值等于静摩擦因数。可见，摩擦角与摩擦因数一样，都是表示摩擦的一个重要物理量。

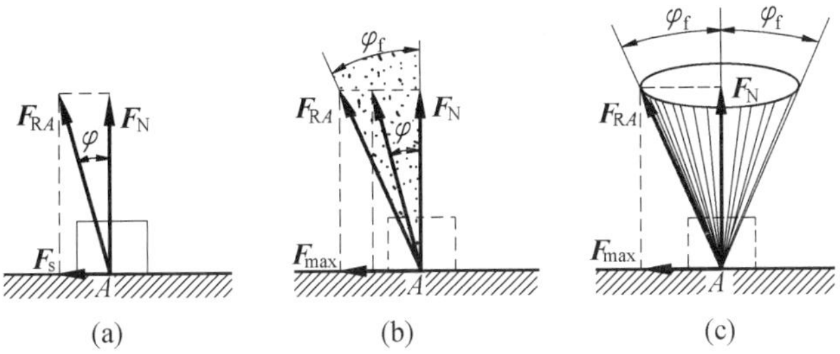

图 6.2

当物块的滑动趋势任意改变时，全约束力作用线的方位也随之任意改变。$\boldsymbol{F}_{RA}$的作用线将画出一个以接触点为顶点的锥面。在临界状态下，如图 6.2(c)所示，称此时的锥体为**摩擦锥**。若物块与支撑面沿任何方向的摩擦因数都相同，则摩擦锥是一个顶角为 $2\varphi_f$ 的圆锥。

2. 自锁现象

物块平衡时，静摩擦力不一定达到最大值，在零与最大值 F_{max} 之间变化，所以全约束力与法线间的夹角 φ 在零与摩擦角 φ_f 之间变化，即

$$0\leqslant\varphi\leqslant\varphi_f \tag{6.5}$$

由于静摩擦力不能超过最大值 F_{max}，所以全约束力的作用线也不能超出摩擦角之外，即全约束力的作用线必在摩擦角之内。由此可知：

(1)如果作用在物体上的全部主动力的合力 $\boldsymbol{F}_R$ 的作用线在摩擦角 φ_f 之内，且指向支撑面，则无论这个力多么大，物体必保持静止，称这种现象为**自锁现象**。因为在这种情况下，主动力的合力 $\boldsymbol{F}_R$ 与法线间的夹角 $\theta<\varphi_f$，全约束力 $\boldsymbol{F}_{RA}$ 可以和主动力的合力 $\boldsymbol{F}_R$ 等值、反向、共

线，所以物体平衡，且和主动力的大小无关，如图6.3(a)所示。工程中常应用自锁条件设计一些机构或夹具，如千斤顶、压榨机、圆锥销等，使它们始终保持在平衡状态下工作。

(2)如果全部主动力的合力 $\boldsymbol{F}_R$ 的作用线在摩擦角 φ_f 之外，则无论这个力多么小，物体一定会滑动。因为在这种情况下 $\theta>\varphi_f$，全约束力 $\boldsymbol{F}_{RA}$ 的作用线只有在摩擦角之外才可能与主动力的作用线共线，这是不可能的，如图6.3(b)所示。应用这个道理，可以设法避免自锁现象。

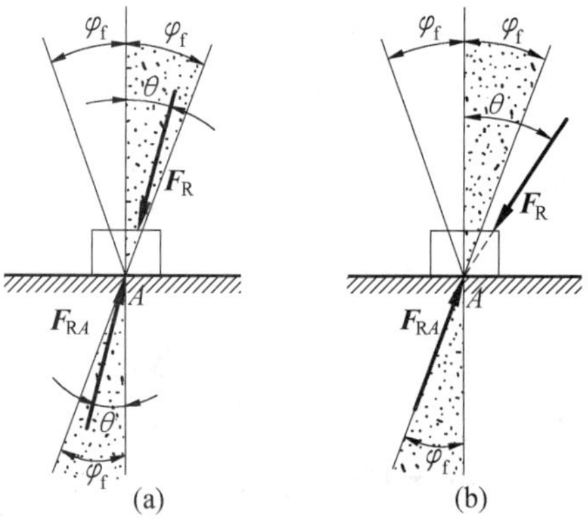

图6.3

3. **摩擦角应用举例**

(1)测定静摩擦因数的一种简易方法

利用摩擦角的概念，可用简单的实验方法，因时因地测定静摩擦因数。如图6.4所示，把要测定静摩擦因数的同种材料或不同种材料分别做成板状与物块(在能做成板状与物块的情况下)，把物块放在板状物体上，使板从零度开始并逐渐增大板的倾角 θ，直到物块就要向下滑动时为止，测出此时板的倾角 θ，则角 θ 就是物体间的摩擦角，其正切就是要测定的静摩擦因数 f_s。理由如下：由于物块仅受重力 $\boldsymbol{P}$ 和全约束力 $\boldsymbol{F}_{RA}$ 作用而平衡，此两力必等值、反向、共线，则 $\boldsymbol{F}_{RA}$ 必沿铅直线，当物块处于临界平衡状态时，全约束力与板法线间的夹角为摩擦角，而此角正好就是板的倾角。

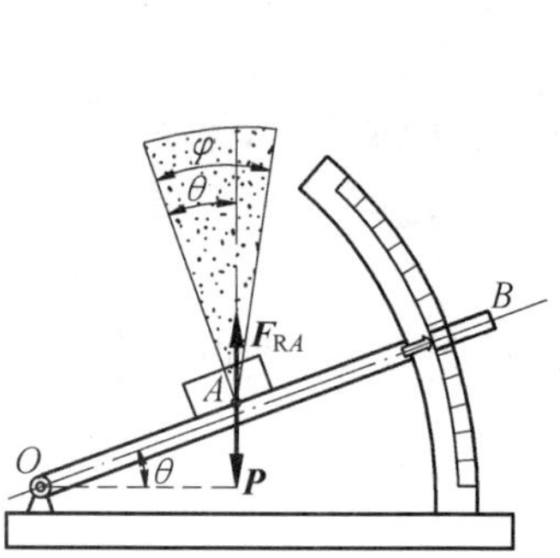

图6.4

(2)斜面与螺纹自锁条件

由上面测定静摩擦因数的方法知，当物块在铅直荷载 $\boldsymbol{P}$ 作用下沿斜面不下滑的条件是 $\theta\leqslant\varphi_f$，这就是斜面的自锁条件，如图6.5(a)所示。即斜面自锁的条件是：斜面的倾角小于或等于材料的摩擦角。在交通方面修建各种坡路时，车辆轮胎与路面间的摩擦因数是确定的，因而摩擦角也就是确定的值，为保证各种车辆在坡路上因各种原因静止不动，对坡路的倾角就有一定的要求，就是斜面自锁的一个实例。

斜面的自锁条件就是螺纹(图6.5(b))的自锁条件，因为螺纹可以看作是绕在圆柱体上的斜面，如图6.5(c)所示，螺纹升角就是斜面的倾角，取微段考虑，螺母相当于物块 A，加于螺母的轴向荷载相当于物块的重力。要使螺纹自锁，必须使螺纹的升角 θ 小于或等于摩擦角 φ_f，螺纹的自锁条件同斜面的自锁条件。如螺旋千斤顶的螺杆与螺母间的摩擦角为 $f_s=0.1$，则 $\tan\varphi_f=f_s=0.1$，得 $\varphi_f=5°43'$，为保证螺旋千斤顶自锁，一般取螺纹升角 $\theta=4°-4°30'$。

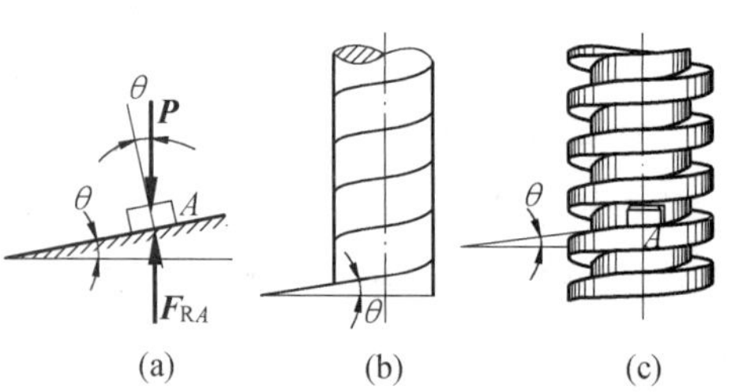

图6.5

堆放粮食、沙子、煤等的角度，铁路路基斜坡的角度，自动卸货车翻斗抬起的角度等均可用自锁与非自锁的条件来讨论。同时，在一些情况下，用摩擦角解平衡问题也比较方便。

6.3　考虑滑动摩擦时物体的平衡问题

对于需要考虑滑动摩擦的平衡问题，因为依然是平衡问题，并不需要重新建立力系的平衡条件和平衡方程，求解步骤与前几章所述基本相同，但有如下几个新的特点：

(1)分析物体受力且画受力图时，必须考虑接触处沿切向的摩擦力，这通常增加了未知量的数目。在滑动趋势(或方向)已知的情况下，摩擦力应和滑动趋势(或方向)反向画出。在滑动趋势未知的情况下，摩擦力的方向可以沿切线方位假设。

(2)严格区分物体是处于非临界还是临界平衡状态。在非临界平衡状态，摩擦力 $\boldsymbol{F}_s$ 由平衡条件来确定，其应满足方程 $F_s<f_sF_N$。在临界平衡状态，摩擦力达到最大值，此时方可使用方程 $F_s=F_{max}=f_sF_N$。

(3)由于静摩擦力 F_s 的值可以随主动力而变化，即 $0\leqslant F_s\leqslant f_sF_N$，因此在考虑摩擦的平衡问题中，求出的值有时也有一个变化范围。

(4)如同求平面汇交力系平衡的几何法与解析法，若在主动力与全约束力共 3 个力(或两个力)作用下平衡，用摩擦角概念，可采用几何法求解。若不是这种情况，则一般用解析法求解。

(5)前面大多数题目可以做到列一个方程求一个未知量，求考虑摩擦的平衡问题，有时往往要解联立方程。

下面举例说明考虑滑动摩擦时物体的平衡问题。

例 6.1　图 6.6(a)所示均质梯子长为 l，重 $P_1=100$ N，靠在光滑墙壁上，和水平地面间的夹角为 $\theta=75°$，梯子和地面间的静滑动摩擦因数 $f_s=0.4$。一人重 $P_2=700$ N，沿梯子向上爬，求地面对梯子的摩擦力，并问人能否爬到梯子的顶端？又若 $f_s=0.2$，人能否爬到梯子的顶端？

解题分析与思路：取梯子为研究对象，梯子滑动的趋势是确定的，所以摩擦力的方向不能假设。地面对梯子的摩擦力，随人在梯子上的位置而改变。虽然摩擦因数已知，地面对梯子的法向约束力也可以求出，但此摩擦力不一定能用库仑摩擦定律求出，因人在梯子上或到梯子的顶端，摩擦力不一定达到最大值。所以可设人在梯子上的位置为 x 时，梯子平衡，求出此时的摩擦力和最大摩擦力比较便可知。

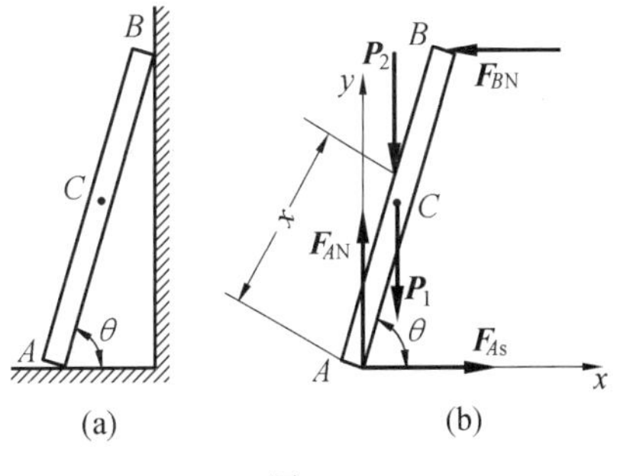

图 6.6

解：　取梯子为研究对象，设人爬到位置 x 时，梯子平衡，画出其受力图如图 6.6(b)所示。列平衡方程

$$\sum F_x=0,\quad F_{As}-F_{BN}=0$$

$$\sum F_y=0,\quad F_{AN}-P_1-P_2=0$$

$$\sum M_A=0,\quad F_{BN}\cdot l\sin\theta-P_2\cdot x\cos\theta-P_1\cdot\frac{l}{2}\cos\theta=0$$

3 个未知力 F_{As}，F_{AN}，F_{BN}，刚好 3 个平衡方程，解得

$$F_{As}=F_{BN}=\left(\frac{700x}{l}+50\right)\cot\theta,\quad F_{AN}=800\ \text{N}$$

式中的 F_{As} 即为人在梯子上，梯子平衡时的摩擦力。当 $x=l$ 时，代入得 $F_{As}=201$ N，而 $F_{max}=f_sF_{AN}=320$ N，有 $F_{As}<F_{max}$，即人爬到梯子顶端时，摩擦力还没达到最大值，所以人能爬到梯子的顶端。

当 $f_s=0.2$ 时，$F_{max}=f_sF_{AN}=160$ N，$F_{As}>F_{max}$，人不能爬到梯子的顶端。

另外提示：此题为计算方便，首先设系统处于平衡状态，求出结果后再予以讨论。对有些题目，也可先假设处于临界平衡状态，求得结果后再分析讨论。

例 6.2 图 6.7 所示物体重为 $\boldsymbol{P}$，放在倾角为 θ 的斜面上，与斜面间的静滑动摩擦因数为 f_s，当物体静止时，求水平推力 $\boldsymbol{F}$ 的大小。

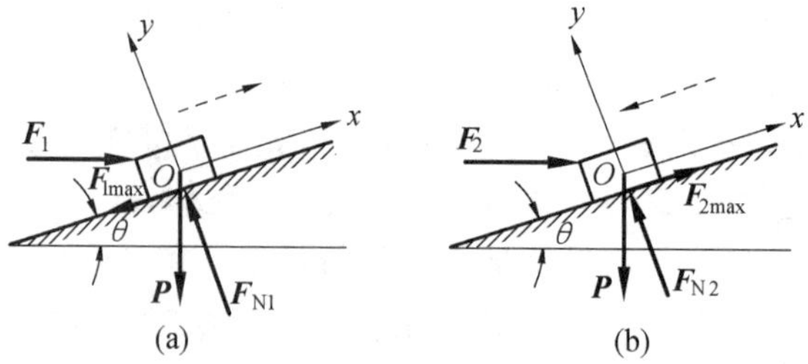

图 6.7

解题分析与思路：由经验知，当力 $\boldsymbol{F}$ 大于某值时，物块将上滑；当力 $\boldsymbol{F}$ 小于某值时，物块将下滑。因此力 $\boldsymbol{F}$ 的值在某一范围内，只需求出其两端的值，力 $\boldsymbol{F}$ 的值在此之间即可。

设水平推力的大小为 F_1 时，物体处于将要向上滑动的临界状态，画出此时的受力图，列平衡方程加库仑摩擦定律联立求解。

设水平推力的大小为 F_2 时，物体处于将要向下滑动的临界状态，画出此时的受力图，列平衡方程加库仑摩擦定律联立求解。

解： 设水平推力的大小为 F_1 时，物体处于将要向上滑动的临界状态，物体的受力图如图 6.7(a)所示，建坐标系如图，列平衡方程为

$$\sum F_x=0,\quad F_1\cos\theta-P\sin\theta-F_{1\max}=0 \tag{1}$$

$$\sum F_y=0,\quad F_{N1}-F_1\sin\theta-P\cos\theta=0 \tag{2}$$

此时有

$$F_{1\max}=f_s F_{N1} \tag{3}$$

联立求解 3 个方程，得

$$F_1=\frac{\sin\theta+f_s\cos\theta}{\cos\theta-f_s\sin\theta}P$$

设水平推力的大小为 F_2 时，物体处于将要向下滑动的临界状态，物体的受力图如图6.7(b)所示，建坐标系如图，列平衡方程为

$$\sum F_x=0,\quad F_2\cos\theta-P\sin\theta+F_{2\max}=0 \tag{4}$$

$$\sum F_y=0,\quad F_{N2}-F_2\sin\theta-P\cos\theta=0 \tag{5}$$

此时有

$$F_{2\max}=f_s F_{N2} \tag{6}$$

联立求解 3 个方程，得

$$F_2=\frac{\sin\theta-f_s\cos\theta}{\cos\theta+f_s\sin\theta}P$$

则使物体静止时，水平推力 $\boldsymbol{F}$ 的大小为

$$\frac{\sin\theta-f_s\cos\theta}{\cos\theta+f_s\sin\theta}P\leqslant F\leqslant\frac{\sin\theta+f_s\cos\theta}{\cos\theta-f_s\sin\theta}P$$

另外提问与提示：在此题中，物体在上滑和下滑时，是否有 $F_{N1}=F_{N2}=P\cos\theta$? 又在图示两种情况下，摩擦力的方向显然不同，但大小是否相同，即是否有 $F_{1\max}=F_{2\max}$?

此题如不计摩擦，即 $f_s=0$，平衡时应有 $F=P\tan\theta$，其值是唯一的。

在临界状态下求解有摩擦的平衡问题时，必须根据相对滑动的趋势，正确判定并画出摩擦力的方向，不能任意假设。这是因为解题中引用了补充方程 $F_{\max}=f_s F_N$，由于 f_s 为正值，$\boldsymbol{F}_{\max}$ 与 $\boldsymbol{F}_N$ 有相同的符号。法向约束力 $\boldsymbol{F}_N$ 的方向总是确定的，F_N 值为正，因而 $F_{\max}$ 也始终为正值，这反映不出摩擦力的方向。所以

摩擦力 $\boldsymbol{F}_{max}$ 的方向不能假定，必须按真实方向画出。

例 6.3　用摩擦角概念，用几何法求例 6.2 所述问题。

解题分析与思路：分析物体受力，其受重力和水平推力作用，若把法向约束力和摩擦力合起来为一个力——全约束力，则物体在 3 个力作用下平衡，画出封闭力三角形求解。

解：　水平推力的大小为 F_1 时，把摩擦力和法向约束力合起来考虑，画出受力图如图 6.8(a)所示，画出封闭力三角形如图 6.8(b)所示，可解得

$$F_1 = P\tan(\theta + \varphi_f)$$

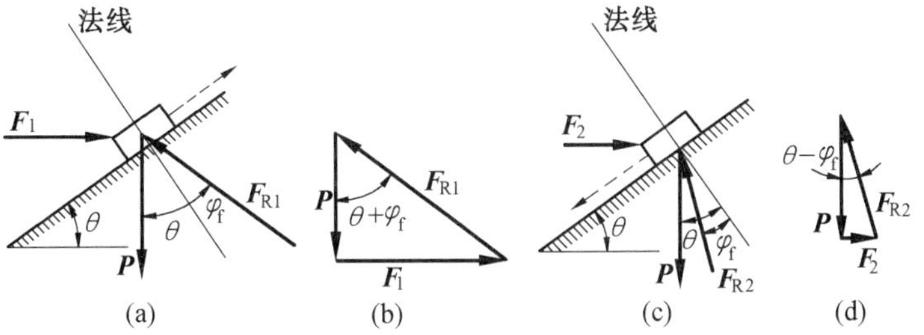

图 6.8

水平推力的大小为 F_2 时，把摩擦力和法向约束力合起来考虑，画出受力图如图 6.8(c)所示，画出封闭力三角形如图 6.8(d)所示，可解得

$$F_2 = P\tan(\theta - \varphi_f)$$

则使物体静止时，水平推力 $\boldsymbol{F}$ 的大小为

$$P\tan(\theta - \varphi_f) \leqslant F \leqslant P\tan(\theta + \varphi_f)$$

按三角公式，展开上式中的 $\tan(\theta - \varphi_f)$ 和 $\tan(\theta + \varphi_f)$，得

$$P\frac{\tan\theta - \tan\varphi_f}{1 + \tan\theta\tan\varphi_f} \leqslant F \leqslant P\frac{\tan\theta + \tan\varphi_f}{1 - \tan\theta\tan\varphi_f}$$

由摩擦角定义，$\tan\varphi_f = f_s$，又 $\tan\varphi_f = \dfrac{\sin\varphi_f}{\cos\varphi_f}$，代入上式，得

$$\frac{\sin\theta - f_s\cos\theta}{\cos\theta + f_s\sin\theta}P \leqslant F \leqslant \frac{\sin\theta + f_s\cos\theta}{\cos\theta - f_s\sin\theta}P$$

与例 6.2 计算结果完全相同。

另外提示：若在主动力与全约束力共 3 个力（或两个力）作用下平衡，则用摩擦角概念，用几何法求解比用解析法列联立方程求解简单。

例 6.4　图 6.9(a)所示为一双扣手抽屉示意图，抽屉与抽屉两壁间的静滑动摩擦因数为 f_s，尺寸如图所示。不计抽屉与底部的摩擦。若单手抽出或推进抽屉时，求抽屉能自如拉出或推进时扣手离中心线的最大距离 e。

解题分析与思路：取抽屉为研究对象，单手不能拉出或推进抽屉时，就是一种自锁现象，产生这种现象的主要原因不是因为抽屉和底部的摩擦，而是因为抽屉与两壁间的摩擦。设拉出抽屉时，手的拉力为 $\boldsymbol{F}$，扣手所在位置刚好是抽屉被卡住的位置，则这时抽屉将在角 A,C 处和抽屉壁接触，画出其受力图，用解析法加库仑摩擦定律求解。

解：　取抽屉为研究对象，图示位置是抽屉刚好被卡住的位置，其受力图如图 6.9(b)所示，列平衡方程

$$\sum F_x = 0,\quad F_{NA} - F_{NC} = 0 \tag{1}$$

$$\sum F_y = 0,\quad F_{sC} + F_{sA} - F = 0 \tag{2}$$

$$\sum M_A = 0,\quad F_{sC}\cdot b + F_{NC}\cdot a - F\cdot\left(\frac{b}{2} + e\right) = 0 \tag{3}$$

此时的库仑摩擦定律为

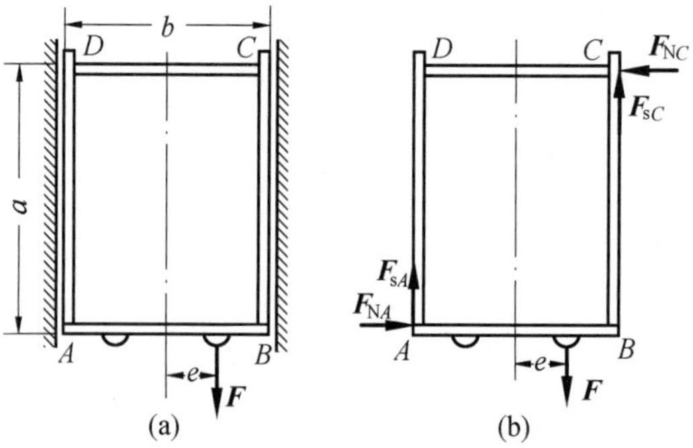

图 6.9

$$F_{sA}=f_s F_{NA} \tag{4}$$

$$F_{sC}=f_s F_{NC} \tag{5}$$

联立求解 5 个方程，得抽屉不被卡住时，扣手离中心线的最大距离为$e=\dfrac{a}{2f_s}$

例 6.5 制动器的构造和主要尺寸如图 6.10(a)所示，制动块与鼓轮表面间的静滑动摩擦因数为 f_s，求制动鼓轮转动所必需的最小力 $\boldsymbol{F}$。

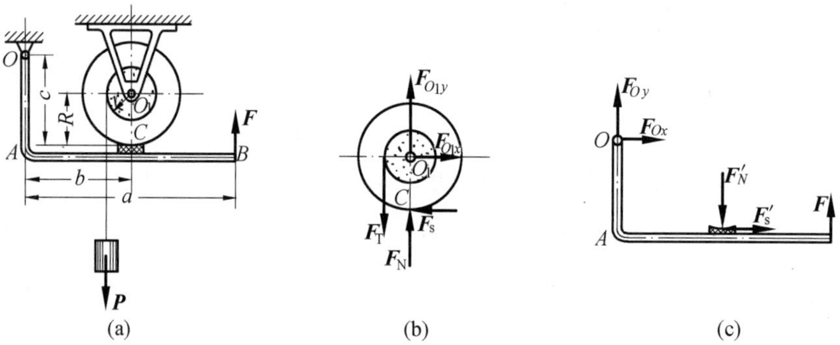

图 6.10

解题分析与思路： 先取鼓轮画出受力图，由 $\sum M_{O_1}=0$ 求出制动块与鼓轮表面间的摩擦力，再取闸杆 OAB 为研究对象，由 $\sum M_O=0$ 列一个方程。设鼓轮处于临界平衡状态，可以使用库仑摩擦定律，联立求解。

解： 取鼓轮画出受力图如图 6.10(b)所示，由

$$\sum M_{O_1}=0,\quad F_T\cdot r-F_s\cdot R=0$$

式中 $F_T=P$，求得摩擦力为

$$F_s=\frac{r}{R}P$$

取闸杆 OAB 为研究对象，画出受力图如图 6.10(c)所示，由

$$\sum M_O=0,\quad F\cdot a+F'_s\cdot c-F'_N\cdot b=0$$

再考虑到库仑摩擦定律有

$$F_s=F'_s=f_s F'_N$$

联立解得

$$F=\frac{(b-f_s c)rP}{f_s Ra}$$

6.4　滚动摩阻

当两个相互接触的物体有相对滚动趋势或相对滚动时，物体间产生的对滚动的阻碍称为**滚动摩阻**，称前者为**静滚动摩阻**，后者为**动滚动摩阻**。也有的教材称之为滚动摩擦，摩擦的“擦”字表示有“擦”的动作，但滚动时的阻碍现象不一定有“擦”的动作，所以称之为“阻”可能更好一些。但不管是“擦”也好，“阻”也好，怎么称呼无所谓，与解决问题无妨。

以滚动代替滑动可以省力，这是人们早已知道的事实。但是滚动也有一定的阻力，存在什么样的阻力？机理又是什么？这也是个比较复杂的问题。在理论力学教材里一般都以一圆轮在水平面上滚动为例，来说明滚动摩阻问题。和滑动摩擦一样，这样所得的结果是近似的，并不能完全反映滚动摩阻的复杂现象，但由于公式简单，计算方便，又有一定的准确性，所以在工程中仍被采用。

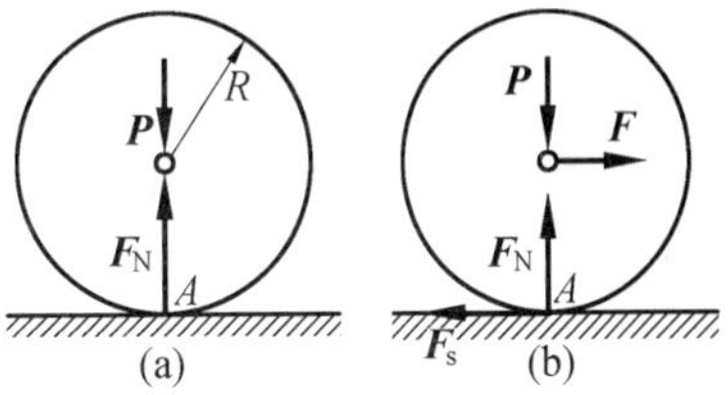

图 6.11

在固定水平面上放置一重为 $\boldsymbol{P}$，半径为 R 的圆轮，则圆轮在重力 $\boldsymbol{P}$ 和支承面的约束力 $\boldsymbol{F}_N$ 作用下处于静止状态，如图 6.11(a)所示。如在轮心加一不大的水平力 $\boldsymbol{F}$，圆轮也保持静止，此时圆轮与水平面间产生静滑动摩擦力，阻止圆轮滑动，见图 6.11(b)。由平衡条件，有 $F_s=-F$，$\boldsymbol{F}$ 与 $\boldsymbol{F}_s$ 组成一力偶，其力偶矩为 FR，应使圆轮滚动，但当力 $\boldsymbol{F}$ 不大时，圆轮并未滚动，这就产生了矛盾，如何解释这个现象？实际上，圆轮与水平面都不是完全刚性的，圆轮和支承面的接触不可能是一条线，而应是一个面。为了简化分析，我们假定圆轮为刚体，仅支承面发生变形(实际二者都有变形)。在轮心仅受重力作用下，支承面将下陷而形成一凹面，支承面给圆轮的支持力如图 6.12(a)所示，约束力对称分布，合力通过轮心与重力 $\boldsymbol{P}$ 平衡。如果轮心受到水平力 $\boldsymbol{F}$ 作用，将在圆轮前面形成一微小波浪，支承面给圆轮的约束力将不再对称，接触弧线将前移(图 6.12(b))，其分布情况比较复杂，但由于接触面积仍然很小，可近似认为其可合成一力 $\boldsymbol{F}'_R$(图 6.12(c))，则圆轮在三力作用下平衡，三力汇交。但由于点 B 难以确定，为讨论问题方便，利用力的平移定理，把力 $\boldsymbol{F}'_R$ 向点 A 平移，得一力 $\boldsymbol{F}_R$ 与一力偶 M_f(图 6.12(d))，此结果也可直接把约束力向点 A 简化而得。把力 $\boldsymbol{F}_R$ 分解为切向力 $\boldsymbol{F}_s$ 与法向力 $\boldsymbol{F}_N$(图 6.12(e))，仍称 $\boldsymbol{F}_s$ 为摩擦力，$\boldsymbol{F}_N$ 为正压力。称矩为 M_f 的力偶为**滚动摩阻力偶**，它与力偶($\boldsymbol{F}$,$\boldsymbol{F}_s$)平衡，转向与滚动趋势相反。当圆轮静止时，由平衡方程，有 $M_f=FR$，即滚动摩阻力偶矩随力 $\boldsymbol{F}$ 的增大而增大，但由实践知，M_f 不会无限增大，当力 $\boldsymbol{F}$ 达到某值时，圆轮将开始滚动，设此时的滚动摩阻力偶矩为 M_{max}，称为**最大滚动摩阻力偶矩**，显然有

$$0\leqslant M_f\leqslant M_{max} \tag{6.6}$$

这与静滑动摩擦力 F_s 有一范围 $0\leqslant F_s\leqslant F_{max}$ 相似。

与最大静滑动摩擦力 F_{max} 相同，在研究滚动摩阻时，最大滚动摩阻力偶矩 M_{max} 是一个非常重要的量。由实验证明：最大滚动摩阻力偶矩 M_{max} 与支承面的正压力(法向约束力)的大小成正比，即

$$M_{max}=\delta F_N \tag{6.7}$$

称此为**静滚动摩阻定律**。其中 δ 为比例常数，称为**滚动摩阻系数**。由上式可知，滚动摩阻系

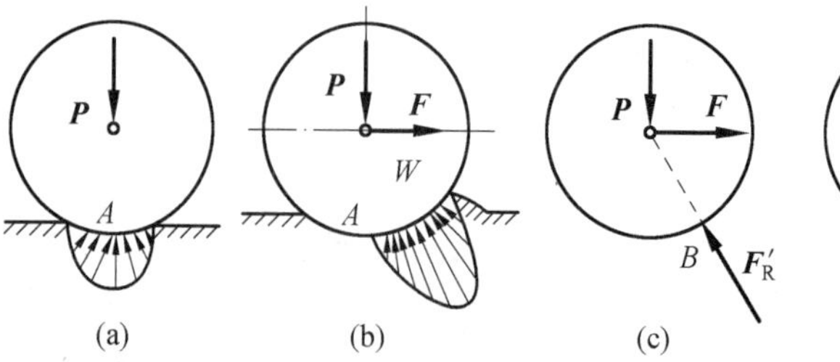

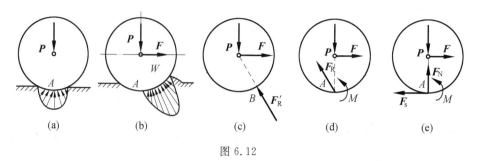

图 6.12

数具有长度的量纲，单位一般为 mm。该系数由实验测定，与圆轮和支承面的材料、表面状况、硬度、温度、湿度等因素有关。

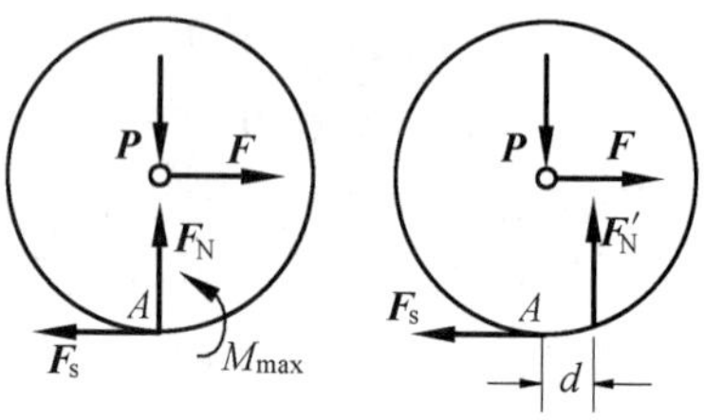

图 6.13

对于滚动摩阻系数的物理意义，可解释如下。圆轮在即将滚动的临界平衡状态，等效受力图如图 6.13(a)所示，根据力的平移定理，法向约束力 $\boldsymbol{F}_N$ 与最大滚动摩阻力偶矩 M_{max} 可用一力 $\boldsymbol{F}'_N$ 等效代替，$F'_N=F_N$，力 $\boldsymbol{F}'_N$ 的作用线距中心铅直线的距离为 d，如图 6.13(b)所示。由 $M_{max}=dF'_N=\delta F_N$，可见 $\delta=d$，所以 δ 是法向约束力 $\boldsymbol{F}'_N$ 的作用线距中心铅直线的最大距离，相当于力臂，故具有长度的量纲，这就是滚动摩阻系数的物理意义。

下面分析使圆轮滚动比使圆轮滑动省力的原因。设轮子的半径为 R，使轮子滚动时加在轮心的水平力为 $\boldsymbol{F}_1$，轮子滑动时加在轮心的水平力为 $\boldsymbol{F}_2$。处于临界滚动状态时，滚动摩阻力偶矩 M 达到最大值 M_{max}，此时由对点 A 的力矩平衡方程得，$M_{max}=F_1R$，且 $M_{max}=\delta F_N$，则有 $M_{max}=\delta F_N=F_1R$，有

$$F_1=\frac{\delta}{R}\cdot F_N$$

使轮子达到临界滑动状态时，滑动摩擦力应达到最大值，有 $F_{max}=f_sF_N=F_2$，则

$$F_2=f_sF_N$$

一般情况下，δ 的最大值不超过 10 mm，而轮子的半径要比 δ 大许多，所以 $\delta/R<f_s$ 或 $\delta/R\ll f_s$，也即 F_1 要比 F_2 小许多，这就是使轮子滚动比使轮子滑动省力的原因。例如，半径为 $R=450$ mm 的打足气的某型号车轮在混凝土路面上滚动时，$\delta=3.15$ mm，而 $f_s=0.7$，则

$$\frac{F_2}{F_1}=\frac{f_sR}{\delta}=\frac{0.7\times450\ \mathrm{mm}}{3.15\ \mathrm{mm}}=100$$

也即使轮子开始滑动时的力是使它开始滚动时的力的 100 倍。

当圆轮开始滚动后，所产生的对滚动的阻碍称为**动滚动摩阻**，对动滚动摩阻的研究还很不充分，一般认为在滚动过程中，起主要阻碍作用的仍然是滚动摩阻力偶，其力偶矩近似等于 M_{max}。

自行车的后轮为主动轮，前轮为被动轮，汽车一般也有主动轮和被动轮之分，请读者考虑，各种车辆的主动轮和被动轮其摩擦力方向是否相同？在做纯滚动(车轮不打滑)的情况下，摩擦力是否达到最大值？

例 6.6 图 6.14(a)所示拖车总重为 $\boldsymbol{P}$,车轮半径为 R,轮胎与路面的滚动摩擦系数为 δ,斜坡倾角为 θ,其他尺寸如图所示。求能拉动拖车的最小牵引力 $\boldsymbol{F}$(力 $\boldsymbol{F}$ 与斜坡平行)。

解题分析与思路:首先取整体画出其受力图,因拖车的轮子都是被动轮,因此其滑动摩擦力方向均向后。设拖车处于向上滚动的临界状态,所以前后轮的滚动摩阻力偶矩都达到最大值,可以用滚动摩阻定律。设车厢受力对称,按平衡任意力系处理。列出 3 个平衡方程,再加前后轮的滚动摩阻力偶矩达到最大值两个方程,共有 5 个方程,而未知量为前后轮处的法向约束力、摩擦力、滚动摩阻力偶矩 6 个未知量,再加最小牵引力,共 7 个未知量,所以不能求解。此时不能考虑滑动摩擦定律(库仑摩擦定律),因摩擦力没有达到最大值。所以再取前后轮为研究对象,画出受力图,对轮心列取矩方程得两个方程。这样共 7 个方程 7 个未知量,联立求解可得题目所求。

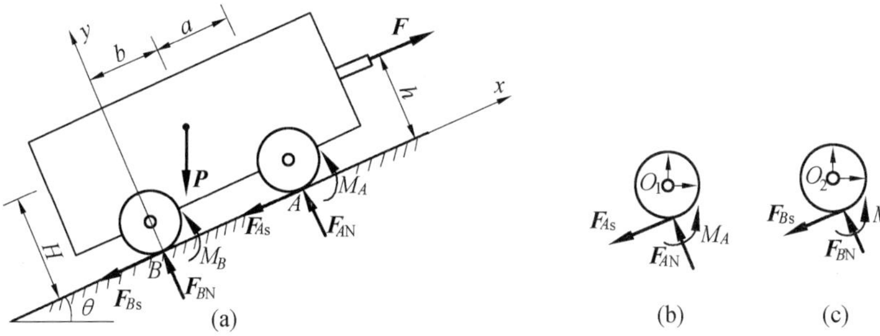

图 6.14

解: 取拖车整体为研究对象,其受力图如图 6.14(a)所示,在图示坐标系下列平衡方程,有

$$\sum F_x=0,\quad F-F_{As}-F_{Bs}-P\sin\theta=0 \tag{1}$$

$$\sum F_y=0,\quad F_{AN}+F_{BN}-P\cos\theta=0 \tag{2}$$

$$\sum M_B=0,\quad F_{AN}\cdot(a+b)-F\cdot h-P\cos\theta\cdot b+P\sin\theta\cdot H+M_A+M_B=0 \tag{3}$$

因车处于临界滚动状态,有

$$M_A=\delta F_{AN} \tag{4}$$

$$M_B=\delta F_{BN} \tag{5}$$

分别取前后轮为研究对象,其受力图如图 6.14(b),(c)所示,由

$$\sum M_{O_1}=0,\quad M_A-F_{As}\cdot R=0 \tag{6}$$

$$\sum M_{O_2}=0,\quad M_B-F_{Bs}\cdot R=0 \tag{7}$$

7 个方程共 $F,F_{AN},F_{BN},F_{As},F_{Bs},M_A,M_B$ 7 个未知量,联立求解,得拉动拖车所需最小牵引力为

$$F_{\min}=P\left(\sin\theta+\frac{\delta}{R}\cos\theta\right)$$

结果分析与提问:显然,上式中的牵引力由两部分组成,第一部分 $P\sin\theta$ 是克服重力的牵引力,第二部分 $P\dfrac{\delta}{R}\cos\theta$ 是克服滚动摩阻的牵引力。

若 $\theta=90^\circ$,则 $F_{\min}=P$,这意味着什么情况?

若 $\theta=0^\circ$,则 $F_{\min}=\dfrac{\delta}{R}P$,这意味着什么情况?

若拖车载重为 $P=40$ kN,车轮半径为 440 mm,在水平路面上行驶,若 $\delta=4.4$ mm,则

$$F_{\min}=\frac{\delta}{R}P=\frac{4.4\times40}{440}\ \text{kN}=0.4\ \text{kN}$$

这说明,牵引力为载重量的 1%。

习　题

6.1 简易升降混凝土料斗装置如图所示，混凝土和料斗共重 25 kN，料斗与滑道间的静滑动与动滑动摩擦因数均为 0.3。求(1)若绳子拉力分别为 22 kN 与 25 kN 时，料斗处于静止状态，求料斗与滑道间的摩擦力；(2)料斗匀速上升和下降时绳子的拉力。

6.2 图示梯子 AB 靠在墙上，其重为 $P=200$ N，梯长为 l，并与水平面交角 $\theta=60°$，接触面间的摩擦因数均为 0.25。今有一重 650 N 的人沿梯上爬，问人所能达到的最高点 C 到 A 点的距离为多少？

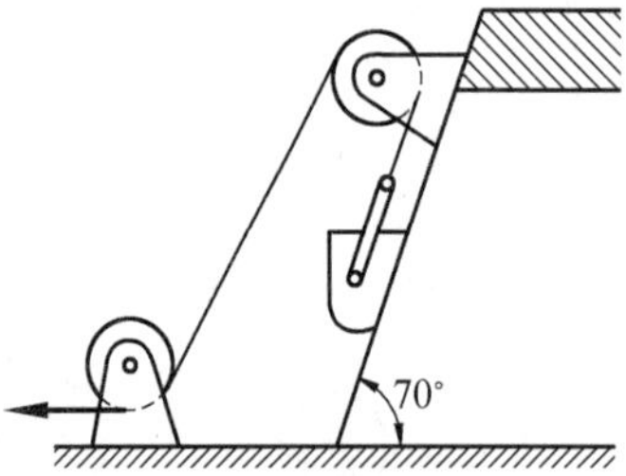

题 6.1 图

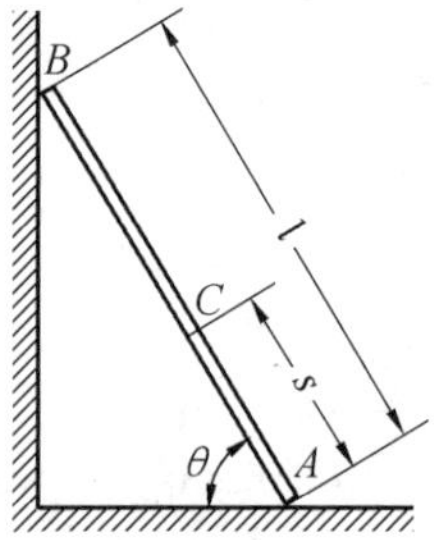

题 6.2 图

6.3 如图所示，置于 V 型槽中的棒料重 $P=400$ N，直径 $D=0.25$ m，其上作用一矩为 $M=15$ N·m 的力偶时，刚好能转动此棒料，不计滚动摩阻。求棒料与 V 形槽间的静摩擦因数 f_s。

6.4 图示两根相同的均质杆 AB 和 BC，在端点 B 用光滑铰链连接，A,C 端放在粗糙的水平面上，当 ABC 成等边三角形时，系统在铅直面内处于临界平衡状态。求杆端与水平面间的摩擦因数。

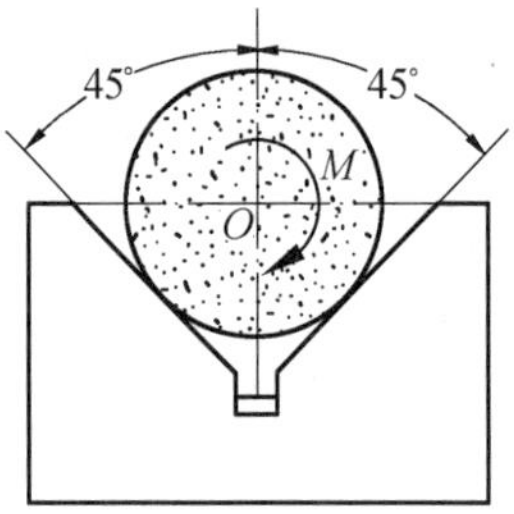

题 6.3 图

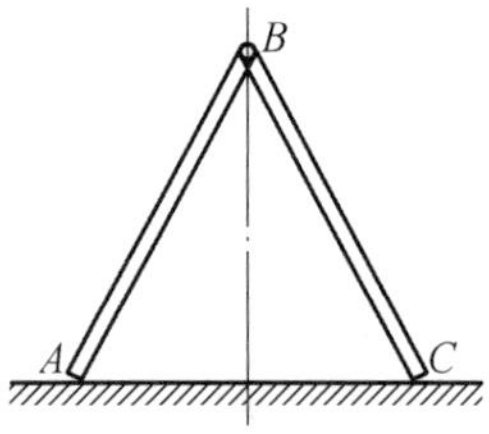

题 6.4 图

6.5 两半径相同的圆轮做反向转动，两轮轮心的连线与水平线的夹角为 θ，轮心距为 $2a$。现将一重为 $\boldsymbol{P}$ 的长板放在两轮上面，两轮与板间的动滑动摩擦因数都是 f，求当长板平衡时长板重心 C 的位置。

6.6 在闸块制动器的两个杠杆上，分别作用有大小相等方向相反的水平力 $\boldsymbol{F}$，力偶矩 $M=160$ N·m，摩擦因数为 0.2，尺寸如图所示。求力 $\boldsymbol{F}$ 为多大时，方能使轮处于平衡状态。

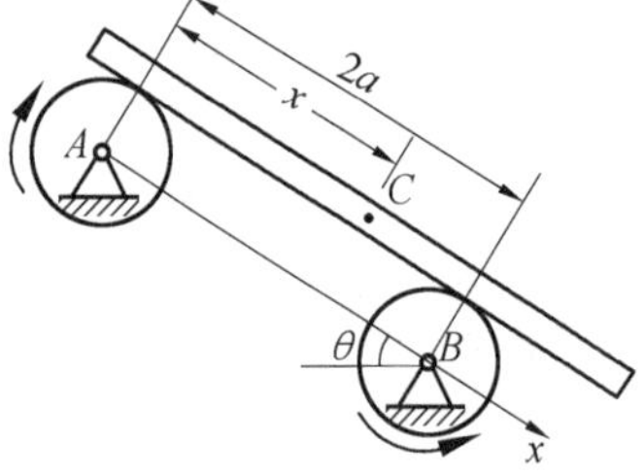

题 6.5 图

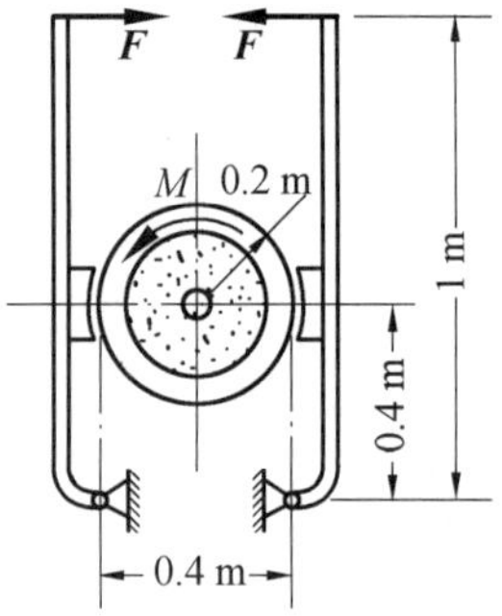

题 6.6 图

6.7 鼓轮利用双闸块制动器制动，在杠杆的末端作用有大小为 200 N 的力 **F**，方向与杠杆相垂直，闸块与鼓轮间的摩擦因数 $f_s=0.5$，又 $2R=O_1O_2=KD=DC=O_1A=KL=LO_2=0.5$ m，$O_1B=0.75$ m，$AC=O_1D=1$ m，$ED=0.25$ m，各构件自重不计。求作用于鼓轮上的制动力矩。

6.8 砖夹的宽度为 0.25 m，曲杆 AGB 与 $GCED$ 在 G 点铰接，尺寸如图所示，砖重 $P=120$ N，提起砖的力 **F** 作用在砖夹的中心线上，砖夹与砖间的摩擦因数 $f_s=0.5$，不计砖夹自重。求距离 b 为多大能把砖夹起。

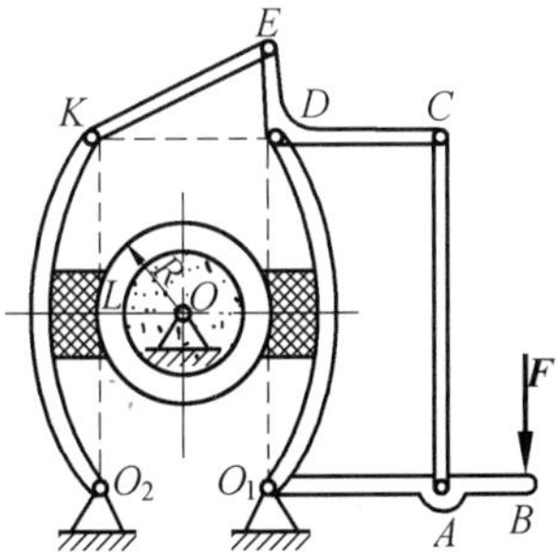

题 6.7 图

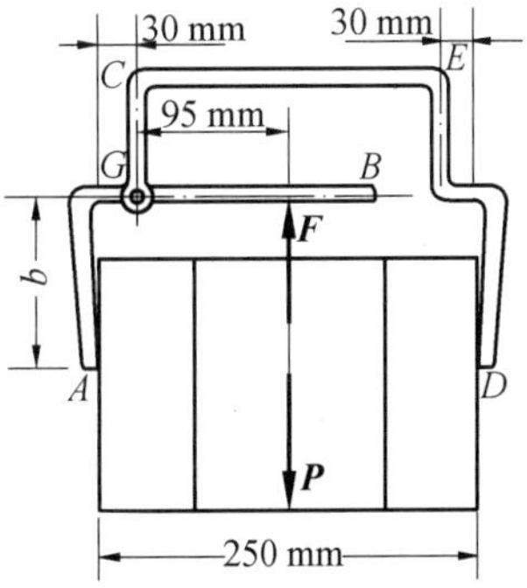

题 6.8 图

6.9 图示两无重杆在 B 处用套筒式无重滑块连接，在 AD 杆上作用一力偶，其力偶矩 $M_A=40$ N·m，滑块和 AD 杆间的摩擦因数 $f_s=0.3$，求保持系统平衡时的力偶矩 M_C。

6.10 图示平面曲柄连杆滑块机构，$OA=l$，在曲柄 OA 上作用一矩为 M 的力偶，OA 水平。连杆 AB 与铅垂线的夹角为 θ，滑块与水平面之间的摩擦因数为 f_s，不计各构件重量，$\tan\theta>f_s$，力 **F** 和水平线的夹角为 β。求机构在图示位置保持平衡时力 **F** 的值。

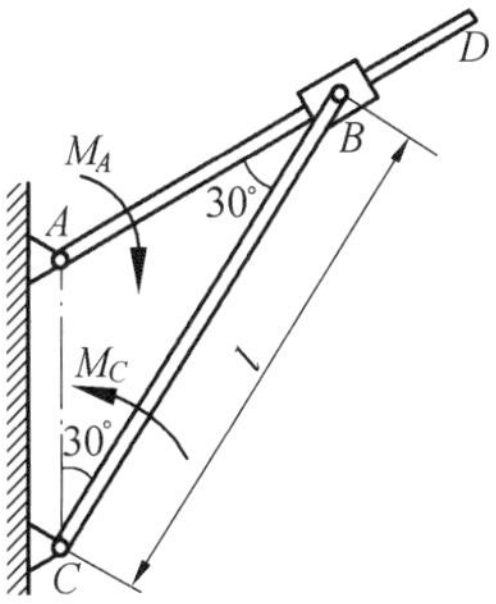

题 6.9 图

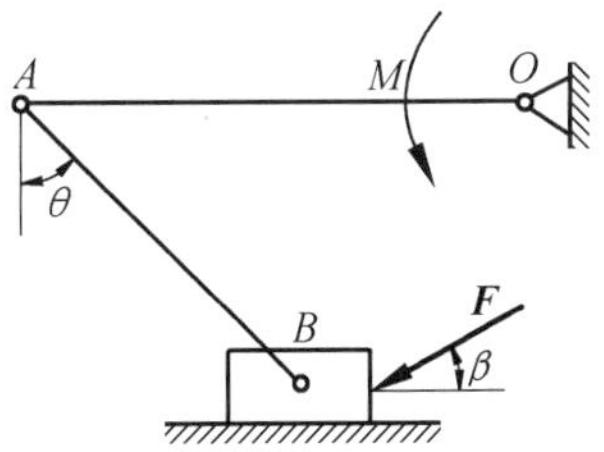

题 6.10 图

6.11 边长为 a 与 b 的均质物块放在斜面上，其间的摩擦因数为 0.4。当斜面倾角 θ 逐渐增大时，物块在斜面上翻倒与滑动同时发生，求 a 与 b 的关系。

6.12 均质长板 AD 重 **P**，长为 4 m，用一短板 BC 支撑如图所示，$AB=BC=AC=3$ m，BC 板的自重不计。求 A，B，C 处的摩擦角各为多大才能使系统保持在临界平衡状态。

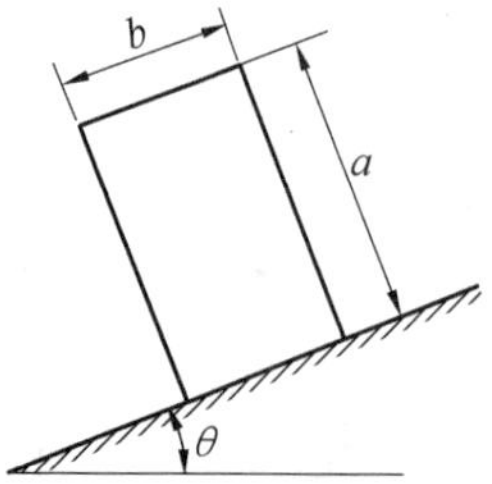

题 6.11 图

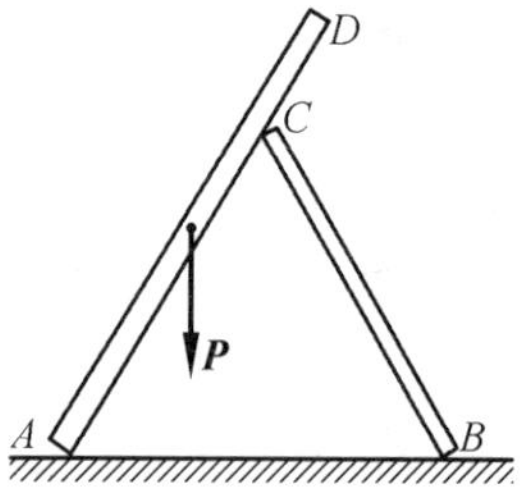

题 6.12 图

6.13 尖劈顶重装置如图所示。B 块上受铅直力 $\boldsymbol{P}$ 作用。A 块与 B 块间的摩擦因数为 f_s，有滚珠处表示光滑，不计物块 A，B 的重量，求使系统保持平衡水平力 $\boldsymbol{F}$ 的值。

6.14 图示一半径为 R，重为 $\boldsymbol{P}_1$ 的轮静止在水平面上，在轮上半径为 r 的轴上缠有细绳，此细绳跨过滑轮 A，在端部系一重为 $\boldsymbol{P}_2$ 的物体。绳的 AB 部分与铅直线成 θ 角。求轮与水平面接触点 C 处的滚动摩阻力偶矩、滑动摩擦力和法向约束力。

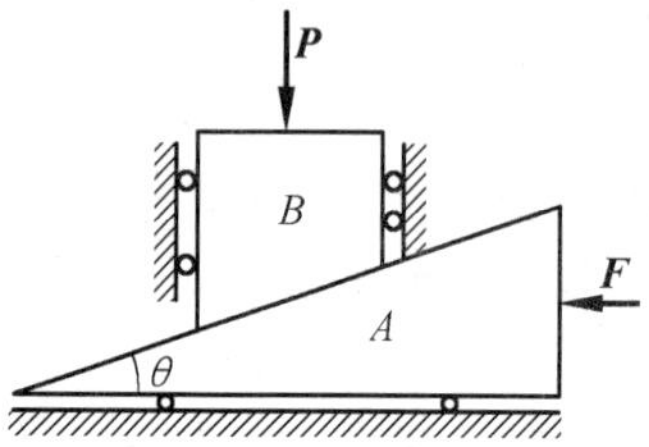

题 6.13 图

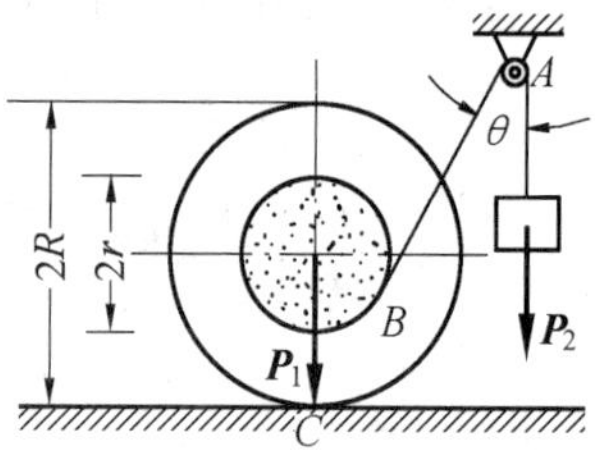

题 6.14 图

6.15 图示钢管车间的钢管运转台架，依靠钢管自重缓慢无滑动地滚下，钢管直径为 50 mm，钢管与台架间的滚动摩阻系数 $\delta=0.5$ mm。求台架的最小倾角。

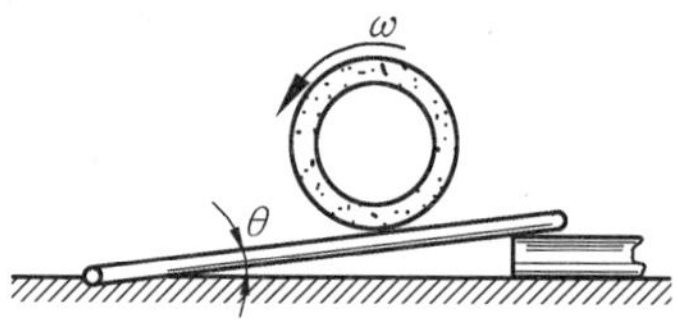

题 6.15 图

运　动　学

引　言

在静力学中研究了物体的平衡条件，如果作用在物体上的力系不平衡，物体的运动状态将改变。物体运动的规律不仅与受力情况有关，而且与物体的质量和初始的运动状态有关，物体在力作用下的运动规律是一个比较复杂的问题。为了学习上的循序渐进，暂且不考虑影响物体运动的力，而单独研究物体运动的几何性质——轨迹、运动规律、速度、加速度等，从这方面研究物体的机械运动，就是运动学的任务。因此，**运动学**是研究物体机械运动几何性质的科学。

学习运动学一方面是为学习动力学打基础，另一方面又有独立的重要意义。在工程和日常生活中，有各种各样的机构，主动件怎么运动？各从动件如何运动？其在每一瞬时所占据的位置如何？其轨迹是什么？速度、加速度如何？是一个很重要的问题。至于这些零件受力如何，产不产生破坏，在运动学中不加考虑。

物体的运动是绝对的，描述物体的运动都是相对的。为了研究一个物体的机械运动，必须选取另一个物体为参考体，在此参考体上建一坐标系，称为参考坐标系。在一般工程问题中，一般都选地球为参考体，在地面上建一坐标系，称为地表坐标系。而在发射火箭和人造卫星时，需考虑到地球的自转，这时一般把坐标原点建在地心，3 根轴指向 3 颗恒星，称为地心坐标系。

运动学中研究的物体，视研究角度的不同，把物体抽象成点和刚体两种力学模型来讨论。当物体的几何尺寸和形状在运动过程中不起主要作用时，物体的运动可看作为点的运动。如发射后的“嫦娥一号”，当研究她的飞行轨迹时，在某时刻占据空间某位置时，可以不考虑她的各部分的相对运动和整体的转动，而当成一个点考虑。但当设计和研制“嫦娥一号”时，就不能把它当作一个点来考虑，而先当作刚体来考虑。工程和日常生活中的许多情况，均是如此，如飞机、火车、汽车、各种各样的机构等，有时当作点来考虑，有时又要作为刚体来考虑。

第 7 章　点的运动学

本章内容与静力学内容无关，静力学学习的好坏与本章的学习没有直接的联系。只要具有物理里位移、轨迹、速度、加速度的基本概念和高等数学里的基本知识，即可学习本章。

本章研究点的运动学，点的运动学是研究物体运动的基础，又具有独立的应用意义。

本章研究点相对某一个参考系的几何位置随时间变动的规律，包括点的运动方程、运动轨迹、速度和加速度等。即如何确定点在任意时刻在空间的位置？其轨迹是什么？其任意时刻的速度是什么？任意时刻的加速度如何等。

本章用矢量法、直角坐标法和自然法三种方法来研究上面的问题。

7.1　矢量(径)法

如何确定一个点在任意时刻在空间的位置？其轨迹是什么？其任意时刻的速度是什么？任意时刻的加速度如何？可用矢量法确定，也有的教材称为矢径法。

选取参考坐标系上某确定点 O 为坐标原点，自点 O 向点 M 作矢量 $\boldsymbol{r}$，称 $\boldsymbol{r}$ 为点 M 相对原点 O 的位置矢量，简称**矢径**。当点 M 运动时，矢径 $\boldsymbol{r}$ 随时间而变化，并且是时间的单值连续函数，即

$$\boldsymbol{r}=\boldsymbol{r}(t) \tag{7.1}$$

称上式为以矢量表示的点的运动方程。点 M 在运动过程中，其矢径 $\boldsymbol{r}$ 的末端描绘出一条连续曲线，称为矢端曲线。显然，矢径 $\boldsymbol{r}$ 的矢端曲线就是动点 M 的**运动轨迹**，如图 7.1 所示。这种确定点的位置的方法，此处举出一形象的例子，在以前的战争年代，此矢径可看作为探照灯光柱，一旦探照灯光柱罩住了入侵的敌机，并跟着敌机运动，就可确定此敌机的位置，给高射炮部队击落敌机提供依据。

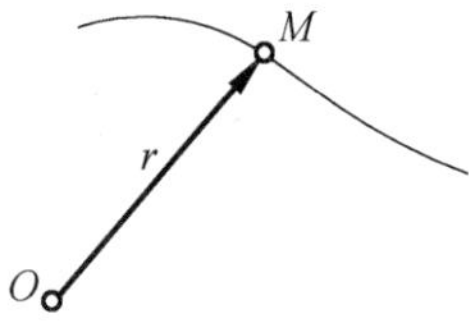

图 7.1

在数学和物理里已经知道，点的速度是矢量，速度矢量等于它的矢径对时间的一阶导数，即

$$\boldsymbol{v}=\frac{\mathrm{d}\boldsymbol{r}}{\mathrm{d}t} \tag{7.2}$$

点的速度矢量沿着矢径 $\boldsymbol{v}$ 的矢端曲线的切线，即沿点运动轨迹的切线，并与此点运动的方向一致。速度的大小，即速度矢量 $\boldsymbol{v}$ 的模，表明点运动的快慢，在国际单位制中，速度的单位为 m/s。

在数学和物理里也已经知道，点的速度矢量对时间的导数称为加速度。点的加速度也是矢量，它表征了速度大小和方向的变化。点的加速度矢量等于该点的速度矢量对时间的一阶导数，或等于矢径对时间的二阶导数，即

$$\boldsymbol{a}=\frac{\mathrm{d}\boldsymbol{v}}{\mathrm{d}t}=\frac{\mathrm{d}^2\boldsymbol{r}}{\mathrm{d}t^2} \tag{7.3}$$

在国际单位制中，加速度的单位为 m/s^2。

为了书写方便，如同数学里 $\frac{dy}{dx}=y'$ 的表示方法一样，有时为了书写方便，在字母上方加“·”表示该量对时间的一阶导数，加“¨”表示该量对时间的二阶导数。因此，式(7.2)、(7.3)亦可写为

$$\boldsymbol{v}=\dot{\boldsymbol{r}},\quad \boldsymbol{a}=\dot{\boldsymbol{v}}=\ddot{\boldsymbol{r}}$$

在现阶段的教材和实际做题中，用矢量法确定点的位置、轨迹、速度、加速度，主要用于理论上，在实际计算中，多数采用直角坐标法和弧坐标(自然)法

7.2　直角坐标法

如何确定一个点在任意时刻在空间的位置？其轨迹是什么？其任意时刻的速度是什么？任意时刻的加速度如何？可用直角坐标法确定。

取一固定的直角坐标系 $Oxyz$，则点 M 在任意瞬时空间的位置可以用它的 3 个直角坐标 x,y,z 确定，如图 7.2 所示。因为点 M 在运动，所以坐标 x,y,z 均为时间的函数，即

$$x=f_1(t),\quad y=f_2(t),\quad z=f_3(t) \tag{7.4}$$

称这 3 个方程为以直角坐标表示的点的运动方程。点的运动方程确定以后，点的位置就完全确定。

式(7.4)实际上也是点的轨迹的参数方程，只要把运动方程中的时间 t 消去，就可得到点的轨迹方程。那么，在直角坐标系下如何确定点的速度和加速度？下面给出计算方法(公式)。

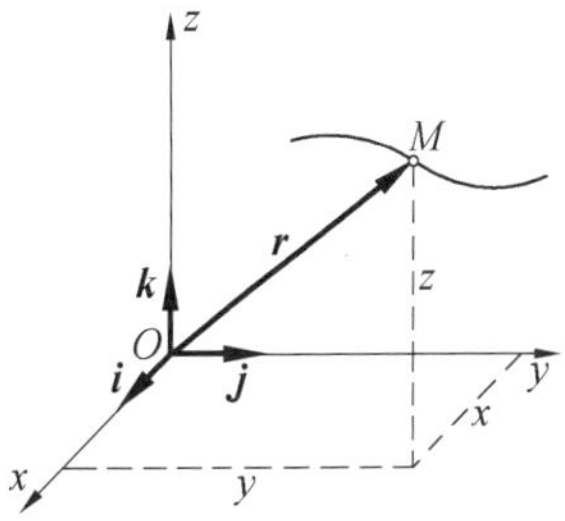

图 7.2

如图 7.2 所示，点的直角坐标形式的运动方程和以矢量 $\boldsymbol{r}$ 表示的运动方程有如下的关系

$$\boldsymbol{r}=x\boldsymbol{i}+y\boldsymbol{j}+z\boldsymbol{k} \tag{7.5}$$

式中，$\boldsymbol{i},\boldsymbol{j},\boldsymbol{k}$ 为沿 3 个定坐标轴的单位矢量。

据数学里矢量的知识，任何一个矢量均可用单位矢量表示，则点的速度可以表示为

$$\boldsymbol{v}=v_x\boldsymbol{i}+v_y\boldsymbol{j}+v_z\boldsymbol{k} \tag{7.6}$$

式中，v_x,v_y,v_z 为速度在坐标轴 x,y,z 轴上的投影。把式(7.5)对时间求一阶导数，有

$$\boldsymbol{v}=\frac{d\boldsymbol{r}}{dt}=\frac{dx}{dt}\boldsymbol{i}+\frac{d\boldsymbol{y}}{dt}\boldsymbol{j}+\frac{dz}{dt}\boldsymbol{k} \tag{7.7}$$

比较式(7.6)和式(7.7)，得

$$v_x=\frac{dx}{dt}=\dot{x},\quad v_y=\frac{dy}{dt}=\dot{y},\quad v_z=\frac{dz}{dt}=\dot{z} \tag{7.8}$$

因此，得结论，点的速度在直角坐标轴上的投影等于点的各对应坐标对时间的一阶导数。

式(7.8)即是在直角坐标系下计算点的速度的公式，速度矢量在 3 个坐标轴上的投影已知，速度的大小和方向便可确定。

同理，点的加速度也可以表示为

$$\boldsymbol{a}=a_x\boldsymbol{i}+a_y\boldsymbol{j}+a_z\boldsymbol{k} \tag{7.9}$$

式中 a_x, a_y, a_z 是加速度在坐标轴 x, y, z 轴上的投影。把式(7.6)对时间求一阶导数,有

$$\boldsymbol{a}=\frac{\mathrm{d}\boldsymbol{v}}{\mathrm{d}t}=\frac{\mathrm{d}v_x}{\mathrm{d}t}\boldsymbol{i}+\frac{\mathrm{d}v_y}{\mathrm{d}t}\boldsymbol{j}+\frac{\mathrm{d}v_z}{\mathrm{d}t}\boldsymbol{k} \tag{7.10}$$

比较式(7.9)和式(7.10)得

$$a_x=\frac{\mathrm{d}v_x}{\mathrm{d}t}=\dot{v}_x=\ddot{x},\quad a_y=\frac{\mathrm{d}v_y}{\mathrm{d}t}=\dot{v}_y=\ddot{y},\quad a_z=\frac{\mathrm{d}v_z}{\mathrm{d}t}=\dot{v}_z=\ddot{z} \tag{7.11}$$

因此,得结论,点的加速度在直角坐标轴上的投影等于点的各对应速度对时间的一阶导数,也等于点的各对应坐标对时间的二阶导数。

式(7.11)即是在直角坐标系下计算点的加速度的公式,加速度矢量在3个坐标轴上的投影已知,加速度的大小和方向便可确定。

例 7.1 图7.3所示机构,曲柄 OC 绕固定轴 O 以匀角速度 ω 从水平位置开始转动,其端点 C 与直杆 AB 的中点以铰链连接,直杆两端分别铰接滑块 A, B。$OC=CA=CB=l$, $BM=a$, $MA=b$。求点 A, C, M 的运动方程、轨迹、速度和加速度。

解题分析与思路:用直角坐标法求解此题。建立图示直角坐标系,写出点 A, C, M 的坐标,即为其运动方程。消去时间参数,即为其轨迹。分别求一阶和二阶导数,即可得其速度和加速度。

解: 建立图示直角坐标系,点 A 的运动方程为

$$x_A=2l\cos\varphi=2l\cos\omega t$$
$$y_A=0$$

点 A 的轨迹为直线,其方程为 $y_A=0$。对运动方程求一阶和二阶导数,得

$$v_{Ax}=-2l\omega\sin\omega t,\quad v_{Ay}=0$$
$$a_{Ax}=-2l\omega^2\cos\omega t,\quad a_{Ay}=0$$

此即任意时刻点 A 的速度和加速度。

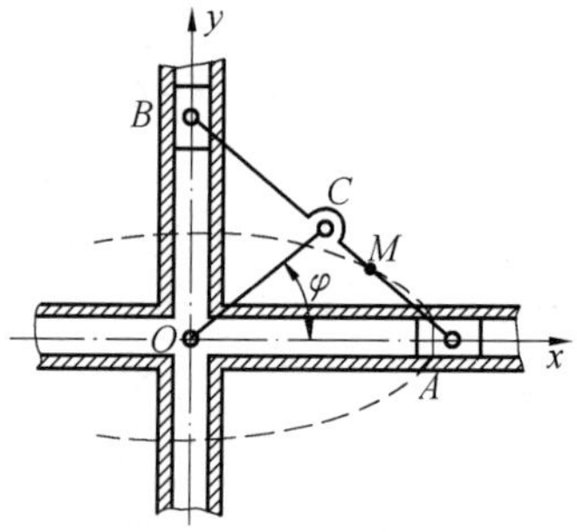

图 7.3

点 C 的运动方程为

$$x_C=l\cos\varphi=l\cos\omega t$$
$$y_C=l\sin\varphi=l\sin\omega t$$

点 C 的轨迹为圆,其方程为 $x_C^2+y_C^2=l^2$。对运动方程求一阶和二阶导数,得

$$v_{Cx}=-l\omega\sin\omega t,\quad v_{Cy}=l\omega\cos\omega t$$
$$a_{Cx}=-l\omega^2\cos\omega t,\quad a_{Cy}=-l\omega^2\cos\omega t$$

此即任意时刻点 C 的速度和加速度在 x, y 轴上的投影。

点 M 的运动方程为

$$x_M=BM\cdot\cos\varphi=a\cos\omega t$$
$$y_M=MA\cdot\sin\varphi=b\sin\omega t$$

点 M 的轨迹为椭圆,其方程为 $\frac{x_M^2}{a^2}+\frac{y_M^2}{b^2}=1$。对运动方程求一阶和二阶导数,得

$$v_{Mx}=-a\omega\sin\omega t,\quad v_{My}=b\omega\cos\omega t$$
$$a_{Mx}=-a\omega^2\cos\omega t,\quad a_{My}=-b\omega^2\sin\omega t$$

此即任意时刻点 M 的速度和加速度在 x, y 轴上的投影。

例 7.2 图7.4所示曲柄导杆机构,曲柄 OM 长为 R,绕轴 O 以匀速度 ω 转动,它与水平线间的夹角为 $\varphi=\omega t+\theta$,其中 θ 为 $t=0$ 时的夹角,导杆上 A, B 两点间距离为 b。求点 A 的运动方程、速度和加速度。

解题分析与思路:用直角坐标法求解此题。建立图示直角坐标系,写出点 A 的坐标,即为其运动方程。分别求一阶和二阶导数,即可得其速度和加速度。

解： 建如图所示坐标系，则点 A 的坐标为

$$x_A = R\sin\varphi + b = R\sin(\omega t+\theta)+b \tag{1}$$

此即为点 A 的运动方程。把此式求一阶导数和二阶导数，得点 A 的速度和加速度为

$$v_A = R\omega\cos(\omega t+\theta) \tag{2}$$

$$a_A = -R\omega^2\sin(\omega t+\theta) \tag{3}$$

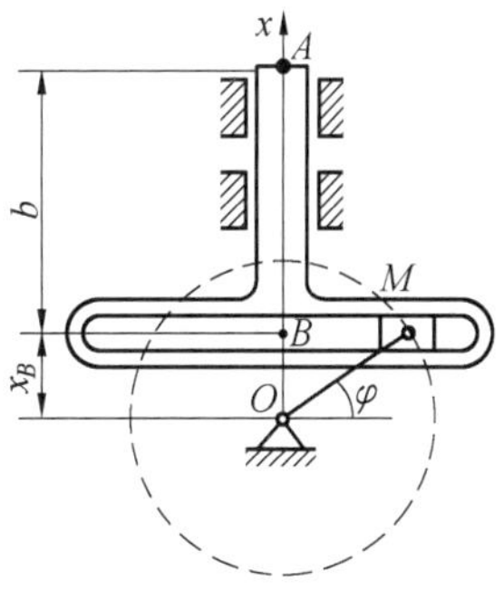

图 7.4

此题虽然简单，但有一些关于振动的基本概念，下面予以讨论。

(1)点 A 的运动方程(1)是时间的正弦函数，当点做直线往复运动，并且运动方程可写成时间的正弦函数或余弦函数时，称这种运动为**直线谐振动**。称往复运动的中心为**振动中心**。称动点偏离振动中心最远的距离 R 为**振幅**。

(2)在曲柄 OM 的长度确定的情况下，点 A 位置的确定便取决于角 φ，在振动中一般称角 φ 为**位相**或**相角**。角 θ 确定点 A 的初始位置，称为**初位相**或**初相角**。

(3)点 A 在 x 轴上来回往复一次所需的时间称为**振动周期**，一般以 T 表示。该周期也是曲柄转过一圈(2π rad)所需的时间，因此，$T=\dfrac{2\pi}{\omega}$，周期的单位为 s。

(4)周期的倒数 $f=\dfrac{1}{T}$ 表示单位时间内点 A 往复运动的次数，也即每秒振动的次数，称为**频率**。频率的单位为 1/s 或赫兹(Hz)，1 Hz 表示每秒钟振动一次。

(5)$\omega=\dfrac{2\pi}{T}=2\pi f$，表示在 2π 秒内振动的次数，称为**圆频率**。

例 7.3 如图 7.5 所示，炮弹由距地面高度 h 处射出，炮弹的出口速度为 v_0，射出角度为 θ，不计空气阻力。求炮弹的运动方程、轨迹方程和射程(炮弹落地时的水平路程，即图示的 L)。

解题分析与思路：例题 7.1 和 7.2，是建立坐标系后，可直接写出点的运动方程，然后求导数得到速度和加速度。此题是知道运动过程中的加速度，不能直接写出点(把炮弹作为点考虑)的运动方程，应积分求出速度，再积分求出运动方程。得运动方程后，消去时间参数得轨迹方程。从运动方程中可得射程。

解： 建直角坐标系如图所示，把炮弹当作点考虑，其沿 x,y 方向的加速度为

$$a_x=0,\quad a_y=-g$$

即

$$\frac{\mathrm{d}v_x}{\mathrm{d}t}=0,\quad \frac{\mathrm{d}v_y}{\mathrm{d}t}=-g$$

分别积分，有

$$\int_{v_0\cos\theta}^{v_x}\mathrm{d}v_x=\int_0^t 0\mathrm{d}t$$

$$\int_{v_0\sin\theta}^{v_y}\mathrm{d}v_y=\int_0^t -g\mathrm{d}t$$

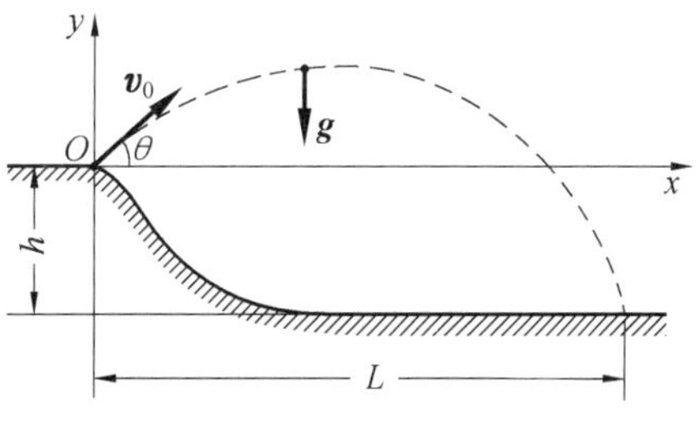

图 7.5

得

$$v_x=v_0\cos\theta,\quad v_y=-gt+v_0\sin\theta$$

又

$$v_x=\frac{\mathrm{d}x}{\mathrm{d}t}=v_0\cos\theta,\quad v_y=\frac{\mathrm{d}y}{\mathrm{d}t}=v_0\sin\theta-gt$$

再积分，有

$$\int_0^x\mathrm{d}x=\int_0^t v_0\cos\theta\mathrm{d}t,\quad \int_0^y\mathrm{d}y=\int_0^t(v_0\sin\theta-gt)\mathrm{d}t$$

分别得

$$x=v_0t\cos\theta \tag{1}$$

$$y=v_0t\sin\theta-\frac{1}{2}gt^2 \tag{2}$$

此即炮弹的运动方程。

由式(1)得 $t=\dfrac{x}{v_0\cos\theta}$,代入式(2)后,得

$$y=x\tan\theta-\frac{gx^2}{2v_0^2\cos^2\theta}$$

此即炮弹的轨迹方程。

炮弹落地时,$y=-h$,由式(2)得

$$\frac{1}{2}gt^2-v_0t\sin\theta-h=0$$

解关于时间 t 的一元二次方程,得

$$t=\frac{1}{g}(v_0\sin\theta\pm\sqrt{v_0^2\sin^2\theta+2gh})$$

舍去负根,把时间 t 代入式(1)得

$$x=L=\frac{v_0\cos\theta}{g}(v_0\sin\theta+\sqrt{v_0^2\sin^2\theta+2gh})$$

此即炮弹的射程。

讨论:

(1)若 $h=0$,即在水平地面向同一水平地面发射,则射程为

$$x=L=\frac{v_0^2\sin 2\theta}{g}$$

(2)若 $h=20$ m,$v_0=800$ m/s,$\theta=30°$,则炮弹在空中飞行时间 $t=81.6$ s,射程 $x=L=56.6$ km。

(3)若真是打枪打炮,这样计算出的误差太大,在实际中不能应用。因速度越大,空气阻力就越大,实际打枪打炮时不考虑空气阻力这样计算绝对不行。

(4)这样计算出的结果也有用,在投弹、扔石子、投掷铅球时,因速度较小,这样计算出的结果误差不大。

7.3 弧坐标(自然)法

如何确定一个点在任意时刻在空间的位置?其轨迹是什么?其任意时刻的速度是什么?任意时刻的加速度如何?可用弧坐标法确定,也有的教材称其为自然法,本书后面一律称为弧坐标法。

用矢量法和直角坐标法确定点的位置,可以知道也可以不知道点的运动轨迹,但用弧坐标法确定点的位置,前提是必须知道点的运动轨迹。在点的运动轨迹已知的情况下,用弧坐标法确定点的位置、速度、加速度,比较方便。

1. 弧坐标

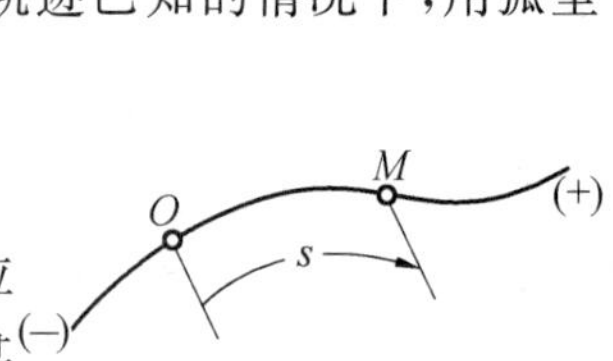

图 7.6

若点 M 的轨迹为如图 7.6 所示的曲线,则点 M 在轨迹上的位置可以这样确定,在轨迹上任选一点 O 为参考点,并设点 O 的某一侧为正向,点 M 在轨迹上的位置由弧长确定,弧长 s 为代数量,称它为点 M 在轨迹上的**弧坐标**。当点 M 运动时,s 随着时间变化,它是时间的单值连续函数,即

$$s=f(t) \tag{7.12}$$

称此式为点沿轨迹的运动方程,或以弧坐标表示的点的运动方程。如果已知点的弧坐标形式运动方程(7.12),就可以确定点在任一瞬时的位置。

例如，以哈尔滨火车站为例，在火车调度室计算机的屏幕上，火车可以作为一个点，以哈尔滨火车站为参考点 O，火车的运行轨迹（铁路线）已确定，某方向为正方向，则火车离开哈尔滨火车站后，其离哈尔滨火车站的弧长（路程）就确定了火车的位置。

2. 自然轴系、曲率、曲率半径

我们常用的坐标系有直角坐标系，此直角坐标系的原点是固定不动的。下面再介绍一种坐标系，称为"流动"的直角坐标系或自然轴系，此也为一种直角坐标系，但其坐标原点是随点的运动而运动的。

在点的运动轨迹（设为空间曲线）上任取极为接近的两点 M 和 M_1，其间的弧长为 Δs，设这两点切线的单位矢量分别为 $\boldsymbol{\tau}$ 和 $\boldsymbol{\tau}_1$，其指向与弧坐标正向一致，如图 7.7 所示。将 $\boldsymbol{\tau}_1$ 平移至点 M，为 $\boldsymbol{\tau}'_1$，则 $\boldsymbol{\tau}$ 和 $\boldsymbol{\tau}'_1$ 决定一平面。令 M_1 无限趋近点 M，则此平面趋近于某一极限位置，称此极限平面为曲线在点 M 的**密切面**，数学里称为**曲率平面**。过点 M 并与切线垂直做一平面，称此平面为**法平面**，称法平面与密切面的交线为**主法线**。令主法线的单位矢量为 $\boldsymbol{n}$，指向曲线内凹一侧。称过点 M 且垂直于切线及主法线的直线为**副法线**，设其单位矢量为 $\boldsymbol{b}$，指向与 $\boldsymbol{\tau},\boldsymbol{n}$ 构成右手系，则称以点 M 为原点，以切线、主法线和副法线为坐标轴组成的正交坐标系为曲线在点 M 的**自然坐标系**，称这三个轴为**自然轴**。应注意到，随着点 M 在轨迹上运动，坐标原点也在运动，$\boldsymbol{\tau},\boldsymbol{n},\boldsymbol{b}$ 的方向也在不断变动，所以自然坐标系是沿曲线而变动的游动坐标系，或形象地称其为"流动"的直角坐标系。

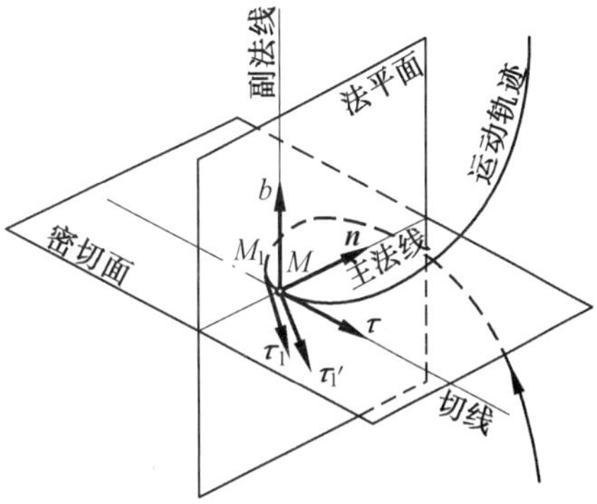

图 7.7

在对曲线的讨论中，曲率、曲率半径、曲率中心、曲率平面是几个重要概念，一般在数学里已经讨论过，因点的轨迹一般是曲线，所以也要用到这些概念，所以在此予以简述。曲线的曲率或曲率半径表示曲线的弯曲程度，如点 M 沿轨迹经过弧长 Δs 到达点 M'，如图7.8所示。设点 M 处曲线切向单位矢量为 $\boldsymbol{\tau}$，点 M' 处切向单位矢量为 $\boldsymbol{\tau}'$，切线经过 Δs 时转过的角度为 $\Delta\varphi$。曲率可定义为曲线切线的转角对弧长一阶导数的绝对值，曲率的倒数称为**曲率半径**。如曲率半径以 ρ 表示，则有

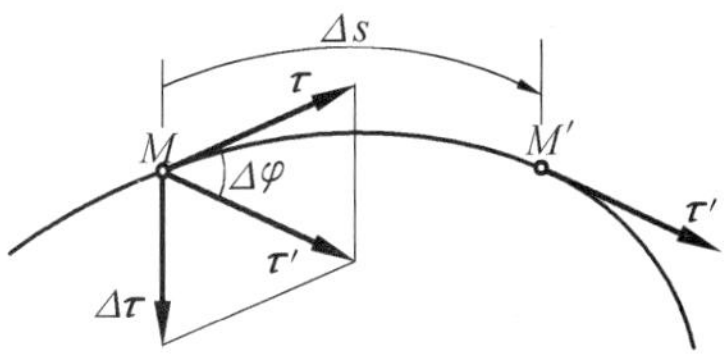

图 7.8

$$\frac{1}{\rho}=\lim_{\Delta s\to 0}\left|\frac{\Delta\varphi}{\Delta s}\right|=\left|\frac{\mathrm{d}\varphi}{\mathrm{d}s}\right| \tag{7.13}$$

由图 7.8 可见

$$|\Delta\boldsymbol{\tau}|=2|\boldsymbol{\tau}|\sin\frac{\Delta\varphi}{2}$$

当 $\Delta s\to 0$ 时，$\Delta\varphi\to 0$，$\Delta\boldsymbol{\tau}$ 与 $\boldsymbol{\tau}$ 垂直，且有 $|\boldsymbol{\tau}|=1$，由此可得

$$|\Delta\boldsymbol{\tau}|\approx\Delta\varphi$$

因此有

$$\frac{\mathrm{d}\boldsymbol{\tau}}{\mathrm{d}s}=\lim_{\Delta s\to 0}\frac{\Delta\boldsymbol{\tau}}{\Delta s}=\lim_{\Delta s\to 0}\frac{\Delta\varphi}{\Delta s}\boldsymbol{n}=\frac{1}{\rho}\boldsymbol{n} \tag{7.14}$$

上式将用于法向加速度的推导。

3. 点的速度

下面推导以弧坐标表示点的运动的情况下，点的速度的计算方法。

设点沿轨迹由 M 到 M'，经过时间 Δt 后，其矢径增量为 $\Delta\boldsymbol{r}$，如图 7.9 所示。当 $\Delta t\to 0$

时，$|\Delta \boldsymbol{r}|=|\overline{MM'}|=|\Delta s|$，故有

$$|\boldsymbol{v}|=\lim_{\Delta t\to 0}\left|\frac{\Delta \boldsymbol{r}}{\Delta t}\right|=\lim_{\Delta t\to 0}\left|\frac{\Delta s}{\Delta t}\right|=\left|\frac{\mathrm{d}s}{\mathrm{d}t}\right|$$

式中，s 是点在轨迹曲线上的弧坐标。

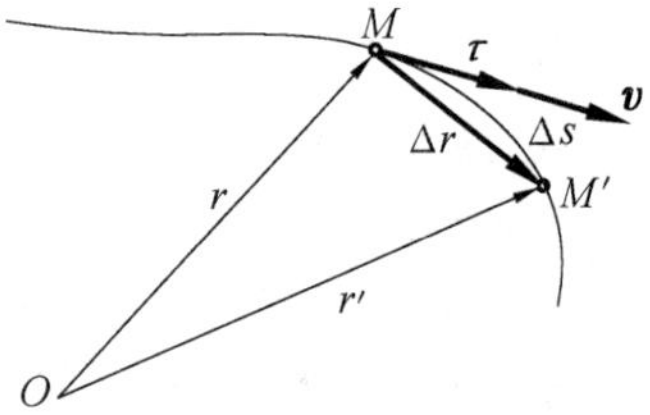

图 7.9

由此可得结论：速度的大小等于点的弧坐标对时间的一阶导数的绝对值。

弧坐标对时间的导数是一个代数量，以 v 表示为

$$v=\frac{\mathrm{d}s}{\mathrm{d}t}=\dot{s} \tag{7.15}$$

如 $\frac{\mathrm{d}s}{\mathrm{d}t}>0$，则速度的大小随时间增加而增大，点沿轨迹的正向运动；如 $\frac{\mathrm{d}s}{\mathrm{d}t}<0$，则点沿轨迹的负向运动。于是，$\frac{\mathrm{d}s}{\mathrm{d}t}$ 的绝对值表示速度的大小，它的正负号表示点沿轨迹运动的方向。

由于 $\boldsymbol{\tau}$ 是切线轴的单位矢量，因此点的速度矢可写为

$$\boldsymbol{v}=v\boldsymbol{\tau}=\frac{\mathrm{d}s}{\mathrm{d}t}\boldsymbol{\tau} \tag{7.16}$$

因此，在以弧坐标表示点的运动的情况下，弧坐标 s 对时间求一阶导数 $\frac{\mathrm{d}s}{\mathrm{d}t}$ 即为点的速度的大小，其方向沿着轨迹的切线方向，如 $\frac{\mathrm{d}s}{\mathrm{d}t}>0$，点沿轨迹的正向运动，如 $\frac{\mathrm{d}s}{\mathrm{d}t}<0$，点沿轨迹的负向运动。

式(7.16)即是在以弧坐标表示点的运动的情况下，计算点的速度的公式，包含了速度的大小和方向。

4. **点的切向加速度和法向加速度**

下面推导以弧坐标表示点的运动的情况下，点的加速度的计算方法。

将式(7.16)对时间取一阶导数，注意到 v，$\boldsymbol{\tau}$ 都是变量，得

$$\boldsymbol{a}=\frac{\mathrm{d}\boldsymbol{v}}{\mathrm{d}t}=\frac{\mathrm{d}v}{\mathrm{d}t}\boldsymbol{\tau}+v\frac{\mathrm{d}\boldsymbol{\tau}}{\mathrm{d}t}$$

上式右端两项都是矢量，第一项是反映速度大小变化的加速度，记为 $\boldsymbol{a}_t$，第二项是反映速度方向变化的加速度，记为 $\boldsymbol{a}_n$。下面分别求出它们的大小和方向。

(1)反映速度大小变化的加速度 $\boldsymbol{a}_t$

因为

$$\boldsymbol{a}_t=\frac{\mathrm{d}v}{\mathrm{d}t}\boldsymbol{\tau}=\dot{v}\,\boldsymbol{\tau} \tag{7.17}$$

显然 $\boldsymbol{a}_t$ 是一个沿轨迹切线的矢量，因此称为**切向加速度**。如 $\frac{\mathrm{d}v}{\mathrm{d}t}>0$，$\boldsymbol{a}_t$ 指向轨迹的正向；如 $\frac{\mathrm{d}v}{\mathrm{d}t}<0$，$\boldsymbol{a}_t$ 指向轨迹的负向。切向加速度的大小为

$$a_t=\frac{\mathrm{d}v}{\mathrm{d}t}=\frac{\mathrm{d}^2 s}{\mathrm{d}t^2}=\dot{v}=\ddot{s} \tag{7.18}$$

由此可得结论：切向加速度反映点的速度大小对时间的变化率，它的代数值等于速度的

代数值对时间的一阶导数，或弧坐标对时间的二阶导数，它的方向沿着轨迹切线方向。

式(7.18)即是在以弧坐标表示点的运动的情况下，计算点的切向加速度的公式。

(2)反映速度方向变化的加速度 $\boldsymbol{a}_n$

因为

$$\boldsymbol{a}_n = v\frac{\mathrm{d}\boldsymbol{\tau}}{\mathrm{d}t} \tag{7.19}$$

它反映了速度方向(单位矢量 $\boldsymbol{\tau}$)的变化。上式可改写为

$$\boldsymbol{a}_n = v\frac{\mathrm{d}\boldsymbol{\tau}}{\mathrm{d}t} = v\frac{\mathrm{d}\boldsymbol{\tau}}{\mathrm{d}s}\frac{\mathrm{d}s}{\mathrm{d}t}$$

将式(7.14)及(7.15)代入上式，得

$$\boldsymbol{a}_n = \frac{v^2}{\rho}\boldsymbol{n} \tag{7.20}$$

由此可见，$\boldsymbol{a}_n$ 的方向与主法线的正向一致，称为**法向加速度**。于是可得结论：法向加速度反映点的速度方向改变的快慢程度，它的大小等于点的速度平方除以曲率半径，它的方向沿着主法线，指向曲率中心。

式(7.20)即是在以弧坐标表示点的运动的情况下，计算点的法向加速度的公式，包含了法向加速度的大小和方向。

在物理里一般对切向加速度和法向加速度都有一些了解，切向加速度等于速度的大小对时间的一阶导数，法向加速度等于$\frac{v^2}{R}$，此处 R 指的是圆的半径，这一般是对点做圆周运动而言的。注意点在做任意曲线运动时，其加速度也分为切向和法向加速度，切向加速度仍等于速度的大小对时间的一阶导数，但法向加速度等于$\frac{v^2}{\rho}$，此处 ρ 是曲线的曲率半径。还要知道，一条直线可以有无数条法线，一条曲线在一点只有一条切线，但可有无数条法线，在学过理论力学以后，要知道法向加速度沿着轨迹的主法线方向，类同指向圆心一样，其指向轨迹的曲率中心。沿副法线方向没有加速度，沿除主法线方向的任何法线方向均没有加速度。

以弧坐标描述点的运动，其加速度分为切向和法向加速度，把切向和法向加速度矢量求和，得到的加速度可称为**全加速度**，其大小为

$$a = \sqrt{a_t^2 + a_n^2}$$

其与法线间的夹角 θ 的正切为

$$\tan\theta = \frac{a_t}{a_n}$$

在点的运动轨迹已知的情况下，以弧坐标来描述点的运动，其物理概念清晰，速度、加速度均相对容易计算，所以在点的运动轨迹已知的情况下，通常以弧坐标来描述点的运动。

例 7.4　点做曲线运动，其切向加速度 $a_t = C$，C 为恒量，称点的这种运动为匀变速曲线运动，其初速度为 v_0，初始弧坐标为 s_0，求其速度表达式和运动规律。

解题分析与思路：切向加速度 $a_t = \frac{\mathrm{d}v}{\mathrm{d}t}$，做一次积分可得速度，再做一次积分可得其运动规律。注意此题中 $a_t = C$，许多情况下 $a_t \neq C$，在 $a_t \neq C$ 的情况下，需视具体情况具体再做积分。

解：　因为

$$a_t = \frac{\mathrm{d}v}{\mathrm{d}t}$$

所以

$$\int_{v_0}^{v} \mathrm{d}v = \int_0^t a_t \mathrm{d}t = a_t \int_0^t \mathrm{d}t$$

有
$$v = v_0 + a_t t \tag{1}$$

又
$$v = \frac{\mathrm{d}s}{\mathrm{d}t}$$

有
$$\int_{s_0}^{s} \mathrm{d}s = \int_0^t (v_0 + a_t t)\mathrm{d}t = v_0 t + \frac{1}{2} a_t t^2$$

即
$$s = s_0 + v_0 t + \frac{1}{2} a_t t^2 \tag{2}$$

注意:在此积分中,只有 $a_t = C$(等于常数)才能有公式(1)和(2)。

在物理里计算速度和路程的公式 $v = v_0 + at, s = s_0 + v_0 t + \frac{1}{2}at^2$,大家都已经很熟悉,这是匀变速直线运动求速度和路程的公式。在点做匀变速曲线运动时,求速度和路程的公式(1)和(2),和此公式类似。但要注意,这些公式是在 $a = C$ 或 $a_t = C$ 的情况下才能使用,不能在任何情况下都使用这些公式。这是选此题为例题的一个目的。

例 7.5 列车沿半径为 $R = 800$ m 的圆弧轨道做匀加速运动,其初速度为零,经过 2 min 后,速度达到 54 km/h。求起点和末点的加速度。

解题分析与思路:因运动轨迹已知,又是做匀加速运动,这是一个求切向和法向加速度的简单计算题。由 $v = v_0 + a_t t$ 求得切向加速度,由 $a_n = \frac{v^2}{R}$ 求得法向加速度。

解:由于列车沿圆弧轨道作匀加速运动,切向加速度 a_t 等于恒量。由方程

$$v = v_0 + a_t t$$

因 $v_0 = 0$,当 $t = 2$ min $= 120$ s 时,$v = 54$ km/h $= 15$ m/s,代入上式,求得

$$a_t = \frac{v}{t} = \frac{15 \text{ m/s}}{120 \text{ s}} = 0.125 \text{ m/s}^2$$

在起点时,$v_0 = 0$,因此法向加速度 $a_n = 0$,列车只有切向加速度 $a_t = 0.125 \text{ m/s}^2$。

在末点时速度不等于零,既有切向加速度,又有法向加速度,因为是匀加速运动,所以切向加速度 $a_t = 0.125 \text{ m/s}^2$,而法向加速度由公式 $a_n = \frac{v^2}{R}$ 计算得 $a_n = 0.281 \text{ m/s}^2$。

例 7.6 图 7.10(a)所示摇杆滑道机构中,销钉 M 同时在固定的圆弧槽 BC 和摇杆 OA 的滑道中滑动。圆弧 BC 的半径为 R,摇杆 OA 的轴 O 在弧 BC 的圆周上。摇杆绕轴 O 以等角速度 ω 转动,运动开始时,摇杆在水平位置,$\varphi = \omega t$。求(1)点 M 相对地面的运动方程,速度和加速度;(2)点 M 相对 OA 杆的运动方程,速度和加速度。

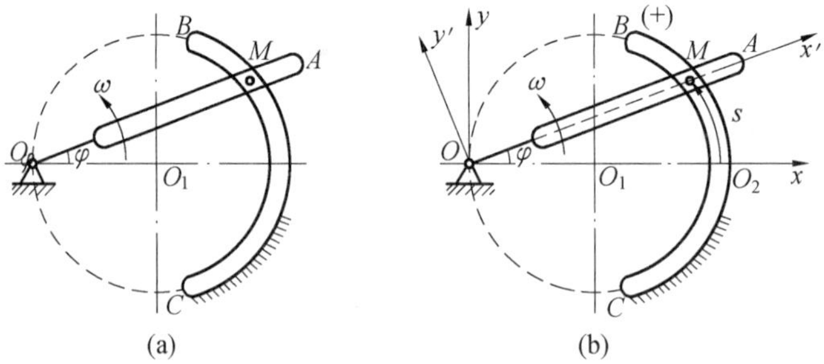

图 7.10

解题分析与思路:销钉 M 相对地面和相对 OA 杆的运动轨迹已知,可以用弧坐标法,也可以用直角坐标法。为把弧坐标法和直角坐标法进行比较,本题采用两种方法求解。不管用什么方法,建立坐标系后,写出其坐标即为运动方程,然后求导数即可得速度和加速度。

解： 1. 点 M 相对地面的运动方程、速度和加速度

(1)弧坐标法

销钉 M 相对地面的轨迹为已知，其为以 O_1 为圆心的圆弧，选点 O_2 为参考点，规定正方向如图 7.10(b)所示，则写出销钉 M 的弧坐标为

$$s=2R\varphi=2R\omega t$$

此即为销钉 M 相对地面的以弧坐标表示的运动方程。

把弧坐标对时间求一阶导数和二阶导数，有

$$v=\dot{s}=2R\omega,\quad a_t=\dot{v}=0$$

而法向加速度 $a_n=\dfrac{v^2}{R}=4R\omega^2$，这些即为销钉 M 相对地面的速度和加速度。

(2)直角坐标法

建如图 7.10(b)所示直角坐标系，写出销钉 M 在直角坐标系下的坐标为

$$x=R+R\cos 2\omega t,\quad y=R\sin 2\omega t$$

此即为销钉 M 相对地面以直角坐标表示的运动方程。

把 x,y 对时间求一阶和二阶导数，有

$$v_x=-2R\omega\sin 2\omega t,\quad v_y=2R\omega\cos 2\omega t$$

$$a_x=-4R\omega^2\cos 2\omega t,\quad a_y=-4R\omega^2\sin 2\omega t$$

此即为销钉 M 相对地面以直角坐标表示的速度和加速度。

2. 点 M 相对 OA 杆的运动方程、速度和加速度

销钉 M 相对 OA 杆的轨迹为沿 OA 杆的直线，建坐标系 $Ox'y'$ 如图 7.10(b)所示，有

$$x'=2R\cos\omega t,\quad y'=0$$

此即点 M 相对 OA 杆的运动方程，求一阶和二阶导数，有

$$v'_x=-2R\omega\sin\omega t,\quad v'_y=0$$

$$a'_x=-2R\omega^2\cos\omega t,\quad a'_y=0$$

结果分析和讨论：(1)可以看出，以弧坐标表示的销钉 M 的运动方程简单，速度沿圆周的切线方向，为匀速圆周运动，切向加速度为零，法向加速度指向圆心，其物理概念清晰明了。而以直角坐标表示的运动方程、速度和加速度就不如弧坐标表示的直接、清晰、明了。所以，在运动轨迹已知时，一般采用弧坐标法比较方便。

(2)销钉 M 相对 OA 杆的轨迹为沿 OA 杆的直线，建立的运动方程 $x'=2R\cos\omega t$ 可以认为是弧坐标法，也可以认为是直角坐标法。

同样是销钉 M，其相对地面的轨迹、速度和加速度与相对 OA 杆的轨迹、速度和加速度不相同，这样的内容在第 9 章将详细讨论。

在数学里，还有柱坐标(平面中为极坐标)和球坐标，所以也可以建立起柱坐标和球坐标系，写出在柱坐标系和球坐标系中的运动方程，也可推得在柱坐标系和球坐标系中速度和加速度的表达式，在有些情况下，用柱坐标和球坐标表示点的运动比较方便。有兴趣的读者可以自己推导或参看相关教材。

习　题

7.1 图示曲线规尺的各杆长为 $OA=AB=200$ mm，$CD=DE=EA=AC=50$ mm，杆 OA 以等角速度 $\omega=\dfrac{\pi}{5}$ rad/s 绕轴 O 转动，且运动开始时，杆 OA 水平向右，即 $\varphi=\omega t$，求尺上点 D 的运动方程和轨迹。

7.2 图示半圆形凸轮以等速 $v_0=0.01$ m/s 沿水平方向向左运动，而使活塞杆 AB 沿铅直方向运动。当运动开始时，活塞杆 A 端在凸轮的最高点上，凸轮的半径 $R=80$ mm，求活塞 B 相对于地面和相对于凸

轮的运动方程和速度。

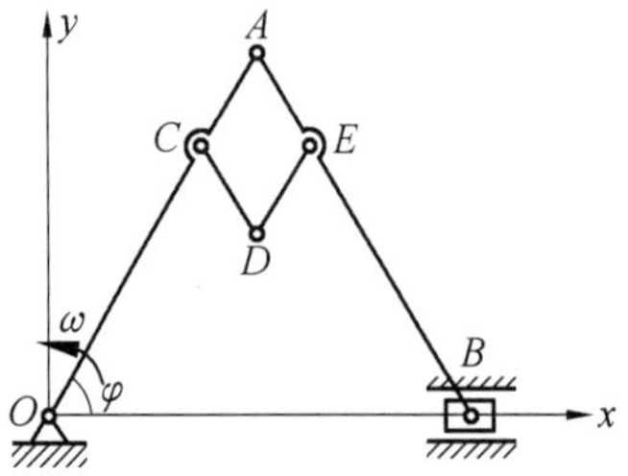

题 7.1 图

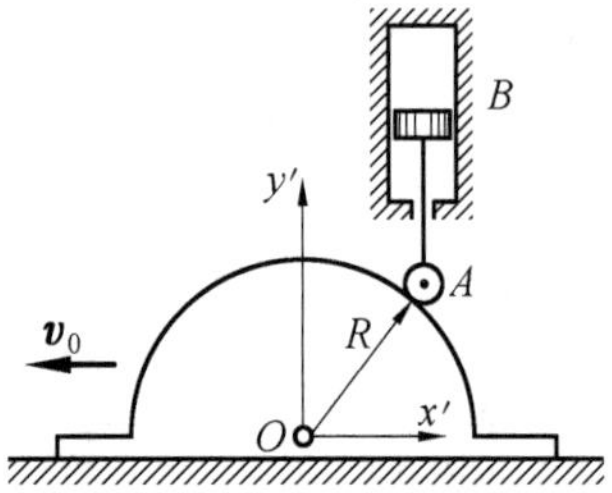

题 7.2 图

7.3 图示雷达在距离火箭发射台为 l 的 O 处观察铅直上升的火箭发射，测得角 θ 的变化规律为 $\theta=kt$（k 为常数）。求火箭的运动方程并计算当 $\theta=\frac{\pi}{6}$ 和 $\theta=\frac{\pi}{3}$ 时，火箭的速度和加速度。

7.4 套管 A 由绕过定滑轮 B 的绳索牵引而沿导轨上升，滑轮中心到导轨的距离为 l，如图所示。设绳索以等速 v_0 被拉下，忽略滑轮尺寸，求套管 A 的速度和加速度与距离 x 的关系。

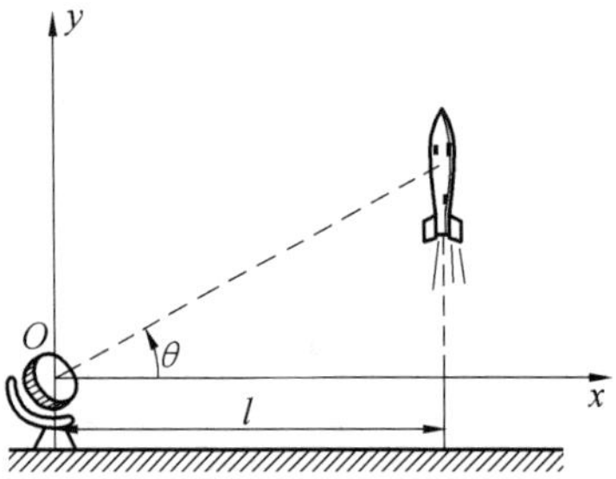

题 7.3 图

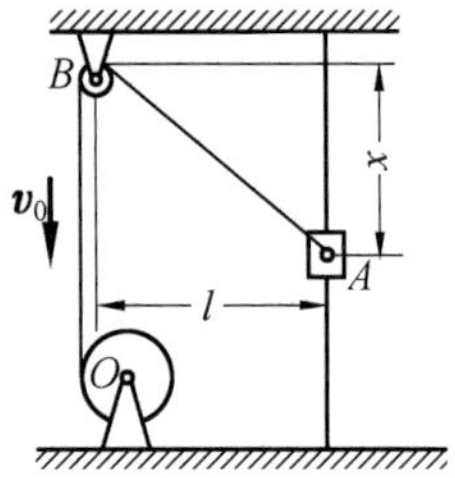

题 7.4 图

7.5 图示偏心凸轮半径为 R，绕轴 O 匀速转动，转角 $\varphi=\omega t$，偏心距 $OC=e$，凸轮推动顶杆 AB 沿铅垂直线做往复运动。求点 B 的运动方程和速度。

7.6 图示点 M 沿轨道 $OABC$ 运动，OA 段为直线，AB 和 BC 段分别为四分之一圆弧，尺寸如图（单位：m）。已知点 M 的运动方程为 $s=30t+5t^2$（m）。求 $t=0$ s，1 s，2 s 时点 M 的加速度。

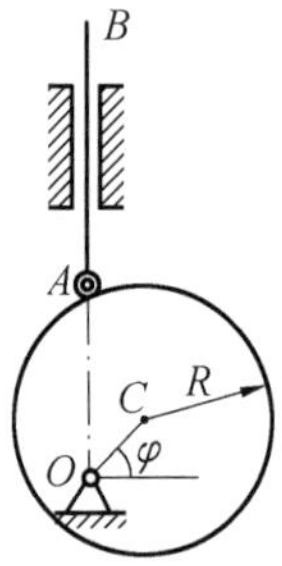

题 7.5 图

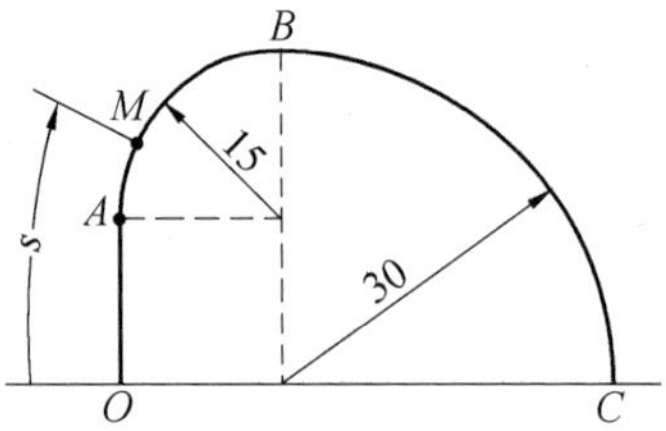

题 7.6 图

7.7 图示一建筑物高 25 m，宽 40 m。今在距建筑物为 l、离地高 5 m 的 A 处抛一石块，使石块刚能抛过屋顶。不计空气阻力，问距离 l 为多大时所需初速度 v_0 为最小？

7.8 如图所示，OA 和 O_1B 两杆分别绕 O 和 O_1 轴转动，用十字形滑块 D 将两杆连接。在运动过程中，两杆保持相交成直角，$OO_1=a$，$\varphi=kt$，k 为常数。求滑块 D 的速度和相对于 OA 杆的速度。

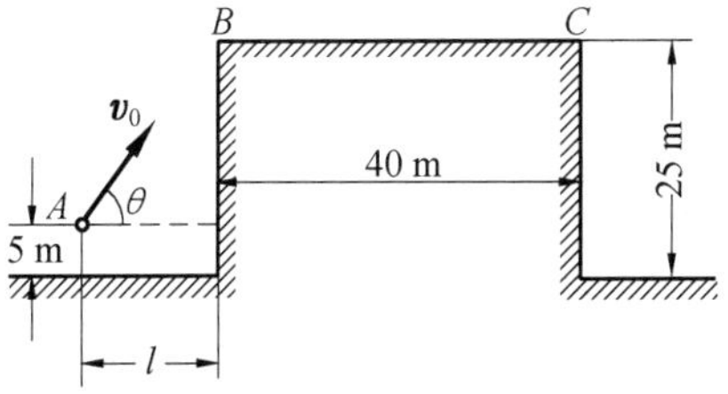

题 7.7 图

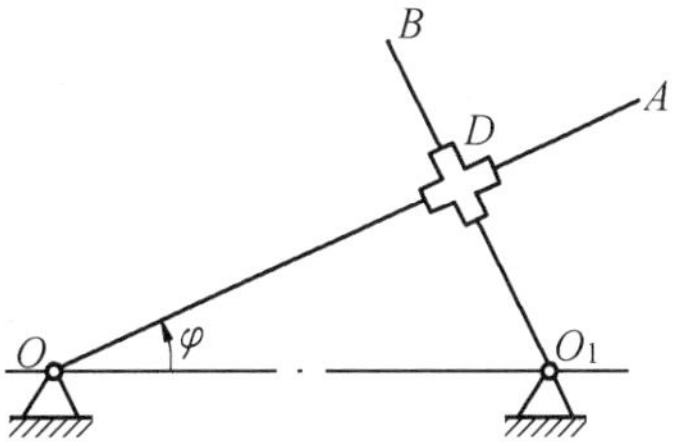

题 7.8 图

7.9　如图所示，光源 A 以等速 v 沿铅直线下降。桌上有一高为 h 的立柱，它与上述铅直线的距离为 b，求该柱上端的影子 M 沿桌面移动的速度和加速度的大小（将它们表示为光源高度 y 的函数）。

7.10　小环 M 由作平移的丁字形杆 ABC 带动，沿着图示曲线轨道运动，杆 ABC 的速度 v 为常数，曲线方程为 $y^2=2px$。求小环 M 的速度和加速度的大小（写成杆位移 x 的函数）。

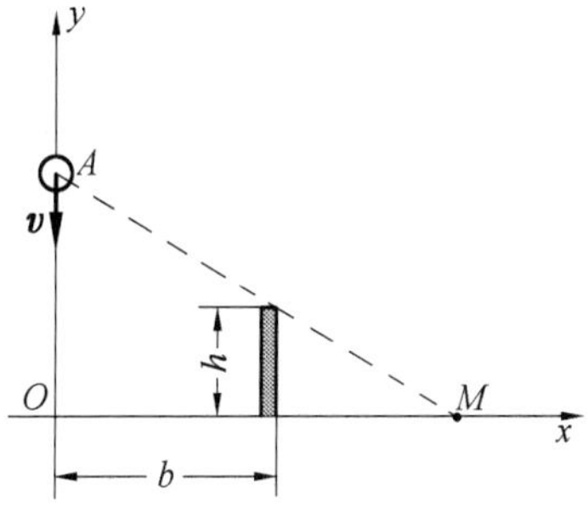

题 7.9 图

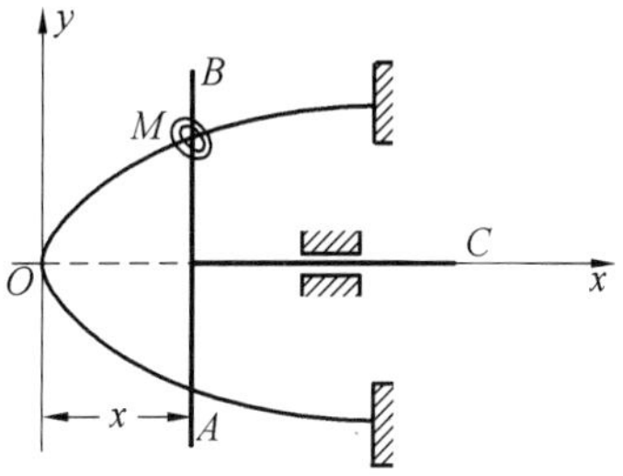

题 7.10 图

第 8 章　刚体的简单运动

本章内容与静力学内容无关，静力学学习的好坏与本章的学习没有直接的联系。只要具有物理里位移、轨迹、速度、加速度的基本概念和高等数学里的基本知识，即可学习本章。

在上一章研究了点的运动，这是在可以把物体当作点的情况下，但不能在任何情况下都把物体作为点来考虑。在不能把物体当作点的情况下，在理论力学阶段先当作刚体来考虑。

另一方面，刚体是由无数点组成的，所以先研究点的运动，在此基础上来研究刚体的运动。研究刚体的运动，要研究刚体整体的运动，还要研究刚体上各个点的运动。

刚体的运动一般可分为刚体的平行移动(简称平移)，刚体的定轴转动，刚体的平面运动，刚体的定点运动，刚体的自由运动等。一般称刚体的平行移动(简称平移)和刚体的定轴转动为刚体的简单运动，刚体的其他运动为刚体的复杂运动。本章研究刚体的两种简单运动——平移和定轴转动。一方面，这是工程中刚体常见的两种运动形式；另一方面，研究刚体的简单运动，也是研究刚体复杂运动的基础。

8.1　刚体平行移动

在运动的刚体中，取任意的一直线段，在运动过程中，这条直线段始终与它的最初位置平行，称这种运动为平行移动，简称**平移**。在直线轨道上行驶的车厢，汽缸内活塞的运动，图 8.1 送料机构中送料槽 AB 的运动等，在车厢、活塞、送料槽 AB 上任取一直线段，在运动过程中这条直线段始终与它的最初位置平行，所以车厢、活塞、送料槽 AB 均是刚体平移的实例。要注意，此处强调的是任意一直线段，而不能是随意一直线段，例如，在直线轨道上行驶的车厢是刚体的平移，但车轮的运动就不是刚体的平移，虽然和车轮垂直的直线段在运动过程中也与初始位置平行。车厢在水平的弯道上行驶时，和地面垂直的直线段在运动过程中也与初始位置平行，但任意一条线段就不行，所以车厢在弯道上行驶时不是刚体的平移运动。

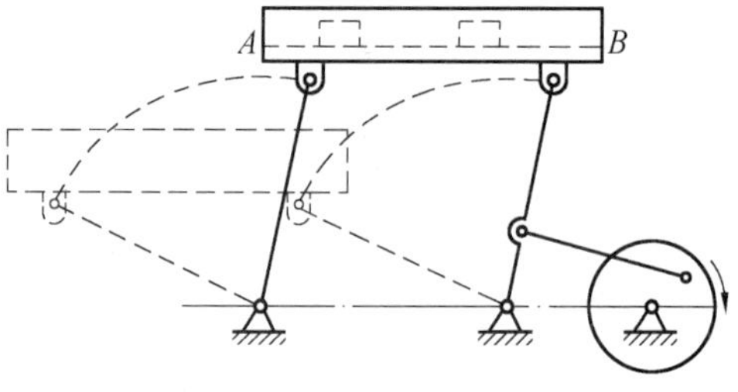

图 8.1

刚体是由无数点组成的，做平移的刚体也是由无数点组成的。刚体平移时，其上各点的轨迹如何？速度、加速度如何？现在讨论这个问题。

如图 8.2 所示，在平移刚体内任选两点 A 和 B，点 A 的矢径以 $\boldsymbol{r}_A$ 表示，点 B 的矢径以 $\boldsymbol{r}_B$ 表示，则 $\boldsymbol{r}_A$ 的矢端曲线就是点 A 的轨迹，$\boldsymbol{r}_B$ 的矢端曲线就是点 B 的轨迹。由图可知

$$\boldsymbol{r}_A=\boldsymbol{r}_B+\overrightarrow{BA}$$

当刚体平移时，因为是刚体，线段 AB 的长度不变，因其做平移，线段 AB 的方向不变，所以 $\overrightarrow{BA}$ 的大小和方向不变，$\overrightarrow{BA}$ 是恒矢量。因此只要把点 B 的轨迹沿 $\overrightarrow{BA}$ 方向平行搬移一段距离 BA，就能与点 A 的轨迹完全重合。因为点 A 和点 B 是任意选择的刚体上的两个点，由此可

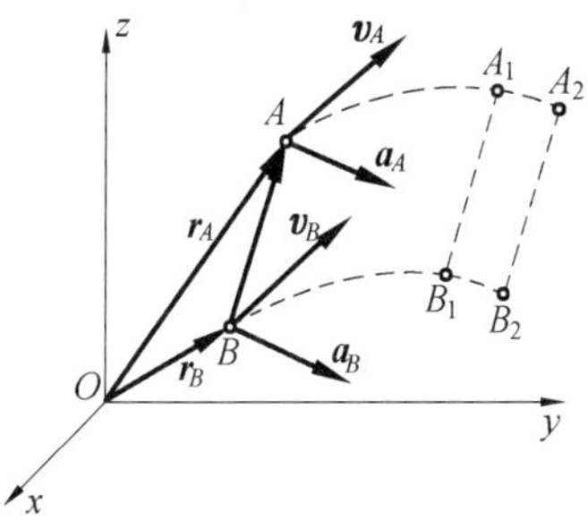

图 8.2

得结论：刚体平移时，刚体内各点的轨迹形状完全相同。例如，在直线轨道上行驶的车厢、汽缸内运动的活塞，车厢和活塞上各点都在做直线运动，其轨迹是相同的直线。又例如，图 8.1 所示的送料机构中，送料槽 AB 的运动是平移，槽内各点的轨迹都是半径相同的圆弧，只是圆心位置不同，只要平行搬动一段距离，这些圆弧都能完全重合。

把上式对时间 t 求导数，因为 $\overrightarrow{BA}$ 是恒矢量，其导数等于零，因 $\boldsymbol{v}=\dfrac{\mathrm{d}\boldsymbol{r}}{\mathrm{d}t}$，$\boldsymbol{a}=\dfrac{\mathrm{d}\boldsymbol{v}}{\mathrm{d}t}$，于是有

$$\boldsymbol{v}_A=\boldsymbol{v}_B,\quad \boldsymbol{a}_A=\boldsymbol{a}_B$$

式中，$\boldsymbol{v}_A$ 和 $\boldsymbol{v}_B$ 分别为点 A 和 B 的速度，$\boldsymbol{a}_A$ 和 $\boldsymbol{a}_B$ 分别为点 A 和 B 的加速度。

因为点 A 和点 B 是任意选择的刚体上的两个点，因此可得结论：当刚体平移时，在每一瞬时，其上各点的速度相同，加速度也相同。

因此，研究刚体的平移，和研究一个点的运动类同，可以归结为研究刚体内任一点（如重心）的运动，也就是可以归结为上一章里所研究过的点的运动。

同时要注意，刚体平移时，其上任意一线段都与初始位置平行，所以其角度不会变化，也即刚体平移时，刚体没有角速度和角加速度。

同时还要指出，根据刚体平移时，刚体内各点的轨迹，刚体的平移还可以分为：

（1）直线平移

刚体内各点的轨迹为直线。如上面所举车厢和活塞的平移，其上各点的轨迹为直线，为直线平移。

（2）平面曲线平移

刚体内各点的轨迹为平面曲线。如上面所举送料槽 AB 的平移，其上各点的轨迹为平面曲线（圆），为平面曲线平移。

（3）空间曲线平移

刚体内各点的轨迹为空间曲线。

例 8.1　荡木用两条等长的绳索平行吊起，如图 8.3 所示。绳索长为 l，荡木摆动时，绳索的摆动规律为 $\varphi=\varphi_0\sin\dfrac{\pi}{4}t$，求荡木上中点 M 的轨迹、速度和加速度。

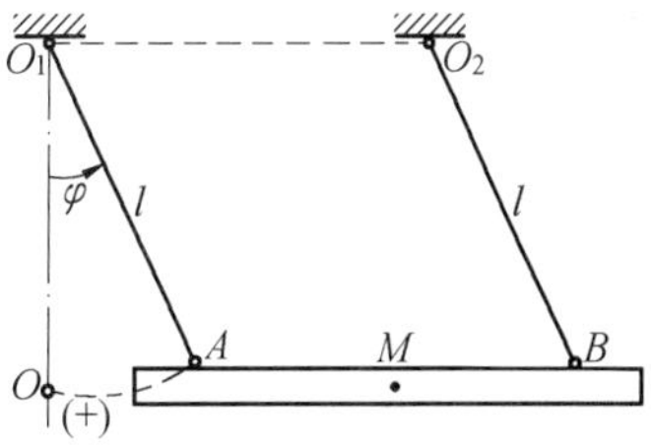

图 8.3

解题分析与思路：由于两条绳索长度相等，并且相互平行，所以四边形 O_1ABO_2 始终是一平行四边形，荡木 AB 在运动中始终平行于直线 O_1O_2，故荡木做平移。所以其上各点的轨迹形状相同，速度和加速度也相同。中点 M 的轨迹、速度和加速度与点 A，B 的轨迹、速度和加速度相同，因此，求点 M 的轨迹，速度和加速度，等同于求点 A 的轨迹，速度和加速度。

解：　荡木做平移，其上各点的轨迹形状相同，速度和加速度也相同。求得点 A 的轨迹、速度和加速度即为中点 M 的轨迹、速度和加速度。

点 A 的轨迹为圆弧，圆弧的半径为 l。用弧坐标写出点 A 的运动方程为

$$s=l\varphi=l\varphi_0\sin\frac{\pi}{4}t$$

将上式对时间求一阶导数，得点 A 的速度，也即点 M 的速度为

$$v=\frac{\pi}{4}l\varphi_0\cos\frac{\pi}{4}t$$

再求一次导数，得点 A 的切向加速度，也即点 M 的切向加速度为

$$a_t=-\frac{\pi^2}{16}l\varphi_0\sin\frac{\pi}{4}t$$

点 A 的法向加速度，也即点 M 的法向加速度为

$$a_n=\frac{v^2}{l}=\frac{\pi^2}{16}l\varphi_0^2\cos^2\frac{\pi}{4}t$$

提问：荡木的运动是刚体的平移，如把荡木作为秋千使用，秋千的运动是不是刚体的平移？（结论：不是）

8.2 刚体定轴转动

刚体在运动时，刚体内或其扩展部分有两点保持不动，称这种运动为刚体的定轴转动，简称刚体的**转动**。通过这两个固定点的直线段为不动的线段，称为刚体的**转轴**或轴线，简称**轴**。电机转子的运动，柴油机飞轮的运动，机床主轴的运动，各种齿轮、皮带轮的运动，门、窗的转动，等等，都是刚体定轴转动的实例。

注意，刚体的定轴转动不能定义或描述为刚体内有一条直线保持不动，直线是无限延伸的，按有一条直线保持不动，各种钻头的运动、螺丝刀的运动为定轴转动，但实际其不是刚体的定轴转动，而是刚体的螺旋运动。

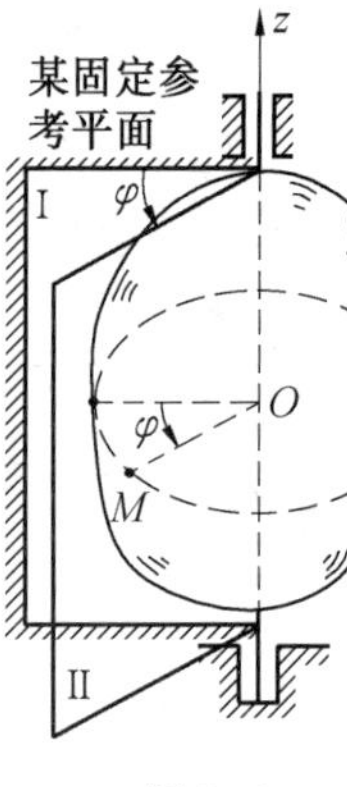

图 8.4

刚体定轴转动时，如何确定其在空间的位置？刚体是由无数点组成的，如果用直角坐标法确定，需要无数个坐标，这实际是不可能的。为确定刚体定轴转动的位置，只需一个参数（坐标）即可。如图 8.4 所示，设其转轴为 z 轴，通过轴线做某固定参考平面Ⅰ，通过轴线再做一与刚体固连在一起的动平面Ⅱ，两个平面间的夹角用 φ 表示，称为刚体的**转角**。只要转角 φ 确定，定轴转动刚体的位置即可确定。转角 φ 是一个代数量，其符号规定为，自 z 轴的正向往负向看，从固定面起按逆时针转向为正，按顺时针转向为负，单位用 rad（弧度）表示。当刚体转动时，转角 φ 是时间 t 的单值连续函数，即

$$\varphi=f(t) \tag{8.1}$$

称这个方程为刚体绕定轴转动的**运动方程**。

刚体定轴转动的快慢程度是一个重要概念，设在 Δt 时间内刚体转过的角度为 $\Delta\varphi$，则单位时间内刚体转过的角度为 $\omega^*=\frac{\Delta\varphi}{\Delta t}$，称为平均角速度，当 $\Delta t\to0$ 时，称极限

$$\omega=\lim_{\Delta t\to0}\frac{\Delta\varphi}{\Delta t}=\frac{d\varphi}{dt}=\dot{\varphi} \tag{8.2}$$

为刚体定轴转动在瞬时 t 的**角速度**，即刚体的角速度等于转角 φ 对时间的一阶导数。角速度的单位是 rad/s（弧度/秒），这一般用于教材的计算中。工程中表示转动的快慢一般用每分钟的转数 n 来表示，称为**转速**，其单位是 r/min（转/分）。角速度和转速的换算关系为

$$\omega=\frac{2\pi n}{60} \tag{8.3}$$

还要注意角速度的单位是代数量，从转轴的正向看，刚体逆时针转动时，角速度为正，$\omega>0$，反之为负。

刚体定轴转动时，其角速度变化的快慢程度也是一个重要概念，设在 Δt 时间内刚体转动角速度的变化为 $\Delta\omega$，则单位时间内刚体角速度的变化为 $\alpha^*=\frac{\Delta\omega}{\Delta t}$，称为平均角加速度，当 $\Delta t\to 0$ 时，称极限

$$\alpha=\lim_{\Delta t\to 0}\frac{\Delta\omega}{\Delta t}=\frac{d\omega}{dt}=\frac{d^2\varphi}{dt^2}=\dot{\omega}=\ddot{\varphi} \tag{8.4}$$

为刚体定轴转动在瞬时 t 的**角加速度**，即刚体的角加速度等于角速度 ω 对时间的一阶导数，也等于刚体的转角对时间的二阶导数。角加速度的单位是 rad/s^2（弧度/秒^2）。

角加速度也是代数量。如果角速度 ω 与角加速度 α 同号，转动是加速的；如果角速度 ω 与角加速度 α 异号，转动是减速的。

现在讨论两种特殊情形。

（1）匀速转动

如果刚体的角速度不变，即 $\omega=$ 常量，称这种转动为匀速转动。仿照点的匀速运动公式，可得

$$\varphi=\varphi_0+\omega t \tag{8.5}$$

式中，φ_0 为 $t=0$ 时转角 φ 的值。

（2）匀变速转动

如果刚体的角加速度不变，即 $\alpha=$ 常量，称这种转动为匀变速转动。仿照点的匀变速运动公式，可得

$$\omega=\omega_0+\alpha t \tag{8.6}$$

$$\varphi=\varphi_0+\omega_0 t+\frac{1}{2}\alpha t^2 \tag{8.7}$$

式中，ω_0 和 φ_0 分别为 $t=0$ 时的角速度和转角。

由这些公式可知，匀变速转动时，刚体的角速度、转角和时间之间的关系与点在匀变速运动中的速度、坐标和时间之间的关系相似。

8.3　定轴转动刚体内各点的速度和加速度

绕定轴转动的刚体也是由无数点组成的，刚体定轴转动时，其上各点的轨迹如何？速度、加速度如何？现在讨论这个问题。

刚体定轴转动时，刚体内任意一点都在做圆周运动，其任意一点的轨迹都为圆，圆心在轴线上，各点的轨迹形成同心圆。圆周所在的平面与轴线垂直，圆周的半径等于该点到轴线的垂直距离，这是定轴转动刚体内各点的轨迹。而且和转轴平行的直线段上各点的轨迹、速度、加速度相同。在刚体上任取一点 M，其到转轴的距离设为 R，过点 M 和转轴平行的直线段上各点的轨迹、速度、加速度相同，所以只要知道点 M 的速度和加速度，此条线段上各点的速度和加速度便为已知。求点 M 的速度和加速度，因其轨迹已知，采用弧坐标法比较方

便，如图 8.5 所示。图 8.5 所示平面，为用垂直于轴线的平面横截刚体得到的平面。

设刚体转过 φ 角，以固定点 O_1 为弧坐标的原点，规定正向如图 8.5 所示，则点 M 的弧坐标为

$$s=R\varphi$$

把此式对时间求一阶导数，得

$$v=R\omega \tag{8.8}$$

此即计算定轴转动刚体上各点速度的公式，用语言叙述，为：定轴转动刚体内任一点的速度的大小，等于该点到轴线的垂直距离与刚体的角速度的乘积，其方向沿圆周的切线而指向转动的一方。

根据上述结论，在该截面上各点的速度分布如图 8.6 所示。

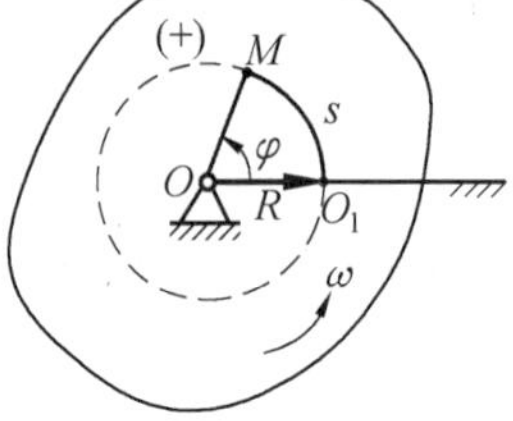

图 8.5

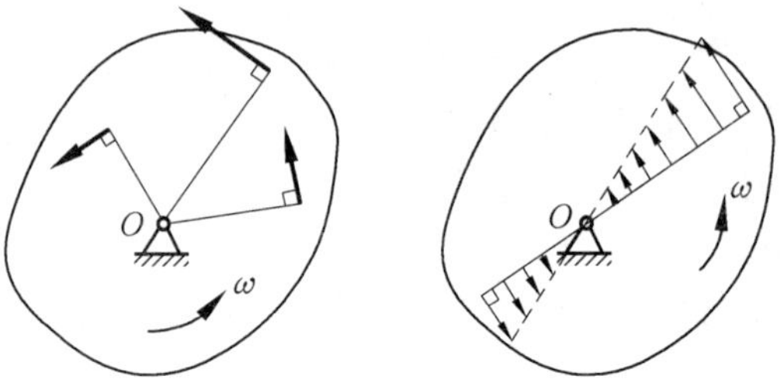

(a) (b)

图 8.6

现在求点 M 的加速度。因为点做圆周运动，所以其加速度分为切向加速度和法向加速度。切向加速度为

$$a_t=\frac{dv}{dt}=R\frac{d\omega}{dt}=R\alpha \tag{8.9}$$

此即计算定轴转动刚体上各点切向加速度的公式，用语言叙述，为：定轴转动刚体内任一点的切向加速度的大小，等于该点到轴线的垂直距离与刚体的角加速度的乘积，它的方向由角加速度的符号决定。当 α 是正值时，它沿圆周的切线指向角 φ 的正向，否则相反。

法向加速度为

$$a_n=\frac{v^2}{R}=R\omega^2 \tag{8.10}$$

此即计算定轴转动刚体上各点法向加速度的公式，用语言叙述，为：定轴转动刚体内任一点的法向加速度的大小，等于该点到轴线的垂直距离与刚体角速度的平方的乘积，它的方向与速度垂直并指向轴线。

如果 ω 与 α 同号，角速度的绝对值增加，刚体做加速转动，这时点的切向加速度 $\boldsymbol{a}_t$ 与速度 $\boldsymbol{v}$ 的指向相同；如果 ω 与 α 异号，刚体做减速转动，$\boldsymbol{a}_t$ 与速度 $\boldsymbol{v}$ 的指向相反。

点 M 的加速度 $\boldsymbol{a}=\boldsymbol{a}_t+\boldsymbol{a}_n$，可称为点 M 的全加速度，其大小可由下式求出

$$a=\sqrt{a_t^2+a_n^2}=\sqrt{R^2\alpha^2+R^2\omega^4}=R\sqrt{\alpha^2+\omega^4} \tag{8.11}$$

全加速度的方向，可由全加速度 $\boldsymbol{a}$ 和半径 OM 的夹角 θ 确定，如图 8.7 所示，为

$$\tan\theta=\frac{a_t}{a_n}=\frac{\alpha}{\omega^2} \tag{8.12}$$

由于在每一瞬时，刚体的角速度 ω 和角加速度 α 都只有一个确定的数值，所以在每一瞬时，刚体内所有各点的全加速度 $\boldsymbol{a}$ 与半径间的夹角 θ 都相同。

刚体定轴转动时，垂直于轴线的平面上各点的加速度分布如图 8.8 所示。

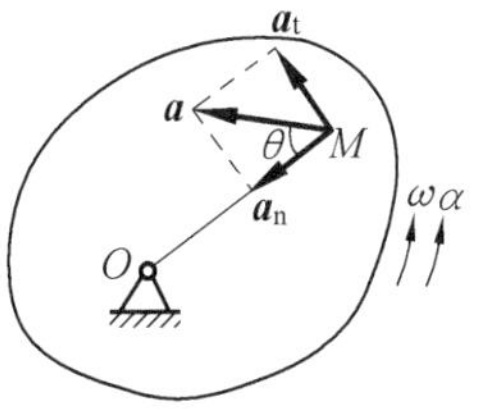

图 8.7

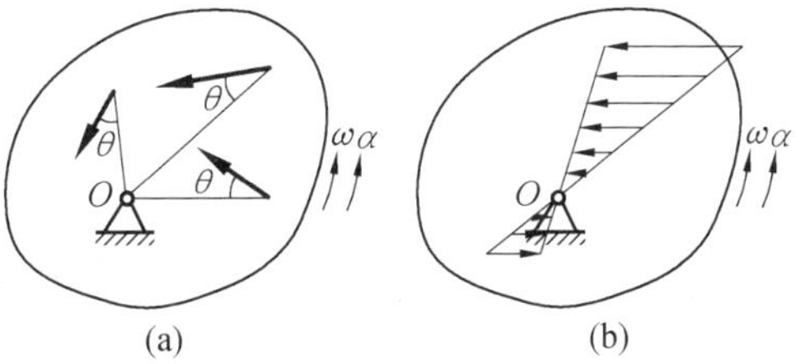

图 8.8

8.4　定轴轮系传动比

工程中，常利用各种轮系传动提高或降低机械的转速，传动比是一个重要的概念。主动轮与被动轮的角速度或转速之比，被称为传动比。

1. 齿轮传动

机械中常用齿轮作为运动的传动部件，例如，为了将电动机的转动传到机床的主轴，通常用变速箱降低转速，多数变速箱是由齿轮系组成的。在工程中有大量的齿轮传动。

现以一对啮合的圆柱齿轮为例。圆柱齿轮传动分为外啮合（图 8.9）和内啮合（图 8.10）两种。外啮合使轮反向转动，内啮合使轮同向转动。设其啮合圆半径分别为 R_1 和 R_2，齿数分别为 z_1 和 z_2，角速度分别为 ω_1 和 ω_2。因两齿轮间没有相对滑动，故啮合点的速度相等，有 $v_A = v_B$，而

$$v_A = R_1\omega_1, \quad v_B = R_2\omega_2$$

因而有

$$\frac{\omega_1}{\omega_2} = \frac{R_2}{R_1}$$

由于齿轮在啮合圆上的齿距相等，它们的齿数与半径成正比，又有

$$\frac{\omega_1}{\omega_2} = \frac{R_2}{R_1} = \frac{z_2}{z_1} \tag{8.13}$$

此即齿轮传动的传动比。传动比是两个角速度大小的比值，与转动方向无关，因此此式不仅适用于圆柱齿轮传动，也适用于传动轴成任意角度的圆锥齿轮传动、摩擦轮传动等。

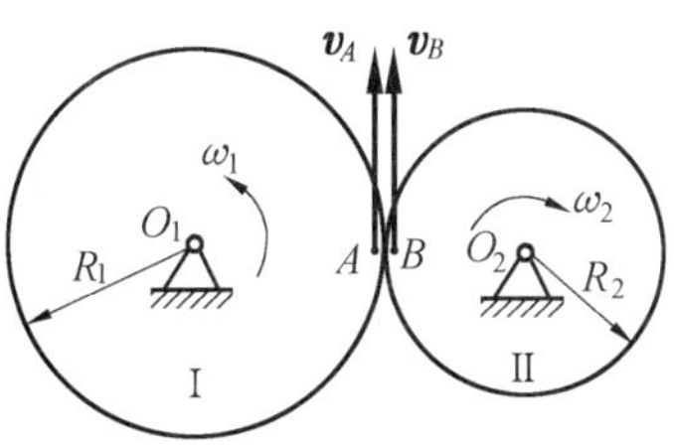

图 8.9

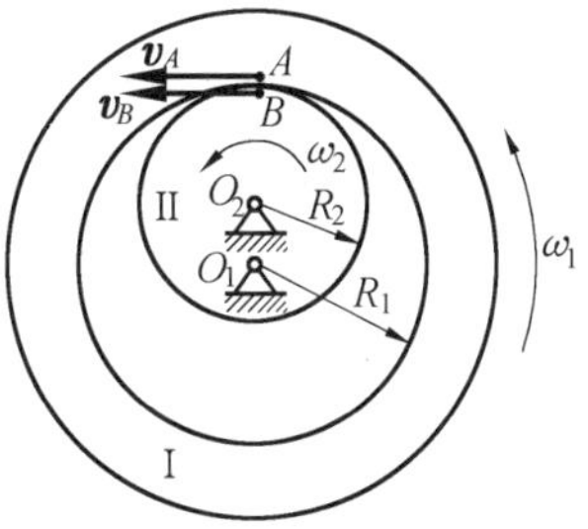

图 8.10

2.皮带轮(链条)传动

在工程中,还常见到皮带轮传动和链条传动,如图 8.11(a)所示,设主动轮和被动轮的半径分别为 R_1 和 R_2,角速度分别为 ω_1 和 ω_2,不考虑皮带的厚度,并认为皮带与皮带轮间无滑动,则皮带轮上外缘点的速度和皮带的速度相同,同样有 $v_A=v_B$。对链条传动也是如此。因此,同样可得和式(8.13)相同的轮系传动比公式。

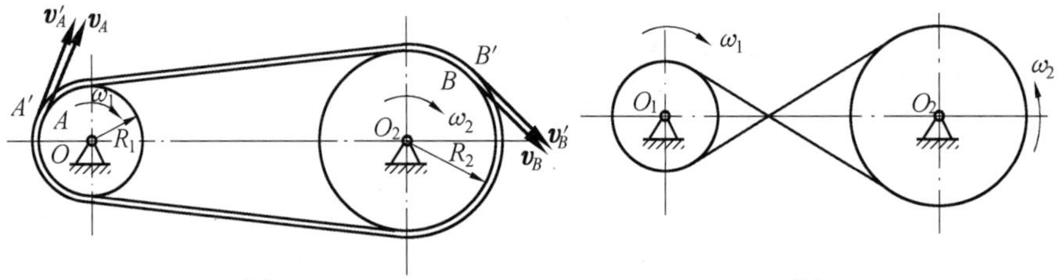

图 8.11

注意,皮带传动大多数都是同向转动,但也有交叉皮带传动,可实现反向转动。

例 8.2 图 8.12 所示为一带式输送机,主动轮Ⅰ的转速 $n_1=1\ 200$ r/min,齿数 $z_1=24$,齿轮Ⅲ和Ⅳ用链条传动,齿数各为 $z_3=15$ 和 $z_4=45$,轮Ⅴ的直径 $D=460$ mm。齿轮Ⅱ和Ⅲ,齿轮Ⅳ和皮带轮Ⅴ,均为固结在一起的鼓轮。设计要求输送带的速度约为 $v=2.4$ m/s,求轮Ⅱ的齿数 z_2。

解题分析与思路:轮系传动比的简单计算题。

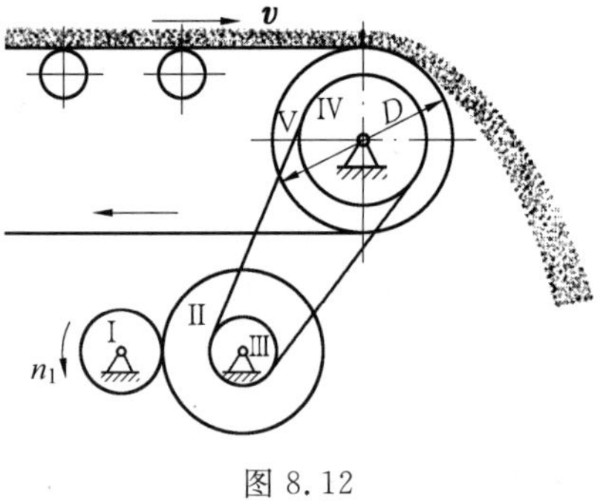

图 8.12

解: 由图示的传动关系有

$$\frac{\omega_1}{\omega_2}=\frac{n_1}{n_2}=\frac{z_2}{z_1},\quad \frac{\omega_3}{\omega_4}=\frac{n_3}{n_4}=\frac{z_4}{z_3}$$

因齿轮Ⅱ和Ⅲ是固结在一起的鼓轮,

有 $$\omega_2=\omega_3$$

因此得

$$\frac{\omega_1}{\omega_4}=\frac{\omega_1}{\omega_2}\ \frac{\omega_3}{\omega_4}=\frac{n_1}{n_4}=\frac{z_2z_4}{z_1z_3}$$

解得 $$z_2=\frac{n_1}{n_4}\ \frac{z_1z_3}{z_4} \tag{1}$$

因齿轮Ⅳ和皮带轮Ⅴ为固结在一起的鼓轮,其角速度相等,则输送带的速度为

$$v=\frac{D}{2}\omega_5=\frac{D}{2}\omega_4=\frac{D}{2}\ \frac{2\pi n_4}{60}$$

得 $$n_4=\frac{60v}{\pi D} \tag{2}$$

将式(2)代入式(1)得

$$z_2=\frac{n_1z_1z_3}{z_4}\ \frac{\pi D}{60v}=96.3\ 个$$

齿轮的齿数必须为整数,因此选取 $z_2=96$ 个,计算得输送带的速度为 2.41 m/s,满足输送带的速度要求。

8.5* 以矢量表示角速度和角加速度 以矢积表示点的速度和加速度

对刚体绕定轴的转动，多数情况下都把角速度和角加速度当作代数量，但是在有些情况下，把角速度和角加速度定义为矢量比较方便。刚体上各点的速度和加速度本来就是矢量，在把定轴转动刚体的角速度和角加速度用矢量表示以后，可以用矢量的叉乘积来表示定轴转动刚体上点的速度和加速度。

图 8.13(a)所示定轴转动刚体，其角速度如图所示，在转轴 z 上任取一点为 O，建单位矢量 $\boldsymbol{k}$ 如图 8.13 所示，则角速度 ω 可用矢量表示为 $\boldsymbol{\omega}$，其大小等于角速度的绝对值，其方向可按右手螺旋规则确定，即右手的四指代表转动的方向，拇指则代表角速度矢的指向，如图 8.13(b)所示。角速度矢量可以写成

$$\boldsymbol{\omega}=\omega\boldsymbol{k} \tag{8.14}$$

式中，ω 为角速度的绝对值，其大小等于$\dfrac{d\varphi}{dt}$。在图 8.13(c)所示转动的情况下，角速度矢量如图 8.13(c)所示。

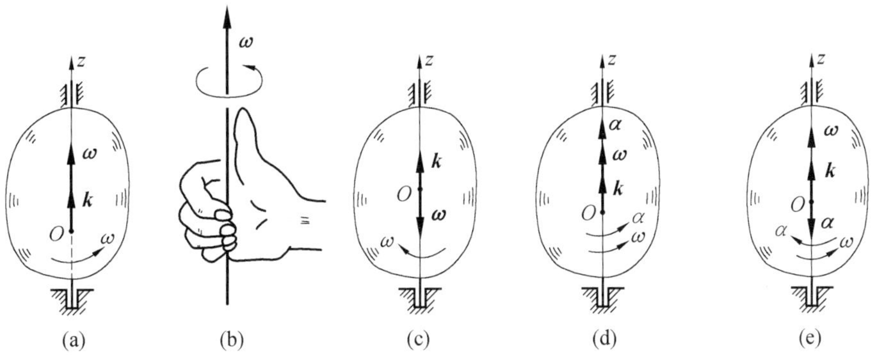

图 8.13

同样，定轴转动刚体的角加速度也用一个沿轴线的矢量表示，为

$$\boldsymbol{\alpha}=\alpha\boldsymbol{k} \tag{8.15}$$

式中，α 为角加速度的绝对值，其大小等于$\dfrac{d\omega}{dt}=\dfrac{d^2\varphi}{dt^2}$。在图 8.13(d)所示转动的情况下，角加速度矢量如图 8.13(d)所示。

在图 8.13(d)所示情况下，角速度和角加速度同号，角速度矢量和角加速度矢量同向，刚体做加速转动；在图 8.13(e)所示情况下，角速度和角加速度异号，角速度矢量和角加速度矢量反向，刚体做减速转动。

以矢量表示角速度和角加速度后，有

$$\boldsymbol{\alpha}=\alpha\boldsymbol{k}=\frac{d\omega}{dt}\boldsymbol{k}=\frac{d}{dt}(\omega\boldsymbol{k})=\frac{d\boldsymbol{\omega}}{dt} \tag{8.16}$$

即如同角加速度等于角速度对时间的一阶导数一样，角加速度矢量等于角速度矢量对时间的一阶导数。

用矢量表示角速度和角加速度后，定轴转动刚体上任一点的速度和加速度可以用矢量的叉乘积来表示。如图 8.14 所示，刚体上任意一点 M 的矢径以 $\boldsymbol{r}$ 表示，则点 M 的速度可用叉乘积表示为

$$\boldsymbol{v}=\boldsymbol{\omega}\times\boldsymbol{r} \tag{8.17}$$

因为，根据叉乘积的定义，$\boldsymbol{\omega}\times\boldsymbol{r}$ 仍是一个矢量，它的大小为

$$|\boldsymbol{\omega}\times\boldsymbol{r}|=|\omega|\cdot|r|\cdot\sin\theta=R\cdot|\omega|=|\boldsymbol{v}|$$

所以 $\boldsymbol{\omega}\times\boldsymbol{r}$ 表示了速度的大小。又据叉乘积的定义，$\boldsymbol{\omega}\times\boldsymbol{r}$ 仍是一个矢量，它的方向垂直于 $\boldsymbol{\omega}$ 与 $\boldsymbol{r}$ 组成的平面，即图中 OO_1M 平面，正好与点 M 的速度方向相同。

于是可得结论，定轴转动刚体上任一点的速度矢量等于刚体的角速度矢量与该点矢径的矢量积。

类似地，定轴转动刚体上任一点的切向加速度也可以用矢量的叉乘积来表示。如图 8.14 所示，有

$$\boldsymbol{a}_t=\boldsymbol{\alpha}\times\boldsymbol{r} \tag{8.18}$$

如同 $\boldsymbol{\omega}\times\boldsymbol{r}$，$\boldsymbol{\alpha}\times\boldsymbol{r}$ 的大小正好等于切向加速度的大小，方向正好和切向加速度相同。

如图 8.14 所示，法向加速度可以表示为

$$\boldsymbol{a}_n=\boldsymbol{\omega}\times\boldsymbol{v} \tag{8.19}$$

可证 $\boldsymbol{\omega}\times\boldsymbol{v}$ 的大小正好是法向加速度的大小，其方向正好是法向加速度的方向。

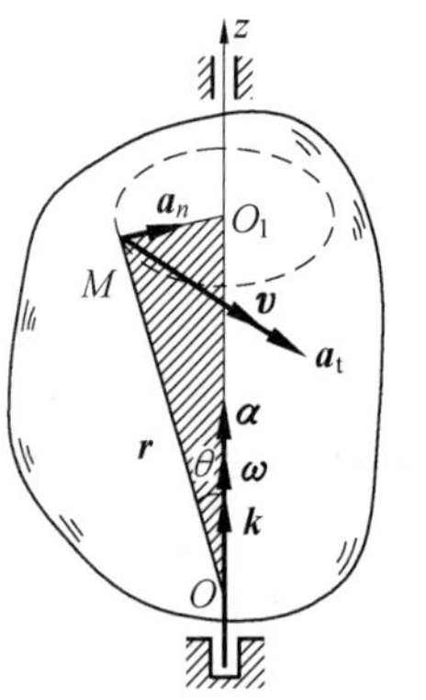

图 8.14

用矢量叉乘积表示定轴转动刚体上点的速度和加速度后，有

$$\boldsymbol{a}=\frac{\mathrm{d}\boldsymbol{v}}{\mathrm{d}t}=\frac{\mathrm{d}}{\mathrm{d}t}(\boldsymbol{\omega}\times\boldsymbol{r})=\frac{\mathrm{d}\boldsymbol{\omega}}{\mathrm{d}t}\times\boldsymbol{r}+\boldsymbol{\omega}\times\frac{\mathrm{d}\boldsymbol{r}}{\mathrm{d}t}=\boldsymbol{\alpha}\times\boldsymbol{r}+\boldsymbol{\omega}\times\boldsymbol{v}=\boldsymbol{a}_t+\boldsymbol{a}_n$$

即 $\boldsymbol{a}=\dfrac{\mathrm{d}\boldsymbol{v}}{\mathrm{d}t}=\boldsymbol{a}_t+\boldsymbol{a}_n$ 仍然成立。

于是可得结论：定轴转动刚体内任一点的切向加速度等于刚体的角加速度矢量与该点矢径的矢量积，法向加速度等于刚体的角速度矢量与该点的速度矢量的矢量积。

习　　题

8.1　图示曲柄滑杆机构中，滑杆上有一圆弧形滑道，其半径 $R=100$ mm，圆心 O_1 在滑杆 BC 上。曲柄长 $OA=100$ mm，以等角速度 $\omega=4$ rad/s 绕轴 O 转动。运动开始时，$\varphi=0$。求滑杆 BC 的运动规律，当曲柄与水平线间的交角 $\varphi=30°$ 时，滑杆 BC 的速度和加速度。

8.2　图示为把工件送入干燥炉内的机构，叉杆 $OA=1.5$ m，在铅垂面内转动，杆 $AB=0.8$ m，A 端为铰链，B 端有放置工件的框架。在机构运动时，工件的速度恒为 0.05 m/s，AB 杆始终铅垂。运动开始时，$\varphi=0$。求运动过程中角 φ 与时间的关系，点 B 的轨迹方程。

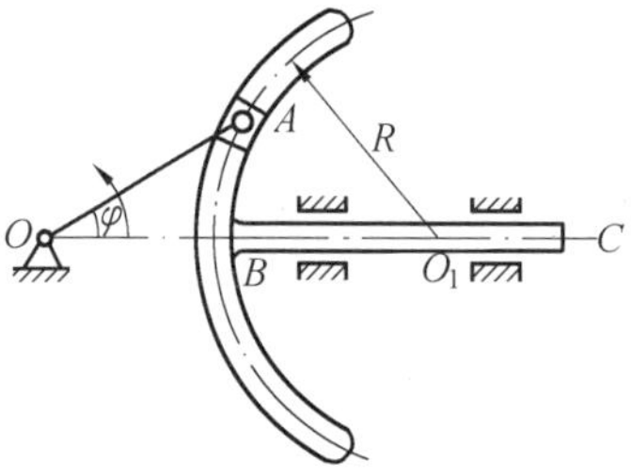

题 8.1 图

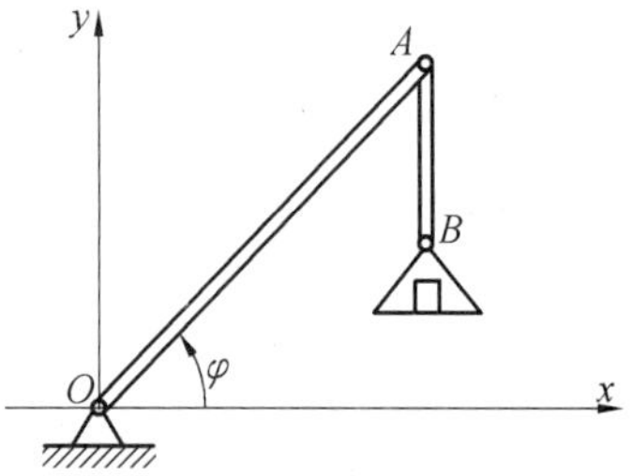

题 8.2 图

8.3　图示搅拌机的主动齿轮 O_1 以 $n=950$ r/min 的转速转动，搅拌杆 ABC 用销钉 A，B 与齿轮 O_2，O_3 相连，$AB=O_2O_3$，$O_3A=O_2B=0.25$ m，各齿轮齿数为 $z_1=20$，$z_2=50$，$z_3=50$，求搅拌杆端点 C 的速度和轨迹。

8.4　图示机构，杆 AB 以匀速 $\boldsymbol{v}$ 运动，开始时 $\varphi=0$，尺寸如图。求 $\varphi=45°$ 时，摇杆 OC 的角速度和角加速度。

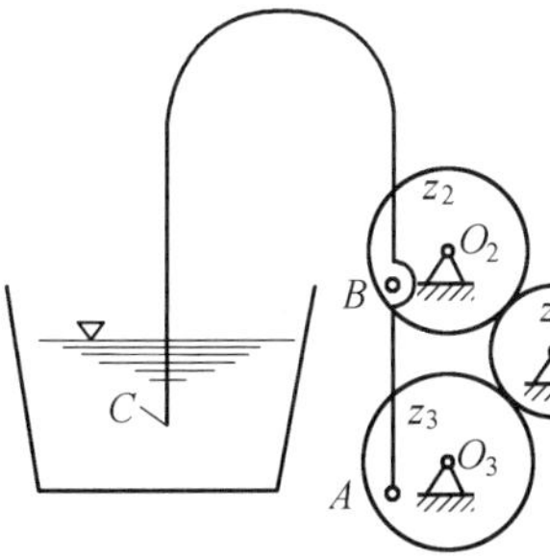

题 8.3 图

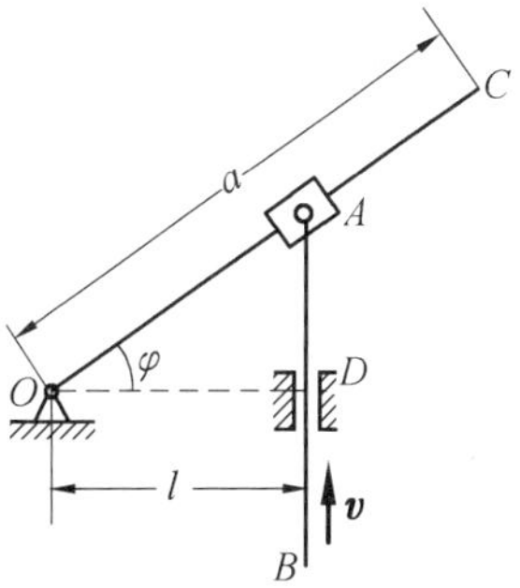

题 8.4 图

8.5　如图所示，曲柄 CB 绕轴 C 转动，转动方程为 $\varphi=\omega_0 t$，滑块 B 带动摇杆 OA 绕轴 O 转动，$OC=h$，$CB=R$。求摇杆的转动方程。

8.6　图示滚子传送带，已知滚子的直径 $d=0.2$ m，转速为 $n=50$ r/min，钢板在滚子上无滑动，求钢板的速度和加速度，滚子与钢板接触点的加速度。

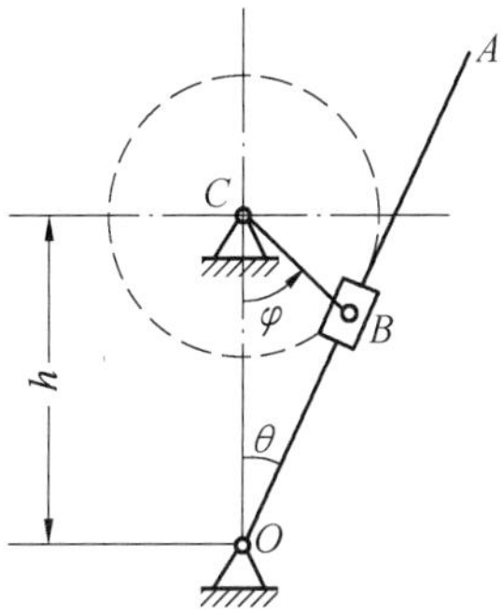

题 8.5 图

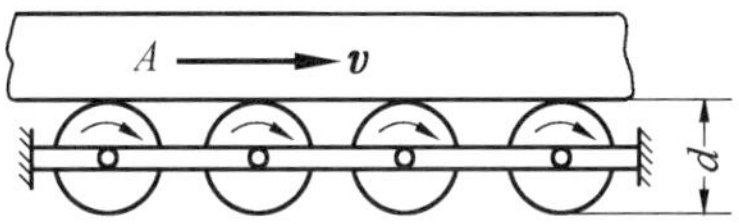

题 8.6 图

8.7　升降机装置由半径为 $R=0.5$ m 的鼓轮带动，如图所示。被升降物体的运动方程为 $x=5t^2$（t 以 s 计，x 以 m 计）。求鼓轮的角速度和角加速度，并求在任意瞬时，鼓轮轮缘上一点的全加速度的大小。

8.8　一飞轮绕固定轴 O 转动，其轮缘上任一点的全加速度在某段运动过程中与轮半径的交角恒为 60°。运动开始时，其转角 $\varphi_0=0$，角速度为 ω_0。求飞轮的转动方程，角速度与转角的关系。

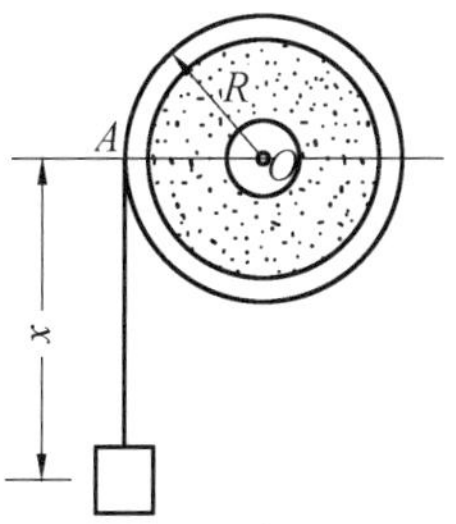

题 8.7 图

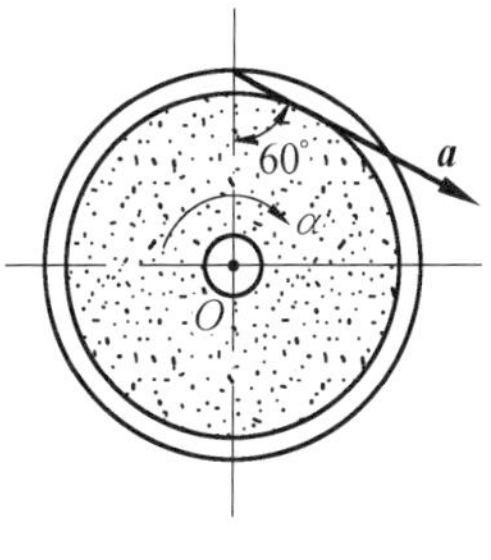

题 8.8 图

8.9　电动绞车由皮带轮Ⅰ和Ⅱ以及鼓轮Ⅲ组成，鼓轮Ⅲ和Ⅱ刚性地固定在同一轴上。各轮的半径分别为 $r_1=0.3$ m，$r_2=0.75$ m，$r_3=0.4$ m，轮Ⅰ的转速恒为 $n_1=100$ r/min。皮带轮与皮带之间无滑动，求重物 P 上升的速度和皮带各段上点的加速度。

8.10 图示摩擦传动机构的主动轴Ⅰ的转速为 $n=600\ \text{r/min}$。轴Ⅰ的轮盘与轴Ⅱ的轮盘接触，接触点按箭头 A 所示的方向移动。距离 d 的变化规律为 $d=100-5t$（其中 d 以 mm 计，t 以 s 计）。$r=50\ \text{mm}$，$R=150\ \text{mm}$。求：(1)以距离 d 表示的轴Ⅱ的角加速度；(2)当 $d=r$ 时，轮 B 边缘上一点的全加速度。

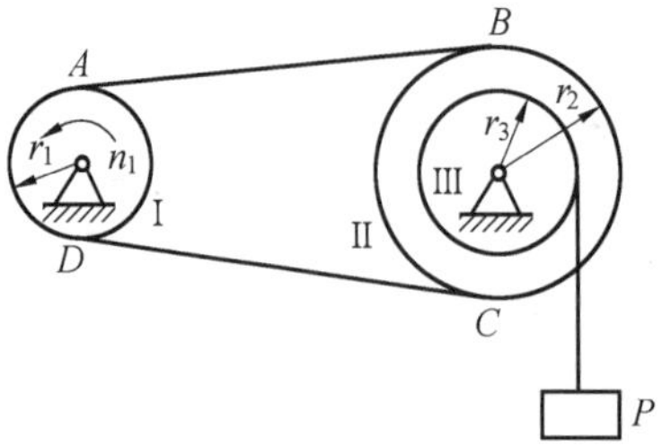

题 8.9 图

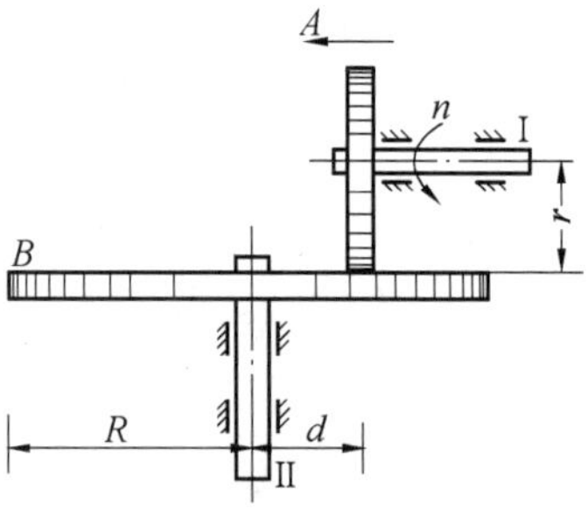

题 8.10 图

8.11 图示机构中齿轮Ⅰ固结在杆 AC 上，$AB=O_1O_2$，齿轮Ⅰ和半径为 r_2 的齿轮Ⅱ啮合，齿轮Ⅱ绕轴 O_2 转动且和曲柄 O_2B 没有联系。$O_1A=O_2B=l$，$\varphi=b\sin\omega t$，求 $t=\frac{\pi}{2\omega}$ s 时，齿轮Ⅱ的角速度和角加速度。

8.12 磁带的厚度为 h，绕轴做定轴转动，磁带以等速 $\boldsymbol{v}$ 运动。求磁带的角加速度（表示为半径 r 的函数）。

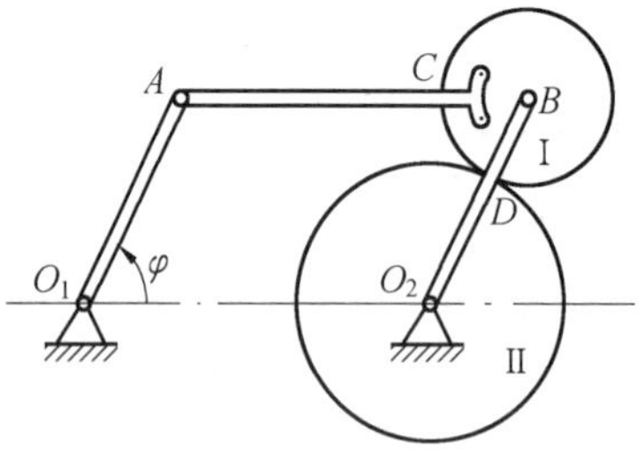

题 8.11 图

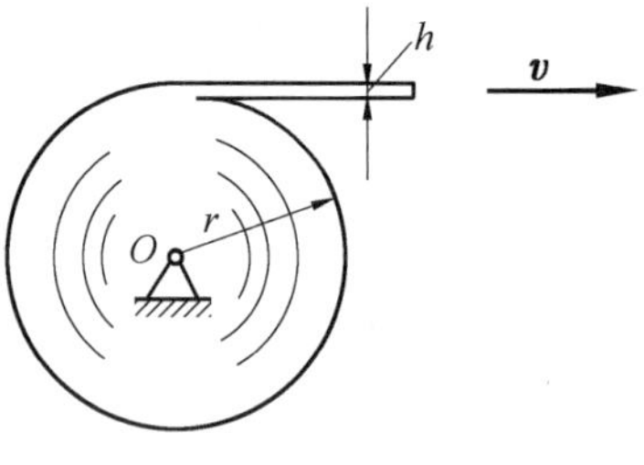

题 8.12 图

第9章　点的合成运动

本章内容与静力学内容无关，静力学学习的好坏与本章的学习没有直接的联系。只要基本掌握了本教材第7章和第8章的知识，就可以学习本章。

在第7章已经研究了点的运动学，现在是从另外的角度研究点的运动。第7章研究的点的运动是相对于一个坐标（参考）系的，但在工程和实际问题中，有时常常需要在两个不同的坐标（参考）系研究同一个点的运动。点相对两个不同的坐标系有运动，两个不同的坐标系间也有运动，这样就产生了三种运动。这三种运动之间具有什么关系？其在工程和实际问题中非常重要，本章主要就研究这方面的问题，称为点的合成运动。

本章主要建立三种运动的概念，讨论三种速度和加速度之间的关系，分别称为速度合成定理和加速度合成定理，并用来解决一些机构的运动学问题。

9.1　绝对运动　相对运动　牵连运动

在日常生活和工程中，在仍然可以把一个物体当作一个点的情况下，存在着大量的一个点相对不同的参考系运动的情况。如不刮风下雨时，站在地面看雨点和坐在向前运动的汽车里看雨点，看到的雨点的运动情况不同。在这种情况下，雨点相对地面有运动，有位移、轨迹、速度、加速度；雨点相对汽车有运动，有位移、轨迹、速度、加速度；同时，汽车相对地面也有运动，有位移、轨迹、速度、加速度。显然，这就有了雨点相对地面、雨点相对汽车、汽车相对地面三种运动，而这三种运动又明显不同，但之间肯定又有某种联系。又如，在例7.6中所讲的机构中，销钉 M 可以作为一个点考虑，重新画为如图9.1所示。销钉 M 相对地面有运动，相对 OA 杆有运动，OA 杆相对地面也有运动。销钉 M 相对地面有位移、轨迹、速度、加速度，相对 OA 杆也有位移、轨迹、速度、加速度，同时 OA 杆相对地面也有位移、轨迹、速度、加速度。显然，这三种运动不同，但又有某种联系。在日常生活和工程中，这样的例子有许许多多，不胜枚举。那么，如何描述（定义）这三种运动？这三种运动有着什么样的关系？这就是本章和本节所主要讨论的内容。

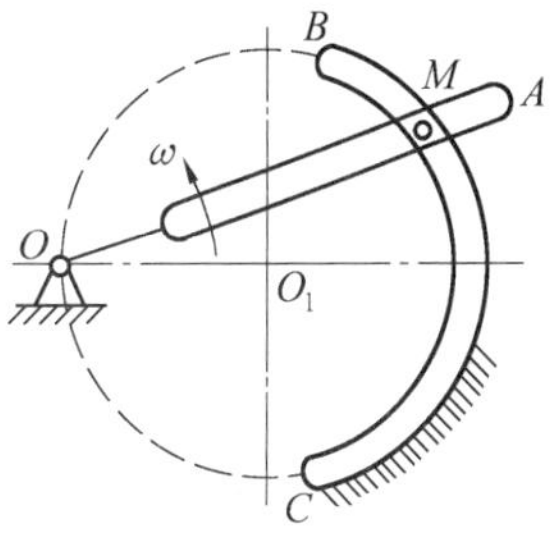

图9.1

在上面所举的例子中，有一个运动的点，为更明确起见，称其为“动点”。存在两个不同的参照物，在两个不同的参照物上建两个不同的参考坐标系，就有两个坐标系。动点相对两个不同的坐标系有两种不同的运动，两个坐标系（参照物）间也有运动，这样就产生了三种运动。这可以简单地称之为“一个动点，两个坐标系，三种运动”。在大多数工程和日常生活中，都选地球为参照物，在地表上建立的坐标系为参考坐标系。在点的合成运动中，一般习惯把在地表上建立的坐标系称为**静坐标系**，简称**静系**，把建在相对地面运动的物体上的坐标系称为**动坐标系**，简称**动系**，则就有了如下的定义。

绝对运动　称动点相对静系的运动为绝对运动，动点相对静系的位移、轨迹、速度、加速度为绝对位移、绝对轨迹、绝对速度、绝对加速度。在国内理论力学教材中，绝对速度和绝对加速度一般统一表示为 $\boldsymbol{v}_a$，$\boldsymbol{a}_a$。

相对运动 称动点相对动系的运动为相对运动，动点相对动系的位移、轨迹、速度、加速度为相对位移、轨迹、速度、加速度。在国内理论力学教材中，相对速度和相对加速度一般统一表示为 $\boldsymbol{v}_r$，$\boldsymbol{a}_r$。

牵连运动 称动系相对静系的运动为牵连运动，动点和动系重合的动系上一点(一般称之为**牵连点**或**重合点**)相对静系的速度、加速度为牵连速度、牵连加速度。在国内理论力学教材中，牵连速度和牵连加速度一般统一表示为 $\boldsymbol{v}_e$，$\boldsymbol{a}_e$。

在后面分析和解题时，因一般统一定义了静系，所以不用再说明，但所选的动点和动系一般要说明。

在雨点的例子中，选雨点为动点，动系建于汽车上。则其绝对运动为雨点相对地面的运动，相对运动为雨点相对汽车的运动，牵连运动为汽车相对地面的运动。其绝对轨迹为雨点相对地面的轨迹，为铅垂直线；相对轨迹为雨点相对汽车的轨迹，在汽车做匀速直线运动的情况下，为向后倾斜的直线；雨点相对地面的速度为绝对速度，雨点相对汽车的速度为相对速度，而雨点和汽车重合的汽车上一点的速度为牵连速度，也即汽车的速度为牵连速度。

在图 9.1 所示的例子中，动点为销钉 M，动系建于 OA 杆上。则其绝对运动为销钉 M 相对地面的运动，相对运动为销钉 M 相对 OA 杆的运动，牵连运动为 OA 杆相对地面的运动。其绝对轨迹为销钉 M 相对地面的轨迹，为以点 O_1 为圆心，半径为 R 的圆；相对轨迹为销钉 M 相对 OA 杆的轨迹，为沿着 OA 杆的直线。销钉 M 相对地面的速度为绝对速度，其沿着圆周的切线方向；销钉 M 相对 OA 杆的速度为相对速度，其沿着 OA 杆；而销钉 M 和 OA 杆重合的 OA 杆上一点的速度为牵连速度，其大小为 $OM \cdot \omega$，方向和 OA 垂直。

注意说到位移、轨迹、速度、加速度，均是对点而言。对一个物体，除非其做平移，不能说一个物体的位移、轨迹、速度、加速度，因其各点的位移、轨迹、速度、加速度一般不相同。绝对运动和相对运动均是对点而言，所以可以说位移、轨迹、速度、加速度。但牵连运动是一个物体相对静系的运动，而不是一个点相对静系的运动，所以一般不说牵连轨迹，而定义一个牵连点。动点和动系重合的动系上的一点为牵连点，在某瞬时，动点和动系上这一点重合，这一点就是牵连点；在另一瞬时，动点和动系上另一点重合，另一点就是牵连点。牵连速度和牵连加速度仍是对一个点而言，牵连点相对静系的速度和加速度为牵连速度和牵连加速度。

还要注意在牵连速度和牵连加速度的定义中，是说动点和动系重合的动系上一点为牵连点，而没有定义动点和动参照物重合的动参照物上一点为牵连点，也就是说，动系和动参照物是有区别的。动参照物几何尺寸再大，也是有限的，而一旦建立了坐标系，则坐标系是无限大的。动点可以和参照物没有重合点，但和动坐标系肯定有重合点。下面以一例说明这个问题。

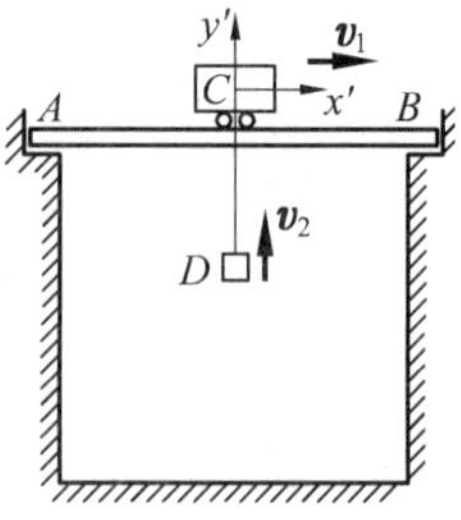

图 9.2

图 9.2 所示为工厂里的天车，AB 是天车大梁，天车 C 在天车大梁上运动，其速度为 $\boldsymbol{v}_1$，同时在天车上吊起重物 D，吊起重物速度为 $\boldsymbol{v}_2$。选重物 D 为动点，天车为动参照物，动坐标系建于天车上，则重物相对地面的运动为绝对运动，相对地面的轨迹和速度为绝对轨迹和绝对速度，现在未知。重物相对天车的运动为相对运动，其相对运动轨迹为铅

垂直线，$\boldsymbol{v}_2$ 为相对速度 $\boldsymbol{v}_r$。天车相对地面的运动为牵连运动，重物 D 和动参照物天车 C 并没有重合点，但在天车上建一动坐标系 $Cx'y'$，则动系 $Cx'y'$ 为平移，其坐标平面无限大，动点(重物)和动系就有重合点，动点(重物)和动系重合的动系 $Cx'y'$ 上的速度就是牵连速度。因动系为平移，其上各点速度相同，所以天车的速度 $\boldsymbol{v}_1$ 就是牵连速度 $\boldsymbol{v}_e$。

如同此例，在一些题目中，找不到动点和动参照物的重合点，但肯定可以找到和动坐标系的重合点，动系上此重合点的速度和加速度就是牵连速度和加速度。当然，在许多题目中，动点和动参照物是有重合点的。

用点的合成运动方法分析点的运动时，必须选定一个动点，选择两个坐标系——静系和动系，静系一般建于地面上，动系一般建于相对地面运动的物体上，然后分清楚三种运动——绝对运动、相对运动和牵连运动。

本节建立了绝对运动、相对运动和牵连运动的基本概念，下面一节讨论其三种速度之间的关系。

9.2 点的速度合成定理

本节研究点的绝对速度、相对速度和牵连速度三者之间的关系。

如图 9.3 所示，在瞬时 t，动点 M 位于图示位置，经过时间 Δt，其相对静系 $Oxyz$ 运动到图示的位置 M_2，则$\overrightarrow{MM_2}$为绝对位移，弧线 MM_2 为绝对轨迹。在瞬时 t，一物体位于图示位置Ⅰ，经过时间 Δt，物体运动到位置Ⅱ。在物体上建一动坐标系 $O'x'y'z'$，动点 M 相对动系的轨迹为弧线 AB，相对位移为$\overrightarrow{M_1M_2}$。在瞬时 t，动点和动系的重合点为点 M，经过时间 Δt，此重合点运动到图示的位置 M_1，则位移$\overrightarrow{MM_1}$ 为牵连位移。由图中可看出，三种位移间有关系

$$\overrightarrow{MM_2}=\overrightarrow{MM_1}+\overrightarrow{M_1M_2}$$

把此式两端除以 Δt，并令 $\Delta t\to 0$，则得

$$\lim_{\Delta t\to 0}\frac{\overrightarrow{MM_2}}{\Delta t}=\lim_{\Delta t\to 0}\frac{\overrightarrow{MM_1}}{\Delta t}+\lim_{\Delta t\to 0}\frac{\overrightarrow{M_1M_2}}{\Delta t}$$

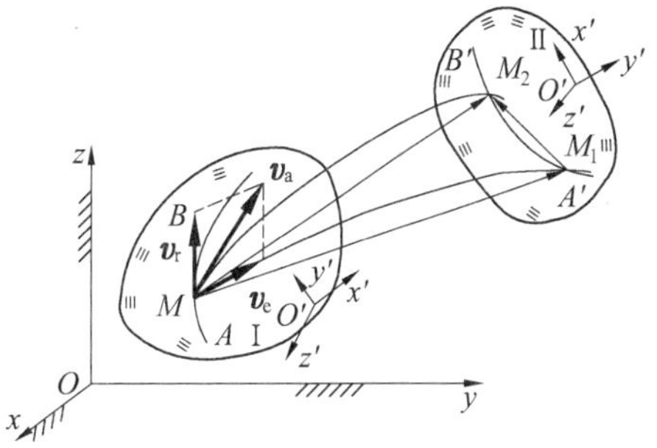

图 9.3

根据速度的定义和本章绝对速度、牵连速度、相对速度的定义，式中第一项为在静系中看到的绝对位移对时间的变化率，为绝对速度。式中第二项为动点和动系重合的动系上一点的牵连位移对时间的变化率，为牵连速度。式中第三项为在动系中看到的相对位移对时间的变化率，为相对速度。所以有

$$\boldsymbol{v}_a=\boldsymbol{v}_e+\boldsymbol{v}_r \tag{9.1}$$

在取极限后，绝对速度沿着绝对轨迹的切线方向，相对速度沿着相对轨迹的切线方向，牵连速度沿着重合点轨迹的切线方向。图中的平行四边形可称为速度平行四边形，可看出，牵连速度和相对速度为邻边，而绝对速度在以牵连速度和相对速度为邻边的平行四边形的对角线上。

此结果即为绝对速度、牵连速度、相对速度三种速度之间的关系，也称为**点的速度合成定理**：动点在某瞬时的绝对速度等于它在该瞬时的牵连速度与相对速度的矢量和。

应该指出，在推导速度合成定理时，并未限制动参考系做什么样的运动，因此这个定理适用于牵连运动是任何运动的情况，即动参考系可以做平移、定轴转动或其他任何复杂的运动。

下面举例说明点的速度合成定理的应用。

例 9.1 如图 9.4 所示，下雨无风，一汽车沿直线做匀速运动，其速度为 $\boldsymbol{v}$，在汽车中观测到雨点向后倾斜的角度为 θ，若人不下汽车，求雨点相对地面和相对汽车的速度。

解题分析与思路：此题明显的应选雨点为动点，汽车为动系，则如 9.1 节中的分析，动点的绝对轨迹为铅垂直线，相对轨迹为相对汽车的倾斜直线，牵连运动为汽车的运动，牵连速度为汽车的速度，画出速度平行四边形，可求解。

此题也可以理解为在极地海洋上的考察船，人无法下船，观测到冰雹下落求冰雹的速度等。

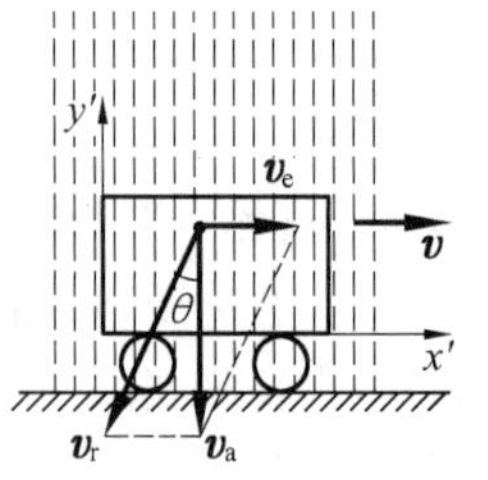

图 9.4

解： 选雨点为动点，汽车为动系，画出速度平行四边形如图 9.4 所示，有

$$\boldsymbol{v}_a=\boldsymbol{v}_e+\boldsymbol{v}_r$$

式中 $\boldsymbol{v}_e=\boldsymbol{v}$，可解出雨点相对地面的速度为

$$v_a=\frac{v}{\tan\theta}$$

雨点相对汽车的速度为

$$v_r=\frac{v}{\sin\theta}$$

例 9.2 图 9.5 所示半径为 R，偏心距为 e 的凸轮，以匀角速度 ω 绕轴 O 转动，杆 AB 在滑槽中上下平移，杆的端点 A 始终与凸轮接触，且 OAB 成一铅直线。求在图示位置时，杆 AB 的速度。

解题分析与思路：因为杆 AB 为平移，其上各点速度相同，所以可说杆 AB 的速度。选杆 AB 的端点 A 为动点，动系建于凸轮上。则动点 A 的绝对运动轨迹是铅垂直线，相对运动轨迹是以凸轮中心 C 为圆心，半径为 R 的圆，牵连运动为点 A 绕轴 O 的转动。牵连速度大小、方向已知，绝对、相对速度方向已知，画出速度平行四边形可求解。

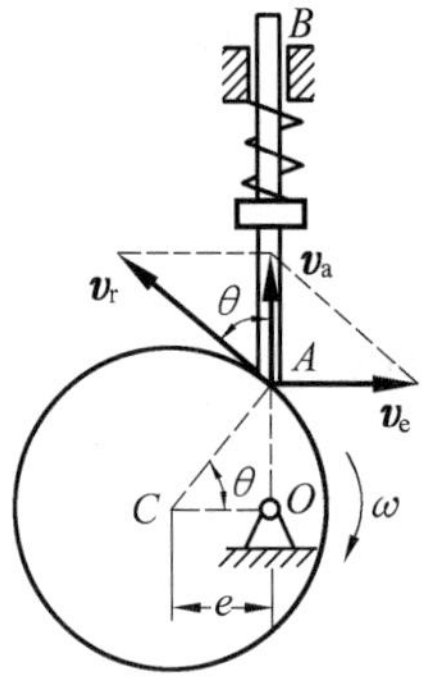

图 9.5

解： 选杆 AB 的端点 A 为动点，动系建于凸轮上，画出速度平行四边形如图 9.5所示。由

$$\boldsymbol{v}_a=\boldsymbol{v}_e+\boldsymbol{v}_r$$

式中 $v_e=OA\cdot\omega$，由三角关系得

$$v_a=v_{AB}=v_e\cot\theta=OA\cdot\omega\cdot\frac{e}{OA}=e\omega$$

即杆 AB 的速度为 $v_{AB}=e\omega$，铅直向上。

例 9.3 图 9.6 所示圆盘半径为 R，以角速度 ω_1 绕水平轴 CD 转动，支承 CD 的框架又以角速度 ω_2 绕铅直 AB 轴转动，圆盘垂直于 CD，圆心在 CD 与 AB 的交点 O 处。当连线 OM 在水平位置时，求圆盘边缘点 M 的绝对速度。

解题分析与思路：选点 M 为动点，动系与框架固结。点 M 的相对运动轨迹是以 O 为圆心，在铅直平面内半径为 R 的圆周，在题所求瞬时，相对速度垂直于 OM，方向朝下。点 M 的牵连运动为以 O 为圆心，在水平面内半径为 R 的圆周运动，在题所求瞬时，牵连速度垂直于 OM，方向水平。绝对运动轨迹未知，但相对速度大小和方向、牵连速度大小和方向均已知，所以可求出绝对速度。

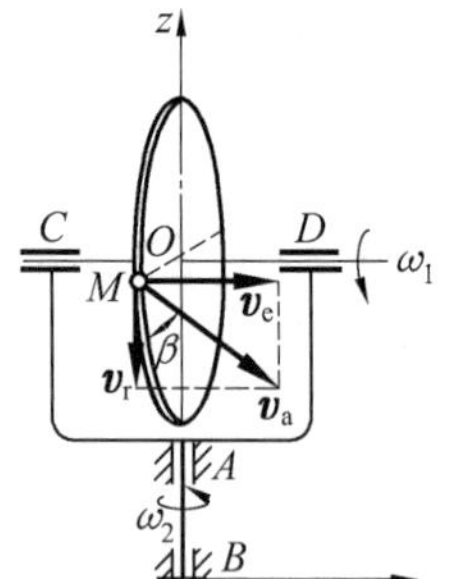

图 9.6

解： 选点 M 为动点，动系与框架固结。由

$$\boldsymbol{v}_a=\boldsymbol{v}_e+\boldsymbol{v}_r$$

画出速度平行四边形如图 9.6 所示，其中

$$v_e=R\omega_2,\quad v_r=R\omega_1$$

$\boldsymbol{v}_e$ 水平向右，$\boldsymbol{v}_r$ 铅直向下，求得绝对速度的大小为

$$v_a=\sqrt{v_e^2+v_r^2}=R\sqrt{\omega_1^2+\omega_2^2}$$

方向和铅直线的夹角为

$$\tan\beta=\frac{v_e}{v_r}=\frac{\omega_2}{\omega_1}$$

例 9.4　图 9.7 所示矿砂从传送带 A 落到另一传送带 B 上，站在地面上观察矿砂下落的速度为 $v_1=4$ m/s，方向与铅直线成 30°角，传送带 B 水平传动速度 $v_2=3$ m/s。求矿砂相对于传送带 B 的速度。

解题分析与思路：选一粒矿砂 M 为动点，动参考系固定在传送带 B 上。矿砂相对地面的速度 $\boldsymbol{v}_1$ 是绝对速度，牵连速度为动参考系上与动点 M 重合的一点的速度，也即为传送带 B 的水平传动速度 $\boldsymbol{v}_2$。例 9.3 中为牵连和相对速度已知，求绝对速度。此题中为绝对和牵连速度已知，求相对速度。画出速度平行四边形，可求解。

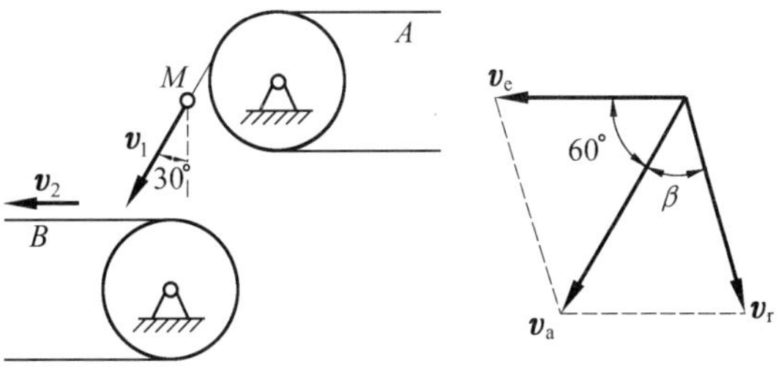

图 9.7

解：　选一粒矿砂 M 为动点，动参考系固定在传送带 B 上。矿砂相对地面的速度 $\boldsymbol{v}_1$ 为绝对速度，传送带 B 的水平传动速度 $\boldsymbol{v}_2$ 为牵连速度。由

$$\boldsymbol{v}_a=\boldsymbol{v}_e+\boldsymbol{v}_r$$

画出速度平行四边形如图 9.7 所示，由图中的几何关系和余弦定理得

$$v_r=\sqrt{v_a^2+v_e^2-2v_av_e\cos 60^\circ}=3.6\ \text{m/s}$$

由正弦定理，有 $\dfrac{\sin\beta}{v_e}=\dfrac{\sin 60^\circ}{v_r}$，解得 $\boldsymbol{v}_r$ 和 $\boldsymbol{v}_a$ 之间的夹角 β 为

$$\beta=46^\circ 12'$$

总结以上各例题的解题步骤，可归纳总结如下：

(1)选取动点，动参考系

在选择动点和动参考系时要注意，所选的动点和动参考系不能选在同一个物体上，若选在同一个物体上就没有相对运动。同时要注意，所选择的动点和动参考系一般应使相对轨迹清楚。

(2)分析三种运动和三种速度

绝对运动是怎样的一种运动(直线运动、圆周运动或其他某种曲线运动)？其轨迹、速度是否已知？

相对运动是怎样的一种运动(直线运动、圆周运动或其他某种曲线运动)？其轨迹、速度是否已知？

牵连运动是怎样的一种运动(平移、转动或其他某种形式的刚体运动)？牵连速度是否已知？

各种运动的速度都有大小和方向两个要素，只有已知四个要素时才能画出速度平行四边形，才可以求解。

(3)应用速度合成定理，画出速度平行四边形

必须注意，画图时要使绝对速度成为平行四边形的对角线。

(4)利用速度平行四边形中的几何关系解出未知数

画出的速度分析图一般是一个平行四边形，可分解为一个三角形利用几何关系求解。

本节建立了绝对速度、相对速度和牵连速度的关系，下面一节讨论三种加速度之间的关系。

9.3 点的加速度合成定理

本节讨论点的绝对加速度、相对加速度和牵连加速度三者之间的关系。

由速度合成定理

$$\boldsymbol{v}_{\mathrm{a}}=\boldsymbol{v}_{\mathrm{e}}+\boldsymbol{v}_{\mathrm{r}}$$

把此式两边同时对时间求一阶导数，有

$$\frac{\mathrm{d}\boldsymbol{v}_{\mathrm{a}}}{\mathrm{d}t}=\frac{\mathrm{d}\boldsymbol{v}_{\mathrm{e}}}{\mathrm{d}t}+\frac{\mathrm{d}\boldsymbol{v}_{\mathrm{r}}}{\mathrm{d}t}$$

又有

$$\frac{\mathrm{d}\boldsymbol{v}}{\mathrm{d}t}=\boldsymbol{a}$$

则是否就有 $\boldsymbol{a}_{\mathrm{a}}=\boldsymbol{a}_{\mathrm{e}}+\boldsymbol{a}_{\mathrm{r}}$？即三种加速度间的关系就是如此？事情并不是如此简单，看下面一个例子。

一半径为 R 的圆盘绕中心轴 O 以匀角速度 ω 转动，圆盘边缘有一动点 M，以相对速度 $\boldsymbol{v}_{\mathrm{r}}$ 匀速沿边缘做匀速圆周运动，如图 9.8 所示，求点 M 的加速度。把动系建于圆盘上，选动点 M 为动点，则动点 M 的牵连速度为 $v_{\mathrm{e}}=R\omega$，由点的速度合成定理知，点 M 的绝对速度为 $v_{\mathrm{a}}=v_{\mathrm{e}}+v_{\mathrm{r}}=R\omega+v_{\mathrm{r}}$，因 ω，v_{r} 均为常量，所以绝对速度 v_{a} 为常量，也即动点 M 的绝对运动为匀速圆周运动，其切向加速度为 $a_{\mathrm{a}}^{\mathrm{t}}=0$，法向加速度

$$a_{\mathrm{a}}^{\mathrm{n}}=\frac{v_{\mathrm{a}}^{2}}{R}=R\omega^{2}+2\omega v_{\mathrm{r}}+\frac{v_{\mathrm{r}}^{2}}{R} \tag{1}$$

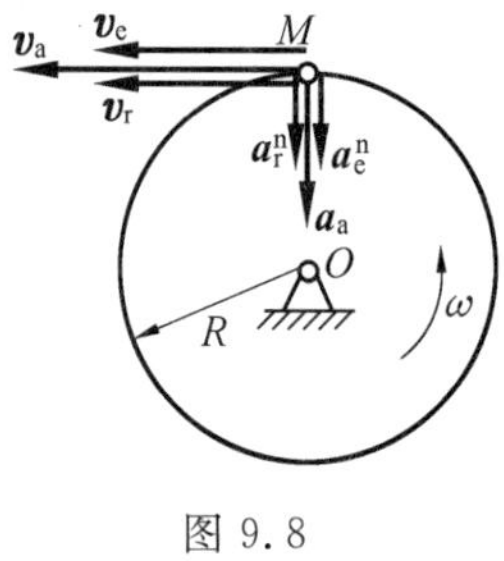

图 9.8

由公式 $\boldsymbol{a}_{\mathrm{a}}=\boldsymbol{a}_{\mathrm{e}}+\boldsymbol{a}_{\mathrm{r}}$ 求解。由于圆盘为匀速转动，各点无切向加速度，所以牵连切向加速度 $a_{\mathrm{e}}^{\mathrm{t}}=0$，而牵连法向加速度

$$a_{\mathrm{e}}^{\mathrm{n}}=R\omega^{2}$$

由于相对圆盘的运动也为匀速运动，相对切向加速度 $a_{\mathrm{r}}^{\mathrm{t}}=0$，相对法向加速度

$$a_{\mathrm{r}}^{\mathrm{n}}=\frac{v_{\mathrm{r}}^{2}}{R}$$

由公式 $\boldsymbol{a}_{\mathrm{a}}=\boldsymbol{a}_{\mathrm{e}}+\boldsymbol{a}_{\mathrm{r}}$，得 $a_{\mathrm{a}}^{\mathrm{t}}=0$，而

$$a_{\mathrm{a}}^{\mathrm{n}}=a_{\mathrm{e}}^{\mathrm{n}}+a_{\mathrm{r}}^{\mathrm{n}}=R\omega^{2}+\frac{v_{\mathrm{r}}^{2}}{R} \tag{2}$$

对此例，用两种方法所得动点的绝对加速度式(1)，(2)明显不一样。在此例中，动点的绝对运动为匀速圆周运动，其绝对速度为 $v_{\mathrm{a}}=R\omega+v_{\mathrm{r}}$，为两项。求其绝对加速度用公式 $a_{\mathrm{a}}^{\mathrm{n}}=\dfrac{v_{\mathrm{a}}^{2}}{R}$，所得 $a_{\mathrm{a}}^{\mathrm{n}}=R\omega^{2}+2\omega v_{\mathrm{r}}+\dfrac{v_{\mathrm{r}}^{2}}{R}$，明显无误。而用公式 $\boldsymbol{a}_{\mathrm{a}}=\boldsymbol{a}_{\mathrm{e}}+\boldsymbol{a}_{\mathrm{r}}$ 求解，所得为 $a_{\mathrm{a}}^{\mathrm{n}}=$

$R\omega^2+\frac{v_r^2}{R}$,结果不同,差了一项。那么,问题出在哪里？问题在于,在此例中,动系为定轴转动,在动系定轴转动情况下,用加速度合成公式 $\boldsymbol{a}_a=\boldsymbol{a}_e+\boldsymbol{a}_r$ 求解加速度,是不正确的。也就是说,在动系定轴转动时,加速度合成公式 $\boldsymbol{a}_a=\boldsymbol{a}_e+\boldsymbol{a}_r$ 是错误的。

那么,加速度合成公式 $\boldsymbol{a}_a=\boldsymbol{a}_e+\boldsymbol{a}_r$ 是不是完全错误的,也不是,在动系平移时,此公式是对的。下面给出加速度合成的正确结果。

1. 牵连运动为平移时点的加速度合成定理

当动系平移时,即牵连运动为平移时,动点在某瞬时的绝对加速度等于该瞬时它的牵连加速度与相对加速度的矢量和。用公式表示为

$$\boldsymbol{a}_a=\boldsymbol{a}_e+\boldsymbol{a}_r \tag{9.2}$$

2. 牵连运动为定轴转动时点的加速度合成定理

当动系为定轴转动时,即牵连运动为定轴转动时,动点在某瞬时的绝对加速度等于该瞬时它的牵连加速度、相对加速度与科氏加速度的矢量和。用公式表示为

$$\boldsymbol{a}_a=\boldsymbol{a}_e+\boldsymbol{a}_r+\boldsymbol{a}_C \tag{9.3}$$

式中

$$\boldsymbol{a}_C=2\boldsymbol{\omega}_e\times\boldsymbol{v}_r \tag{9.4}$$

称 $\boldsymbol{a}_C$ 为**科氏加速度**。其中,$\boldsymbol{\omega}_e$ 为动系的角速度矢量,其表示方法很简单,用右手螺旋法则,把 4 个手指朝动系转动方向转过去,拇指方向即为角速度矢量方向,如图 9.9(a)、(b)所示。

科氏加速度的确定,按矢量叉乘的定义,如图 9.9(c)所示。

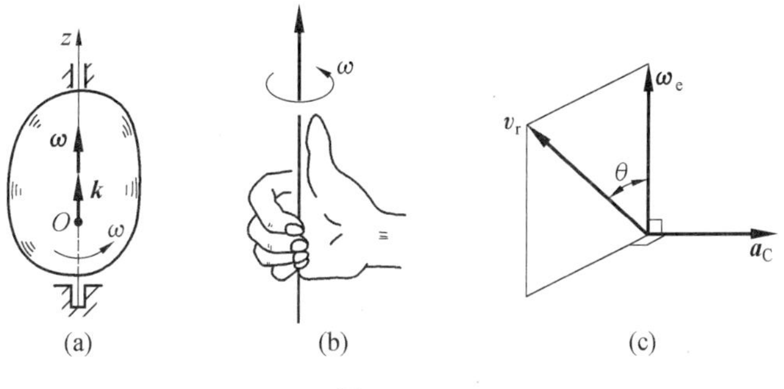

图 9.9

对图 9.8 例,由于圆盘为定轴转动,其有科氏加速度,所以求加速度应该用公式(9.3),而不能用公式(9.2)。此例的科氏加速度 $\boldsymbol{a}_C=2\boldsymbol{\omega}_e\times\boldsymbol{v}_r=2\boldsymbol{\omega}\times\boldsymbol{v}_r$,方向和牵连加速度、相对法向加速度相同,大小为 $a_C=2\omega v_r$。用牵连运动是转动时点的加速度合成定理求解,所得结果和式(1)完全相同。

科氏加速度是法国数学家科利奥里于 1832 年发现的,因而命名为科利奥里加速度,简称科氏加速度。

可以证明,当牵连运动为任意运动时,点的加速度合成定理式(9.3)都成立,它是点的加速度合成定理的普遍形式。例如,当牵连运动为平移时,因其没有角速度,$\boldsymbol{\omega}_e=0$,所以科氏加速度 $\boldsymbol{a}_C=0$,有 $\boldsymbol{a}_a=\boldsymbol{a}_e+\boldsymbol{a}_r$,即为动系平移时的加速度合成定理。又例如,当牵连运动为刚体(动系)做平面运动时,点的加速度合成定理式(9.3)也成立。

此处还要说明一点,科利奥里发现的科氏加速度,对人类有非常重要的贡献,下面举例说明。

由于地球在自转，若地球上的任何物体相对地球有运动，其必存在科氏加速度。在人类没有认识到科氏加速度以前，许多现象得不到合理解释。如在北半球，不管河水怎么流动，沿着河水流动的方向走，右岸比较陡峭，即冲刷比较显著，这在地质学上是一个规律，原因是什么？原来地质学家解释不清楚。在北半球，刮台风时，台风总是逆时针方向旋转；在空旷的原野上，刮龙卷风和大旋风时，也总是逆时针方向旋转，原因是什么？原来气象学家也解释不清楚。同样在北半球，各种藤蔓植物生长时，总是逆时针向上爬蔓，植物学家解释不清楚。这原来都是自然之谜，但科氏加速度被发现之后，这些都得到了合理的解释。因为不管是河水、气流，还是爬蔓植物的嫩尖，其都有质量，相对地球有运动，就有科氏加速度，由牛顿第二定律，其就受这样的力作用，所以就会产生这样的现象。

河水、气流相对地球运动的速度较慢，爬蔓植物的嫩尖相对地球运动的速度就更慢，其都要受科氏加速度的影响。而打枪与打炮，发射导弹与火箭，这些东西相对地球运动的速度就很大，不考虑科氏加速度的影响绝对不行。因此，科氏加速度的发现，对人类有非常重要的贡献。

点的加速度合成定理的推导比较复杂，作为一般读者，能熟练地使用加速度合成定理求解问题就已经达到目的，所以可以不关心点的加速度合成定理的推导。下面给出点的加速度合成定理的推导，读者可以根据自己的情况，选择性地阅读。

3. * 点的加速度合成定理的推导

(1)矢量对时间的绝对导数和相对导数

空间中有任意的一变矢量 $\boldsymbol{A}(t)$，建一静坐标系 $Oxyz$，一动坐标系 $O'x'y'z'$，如图 9.10 所示。称在静系中观测到的矢量 $\boldsymbol{A}$ 对时间的导数为绝对导数，记为 $\frac{\mathrm{d}\boldsymbol{A}}{\mathrm{d}t}$；在动系中观测到的矢量 $\boldsymbol{A}$ 对时间的导数为相对导数，记为 $\frac{\mathrm{d}'\boldsymbol{A}}{\mathrm{d}t}$。把矢量 $\boldsymbol{A}$ 在动系中表示为

$$\boldsymbol{A}=x'\boldsymbol{i}'+y'\boldsymbol{j}'+z'\boldsymbol{k}'$$

式中，x'，y'，z' 为矢量 $\boldsymbol{A}$ 在动系坐标轴上的投影，$\boldsymbol{i}'$，$\boldsymbol{j}'$，$\boldsymbol{k}'$ 为动系沿 3 个坐标轴的单位矢量。

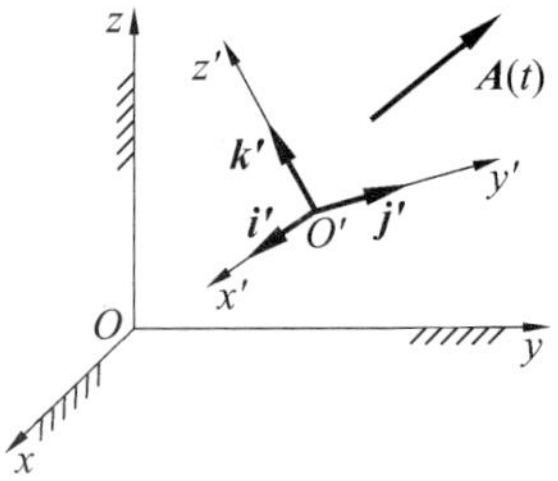

图 9.10

在动系中对矢量 $\boldsymbol{A}$ 求导数，为相对导数，即在动系中观测到的矢量 $\boldsymbol{A}$ 对时间的变化率为

$$\frac{\mathrm{d}'\boldsymbol{A}}{\mathrm{d}t}=\frac{\mathrm{d}}{\mathrm{d}t}(x'\boldsymbol{i}'+y'\boldsymbol{j}'+z'\boldsymbol{k}')=\frac{\mathrm{d}x'}{\mathrm{d}t}\boldsymbol{i}'+\frac{\mathrm{d}y'}{\mathrm{d}t}\boldsymbol{j}'+\frac{\mathrm{d}z'}{\mathrm{d}t}\boldsymbol{k}' \tag{1}$$

因在动系中，单位矢量 $\boldsymbol{i}'$，$\boldsymbol{j}'$，$\boldsymbol{k}'$ 为常矢量。

在静系中对矢量 $\boldsymbol{A}$ 求导数，为绝对导数，即在静系中观测到的矢量 $\boldsymbol{A}$ 对时间的变化率为

$$\frac{\mathrm{d}\boldsymbol{A}}{\mathrm{d}t}=\frac{\mathrm{d}}{\mathrm{d}t}(x'\boldsymbol{i}'+y'\boldsymbol{j}'+z'\boldsymbol{k}')=\frac{\mathrm{d}x'}{\mathrm{d}t}\boldsymbol{i}'+x'\frac{\mathrm{d}\boldsymbol{i}'}{\mathrm{d}t}+\frac{\mathrm{d}y'}{\mathrm{d}t}\boldsymbol{j}'+y'\frac{\mathrm{d}\boldsymbol{j}'}{\mathrm{d}t}+\frac{\mathrm{d}z'}{\mathrm{d}t}\boldsymbol{k}'+z'\frac{\mathrm{d}\boldsymbol{k}'}{\mathrm{d}t} \tag{2}$$

因在静系中，单位矢量 $\boldsymbol{i}'$，$\boldsymbol{j}'$，$\boldsymbol{k}'$ 为变矢量。

比较式(1)和(2)，有

$$\frac{\mathrm{d}\boldsymbol{A}}{\mathrm{d}t}=\frac{\mathrm{d}'\boldsymbol{A}}{\mathrm{d}t}+x'\frac{\mathrm{d}\boldsymbol{i}'}{\mathrm{d}t}+y'\frac{\mathrm{d}\boldsymbol{j}'}{\mathrm{d}t}+z'\frac{\mathrm{d}\boldsymbol{k}'}{\mathrm{d}t} \tag{3}$$

式(3)为在一般情况下，任意一个矢量对时间的绝对导数和相对导数的关系。若在静系中，单位矢量 $\boldsymbol{i}'$，$\boldsymbol{j}'$，$\boldsymbol{k}'$ 为常矢量，也即动系相对静系为平移，则绝对导数和相对导数的关系为

$$\frac{\mathrm{d}\boldsymbol{A}}{\mathrm{d}t}=\frac{\mathrm{d}'\boldsymbol{A}}{\mathrm{d}t} \tag{4}$$

现在讨论在静系中，单位矢量 $\boldsymbol{i}'$，$\boldsymbol{j}'$，$\boldsymbol{k}'$ 为变矢量，动系相对静系定轴转动时，绝对导数和相对导数的关

系。

刚体定轴转动时，其上任意一点的速度由 8.5 节知，可用矢量叉乘积表示为

$$\frac{\mathrm{d}\boldsymbol{r}}{\mathrm{d}t}=\boldsymbol{v}=\boldsymbol{\omega}\times\boldsymbol{r}$$

如图 9.11(a)所示，而单位矢量 $\boldsymbol{i}'$ 也确定了定轴转动刚体上的一点，单位矢量 $\boldsymbol{i}'$ 相当于矢量 $\boldsymbol{r}$，如图 9.11(b)所示，于是有

$$\frac{\mathrm{d}\boldsymbol{i}'}{\mathrm{d}t}=\boldsymbol{v}_{i'}=\boldsymbol{\omega}\times\boldsymbol{i}'$$

同理，有

$$\frac{\mathrm{d}\boldsymbol{j}'}{\mathrm{d}t}=\boldsymbol{v}_{j'}=\boldsymbol{\omega}\times\boldsymbol{j}'$$

$$\frac{\mathrm{d}\boldsymbol{k}'}{\mathrm{d}t}=\boldsymbol{v}_{k'}=\boldsymbol{\omega}\times\boldsymbol{k}'$$

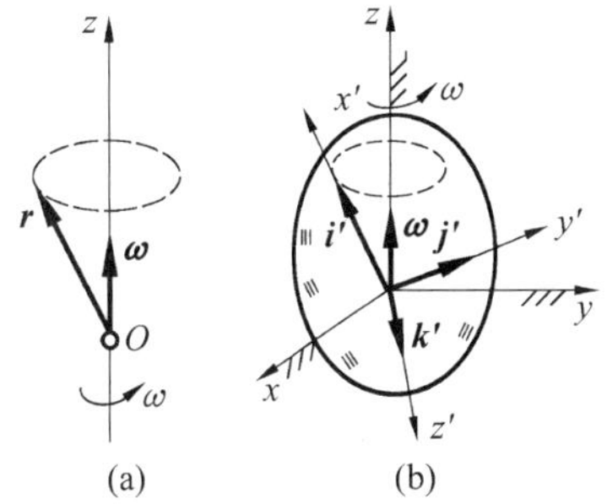

图 9.11

把$\frac{\mathrm{d}\boldsymbol{i}'}{\mathrm{d}t}$，$\frac{\mathrm{d}\boldsymbol{j}'}{\mathrm{d}t}$，$\frac{\mathrm{d}\boldsymbol{k}'}{\mathrm{d}t}$代入式(3)得

$$\begin{aligned}\frac{\mathrm{d}\boldsymbol{A}}{\mathrm{d}t}=&\frac{\mathrm{d}'\boldsymbol{A}}{\mathrm{d}t}+x'\frac{\mathrm{d}\boldsymbol{i}'}{\mathrm{d}t}+y'\frac{\mathrm{d}\boldsymbol{j}'}{\mathrm{d}t}+z'\frac{\mathrm{d}\boldsymbol{k}'}{\mathrm{d}t}=\\&\frac{\mathrm{d}'\boldsymbol{A}}{\mathrm{d}t}+x'(\boldsymbol{\omega}\times\boldsymbol{i}')+y'(\boldsymbol{\omega}\times\boldsymbol{j}')+z'(\boldsymbol{\omega}\times\boldsymbol{k}')=\\&\frac{\mathrm{d}'\boldsymbol{A}}{\mathrm{d}t}+\boldsymbol{\omega}\times(x'\boldsymbol{i}'+y'\boldsymbol{j}'+z'\boldsymbol{k}')\end{aligned}$$

也即在动系定轴转动的情况下，矢量 $\boldsymbol{A}$ 的绝对导数和相对导数之间的关系为

$$\frac{\mathrm{d}\boldsymbol{A}}{\mathrm{d}t}=\frac{\mathrm{d}'\boldsymbol{A}}{\mathrm{d}t}+\boldsymbol{\omega}\times\boldsymbol{A}\tag{5}$$

(2)动系平移时点的加速度合成定理

如图 9.12 所示，物体相对静系 $Oxyz$ 平移，在物体上建动系 $O'x'y'z'$，相对静系为平移，单位矢量 $\boldsymbol{i}'$，$\boldsymbol{j}'$，$\boldsymbol{k}'$ 为常矢量。动系坐标原点的速度、加速度以 $\boldsymbol{v}_O{}'$ 与 $\boldsymbol{a}_O{}'$ 表示，动点 M 的相对轨迹为曲线 AB。在动系平移的情况下，动点的牵连速度 $\boldsymbol{v}_e$ 与加速度 $\boldsymbol{a}_e$ 和动系坐标原点的速度、加速度相同，即

$$\boldsymbol{v}_e=\boldsymbol{v}_{O'},\quad \boldsymbol{a}_e=\boldsymbol{a}_{O'}$$

由速度合成定理 $\boldsymbol{v}_a=\boldsymbol{v}_e+\boldsymbol{v}_r$，有

$$\boldsymbol{v}_a=\boldsymbol{v}_e+\boldsymbol{v}_r=\boldsymbol{v}_{O'}+\boldsymbol{v}_r\tag{6}$$

把此式两边对时间求绝对导数，有

$$\frac{\mathrm{d}\boldsymbol{v}_a}{\mathrm{d}t}=\frac{\mathrm{d}\boldsymbol{v}_e}{\mathrm{d}t}+\frac{\mathrm{d}\boldsymbol{v}_r}{\mathrm{d}t}=\frac{\mathrm{d}\boldsymbol{v}_{O'}}{\mathrm{d}t}+\frac{\mathrm{d}\boldsymbol{v}_r}{\mathrm{d}t}\tag{7}$$

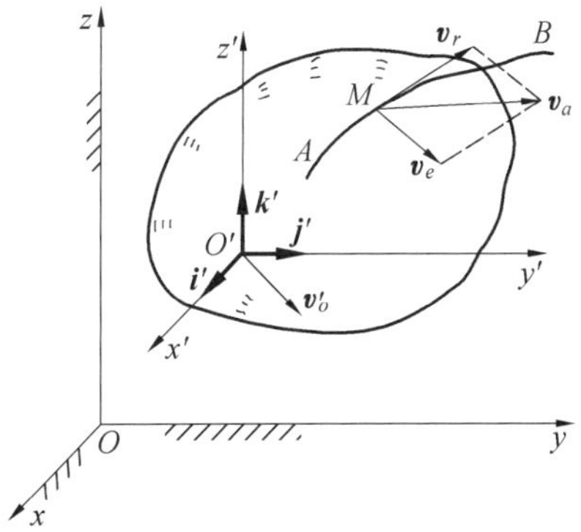

图 9.12

式(7)中，$\frac{\mathrm{d}\boldsymbol{v}_a}{\mathrm{d}t}$为绝对速度对时间求绝对导数，为在静系中观测到的绝对速度的变化率，即绝对加速度，有

$$\boldsymbol{a}_a=\frac{\mathrm{d}\boldsymbol{v}_a}{\mathrm{d}t}\tag{8}$$

式(7)中，$\frac{\mathrm{d}\boldsymbol{v}_{O'}}{\mathrm{d}t}$为动系坐标原点的速度对时间求绝对导数，为动系坐标原点的加速度，即

$$\frac{\mathrm{d}\boldsymbol{v}_{O'}}{\mathrm{d}t}=\boldsymbol{a}_{O'}=\boldsymbol{a}_e\tag{9}$$

式(7)中，$\frac{\mathrm{d}\boldsymbol{v}_r}{\mathrm{d}t}$为相对速度对时间求绝对导数，当动系平移时，由绝对导数与相对导数的关系式(4)，绝对导数

与相对导数相等，于是有

$$\frac{\mathrm{d}\boldsymbol{v}_r}{\mathrm{d}t}=\frac{\mathrm{d}'\boldsymbol{v}_r}{\mathrm{d}t}=\boldsymbol{a}_r \tag{10}$$

把式(8)，(9)，(10)代入式(7)，有

$$\boldsymbol{a}_a=\boldsymbol{a}_e+\boldsymbol{a}_r \tag{11}$$

此即为动系平移时的加速度合成定理，得证。

(3)动系转动时点的加速度合成定理

动系(刚体)定轴转动时，设动系的角速度矢量以 $\boldsymbol{\omega}_e$ 表示，角加速度以矢量 $\boldsymbol{\alpha}_e$ 表示，动点和动系重合的动系上一点的速度，也即定轴转动刚体上一点的速度为牵连速度，其加速度为牵连加速度，分别为

$$\boldsymbol{v}_e=\boldsymbol{\omega}_e\times\boldsymbol{r}$$

$$\boldsymbol{a}_e=\boldsymbol{a}_e^t+\boldsymbol{a}_e^n=\boldsymbol{\alpha}_e\times\boldsymbol{r}+\boldsymbol{\omega}_e\times\boldsymbol{v}_e$$

由速度合成定理 $\boldsymbol{v}_a=\boldsymbol{v}_e+\boldsymbol{v}_r$，把此式两边对时间求绝对导数，有

$$\frac{\mathrm{d}\boldsymbol{v}_a}{\mathrm{d}t}=\frac{\mathrm{d}\boldsymbol{v}_e}{\mathrm{d}t}+\frac{\mathrm{d}\boldsymbol{v}_r}{\mathrm{d}t} \tag{12}$$

式中，$\frac{\mathrm{d}\boldsymbol{v}_a}{\mathrm{d}t}$为绝对速度对时间求绝对导数，为在静系中观测到的绝对速度的变化率，为绝对加速度，有

$$\boldsymbol{a}_a=\frac{\mathrm{d}\boldsymbol{v}_a}{\mathrm{d}t} \tag{13}$$

而

$$\begin{aligned}\frac{\mathrm{d}\boldsymbol{v}_e}{\mathrm{d}t}&=\frac{\mathrm{d}}{\mathrm{d}t}(\boldsymbol{\omega}_e\times\boldsymbol{r})=\frac{\mathrm{d}\boldsymbol{\omega}_e}{\mathrm{d}t}\times\boldsymbol{r}+\boldsymbol{\omega}_e\times\frac{\mathrm{d}\boldsymbol{r}}{\mathrm{d}t}=\\&\boldsymbol{\alpha}_e\times\boldsymbol{r}+\boldsymbol{\omega}_e\times(\boldsymbol{v}_e+\boldsymbol{v}_r)=\\&\boldsymbol{\alpha}_e\times\boldsymbol{r}+\boldsymbol{\omega}_e\times\boldsymbol{v}_e+\boldsymbol{\omega}_e\times\boldsymbol{v}_r=\\&\boldsymbol{a}_e+\boldsymbol{\omega}_e\times\boldsymbol{v}_r\end{aligned} \tag{14}$$

可见，动系定轴转动时，牵连速度的导数$\frac{\mathrm{d}\boldsymbol{v}_e}{\mathrm{d}t}$并不完全等于牵连加速度 $\boldsymbol{a}_e$，其多出一项加速度 $\boldsymbol{\omega}_e\times\boldsymbol{v}_r$。

式(12)中，$\frac{\mathrm{d}\boldsymbol{v}_r}{\mathrm{d}t}$为相对速度对时间求绝对导数，其并不完全等于相对加速度。由任意一个矢量的绝对导数和相对导数的关系式(5)，有

$$\frac{\mathrm{d}\boldsymbol{v}_r}{\mathrm{d}t}=\frac{\mathrm{d}'\boldsymbol{v}_r}{\mathrm{d}t}+\boldsymbol{\omega}_e\times\boldsymbol{v}_r$$

式中，$\frac{\mathrm{d}'\boldsymbol{v}_r}{\mathrm{d}t}$为相对速度对时间求相对导数，即在动系下对相对速度求导数，为相对加速度，因此有

$$\frac{\mathrm{d}\boldsymbol{v}_r}{\mathrm{d}t}=\boldsymbol{a}_r+\boldsymbol{\omega}_e\times\boldsymbol{v}_r \tag{15}$$

可见，动系定轴转动时，相对速度的导数$\frac{\mathrm{d}\boldsymbol{v}_r}{\mathrm{d}t}$并不完全等于相对加速度 $\boldsymbol{a}_r$，其多出一项加速度 $\boldsymbol{\omega}_e\times\boldsymbol{v}_r$。

最后把式(13)，(14)，(15)代入式(12)，有

$$\boldsymbol{a}_a=\boldsymbol{a}_e+\boldsymbol{a}_r+2\boldsymbol{\omega}_e\times\boldsymbol{v}_r \tag{16}$$

此结果即为牵连运动是转动时点的加速度合成定理，推导结束。

例 9.5 曲柄 OA 绕固定轴 O 转动，T 字形滑杆 BC 沿水平方向往复平移，如图 9.13 所示。铰接在曲柄端 A 的滑块，在 T 字形滑杆的铅直槽 DE 内滑动。曲柄以匀角速度 ω 转动，$OA=R$，求滑杆 BC 的速度与加速度。

解题分析与思路：T 字形滑杆 BC 做平移运动，把动系建于此滑杆上，动点选为滑块 A。则绝对运动轨迹为以 O 为圆心、R 为半径的圆；相对运动轨迹为沿滑槽 DE 的直线；牵连运动为滑杆 BC 的平移。画出速度图如图 9.13(a)所示，可求解。因动系为平移，所以可用动系平移时点的加速度合成定理求解。因 OA 杆为匀速转动，其只有法向加速度，大小、方向为已知，相对加速度沿着铅直线，牵连加速度沿着水平方向，

画出加速度图可求解。

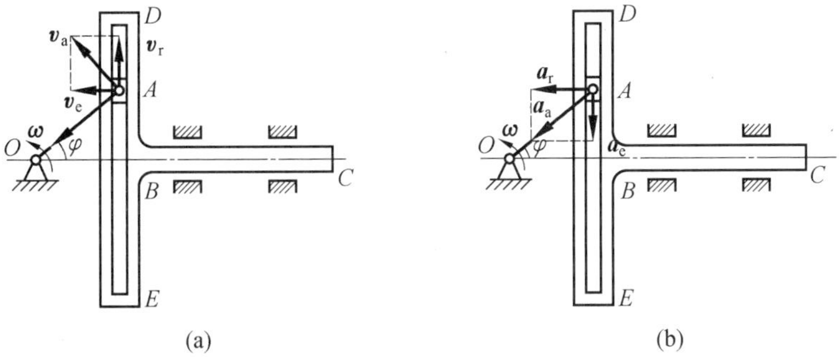

图 9.13

解： 把动系建于滑杆 BC 上，动点选为滑块 A。由速度合成定理 $\boldsymbol{v}_a=\boldsymbol{v}_e+\boldsymbol{v}_r$，速度分析图如图9.13(a)所示，$v_a=R\omega$，解得

$$v_{BC}=v_e=v_a\sin\varphi$$

即滑杆 BC 的速度为

$$v_{BC}=R\omega\sin\omega t$$

由动系平移时的加速度合成定理有

$$\boldsymbol{a}_a=\boldsymbol{a}_e+\boldsymbol{a}_r$$

式中 $a_a=a_a^n=R\omega^2$。画出加速度矢量图如图 9.13(b)所示，由图中三角关系可求得

$$a_e=a_a\cos\varphi=R\omega^2\cos\varphi$$

此即滑杆 BC 的加速度。

例 9.6　图 9.14(a)所示凸轮在水平面上向右做减速运动，凸轮半径为 R，图示瞬时的速度和加速度分别为 $\boldsymbol{v}$ 和 $\boldsymbol{a}$。求杆 AB 在图示位置时的速度和加速度。

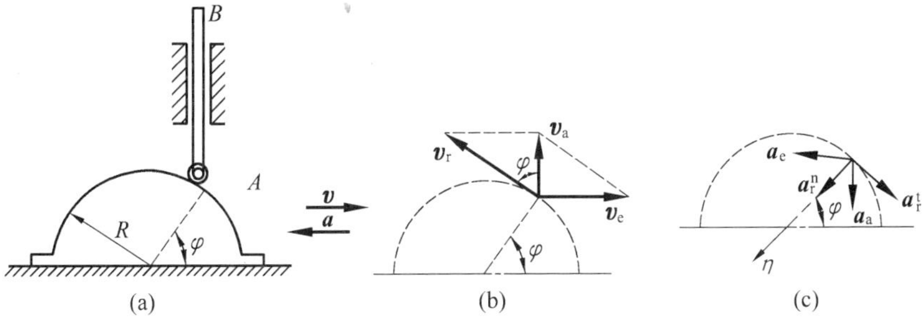

图 9.14

解题分析与思路：以杆 AB 上的点 A 为动点，动系建于凸轮上，则点 A 的绝对轨迹为铅直线，相对运动轨迹为沿着凸轮的轮廓线，牵连运动为平移。凸轮的速度、加速度为牵连速度、牵连加速度。画出速度图与加速度图求解。

解： 选杆 AB 上的点 A 为动点，动系建于凸轮上。由速度合成定理有

$$\boldsymbol{v}_a=\boldsymbol{v}_e+\boldsymbol{v}_r$$

速度图如图 9.14(b)所示。式中 $v_e=v$，由图中几何关系可求得杆 AB 的速度为

$$v_{AB}=v_a=v\cot\varphi$$

因为动系为平移，由加速度合成定理有

$$\boldsymbol{a}_a=\boldsymbol{a}_e+\boldsymbol{a}_r^t+\boldsymbol{a}_r^n \tag{1}$$

?　　　?

式中，$a_e=a$，$a_r^n=\dfrac{v_r^2}{R}$，由图(b)中可求得 $v_r=\dfrac{v}{\sin\varphi}$，则 $a_r^n=\dfrac{v_r^2}{R}=\dfrac{v^2}{R\sin^2\varphi}$。加速度图如图 9.14(c)所示。

为避开求 a_r^t，用一个方程求出 a_a，把式(1)沿图示轴 η 投影，有

$$a_a\sin\varphi=a_e\cos\varphi+a_r^n$$

求得杆 AB 在图示位置时的加速度为

$$a_a=a\cot\varphi+\frac{v^3}{R\sin^3\varphi}$$

注意，牵连运动为平移时点的加速度合成定理 $\boldsymbol{a}_a=\boldsymbol{a}_e+\boldsymbol{a}_r$ 和速度合成定理 $\boldsymbol{v}_a=\boldsymbol{v}_e+\boldsymbol{v}_r$ 形式相同，但求解方式一般不同。速度合成定理里有 3 项速度，加速度合成定理里最多可有 6 项加速度，分别为绝对切向、法向加速度，牵连切向、法向加速度，相对切向、法向加速度。所以求解速度时一般解一个平行四边形(或三角形)即可，而求解加速度时则一般需用矢量投影的方法。

例 9.7 刨床急回机构如图 9.15 所示。曲柄 OA 的一端 A 与滑块用铰链连接，曲柄 OA 以匀角速度 ω 绕固定轴 O 转动，滑块在摇杆 O_1B 上滑动，带动摇杆 O_1B 绕固定轴 O_1 摆动。曲柄长 $OA=R$，两轴间的距离为 $OO_1=l$。当曲柄在水平位置时，求摇杆 O_1B 的角速度和角加速度。

解题分析与思路：考虑到动点，动系的选择，相对轨迹要清楚，对此题把动系建于摇杆 O_1B 上，选滑块 A 为动点比较方便。这样选择，绝对运动轨迹为以 O 为圆心、R 为半径的圆；相对运动轨迹为沿着摇杆 O_1B 的直线；而牵连运动为摇杆 O_1B 的转动，画出速度图求解速度。动系为定轴转动，用动系定轴转动时的加速度合成定理画出加速度图求解加速度。

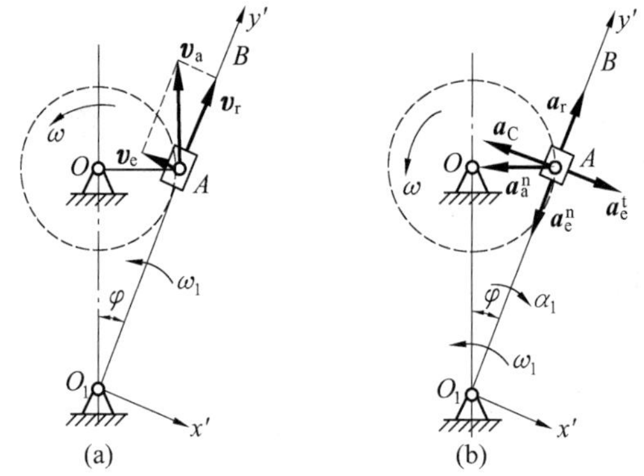

图 9.15

解： 把动系建于摇杆 O_1B 上，选滑块 A 为动点，速度图如图 9.15(a)所示，由

$$\boldsymbol{v}_a=\boldsymbol{v}_e+\boldsymbol{v}_r$$

式中 $v_a=R\omega$，由直角三角形可求得

$$v_e=v_a\sin\varphi=v_a\frac{R}{\sqrt{R^2+l^2}}=\frac{R^2\omega}{\sqrt{R^2+l^2}}$$

则此时摇杆 O_1B 的角速度 ω_1 为

$$\omega_1=\frac{v_e}{O_1A}=\frac{R^2\omega}{R^2+l^2}$$

转动方向如图所示。

加速度分析如图 9.15(b)所示，由

$$\underset{}{\boldsymbol{a}_a=\boldsymbol{a}_a^n=\underset{?}{\boldsymbol{a}_e^t}+\boldsymbol{a}_e^n+\underset{?}{\boldsymbol{a}_r}+\boldsymbol{a}_C} \tag{1}$$

式中 $a_a^n=R\omega^2$，$a_e^n=O_1A\cdot\omega_1^2$，而科氏加速度 $a_C=2\omega_1v_r$。为求得科氏加速度，由图 9.15(a)中求得

$$v_r = v_a \cos\varphi = \frac{Rl\omega}{\sqrt{R^2+l^2}}$$

则科氏加速度为

$$a_C = 2\omega_1 v_r = \frac{2R^3 l\omega^2}{(R^2+l^2)^{3/2}}$$

为避开求相对加速度 $\boldsymbol{a}_r$，把式(1)沿图示的 x' 轴投影，得

$$-a_a^n \cos\varphi = a_e^t - a_C$$

解得

$$a_e^t = -\frac{Rl(l^2-R^2)}{(l^2+R^2)^{3/2}}\omega^2$$

负号表示 a_e^t 与图示的方向相反。最后得摇杆 O_1B 的角加速度为

$$\alpha_1 = \frac{a_e^t}{O_1A} = \frac{Rl(l^2-R^2)}{(l^2+R^2)^2}\omega^2$$

转向为逆时针转向。

例 9.8　半径 $R=50$ mm 的圆盘以匀角速度 $\omega_1=5$ rad/s 绕水平轴 CD 转动，同时框架和 CD 轴一起以匀角速度 $\omega_2=3$ rad/s 绕通过圆盘中心 O 的铅直轴 AB 转动，如图 9.16 所示。求圆盘上 1 和 2 两点的绝对加速度。

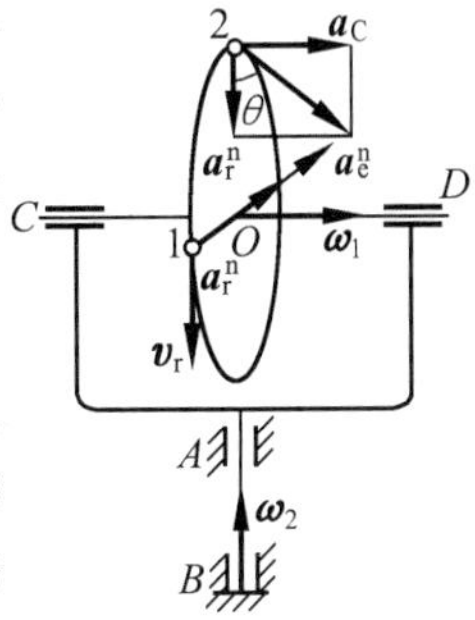

图 9.16

解题分析与思路：取圆盘上的点 1 和点 2 为动点，动参考系与框架固结，则动参考系绕轴 AB 转动。动点的相对运动轨迹是以 O 为圆心，在铅直平面内半径为 R 的圆；因圆盘相对动系为匀速转动，其相对切向加速度为零，相对法向加速度大小为

$$a_r = a_r^n = R\omega_1^2$$

方向为在圆盘平面内指向点 O。而动系也做匀速转动，所以无牵连切向加速度。在点 1 的位置，牵连法向加速度大小为 $a_e^n = R\omega_2^2$，方向在盘面内指向点 O。在点 2 的位置，牵连法向加速度大小为零。在点 1，因相对速度矢量和牵连角速度矢量共线，所以点的科氏加速度为零。在点 2，相对速度矢量和牵连角速度矢量成直角，所以点的科氏加速度也很容易确定。分别画出两位置的加速度图求解。

解：　选取动参考系与框架固结，则动参考系绕轴 AB 转动，分别取点 1 和点 2 为动点。

(1)先求点 1 的加速度

由　$\boldsymbol{a}_a = \boldsymbol{a}_e^t + \boldsymbol{a}_e^n + \boldsymbol{a}_r^t + \boldsymbol{a}_r^n + \boldsymbol{a}_C$

??

式中

$$a_e^t = R\alpha_2 = 0, \quad a_e^n = R\omega_2^2 = 450 \text{ mm/s}^2$$

$$a_r^t = R\alpha_1 = 0, \quad a_r^n = R\omega_1^2 = 1\ 250 \text{ mm/s}^2$$

$$a_C = 2\omega_2 v_r \sin 180° = 0$$

加速度图如图 9.16 所示，则点 1 的绝对加速度大小为

$$a_a = a_e^n + a_r^n = 1\ 700 \text{ mm/s}^2$$

方向和 $\boldsymbol{a}_e^n$，$\boldsymbol{a}_r^n$ 方向相同，指向轮心 O。

(2)求点 2 的加速度

由　$\boldsymbol{a}_a = \boldsymbol{a}_e^t + \boldsymbol{a}_e^n + \boldsymbol{a}_r^t + \boldsymbol{a}_r^n + \boldsymbol{a}_C$

??

式中

$$a_e^t = R\alpha_2 = 0, \quad a_e^n = 0 \cdot \omega_2^2 = 0$$

$$a_r^t = R\alpha_1 = 0, \quad a_r^n = R\omega_1^2 = 1\ 250 \text{ mm/s}^2$$

$$a_C = 2\omega_2 v_r \sin 90° = 2R\omega_1\omega_2 = 1\ 500\ \text{mm/s}^2$$

加速度图如图 9.16 所示，则点 2 的绝对加速度大小为

$$a_a = \sqrt{(a_r^n)^2 + a_C^2} = 1\ 953\ \text{mm/s}^2$$

方向与铅直线形成的夹角为

$$\theta = \arctan \frac{a_C}{a_r^n} = 50°12'$$

总结以上各例求加速度的解题步骤，可见应用加速度合成定理求解点的加速度，其步骤基本上与应用速度合成定理求解点的速度相同，但对大多数题来说，求解难度增加了。因速度分析相对容易，画出速度平行四边形求解也比较容易，但加速度的分析量就比较多，加速度的分析最多可有 7 项，如下式所示

$$\boldsymbol{a}_a^t + \boldsymbol{a}_a^n = \boldsymbol{a}_e^t + \boldsymbol{a}_e^n + \boldsymbol{a}_r^t + \boldsymbol{a}_r^n + \boldsymbol{a}_C$$

式中每一项都有大小和方向两个要素，必须认真分析每一项，才能正确地解决问题。

上式中各项法向加速度的方向总是指向相应曲线的曲率中心，它们的大小总是可以根据相应的速度大小和曲率半径求出。因此，在应用加速度合成定理时，一般应先进行速度分析，这样各项法向加速度就都是已知量。

科氏加速度 $\boldsymbol{a}_C$ 的大小和方向由牵连角速度 $\boldsymbol{\omega}_e$ 和相对速度 $\boldsymbol{v}_r$ 确定，它们也完全可以通过速度分析求出，因此 $\boldsymbol{a}_C$ 的大小和方向两个要素也是已知的。

在平面问题中，一个矢量方程相当于两个代数方程，因而可求解两个未知量。这样，在加速度合成定理中只有 3 项切向加速度的 6 个要素可能是待求量，若知其中的 4 个要素，则余下的两个要素就完全可求了。

对求加速度的问题，当量比较多时，建议在加速度表达式下采用加"?"的方法，把各已知量和未知量区分清楚，以便于求解。

习　　题

9.1 河的两岸相互平行，如图所示。设各处河水流速均匀且不随时间改变，一船由点 A 朝与岸垂直的方向等速驶出，经 10 min 到达对岸，这时船到达点 B 下游 120 m 处的点 C。为使船从点 A 垂直到达对岸的点 B，船应逆流并保持与直线 AB 成某一角度的方向航行。在此情况下，船经 12.5 min 到达对岸。在两种情况下，船相对于水的速度不变，求河宽 L、船相对水的相对速度 $\boldsymbol{v}_r$ 的大小、水流速 $\boldsymbol{v}$ 的大小。

9.2 矿砂从传送带 A 落到另一传送带 B，其绝对速度为 $v_1 = 4$ m/s，方向与铅直线成 30°角，如图所示。传送带 B 与水平面成 15°角，其速度为 $v_2 = 2$ m/s。求此时矿砂对于传送带 B 的相对速度，并问当传送带 B 的速度 $\boldsymbol{v}_2$ 为多大时，矿砂的相对速度才能与它垂直？

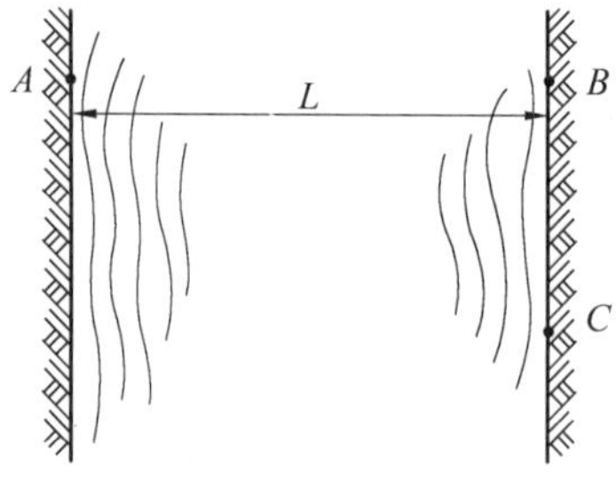

题 9.1 图

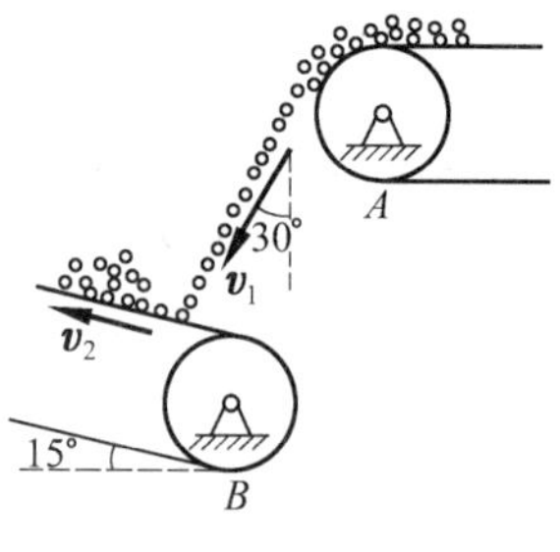

题 9.2 图

9.3　如图所示，瓦特离心调速器以角速度 ω 绕铅直轴转动，由于机器负荷的变化，调速器重球以角速度 ω_1 向外张开。如 $\omega=10$ rad/s，$\omega_1=1.2$ rad/s，球柄长 $l=500$ mm，悬挂球柄的支点到铅直轴的距离为 $e=50$ mm，球柄与铅直轴间所成的交角 $\beta=30°$。求此时重球的绝对速度。

9.4　在图(a)和(b)所示的两种机构中，已知 $O_1O_2=a=200$ mm，$\omega_1=3$ rad/s。求图示位置时杆 O_2A 的角速度。

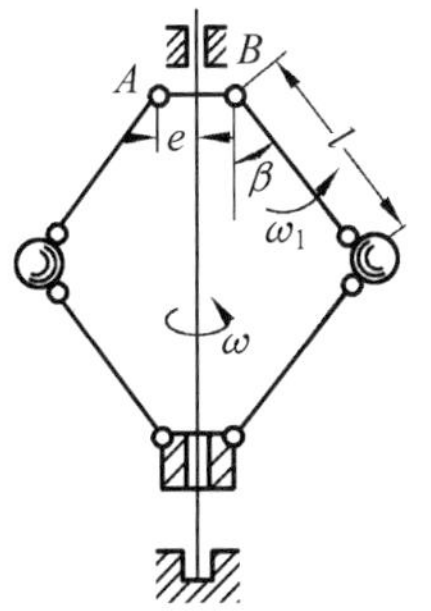

题 9.3 图

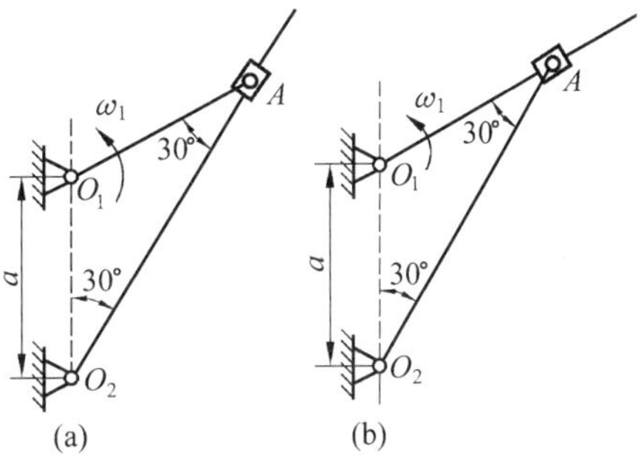

题 9.4 图

9.5　杆 OA 长为 l，由推杆推动在图面内绕轴 O 转动，如图所示。推杆的速度为 $\boldsymbol{v}$，其弯头高为 a。求杆端 A 的速度的大小(表示为由推杆至点 O 的距离 x 的函数)。

9.6　图示曲柄滑道机构中，曲柄长 $OA=r$，并以等角速度 ω 绕轴 O 转动。装在水平杆上的滑槽 DE 与水平线成 60°角。求当曲柄与水平线的交角分别为 $\varphi=0°$、30°、60°时，杆 BC 的速度。

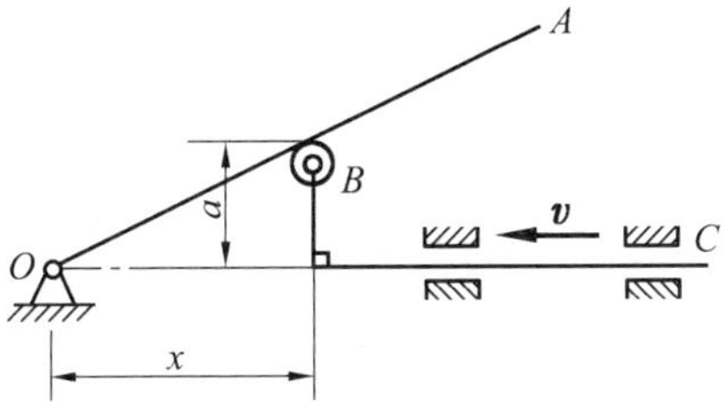

题 9.5 图

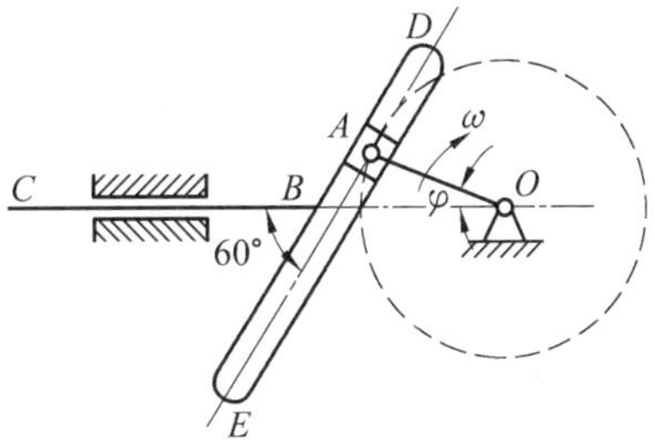

题 9.6 图

9.7　如图所示，摇杆机构的滑杆 AB 以匀速 $\boldsymbol{v}$ 向上运动，初瞬时摇杆 OC 水平。摇杆长 $OC=a$，距离 $OD=l$。求当 $\varphi=45°$时点 C 的速度大小。

9.8　平底顶杆凸轮机构如图所示，顶杆 AB 可沿导轨上下移动，偏心圆盘绕轴 O 转动，轴 O 位于顶杆轴线上。工作时顶杆的平底始终接触凸轮表面。该凸轮半径为 R，偏心距 $OC=e$，凸轮绕轴 O 转动的角速度为 ω，OC 与水平线成夹角为 φ。求当 $\varphi=0°$时，顶杆的速度。

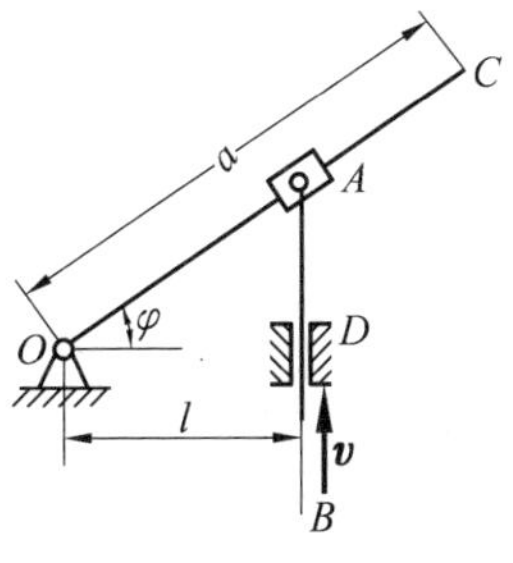

题 9.7 图

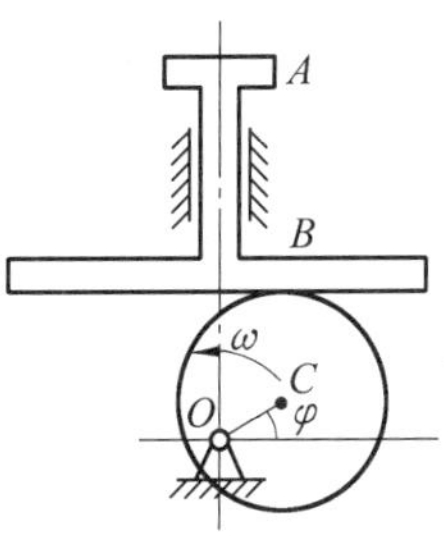

题 9.8 图

9.9 图示绕轴 O 转动的圆盘与直杆 OA 上均有一导槽，两导槽间有一活动销子 M，在图示位置时，圆盘及直杆的角速度分别为 $\omega_1=9$ rad/s 和 $\omega_2=3$ rad/s，$b=0.1$ m。求此瞬时销子 M 的速度。

9.10 直杆 AB 以速度 $\boldsymbol{v}_1$ 沿垂直于 AB 的方向向上移动，直杆 CD 以速度 $\boldsymbol{v}_2$ 沿垂直于 CD 的方向向左上方移动，如图所示。两直杆间的交角为 θ，求两直杆交点 M 的速度。

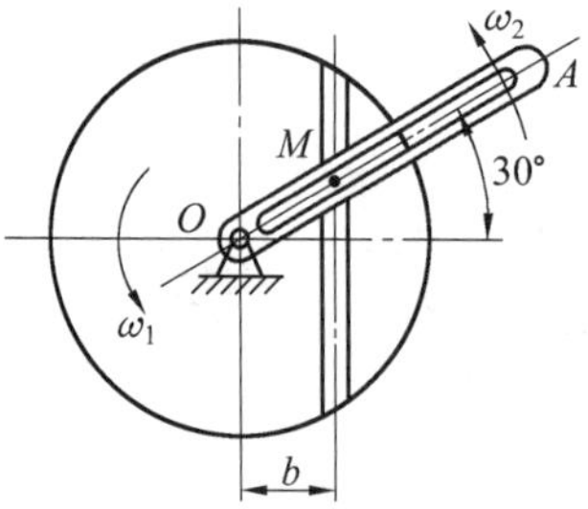

题 9.9 图

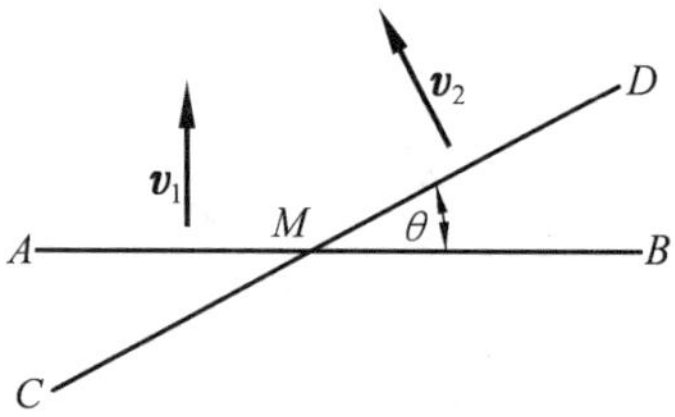

题 9.10 图

9.11 图示铰接四边形机构中，$O_1A=O_2B=100$ mm，又 $O_1O_2=AB$，杆 O_1A 以等角速度 $\omega=2$ rad/s 绕轴 O_1 转动。杆 AB 上有一套筒 C，此筒与杆 CD 相铰接。机构的各部件都在同一铅直面内。求当 $\varphi=60°$时，杆 CD 的速度和加速度。

9.12 剪切金属板的"飞剪机"结构如图所示。工作台 AB 的移动规律是 $s=0.2\sin\dfrac{\pi}{6}t$（单位为 m）。滑块 C 带动上刀片 E 沿导柱运动以切断工件 D，下刀片 F 固定在工作台上。曲柄 $OC=0.6$ m，$t=1$ s 时，$\varphi=60°$。求该瞬时刀片 E 相对于工作台运动的速度和加速度，并求曲柄 OC 转动的角速度和角加速度。

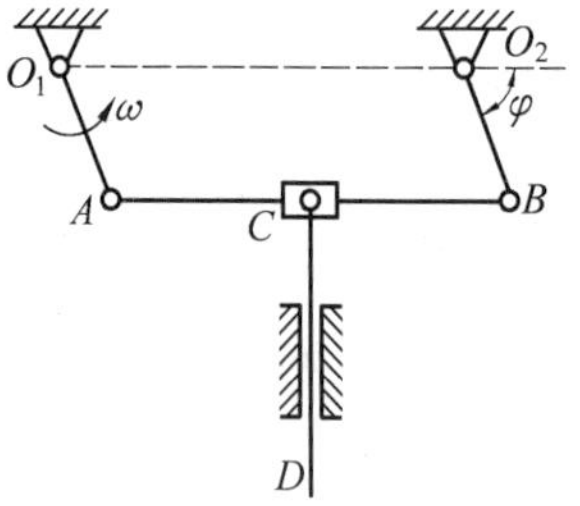

题 9.11 图

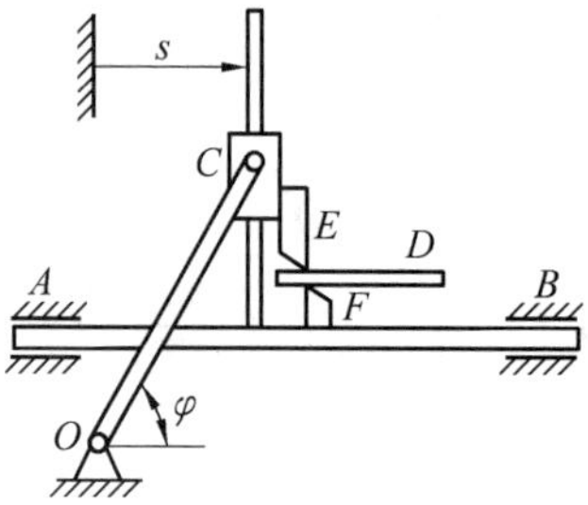

题 9.12 图

9.13 如图所示，曲柄 OA 长 0.4 m，以等角速度 $\omega=0.5$ rad/s 绕轴 O 逆时针转向转动。由于曲柄的 A 端推动滑杆 BC，而使滑杆 BC 沿铅直方向上升。求当曲柄与水平线间的夹角 $\theta=30°$时，滑杆 BC 的速度和加速度。

9.14 半径为 R 的半圆形凸轮 D 以等速 $\boldsymbol{v}_0$ 沿水平面向右运动，带动从动杆 AB 沿铅直方向上升，如图所示。求 $\varphi=30°$时，杆 AB 相对于凸轮的速度和加速度。

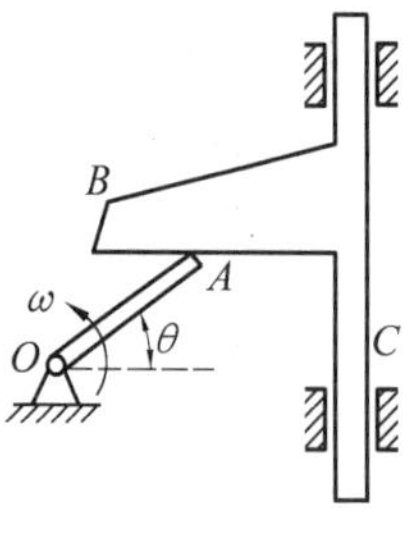

题 9.13 图

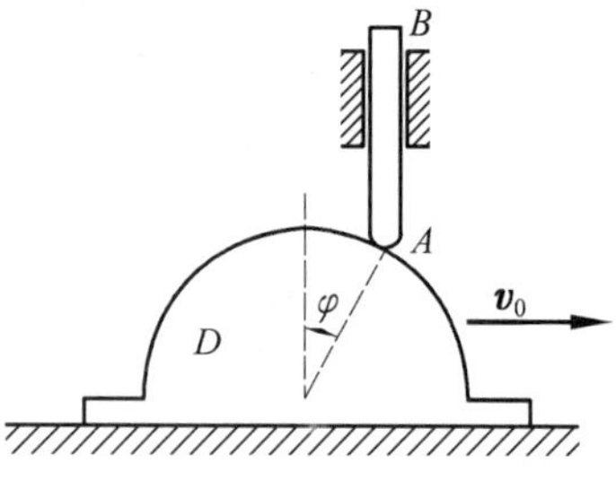

题 9.14 图

9.15　如图所示，斜面 AB 与水平面间成 45°角，以 0.1 m/s^2 的加速度沿 Ox 轴向右运动。物块 M 以 $0.1\sqrt{2}$ m/s^2 的匀相对加速度沿斜面滑下，斜面与物块的初速度都是零。物块的初位置为 $x=0$，$y=h$。求物块 M 的绝对运动方程、绝对运动轨迹、绝对速度和绝对加速度。

9.16　小车沿水平方向向右做加速运动，其加速度 $a=0.493$ m/s^2。在小车上有一轮绕轴 O 转动，转动的规律为 $\varphi=t^2$（t 以 s 计，φ 以 rad 计）。当 $t=1$ s 时，轮缘上点 A 的位置如图所示。轮的半径 $r=0.2$ m，求此时点 A 的绝对加速度。

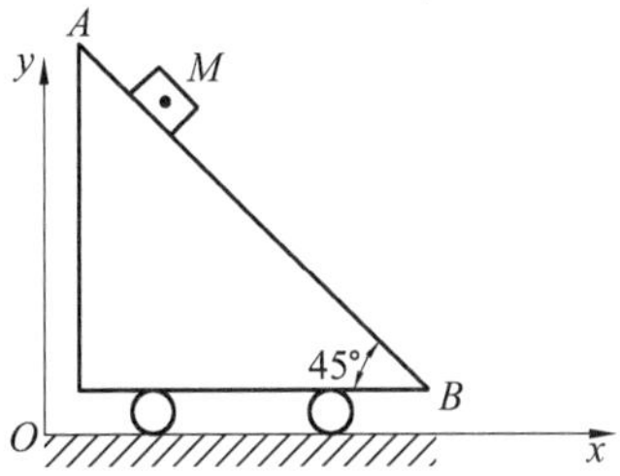

题 9.15 图

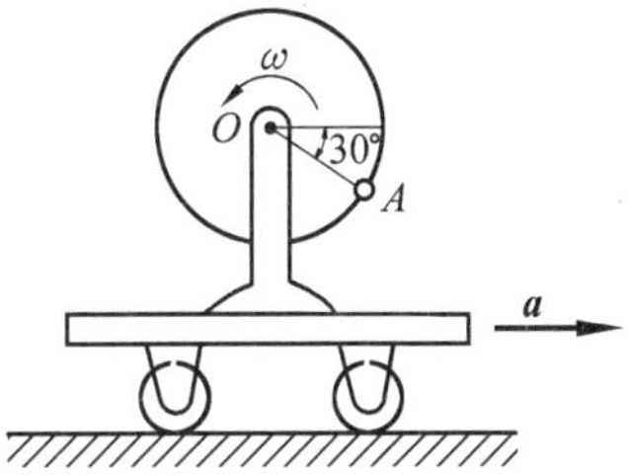

题 9.16 图

9.17　图示偏心轮摇杆机构中，摇杆 O_1A 借助弹簧压在半径为 R 的偏心轮 C 上。偏心轮 C 绕轴 O 往复摆动，从而带动摇杆绕轴 O_1 摆动。当 $OC\perp OO_1$ 时，轮 C 的角速度为 ω，角加速度为零，$\theta=60°$。求此时摇杆 O_1A 的角速度和角加速度。

9.18　图示两盘匀速转动的角速度分别为 $\omega_1=1$ rad/s，$\omega_2=2$ rad/s，两盘半径均为 $R=50$ mm，两盘转轴距离 $L=250$ mm。图示瞬时，两盘位于同一平面内。求此时盘 2 上的点 A 相对于盘 1 的速度和加速度。

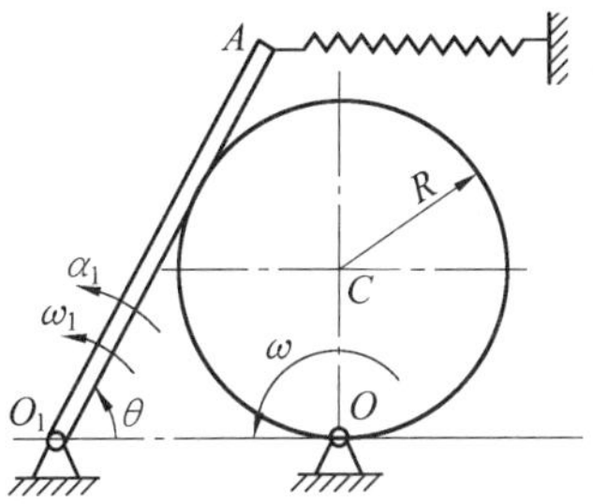

题 9.17 图

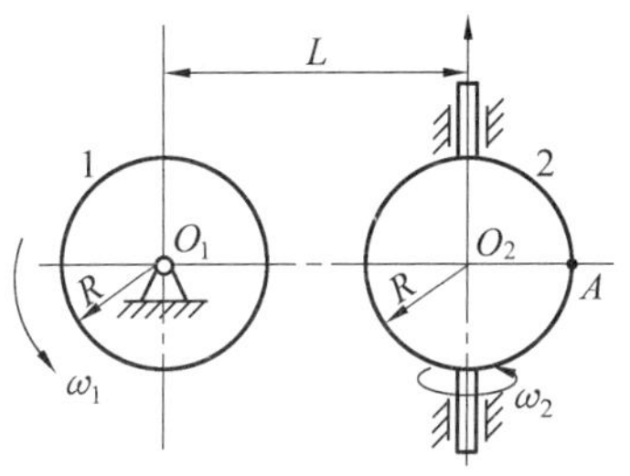

题 9.18 图

9.19　如图所示，半径为 r 的圆环内充满液体，液体按箭头方向以相对速度 $\boldsymbol{v}$ 在环内做匀速运动。圆环以等角速度 ω 绕轴 O 转动，求在圆环内点 1 和 2 处液体的绝对加速度的大小。

9.20　图示直角曲杆 OBC 绕轴 O 以匀角速度 $\omega=0.5$ rad/s 转动，使套在其上的小环 M 沿固定直杆 OA 滑动，$OB=0.1$ m。求当 $\varphi=60°$时，小环 M 的速度和加速度。

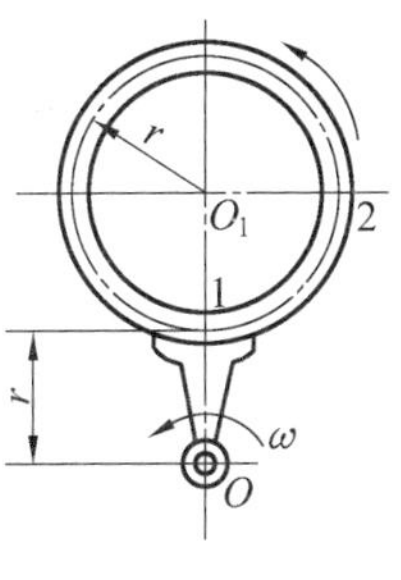

题 9.19 图

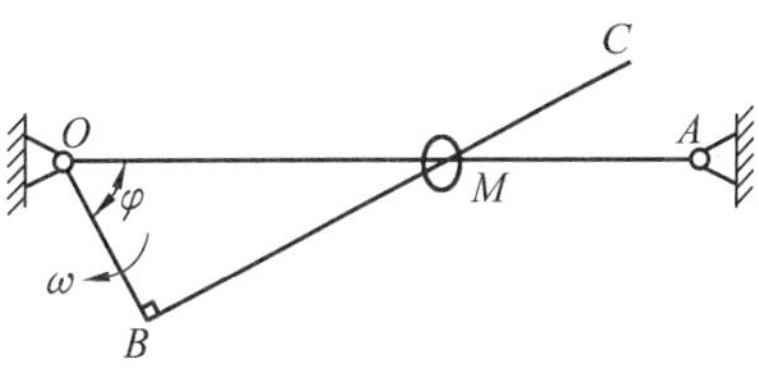

题 9.20 图

9.21 牛头刨床机构如图所示，已知 $O_1A=200$ mm，角速度 $\omega_1=2$ rad/s，角加速度 $\alpha_1=0$。求图示位置滑枕的速度和加速度。

9.22 图示圆盘绕 AB 轴转动，角速度 $\omega=2t$ (rad/s)。点 M 沿圆盘直径离开中心向外缘运动，运动规律为 $OM=40t^2$ (mm)。半径 OM 与 AB 轴间成 60°倾角。求当 $t=1$ s 时点 M 绝对加速度的大小。

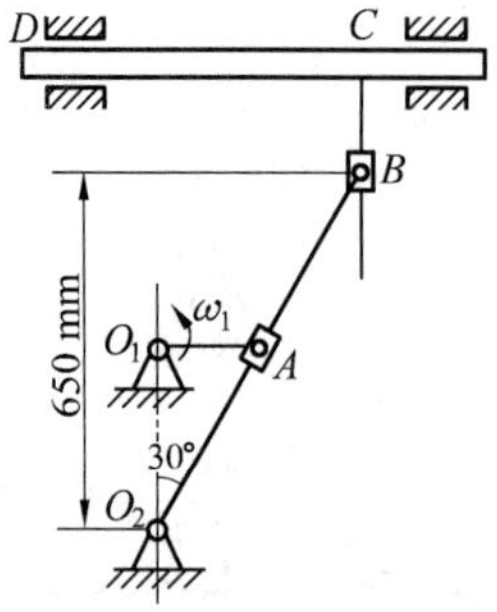

题 9.21 图

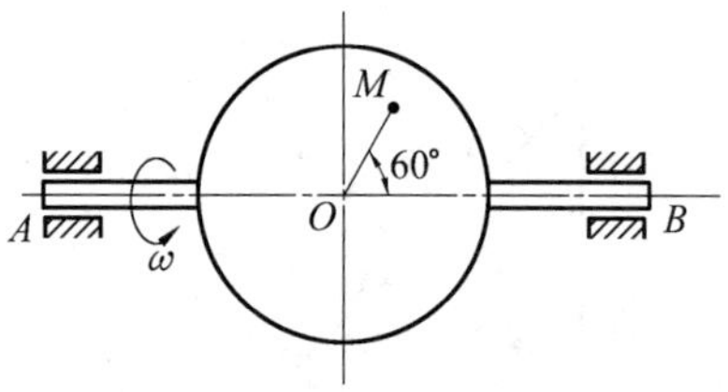

题 9.22 图

第 10 章　刚体平面运动

本章内容与静力学内容无关，静力学学习的好坏与本章的学习没有直接的联系。只要基本掌握了本教材运动学前三章的内容，就可以学习本章。

在第 8 章已经研究了刚体的两种基本运动，刚体的平移和刚体的定轴转动，这两种运动是常见的、简单的刚体运动。刚体还有较复杂的运动形式，其中刚体的平面运动是工程机械中比较常见的一种刚体运动。在研究完刚体的两种基本运动的基础上，可以来研究刚体的平面运动。刚体的平面运动可以看作平移与转动的合成，也可以看作绕连续运动的轴的转动的合成。

本章主要介绍刚体平面运动的概念，对刚体平面运动进行概述，研究刚体平面运动的分解，给出计算刚体平面运动的角速度、角加速度、刚体上各点的速度和加速度的方法，并用来解决一些机构运动学方面的问题。

10.1　刚体平面运动的概述和运动分解

1. 何谓刚体的平面运动

刚体在运动过程中，刚体上任意一点到某一个固定平面的距离始终保持不变，或者说刚体内任意一点都在与某一固定平面平行的平面内运动，称这种运动为**刚体的平面运动**。如图 10.1 所示，一运动的刚体上任意一点 A，在运动过程中，到某一固定平面Ⅰ的距离 AA_n 始终保持不变，此刚体就是做平面运动。由于刚体在运动，点 A 也在运动，而在运动过程中，点 A 到固定平面Ⅰ的距离始终保持不变，则点 A 只能在平行于固定平面Ⅰ的平面Ⅱ内运动，所以刚体平面运动定义中的两种说法是一致的。要注意定义中所说的是某一个固定平面，而不是任意一个平面，只要有一个固定平面就行。工程中有很多零件的运动，例如行星齿轮机构中行星齿轮 A 的运动(图 10.2)，曲柄连杆机构中连杆 AB 的运动(图 10.3)，沿直线轨道滚动的车轮的运动，擦黑板时黑板擦在黑板面内的运动等，这些刚体的运动均是刚体的平面运动。

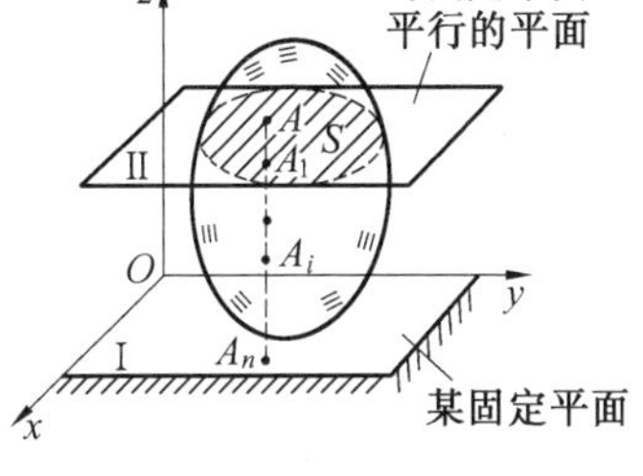

图 10.1

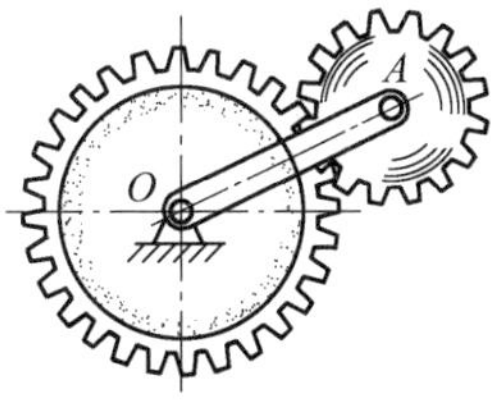

图 10.2

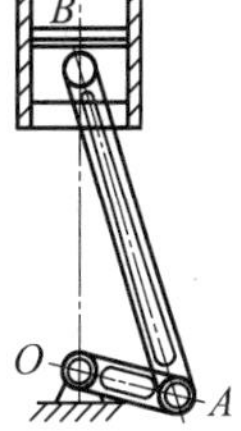

图 10.3

2. **为何称其为刚体的平面运动**

由于刚体做平面运动时，刚体内任意一点到某一固定平面的距离保持不变，如图 10.1 中的直线段 AA_n，此线段在运动过程中不能倾斜，所以可说此线段为平移，因此其上各点 $A,A_1,\cdots,A_i,\cdots,A_n$ 的轨迹形状相同，在每一瞬时，其速度、加速度也相同。或者在图示坐标系下，写出 $A,A_1,\cdots,A_i,\cdots,A_n$ 各点的坐标，可看出各点的坐标 x_i,y_i 相同，所不同的只是各点的 z 坐标，但各 z 坐标为常数。$A,A_1,\cdots,A_i,\cdots,A_n$ 各点的坐标 x_i,y_i 相同，说明各点的运动方程相同，同样说明各点的轨迹形状相同，在每一瞬时，各点的速度、加速度也相同。所以一点的运动(如点 A)的运动可以代表整个线段的运动。同理，在平面Ⅱ内截出的刚体内其他点的运动也代表了其他线段的运动，这样，平面图形 S 的运动就可以代表整个刚体的运动。原本是一个刚体的运动，现在可以用一个平面图形的运动来代替，所以称刚体的这种运动为刚体的平面运动。图 10.2 中行星齿轮 A 的运动，图 10.3 中连杆 AB 的运动，沿直线轨道滚动的车轮的运动，擦黑板时黑板擦在黑板面内的运动等，都可以不管其厚度如何，用一个平行于固定平面的平面截割各刚体得一平面图形，此平面图形的运动就可以代表整个刚体的运动。

3. **平面图形 S 位置的确定(运动方程)**

一平面图形 S 的运动可以代表一个刚体的运动，如何确定此平面图形在运动中的位置？当然，若已知平面图形内各点的坐标，整个图形的位置就可以确定，但并不需要知道各点的坐标，实际上，如图 10.4 所示，只要知道图形内任一点 A 的坐标(x_A,y_A)和任意一条线段 AB 和 x 轴的夹角 φ，平面图形的位置就可以完全确定。因图形在运动，所以 x_A,y_A,φ 均是时间的函数，以公式表示，为

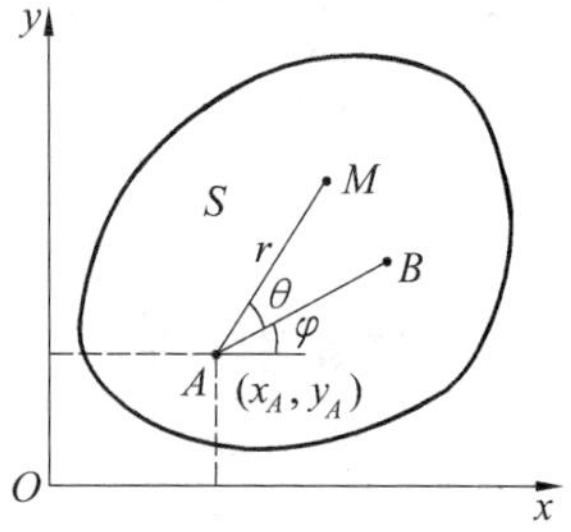

图 10.4

$$x_A=f_1(t),\quad y_A=f_2(t),\quad \varphi=f_3(t) \tag{10.1}$$

称其为平面图形的运动方程或刚体平面运动的运动方程。

如图 10.4 所示，当刚体平面运动的运动方程为已知后，图形内(刚体上)任意一点 M 的坐标可以写为

$$x_M=x_A+r\cos(\varphi+\theta),\quad y_M=y_A+r\sin(\varphi+\theta) \tag{10.2}$$

式中 x_A,y_A,φ 是时间的函数，但点 M 是刚体上的一点，因此 r,θ 均是常数。这也就是说，只要刚体平面运动的运动方程确定以后，平面图形内任意一点的坐标均可以确定。这就从另一个角度说明，只要运动方程(10.1)确定之后，平面图形的位置就已完全确定。

把式(10.2)对时间求一阶和二阶导数，可得图形内任一点的速度和加速度，这也就是说，只要刚体平面运动的运动方程确定以后，平面图形内任意一点的速度和加速度均可以确定。按这种思路确定刚体平面运动时各点的运动方程、轨迹、速度、加速度的方法可称为**解析法**或**坐标法**。但长期以来直至目前，大多数教材确定刚体平面运动时的角速度、角加速度和各点的速度、加速度均采用的不是这种方法，而是下面重点介绍的运动分解的方法，也可称为**几何法**。

4. **刚体平面运动的分解**

刚体的平面运动可以分解为两种简单运动的合成，先泛泛地说，可分解为平移和转动的

合成。以沿直线轨道滚动的车轮为例，如图 10.5(a)所示，取车厢为动参考体，以轮心 A 为坐标原点建立动坐标系 $Ax'y'$，则车厢的平移是牵连运动，车轮绕平移参考系坐标原点 A 的转动是相对运动，车轮的平面运动可以分解为随轮心的平移和绕轮心的转动，两者的合成运动就是车轮的平面运动(绝对运动)。轮子单独做平面运动时，也可在轮心 A 处固连一个平移参考系 $Ax'y'$，如图 10.5(b)所示，同样可把轮子这种较为复杂的平面运动分解为平移和转动两种简单运动的合成。

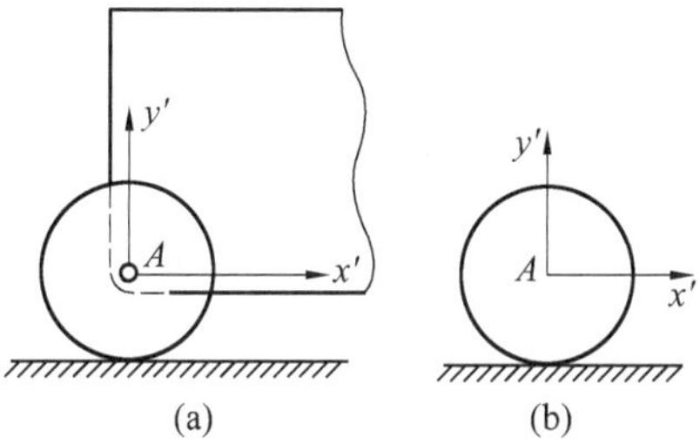

图 10.5

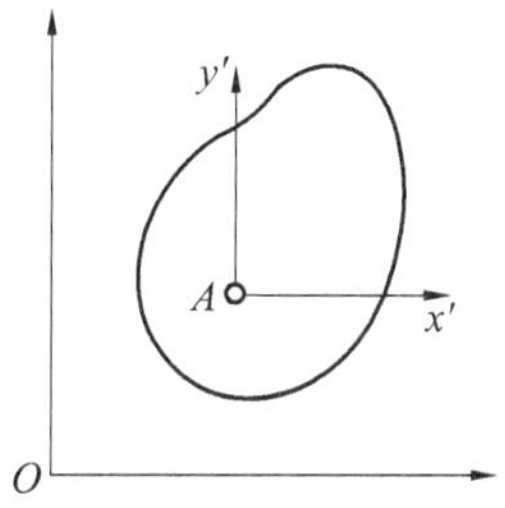

图 10.6

对于任意的平面运动，可在平面图形上任取一点 A，以后称此点为**基点**，以基点为坐标原点建立一个平移参考系 $Ax'y'$，平面图形运动时，动坐标轴方向始终保持不变，可令其分别平行于定坐标轴 Ox 和 Oy，如图 10.6 所示。于是，任意一个平面图形的平面运动可看成为随同基点的平移和绕基点的转动两部分运动的合成。

由刚体平面运动的运动方程(10.1)也可看出，刚体的平面运动由两部分组成。当 $\varphi = C_1$ 时，为刚体的平移；当 $x_A = C_2$，$y_A = C_3$ 时，为刚体的定轴转动。而当 x_A，y_A，φ 均不为常数时，刚体是既有随点 A(基点)的平移，又有绕点 A(基点)的转动。

刚体的平面运动分解为随基点的平移和绕基点的转动，此基点一般来说，可任意选择。若选不同的点为基点，其速度和加速度一般来说也不相同。如图 10.7 所示，刚体原在图10.7(a)所示位置，后来运动到图 10.7(b)所示位置。可以选点 A 为基点，随基点 A 平移到 $A'B''$位置，然后绕基点 A'转过角 φ_1 到实际的位置；也可以选点 B 为基点，随基点 B 平移到 $B'A''$的位置，然后绕基点 B'转过角 φ_2 到实际的位置。因刚体不是做平移运动，一般来说，点 A，B 的速度和加速度不一样。但绕不同的基点转动的角速度和角加速度如何？因 $A'B''$与 AB 平行，$B'A''$与 AB 平行，所以 $B'A''$与 $B''A'$平行，有 $\varphi_1 = \varphi_2$，即绕不同的基点转过的角度相同。求一阶和二阶导数后，得绕不同的基点转动的角速度和角加速度相同。也就是说，站在以 A 为基点的平移坐标系 $Ax'y'$里看到刚体转动的情况，和站在以 B 为基点的平移坐标系 $Bx''y''$里看到刚体转动的情况完全相同。于是可得结论：刚体的平面运动可取任意基点分解为平移和转动，其中平移的速度和加速度与基点的选择有关，而平面图形绕基点转动的角速度和角加速度与基点的选择无关。如同刚体的定轴转动，刚体转动的角速度和角加速度在每一瞬时都一样，是刚体整体性质的度量；而和转轴垂直的截面内各点的线速度和线加速度则不一样，是刚体局部性质的度量。刚体平面运动时，角速度和角加速度也是刚体整体性质的度量，而线速度和线加速度则是其局部性质的度量。

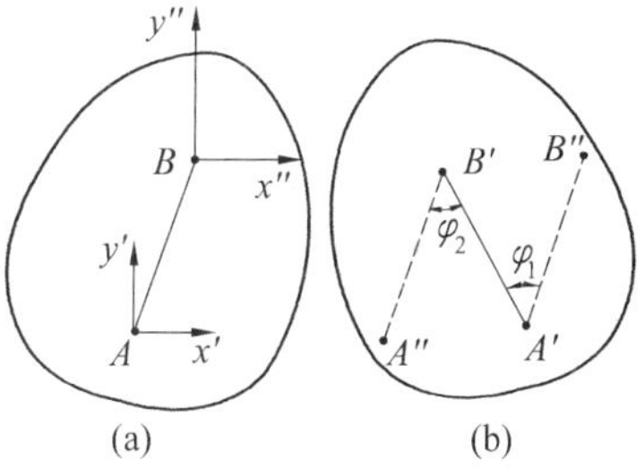

图 10.7

要注意，在上述分析中，总是在选定的基点处固结一个平移的动参考系，其坐标原点和刚体固连，而坐标轴则不和刚体固连，动坐标系总是在平移。所谓绕基点的转动，是指相对于这个平移参考系的转动。

还要注意，这里所说的刚体平面运动的角速度和角加速度是相对于建在各基点处的平移参考系而言的。平面图形相对于各平移参考系，包括固定参考系，其转动运动都是一样的，角速度、角加速度都是共同的，无须标明绕哪一点转动或选哪一点为基点。若在做平面运动的刚体上建一坐标原点和坐标轴均和刚体固连的坐标系，则角速度和角加速度应另当别论。

5. 刚体平移、定轴转动和平面运动的关系

现在已经讨论了刚体的三种运动，刚体的平移、刚体的定轴转动、刚体的平面运动，这三种运动之间具有什么关系？

刚体的平移从其轨迹来分，可分为直线平移、平面曲线平移、空间曲线平移。按刚体平面运动的定义，刚体的直线平移、平面曲线平移均是刚体的平面运动，而空间曲线平移不是刚体的平面运动。擦黑板时黑板擦在黑板面内的运动为刚体的平面运动，若擦黑板时，黑板擦做直线平移或在黑板面内做平面曲线平移，其均是刚体的平面运动。若擦黑板时，黑板擦做平移，然后离开黑板仍然做平移，则黑板擦的运动为空间曲线平移，显然此时黑板擦的运动已经不是刚体的平面运动。

刚体定轴转动时，其上任意一点到某一个固定平面的距离肯定不变，所以刚体的定轴转动为刚体的平面运动。例如门、窗在转动时，门、窗上任意一点到地面或天花板的距离保持不变，电动机转子、柴油机飞轮在转动时，其上任意一点到某一个固定平面的距离保持不变，等等。所以刚体的定轴转动为刚体的平面运动。

刚体的平移是只有平移而无转动，刚体的定轴转动是只有转动而无平移，刚体的平面运动是既有平移又有转动。所以刚体的平面运动可分解为平移和转动两个简单的运动，或者说是由平移和转动两个简单运动的合成。

所以，刚体的直线平移、平面曲线平移、刚体的定轴转动均是刚体的平面运动，是刚体平面运动的特殊情况，而刚体的平面运动是刚体平面运动的一般情况。在理论力学“动力学”中，要讲到刚体的平面运动微分方程，在一些情况下，刚体的直线平移、平面曲线平移、刚体的定轴转动均可用刚体平面运动微分方程求解。

10.2 求平面图形内各点速度的基点法

现在讨论如何确定平面图形内各点速度的方法。平面图形内各点的速度确定了，平面运动刚体内各点的速度也就确定了，所以也可以说，现在讨论如何确定刚体平面运动时刚体内各点速度的方法。

由上一节的分析，刚体的平面运动可看做随基点的平移和绕基点的转动的合成，其在任意瞬时是既有平移又有转动，两者的合成运动就是其实际的运动，所以求平面图形内各点的速度也按此思路进行。

如图 10.8 所示，若图形内某点 A 的速度已知，图形的角速度也为已知，则选点 A 为基点，求图形内任一点 B 的速度。由于图形既参与了平移又参与了转动，所以点 B 的速度是

既有随基点 A 平移的速度 $\boldsymbol{v}_A$，又有绕基点 A 转动的速度，以 $\boldsymbol{v}_{BA}$ 表示，如图 10.8 所示，有

$$\boldsymbol{v}_B=\boldsymbol{v}_A+\boldsymbol{v}_{BA} \tag{10.3}$$

式中

$$v_{BA}=AB\cdot\omega \tag{10.4}$$

称这种确定平面图形内各点速度的方法为**基点法**。

现在从另一个角度讨论确定平面图形内各点速度的基点法。选图形上任一点 B 为动点，在基点 A 建一平移动坐标系 $Ax'y'$，建一静坐标系 Oxy，也如图 10.8 所示。用点的合成运动概念来考虑，图形随基点 A 的平移为牵连运动，点 B 随基点平移的速度 $\boldsymbol{v}_A$ 为牵连速度 $\boldsymbol{v}_e$，即 $\boldsymbol{v}_e=\boldsymbol{v}_A$。图形绕基点 A 的转动为相对运动，点 B 相对基点 A 转动的速度 $\boldsymbol{v}_{BA}$ 为相对速度 $\boldsymbol{v}_r$，即 $\boldsymbol{v}_r=\boldsymbol{v}_{BA}$。由 $\boldsymbol{v}_a=\boldsymbol{v}_e+\boldsymbol{v}_r$，同样有 $\boldsymbol{v}_B=\boldsymbol{v}_A+\boldsymbol{v}_{BA}$。从这个角度考虑，还可以知道，用基点法公式 $\boldsymbol{v}_B=\boldsymbol{v}_A+\boldsymbol{v}_{BA}$ 求出的点 B 的速度为绝对速度。

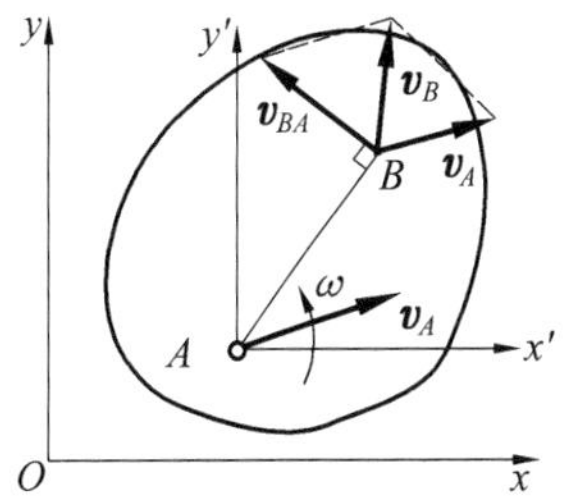

图 10.8

于是得结论：刚体平面运动时，平面图形内任一点的速度等于基点的速度与该点绕基点转动的速度的矢量和。

与点的合成运动求速度的公式 $\boldsymbol{v}_a=\boldsymbol{v}_e+\boldsymbol{v}_r$ 相同，式(10.3)中的 $\boldsymbol{v}_B$，$\boldsymbol{v}_A$，$\boldsymbol{v}_{BA}$ 也各有大小和方向两个要素，共计 6 个要素，要使问题可解，一般应有 4 个要素是已知的。这之中，点 B 绕基点转动的速度 $\boldsymbol{v}_{BA}$ 方位总是已知的，它垂直于线段 AB，而基点速度的大小和方向一般是已知的，所以再知道任何其他一个要素，便可作出速度平行四边形求解。

下面举例说明求平面图形内各点速度的基点法的应用。

例 10.1　椭圆规尺的 A 端以速度 $\boldsymbol{v}_A$ 沿图示的方向运动，如图 10.9 所示，$AB=l$，求图示位置时 B 端的速度、规尺 AB 的角速度。

解题分析与思路：椭圆规尺做平面运动，滑块 A，B 为平移。点 A 的速度为已知，可选点 A 为基点。滑块 B 的速度方向为已知，由 $\boldsymbol{v}_B$ 必在 $\boldsymbol{v}_A$ 和 $\boldsymbol{v}_{BA}$ 组成的平行四边形的对角线上，画出速度图求解。

解：　椭圆规尺做平面运动，滑块 A，B 为平移，选点 A 为基点，由

$$\boldsymbol{v}_B=\boldsymbol{v}_A+\boldsymbol{v}_{BA}$$

画出速度平行四边形如图 10.9 所示，由图中的几何关系可求得

$$v_B=v_A\cot\varphi$$

还可求出

$$v_{BA}=\frac{v_A}{\sin\varphi}$$

因 $v_{BA}=AB\cdot\omega_{AB}$，所以规尺 AB 的角速度为

$$\omega_{AB}=\frac{v_{BA}}{AB}=\frac{v_A}{l\sin\varphi}$$

转向为顺时针。

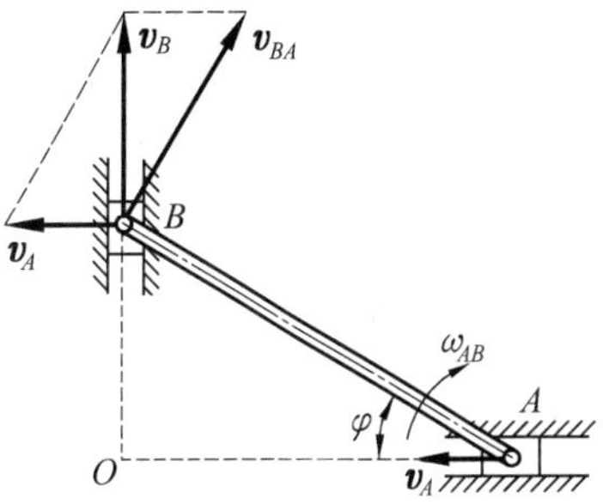

图 10.9

例 10.2　图 10.10 所示平面机构中，$AB=BD=DE=l=300$ mm，在图示位置时，$BD/\!/AE$，杆 AB 的角速度为 $\omega=5$ rad/s。求此瞬时杆 DE 的角速度和杆 BD 中点 C 的速度。

解题分析与思路：杆 AB，DE 为定轴转动，杆 BD 做平面运动。因点 B 的速度为已知，可选点 B 为基点，求点 D 的速度，这样只有点 D 的速度大小和点 D 绕基点 B 转动的速度大小未知，为两个未知量，可求解出杆 DE 和杆 BD 的角速度。然后再取点 B 为基点，求杆 BD 中点 C 的速度。

解：　杆 AB，DE 为定轴转动，杆 BD 做平面运动。先选点 B 为基点，有

$$v_B = l\omega = 1.5 \text{ m/s}$$

方向如图所示，求点 D 的速度，由

$$\boldsymbol{v}_D = \boldsymbol{v}_B + \boldsymbol{v}_{DB}$$

画出速度平行四边形如图 10.10 所示，由此瞬时的几何关系，得知

$$v_D = v_{BD} = v_B = 1.5 \text{ m/s}$$

可求出此瞬时杆 DE 的角速度为

$$\omega_{DE} = \frac{v_D}{l} = 5 \text{ rad/s}$$

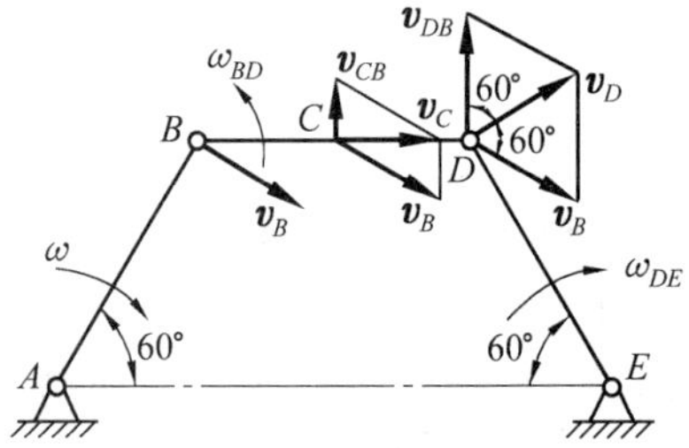

图 10.10

转向为顺时针，如图 10.10 所示。同时求得杆 BD 的角速度为

$$\omega_{BD} = \frac{v_{BD}}{l} = 5 \text{ rad/s}$$

转向为逆时针，如图 10.10 所示。

仍选点 B 为基点，求点 C 的速度。由

$$\boldsymbol{v}_C = \boldsymbol{v}_B + \boldsymbol{v}_{CB}$$

式中，$\boldsymbol{v}_B$ 的大小和方向已知，$\boldsymbol{v}_{CB}$ 的方向已知，大小为 $v_{CB} = \dfrac{l}{2}\omega_{BD} = 0.75 \text{ m/s}$，画出的速度图也如图所示。由此瞬时速度图的几何关系，可知此时 $\boldsymbol{v}_C$ 的方向恰好沿杆 BD，而大小为

$$v_C = \sqrt{v_B^2 - v_{CB}^2} \approx 1.3 \text{ m/s}$$

由上面的例子，可总结出用基点法求图形内各点速度的解题步骤如下：

(1)分析题中各物体的运动，分清哪些物体做平移，哪些物体做定轴转动，哪些物体做平面运动。

(2)根据各物体做什么运动，研究做平面运动的物体上哪一点的速度大小和方向已知，哪一点的速度的某一要素(一般是速度方向)已知，题目要求哪一点的速度。

(3)选择速度已知的点为基点，在待求速度的点处画出速度平行四边形，画图时要注意平行四边形的对角线和邻边的关系。

(4)利用几何关系，求解平行四边形(三角形)中的未知量。

(5)如果需要再研究另一个作平面运动的物体，可按上述步骤继续进行。

由求速度的基点法公式(10.3)和图 10.8，还可以得出求速度的另一方法，称其为**速度投影定理**。把图 10.8 改画为图 10.11 所示，由求速度的基点法公式

$$\boldsymbol{v}_B = \boldsymbol{v}_A + \boldsymbol{v}_{BA}$$

把此式沿着 A，B 两点连线投影，以 $(\boldsymbol{v}_B)_{AB}$，$(\boldsymbol{v}_A)_{AB}$，$(\boldsymbol{v}_{BA})_{AB}$ 表示各速度投影，则有

$$(\boldsymbol{v}_B)_{AB} = (\boldsymbol{v}_A)_{AB} + (\boldsymbol{v}_{BA})_{AB}$$

由于 $\boldsymbol{v}_{BA}$ 总是垂直于线段 AB，其投影总是为零，于是有

$$(\boldsymbol{v}_B)_{AB} = (\boldsymbol{v}_A)_{AB} \tag{10.5}$$

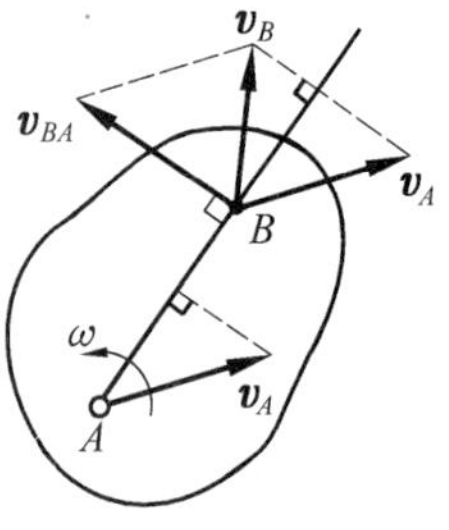

图 10.11

称此式为速度投影定理，或者用语言叙述为，同一平面图形上任意两点的速度在这两点连线上的投影相等。

速度投影定理也可以由下面的理由来说明，因为 A 和 B 是刚体上的两点，它们之间的距离保持不变，所以两点的速度在 A，B 方向的分量必须相同，否则，线段不是伸长，便是缩短。因此，此定理不仅适用于刚体的平面运动，也适合于刚体其他任意形式的运动。

如果已知图形内一点 A 的速度的大小和方向，又知道另一点 B 的速度方位，应用速度

投影定理，就可很方便地求出 B 点速度的大小与指向。这是用速度投影定理求速度的优越性所在，对有些题用速度投影定理求速度很方便，但其缺点是不能求出图形的角速度。

例 10.3　图 10.12 所示的平面机构中，曲柄 $OA=100$ mm，以角速度 $\omega=2$ rad/s 转动。连杆 AB 带动摇杆 CD，使轮 E 沿水平面滚动。$CD=3CB$，图示位置时 A,B,E 三点在同一水平线上，且 $CD\perp ED$。求此瞬时轮上点 E 的速度。

解题分析与思路：OA 杆和 CD 杆为定轴转动，杆 AB，DE 和轮做平面运动。点 A 的速度大小和方向已知，点 B 的速度方位已知，用速度投影定理可方便地求出点 B 的速度，从而得点 D 的速度。再用速度投影定理可求得点 E 的速度。

解：　杆 AB，DE 和轮做平面运动，点 A 的速度为

$$v_A=OA\cdot\omega=0.2\ \text{m/s}$$

对 AB 杆用速度投影定理，有

$$v_B\cos 30°=v_A$$

解得

$$v_B=0.230\ 9\ \text{m/s}$$

则点 D 的速度为

$$v_D=3v_B=0.692\ 8\ \text{m/s}$$

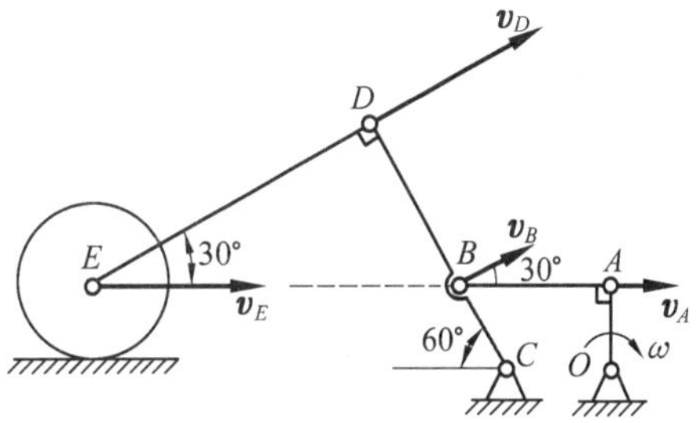

图 10.12

轮 E 沿水平面滚动，轮心 E 的速度方向为水平，由速度投影定理，有

$$v_E\cos 30°=v_D$$

解得轮心 E 的速度为

$$v_E=0.8\ \text{m/s}$$

10.3　求平面图形内各点速度的瞬心法

上一节讨论了求平面图形内各点速度的基点法，用这种方法来确定平面图形内各点的速度已经比较方便。那么，能不能在平面图形内找到一点，其速度为零，若选此点为基点，比如仍设为点 A，$\boldsymbol{v}_A=0$，因 $\boldsymbol{v}_B=\boldsymbol{v}_A+\boldsymbol{v}_{BA}$，则 $\boldsymbol{v}_B=\boldsymbol{v}_{BA}$，任意一点的速度更容易确定。这样的点是否存在？这种确定速度的方法是否存在？答案是，这样的点存在，这种确定速度的方法也存在。这就是本节要讨论的问题。

1. 速度瞬心的概念和速度瞬心存在性、唯一性的证明

在某一瞬时，若平面图形内某点的速度为零，称此点为瞬时速度中心，简称为**速度瞬心**。也可以认为速度瞬心是一个基点，一个特殊的基点，特殊在其速度为零。速度瞬心是存在的而且是唯一的，下面给以证明。

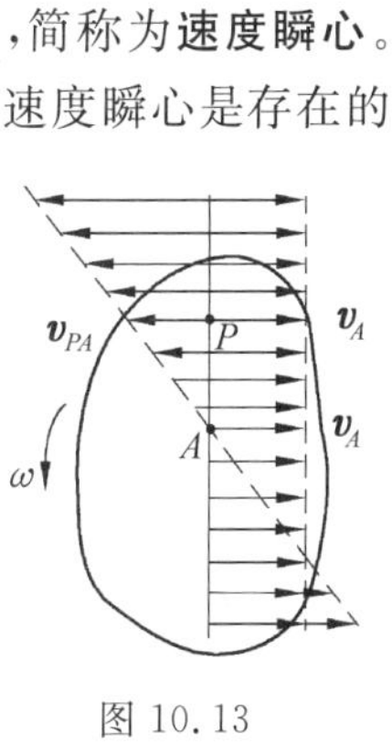

图 10.13

仍从基点法出发。设平面图形上一点 A 的速度 $\boldsymbol{v}_A$ 为已知，图形的角速度 ω 为已知，如图 10.13 所示。垂直于速度 $\boldsymbol{v}_A$ 做一条射线，此条射线上的速度分布则如图 10.13 所示。在这条射线上肯定可以找到一点，设为 P，其随基点平移的速度 $\boldsymbol{v}_A$ 和绕基点转动的速度 $\boldsymbol{v}_{PA}$ 大小相等，因其方向相反，必有 $\boldsymbol{v}_P=\boldsymbol{v}_A+\boldsymbol{v}_{PA}=0$，而且在此射线上只可能存在一个这样的点。若垂直于速度 $\boldsymbol{v}_A$ 朝另一方向作射线，此射线上的速度分布也如图 10.13 所示。在此条射线上虽然可以找到 $\boldsymbol{v}_A$ 和 $\boldsymbol{v}_{PA}$ 大小相

等的点，但因其方向相同，所以不存在 $\boldsymbol{v}_P=\boldsymbol{v}_A+\boldsymbol{v}_{PA}=0$的点。所以可得结论：在任一瞬时，平面图形内唯一存在速度为零的点，也即速度瞬心存在且唯一。

注意在证明中，是垂直于速度 $\boldsymbol{v}_A$ 做的射线，所以速度瞬心可能在平面图形内，也可能在平面图形外。实际上，平面图形的速度瞬心大多数情况下都在平面图形外。

2. 速度瞬心位置的确定

下面介绍几种确定速度瞬心的方法。

(1)车轮沿着水平路面做纯滚动

设车轮沿着水平路面做平面运动，且相对路面做无滑动的滚动，即做纯滚动，如图10.14(a)所示。则车轮与路面的接触点 P 就是车轮的速度瞬心。因为在这一瞬时，车轮上点 P 相对路面不打滑，其速度和路面上点的速度相同，而路面的速度为零，所以车轮上点 P 的速度为零，也即车轮上点 P 为车轮的速度瞬心。

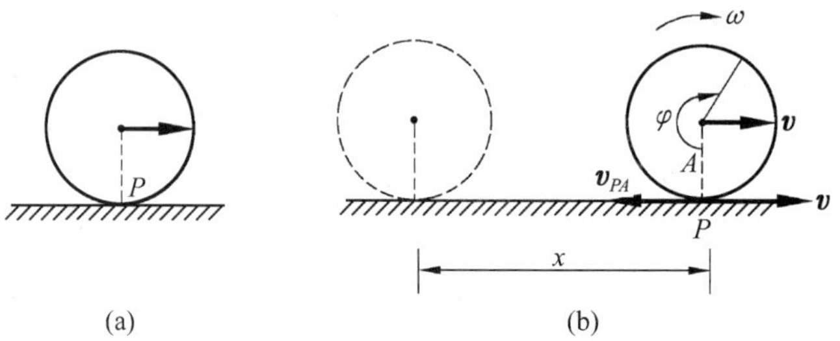

图 10.14

也可以用基点法证明车轮做纯滚动时，和路面的接触点为速度瞬心。如图 10.14(b)所示，设车轮半径为 R，角速度为 ω，角加速度为 α。当车轮纯滚动时，由于相对路面不打滑，其轮心 A 走过的路程 x 与车轮转过的角度 φ 的关系为

$$x=R\varphi$$

把此式对时间求一阶和二阶导数，有

$$v=R\omega,\quad a=R\alpha$$

此即车轮做纯滚动时，轮心的速度、加速度和车轮的角速度、角加速度之间的关系，此关系以后时常要用到，此处给以推出，以后可作为公式使用。

以轮心 A 为基点，求车轮和地面接触点 P 的速度，有

$$\boldsymbol{v}_P=\boldsymbol{v}+\boldsymbol{v}_{PA}$$

因 $v_{PA}=R\omega$，方向向后，而 $v=R\omega$，方向向前，所以点 P 的速度 $v_P=0$，也即为车轮的速度瞬心。

实际上，只要车轮做平面运动，车轮沿曲线轨道纯滚动时，和曲线路面的接触点也为速度瞬心。

车轮滚动的过程中，轮缘上的各点相继与地面接触而成为车轮在不同时刻的速度瞬心。

(2)已知平面图形内两点的速度方向(或方位)且不平行

若已知平面图形内任意两点 A 和 B 的速度，如图 10.15(a)所示，速度的方向或方位不平行，则速度瞬心 P 的位置必在这两点速度的垂线上。在图10.15(a)中，通过点 A，做垂直于 $\boldsymbol{v}_A$ 的直线，再通过点 B，做垂直于 $\boldsymbol{v}_B$ 的直线，设两条直线的交点为 P，则点 P 就是此平面图形的速度瞬心。

图 10.15(b)所示为一利用此方法确定速度瞬心的一实例。

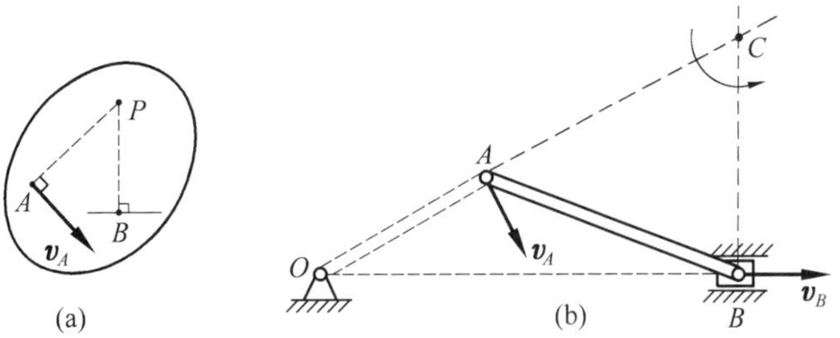

图 10.15

(3)已知平面图形内两点的速度平行但大小不等

若已知平面图形内任意两点 A 和 B 的速度，如图 10.16(a)，(b)所示，速度的方向平行但速度大小不相等(图 10.16(b)中的速度大小可以相等)，则速度瞬心 P 必定如图 10.16(a)，(b)所示。

图 10.16(c)所示为一利用此方法确定速度瞬心的一实例，图中齿条速度 $\boldsymbol{v}_B$ 大于齿条速度 $\boldsymbol{v}_A$。

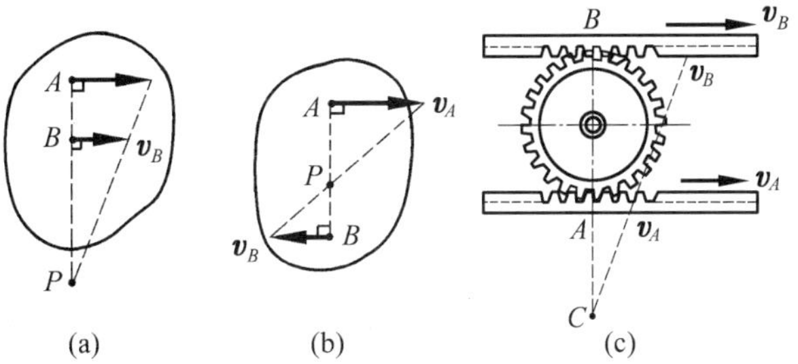

图 10.16

(4)已知平面图形内两点的速度大小相等且平行

若已知平面图形内任意两点 A 和 B 的速度 $\boldsymbol{v}_A=\boldsymbol{v}_B$，如图 10.17(a)所示，即已知平面图形内两点的速度大小相等且平行，做两速度的垂线，两垂线相互平行，没有交点。这么说，此种情况下就没有速度瞬心。但结论又说，速度瞬心存在且唯一，如何解释？在这种情况下，可以这样说，速度瞬心存在，但速度瞬心在无穷远处。因在数学中说两条平行线不相交，但也可以说在无穷远处相交。

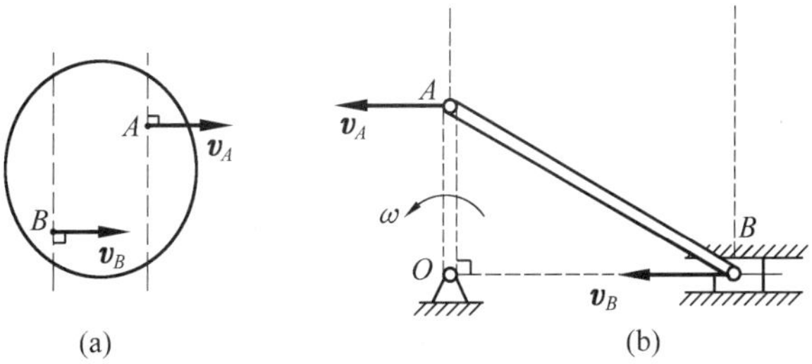

图 10.17

在这种情况下，由求速度的基点法公式 $\boldsymbol{v}_B=\boldsymbol{v}_A+\boldsymbol{v}_{BA}$ 可知，因 $\boldsymbol{v}_A=\boldsymbol{v}_B$，所以

$$v_{BA}=AB\cdot\omega=0$$

即图形的角速度等于零。因图形的角速度为零，由基点法公式，得图形内各点的速度相等，称这种运动为**瞬时平移**。因在该瞬时，图形上各点的速度分布如同图形作平移一样，但要注意，此瞬时各点的速度虽然相同，但加速度不同，图形的角速度为零，角加速度不为零。若图形内各点的速度相同，加速度也相同，这就是刚体的平移。若图形的角速度为零，角加速度也为零，则图形就不会转动，也为刚体的平移。刚体瞬时平移时，其上各点的轨迹也不相同。

图 10.17(b)所示为一瞬时平移的实例。在图示瞬时，连杆 AB 为瞬时平移，其上 A，B 两点的速度相同，各点的速度也相同，但点 A 的轨迹为圆，点 B 的轨迹为直线，点 A，B 的加速度也明显不同。

3. **确定平面图形内各点速度的瞬心法**

根据上面所述，每一瞬时在图形内都存在速度为零的一点 P，即 $v_P=0$。若选取此点为基点，由基点法公式，则图形上各点的速度，如 A，B，C 点的速度大小为

$$v_A=AP\cdot\omega,\quad v_B=BP\cdot\omega,\quad v_C=CP\cdot\omega$$

方向如图 10.18(a)所示。由此可见，图形内各点速度的大小与该点到速度瞬心的距离成正比，速度的方向垂直于该点到速度瞬心的连线，指向图形转动的一方，如图 10.18(a)所示。由此可得结论：平面图形内任一点的速度等于该点随图形绕速度瞬心转动的速度。这种确定图形内各点速度的方法，被称为确定平面图形内各点速度的瞬心法。

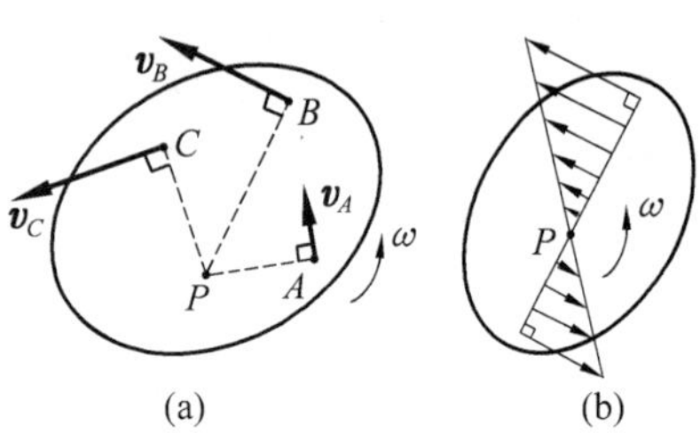

图 10.18

用速度瞬心法确定平面图形内各点的速度，平面图形内各点速度在某瞬时的分布情况，与图形绕定轴转动时各点速度的分布情况相类似，如图 10.18(a)、(b)所示。因此，平面图形在每一瞬时的运动可看成为绕速度瞬心的瞬时转动。刚体的平面运动可看成一系列的绕相互平行的瞬时轴转动的合成。

由上面所述可知，如果已知平面图形在某一瞬时速度瞬心的位置和角速度，则在该瞬时，图形内任一点的速度可以完全确定，从而平面运动刚体内各点的速度也可完全确定。

用速度瞬心法确定平面图形内各点的速度，求出的速度分布，可使我们得到一个更简单、清晰的影像。确定平面图形上各点的速度，采用速度瞬心法，形象性更好，往往也更为方便。

此处还要指出：

(1)速度瞬心的速度为零，但其加速度不为零。若一点的速度为零，加速度也为零，则此点将静止不动。

(2)刚体做平面运动时，在每一瞬时，图形内必有一点为速度瞬心。但是，在不同的瞬时，速度瞬心在图形内的位置不同。

(3)速度瞬心是对一个刚体而言，每个做平面运动的刚体，均有其本身的速度瞬心。

下面举例说明求平面图形内各点速度的瞬心法的应用。

例 10.4 用瞬心法解例 10.1。

解题分析与思路：椭圆规尺做平面运动，由点 A，B 处的速度方向和方位，做 A，B 处速度的垂线，两垂线的交点即为规尺的速度瞬心，由 v_A/AP 可得规尺的角速度，从而可得规尺上各点的速度。

解：分别做 A，B 两点速度的垂线，得规尺 AB 的速度瞬心，如图 10.19 所示。于是规尺 AB 的角速

度为

$$\omega_{AB}=\frac{v_A}{AP}=\frac{v_A}{l\sin\varphi}$$

则点 B 的速度为

$$v_B=BP\cdot\omega_{AB}=l\cos\varphi\cdot\omega_{AB}=v_A\cot\varphi$$

与例 10.1 所得结果完全相同。

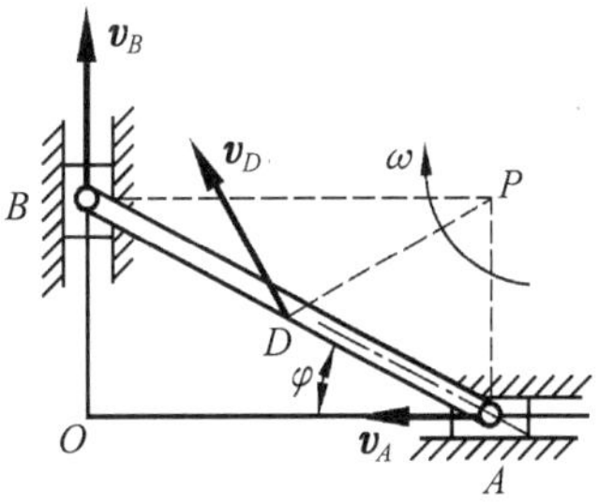

图 10.19

用瞬心法也可以求图形内任一点的速度。例如规尺中点 D 的速度大小为

$$v_D=DP\cdot\omega_{AB}=\frac{l}{2}\cdot\frac{v_A}{l\sin\varphi}=\frac{v_A}{2\sin\varphi}$$

方向垂直于 DP，朝向图形转动的一方，如图 10.19 所示。

例 10.5　图 10.20 所示平面四连杆机构中，曲柄 OA 以匀角速度 ω_O 绕轴 O 转动，$OA=OO_1=r$，$BC=2r$，$\angle OAB=45°$，O_1A 水平，OC 垂直，求图示瞬时，构件 ABC 上点 C 的速度。

解题分析与思路：构件 ABC 做平面运动，其余两杆为定轴转动。先用基点法求解。构件 ABC 上只有点 A 的速度已知，可选点 A 为基点，若直接求点 C 的速度，则构件 ABC 的角速度未知，点 C 的速度大小、方向未知，3 个未知数，不能求解。但构件 ABC 上点 B 的速度方位已知，若选点 A 为基点求点 B 的速度，则只有两个未知数，由此可求出构件 ABC 的角速度与点 B 的速度。此时选点 A 或点 B 求点 C 的速度，则均为两个未知数，可以求解。

此题若用速度瞬心法求解，由点 A 与点 B 的速度方向(位)，可看出其速度瞬心在点 O_1 处，由 v_A 可求得构件 ABC 的角速度，则点 C 的速度已很容易求出。

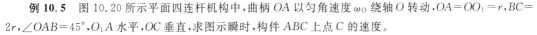

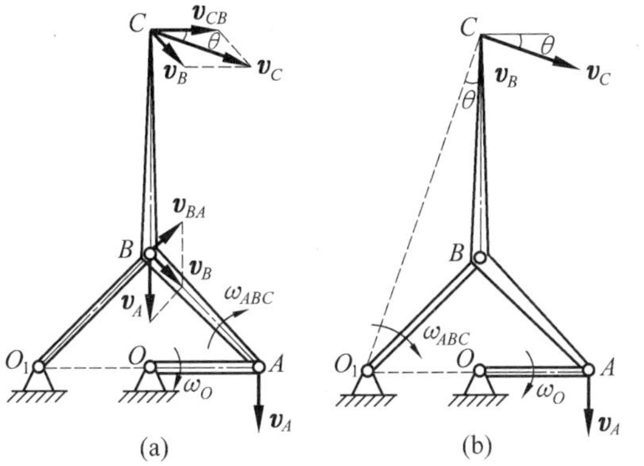

图 10.20

解：　(1)用基点法求解

构件 ABC 做平面运动，选点 A 为基点，$v_A=r\omega_O$，方向如图 10.20(a)所示。求点 B 的速度，由

$$\boldsymbol{v}_B=\boldsymbol{v}_A+\boldsymbol{v}_{BA}$$

画出速度平行四边形如图 10.20(a)所示，可解出

$$v_{BA}=v_B=v_A\cos 45°=\frac{\sqrt{2}}{2}r\omega_O$$

则

$$\omega_{ABC}=\frac{v_{BA}}{AB}=\frac{1}{2}\omega_O$$

选点 B 为基点，求点 C 的速度，由

$$\boldsymbol{v}_C=\boldsymbol{v}_B+\boldsymbol{v}_{CB}$$

画出速度平行四边形如图 10.20(a)所示，其中

$$v_{CB}=BC\cdot\omega_{ABC}=r\omega_O$$

有
$$v_C=\sqrt{v_B^2+v_{CB}^2+2v_Bv_{CB}\cos45^\circ}=\frac{\sqrt{10}}{2}r\omega_O$$

v_C 与水平线的夹角为

$$\theta=\arcsin\frac{v_B\sin135^\circ}{v_C}=18^\circ26'$$

(2)用速度瞬心法求解

构件 ABC 的速度瞬心在点 O_1 处，如图 10.20(b)所示，则

$$\omega_{ABC}=\frac{v_A}{O_1A}=\frac{r\omega_O}{2r}=\frac{1}{2}\omega_O$$

$$v_C=O_1C\cdot\omega_{ABC}=\frac{\sqrt{10}}{2}r\omega_O,\quad \theta=\arctan\frac{r}{3r}=18^\circ26'$$

结果相同。

讨论：对此题，把基点法和速度瞬心法比较，可见用速度瞬心法非常方便。

例 10.6 图 10.21 所示平面机构中，主动件 OA 绕轴 O 转动的转速 $n=400$ r/min，$OA=150$ mm，$AB=760$ mm，$O_1B=BD=530$ mm，各角度如图 10.21 所示，求图示瞬时，杆 AB，BD 的角速度和滑块 D 的速度。

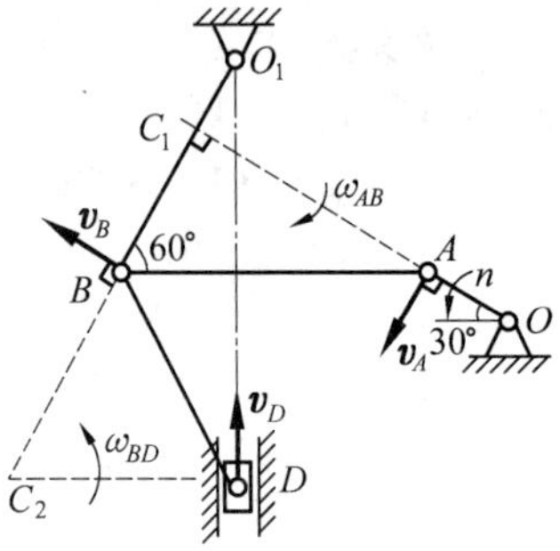

图 10.21

解题分析与思路：杆 AB，BD 做平面运动，杆 OA，O_1B 为定轴转动，滑块 D 为平移。用速度瞬心法求解。点 A 的速度大小、方向已知，由杆 O_1B 为定轴转动，可知点 B 的速度方位，由此可得杆 AB 的速度瞬心，从而求得杆 AB 的角速度和点 B 的速度。由点 B，D 的速度方向(位)，可得杆 BD 的速度瞬心，从而求得杆 BD 的角速度和点 D 的速度。

解： 杆 AB，BD 做平面运动，点 A 的速度为

$$v_A=OA\cdot\omega=OA\cdot\frac{2n\pi}{60}=2\ 000\pi\ \text{mm/s}$$

由点 A，B 的速度方向(位)，可得杆 AB 的速度瞬心，以 C_1 表示，如图 10.21 所示。则

$$\omega_{AB}=\frac{v_A}{AC_1}=9.55\ \text{rad/s}\ (\text{顺时针})$$

$$v_B=BC_1\cdot\omega_{AB}=3\ 639\ \text{mm/s}$$

由点 B，D 的速度方向(位)，可得杆 BD 的速度瞬心，以 C_2 表示，如图 10.21 所示。则

$$\omega_{BD}=\frac{v_B}{BC_2}=6.84\ \text{rad/s}(\text{逆时针}),\quad v_D=C_2D\cdot\omega_{BD}=3\ 639\ \text{mm/s}(\uparrow)$$

例 10.7 图 10.22(a)所示为一矿石压碎机，其简化后的力学模型如图 10.22(b)所示。活动夹板 AB 长为 600 mm，由曲柄 OE 借连杆组带动，使它绕轴 A 摆动。曲柄 OE 长为 100 mm，角速度为 10 rad/s。连杆组由杆 BG，GD 和 GE 组成，杆 BG 和 GD 各长为 500 mm。求当机构在图示位置时，夹板 AB 的角速度。

解题分析与思路：此机构由 5 个刚体组成，杆 OE，GD 和 AB 定轴转动，杆 GE，BG 做平面运动。因杆 OE，GD 为定轴转动，由点 E，G 的速度方向和方位得杆 GE 速度瞬心为 P_1，由此可求得杆 GE 的角速度，得点 G 的速度。再由点 G，B 的速度方向和方位，可得杆 BG 的速度瞬心为 P_2，由此可得杆 BG 的角速度，得点 B 的速度，从而得杆 AB 的角速度。

另外分析：按此题目要求，只要求点 B 的速度，而不要求各构件的角速度，此题用速度投影定理非常方便。

解： (1)用速度瞬心法求解

杆 GE，BG 做平面运动。杆 GE 的速度瞬心如图 10.22 所示，有

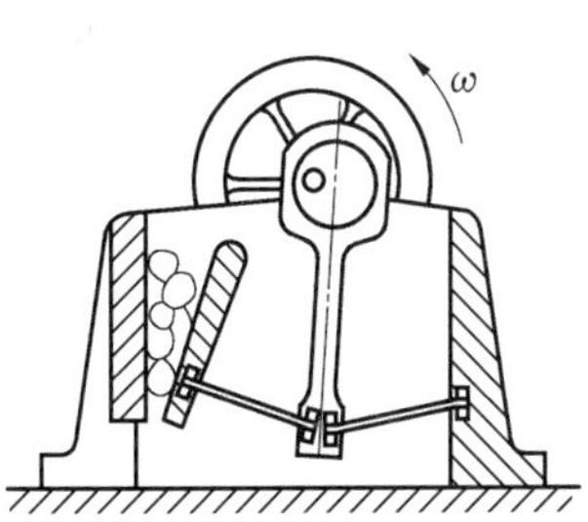

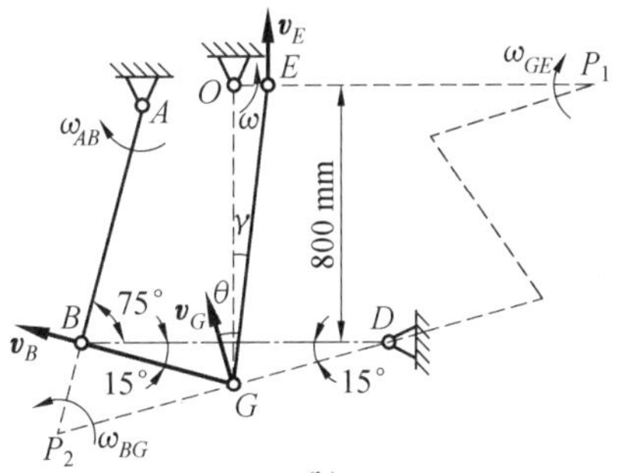

图 10.22

$$v_E = OE \cdot \omega = 1\ 000\ \text{mm/s}$$

则杆 GE 的角速度为 $\omega_{GE}=\dfrac{v_E}{P_1E}$，而点 G 的速度为 $v_G=P_1G\cdot\omega_{GE}$。找出图中的几何关系，为

$$OG = 800\ \text{mm} + GD\sin 15^\circ = 929.4\ \text{mm}$$

$$P_1E = OP_1 - OE = OG\cot 15^\circ - OE = 3\ 369\ \text{mm}$$

$$P_1G = \frac{OG}{\sin 15^\circ} = 3\ 591\ \text{mm}$$

得

$$\omega_{GE} = \frac{v_E}{P_1E} = 0.296\ 8\ \text{rad/s},\quad v_G = P_1G\cdot\omega_{GE} = 1\ 066\ \text{mm/s}$$

杆 BC 的速度瞬心也如图 10.22 所示，则

$$\omega_{BG} = \frac{v_G}{P_2G},\quad v_B = P_2B\cdot\omega_{BG} = \frac{P_2B}{P_2G}\cdot v_G = v_G\cos 60^\circ$$

最后得夹板 AB 的角速度为

$$\omega_{AB} = \frac{v_B}{AB} = \frac{v_G\cos 60^\circ}{AB} = 0.888\ \text{rad/s}$$

(2)用速度投影定理求解此题

由图中几何关系，有

$$\tan\gamma = \frac{OE}{OG} = \frac{100}{929.4},\quad \gamma = 6.14^\circ$$

则 $\theta = 15^\circ + 6.14^\circ = 21.14^\circ$，对 GE 杆由速度投影定理有

$$v_G\cos\theta = v_E\cos\gamma$$

求得 $v_G = 1\ 066\ \text{mm/s}$，再对 GB 杆用速度投影定理，有

$$v_B = v_G\cos 60^\circ$$

同样有

$$\omega_{AB} = \frac{v_B}{AB} = \frac{v_G\cos 60^\circ}{AB} = 0.888\ \text{rad/s}$$

由以上各例可以看出，用瞬心法解题，其步骤与基点法前两步完全相同，第三步就不需要选择基点了，而要根据已知条件，找(画)出图形的速度瞬心，求出平面图形的角速度，最后求出各点的速度。

如果需要研究由几个做平面运动的图形组成的平面机构，则可依次对每一图形按上述步骤求解，直到求出所要求的全部未知量为止。应该注意，每一个平面图形有它自己的速度瞬心和角速度，因此，每求出一个瞬心和角速度，应明确标出它是哪一个图形的瞬心和角速度，不可混淆。

做题时，判断每个构件做什么运动很重要，做平面运动的构件上的速度方向(或方位)开始往往不知道，但这些构件往往和做平移或定轴转动的构件相连，平移和定轴转动虽然简单，但各速度方向(或方位)往往很容易判断出来。根据平面运动和平移或定轴转动构件连接点的速度，做平面运动构件关键点的速度也就很容易确定出来。

10.4 求平面图形内各点加速度的基点法

前面讨论了求平面图形内各点速度的三种方法：基点法、速度投影定理、速度瞬心法。本节来讨论求平面图形内各点加速度的方法。

由前面的分析，刚体的平面运动可看做随基点的平移和绕基点的转动的合成，其在任意瞬时是既有平移又有转动，两者的合成运动就是其实际运动，所以求平面图形内各点的加速度也按此思路进行。

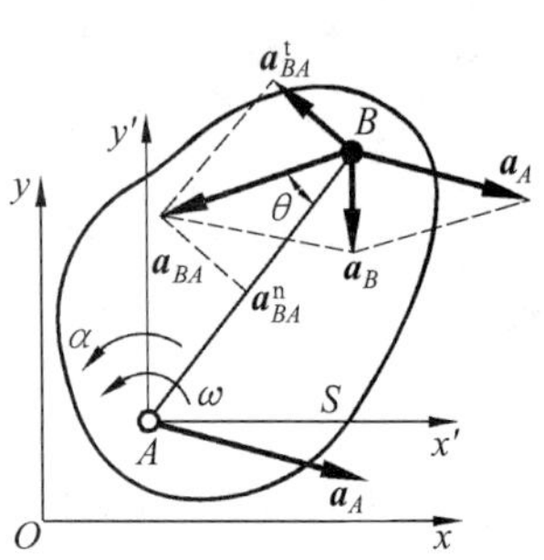

图 10.23

如图 10.23 所示，若图形内某点 A 的加速度 $\boldsymbol{a}_A$ 已知，图形的角速度 ω 和角加速度 α 也为已知，则选点 A 为基点，求图形内任一点 B 的加速度。由于图形既参与了平移又参与了转动，所以点 B 的加速度是既有随基点 A 平移的加速度 $\boldsymbol{a}_A$，又有绕基点 A 转动的加速度。绕基点转动的速度只有一项，而绕基点转动的加速度则有两项，切向和法向，分别以 $\boldsymbol{a}_{BA}^{t}$ 和 $\boldsymbol{a}_{BA}^{n}$ 表示，如图 10.23 所示，则平面图形内任一点 B 的加速度为

$$\boldsymbol{a}_B=\boldsymbol{a}_A+\boldsymbol{a}_{BA}^{t}+\boldsymbol{a}_{BA}^{n} \tag{10.6}$$

式中，$\boldsymbol{a}_{BA}^{t}$ 为点 B 绕基点 A 转动的切向加速度，其方向如图所示，其大小为

$$a_{BA}^{t}=AB\cdot\alpha \tag{10.7}$$

$\boldsymbol{a}_{BA}^{n}$ 为点 B 绕基点 A 转动的法向加速度，其方向如图所示，其大小为

$$a_{BA}^{n}=AB\cdot\omega^2 \tag{10.8}$$

称这种确定平面图形内各点加速度的方法为**求加速度的基点法**。

现在从另一个角度讨论确定平面图形内各点加速度的基点法。选图形上任一点 B 为动点，在基点 A 建一平移动坐标系 $Ax'y'$，建一静坐标系 Oxy，也如图 10.23 所示。用点的合成运动概念来考虑，图形随基点 A 的平移为牵连运动，点 B 随基点平移的加速度 $\boldsymbol{a}_A$ 为牵连加速度 $\boldsymbol{a}_e$，即 $\boldsymbol{a}_e=\boldsymbol{a}_A$。图形绕基点 A 的转动为相对运动，点 B 相对基点 A 转动的加速度 $\boldsymbol{a}_{BA}^{t}$ 和 $\boldsymbol{a}_{BA}^{n}$ 为相对加速度 $\boldsymbol{a}_r$，即 $\boldsymbol{a}_r=\boldsymbol{a}_{BA}^{t}+\boldsymbol{a}_{BA}^{n}$。由于动系为平移，无科氏加速度，由点的合成运动求加速度的公式 $\boldsymbol{a}_a=\boldsymbol{a}_e+\boldsymbol{a}_r$，同样有 $\boldsymbol{a}_B=\boldsymbol{a}_A+\boldsymbol{a}_{BA}^{t}+\boldsymbol{a}_{BA}^{n}$。从这个角度考虑，还可知道，用基点法公式 $\boldsymbol{a}_B=\boldsymbol{a}_A+\boldsymbol{a}_{BA}^{t}+\boldsymbol{a}_{BA}^{n}$ 求出的点 B 的加速度为绝对加速度。

于是得结论：刚体平面运动时，平面图形内任一点的加速度等于基点的加速度与该点绕基点转动的切向加速度和法向加速度的矢量和。

式(10.6)为平面内的矢量等式，有两个投影方程，可求解两个未知量。通常可选择合适的坐标轴投影，列一个投影方程求一个未知量，列两个投影方程求出两个未知量而避开求解联立方程。

求平面图形内各点速度的方法，还有速度投影定理。那么有无类似于速度投影定理的

加速度投影定理？由求加速度的基点法公式 $\boldsymbol{a}_B=\boldsymbol{a}_A+\boldsymbol{a}_{BA}^{t}+\boldsymbol{a}_{BA}^{n}$，把此式沿 A，B 两点连线投影有

$$(\boldsymbol{a}_B)_{AB}=(\boldsymbol{a})_{AB}+(\boldsymbol{a}_{BA}^{t})_{AB}+(\boldsymbol{a}_{BA}^{n})_{AB}$$

由于 $\boldsymbol{a}_{BA}^{t}$ 总是垂直于 A，B 两点连线，所以其在 AB 连线上的投影总是为零，但由于 $\boldsymbol{a}_{BA}^{n}$ 总是沿着 A，B 两点连线，且 $a_{BA}^{n}=AB\cdot\omega^2$，所以其在 AB 连线上的投影只有 $\omega=0$ 才为零。因此一般情况下，有

$$(\boldsymbol{a}_B)_{AB}=(\boldsymbol{a})_{AB}+(\boldsymbol{a}_{BA}^{n})_{AB}$$

即平面图形上 A，B 两点的加速度在 A，B 两点连线上的投影一般不相等，也即没有类似于速度投影定理的加速度投影定理，所以求加速度时不用此方法。

求平面图形内各点速度的方法，还有速度瞬心法。那么有无类似于速度瞬心法的加速度瞬心法？若此点存在，比如为点 A，$a_A=0$，则由求加速度的基点法公式

$$\boldsymbol{a}_B=\boldsymbol{a}_A+\boldsymbol{a}_{BA}^{t}+\boldsymbol{a}_{BA}^{n}$$

任意一点 B 的加速度则为 $\boldsymbol{a}_B=\boldsymbol{a}_{BA}^{t}+\boldsymbol{a}_{BA}^{n}$，这样求各点的加速度岂不更方便？结论是：加速度瞬心存在（加速度为零的基点），但一般情况下不像速度瞬心那么容易确定，所以求平面图形内各点的加速度一般不采用此方法。

综上所述，求平面图形内各点的加速度一般采用的是求加速度的基点法。

例 10.8　图 10.24(a)所示车轮沿直线轨道做纯滚动，车轮半径为 R，轮心 A 的速度为 $\boldsymbol{v}$，加速度为 $\boldsymbol{a}$。求车轮上速度瞬心的加速度。

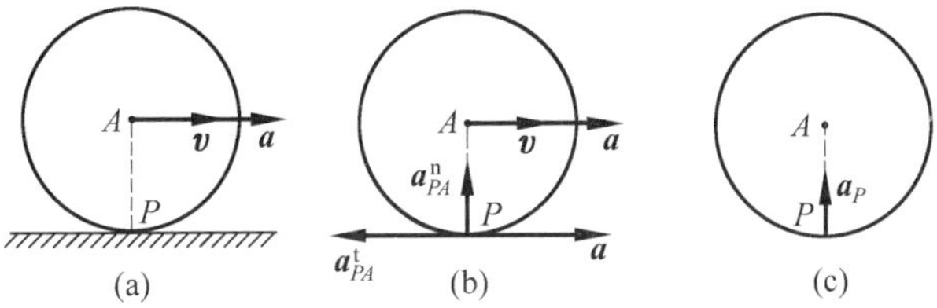

图 10.24

解题分析与思路：车轮做平面运动，轮心加速度为已知，应选轮心为基点，求车轮速度瞬心的加速度。注意，前面已推出，车轮做纯滚动时，轮心的速度、加速度和车轮的角速度、角加速度间有关系 $v=R\omega$，$a=R\alpha$。

解：　车轮做平面运动，选轮心为基点，求车轮速度瞬心 P 的加速度。由

$$\boldsymbol{a}_P=\boldsymbol{a}+\boldsymbol{a}_{PA}^{t}+\boldsymbol{a}_{PA}^{n}$$

加速度分析图如图 10.24(b)所示。上式中，$a=R\alpha$，$a_{PA}^{t}=R\alpha$，$a_{PA}^{n}=R\omega^2$。因 $\boldsymbol{a}$ 和 $\boldsymbol{a}_{PA}^{t}$ 大小相等且反向，所以车轮速度瞬心的加速度为

$$\boldsymbol{a}_P=\boldsymbol{a}_{PA}^{n}$$

其大小为 $a_P=R\omega^2$ 或 $a_P=\dfrac{v^2}{R}$，方向指向轮心，如图 10.24(c)所示。

提示：车轮沿水平面做纯滚动时，轮心的速度 v 和车轮的角速度 ω 间有关系 $v=R\omega$，轮心的加速度 a 和角加速度 α 间有关系 $a=R\alpha$，速度瞬心有指向轮心的加速度，且大小为 $R\omega^2$ 或 $\dfrac{v^2}{R}$。这些应作为基本概念了解，以后用到时可直接应用而不用推导。

例 10.9　图 10.25 所示椭圆规机构中，尺寸 $OD=AD=BD=l$，曲柄 OD 以匀角速度 ω 绕轴 O 转动。求当 $\varphi=60°$时，尺 AB 的角加速度和点 A 的加速度。

解题分析与思路：曲柄为定轴转动，滑块 A，B 为平移，尺 AB 为平面运动。先用速度瞬心法求出尺 AB

的角速度，然后取点 D 为基点，求点 A 的加速度，共有点 A 的加速度大小、尺的角加速度两个未知量，列投影方程求解。

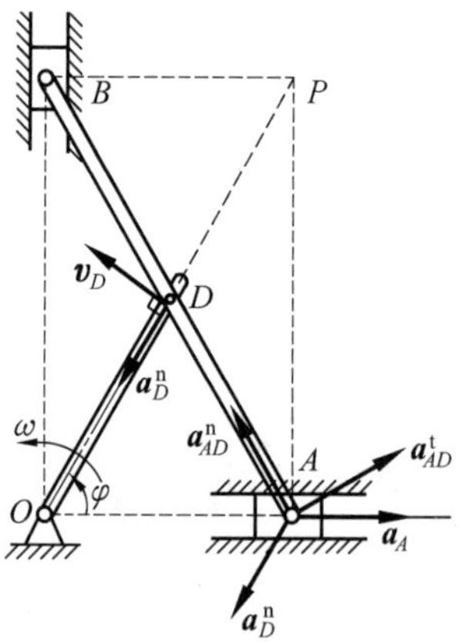

图 10.25

解： 尺 AB 为平面运动，其速度瞬心如图 10.25 所示，其角速度为

$$\omega_{AB}=\frac{v_D}{DP}=\frac{l\omega}{l}=\omega$$

选点 D 为基点，$a_D=a_D^n=l\omega^2$，求点 A 的加速度，为

$$\underset{?}{\boldsymbol{a}_A}=\boldsymbol{a}_D^n+\underset{?}{\boldsymbol{a}_{AD}^t}+\boldsymbol{a}_{AD}^n \tag{1}$$

加速度图如图所示，上式中 $a_{AD}^n=AD\cdot\omega_{AB}^2=l\omega^2$

把式(1)沿常规 y 轴投影，有

$$0=-a_D^n\sin 60^\circ+a_{AD}^t\cos 60^\circ+a_{AD}^n\cos 30^\circ$$

解得 $a_{AD}^t=0$，所以尺 AB 的角加速度为

$$\alpha_{AB}=\frac{a_{AD}^t}{AD}=0$$

把式(1)沿常规 x 轴投影，有

$$a_A=-a_D^n\sin 30^\circ-a_{AD}^n\sin 30^\circ$$

解得点 A 的加速度为

$$a_A=-l\omega^2$$

例 10.10　图 10.26(a)所示平面机构中，主动件 OA 杆的角速度为 $\omega_O=10\ \mathrm{rad/s}$，角加速度为 $\alpha_O=5\ \mathrm{rad/s^2}$，$OA=0.2\ \mathrm{m}$，$O_1B=1\ \mathrm{m}$，$AB=1.2\ \mathrm{m}$。图示瞬时，$OA$ 杆与 O_1B 杆均处于铅直位置，求此时 AB 杆的角速度、角加速度和点 B 的速度、加速度。

解题分析与思路：OA 杆、O_1B 杆均为定轴转动，AB，BC 杆做平面运动。图示瞬时，A，B 两点速度水平，由速度投影定理可知 A，B 两点速度相等。AB 杆的速度瞬心在无穷远处，为瞬时平移，其角速度为零。选点 A 为基点，其切向、法向加速度大小、方向均已知，求点 B 的加速度。点 B 的法向加速度大小、方向为已知，切向加速度方位已知，大小未知。还有杆 AB 的角加速度不知道，有两个未知数，可以求解。

解： 杆 AB，BC 做平面运动，点 A 的速度为

$$v_A=OA\cdot\omega_O=2\ \mathrm{m/s}$$

由速度投影定理，如图 10.26(a)所示，有

$$v_B\cos\theta=v_A\cos\theta$$

则

$$v_B=v_A=2\ \mathrm{m/s}$$

AB 杆为瞬时平移，有

$$\omega_{AB}=0$$

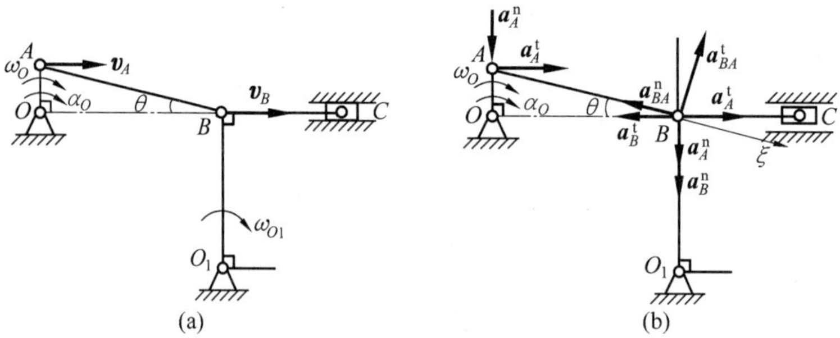

图 10.26

选点 A 为基点，其加速度为

$$a_A^t=OA\cdot\alpha_O=1\ \mathrm{m/s^2},\quad a_A^n=OA\cdot\omega_O^2=20\ \mathrm{m/s^2}$$

由公式

$$\boldsymbol{a}_B^{t}+\boldsymbol{a}_B^{n}=\boldsymbol{a}_A^{t}+\boldsymbol{a}_A^{n}+\boldsymbol{a}_{BA}^{t}+\boldsymbol{a}_{BA}^{n}$$

大小	?	√	√	√	?	√
方向	√	√	√	√	√	√

式中　$a_B^{n}=\dfrac{v_B^2}{O_1B}=4\ \text{m/s}^2$，　$a_{BA}^{n}=AB\cdot\omega_{AB}=0$

沿 ξ 轴投影，有

$$-a_B^{t}\cos\theta+a_B^{n}\sin\theta=a_A^{t}\cos\theta+a_A^{n}\sin\theta$$

而　$\cos\theta=\dfrac{\sqrt{(AB)^2-(OA)^2}}{AB}=\dfrac{118}{120}$，$\sin\theta=\dfrac{OA}{AB}=\dfrac{1}{6}$

解得　$a_B^{t}=-3.17\ \text{m/s}^2$

沿 y 轴投影，有

$$-a_B^{n}=-a_A^{n}+a_{BA}^{t}\cos\theta$$

解得　$a_{BA}^{t}=16.27\ \text{m/s}^2$

则　$\alpha_{AB}=\dfrac{a_{BA}^{t}}{AB}=13.6\ \text{rad/s}^2$

10.5　运动学综合应用

实际机构中，有的是简单机构，有的是复杂机构。简单机构中，有的需用点的合成运动方法求解，有的需用刚体平面运动的方法求解，有的既可以用点的合成运动方法求解，也可以用刚体平面运动的方法求解。复杂机构中，可能同时有刚体的平面运动和点的合成运动问题，这时就既需要用到点的合成运动方法又需要用到刚体平面运动的方法求解，这就是运动学综合应用的问题。

拿来一个运动学问题，首先要从主动件开始，分析各个构件做什么运动，从而就可以基本决定解题思路。刚体的平面运动用来分析同一刚体上不同点间的速度和加速度之间的关系，而点的合成运动涉及两个刚体或一个点和一个刚体。当两个刚体(或一个刚体和一个点)相接触而有相对运动时，或者两个刚体(或一个刚体和一个点)间不接触但有相互运动时，则需用点的合成运动理论求解问题。

另外要注意，为分析某点的运动或某刚体的运动，如能找出其位置与时间的函数关系，则可直接建立运动方程，而得到其运动的全过程，如位置的确定、轨迹的确定、速度和加速度的确定等，称这种解决问题的方法为**解析法**，如本教材所讲的第 7 章和第 8 章的内容。当难以建立点或刚体的运动方程或只对机构某些瞬时位置的运动参数感兴趣时，可采用本教材第 9 章和第 10 章所讲的内容求解问题，称这种解决问题的方法为**几何法**。到底采用什么方法，需视具体题目而定。现在一般教材里所指的运动学的综合应用，多数指的是几何法，而且多数指的是点的合成运动和刚体平面运动的综合应用。

下面通过例题说明这些方法的综合应用。

例 10.11　如图 10.27(a)所示，在水平面上运动的直角三角块的倾角为 30°，速度为 $\boldsymbol{v}$，加速度为 $\boldsymbol{a}$，半径为 R 的轮 A 在三角块上做纯滚动，杆 AB 在铅直导槽中滑动。求轮 A 的角速度、角加速度和杆 AB 的速度、加速度。

解题分析与思路：三角块与杆 AB 均为平移，轮做平面运动，可以用平面运动的方法求解。而轮相对三角块做纯滚动，即轮相对三角块有相对运动，所以也可以用点的合成运动的方法求解。此题是一个既可以用刚体平面运动的方法求解又可以用点的合成运动方法求解的题目。

解： (1)刚体平面运动方法

轮做平面运动，轮上点 C 相对三角块无滑动，轮上点 C 的速度和三角块的速度相同。取轮上点 C 为基点，求轮心 A 的速度，有

$$\boldsymbol{v}_A=\boldsymbol{v}_C+\boldsymbol{v}_{AC}$$

速度平行四边形如图 10.27(b)所示，式中

$$\boldsymbol{v}_C=\boldsymbol{v}$$

则杆 AB 的速度和轮 A 的角速度为

$$v_{AB}=v_A=v_C\tan 30°=\frac{\sqrt{3}}{3}v,\quad \omega_A=\frac{v_{AC}}{R}=\frac{2\sqrt{3}\,v}{3R}$$

提示：也可以用速度投影定理求得杆 AB 的速度，用速度瞬心法求得轮 A 的角速度和杆 AB 的速度。读者可以一试。

提问：轮上点 C 的速度和三角块的速度相同，轮上点 C 的加速度和三角块的加速度是否相同？

回答：轮 A 在三角块上做纯滚动，相当于轮在地面上做纯滚动，相对三角块轮上点 C 有指向圆心的加速度 $R\omega_A^2=\dfrac{4v^2}{3R}$，三角块的加速度相当于牵连加速度，所以，轮上点 C 的加速度和三角块的加速度不相同。

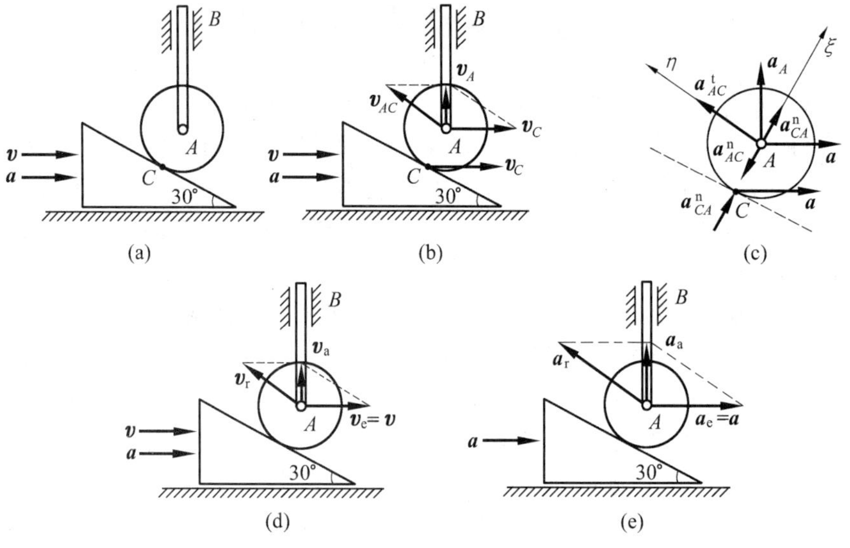

图 10.27

取轮上点 C 为基点，求轮心 A 的加速度。轮上点 C 的加速度为 $\boldsymbol{a}_C=\boldsymbol{a}+\boldsymbol{a}_{CA}^n$，式中 $\boldsymbol{a}$ 为三角块的加速度，而 $a_{CA}^n=R\omega_A^2=\dfrac{4v^2}{3R}$，由

$$\boldsymbol{a}_A=\boldsymbol{a}_C+\boldsymbol{a}_{AC}^t+\boldsymbol{a}_{AC}^n=\boldsymbol{a}+\boldsymbol{a}_{CA}^n+\boldsymbol{a}_{AC}^t+\boldsymbol{a}_{AC}^n$$

	$\boldsymbol{a}_A$	$\boldsymbol{a}$	$\boldsymbol{a}_{CA}^n$	$\boldsymbol{a}_{AC}^t$	$\boldsymbol{a}_{AC}^n$
大小	?	√	√	?	√
方向	√	√	√	√	√

式中 $a_{CA}^n=a_{AC}^n=R\omega_A^2$

加速度矢量图如图 10.27(c)所示，沿 ξ 轴投影，有

$$a_A\cos 30°=a\cos 60°$$

解得杆 AB 的加速度为

$$a_{AB}=a_A=\frac{\sqrt{3}}{3}a$$

沿 η 轴投影有

$$a_A\sin 30°=a_{AC}^{t}-a\cos 30°$$

解得 $a_{AC}^{t}=\frac{2\sqrt{3}}{3}a$，则轮 A 的角加速度为

$$\alpha_A=\frac{2\sqrt{3}}{3R}a$$

(2)点的合成运动法

把动系建于三角物块上，动点选为轮心点 A，牵连运动为平移，由

$$\boldsymbol{v}_a=\boldsymbol{v}_A=\boldsymbol{v}_e+\boldsymbol{v}_r$$

速度矢量图如图 10.27(d)所示，式中

$$v_e=v$$

可解得杆 AB 的速度和轮 A 的角速度为

$$v_{AB}=v_A=v_a=\frac{\sqrt{3}}{3}v,\quad \omega_A=\frac{v_r}{R}=\frac{2\sqrt{3}\,v}{3R}$$

动点、动系的选择如同求速度的选择，由

$$\boldsymbol{a}_a=\boldsymbol{a}_A=\boldsymbol{a}_e+\boldsymbol{a}_r$$

加速度矢量图如图 10.27(e)所示，式中

$$a_e=a$$

可解得杆 AB 的加速度和轮 A 的角加速度为

$$a_{AB}=a_A=a_a=\frac{\sqrt{3}}{3}a,\quad \alpha_A=\frac{a_r}{R}=\frac{2\sqrt{3}\,a}{3R}$$

提问：题目要求的是轮 A 的角速度和角加速度，是相对地面的角速度和角加速度，而$\omega_A=\frac{v_r}{R}=\frac{2\sqrt{3}\,v}{3R}$，$\alpha_A=\frac{a_r}{R}=\frac{2\sqrt{3}\,a}{3R}$是轮相对三角物块的角速度、角加速度，两者是否一致？为什么？

例 10.12　在图 10.28(a)所示平面机构中，杆 AC 在导槽中以匀速 $\boldsymbol{v}$ 向左平移，通过铰链 A 带动杆 AB 沿导套 O 运动，导套 O 与杆 AC 的距离为 l。图示瞬时 $\varphi=60°$，求此瞬时杆 AB 的角速度和角加速度。

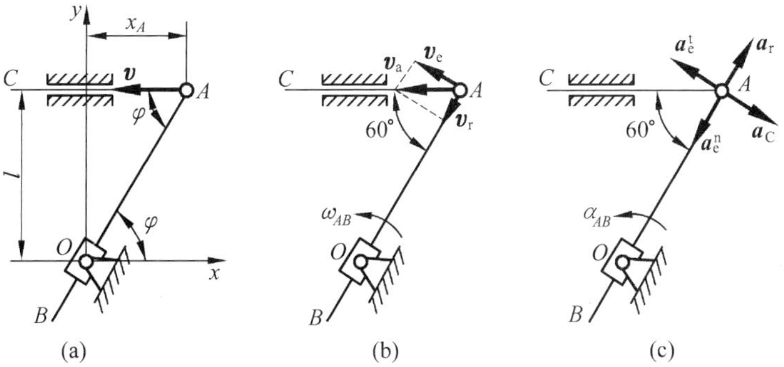

图 10.28

解题分析与思路：本题可把 AB 杆放于任意 φ 角位置，写出 AB 杆的转动方程 $\varphi=\varphi(t)$，求导数而得角速度和角加速度。因导套 O 为定轴转动，AB 杆相对导套 O 有相对运动，所以可把动系建于导套 O 上，选点 A 为动点，用点的合成运动的方法求解。考虑到 AB 杆做平面运动，也可以用刚体平面运动的方法求解，若用刚体平面运动的方法求解，还需要和点的合成运动的方法结合。

解： (1)解析法(坐标)法

以点 O 为坐标原点，建立如图 10.28(a)所示直角坐标系。由图可知

$$x_A = l\cot\varphi$$

将其两端对时间求导，并注意到 $\dot{x}_A = -v$，整理得

$$\dot{\varphi} = \frac{v}{l}\sin^2\varphi$$

将其再对时间求导，得

$$\ddot{\varphi} = \frac{v\dot{\varphi}}{l}\sin 2\varphi = \frac{v^2}{l^2}\sin^2\varphi\sin 2\varphi$$

则当 $\varphi = 60°$时，AB 杆的角速度和角加速度为

$$\omega_{AB} = \dot{\varphi} = \frac{3v}{4l},\quad \alpha_{AB} = \ddot{\varphi} = \frac{3\sqrt{3}\,v^2}{8l^2}$$

(2)点的合成运动的方法

把动系建于导套 O 上，选点 A 为动点，由

$$\boldsymbol{v}_a = \boldsymbol{v} = \boldsymbol{v}_e + \boldsymbol{v}_r$$

速度图如图 10.28(b)所示，可解得

$$v_e = v_a\sin 60° = \frac{\sqrt{3}}{2}v,\quad v_r = v_a\cos 60° = \frac{v}{2}$$

则杆 AB 的角速度(注意在此种情况下，导套 O 的角速度和杆 AB 的角速度相同)为

$$\omega_{AB} = \frac{v_e}{OA} = \frac{3v}{4l}$$

由

$$\boldsymbol{a}_a = \boldsymbol{a}_e^t + \boldsymbol{a}_e^n + \boldsymbol{a}_r + \boldsymbol{a}_C$$

	$\boldsymbol{a}_a$	$\boldsymbol{a}_e^t$	$\boldsymbol{a}_e^n$	$\boldsymbol{a}_r$	$\boldsymbol{a}_C$
大小	√	?	√	?	√
方向	√	√	√	√	√

加速度图如图 10.28(c)所示，上式中 $a_a = 0$，科氏加速度 $a_C = 2\omega_e v_r = \frac{3v^2}{4l}$

把上式垂直于 AB 杆投影，有

$$0 = a_e^t - a_C$$

得 $a_e^t = a_C$，则杆 AB 的角加速度为

$$\alpha_{AB} = \frac{a_e^t}{OA} = \frac{3\sqrt{3}\,v^3}{8l^2}$$

(3)刚体平面运动的方法和点的合成运动方法的结合

此题中，杆 AB 做平面运动，直接判断出或用点的合成的方法确定出杆 AB 上点 O 的速度沿着杆 AB，对导套来说，此速度是绝对速度也是相对速度，由此可找出杆 AB 的速度瞬心，求出杆 AB 的角速度。此时选点 A 为基点，求杆 AB 上点 O 的加速度，未知量为 3 个，再把动系建于导套上，选点 O 为动点，联立可求解。这种方法不如前两种方法简单，此处就不详细求解了。

例 10.13 图 10.29(a)所示平面机构，滑块 B 可沿杆 OA 滑动。杆 BE 与 BD 分别与滑块 B 铰接，BD 杆沿水平导槽运动。滑块 E 以匀速 $\boldsymbol{v}$ 沿铅直导槽向上运动。图示瞬时杆 OA 铅直，且与杆 BE 夹角为 45°，尺寸如图所示。求该瞬时杆 OA 的角速度与角加速度。

解题分析与思路：BE 杆做平面运动，滑块 E 和杆 BD 为平移，杆 OA 为定轴转动，滑块 B 相对杆 OA 有相对运动。题目里有平面运动的构件又有点的相对运动出现，所以这是一个既要用到刚体平面运动又要用到点的合成运动方法求解的题目。先用刚体平面运动的方法求出滑块 B 的速度和加速度，然后把动系建于 OA 杆上，取滑块 B 为动点，则用刚体平面运动方法求出的速度和加速度为绝对速度和加速度，再用点的合成运动的方法求解。

解： BE 杆做平面运动，其速度瞬心为点 O，则杆 BE 的角速度为

$$\omega_{BE}=\frac{v}{OE}=\frac{v}{l}$$

所以滑块 B 的速度为 $v_B=OB\cdot\omega_{AB}=v$

把动系建于 OA 杆上，取滑块 B 为动点，由

$$\boldsymbol{v}_a=\boldsymbol{v}=\boldsymbol{v}_e+\boldsymbol{v}_r$$

速度图如图 10.29(a)所示，由于 $\boldsymbol{v}_a$ 和 $\boldsymbol{v}_e$ 同向，所以 $v_a=v_e$，相对速度 $v_r=0$，得杆 OA 的角速度为

$$\omega_{OA}=\frac{v_e}{OB}=\frac{v}{l}$$

转向为逆时针。

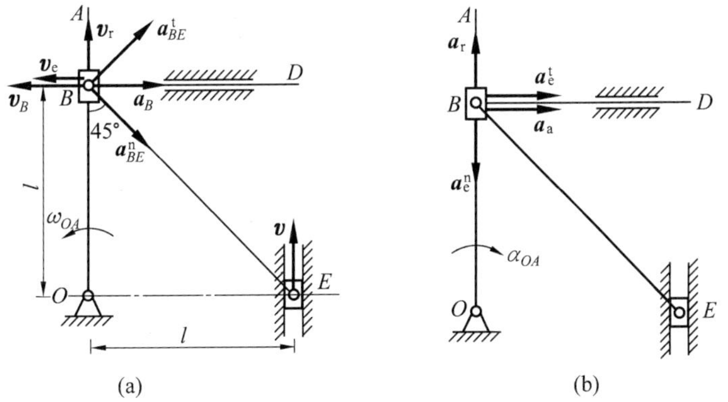

图 10.29

以点 E 为基点，求点 B 的加速度，有

$$\boldsymbol{a}_B=\boldsymbol{a}_E+\boldsymbol{a}_{BE}^t+\boldsymbol{a}_{BE}^n \tag{1}$$

	$\boldsymbol{a}_B$	$\boldsymbol{a}_E$	$\boldsymbol{a}_{BE}^t$	$\boldsymbol{a}_{BE}^n$
大小	?	√	?	√
方向	√	√	√	√

加速度图如图 10.29(a)所示，上式中，$a_E=0$，$a_{BE}^n=BE\cdot\omega_{BE}^2=\frac{\sqrt{2}v^2}{l}$，把式(1)沿着杆 BE 投影，有

$$a_B\cos45^\circ=a_{BE}^n$$

解得

$$a_B=\frac{a_{BE}^n}{\cos 45^\circ}=\frac{2v^2}{l}$$

仍然把动系建于 OA 杆上，取滑块 B 为动点，由

$$\boldsymbol{a}_a=\boldsymbol{a}_B=\boldsymbol{a}_e^n+\boldsymbol{a}_e^t+\boldsymbol{a}_r+\boldsymbol{a}_C \tag{2}$$

	$\boldsymbol{a}_B$	$\boldsymbol{a}_e^n$	$\boldsymbol{a}_e^t$	$\boldsymbol{a}_r$	$\boldsymbol{a}_C$
大小	√	√	?	?	√
方向	√	√	√	√	√

加速度图如图 10.29(b)所示，式中 $a_e^n=OB\cdot\omega_{OA}^2=\frac{v^2}{l}$，科氏加速度 $a_C=2\omega_{OA}v_r=0$，把式(2)沿水平方向投影得 $a_B=a_e^t=\frac{2v^2}{l}$，则杆 OA 的角加速度为

$$\alpha_{OA}=\frac{a_e^t}{OB}=\frac{2v^2}{l^2}$$

转向为顺时针。

例 10.14　图 10.30(a)所示平面机构，AB 长为 l，滑块 A 沿摇杆 OC 的长槽滑动。摇杆 OC 以匀角速度 ω 绕轴 O 转动，滑块 B 以匀速 $v=l\omega$ 沿水平导槽滑动。图示瞬时 OC 铅直，AB 与水平线 OB 的夹角为 30°。求此瞬时 AB 杆的角速度和角加速度。

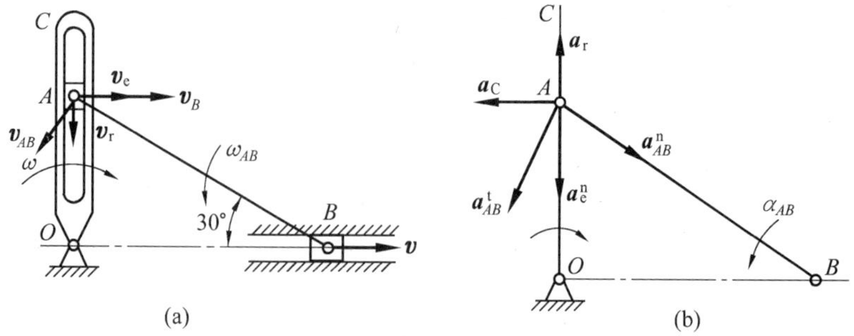

图 10.30

解题分析与思路:此题中,摇杆 OC 为定轴转动,滑块 A 相对摇杆 OC 有相对运动。杆 AB 做平面运动,滑块 B 为平移。所以是一个点的合成运动和刚体平面运动综合应用的题目。分析速度时,若把动系建于摇杆 OC 上,滑块 A 为动点,则由于绝对速度大小、方向未知,相对速度大小未知,有 3 个未知量,不能求解。若选点 B 为基点,求点 A 的速度,因点 A 的速度大小、方向未知,杆的角速度未知,也是 3 个未知量,不能求解。此时就需要把两者合起来联立求解。求加速度也是如此。

解: 杆 AB 做平面运动,以点 B 为基点,求点 A 的速度,有

$$\boldsymbol{v}_A=\boldsymbol{v}_B+\boldsymbol{v}_{AB} \tag{1}$$

大小	?	√	?
方向	?	√	√

速度图如图 10.30(a)所示,式中 $v_B=v$。

把动系建于摇杆 OC 上,滑块 A 为动点,有

$$\boldsymbol{v}_a=\boldsymbol{v}_e+\boldsymbol{v}_r \tag{2}$$

大小	?	√	?
方向	?	√	√

速度图也如图 10.30(a)所示。式中 $v_e=OA\cdot\omega=\dfrac{l}{2}\omega$。因 $\boldsymbol{v}_A=\boldsymbol{v}_a$,由式(1)、(2)有

$$\boldsymbol{v}_B+\boldsymbol{v}_{AB}=\boldsymbol{v}_e+\boldsymbol{v}_r \tag{3}$$

? ?

把式(3)沿水平方向投影有

$$v_B-v_{AB}\cos 60^\circ=v_e$$

解得

$$v_{AB}=l\omega$$

则 AB 杆的角速度为

$$\omega_{AB}=\frac{v_{AB}}{AB}=\omega$$

转向如图 10.30(a)所示。

同时可求得相对速度为 $v_r=v_{AB}\cos30^\circ=\dfrac{\sqrt{3}}{2}l\omega$

选点 B 为基点,求点 A 的加速度,有

$$\boldsymbol{a}_A=\boldsymbol{a}_B+\boldsymbol{a}_{AB}^n+\boldsymbol{a}_{AB}^t \tag{4}$$

大小	?	√	√	?
方向	?	√	√	√

加速度图如图 10.30(b)所示,上式中

$$a_B=0,a_{AB}^n=AB\cdot\omega_{AB}^2=l\omega^2$$

仍把动系建于摇杆 OC 上,滑块 A 为动点,有

$$\boldsymbol{a}_a = \boldsymbol{a}_e^n + \boldsymbol{a}_e^t + \boldsymbol{a}_r + \boldsymbol{a}_C \qquad (5)$$

大小	?	√	√	?	√
方向	?	√	√	√	√

加速度图也如图 10.30(b)所示，上式中

$$a_e^n = OA \cdot \omega^2 = \frac{l}{2}\omega^2,\quad a_e^t = 0,\quad a_C = 2\omega_e v_r = \sqrt{3}\,l\omega^2$$

因 $\boldsymbol{a}_A = \boldsymbol{a}_a$，有

$$\boldsymbol{a}_B + \boldsymbol{a}_{AB}^n + \underset{?}{\boldsymbol{a}_{AB}^t} = \boldsymbol{a}_e^n + \boldsymbol{a}_e^t + \underset{?}{\boldsymbol{a}_r} + \boldsymbol{a}_C \qquad (6)$$

把式(6)沿水平方向投影有

$$-a_{AB}^t \sin 30° + a_{AB}^n \cos 30° = -a_C$$

解得

$$a_{AB}^t = 3\sqrt{3}\,l\omega^2$$

则 AB 杆的角加速度为

$$\alpha_{AB} = \frac{a_{AB}^t}{AB} = 3\sqrt{3}\,\omega^2$$

转向如图 10.30(b)所示。

习　题

10.1　图示椭圆规尺 AB 由曲柄 OC 带动，$OC=CB=CA=r$，曲柄以匀角速度 ω_O 绕轴 O 转动，取 C 为基点，求椭圆规尺 AB 的平面运动方程。

10.2　图示圆柱 A 上缠以细绳，绳的 B 端固定在天花板上。圆柱自静止落下，其轴心的速度为 $v=\frac{2}{3}\sqrt{3gh}$，其中 g 为常量，h 为圆柱轴心到初始位置的距离。如圆柱半径为 R，求圆柱的平面运动方程。

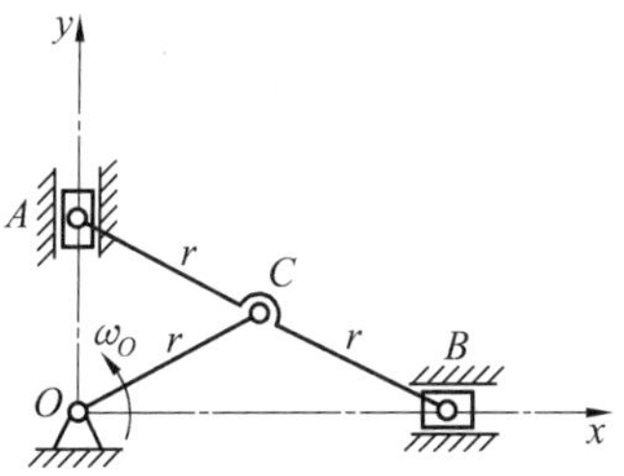

题 10.1 图

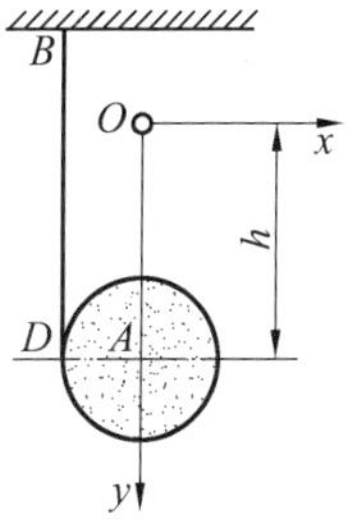

题 10.2 图

10.3　图示杆 AB 的 A 端沿水平线以等速 $\boldsymbol{v}$ 运动，运动时杆恒与一半圆圆周相切，半圆周的半径为 R。杆与水平线间的夹角为 θ，以角 θ 表示杆的角速度。

10.4　图示双曲柄连杆机构的滑块 B 和 E 用杆 BE 连接，主动曲柄 OA 和从动曲柄 OD 都绕轴 O 转动，主动曲柄 OA 以等角速度 $\omega_O=12$ rad/s 转动。机构的尺寸为：$OA=0.1$ m，$OD=0.12$ m，$AB=0.26$ m，$BE=0.12$ m，$DE=0.12\sqrt{3}$ m。求当曲柄 OA 垂直于 OB 时，从动曲柄 OD 和连杆 DE 的角速度。

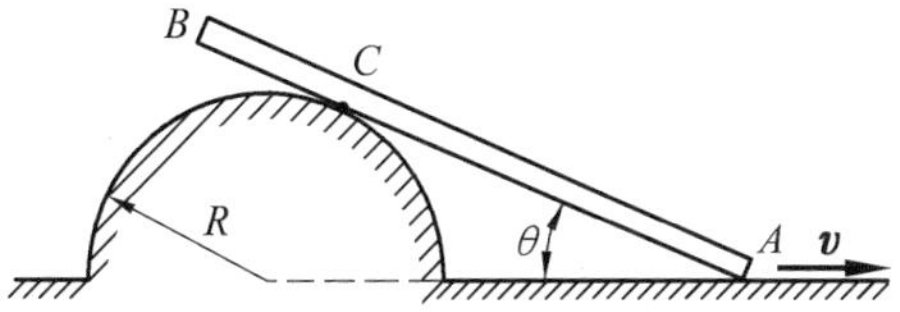

题 10.3 图

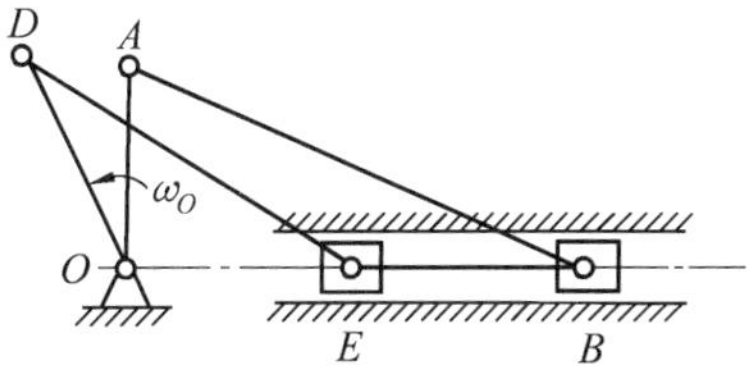

题 10.4 图

10.5 图示筛动机构中，筛子的摆动由曲柄连杆机构带动。曲柄 OA 的转速 $n_{OA}=40$ r/min，$OA=0.3$ m。当筛子 BC 运动到与点 O 在同一水平线上时，角度如图所示。求此瞬时筛子的速度。

10.6 图示两齿条以速度 $\boldsymbol{v}_1$ 和 $\boldsymbol{v}_2$ 同方向运动，且 $v_1>v_2$。在两齿条间夹一齿轮，其半径为 R，求齿轮的角速度和其中心 O 的速度。

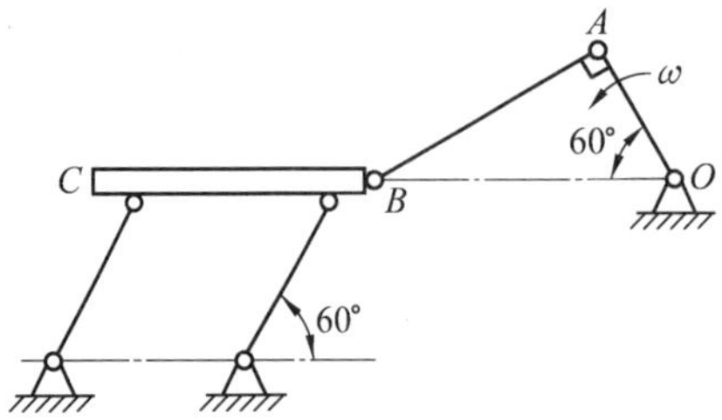

题 10.5 图

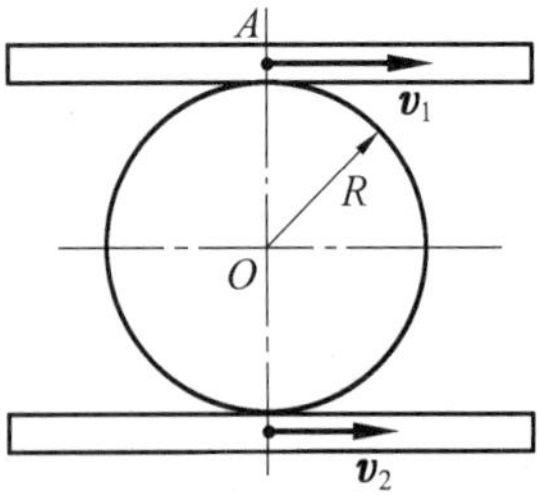

题 10.6 图

10.7 图示四连杆机构中，连杆 AB 上固连一三角板 ABD，机构由曲柄 O_1A 带动。曲柄的角速度 $\omega_1=2$ rad/s，曲柄长 $O_1A=100$ mm，水平距离 $O_1O_2=50$ mm，$AD=50$ mm。当 O_1A 铅直时，$AB /\!/ O_1O_2$，且 AD 与 AO_1 在同一铅直线上，角 $\varphi=30°$。求三角板 ABD 的角速度和点 D 的速度。

10.8 图示机构中，$OA=BD=DE=100$ mm，$EF=100\sqrt{3}$ mm，$\omega_{OA}=4$ rad/s。图示位置时，曲柄 OA 与水平线 OB 垂直，且 B,D,F 在同一铅直线上，又 DE 垂直于 EF。求杆 EF 的角速度和点 F 的速度。

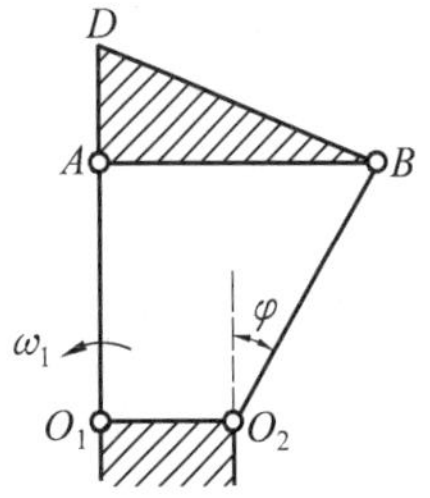

题 10.7 图

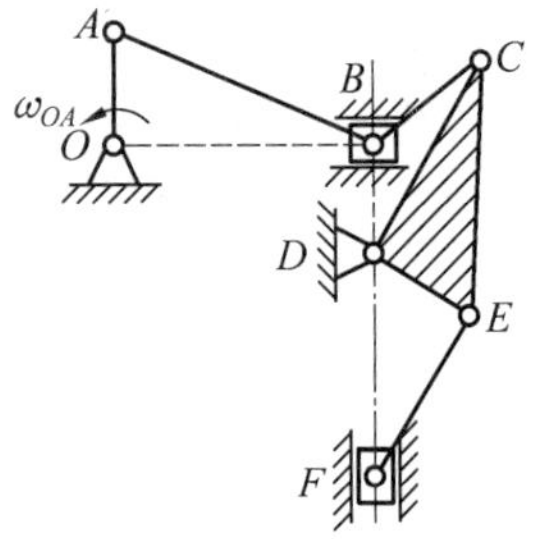

题 10.8 图

10.9 图示瓦特行星齿轮传动机构中，杆 O_1A 绕轴 O_1 以角速度 $\omega_{O_1}=6$ rad/s 转动，并借助连杆 AB 带动曲柄 OB，曲柄 OB 活动地装置在轴 O 上，在轴 O 上装有齿轮Ⅰ，齿轮Ⅱ与连杆 AB 固连于一体。$r_1=r_2=0.3\sqrt{3}$ m，$O_1A=0.75$ m，$AB=1.5$ m。求当 $\gamma=60°$，$\beta=90°$时，曲柄 OB 和齿轮Ⅰ的角速度。

10.10 使砂轮高速转动的装置如图所示。杆 O_1O_2 绕轴 O_1 转动，转速 $n_4=900$ r/min。O_2 处用铰链连接一半径为 r_2 的活动齿轮Ⅱ，杆 O_1O_2 转动时轮Ⅱ在半径为 r_3 的固定内齿轮上滚动，并使半径为 r_1 的轮Ⅰ绕轴 O_1 转动，且 $r_3/r_1=11$。轮Ⅰ上装有砂轮，随同轮Ⅰ转动。求砂轮的转速。

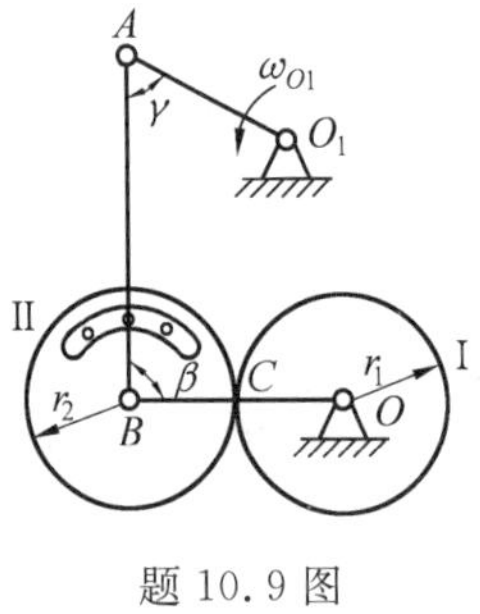

题 10.9 图

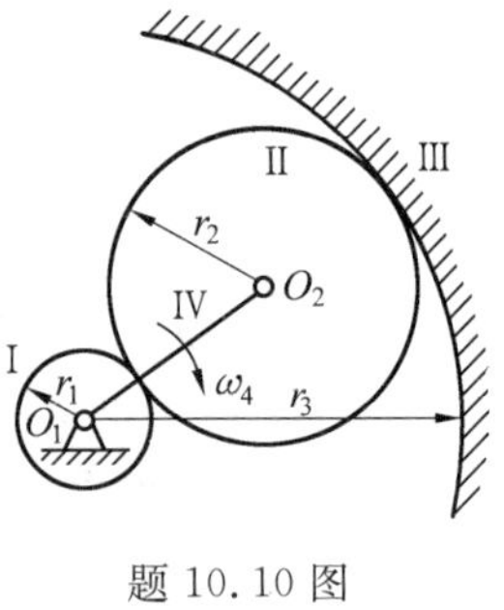

题 10.10 图

10.11　插齿机传动机构的简图如图所示。曲柄 OA 通过连杆 AB 带动摆杆 O_1B 绕轴 O_1 摆动，与摆杆连成一体的扇齿轮带动齿条使插刀 M 上下运动。曲柄长 $OA=r$，转动角速度为 ω，扇齿轮半径为 b。求在图示位置（连线 OB 垂直于水平线 BO_1）时插刀 M 的速度。

10.12　图示小型精压机的传动机构，$OA=O_1B=0.1\ \mathrm{m}$，$EB=BD=AD=l=0.4\ \mathrm{m}$。在图示瞬时，$OA\perp AD$，$O_1B\perp ED$，$O_1D$ 在水平位置，OD 和 EF 在铅直位置。曲柄 OA 的转速为 $n=120\ \mathrm{r/min}$，求此时压头 F 的速度。

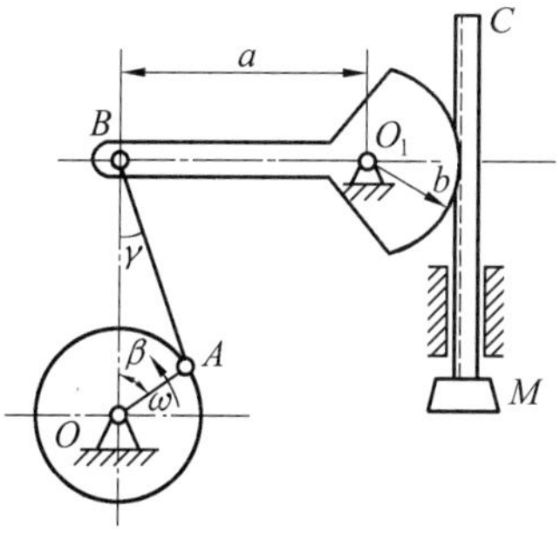

题 10.11 图

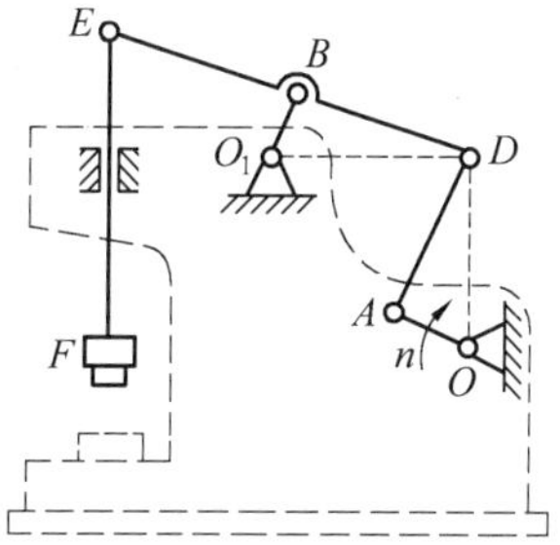

题 10.12 图

10.13　齿轮Ⅰ在齿轮Ⅱ内滚动，其半径分别为 r 和 R，且 $R=2r$。曲柄 OO_1 绕轴 O 以等角速度 ω_O 转动，并带动行星齿轮Ⅰ。求该瞬时轮Ⅰ上点 C 的加速度。

10.14　半径为 R 的轮子沿水平面滚动而不滑动，如图所示。在轮上有圆柱部分，其半径为 r。将线绕于圆柱上，线的 B 端以速度 $\boldsymbol{v}$ 和加速度 $\boldsymbol{a}$ 沿水平方同运动。求轮的轴心 O 的速度和加速度。

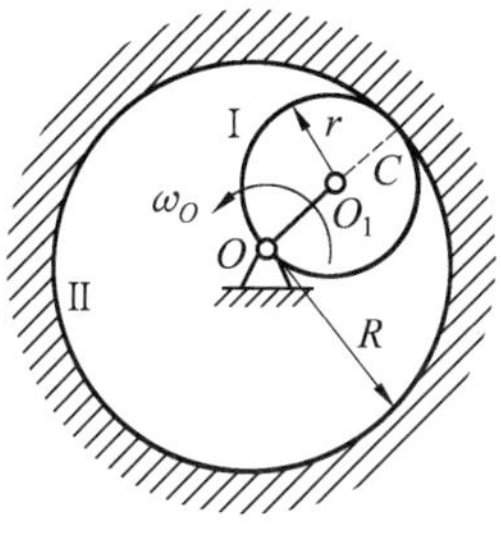

题 10.13 图

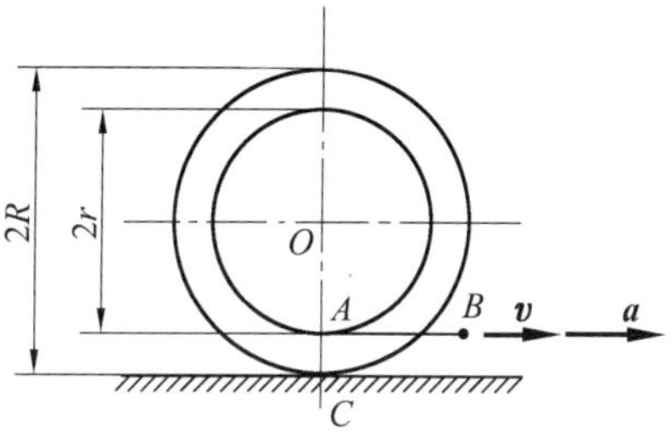

题 10.14 图

10.15　曲柄 OA 以恒定的角速度 $\omega=2\ \mathrm{rad/s}$ 绕轴 O 转动，并借助连杆 AB 驱动半径为 r 的轮子在半径为 R 的圆弧槽中做无滑动的滚动，$OA=AB=R=2r=1\ \mathrm{m}$，求图示瞬时点 B 和点 C 的速度与加速度。

10.16　图示曲柄齿轮椭圆规中，齿轮 A 和曲柄 O_1A 固结为一体，齿轮 C 和齿轮 A 半径均为 r 并互相啮合，图中 $AB/\!/O_1O_2$ 且长度相同，$O_1A=O_2B=0.4\ \mathrm{m}$。$O_1A$ 以匀角速度 $\omega=0.2\ \mathrm{rad/s}$ 绕轴 O_1 转动。M 为轮 C 上一点，$CM=0.1\ \mathrm{m}$。在图示瞬时，CM 铅垂，求此时点 M 的速度和加速度。

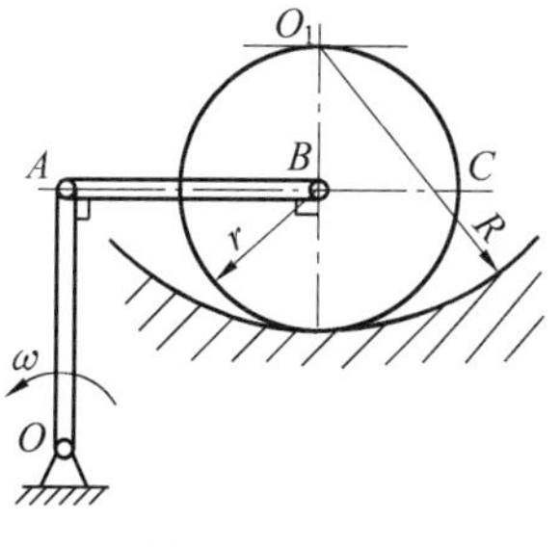

题 10.15 图

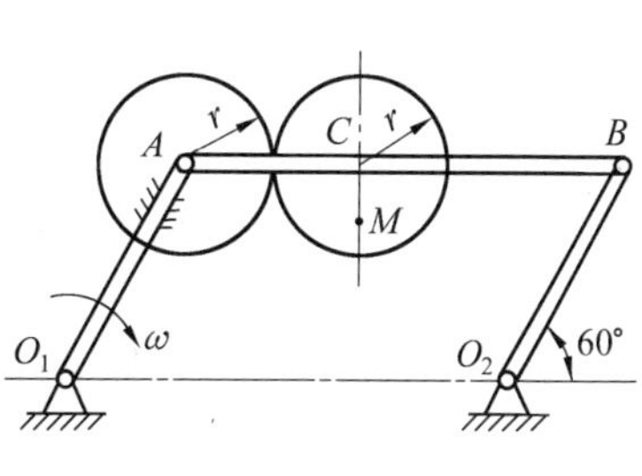

题 10.16 图

10.17 图示曲柄连杆机构中，曲柄 OA 绕轴 O 转动，其角速度为 ω_O，角加速度为 α_O。图示瞬时曲柄与水平线间成 60°角，连杆 AB 与曲柄 OA 垂直。滑块 B 在圆形槽内滑动，此时半径 O_1B 与连杆 AB 间成 30°角。$OA=r, AB=2\sqrt{3}r, O_1B=2r$，求该瞬时，滑块 B 的切向和法向加速度。

10.18 图示机构中，曲柄 OA 长为 r，绕轴 O 以等角速度 ω_O 转动，$AB=6r, BC=3\sqrt{3}r$。求图示位置时，滑块 C 的速度和加速度。

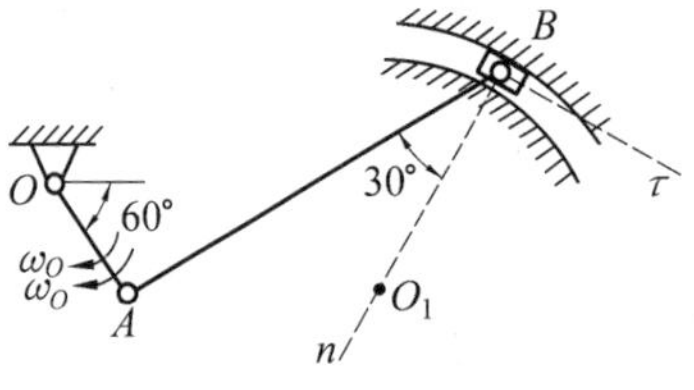

题 10.17 图

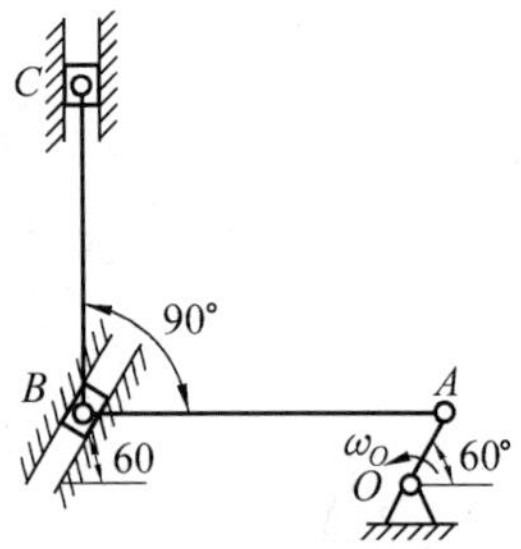

题 10.18 图

运动学综合应用习题

综.1 图示轻型杠杆式推钢机，曲柄 OA 借助连杆 AB 带动摇杆 O_1B 绕轴 O_1 摆动，杆 ED 以铰链与滑块 D 相连，滑块 D 可沿杆 O_1B 滑动，摇杆摆动时带动杆 ED 推动钢材。$OA=r, AB=\sqrt{3}r, O_1B=\frac{2l}{3}$ $(r=0.2\ \text{m}, l=1\ \text{m})$，$\omega_{OA}=\frac{1}{2}$ rad/s。在图示位置时，$BD=\frac{4}{3}l$。求：(1)滑块 D 的绝对速度和相对于摇杆 O_1B 的速度；(2)滑块 D 的绝对加速度和相对于摇杆 O_1B 的加速度。

综.2 图示平面机构中，杆 AB 以不变的速度 $\boldsymbol{v}$ 沿水平方向运动，套筒 B 与 AB 的端点铰接，并套在绕轴 O 转动的杆 OC 上，可沿该杆滑动。已知 AB 和 OE 两平行线间的垂直距离为 b。求在图示位置($\gamma=60°, \beta=30°, OD=BD$)时杆 OC 的角速度和角加速度、滑块 E 的速度和加速度。

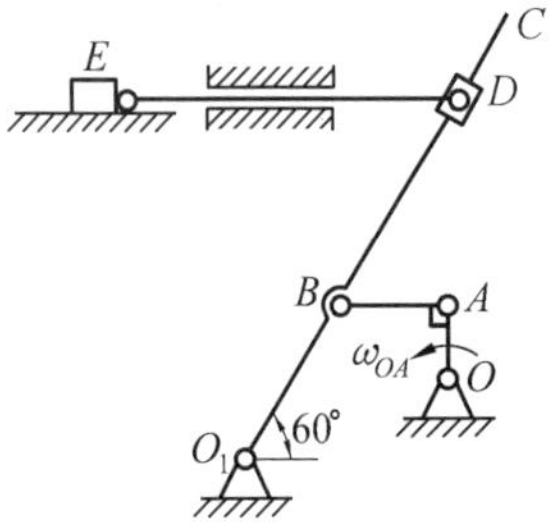

题综.1 图

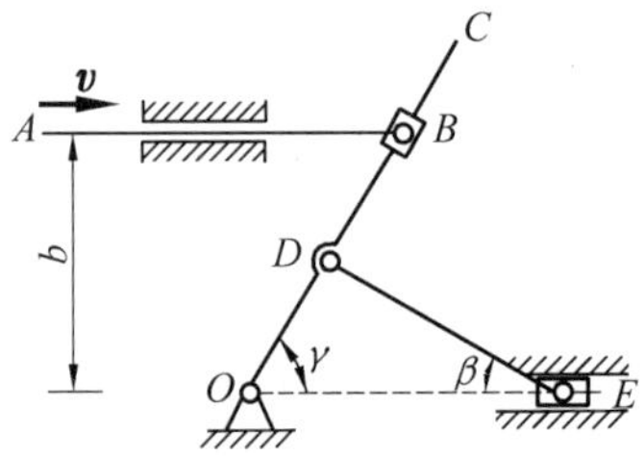

题综.2 图

综.3 如图所示，轮 O 在水平面上滚动而不滑动，轮心以匀速 $v_O=0.2$ m/s 运动。轮缘上固连销钉 B，此销钉在摇杆 O_1A 的槽内滑动，并带动摇杆绕轴 O_1 转动，轮的半径 $R=0.5$ m，在图示位置时，O_1A 是轮的切线，摇杆与水平面间的夹角为 60°。求摇杆在该瞬时的角速度和角加速度。

综.4 平面机构的曲柄 OA 长为 $2l$，以匀角速度 ω_O 绕轴 O 转动。在图示位置时，$OB=BA$，且 $\angle OAD=90°$。求此时套筒 D 相对于杆 BC 的速度和加速度。

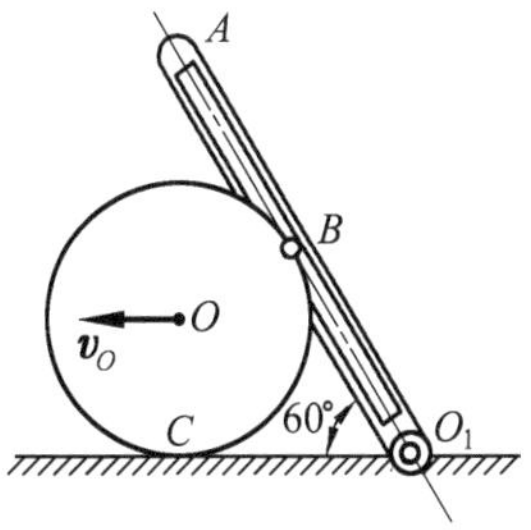

题综.3 图

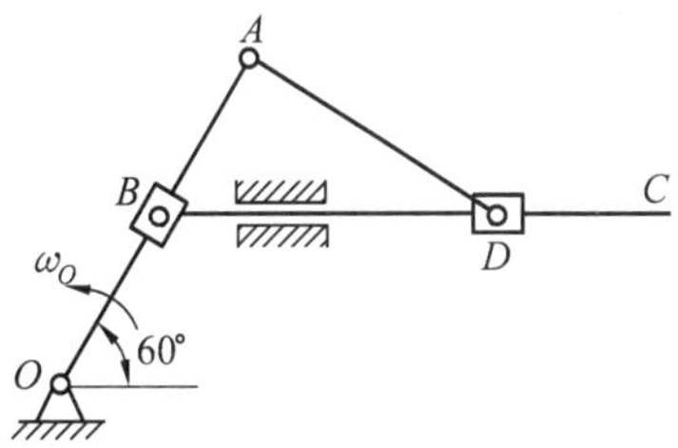

题综.4 图

综.5 图示曲柄连杆机构带动摇杆 O_1C 绕轴 O_1 定轴转动。在连杆 AB 上装有两个滑块，滑块 B 在水平槽内滑动，滑块 D 在摇杆 O_1C 的槽内滑动。曲柄长 $OA=50$ mm，绕轴 O 转动的匀角速度 $\omega=10$ rad/s。在图示位置时，曲柄与水平线间成 90°角，$\angle OAB=60°$，摇杆与水平线间成 60°角，距离 $O_1D=70$ mm。求摇杆 O_1C 的角速度和角加速度。

综.6 图示机构中滑块 A 的速度为常值，$v_A=0.2$ m/s，$AB=0.4$ m。求当 $AC=CB$，$\theta=30°$时杆 CD 的速度和加速度。

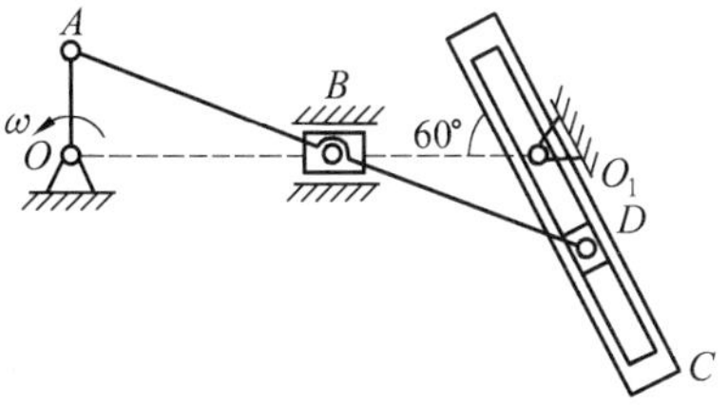

题综.5 图

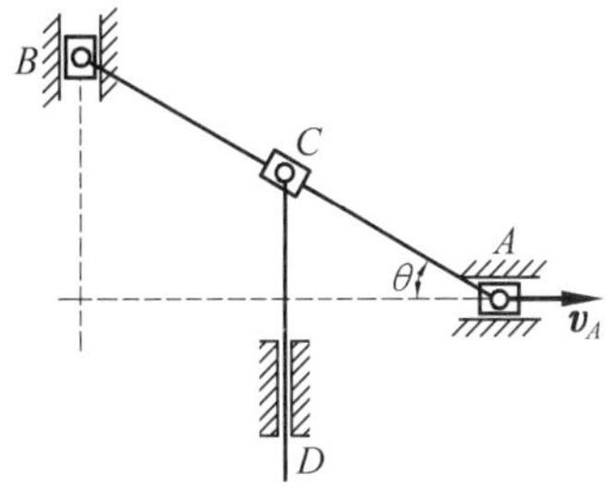

题综.6 图

综.7 图示半径 $R=0.2$ m 的两个相同的大圆环沿地面向相反方向无滑动地滚动，环心的速度为常数，$v_A=0.1$ m/s，$v_B=0.4$ m/s。当$\angle MAB=30°$时，求套在这两个大圆环上的小圆环 M 相对于每个大圆环的速度和加速度，小圆环 M 的绝对速度和绝对加速度。

综.8 图示放大机构中，杆Ⅰ和Ⅱ分别以速度 $\boldsymbol{v}_1$ 和 $\boldsymbol{v}_2$ 沿箭头所示方向运动，其位移分别以 x 和 y 表示。杆Ⅱ与杆Ⅲ平行，其间距离为 a，求杆Ⅲ的速度和滑道Ⅳ的角速度。

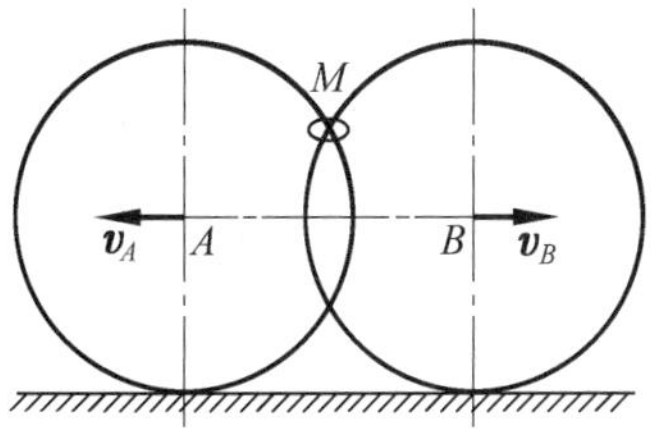

题综.7 图

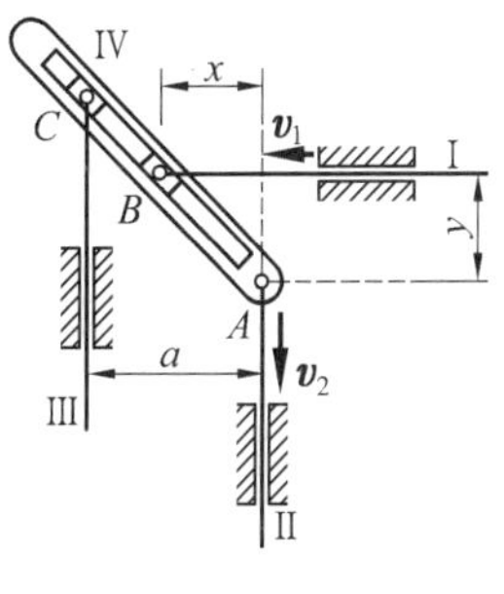

题综.8 图

综.9 图示四种刨床机构中，曲柄 $O_1A=r$，以匀角速度 ω 转动，$b=4r$。求在图示位置时，滑枕 CD(或刨刀)的速度。

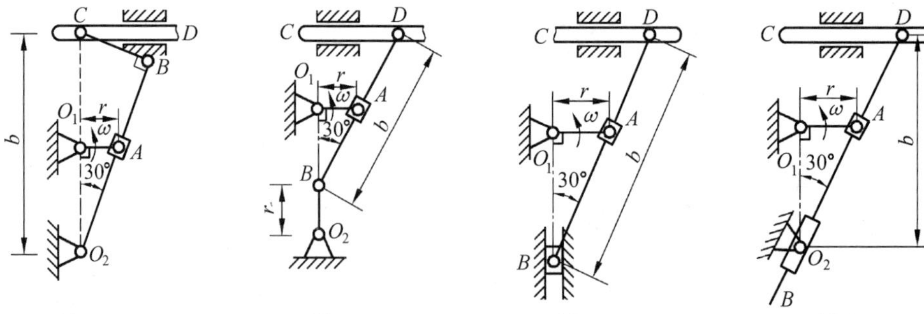

题综.9 图

综.10 求 9 题(a),(b)* 图中滑枕 CD(刨刀)的加速度。

动　力　学

引　　言

动力学是研究物体机械运动几何性质与作用力之间关系的科学。

在静力学中，主要研究了物体的受力分析、力系的等效替换、建立了各种力系的平衡条件，但并没有研究物体在不平衡力系作用下将如何运动。平面、空间任意力系的平衡条件是力系的主矢和主矩为零，若力系的主矢不等于零或主矩不等于零或主矢主矩均不等于零，物体将如何运动？静力学无法解决这个问题。

在运动学中，研究了物体的位移、轨迹、速度、加速度，是仅仅从几何的角度研究了物体的机械运动，至于这些运动是如何引起的，其和作用力之间的关系如何？运动学也无法回答这个问题。

在物体的实际运动中，物体上既有力作用又要产生运动，物体运动时，其上的作用力和其运动的几何性质之间是什么关系，动力学可以回答这个问题，所以动力学是研究物体机械运动几何性质与作用力之间关系的科学。

动力学的形成和发展与生产的发展、科学技术的发展密切相关。特别是在现代工业和科学技术迅速发展的今天，对动力学提出了更加复杂的课题，例如高速运转机械的动力计算、高层或超高层结构受风载和地震的影响、宇宙飞行与火箭推进技术及机器人的动态特性等，都要应用动力学的理论，并提出了许多新的动力学问题。

在运动学中，由于不考虑力的作用，所以把物体抽象为点和刚体两个力学模型。在动力学中，把物体也抽象为两个力学模型，即质点和质点系。**质点**是具有质量而几何形状和尺寸大小可以忽略不计的物体。例如，在研究人造地球卫星或“嫦娥一号”的轨道时，卫星和“嫦娥一号”的形状与大小对所研究的问题没有什么影响，可以把卫星和“嫦娥一号”抽象为一个质量集中在质心的质点。而且，质点系也是由质点组成的。所以，在动力学里，绝大部分都先研究质点，然后研究质点系。

但是，在设计、研究卫星和“嫦娥一号”的构造和组成时，就不能仍把卫星和“嫦娥一号”作为质点来考虑。如果物体的形状和大小在所研究的问题中不能忽略，则应把物体当作质点系。所谓**质点系**是由几个、有限个或无限个相互有联系的质点所组成的系统。常见的固体、流体、由几个物体组成的机构以及太阳系等等都是质点系。刚体是质点系的一种特殊情况，其中任意两个质点间的距离保持不变。

和前面的静力学和运动学一样，动力学课程的特点仍然是“理论易懂掌握难”或说是“理论易懂做题难”，牛顿三定律、动量定理、动量矩定理、动能定理是动力学最基本和最重要的内容，在理论上对大多数读者并不陌生，但真正掌握或做起题目来，仍有一定的难度。读者只要有信心，一步跟一步的学下来，问题也就变得不难了。

在动力学中解题的一般步骤为：①物体的受力分析，画出受力图；②运动分析；③选择合适的动力学知识解决问题。

第 11 章　质点动力学基本方程

只要具有中学物理力学的基本概念和高等数学的基本知识，即可学习本章。

本章在中学物理力学基本概念与知识的基础上，复习、介绍与阐述牛顿三定律，这是动力学的基本定律。然后给出质点的运动微分方程，并用于解决一些问题。

11.1　动力学基本定律(公理)

所谓动力学基本定律，也就是大家所说的牛顿三定律，这些定律是牛顿(1642—1727)在总结前人、特别是伽利略研究成果的基础上，于 1687 年在他的名著《自然哲学的数学原理》中明确提出来的，是牛顿对人类、对科学的巨大贡献。牛顿三定律不但是质点动力学的基本定律，而且是整个质点系动力学的基本定律，所以被称为动力学基本定律。

第一定律(惯性定律)

不受力或受零力系作用的质点，将保持静止或做匀速直线运动。不受力作用的质点(包括受平衡力系作用的质点)，不是处于静止状态，就是保持其原有的速度(包括大小和方向)不变，这种性质被称为**惯性**，故又称为惯性定律。

注意：牛顿第一定律是针对质点而言的，不能说成物体。例如，一均质圆盘，绕其质心轴匀角速度转动，若考虑成理想状态，无任何阻力和阻力矩存在，在地球引力场中或在失重状态下，其受零力系作用或不受力作用，将保持其定轴转动状态不变，这也是其固有属性，也是其运动的惯性。又如，像打水漂似的在无限大绝对光滑的水平冰面上打出一瓦片或圆盘，其将做平面运动，其所受重力和冰面支持力二力平衡，受零力系作用，其将保持平面运动状态不变。在这两种情况下，物体均不受力或受零力系作用，但均不保持静止或匀速直线运动。这并不是牛顿定律的错，而是把质点改成物体的错。刚体不受力或受零力系作用，其也将保持原有运动状态不变，这也是其固有属性，也是刚体的惯性。

第二定律(力与加速度之间关系的定律)

质点的质量与加速度的乘积，等于作用于质点的力的大小，加速度的方向与力的方向相同，即

$$m\boldsymbol{a}=\boldsymbol{F} \tag{11.1}$$

式(11.1)是牛顿第二定律的数学表达式，它是质点动力学的基本方程，建立了质点的质量、加速度与作用力之间的定量关系。当质点上受到多个力作用时，式(11.1)中的 $\boldsymbol{F}$ 应为此汇交力系的合力。

式(11.1)表明，质点在力作用下必有确定的加速度，使质点的运动状态发生改变。对于相同质量的质点，作用力大，其加速度也大。如用大小相等的力作用于质量不同的质点上，则质量大的质点加速度小，质量小的质点加速度大。这说明质点的质量越大，其运动状态越不容易改变，也就是质点的惯性越大。因此，质量是质点惯性的度量。

在地球表面和附近,任何物体都受到重力 $\boldsymbol{P}$ 的作用。在重力作用下得到的加速度被称为重力加速度,用 $\boldsymbol{g}$ 表示。根据第二定律有

$$\boldsymbol{P}=m\boldsymbol{g} \quad 或 \quad m=\frac{P}{g}$$

根据国际计量委员会规定的标准,重力加速度的数值为 9.806 65 m/s^2,一般取 9.80 m/s^2。实际上在不同的地区,g 的数值有微小的差别。

现在在实际应用中,一般用的是工程单位制,在教材中,一般采用的是国际单位制。在国际单位制中,长度、质量和时间的单位是基本单位,分别取为 m(米)、kg(千克)和 s(秒);力的单位是导出单位,质量为 1 kg 的质点,获得1 m/s^2 的加速度时,作用于该质点的力为 1 N(单位名称:牛[顿]),即

$$1\ \mathrm{N}=1\ \mathrm{kg}\times 1\ \mathrm{m/s^2}$$

第三定律(作用与反作用定律)

两个物体间的作用力与反作用力总是大小相等,方向相反,沿着同一直线,且同时分别作用在两个相互作用的物体上。这一定律就是静力学里的公理四,它不仅适用于平衡的物体,而且也适用于任何运动的物体。在动力学问题中,这一定律仍然是分析两个物体间相互作用关系的依据。

必须指出,质点动力学的三条基本定律是在观察天体运动和生产实践中的一般机械运动的基础上总结出来的,因此只在一定范围内适用。三个定律适用的参考系被称为**惯性参考系**。在一般的工程问题中,把固定于地面的坐标系或相对于地面作匀速直线平移的坐标系作为惯性参考系,可以得到相当精确的结果,称这样的坐标系为地表坐标系。在研究人造卫星的轨道、洲际导弹的弹道等问题时,地球自转的影响不可忽略,则一般选取以地心为原点,三轴指向三个恒星的坐标系作为惯性参考系,称为地心坐标系。在研究天体的运动时,地心运动的影响也不可忽略,又需取太阳为中心,三轴指向三个恒星的坐标系作为惯性参考系,称为太阳心坐标系。在本教材中,如无特别说明,均取固定在地球表面的坐标系为惯性参考系。

以牛顿三定律为基础的力学,称为古典力学。在古典力学范畴内,认为质量是不变的量,空间和时间是“绝对的”,与物体的运动无关。近代物理已经证明,质量、时间和空间都与物体运动的速度有关,但当物体的运动速度远小于光速时,物体的运动对于质量、时间和空间的影响是微不足道的,对于一般工程中的机械运动问题,应用古典力学都可得到足够精确的结果。如果物体的速度等于或接近于光速(3×10^5 km/s),或所研究的现象涉及物质的微观世界,则需应用相对论力学或量子力学的理论,本教材不涉及这方面的内容。

11.2 质点运动微分方程

1. 质点运动微分方程

质点动力学第二定律,建立了质点的加速度与作用力的关系。当质点受到 n 个力 $\boldsymbol{F}_1$,$\boldsymbol{F}_2$,…,$\boldsymbol{F}_n$ 作用时,式(11.1)应写为

$$m\boldsymbol{a}=\sum\boldsymbol{F}_i \tag{11.2}$$

或
$$m\frac{\mathrm{d}^2\boldsymbol{r}}{\mathrm{d}t^2}=\sum\boldsymbol{F}_i \tag{11.2'}$$
可称其为矢量形式的质点运动微分方程。在计算实际问题时，多数采用其投影形式。

把式(11.2)或(11.2′)投影到直角坐标轴上，或者说牛顿第二定律在直角坐标系下的表示形式为
$$ma_x=m\frac{\mathrm{d}^2x}{\mathrm{d}t^2}=\sum F_{ix},\quad ma_y=m\frac{\mathrm{d}^2y}{\mathrm{d}t^2}=\sum F_{iy},\quad ma_z=m\frac{\mathrm{d}^2z}{\mathrm{d}t^2}=\sum F_{iz} \tag{11.3}$$
也称其为直角坐标形式的质点运动微分方程。

把式(11.2)或(11.2′)投影到自然坐标轴上，也即沿着轨迹的切线、主法线和副法线方向投影，或者说牛顿第二定律在自然坐标系下的表示形式为
$$ma_{\mathrm{t}}=m\frac{\mathrm{d}v}{\mathrm{d}t}=\sum F_{i\mathrm{t}},\quad ma_{\mathrm{n}}=m\frac{v^2}{\rho}=\sum F_{i\mathrm{n}},\quad ma_{\mathrm{b}}=m\cdot 0=\sum F_{i\mathrm{b}} \tag{11.4}$$
式中，$F_{i\mathrm{t}}$，$F_{i\mathrm{n}}$，$F_{i\mathrm{b}}$分别为作用于质点的各力在切线、主法线、副法线上的投影；ρ 为轨迹的曲率半径。也称其为自然坐标形式的质点运动微分方程。

类似地，可以把式(11.2)或(11.2′)投影到柱坐标、球坐标系下，得到在其他坐标系下的质点运动微分方程。

但不管是什么形式的质点运动微分方程，其总的说来，就是牛顿第二定律，把牛顿第二定律投影到什么坐标系下，就是什么形式的质点运动微分方程。

2. 质点动力学的两类基本问题

质点动力学的问题基本上可分为两类：一是已知质点的运动，求作用于质点的力；二是已知作用于质点的力，求质点的运动。这两类问题被称为质点动力学的两类基本问题。

质点动力学的第一类问题是已知质点的运动，求作用于质点的力。若已知加速度求力，直接代入质点运动微分方程即可；若已知速度，则需求一阶导数得到加速度再求解；若已知运动方程(规律)，则需求两阶导数得到加速度再求解。这类问题相对比较简单，一般说来，在数学上主要归结为求导运算。

质点动力学的第二类问题是已知作用于质点的力，求质点的运动。作用于质点的力可以是 $\boldsymbol{F}(t)$，即力是时间的函数；也可以是 $\boldsymbol{F}(\boldsymbol{v})$，即力是速度的函数；还可以是 $\boldsymbol{F}(\boldsymbol{r})$，即力是位置的函数等。若只求加速度，则代入质点运动微分方程即可；若要求速度，则需做一次积分；若要求运动方程，则需做二次积分。这类问题相对比较复杂，一般说来，在数学上主要归结为积分运算。由于需要做积分，还需要确定积分常数。

在实际问题中，还有些题目是这两类基本问题的综合，即既需要求质点的运动规律，又需要确定未知的力，有时称这类问题为混合问题。

下面举例说明这两类问题的求解。

例 11.1　小球质量为 m，悬挂于长为 l 的细绳上，绳重不计。小球在铅垂面内摆动时，在最低处的速度为 $\boldsymbol{v}$；摆到最高处时，绳与铅垂线夹角为 φ，如图 11.1 所示，此时小球速度为零。求小球在最低与最高位置时绳的拉力。

解题分析与思路：这是一个已知运动求力的题目。取小球为研究对象，进行受力分析和运动分析。在最低处时，无切向加速度，有法向加速度。在最高处时，有切向加速度，无法向加速度，用质点运动微分方程求解。

解：　取小球为研究对象，在两个位置画出其受力图。在最低位置时，法向加速度 $a_{\mathrm{n}}=\frac{v^2}{l}$，由 $ma_{\mathrm{n}}=$

$\sum F_{in}$，有

$$ma_n = m\frac{v^2}{l} = F_1 - mg$$

得绳的拉力为

$$F_1 = m(g + \frac{v^2}{l})$$

在最高位置时，速度为零，法向加速度 $a_n=0$，由 $ma_n=\sum F_{in}$，有

$$ma_n = m\cdot 0 = F_2 - mg\cos\varphi$$

得绳的拉力为

$$F_2 = mg\cos\varphi$$

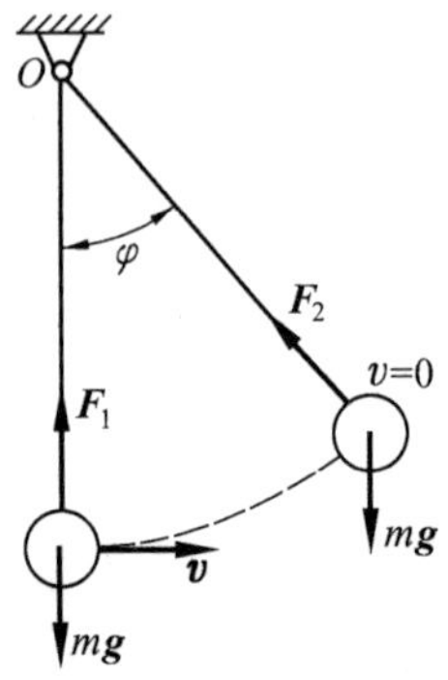

图 11.1

例 11.2 图 11.2(a)所示为一摆动式输送机，由曲柄带动托架 ABC 输送物件 M。两曲柄平行且长均为 l，$l=1.5$ m，且 $O_1O_2=AB$。输送机在 $\theta=45°$ 的位置由静止开始启动，曲柄 O_1A 的角加速度为 $\alpha=5$ rad/s^2，要求启动瞬时，物件不滑动，物件与托架间的静滑动摩擦因数的最小值。

解题分析与思路：这是一个已知运动求力的题目。取物件 M 为研究对象，画出其受力图。运动分析为托架为平移，物件相对托架不滑动，物件的加速度和托架的加速度应相同。在启动瞬时，托架无速度，所以点 A 有切向加速度而无法向加速度。在直角坐标系下，列出物件(点)M 的运动微分方程求解。

解： 取物件 M 为研究对象，设其质量为 m，画出其受力图如图 11.2(b)所示，启动瞬时的加速度也如图 11.2(b)所示，由

$$ma_x = \sum F_{ix}$$

$$ma_y = \sum F_{iy}$$

有

$$ma_t\cos\theta = F_s$$

$$ma_t\sin\theta = F_N - mg$$

式中 $a_t = l\alpha$，不打滑时，应有 $F_s \leqslant f_sF_N$，解得

$$f_s \geqslant \frac{l\alpha\cos\theta}{l\alpha\sin\theta + g} = 0.35$$

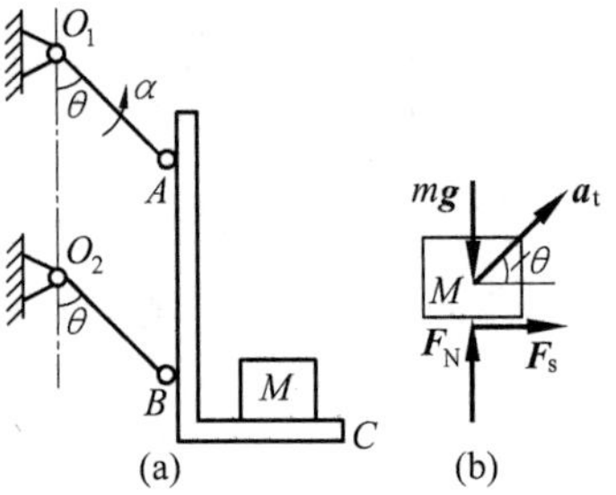

图 11.2

所以在启动瞬时，物件不滑动，物件与托架间的静滑动摩擦因数的最小值为

$$f_{s\min} = 0.35$$

例 11.3 在无风的天气下，飞行员从高空中悬停的直升机中跳伞，雨点或冰雹从云层中无初速下落，或者物体在深海中无初速度铅直下降，根据实验，其阻力 $\boldsymbol{F}_R$ 的大小可以按 $F_R = cA\rho v^2$ 计算，其中，c 是阻力系数，A 是物体在垂直于速度方向的平面上的最大面积，ρ 是介质密度。求质点的速度和运动规律。

解题分析与思路：雨点、冰雹当作质点无疑，飞行员跳伞，物体在深海中铅直下降，其尺寸和轨迹比起来也可以当作质点考虑。取质点为研究对象，沿铅直方向建立一坐标轴，其所受力只有重力和阻力，列出质点的运动微分方程，此为已知力求运动的题目，做一次积分得速度，做二次积分得运动规律。

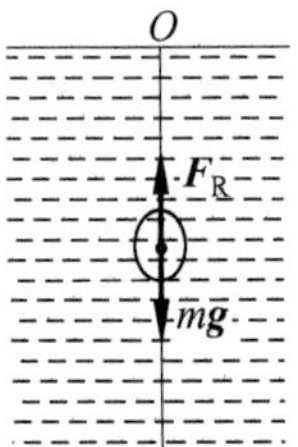

图 11.3

解： 取质点为研究对象，受力和运动分析如图 11.3 所示，列出质点的运动微分方程，为

$$ma_x = m\ddot{x} = mg - cA\rho v^2$$

即

$$\ddot{x} = g - \frac{cA\rho}{m}v^2 = \frac{cA\rho}{m}(\frac{mg}{cA\rho} - v^2)$$

令 $\mu = \frac{cA\rho}{m}$，$\beta^2 = \frac{mg}{cA\rho}$，则上式变为

$$\ddot{x}=\mu(\beta^2-v^2)=-\mu(v^2-\beta^2)$$

或

$$\frac{\mathrm{d}v}{\mathrm{d}t}=-\mu(v^2-\beta^2)$$

分离变量后，做积分，有

$$\int_0^v \frac{\mathrm{d}v}{v^2-\beta^2}=\int_0^t -\mu\mathrm{d}t$$

积分整理后，有 $\ln\frac{\beta-v}{\beta+v}=-2\mu\beta t$，求出速度 v 的显式，有质点运动的速度为

$$v=\beta\frac{1-\mathrm{e}^{-2\mu\beta t}}{1+\mathrm{e}^{-2\mu\beta t}}=\beta\mathrm{th}\ \mu\beta t$$

又 $v=\frac{\mathrm{d}x}{\mathrm{d}t}$，再积分，有

$$\int_0^x \mathrm{d}x=\int_0^t \beta\mathrm{th}\mu\beta t$$

积分后，质点的运动规律为

$$x=\frac{1}{\mu}\mathrm{lnch}\ \mu\beta t$$

提问：当飞行员从高空中悬停的直升机中跳伞，雨点或冰雹从云层中无初速度下落，到达地面时，还有无加速度？飞行员从高空中跳伞落到地面，其强度有多大？可看下面的讨论。

讨论：由于物体在下落的过程中速度逐渐增加，阻力也增加，故由重力和阻力引起的加速度逐渐减小，当速度达到某一数值时，重力和阻力平衡，质点的加速度等于零，此后物体将匀速下落，称此速度为极限速度，以 $v_{极限}$ 表示。由 $ma_x=m\ddot{x}=mg-cA\rho v^2$，当 $a_x=0$ 时，此时的速度即为极限速度，有

$$v_{极限}=\sqrt{\frac{mg}{cA\rho}}$$

所以，当飞行员从高空中悬停的直升机中跳伞，雨点或冰雹从云层中无初速度下落，到达地面时，无加速度，为匀速。设一飞行员体重为 750 N，阻力系数 $c=0.48$，打开降落伞后其垂直于速度方向的最大截面积为 $A=50\ \mathrm{m}^2$，空气介质密度 $\rho=1.25\ \mathrm{kg/m^3}$，计算得极限速度为 $v_{极限}=5\ \mathrm{m/s}$，不考虑空气阻力，由自由落体的简单计算公式可得，这相当于一个人从 1.3 m 的高度跳落到地面的速度，这对一个健康的人来说，是没有什么问题的。

如果此飞行员不打开降落伞下落，阻力系数 $c=0.6$，垂直于速度方向的最大截面积设为 $A=0.4\ \mathrm{m}^2$，空气介质密度 $\rho=1.25\ \mathrm{kg/m^3}$，计算得极限速度为 $v=50\ \mathrm{m/s}$，不考虑空气阻力，由自由落体的简单计算公式可得，这相当于飞行员自由落体 128 m 时的速度。

例 11.4　图 11.4(a)所示粉碎机滚筒半径为 R，绕通过中心的水平轴匀速转动，筒内铁球由筒壁上的凸棱带着上升。为了使铁球能够粉碎矿石，铁球应在 $\theta=\theta_0$ 时掉下来。求滚筒每分钟的转数 n。

解题分析与思路：取铁球为研究对象，受力分析和运动分析，沿主法线方向列质点运动微分方程，得出法向约束力的表达式，考虑铁球掉下来的条件是法向约束力等于零，由此可得转数。

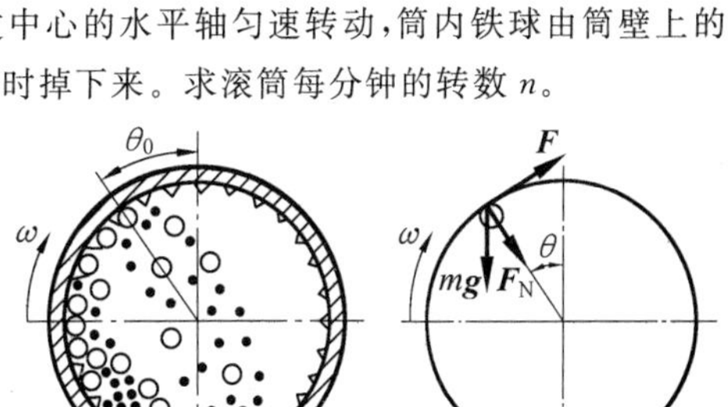

图 11.4

解：　取铁球为研究对象，受力分析如图 11.4(b)所示，列出质点的运动微分方程在主法线上的投影式，为

$$ma_n=m\frac{v^2}{R}=F_N+mg\cos\theta$$

而速度 $v=R\omega=R\cdot\frac{2\pi n}{60}=\frac{n\pi}{30}R$，解得

$$F_N=\frac{mn^2\pi^2R}{30^2}-mg\cos\theta$$

铁球掉下来的条件是 $F_N=0$，据题意，此时 $\theta=\theta_0$，于是解得铁球能够粉碎矿石，滚筒每分钟的转数为

$$n=\frac{30}{\pi}\sqrt{\frac{g}{R}\cos\theta_0}$$

显然，θ_0 越小，要求 n 越大。当 $n=\frac{30}{\pi}\sqrt{\frac{g}{R}}$ 时，$\theta_0=0$，铁球就会紧贴筒壁转过最高点而不落下，起不到粉碎矿石的作用。

提示：对要求解的题目，只要分析清楚了，把要求的求出来了，不一定非要把其归为第一类基本问题、第二类基本问题还是混合问题。问题已经解决了，归不归类并不重要。

习　题

11.1　如图所示，在曲柄滑道机构中，活塞和活塞杆质量共为 50 kg。曲柄 OA 长 0.3 m，绕 O 轴做匀速转动，转速为 $n=120$ r/min。求当曲柄在 $\varphi=0°$ 和 $\varphi=90°$ 时，作用在构件 BDC 上总的水平力。

11.2　如图所示，振动式筛砂机使砂粒随筛框在铅直方向作简谐运动。若振幅 $A=25$ mm，求频率 f 至少为多少时，砂粒才能与筛面分离而向上抛起。

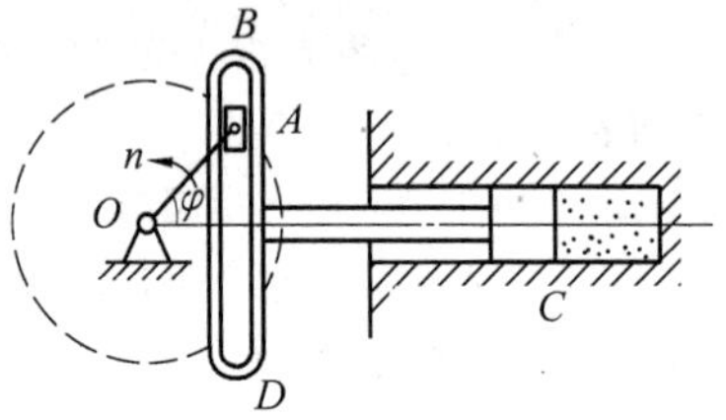

题 11.1 图

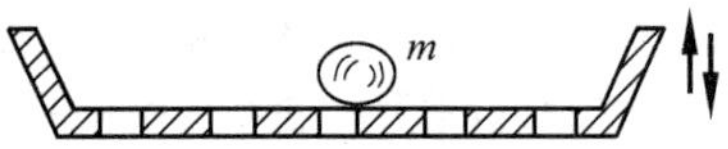

题 11.2 图

11.3　一质量为 m 的物体放在匀速转动的水平转台上，它与转轴的距离为 r，如图所示。设物体与转台表面的静摩擦因数为 f_s，求当物体不致因转台旋转而滑出时，水平台的最大转速。

11.4　图示 A，B 两物体的质量分别为 m_1 和 m_2，二者间用一绳子连接，此绳跨过一滑轮，滑轮半径为 r。如在开始时，两物体的高度差为 h，而且 $m_1>m_2$，不计滑轮质量。求由静止释放后，两物体达到相同高度时所需的时间。

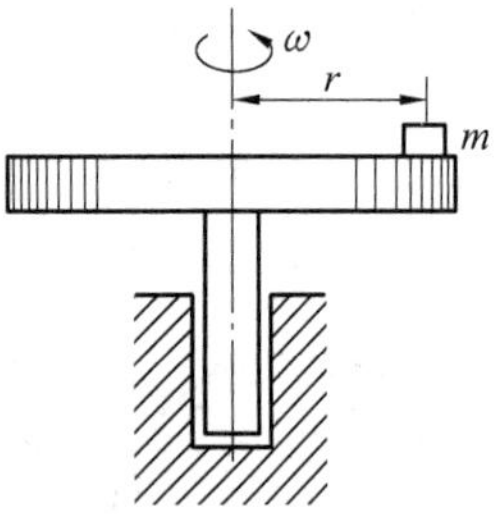

题 11.3 图

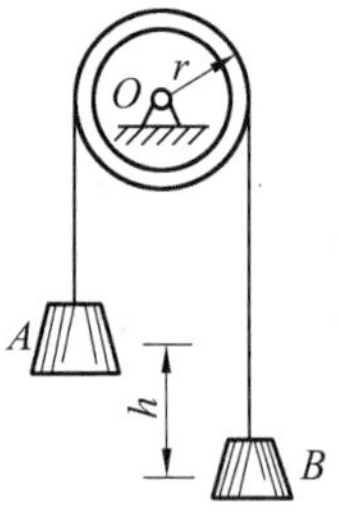

题 11.4 图

11.5　在图示离心浇注装置中，电动机带动支承轮 A，B 做同向转动，管模放在两轮上靠摩擦传动而旋转。铁水浇入后，将均匀地紧贴管模的内壁而自动成型，从而可得到质量密实的管形铸件。管模内径 $D=400$ mm，求管模的最低转速 n。

11.6　如图所示，为了使列车对铁轨的压力垂直于路基，在铁道弯道部分，外轨要比内轨稍为提高。轨道的曲率半径为 $\rho=300$ m，列车的速度为 $v=12$ m/s，内、外道间的距离为 $b=1.6$ m。求外轨高于内轨的高度 h。

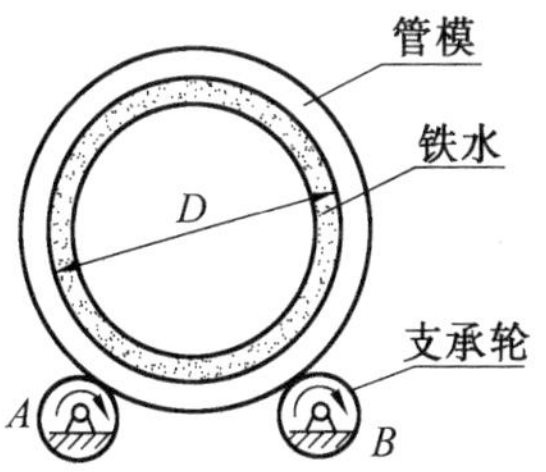

题 11.5 图

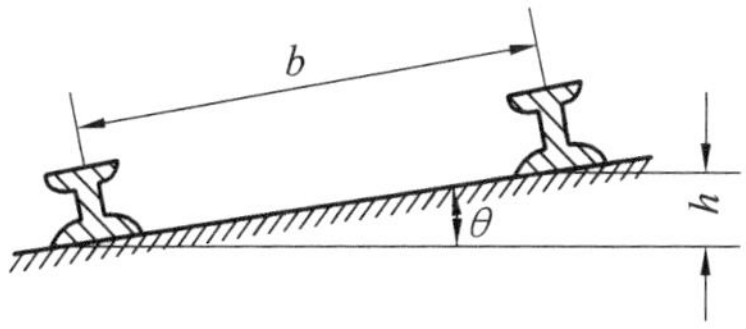

题 11.6 图

11.7　半径为 R 的偏心轮绕 O 轴以匀角速度 ω 转动，推动导板沿铅直轨道运动，如图所示。导板顶部放有一质量为 m 的物块 A，偏心距 $OC=e$，开始时 OC 沿水平线。求：(1)物块对导板的最大压力；(2)使物块不离开导板的 ω 最大值。

11.8　图示质量为 m 的球 M，由两根各长为 l 的杆所支持，此机构以不变的角速度 ω 绕铅直轴 AB 转动，$AB=2a$，两杆的各端均为铰接，杆重忽略不计，求杆的内力。

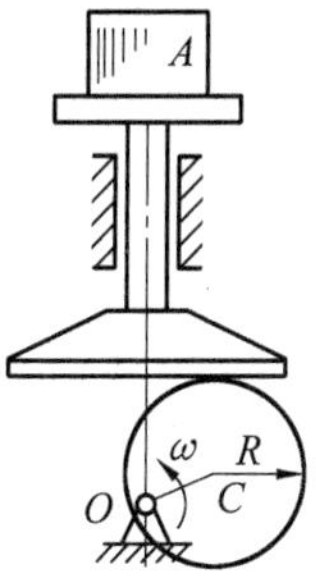

题 11.7 图

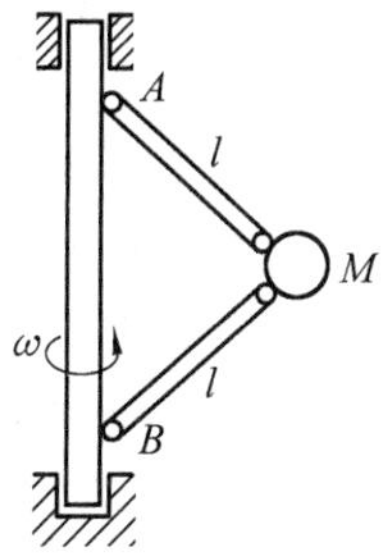

题 11.8 图

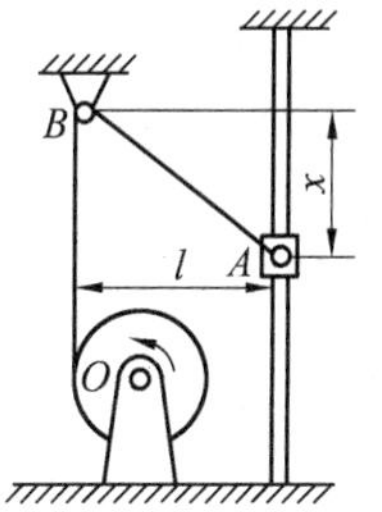

题 11.9 图

11.9　图示套管 A 的质量为 m，受绳子牵引沿铅直杆向上滑动。绳子的另一端绕过离杆距离为 l 的滑轮 B 而缠在鼓轮上。当鼓轮转动时，绳子的速度保持为匀速 $\boldsymbol{v}$。求绳子拉力与距离 x 之间的关系。

11.10　销钉 M 的质量为 0.2 kg，由水平槽杆带动，使其在半径为 $r=200$ mm 的固定半圆槽内运动。设水平槽杆以匀速 $v=400$ mm/s 向上运动，不计摩擦。求在图示位置时圆槽对销钉 M 的作用力。

11.11　图示质点的质量为 m，受指向原点 O 的力 $F=kr$ 作用，即力与质点到点 O 的距离成正比。初瞬时质点的坐标(位置)为 $x=x_0$，$y=0$，速度的分量为 $v_x=0$，$v_y=v_0$。求质点的轨迹。

11.12　物体由高度 h 处以速度 $\boldsymbol{v}_0$ 水平抛出，如图所示。空气阻力可视为与速度的一次方成正比，即 $\boldsymbol{F}=-km\boldsymbol{v}$，其中 m 为物体的质量，$\boldsymbol{v}$ 为物体的速度，k 为常系数。求物体的运动方程和轨迹。

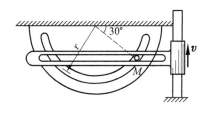

题 11.10 图

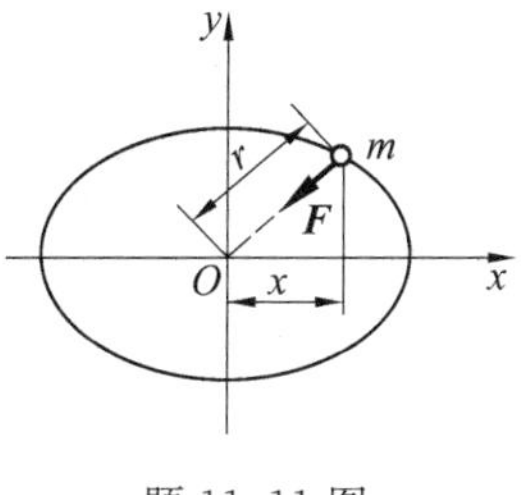

题 11.11 图

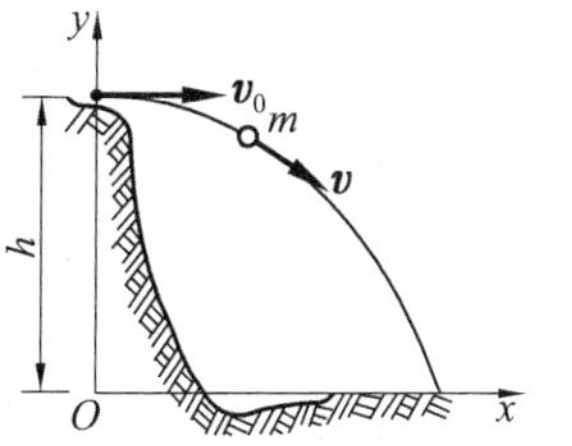

题 11.12 图

第 12 章　动量定理

只要具有中学物理和大学物理力学的基本概念与知识和前面学习的基础上，即可学习本章。

本章主要复习、介绍与阐述动量、冲量、动量定理、质心运动定理，并加以深化。

在上一章，介绍了质点的运动微分方程，不管是已知运动求力还是已知力求运动，在理论上质点的动力学问题已经解决。那么，质点系是由质点组成的，在理论上，质点系的动力学问题也已经解决。以直角坐标为例，对一个质点可以列出 3 个运动微分方程，那么，对由 n 个质点组成的质点系，就可以列出 $3n$ 个运动微分方程。如果能求解这 $3n$ 个运动微分方程，则质点系的动力学问题就可以解决。但实际上，有时求解一个运动微分方程都比较困难，求解由 $3n$ 个运动微分方程组成的方程组就更困难。截至目前，对质点系列出 $3n$ 个运动微分方程来进行求解，这是个数学问题，这个问题还没有解决。但人们还要解决质点系的动力学问题，所以在历史上，就由不同的人在不同的历史时期从不同的角度研究质点系的动力学问题，也就得到不同的结果，当时的人们和现在的人们把研究所得的正确结果予以归纳总结，并用来解决质点系的动力学问题，这就是一般理论力学教材里都要讲到的动量定理、动量矩定理和动能定理。这三个定理如此重要，以致被称为动力学普遍定理(有时也简单说为动力学三大定理)。本章先介绍动量定理。

在历史上，动量、冲量、动量矩、动能、力的功等概念，动量定理、动量矩定理和动能定理是由不同的人在不同的历史时期从不同的角度提出来的，有的远在牛顿第二定律之前，但现在人们都承认牛顿第二定律，而且把牛顿定律作为动力学的基本定律，所以推导动量定理、动量矩定理和动能定理三大定理的出发点统一为牛顿第二定律，也即三大定理都从牛顿第二定律出发而推出。

12.1　动量与冲量

1. 质点和质点系的动量

(1)质点的动量

质点的动量是对质点机械运动强与弱的一种度量，例如，同样一子弹头，用手扔到人身上和用枪打到人身上，子弹头的质量一样，但速度不一样，效果完全不一样。一小石子和一大石子，质量不一样，用同样的速度扔到人身上，其效果明显不一样。所以，一个质点机械运动的强与弱不单与质点的质量有关，而且与速度有关。因此，为度量一个质点机械运动的强与弱，把质量和速度相乘，如同力矩把力与力臂相乘一样。于是，把质点的质量与速度的乘积称为**动量**，记为 $\boldsymbol{p}=m\boldsymbol{v}$。质点的动量是矢量，其方向与质点的速度方向一致。在国际单位制中，动量的单位为 kg · m/s。

(2)质点系的动量

一个质点机械运动的强与弱，可以用质量和速度的乘积表示，则整个质点系机械运动的强与弱，可以把各质点的质量和速度的乘积相加。于是，质点系的动量定义为：质点系内各质点的动量的矢量和称为**质点系的动量**。设质点系由 n 个质点组成，第 i 个质点的质量为 m_i，速度为 $\boldsymbol{v}_i$，则质点系的动量以公式表示为

$$\boldsymbol{p}=\sum m_i\boldsymbol{v}_i \tag{12.1}$$

计算一个质点的动量容易，计算一个质点系的动量，需要把每个质点的动量矢量求和，这初看起来比较困难，但实际上有一简便计算公式，下面给以说明。

第 5.3 节计算物体质心坐标的公式(5.11)为

$$x_C=\frac{\sum m_ix_i}{m},\quad y_C=\frac{\sum m_iy_i}{m},\quad z_C=\frac{\sum m_iz_i}{m}$$

以 $\boldsymbol{r}_C$ 表示质点系(物体)质心的矢径，$\boldsymbol{r}_i$ 表示第 i 个质点的矢径，则上面 3 个式子可写为矢量式

$$\boldsymbol{r}_C=\frac{\sum m_i\boldsymbol{r}_i}{m} \tag{12.2}$$

由此式，有 $m\boldsymbol{r}_C=\sum m_i\boldsymbol{r}_i$，对时间求一阶导数，有 $m\boldsymbol{v}_C=\sum m_i\boldsymbol{v}_i$，可见，整个质点系的动量 $\sum m_i\boldsymbol{v}_i=m\boldsymbol{v}_C$，也即 $\boldsymbol{p}=\sum m_i\boldsymbol{v}_i$，同时有

$$\boldsymbol{p}=m\boldsymbol{v}_C \tag{12.3}$$

此式表明，质点系的动量等于质点系全部质量与质心速度的乘积。式(12.3)为计算质点系的动量提供了一个简单的计算公式，特别是对刚体(一特殊的质点系)，提供了计算动量的简便公式。

例如，如图 12.1(a)所示的绕其质心 C 以角速度 ω 转动的均质圆盘，无论有多大的质量和角速度，由于其质心不动，所以其动量 $\boldsymbol{p}=0$。

又如图 12.1(b)所示的均质轮，质量为 m，质心 C 速度为 $\boldsymbol{v}$，则轮的动量为 $\boldsymbol{p}=m\boldsymbol{v}$。

再如图 12.1(c)所示的均质杆，绕轴 O 以角速度 ω 转动，其质量为 m，长为 l，则其动量的大小为 $p=mv_C=\frac{1}{2}ml\omega$，方向和质心速度 $\boldsymbol{v}_C$ 相同。

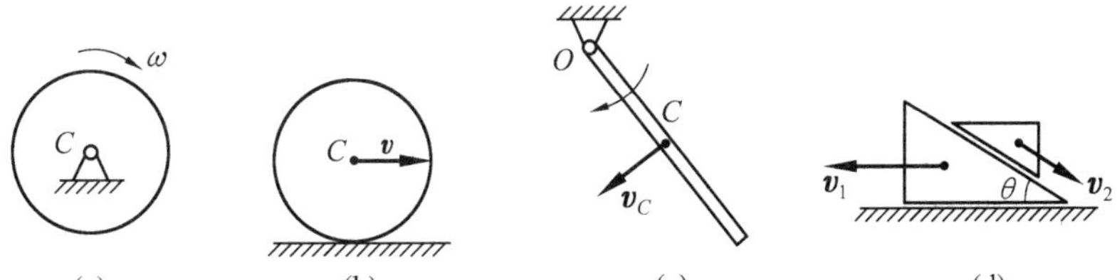

图 12.1

计算系统的动量时，还可以把式(12.1)和式(12.3)合起来使用，还要注意式(12.1)和式(12.3)中的速度为绝对速度。例如，图 12.1(d)所示为由一大三角块和一小三角块组成的系统，大三角块的质量为 m_1，速度为 $\boldsymbol{v}_1$，小三角块的质量为 m_2，速度为 $\boldsymbol{v}_2$，则整个系统的动量以矢量表示，为 $\boldsymbol{p}=m_1\boldsymbol{v}_1+m_2(\boldsymbol{v}_1+\boldsymbol{v}_2)$，其中，$\boldsymbol{v}_1$ 是牵连速度，$\boldsymbol{v}_2$ 为相对速度。而系统的动量按 $\boldsymbol{p}=m_1\boldsymbol{v}_1+m_2\boldsymbol{v}_2$ 计算是错误的。

系统的动量还可以写成投影形式，对图 12.1(d)所示的系统，其动量也可以写为

$$p_x=-m_1v_1+m_2(-v_1+v_2\cos\theta),\quad p_y=-m_2v_2\sin\theta$$

2. 冲量

物体在力的作用下引起的运动变化，不仅与力的大小和方向有关，还与力作用时间的长短有关。例如，人们推车厢沿铁轨运动，当推力大于阻力时，经过一段时间，可使车厢得到一定的速度；如改用机车牵引车厢，那么只需很短的时间便能达到人推车厢的速度。如果作用力是常量，人们用力与作用时间的乘积来衡量力在这段时间内的累积效应。称作用力与作用时间的乘积为**冲量**。冲量是矢量，它的方向与力的方向一致。

若力 $\boldsymbol{F}$ 是常力(量)，作用的时间为 t，则此力的冲量为

$$\boldsymbol{I}=\boldsymbol{F}t$$

如果力 $\boldsymbol{F}$ 是变力(量)，在微小时间间隔 $\mathrm{d}t$ 内，力 $\boldsymbol{F}$ 的冲量被称为元(微)冲量，即

$$\mathrm{d}\boldsymbol{I}=\boldsymbol{F}\mathrm{d}t$$

而力 $\boldsymbol{F}$ 在作用时间 t 内的冲量是矢量积分

$$\boldsymbol{I}=\int_0^t \boldsymbol{F}\mathrm{d}t \tag{12.4}$$

冲量的单位，在国际单位制中为 N·s，可见，冲量与动量的量纲相同。

12.2 动量定理

1. 质点的动量定理

设质点的质量为 m，速度为 $\boldsymbol{v}$，作用于质点的力为 $\boldsymbol{F}$，由牛顿第二定律

$$m\boldsymbol{a}=m\frac{\mathrm{d}\boldsymbol{v}}{\mathrm{d}t}=\boldsymbol{F}$$

由于 m 是常量，牛顿第二定律可以写为

$$\frac{\mathrm{d}}{\mathrm{d}t}(m\boldsymbol{v})=\boldsymbol{F} \tag{12.5}$$

可称式(12.5)为质点动量定理的导数形式，即质点的动量对时间的一阶导数，等于作用于质点上的力。

式(12.5)可改写为

$$\mathrm{d}(m\boldsymbol{v})=\boldsymbol{F}\mathrm{d}t \tag{12.6}$$

称式(12.6)为质点动量定理的微分形式，即质点动量的增量，等于作用于质点上的力的元冲量。

对上式积分，积分上、下限取时间由 0 到 t，速度由 $\boldsymbol{v}_1$ 到 $\boldsymbol{v}_2$，有

$$m\boldsymbol{v}_2-m\boldsymbol{v}_1=\int_0^t \boldsymbol{F}\mathrm{d}t=\boldsymbol{I} \tag{12.7}$$

称式(12.7)为质点动量定理的积分形式，即在某一时间间隔内，质点动量的改变等于作用于质点的力在同一时间内的冲量。

质点的动量定理比较简单，一般就不举什么例题了。

2. 质点系的动量定理

设质点系由 n 个质点组成，取其中任意第 i 个质点，设其质量为 m_i，加速度为 $\boldsymbol{a}_i$。外界物体对该质点作用力的合力以 $\boldsymbol{F}_i^{(e)}$ 表示，称为**外力**。质点系内其他质点对该质点作用力的

合力以 $\boldsymbol{F}_i^{(i)}$ 表示，称为**内力**。由牛顿第二定律有

$$m_i \boldsymbol{a}_i = m_i \frac{\mathrm{d}\boldsymbol{v}_i}{\mathrm{d}t} = \boldsymbol{F}_i^{(e)} + \boldsymbol{F}_i^{(i)} \quad (i=1,2,\cdots,n)$$

有

$$\frac{\mathrm{d}}{\mathrm{d}t}(m_i\boldsymbol{v}_i) = \boldsymbol{F}_i^{(e)} + \boldsymbol{F}_i^{(i)} \quad (i=1,2,\cdots,n)$$

将这 n 个方程相加，有

$$\sum \frac{\mathrm{d}}{\mathrm{d}t}(m_i\boldsymbol{v}_i) = \sum \boldsymbol{F}_i^{(e)} + \sum \boldsymbol{F}_i^{(i)}$$

由于质点系的内力总是等值、反向、共线地成对出现，在对质点系求和时，内力的矢量和（主矢）$\sum \boldsymbol{F}_i^{(i)}=0$，且 $\sum \frac{\mathrm{d}}{\mathrm{d}t}(m_i\boldsymbol{v}_i) = \frac{\mathrm{d}}{\mathrm{d}t}\sum(m_i\boldsymbol{v}_i) = \frac{\mathrm{d}\boldsymbol{p}}{\mathrm{d}t}$，有

$$\frac{\mathrm{d}\boldsymbol{p}}{\mathrm{d}t} = \sum \boldsymbol{F}_i^{(e)} \tag{12.8}$$

称式(12.8)为质点系动量定理的导数形式，即质点系的动量对时间的一阶导数，等于作用于质点系上外力的矢量和（外力的主矢）。

由式(12.8)，可以回答静力学中无法回答的一个问题，即当一个任意力系向一点简化以后，得到一个主矢和主矩，从现在的观点看，此主矢就是质点系上所有外力的矢量和。如果力系平衡，主矢和主矩为零，如果主矢不为零，物体（系统）将怎么运动？静力学不能回答这个问题，由质点系动量定理的导数形式式(12.8)，可以回答这个问题，即质点系的动量对时间的一阶导数等于作用于质点系上所有外力的矢量和（主矢）。

由式(12.8)，可得

$$\mathrm{d}\boldsymbol{p} = \sum \boldsymbol{F}_i^{(e)}\mathrm{d}t \tag{12.9}$$

称式(12.9)为质点系动量定理的微分形式，即质点系动量的增量，等于作用于质点系上所有外力的元冲量的矢量和。

对上式积分，积分上、下限时间取由 0 到 t，动量由 $\boldsymbol{p}_1$ 到 $\boldsymbol{p}_2$，有

$$\boldsymbol{p}_2 - \boldsymbol{p}_1 = \boldsymbol{I} \tag{12.10}$$

称式(12.10)为质点系动量定理的积分形式，即在某一时间间隔内，质点系动量的改变等于作用于质点系上所有外力在同一时间内的冲量和。

由质点系动量定理可见，质点系的内力不能改变质点系的动量。

动量定理是矢量形式，在应用时一般取投影形式，如式(12.8)，在直角坐标系下的投影式为

$$\frac{\mathrm{d}p_x}{\mathrm{d}t} = \sum F_{ix}, \quad \frac{\mathrm{d}p_y}{\mathrm{d}t} = \sum F_{iy}, \quad \frac{\mathrm{d}p_z}{\mathrm{d}t} = \sum F_{iz} \tag{12.11}$$

下面举一例说明动量定理的应用。

例 12.1　图 12.2 所示电动机的外壳固定在水平基础上，定子与外壳的质量为 m_1，转子质量为 m_2。定子与外壳的质心位于转轴的中心 O_1 处，由于制造或安装误差，转子的质心 O_2 到 O_1 的距离为 e，转子以角速度 ω 匀速转动，求作用于螺栓和基础总的约束力。

解题分析与思路：取电动机外壳与转子组成质点系，这样可不考虑使转子转动的内力，画出整体的受力图，把转子放于任意位置，在图 12.2 所示坐标系下，写出系统的动量沿坐标轴的投影，用质点系动量定理的投影式求解。

解：　取电动机外壳与转子组成质点系，画出整体受力图，系统的动量大小为 $p=m_2e\omega$，沿坐标轴的投

影为

$$p_x = m_2 e\,\omega\cos\omega t,\quad p_y = m_2 e\,\omega\sin\omega t$$

由动量定理的投影式，$\dfrac{\mathrm{d}p_x}{\mathrm{d}t}=\sum F_{ix}$，$\dfrac{\mathrm{d}p_y}{\mathrm{d}t}=\sum F_{iy}$，有

$$-m_2 e\omega^2\sin\omega t = F_x,\quad m_2 e\omega^2\cos\omega t = F_y - m_1 g - m_2 g$$

解得

$$F_x = -m_2 e\omega^2\sin\omega t$$

$$F_y = (m_1+m_2)g + m_2 e\omega^2\cos\omega t$$

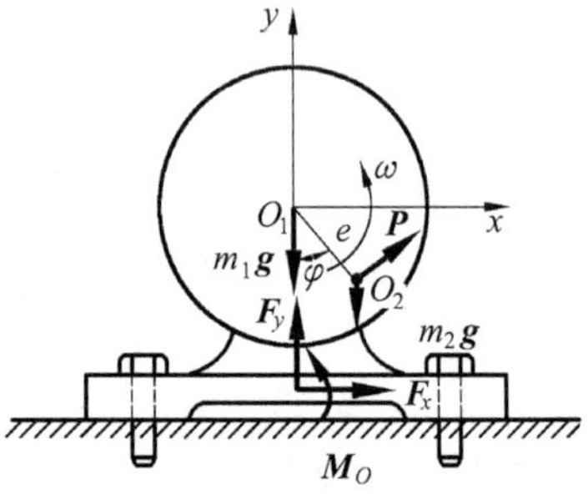

图 12.2

电动机不转时，基础只有向上的约束力$(m_1+m_2)g$，是系统平衡时产生的约束力，可称为**静约束力**；电动机转动时，基础与螺栓的约束力可称为**动约束力**。动约束力与静约束力的差值是由于系统运动而产生的，可称为**附加动约束力**。此例中，由于转子偏心而引起的 x 方向的附加动约束力$-m_2 e\,\omega^2\sin\omega t$ 和 y 方向的附加动约束力 $m_2 e\,\omega^2\cos\omega t$，都是周期性变化的力，若螺栓固定不牢或不用螺栓固定，将引起电动机和基础的振动。

基础和螺栓动约束力的最大值和最小值分别为

$$F_{x\max} = m_2 e\omega^2,\quad F_{x\min} = -m_2 e\omega^2$$

$$F_{y\max} = (m_1+m_2)g + m_2 e\omega^2,\quad F_{y\min} = (m_1+m_2)g - m_2 e\omega^2$$

请读者考虑，此例中附加动约束力与哪些因素有关？如何消除？

再请读者考虑，用牢固的螺栓把电动机固定以后，基础和螺栓的约束相当于固定端约束，用动量定理能否求出约束力偶 M_O？

3. *各种流体在管道内流动时附加动约束力的计算

流体包括气体、液体和各种流动的颗粒状的固体（沙石、煤、粮食等），在工程中有各种各样的输送流体的管道，由于其动量的改变，将产生附加的动约束力，这些附加的动约束力如何计算？可以用动量定理给出定量的结果。

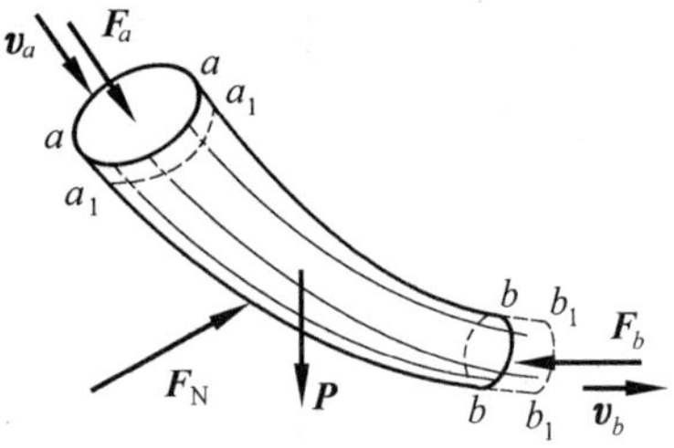

图 12.3

图 12.3 为流体流经变截面固定弯管时，任意截取出一段管道的示意图。其中，$\boldsymbol{P}$ 为流体的重力，$\boldsymbol{F}_{\mathrm{N}}$ 是管道对流体的动约束力，$\boldsymbol{F}_a$ 和 $\boldsymbol{F}_b$ 是两截面 aa 和 bb 上受到的相邻流体的压力。设在时刻 t，截取出的流体位于截面 aa 与 bb 之间，进口 aa 处流体的平均速度为 $\boldsymbol{v}_a$，出口 bb 处流体的平均速度为 $\boldsymbol{v}_b$，其动量用 $\boldsymbol{p}_{ab}$ 表示。经过时间间隔 Δt，此段流体流动到 a_1a_1 与 b_1b_1 之间，进口 a_1a_1 处流体的平均速度为 $\boldsymbol{v}'_a$，出口 b_1b_1 处流体的平均速度为 $\boldsymbol{v}'_b$，其动量用 $\boldsymbol{p}'_{a_1b_1}$ 表示。则在时间间隔 Δt 内，此段流体的动量变化为

$$\Delta\boldsymbol{p} = \boldsymbol{p}'_{a_1b_1} - \boldsymbol{p}_{ab} = (\boldsymbol{p}'_{a_1b} + \boldsymbol{p}'_{bb_1}) - (\boldsymbol{p}_{aa_1} + \boldsymbol{p}_{a_1b})$$

设流体是不可压缩的，流动是稳定的，即各处的流速保持不变，则动量 $\boldsymbol{p}'_{a_1b} = \boldsymbol{p}_{a_1b}$，有

$$\Delta\boldsymbol{p} = \boldsymbol{p}'_{a_1b_1} - \boldsymbol{p}_{ab} = \boldsymbol{p}'_{bb_1} - \boldsymbol{p}_{aa_1}$$

设截面 bb 处的面积为 A_1，截面 aa 处的面积为 A_2，流体的密度为 ρ。则在 Δt 时间内流出的流体的质量为 $A_1v'_b\cdot\rho\cdot\Delta t$，其动量为 $\boldsymbol{p}'_{bb_1} = A_1v'_b\cdot\rho\cdot\Delta t\cdot\boldsymbol{v}'_b$；在 Δt 时间内流进的流体的质量为 $A_2v'_a\cdot\rho\cdot\Delta t$，其动量为 $\boldsymbol{p}'_{aa_1} = A_2v'_a\cdot\rho\cdot\Delta t\cdot\boldsymbol{v}'_a$。因 $A_1v'_b$ 和 $A_2v'_a$ 均为流量，且有 $A_1v'_b = A_2v'_a$，以 q_{v} 表示，有 $q_{\mathrm{v}} = A_1v'_b = A_2v'_a$，则

$$\Delta\boldsymbol{p} = \boldsymbol{p}'_{bb_1} - \boldsymbol{p}'_{aa_1} = A_1v'_b\cdot\rho\cdot\Delta t\cdot\boldsymbol{v}'_b - A_2v'_a\cdot\rho\cdot\Delta t\cdot\boldsymbol{v}'_a =$$
$$q_{\mathrm{v}}\rho(\boldsymbol{v}'_b - \boldsymbol{v}'_a)\cdot\Delta t$$

有

$$\frac{\Delta\boldsymbol{p}}{\Delta t} = q_{\mathrm{v}}\rho(\boldsymbol{v}'_b - \boldsymbol{v}'_a)$$

取极限，有

$$\frac{\mathrm{d}\boldsymbol{p}}{\mathrm{d}t}=q_{\mathrm{v}}\rho(\boldsymbol{v}_b-\boldsymbol{v}_a)$$

由动量定理，$\frac{\mathrm{d}\boldsymbol{p}}{\mathrm{d}t}=\sum\boldsymbol{F}_i^{(e)}$，而$\sum\boldsymbol{F}_i^{(e)}=\boldsymbol{F}_{\mathrm{N}}+\boldsymbol{P}+\boldsymbol{F}_a+\boldsymbol{F}_b$，动约束力 $\boldsymbol{F}_{\mathrm{N}}$ 可分为静约束力 $\boldsymbol{F}'_{\mathrm{N}}$ 和附加动约束力 $\boldsymbol{F}''_{\mathrm{N}}$，有

$$\sum\boldsymbol{F}_i^{(e)}=\boldsymbol{F}''_{\mathrm{N}}+\boldsymbol{F}'_{\mathrm{N}}+\boldsymbol{P}+\boldsymbol{F}_a+\boldsymbol{F}_b$$

平衡时有

$$\boldsymbol{F}'_{\mathrm{N}}+\boldsymbol{P}+\boldsymbol{F}_a+\boldsymbol{F}_b=0$$

则流体流动时所产生的附加动约束力的计算公式为

$$\boldsymbol{F}''_{\mathrm{N}}=q_{\mathrm{v}}\rho(\boldsymbol{v}_b-\boldsymbol{v}_a)\tag{12.12}$$

此式为矢量形式，在应用时一般取投影形式。例如，图12.4所示为一直角形弯管，当流体在管道内流动时，计算其附加动约束力，应该用投影形式，即

$$F''_{\mathrm{N}x}=q_{\mathrm{v}}\rho(v_2-0)=q_{\mathrm{v}}\rho v_2$$

$$F''_{\mathrm{N}y}=q_{\mathrm{v}}\rho[0-(-v_1)]=q_{\mathrm{v}}\rho v_1$$

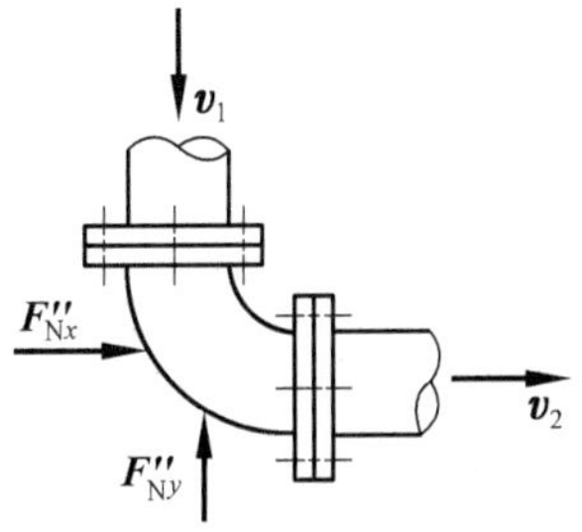

图 12.4

由此可见，当流速很高或流量很大或密度很大时，附加动压力很大，所以在管子的弯头处应安装支座。

4. 质点系动量守恒定律

如果作用于质点系的外力的主矢恒等于零，根据式(12.8)、(12.9)或(12.10)，有

$$\boldsymbol{p}=\text{恒矢量}$$

或

$$\boldsymbol{p}_2=\boldsymbol{p}_1$$

即质点系的动量保持不变，称此为质点系动量守恒定律。

如果作用于质点系的外力的主矢在某一轴上的投影恒等于零，例如$\sum F_{ix}=0$，根据式(12.11)有

$$p_x=\text{恒量}$$

即质点系的动量在 x 方向保持不变，也称此为质点系动量守恒定律。

质点系动量守恒的现象很多，例如：

(1)在静水中有一不动的小船，人与船组成一质点系，当人从船头向船尾走动时，船身一定向船头方向移动。这是因为，水的阻力很小可以忽略不计，在水平方向只有人与船相互作用的内力，没有外力，因此质点系的动量在水平方向保持不变。当人获得向后(船尾)的动量，船必获得向前的动量，以保持总动量等于零。

请读者考虑，一般为何说小船？若为大船(如万吨轮)可不可以？此现象是否仍会出现？为什么？

(2)子弹与枪体组成质点系，在射击前，动量等于零。当火药在枪膛内爆炸时，作用于子弹的压力是内力，它使子弹获得向前的动量，同时气体压力使枪体获得向后的动量(反坐现象)。当枪在水平方向没有外力时，这个方向总动量恒保持为零。

由以上两例可见，内力虽不能改变质点系的总动量，但是可改变质点系中各质点的动量。

12.3 质心运动定理

1. 质心运动定理

由于质点系的动量等于质点系的质量与质心速度的乘积，即 $\boldsymbol{p}=m\boldsymbol{v}_C$，而$\frac{\mathrm{d}\boldsymbol{p}}{\mathrm{d}t}=\sum\boldsymbol{F}_i^{(e)}$，对于质量不变的质点系，有

$$m\frac{\mathrm{d}\boldsymbol{v}_C}{\mathrm{d}t}=\sum\boldsymbol{F}_i^{(e)}$$

或

$$m\boldsymbol{a}_C=\sum\boldsymbol{F}_i^{(e)} \tag{12.13}$$

式中，$\boldsymbol{a}_C$ 为质心的加速度。上式表明，质点系的质量与质心加速度的乘积等于作用于质点系外力的矢量和（即等于外力的主矢）。称这个结论为**质心运动定理**。

形式上，质心运动定理与质点动力学的基本方程 $m\boldsymbol{a}=\sum\boldsymbol{F}_i$ 完全相似，因此质心运动定理也可叙述如下，质点系质心的运动，可以看成为一个质点的运动，但要设想此质点集中了整个质点系的质量及其所受的外力。

例如在爆破山石时，土石碎块向各处飞落，如图 12.5 所示。在尚无碎石落地前，所有土石碎块为一质点系，其质心的运动与一个抛射质点的运动一样，这个质点的质量等于质点系的全部质量，作用在这个质点上的外力是质点系中各质点重力的总和。根据质心的运动轨迹，可以在采取定向爆破时，预先估计大部分土石块堆落的地方。

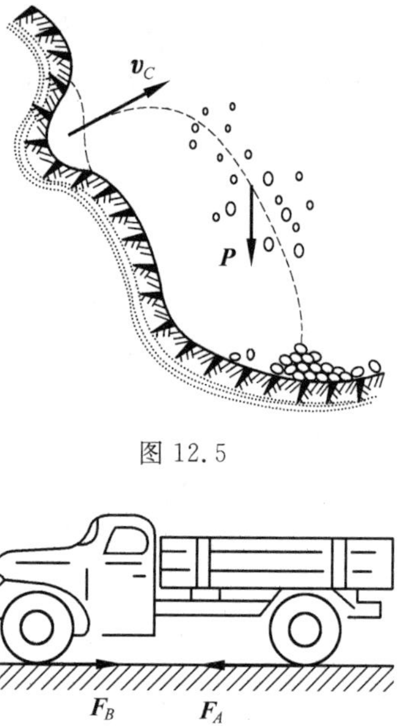

图 12.5

由质心运动定理可知，质点系的内力不影响质心的运动，只有外力才能改变质心的运动。例如，在汽车发动机中，气体的压力是内力，虽然这个力是汽车行驶的原动力，但是它不能使汽车的质心运动。汽车质心以致整个汽车的运动，是汽车发动机中的气体压力推动气缸内的活塞，经过一套机构转动主动轮（图 12.6 中的后轮），若车轮与地面的接触面足够粗糙，那么地面对车轮作用的静滑动摩擦力 $\boldsymbol{F}_A-\boldsymbol{F}_B$ 就是使汽车的质心改变运动状态的外力。如果地面光滑，或 $\boldsymbol{F}_A$ 克服不了汽车前进的阻力 $\boldsymbol{F}_B$，那么后轮将在原处打转，汽车不能前进。

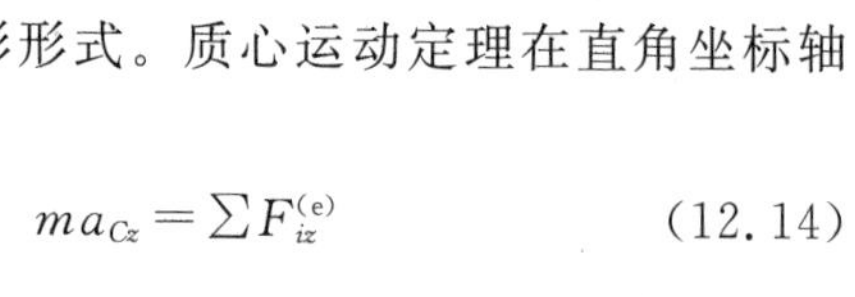

图 12.6

质心运动定理是矢量式，具体计算时一般采用投影形式。质心运动定理在直角坐标轴上的投影式为

$$ma_{Cx}=\sum F_{ix}^{(e)},\quad ma_{Cy}=\sum F_{iy}^{(e)},\quad ma_{Cz}=\sum F_{iz}^{(e)} \tag{12.14}$$

质心运动定理在自然轴上的投影式为

$$ma_{\mathrm{t}}=m\frac{\mathrm{d}v_C}{\mathrm{d}t}=\sum F_{\mathrm{t}}^{(e)},\quad ma_{\mathrm{n}}=m\frac{v_C^2}{\rho}=\sum F_{\mathrm{n}}^{(e)},\quad \sum F_{\mathrm{b}}^{(e)}=0$$

下面举一例说明质心运动定理的应用。

例 12.2 图 12.7 所示机构中，均质曲柄 AB 长为 r，质量为 m_1，以匀角速度 ω 绕轴 A 转动。整个构件

BDE 的质量为 m_2，质心在点 E。在活塞上作用一水平恒力 $\boldsymbol{F}$，不计各处摩擦和滑块 B 的质量。求作用在轴 A 处的最大水平约束力和最大铅直约束力。

解题分析与思路：先取整个机构为研究的质点系，写出整个质点系的质心在水平方向的坐标，对时间求两阶导数得质心在水平方向的加速度，然后用质心运动定理可得水平方向约束力。写出整个质点系的质心沿铅直方向的坐标，对时间求两阶导数得质心在铅直方向的加速度，但是用质心运动定理不能求得铅直方向的约束力，因为铅直方向约束力有3个。为求铅直方向约束力，可取曲柄为研究对象，其质心加速度为已知，沿铅直方向用质心运动定理可得铅直方向约束力。

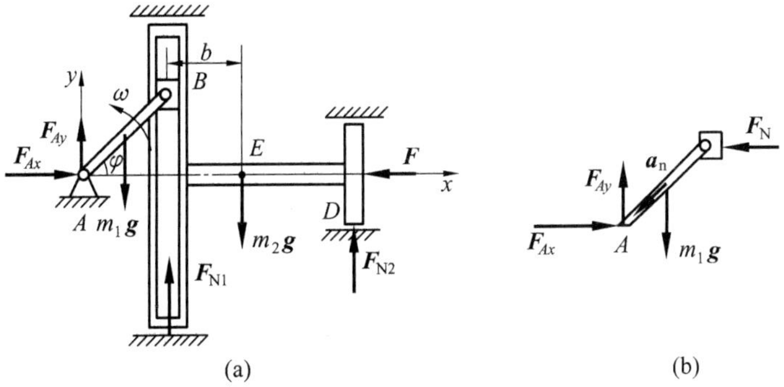

图 12.7

解：　取整体为研究对象，画出其受力图，如图 12.7(a)所示，其质心沿 x 方向的坐标为

$$x_C=\frac{m_1\cdot\frac{r}{2}\cos\varphi+m_2\cdot(r\cos\varphi+b)}{m_1+m_2}$$

对时间求两阶导数得

$$a_{Cx}=\frac{d^2x_C}{dt^2}=-\frac{r\omega^2}{2(m_1+m_2)}(m_1+2m_2)\cos\omega t$$

由质心运动定理 $ma_{Cx}=\sum F_x$，有

$$(m_1+m_2)a_{Cx}=F_{Ax}-F$$

解得

$$F_{Ax}=F-\frac{1}{2}r\omega^2(m_1+2m_2)\cos\omega t$$

可看出，附加动约束力为 $-\frac{1}{2}r\omega^2(m_1+2m_2)\cos\omega t$。显然，最大水平约束力为

$$F_{Ax\max}=F+\frac{1}{2}r\omega^2(m_1+2m_2)$$

为求轴 A 处的最大铅直约束力，取曲柄 AB 为研究对象，画出其受力图如图 12.7(b)所示，其质心的加速度为 $a_n=\frac{r}{2}\omega^2$，对曲柄沿 y 轴用质心运动定理 $ma_{Cy}=\sum F_y$，有

$$m_1\left(-\frac{r}{2}\omega^2\sin\omega t\right)=F_{Ay}-m_1g$$

得

$$F_{Ay}=m_1g-\frac{1}{2}m_1r\omega^2\sin\omega t$$

可看出，附加动约束力为 $-\frac{1}{2}m_1r\omega^2\sin\omega t$。显然，最大铅直约束力为

$$F_{Ay\max}=m_1g+\frac{1}{2}m_1r\omega^2$$

请读者考虑，能否用质心运动定理求出滑块 B 与滑槽之间的作用力 $\boldsymbol{F}_N$？能否用质心运动定理求出约

束力 $\boldsymbol{F}_{N1}$ 和 $\boldsymbol{F}_{N2}$？

2. 质心运动守恒定律

由质心运动定理可知，如果作用于质点系的外力主矢恒等于零，则质心加速度 $\boldsymbol{a}_C=0$，若质心一开始做匀速直线运动则质心就一直做匀速直线运动；若质心开始时静止，则质心始终保持静止。如果作用于质点系的所有外力在某轴上投影的代数和恒等于零，则质心在该轴上的速度投影保持不变；若开始时速度投影等于零，则质心沿该轴的坐标保持不变。

以上结论，被称为质心运动守恒定律。

下面举一例，说明质心运动守恒定律的应用。

例 12.3 如图 12.8 所示，若例 12.1 中的电动机与基础间无螺栓固定，忽略电动机底座与基础间的摩擦，初始时电动机静止，转子以匀角速度 ω 转动，求电动机整体沿水平方向的运动。

解题分析与思路：电动机在水平方向没有外力作用，且初始静止，因此系统质心的坐标 x_C 保持不变。任建一坐标系，写出转子静止时系统质心的坐标 x_{C1}。设转子逆时针方向转动，电动机将向左移动，但假设电动机沿坐标轴正向运动，写出此时系统质心的坐标 x_{C2}，因系统质心运动守恒，有 $x_{C1}=x_{C2}$，可得解。

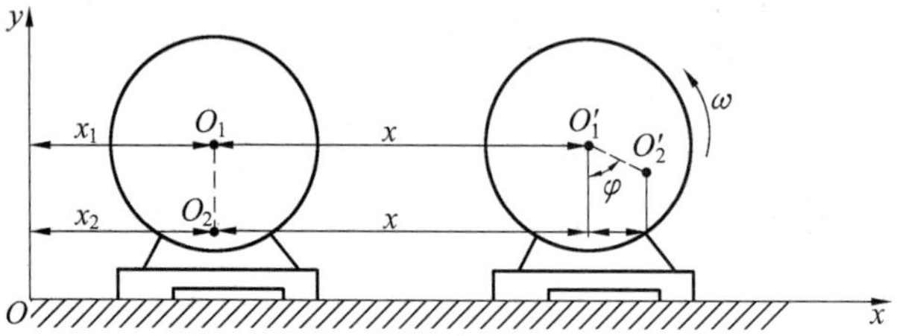

图 12.8

解： 建坐标系如图 12.8 所示，转子静止时，设 O_1，O_2 两点的坐标为 x_1 和 x_2，对此题 $x_1=x_2$，写出系统的质心坐标为

$$x_{C1}=\frac{m_1x_1+m_2x_2}{m_1+m_2}$$

当转子逆时针方向转过 φ 角时，设电动机沿水平方向向右（x 轴正向）移动为 x，如图所示，写出此时系统质心的坐标为

$$x_{C2}=\frac{m_1(x_1+x)+m_2(x_2+x+e\sin\varphi)}{m_1+m_2}$$

因电动机在水平方向没有外力作用，且初始静止，因此系统质心的坐标 x_C 保持不变，有 $x_{C1}=x_{C2}$，可解得

$$x=-\frac{m_2}{m_1+m_2}e\sin\omega t$$

此即电动机整体沿水平方向的运动规律，可看出，电动机在水平方向做往复（简谐）运动。

顺便指出，基础和螺栓所受的铅直方向的约束力的最小值已由例 12.1 求得为

$$F_{y\min}=(m_1+m_2)g-m_2e\omega^2$$

可看出，当 $\omega>\sqrt{\dfrac{m_1+m_2}{m_2e}g}$ 时，$F_{y\min}<0$。因此，电动机转子有偏心距，如果不用螺栓固定，电动机不但在水平方向做往复运动，而且会在基础上跳起。

习　题

12.1 图示各均质物体的质量均为 m，其运动情况如图所示。求各物体动量的大小。

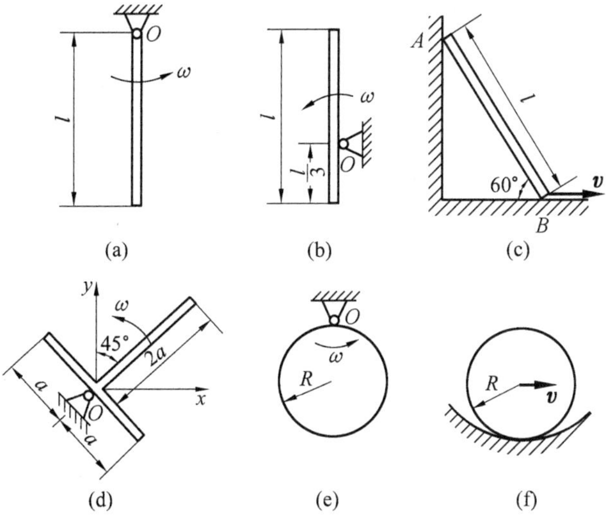

题 12.1 图

12.2　图示坦克(或履带式挖掘机)的履带质量为 m_1，把两个车轮看作为均质轮，其质量均为 m_2，半径为 R。坦克前进的速度(轮心的速度)为 $\boldsymbol{v}$，求系统的动量。

12.3　图示系统中，均质杆 OA，AB 和均质轮的质量均为 m，OA 杆的长度为 l_1，AB 杆的长度为 l_2，轮的半径为 R。在图示瞬时，OA 杆的角速度为 ω，求系统此时的动量。

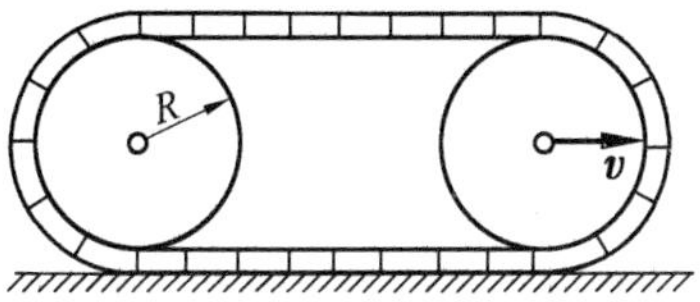

题 12.2 图

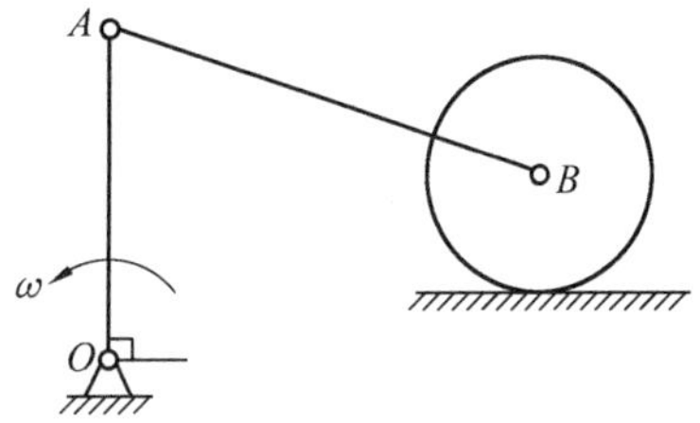

题 12.3 图

12.4　图示机构中，鼓轮 A 质量为 m_1，转轴 O 为其质心。重物 B 的质量为 m_2，重物 C 的质量为 m_3。斜面光滑，倾角为 θ。重物 B 的加速度为 $\boldsymbol{a}$，求轴承 O 处的约束力。

12.5　如图所示，质量为 m_1 的滑块 A，在水平光滑槽中运动，刚性系数为 k 的弹簧一端与滑块相连，另一端固定。杆 AB 的长度为 l，质量忽略不计，A 端与滑块 A 铰接，B 端固结质量 m_2，在铅直平面内绕点 A 转动。在力偶 M 作用下转动的角速度 ω 为常数。求滑块 A 的运动微分方程。

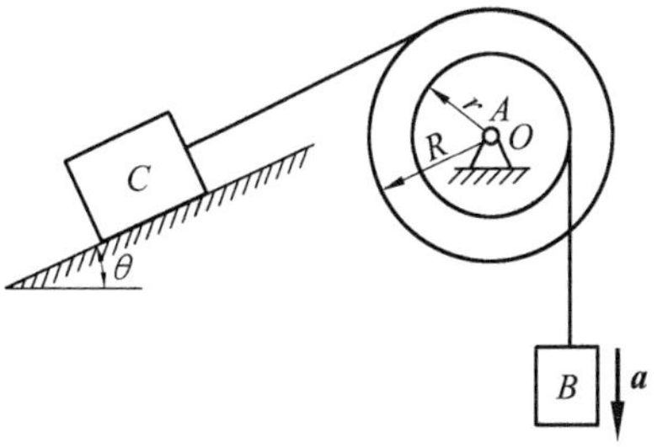

题 12.4 图

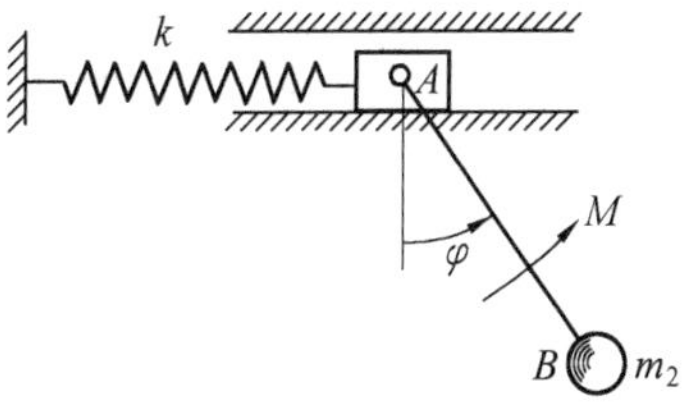

题 12.5 图

12.6　图示曲柄滑杆机构中，曲柄以匀角速度 ω 绕轴 O 转动。开始时，曲柄 OA 水平向右。曲柄的质

量为 m_1，滑块 A 的质量为 m_2，滑杆的质量为 m_3，曲柄的质心在 OA 的中点，$OA=l$，滑杆的质心在点 E，$BE=\dfrac{l}{2}$。求：(1)机构质心的运动方程；(2)轴 O 处的最大水平约束力和最大铅直约束力。

12.7 图示凸轮机构中，凸轮以匀角速度 ω 绕定轴 O 转动。质量为 m_1 的滑杆Ⅰ借右端弹簧的推压而顶在凸轮上，当凸轮转动时，滑杆作往复运动。设凸轮为一均质圆盘，质量为 m_2，半径为 r，偏心距为 e。求在任一瞬时底座螺钉总的附加动约束力。

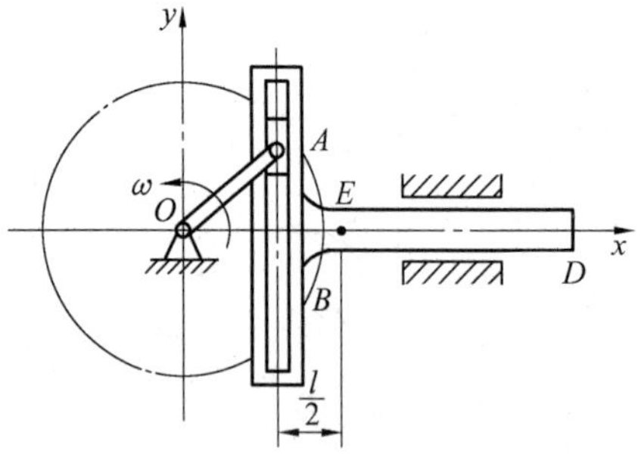

题 12.6 图

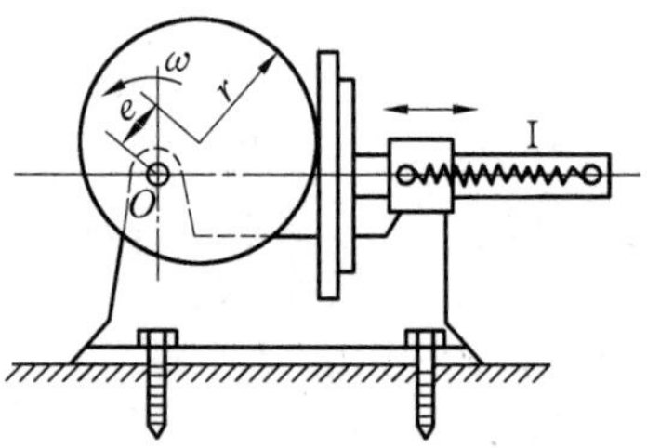

题 12.7 图

12.8 图示质量为 m，半径为 R 的均质半圆形板，受力偶 M 作用，在铅垂面内绕轴 O 转动，转动的角速度为 ω，角加速度为 α。点 C 为半圆板的质心，且 $OC=\dfrac{4R}{3\pi}$。当 OC 与水平线成任意角 φ 时，求此瞬时轴 O 的约束力。

12.9 图示浮动起重机提起质量 $m_1=2\ 000$ kg 的重物，起重机质量 $m_2=20\ 000$ kg，杆长 $OA=8$ m；开始时杆与铅直位置成 60°角，水的阻力和杆重均略去不计。当起重杆 OA 转到与铅直位置成 30°角时，求起重机的位移。

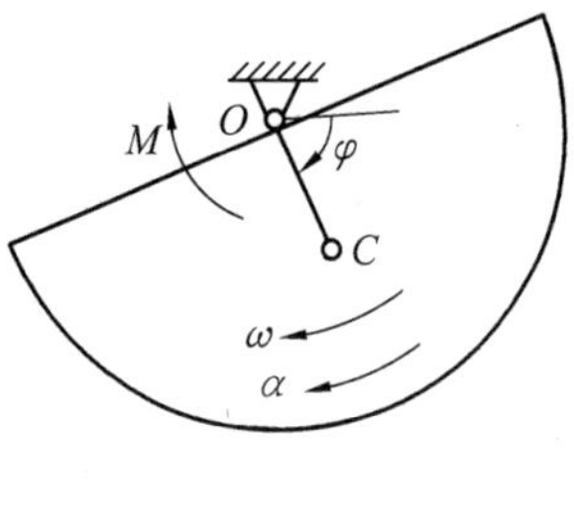

题 12.8 图

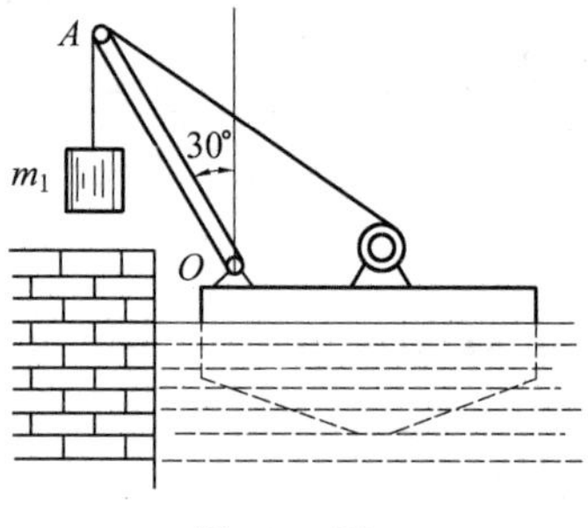

题 12.9 图

12.10 图示三个重物的质量分别为 $m_1=20$ kg，$m_2=15$ kg，$m_3=10$ kg，由一绕过两个定滑轮 M 和 N 的绳子相连接。四棱柱体的质量 $m=100$ kg，不计定滑轮和绳子的质量，不计各处摩擦。当重物 m_1 下降 1 m时，求四棱柱体相对于地面的位移。

12.11 图示水平面上放一均质三棱柱 A，在其斜面上又放一均质三棱柱 B。两三棱柱的横截面均为直角三角形。三棱柱 A 的质量 m_A 为三棱柱 B 质量 m_B 的 3 倍，尺寸如图。不计各处摩擦，初始时系统静止。求当三棱柱 B 沿三棱柱 A 滑下接触到水平面时，三棱柱 A 移动的距离。

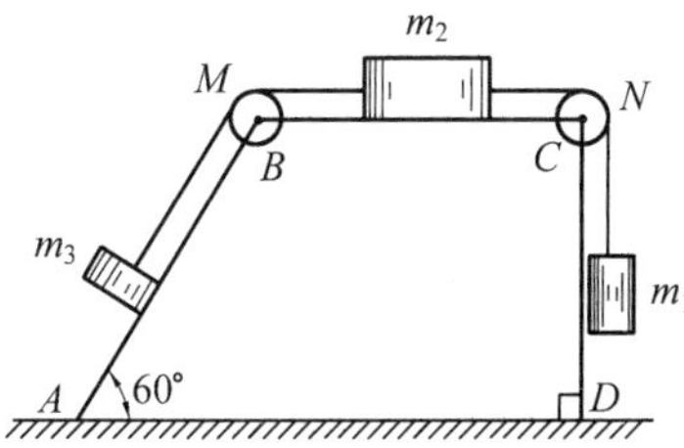

题 12.10 图

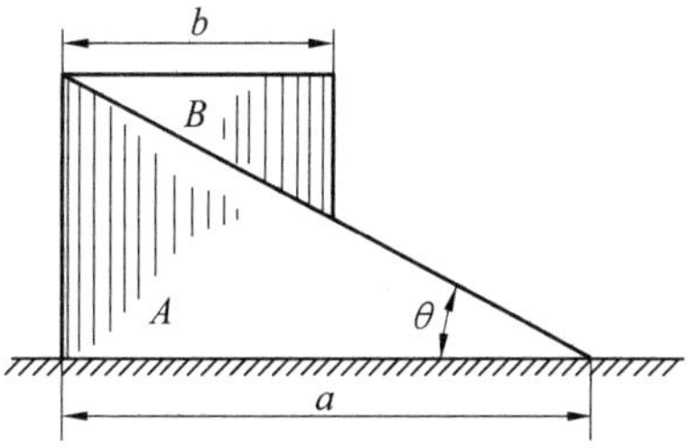

题 12.11 图

12.12　如图所示，均质杆 AB 长为 l，直立在光滑的水平面上，从铅直位置无初速地倒下，求端点 A 相对图示坐标系的轨迹。

12.13　水流以速度 $v_0=2$ m/s 流入固定水道，速度方向与水平面成 90°角，如图所示。水流进口截面积 $A_1=0.02$ m^2，出口速度 $v_1=4$ m/s，与水平面成 30°角。求水作用在水道壁上的水平和铅直的附加压力。

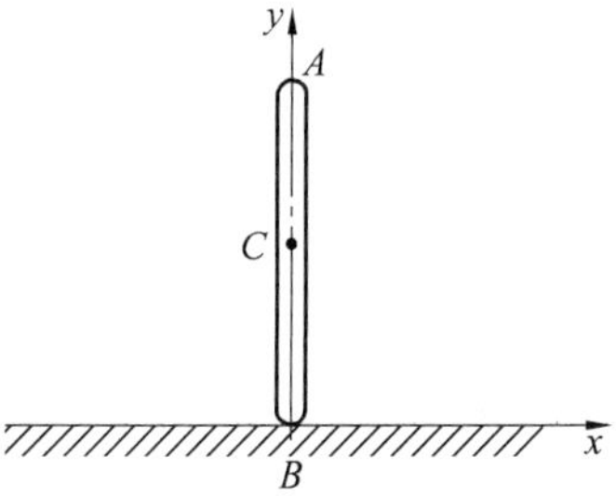

题 12.12 图

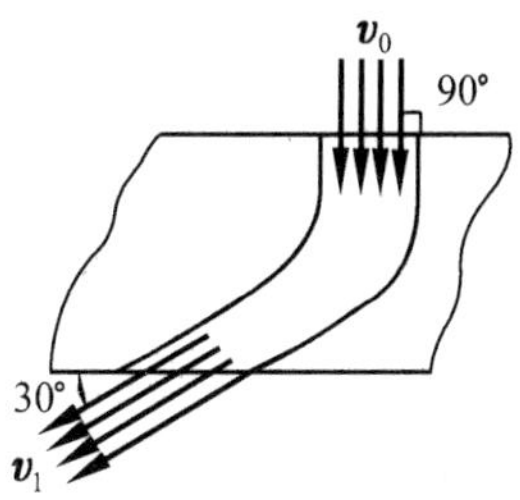

题 12.13 图

12.14　水的体积流量为 $q_V(\mathrm{m}^3/\mathrm{s})$，密度为 $\rho(\mathrm{kg}/\mathrm{m}^3)$，水冲击叶片的速度为 v_1(m/s)，方向沿水平向左；水流出叶片的速度为 v_2(m/s)，与水平线成 θ 角。求图示水柱对涡轮固定叶片作用力的水平分力。

12.15　图示传送带的运煤量恒为 20 kg/s，胶带速度恒为 1.5 m/s。求胶带对煤块作用的水平总推力。

12.16　图示移动式胶带输送机，每小时可输送 109 m^3 的沙子。沙子的密度为1 400 kg/m^3，输送带速度为 1.6 m/s。沙子在入口处的速度为 $\boldsymbol{v}_1$，方向垂直向下，在出口处的速度为 $\boldsymbol{v}_2$，方向水平向右。如输送机不动，求地面沿水平方向总的约束力。

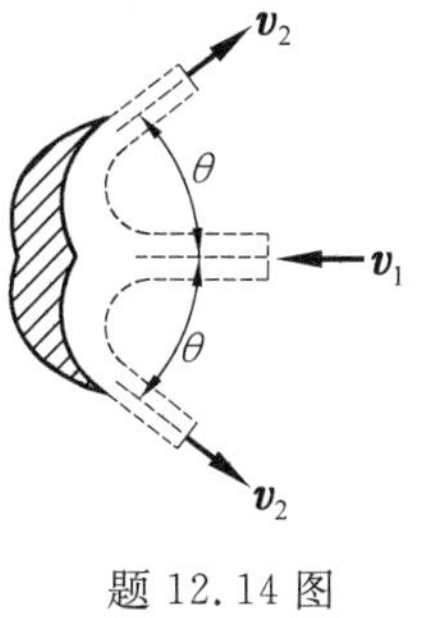

题 12.14 图

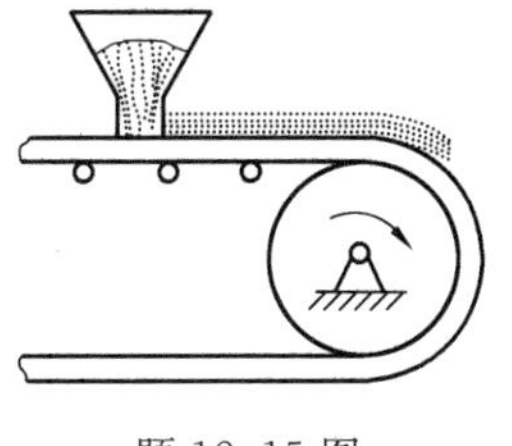

题 12.15 图

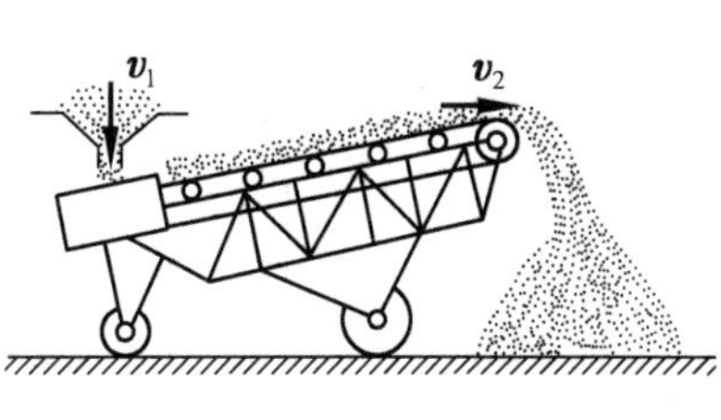

题 12.16 图

第 13 章　动量矩定理

只要具有中学物理和大学物理力学的基本概念与知识和前面学习的基础上，即可学习本章。

第 12 章阐述的动量定理建立了作用力与动量变化之间的关系，揭示了质点系机械运动规律的一个侧面，而不是全貌。例如，均质圆轮绕质心转动时，无论它怎样转动，圆轮的动量都是零，动量定理不能说明这种运动的转动规律。动量矩定理则是从另一个侧面，揭示出质点系相对于某一定点(轴)或质心(轴)的运动规律。本章将主要复习、阐述质点和质点系的动量矩(角动量)，推导动量矩定理，刚体绕定轴转动微分方程，刚体对轴的转动惯量等内容并说明其应用。

13.1　质点和质点系的动量矩

1. 质点的动量矩

从两个角度引入质点和质点系的动量矩。

用绳拴住一小球，用手将其旋转起来。若小球质量相同，绳长相同，但速度不同，手的感觉不同；若小球质量相同，速度相同，绳长不相同，手的感觉也不同；若小球质量不同，绳长相同，速度相同，手的感觉也不同。所以一个质点转动时机械运动的强与弱与质点的质量、速度和质点到一点的长度有关，为度量这种机械运动的强与弱，引入动量矩的概念。设质点的质量为 m，速度为 $\boldsymbol{v}$，质点相对点 O 的矢径为 $\boldsymbol{r}$，则对点 O 的动量矩定义为

$$\boldsymbol{L}_O=\boldsymbol{r}\times m\boldsymbol{v} \tag{13.1}$$

即定义质点的动量对点 O 的矩为质点对于点 O 的**动量矩**。

另一方面，在静力学中，力是矢量，力可以对点取矩，动量也是矢量，也可以对点取矩。力对点取矩是力矩，动量对点取矩就是动量矩。其物理概念不同，但其计算方法完全相同。所以，如果说动量矩的计算不熟悉，但力矩的计算应该很熟悉，只要把动量当作力取矩就是动量矩，这样计算动量矩就很方便了。顺便说一句，冲量也是矢量，冲量取矩就是冲量矩。

在静力学中，力可以对点取矩，力对点的矩是矢量。也可以对轴取矩，力对轴的矩是代数量。且力对点的矩与力对过该点的轴的矩的关系为，力对点的矩矢在过该点的轴上的投影等于力对该轴的矩。同样，动量可以对点取矩，动量对点的矩是矢量。也可以对轴取矩，动量对轴的矩是代数量，动量对点的矩矢在过该点的轴上的投影等于动量对该轴的矩。用公式表示，为

$$\boldsymbol{L}_O=L_x\boldsymbol{i}+L_y\boldsymbol{j}+L_z\boldsymbol{k} \tag{13.2}$$

式中 L_x, L_y, L_z 分别为动量对 x, y, z 轴的矩。

动量矩的单位在国际单位制中为 $\mathrm{kg\cdot m^2/s}$。

2. 质点系的动量矩

如同质点和质点系的动量一样，把质点系各个质点的动量相加即为质点系的动量。把

质点系内各质点对同一点的动量矩相加即为质点系的动量矩。用公式表示，为

$$\boldsymbol{L}_O=\sum \boldsymbol{r}_i\times m_i\boldsymbol{v}_i \tag{13.3}$$

用语言叙述为：质点系对某点 O 的动量矩等于各质点对同一点 O 的动量矩的矢量和。

实际计算时，常常用到对轴的动量矩，质点系对某轴的动量矩等于各质点对同一轴动量矩的代数和。对质点系的动量矩，对点的动量矩和对轴的动量矩，关系式(13.2)仍然成立。

刚体也是一个质点系，下面计算刚体平移和定轴转动时的动量矩。

(1) 刚体平移时动量矩的计算

刚体平移时，在每一瞬时，各点的速度都相同，有 $\boldsymbol{v}_i=\boldsymbol{v}_C$，由动量矩的定义，有

$$\boldsymbol{L}_O=\sum \boldsymbol{r}_i\times m_i\boldsymbol{v}_i=\sum \boldsymbol{r}_i\times m_i\boldsymbol{v}_C=(\sum m_i\boldsymbol{r}_i)\times \boldsymbol{v}_C$$

由式(12.2)，有 $\sum m_i\boldsymbol{r}_i=m\boldsymbol{r}_C$，则刚体平移时动量矩的计算公式为

$$\boldsymbol{L}_O=m\boldsymbol{r}_C\times\boldsymbol{v}_C=\boldsymbol{r}_C\times m\boldsymbol{v}_C=\boldsymbol{r}_C\times\boldsymbol{p} \tag{13.4}$$

由此可见，刚体平移时，可将刚体的质量全部集中于质心，作为一个质点计算其动量矩即可。

请读者考虑，质点系的动量均可按 $\boldsymbol{p}=\sum m_i\boldsymbol{v}_i=m\boldsymbol{v}_C$ 计算，质点系的动量矩能否一律按 $\boldsymbol{L}_O=\sum\boldsymbol{r}_i\times m_i\boldsymbol{v}_i=\boldsymbol{r}_C\times m\boldsymbol{v}_C$ 计算？为什么？

(2)刚体定轴转动时动量矩的计算

刚体绕定轴转动时，一般计算其对转轴的动量矩。绕轴 z 转动的刚体如图 13.1 所示，其上任意一点的质量为 m_i，速度 $v_i=r_i\omega$。如同力对轴的矩一样，把动量 $m_i\boldsymbol{v}_i$ 看作为力，则整个刚体对转轴 z 的动量矩为

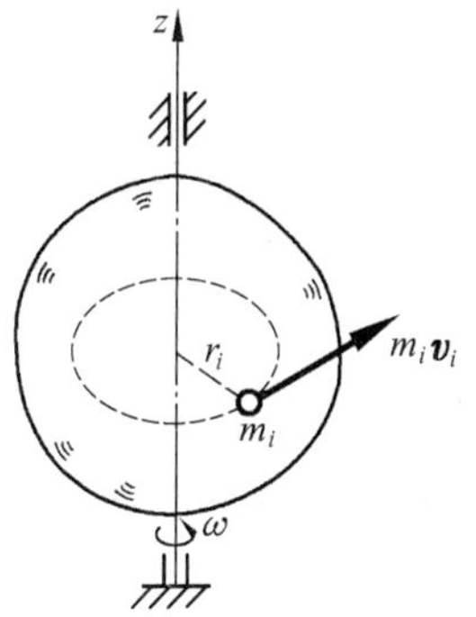

图 13.1

$$L_z=\sum m_iv_i\cdot r_i=\sum m_ir_i\omega\cdot r_i=\omega\sum m_ir_i^2$$

记 $J_z=\sum m_ir_i^2$，称为刚体对轴的转动惯量，于是有

$$L_z=J_z\omega \tag{13.5}$$

即绕定轴转动刚体对其转轴的动量矩等于刚体对转轴的转动惯量与转动角速度的乘积。

刚体平面运动时动量矩的计算，以后再推导。

13.2　动量矩定理

1. 质点的动量矩定理

牛顿第二定律为 $m\boldsymbol{a}=\boldsymbol{F}$，把此式两端都叉乘质点到固定点 O 的矢径 $\boldsymbol{r}$，有

$$\boldsymbol{r}\times m\boldsymbol{a}=\boldsymbol{r}\times m\frac{\mathrm{d}\boldsymbol{v}}{\mathrm{d}t}=\frac{\mathrm{d}}{\mathrm{d}t}(\boldsymbol{r}\times m\boldsymbol{v})=\boldsymbol{r}\times\boldsymbol{F}$$

而 $\boldsymbol{L}_O=\boldsymbol{r}\times m\boldsymbol{v}$，为质点对固定点 O 的动量矩，上式即为质点的动量矩定理，写为

$$\frac{\mathrm{d}\boldsymbol{L}_O}{\mathrm{d}t}=\boldsymbol{r}\times\boldsymbol{F} \tag{13.6}$$

即质点对某固定点的动量矩对时间的一阶导数，等于作用力对同一点的矩。这就是质点对固定点的**动量矩定理**。

取式(13.6)在直角坐标轴上的投影式，并考虑到对点的动量矩与对轴的动量矩的关系

得，

$$\frac{\mathrm{d}L_x}{\mathrm{d}t}=M_x(\boldsymbol{F}),\quad \frac{\mathrm{d}L_y}{\mathrm{d}t}=M_y(\boldsymbol{F}),\quad \frac{\mathrm{d}L_z}{\mathrm{d}t}=M_z(\boldsymbol{F}) \tag{13.7}$$

即质点对某固定轴的动量矩对时间的一阶导数等于作用力对于同一轴的矩。这就是质点对固定轴的动量矩定理。

2. 质点动量矩守恒定律

如果作用于质点的力对于某定点 O 的矩恒等于零，则由式(13.6)知，质点对该点的动量矩保持不变，即

$$\boldsymbol{L}_0=\text{常矢量}$$

如果作用于质点的力对于某定轴的矩恒等于零，则由式(13.7)知，质点对该轴的动量矩保持不变。如 $M_z(\boldsymbol{F})=0$，则

$$L_z=\text{常量}$$

称以上结论为质点动量矩守恒定律。

质点在运动中受到恒指向某定点 O 的力 $\boldsymbol{F}$ 作用，称该质点在有心力作用下运动。行星绕太阳运动、人造地球卫星绕地球运动等，都属于这种情况，其动量矩均守恒。由此可得质点在有心力作用下的面积速度定理，可知，当人造地球卫星绕地球运动时，离地心近时速度大，离地心远时速度小。

3. 质点系的动量矩定理

设质点系由 n 个质点组成，取其中任意第 i 个质点，设其质量为 m_i，加速度为 $\boldsymbol{a}_i$。外界物体对该质点作用力的合力以 $\boldsymbol{F}_i^{(e)}$ 表示，称为外力。质点系内其他质点对该质点作用力的合力以 $\boldsymbol{F}_i^{(i)}$ 表示，称为内力。由牛顿第二定律有

$$m_i\boldsymbol{a}_i=m_i\frac{\mathrm{d}\boldsymbol{v}_i}{\mathrm{d}t}=\boldsymbol{F}_i^{(e)}+\boldsymbol{F}_i^{(i)}\quad (i=1,2,\cdots,n)$$

把此式两端都叉乘质点 i 到固定点 O 的矢径 $\boldsymbol{r}_i$，有

$$\boldsymbol{r}_i\times m_i\boldsymbol{a}_i=\boldsymbol{r}_i\times m_i\frac{\mathrm{d}\boldsymbol{v}_i}{\mathrm{d}t}=\frac{\mathrm{d}}{\mathrm{d}t}(\boldsymbol{r}_i\times m_i\boldsymbol{v}_i)=\boldsymbol{r}_i\times\boldsymbol{F}_i^{(e)}+\boldsymbol{r}_i\times\boldsymbol{F}_i^{(i)}\quad (i=1,2,\cdots,n)$$

这样的方程共有 n 个，相加后得

$$\sum\frac{\mathrm{d}}{\mathrm{d}t}(\boldsymbol{r}_i\times m_i\boldsymbol{v}_i)=\sum\boldsymbol{r}_i\times\boldsymbol{F}_i^{(e)}+\sum\boldsymbol{r}_i\times\boldsymbol{F}_i^{(i)}$$

而

$$\sum\frac{\mathrm{d}}{\mathrm{d}t}(\boldsymbol{r}_i\times m_i\boldsymbol{v}_i)=\frac{\mathrm{d}}{\mathrm{d}t}\sum(\boldsymbol{r}_i\times m_i\boldsymbol{v}_i)=\frac{\mathrm{d}\boldsymbol{L}_O}{\mathrm{d}t}$$

由于内力总是等值、反向、共线地成对出现，因此上式右端的第二项

$$\sum\boldsymbol{r}_i\times\boldsymbol{F}_i^{(i)}=0$$

记

$$\sum\boldsymbol{M}_O(\boldsymbol{F}_i^{(e)})=\sum\boldsymbol{r}_i\times\boldsymbol{F}_i^{(e)}$$

为作用在质点系上所有外力对于固定点 O 的力矩的矢量和。最后得

$$\frac{\mathrm{d}\boldsymbol{L}_O}{\mathrm{d}t}=\sum\boldsymbol{M}_O(\boldsymbol{F}_i^{(e)}) \tag{13.8}$$

此式即为质点系的动量矩定理：质点系对于某定点 O 的动量矩对时间的一阶导数，等于作用于质点系的外力对于同一点的矩的矢量和(外力对点 O 的主矩)。

由式(13.8)，可以回答静力学中无法回答的一个问题，即当一个任意力系向一点简化以后，得到一个主矢和主矩，从现在的观点看，此主矩就是质点系上所有外力对点 O 的主矩。如果力系平衡，主矢和主矩为零，如果主矩不为零，物体(系统)将怎么运动？静力学不能回答这个问题，由质点系动量矩定理的导数形式，可以回答这个问题，即质点系的动量矩对时间的一阶导数等于作用于质点系上所有外力的主矩。

实际计算时，一般采用投影形式，为

$$\frac{\mathrm{d}L_x}{\mathrm{d}t}=\sum M_x(\boldsymbol{F}_i^{(e)}),\quad \frac{\mathrm{d}L_y}{\mathrm{d}t}=\sum M_y(\boldsymbol{F}_i^{(e)}),\quad \frac{\mathrm{d}L_z}{\mathrm{d}t}=\sum M_z(\boldsymbol{F}_i^{(e)}) \tag{13.9}$$

即质点系对于某固定轴的动量矩对时间的一阶导数，等于作用于质点系的外力对同一轴的矩的代数和。

4. 质点系动量矩守恒定律

由质点系的动量矩定理可知：质点系的内力不能改变质点系的动量矩，只有作用于质点系的外力才能使质点系的动量矩发生变化。当外力对于某固定点(或某固定轴)的主矩等于零时，质点系对于该点(或该轴)的动量矩保持不变。这就是质点系的动量矩守恒定律。

必须指出，上述动量矩定理的表达形式只适用于对固定点或固定轴。对于一般的动点或动轴，其动量矩定理具有比这复杂的表达式，本书不讨论这类问题。

例 13.1　高炉运送矿石用的卷扬机如图 13.2(a)所示，鼓轮的半径为 R，质量为 m_1，质心位于转轴 O 上，轮绕轴 O 转动。矿斗和矿石总质量为 m_2。作用在鼓轮上的力偶矩为 M，鼓轮对转轴的转动惯量为 J，轨道的倾角为 θ 且为光滑。绳的质量忽略不计，求矿斗的加速度和钢丝绳的拉力。

解题分析与思路：取整体为研究对象，鼓轮做定轴转动，矿斗做平移，计算出系统对固定轴 O 的动量矩，用动量矩定理可求出矿斗的加速度，然后取矿斗，用牛顿第二定律或质心运动定理求钢丝绳的拉力。

解：　取整体为研究对象，系统对点(轴)O 的动量矩为

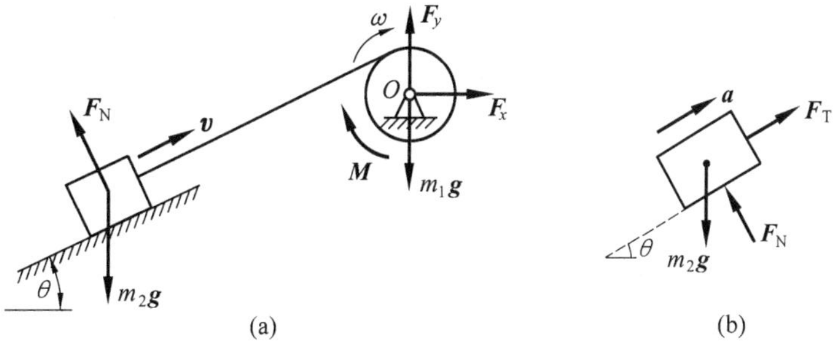

图 13.2

$$L_O=J\omega+m_2v\cdot R=(J+m_2R^2)\omega$$

所有外力对点 O 的力矩为

$$\sum M_O=M-m_2g\sin\theta\cdot R$$

由质点系的动量矩定理

$$\frac{\mathrm{d}L_O}{\mathrm{d}t}=\sum M_O$$

有

$$(J+m_2R^2)\alpha=M-m_2g\sin\theta\cdot R$$

解得矿斗的加速度为

$$a=R\alpha=\frac{MR-m_2gR^2\sin\theta}{J+m_2R^2}$$

为求钢丝绳的拉力，取矿斗为研究对象，受力分析如图 13.2(b)所示，由牛顿第二定律或质心运动定理有

$$m_2 a = F_T - m_2 g\sin\theta$$

解得钢丝绳的拉力为

$$F_T = m_2 g\sin\theta + m_2 a$$

请读者考虑，能否求出轴承 O 处的约束力 $\boldsymbol{F}_x$ 和 $\boldsymbol{F}_y$？

注意：在静力学中，统一规定力矩逆时针转向为正，顺时针转向为负。在动力学中，对力矩与动量矩的正负号没有统一规定。在实际计算中，可先规定动量矩(或角速度、角加速度)的转向，力矩的转向和动量矩(角速度、角加速度)的转向一致则为正，反之则为负，这样计算比较方便。

例 13.2 图 13.3(a)中，质量皆为 m 的小球 A，B 以细绳 AB 相连，其余构件质量不计。忽略摩擦，系统绕 z 轴自由转动，初始时系统的角速度为 ω_0。当细绳被拉断后，如图 13.3(b)所示，求各杆与铅垂线成 θ 角时系统的角速度。

解题分析与思路： 取整体考虑，此系统所受的重力和轴承约束力对于转轴的矩都等于零，因此系统对于转轴的动量矩守恒。写出系统两个时刻的动量矩，由动量矩守恒可得解。

解： 取整体为研究对象，系统对转轴的动量矩守恒，有

当 $\theta=0$ 时，动量矩为

$$L_{z1} = 2\cdot ma\omega_0\cdot a = 2ma^2\omega_0$$

当 $\theta\neq 0$ 时，动量矩为

$$L_{z2} = 2\cdot m(a+l\sin\theta)\omega\cdot(a+l\sin\theta) = 2m(a+l\sin\theta)^2\omega$$

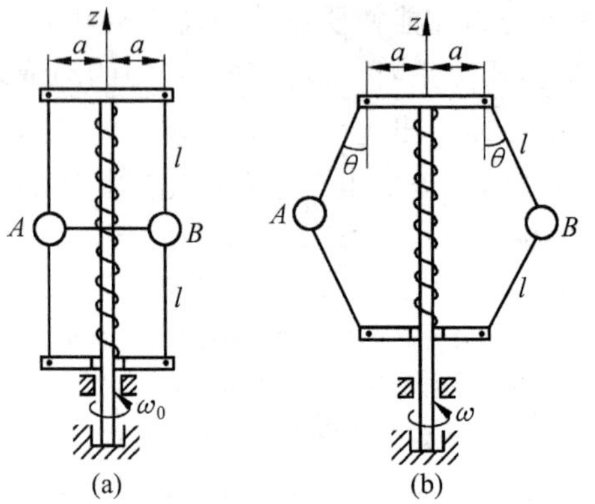

图 13.3

因 $L_{z2}=L_{z1}$，得各杆与铅垂线成 θ 角时系统的角速度为

$$\omega = \frac{a^2\omega_0}{(a+l\sin\theta)^2}$$

13.3 刚体绕定轴转动微分方程

现在把质点系动量矩定理应用于工程中常见的刚体绕定轴转动的情况。设刚体上作用有主动力 $\boldsymbol{F}_1,\boldsymbol{F}_2,\cdots,\boldsymbol{F}_n$ 和轴承约束力，如图 13.4 所示，这些力都是外力。设刚体对于转轴 z 的转动惯量为 J_z，角速度为 ω，则刚体对于轴 z 的动量矩为 $L_z=J_z\omega$。如果不计轴承中的摩擦，轴承约束力对于轴 z 的力矩为零，由质点系对轴的动量矩定理，

$$\frac{dL_z}{dt} = \sum M_z(\boldsymbol{F}_i^{(e)})$$

有

$$J_z\frac{d\omega}{dt} = \sum M_z(\boldsymbol{F}_i^{(e)}) \tag{13.11}$$

$$J_z\alpha = \sum M_z(\boldsymbol{F}) \tag{13.12}$$

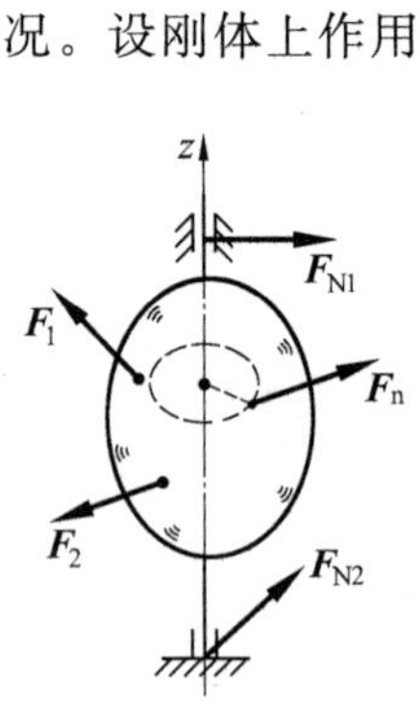

图 13.4

称以上两式为刚体绕定轴转动微分方程，即刚体对定轴的转动惯量与角

加速度的乘积，等于作用于刚体的主动力对该轴的矩的代数和。

由刚体绕定轴转动微分方程可知：

(1)作用于刚体的主动力对转轴的矩使刚体的转动状态发生变化。

(2)如果作用于刚体的主动力对转轴的矩的代数和等于零，则刚体做匀速转动；如果主动力对转轴的矩的代数和为恒量，则刚体做匀变速转动。

(3)在一定的时间间隔内，当主动力对转轴的矩相同时，刚体的 J_z 越大，角加速度 α 就越小，也即转动状态变化就越小；刚体的 J_z 越小，角加速度 α 就越大，也即转动状态变化就越大。也就是说，J_z 的大小表现了刚体转动状态改变的难易程度。所以称 J_z 为刚体的转动惯量，因此，刚体的转动惯量是刚体转动时惯性的度量。

例 13.3　如图 13.5 所示，定滑轮的半径为 R，对转轴的转动惯量为 J，带动滑轮的皮带拉力为 $\boldsymbol{F}_1$ 和 $\boldsymbol{F}_2$。求滑轮的角加速度 α，并考虑在什么情况下，滑轮两边绳的拉力相等？

解题分析与思路：轮做定轴转动，用刚体绕定轴转动微分方程可得结果。定滑轮两边绳的拉力是否相等？要视具体情况而定。在静力学中，定滑轮两边绳的拉力相等；在动力学中，定滑轮两边绳的拉力可能相等也可能不相等。通过此题，对此问题要有清晰地了解。

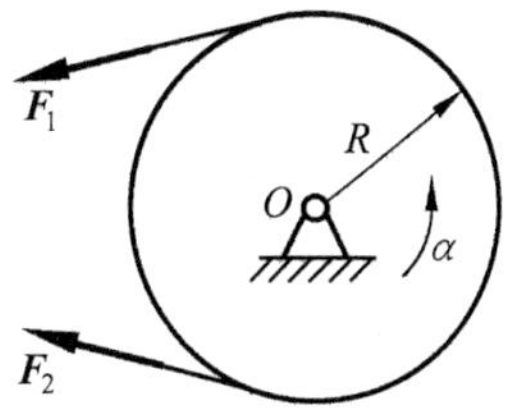

图 13.5

解：　由刚体绕定轴转动微分方程，有

$$J\alpha=F_1R-F_2R \qquad (1)$$

则定滑轮的角加速度为

$$\alpha=\frac{F_1-F_2}{J}R$$

由式(1)可见，当转动惯量 $J=0$，也即不考虑滑轮的质量时，滑轮两边绳的拉力相等。当角加速度 $\alpha=0$，也即滑轮静止或做匀速转动时，滑轮两边绳的拉力也相等。在动力学中，滑轮两边绳的拉力一般不相等。

例 13.4　飞轮对轴 O 的转动惯量为 J_O，以角速度 ω_0 绕水平轴 O 转动，如图 13.6 所示。制动时，闸块给轮以正压力 $\boldsymbol{F}_\mathrm{N}$，闸块与轮之间的动滑动摩擦因数为 f，轮的半径为 R，轴承的摩擦忽略不计。求制动使轮停止转动所需的时间。

解题分析与思路：飞轮做定轴转动，对转轴 O 列出刚体绕定轴转动微分方程，只有动滑动摩擦力产生力矩，积分整理可得题目所求。

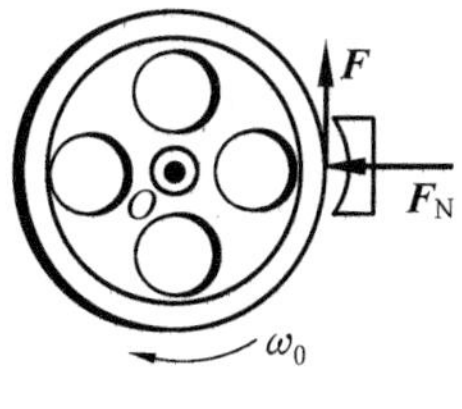

图 13.6

解：　取轮为研究对象，飞轮做减速转动，由刚体定轴转动微分方程，有

$$J_O\alpha=-FR=-fF_\mathrm{N}R$$

即

$$\alpha=\frac{\mathrm{d}\omega}{\mathrm{d}t}=-\frac{fF_\mathrm{N}R}{J_O}$$

根据已知条件确定积分上下限积分，为

$$\int_{\omega_0}^{0}\mathrm{d}\omega=\int_0^t-\frac{fF_\mathrm{N}R}{J_O}\mathrm{d}t$$

得制动使轮停止转动所需的时间为

$$t=\frac{J_O\omega_0}{fF_\mathrm{N}R}$$

13.4　刚体对轴的转动惯量

刚体对轴的转动惯量是刚体转动时惯性的度量，它等于刚体内各质点的质量与该点到轴的垂直距离平方的乘积之和，即

$$J_z=\sum m_i r_i^2 \tag{13.13}$$

由上式可见，转动惯量的大小不仅与质量大小有关，而且与质量的分布情况有关。

转动惯量的单位在国际单位制中为 $kg \cdot m^2$。

刚体绕定轴的转动是工程和生活中常见的一种运动形式，涉及刚体的定轴转动，必定涉及刚体对轴的转动惯量，转动惯量在工程中是一个非常重要的量。例如，请读者考虑，为什么各种仪表的指针一般均做成图 13.7(a)所示的形状？转轴装在 O_1 处？且采用质量轻的材料？对图 13.7(b)所示形状的物体，有无把转轴装在 O_2 处的实例？为什么？又如图 13.7(c)所示柴油发动机、冲床和剪床等机器上的飞轮，均采用质量较重的金属，且使质量尽量分布在轮缘上，这又是为什么？

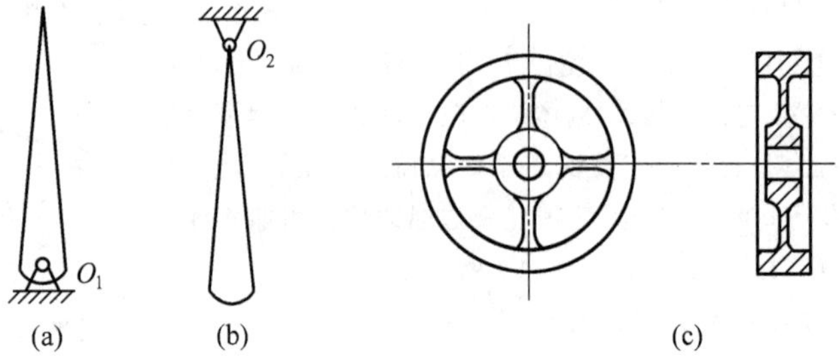

图 13.7

以上所举各例均与转动惯量有关，这样的例子还很多，因此说转动惯量是工程中一个很重要的量，要想合理地解决工程中有关刚体转动的动力学问题，必须理解转动惯量的概念，并会计算或测定刚体的转动惯量。下面介绍转动惯量的一些计算或试验测定方法。

1. 简单计算法($J_z=\sum m_i r_i^2$)

所谓简单计算法，就是按转动惯量的定义直接计算。举一例，设圆环质量为 m，半径为 R，将圆环沿圆周分成许多微段，如图 13.8 所示，设每微段的质量为 m_i，由于这些微段到中心轴的距离都等于半径 R，所以圆环对于中心轴 z 的转动惯量为

$$J_z=\sum m_i R^2=(\sum m_i)R^2=mR^2 \tag{13.14}$$

提问：这是针对的整个圆环，若是部分圆环，其对圆心的转动惯量是多少？

2. 积分法($J_z=\int_V r^2 \mathrm{d}m$)

(1)均质细直杆(图 13.9)对于 z 轴的转动惯量

设杆长为 l，单位长度的质量为 ρ，取杆上一微元(段)$\mathrm{d}x$，其质量为 $\mathrm{d}m=\rho\cdot\mathrm{d}x$，则此杆对于 z 轴的转动惯量为

$$J_z=\int_0^l x^2\cdot\mathrm{d}m=\int_0^l \rho x^2\cdot\mathrm{d}x=\frac{1}{3}\rho l^3$$

而杆的质量 $m=\rho l$，于是有

$$J_z=\frac{1}{3}ml^2 \tag{13.15}$$

(2)均质圆板(图 13.10)对于中心轴的转动惯量

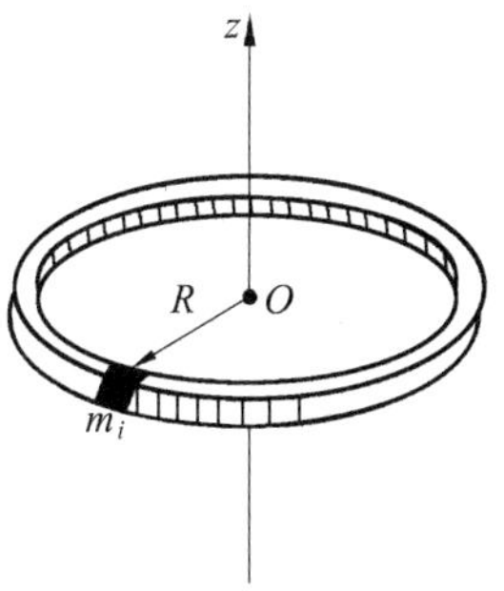

图 13.8

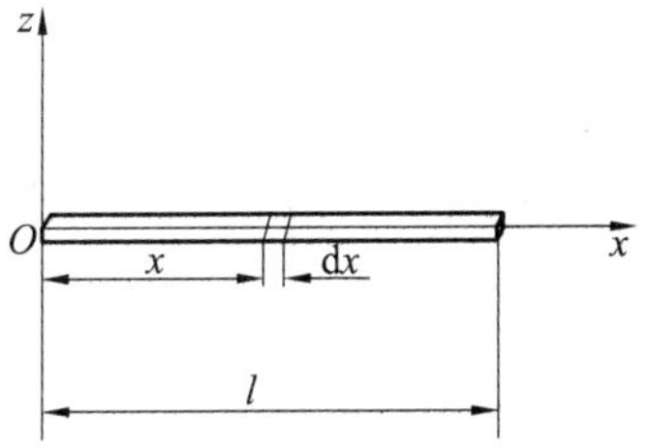

图 13.9

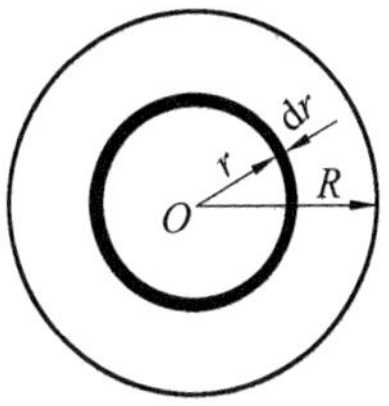

图 13.10

设圆板的半径为 R，质量为 m，则其单位面积的质量 $\rho=\dfrac{m}{\pi R^2}$。将圆板分为无数同心的薄圆环，取此为微元，此微元的半径为 r，宽度为 $\mathrm{d}r$，则微元的质量为

$$\mathrm{d}m=2\pi r\cdot\mathrm{d}r\cdot\rho=2\pi r\cdot\mathrm{d}r\cdot\frac{m}{\pi R^2}=\frac{2mr}{R^2}\mathrm{d}r$$

则圆板对于中心轴 O 的转动惯量为

$$J_O=\int_0^R r^2\cdot\mathrm{d}m=\int_0^R\frac{2mr^3}{R^2}\mathrm{d}r$$

有

$$J_O=\frac{1}{2}mR^2 \tag{13.16}$$

3. 惯性半径或回转半径法($J_z=m\rho_z^2$)

由于转动惯量的重要性，在机械工程手册中，往往有一定的篇幅列出了常见几何形状或几何形状已标准化的零件的转动惯量，其中有一栏一般均给出了零件的惯性半径(或回转半径)。惯性半径(或回转半径)的定义为

$$\rho_z=\sqrt{\frac{J_z}{m}} \tag{13.17}$$

由此式，若已知物体的质量 m 和惯性半径 ρ_z，则转动惯量可按下式计算

$$J_z=m\rho_z^2 \tag{13.18}$$

即物体的转动惯量等于该物体的质量与惯性半径平方的乘积。

请读者考虑，在已知转动惯量 J_z 的情况下，为何要定义惯性半径 $\rho_z=\sqrt{\dfrac{J_z}{m}}$，再通过此式把转动惯量 J_z 求出，这样做有无必要？为什么？

4. 平行轴定理($J_z=J_{z_C}+ml^2$)

对任意一个零件，若转轴位置不同，其转动惯量也往往不同。若过质心的轴的转动惯量为已知，对不过质心的任意一根轴的转动惯量如何计算？在机械工程手册中，也往往给出的是各种零件对过质心轴的转动惯量，则对其他轴的转动惯量如何求出？这个问题可以由平行轴定理来解决。

平行轴定理　刚体对于任一轴的转动惯量，等于刚体对于通过质心、并与该轴平行的轴的转动惯量，加上刚体的质量与两轴间距离平方的乘积，即

$$J_z=J_{z_C}+ml^2 \tag{13.19}$$

证明:如图13.11所示,设点 C 为刚体的质心,刚体对于通过质心的 z_C 轴的转动惯量为 J_{z_C},刚体对于平行于该轴的另一任意轴 z 的转动惯量为 J_z,质心 C 点相对于 $Oxyz$ 坐标系的坐标为$(l_1,l_2,0)$,则刚体对于 z_C 和 z 轴的转动惯量分别为

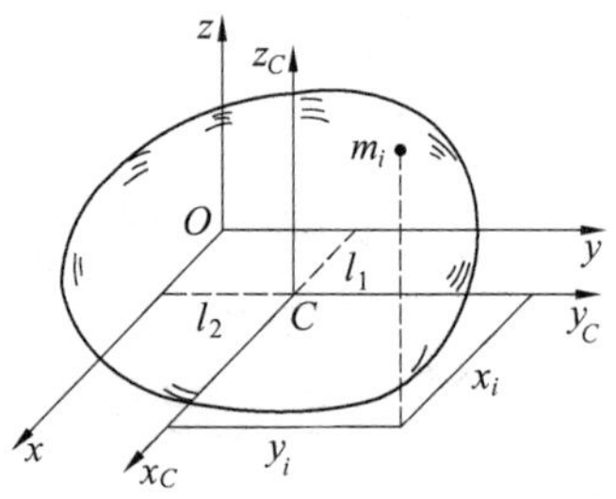

图13.11

$$J_{z_C}=\sum m_i(x_i^2+y_i^2)$$

$$J_z=\sum m_i[(x_i+l_1)^2+(y_i+l_2)^2]$$

有 $J_z=\sum m_i(x_i^2+2x_il_1+l_1^2+y_i^2+2y_il_2+l_2^2)=$

$$\sum m_i(x_i^2+y_i^2)+2(\sum m_ix_i)l_1+2(\sum m_iy_i)l_2+(\sum m_i)(l_1^2+l_2^2)$$

式中$\sum m_i(x_i^2+y_i^2)=J_{z_C}$,$(\sum m_i)(l_1^2+l_2^2)=ml^2$,$m$ 为刚体的总质量,l 为两平行轴之间的距离,而由质心坐标公式 $x_C=\dfrac{\sum m_ix_i}{m}$,$y_C=\dfrac{\sum m_iy_i}{m}$,因坐标系 $Cx_Cy_Cz_C$ 坐标原点建在质心上,$x_C=0$,$y_C=0$,有$\sum m_ix_i=0$,$\sum m_iy_i=0$,所以有

$$J_z=J_{z_C}+ml^2$$

定理证毕。

由平行轴定理可知,刚体对于诸平行轴,以通过质心的轴的转动惯量为最小。

当物体由几个几何形状简单的物体组成时,计算整体(物体系)的转动惯量可先分别计算每一部分的转动惯量,然后再加起来。如果物体有空心的部分,可把这部分转动惯量视为负值处理。

例13.5 钟摆简化如图13.12所示,均质细杆和均质圆盘的质量分为 m_1 和 m_2,杆长为 l,圆盘半径为 R。求摆对于通过悬挂点 O 的水平轴的转动惯量。

解题分析与思路:把杆和圆盘的转动惯量加起来即为整个摆的转动惯量,对圆盘对轴 O 的转动惯量计算要用到平行轴定理。

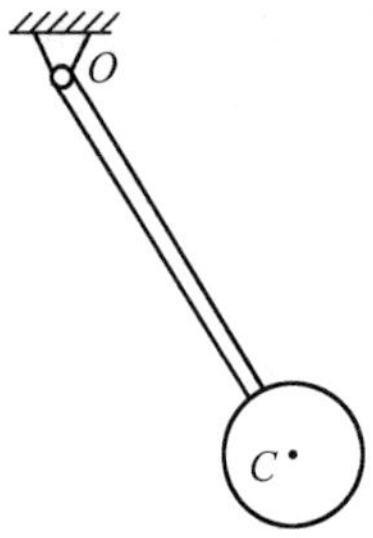

图13.12

解: 摆对于水平轴 O 的转动惯量为

$$J_O=J_{O杆}+J_{O盘}$$

而

$$J_{O杆}=\frac{1}{3}m_1l^2$$

$$J_{O盘}=J_C+m_2(l+R)^2=\frac{1}{2}m_2R^2+m_2(l+R)^2$$

于是得

$$J_O=\frac{1}{3}m_1l^2+\frac{1}{2}m_2R^2+m_2(l+R)^2$$

例13.6 如图13.13所示,质量为 m 的均质空心圆柱体外径为 R_1,内径为 R_2,求对于中心轴 z 的转动惯量。

解题分析与思路:空心圆柱可看成由两个实心圆柱体组成,设外圆柱体的转动惯量为 J_1,内圆柱体的转动惯量为 J_2,取负值计算即可。或者说,把外圆柱体的转动惯量 J_1 减去内圆柱体的转动惯量 J_2 即可。

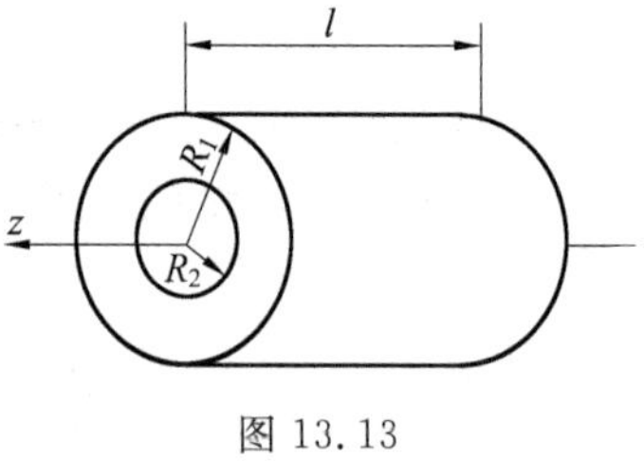

图13.13

解: 设外圆柱体的转动惯量为 J_1,内圆柱体的转动惯量为 J_2,有

$$J_z=J_1-J_2$$

设外、内圆柱体的质量分别为 m_1,m_2,则

$$J_1=\frac{1}{2}m_1R_1^2,\quad J_2=\frac{1}{2}m_2R_2^2$$

设圆柱体单位体积的质量为 ρ，有

$$m_1=\pi R_1^2 l\rho,\quad m_2=\pi R_2^2 l\rho$$

则

$$J_z=J_1-J_2=\frac{1}{2}m_1R_1^2-\frac{1}{2}m_2R_2^2=\frac{1}{2}\pi l\rho(R_1^4-R_2^4)=$$

$$\frac{1}{2}\pi l\rho(R_1^2-R_2^2)(R_1^2+R_2^2)$$

注意到整个圆柱体的质量为 $m=\pi l\rho(R_1^2-R_2^2)$，最后有

$$J_z=\frac{1}{2}m(R_1^2+R_2^2)$$

5. 试验法

例 13.5 中所示的钟摆，假设杆为均质杆，盘为均质盘，这与实际情况不符，实际情况是，为了美观，钟摆上可能雕有各种花纹，其并不是均质杆和均质圆盘，对实际的钟摆，并不能按例 13.5 计算其转动惯量。同样，工程中常有一些几何形状很复杂的物体，并不方便按上述几种方法计算其转动惯量，这时可采用实验法。

(1)摆振法

如图 13.14 中所示一非常不规则的物体，欲求其对任意轴 O 的转动惯量，则把此物体在轴 O 处悬挂起来，使其产生微幅摆动，由刚体绕定轴转动微分方程，有

$$J_O\alpha=J_O\ddot{\varphi}=-mga\sin\varphi$$

式中，m 为物体的质量，a 为物体质心 C 到转轴 O 的距离，因其做微幅摆动，有 $\sin\varphi\approx\varphi$，转动微分方程变为

$$\ddot{\varphi}+\frac{mga}{J_O}\varphi=0$$

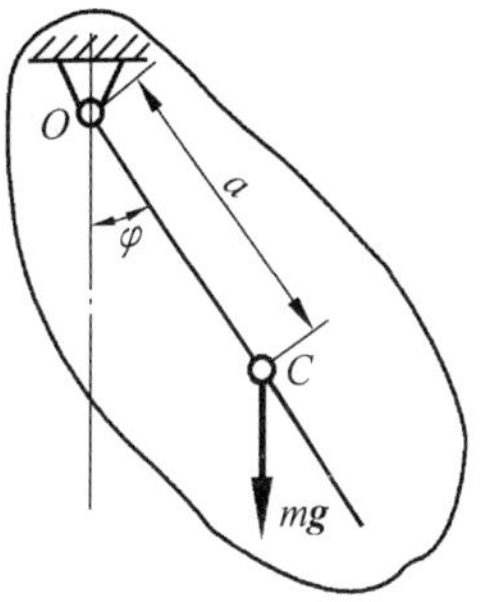

图 13.14

此微分方程的通解为

$$\varphi=\varphi_0\sin\left(\sqrt{\frac{mga}{J_O}}t+\theta\right)$$

摆动周期为

$$T=2\pi\sqrt{\frac{J_O}{mga}}$$

则有

$$J_O=\frac{mgaT^2}{4\pi^2}$$

因此，只要已知物体的质量 m，质心到轴 O 的距离 a，测得物体微幅摆动的周期 T，则可由上式求得物体的转动惯量。

(2)落体观测法

对形状很复杂的飞轮，如何确定其对转轴的转动惯量？可用习题 13.9 中介绍的方法通过实验而求出，称这种测定物体转动惯量的方法为落体观测法。具体求解，略。

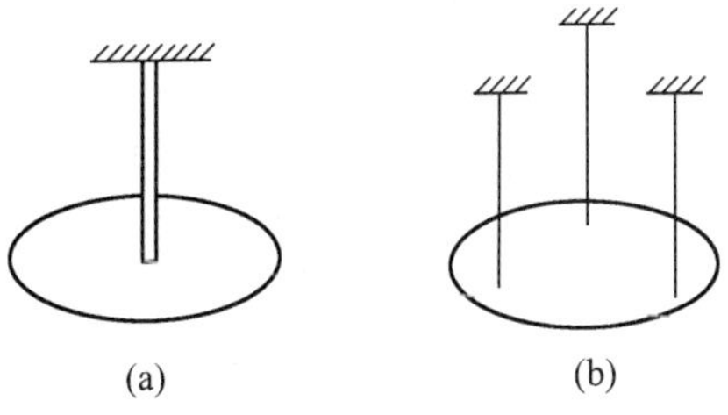

图 13.15

(3)扭振法

欲求图 13.15 中圆轮对于中心轴的转动惯量，可用单轴扭振(图13.15(a))、三线悬挂扭振

(图13.15(b))等方法测定其扭振周期,根据周期与转动惯量之间的关系确定其转动惯量。

对于实际问题,还可根据几何形状和具体条件,设计其他实验方法,测定其转动惯量。

6. 查表法

在实际应用中,还可查阅相关的手册,得到许多零构件的转动惯量。表 13.1 列出一些常见均质物体的转动惯量和惯性半径,供应用时参考。

表 13.1 均质物体的转动惯量

物体的形状	简图	转动惯量	惯性半径	体积
细直杆	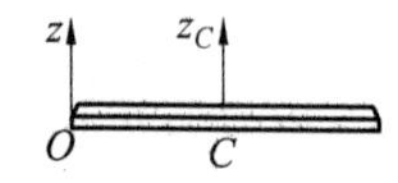	$J_{z_C}=\frac{m}{12}l^2$ $J_z=\frac{m}{3}l^2$	$\rho_{z_C}=\frac{l}{2\sqrt{3}}=0.289l$ $\rho_z=\frac{l}{\sqrt{3}}=0.578l$	
薄壁圆筒	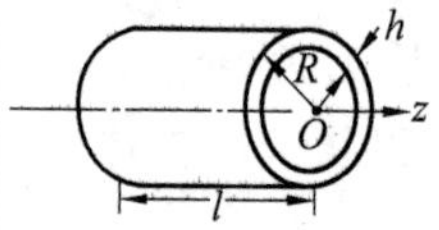	$J_z=mR^2$	$\rho_z=R$	$2\pi Rlh$
圆柱	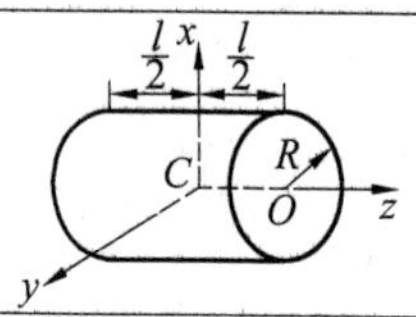	$J_z=\frac{1}{2}mR^2$ $J_x=J_y=\frac{m}{12}(3R^2+l^2)$	$\rho_z=\frac{R}{\sqrt{2}}=0.707R$ $\rho_x=\rho_y=\sqrt{\frac{1}{12}(3R^2+l^2)}$	$\pi R^2 l$
空心圆柱	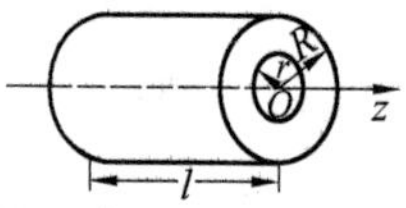	$J_z=\frac{m}{2}(R^2+r^2)$	$\rho_z=\sqrt{\frac{1}{2}(R^2+r^2)}$	$\pi l(R^2-r^2)$
薄壁空心球	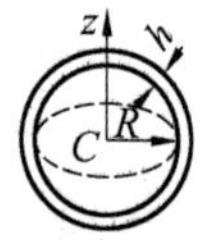	$J_z=\frac{2}{3}mR^2$	$\rho_z=\sqrt{\frac{2}{3}}R=0.816R$	$\frac{3}{2}\pi Rh$
实心球	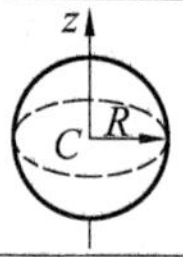	$J_z=\frac{2}{5}mR^2$	$\rho_z=\sqrt{\frac{2}{5}}R=0.632R$	$\frac{4}{3}\pi R^3$
圆锥体	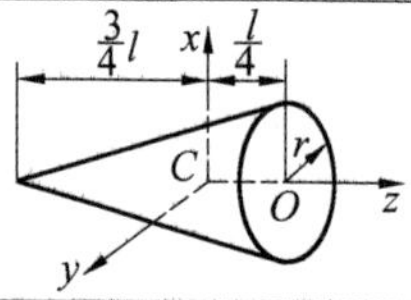	$J_z=\frac{3}{10}mr^2$ $J_x=J_y=\frac{3}{80}m(4r^2+l^2)$	$\rho_z=\sqrt{\frac{3}{10}}r=0.548r$ $\rho_x=\rho_y=\sqrt{\frac{3}{80}(4r^2+l^2)}$	$\frac{\pi}{3}r^2 l$
圆环	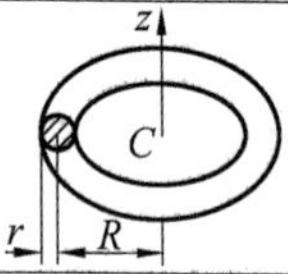	$J_z=m(R^2+\frac{3}{4}r^2)$	$\rho_z=\sqrt{R^2+\frac{3}{4}r^2}$	$2\pi^2 r^2 R$
椭圆形薄板	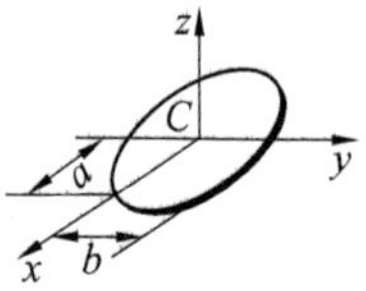	$J_z=\frac{m}{4}(a^2+b^2)$ $J_y=\frac{m}{4}a^2$ $J_x=\frac{m}{4}b^2$	$\rho_z=\frac{1}{2}\sqrt{a^2+b^2}$ $\rho_y=\frac{a}{2}$ $\rho_x=\frac{b}{2}$	πabh

续表 13.1

物体的形状	简　图	转动惯量	惯性半径	体积
立方体	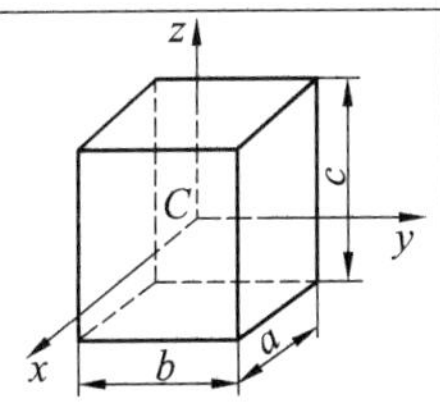	$J_z=\frac{m}{12}(a^2+b^2)$ $J_y=\frac{m}{12}(a^2+c^2)$ $J_x=\frac{m}{12}(b^2+c^2)$	$\rho_z=\sqrt{\frac{1}{12}(a^2+b^2)}$ $\rho_y=\sqrt{\frac{1}{12}(a^2+c^2)}$ $\rho_x=\sqrt{\frac{1}{12}(b^2+c^2)}$	abc
矩形薄板	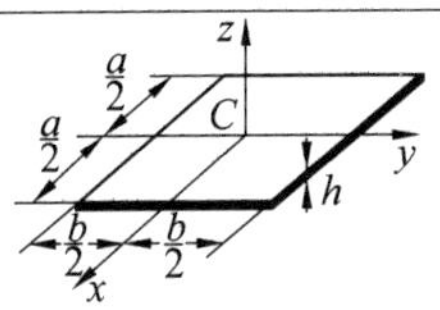	$J_z=\frac{m}{12}(a^2+b^2)$ $J_y=\frac{m}{12}a^2$ $J_x=\frac{m}{12}b^2$	$\rho_z=\sqrt{\frac{1}{12}(a^2+b^2)}$ $\rho_y=0.289a$ $\rho_x=0.289b$	abh

13.5* 质点系相对质心的动量矩定理

前面推导动量矩定理时，出发点是牛顿第二定律，而牛顿第二定律只在惯性参考系中成立，所以上面得到的动量矩定理只适用于惯性参考系中的固定点或固定轴，对于一般的动点或动轴，动量矩定理具有比较复杂的形式。然而，相对于质点系的质心这个动点或通过质心的动轴，动量矩定理仍保持相对固定点或固定轴相同的形式，称此为质点系相对于质心的动量矩定理。本节就推导质点系相对于质心的动量矩定理。

如图 13.16 所示一任意质点系，O 为固定点，以其为坐标原点建一坐标系 $Oxyz$，C 为质点系的质心，以其为坐标原点建一坐标系 $Cx'y'z'$。如同对刚体平面运动的分解，把刚体的平面运动分解为随基点的平移与绕基点的转动。对任意一质点系，把其运动分解为随质心的平移与相对质心的运动，也即图中的动坐标系 $Cx'y'z'$ 相对静坐标系 $Oxyz$ 为平移。由点的速度合成定理，任意一点 i 的绝对速度

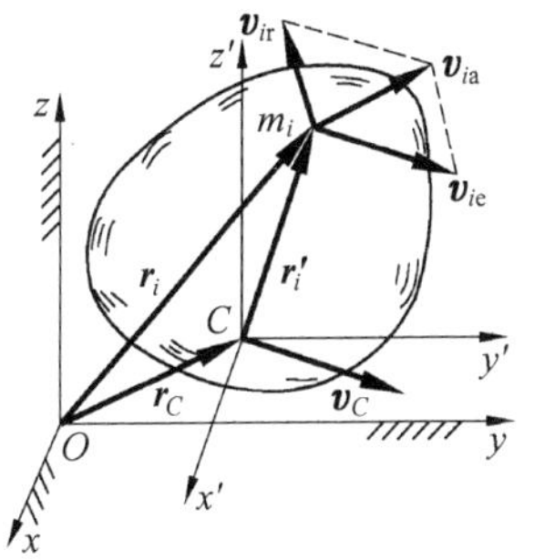

图 13.16

$$\boldsymbol{v}_i=\boldsymbol{v}_{ie}+\boldsymbol{v}_{ir}$$

因认为质点系随质心平移，质点系内各质点的牵连速度 $\boldsymbol{v}_{ie}=\boldsymbol{v}_C$，而 $\boldsymbol{v}_{ir}$ 为质点相对动坐标系的速度。各位置矢量之间的关系为

$$\boldsymbol{r}_i=\boldsymbol{r}_C+\boldsymbol{r}'_i$$

则质点系对固定点 O 的动量矩为

$$\boldsymbol{L}_O=\sum\boldsymbol{r}_i\times m_i\boldsymbol{v}_i$$

定义质点系对质心 C 的动量矩为

$$\boldsymbol{L}_C=\sum\boldsymbol{r}'_i\times m_i\boldsymbol{v}_{ir}\tag{13.20}$$

那么，质点系对固定点 O 的动量矩 $\boldsymbol{L}_O$ 和对质心 C 的动量矩 $\boldsymbol{L}_C$ 有什么关系？下面先推导其间的关系。

$$\boldsymbol{L}_O=\sum\boldsymbol{r}_i\times m_i\boldsymbol{v}_i=\sum(\boldsymbol{r}_C+\boldsymbol{r}'_i)\times m_i(\boldsymbol{v}_C+\boldsymbol{v}_{ir})=$$
$$\sum\boldsymbol{r}_C\times m_i\boldsymbol{v}_C+\sum\boldsymbol{r}_C\times m_i\boldsymbol{v}_{ir}+\sum\boldsymbol{r}'_i\times m_i\boldsymbol{v}_C+\sum\boldsymbol{r}'_i\times m_i\boldsymbol{v}_{ir}\tag{1}$$

式中第一项为　$\sum\boldsymbol{r}_C\times m_i\boldsymbol{v}_C=\boldsymbol{r}_C\times(\sum m_i)\boldsymbol{v}_C=\boldsymbol{r}_C\times m\boldsymbol{v}_C$

式中第二项为　$\sum\boldsymbol{r}_C\times m_i\boldsymbol{v}_{ir}=\boldsymbol{r}_C\times(\sum m_i\boldsymbol{v}_{ir})$

式中第三项为 $\sum \boldsymbol{r'}_i \times m_i \boldsymbol{v}_C = (\sum m_i \boldsymbol{r'}_i) \times \boldsymbol{v}_C$

式中第四项为 $\sum \boldsymbol{r'} \times m_i \boldsymbol{v}_{ir} = \boldsymbol{L}_C$

式中第四项为质点系对质心 C 的动量矩。为讨论第二项和第三项，由相对固定点 O 的质心坐标公式 $\boldsymbol{r}_C = \dfrac{\sum m_i \boldsymbol{r}_i}{m}$，有相对质心 C 的质心坐标公式 $\boldsymbol{r'}_C = \dfrac{\sum m_i \boldsymbol{r'}_i}{m}$，式中 $\boldsymbol{r'}_C$ 为质点系质心 C 相对动坐标系 $Cx'y'z'$ 的矢径，$\boldsymbol{r'}_i$ 为质点系中任一质点 i 相对动坐标系 $Cx'y'z'$ 的矢径。把 $\boldsymbol{r'}_C = \dfrac{\sum m_i \boldsymbol{r'}_i}{m}$ 对时间求一阶导数，有 $\boldsymbol{v'}_C = \dfrac{\sum m_i \boldsymbol{v}_{ir}}{m}$。由于动坐标系坐标原点建在质心上，有 $\boldsymbol{r'}_C = 0$，$\boldsymbol{v'}_C = 0$，所以 $\sum m_i \boldsymbol{r'}_i = 0$，$\sum m_i \boldsymbol{v'}_{ir} = 0$，也即式(1)中的第二项和第三项等于零，因此有

$$\boldsymbol{L}_O = \boldsymbol{L}_C + \boldsymbol{r}_C \times m\boldsymbol{v}_C \tag{13.21}$$

此即任意一质点系对固定点 O 的动量矩和对质点系质心 C 的动量矩之间的关系。

请读者考虑，若动系坐标原点不是建在质心上，而是建于任一动点 O' 上，$\boldsymbol{r'}_C$，$\boldsymbol{v'}_C$ 是否还为零？式(13.21)是否还成立？

现在应用质点系对固定点 O 的动量矩定理推导质点系相对质心 C 的动量矩定理。

质点系对固定点 O 的动量矩定理为

$$\frac{\mathrm{d}\boldsymbol{L}_O}{\mathrm{d}t} = \sum \boldsymbol{r}_i \times \boldsymbol{F}_i^{(e)} \tag{2}$$

对式(13.21)，$\boldsymbol{L}_O = \boldsymbol{L}_C + \boldsymbol{r}_C \times m\boldsymbol{v}_C$，对时间求一阶导数，有

$$\frac{\mathrm{d}\boldsymbol{L}_O}{\mathrm{d}t} = \frac{\mathrm{d}\boldsymbol{L}_C}{\mathrm{d}t} + \frac{\mathrm{d}\boldsymbol{r}_C}{\mathrm{d}t} \times m\boldsymbol{v}_C + \boldsymbol{r}_C \times \frac{\mathrm{d}}{\mathrm{d}t}(m\boldsymbol{v}_C) \tag{3}$$

式中

$$\frac{\mathrm{d}\boldsymbol{r}_C}{\mathrm{d}t} \times m\boldsymbol{v}_C = \boldsymbol{v}_C \times m\boldsymbol{v}_C = 0$$

而

$$\boldsymbol{r}_C \times \frac{\mathrm{d}}{\mathrm{d}t}(m\boldsymbol{v}_C) = \boldsymbol{r}_C \times \frac{\mathrm{d}\boldsymbol{p}}{\mathrm{d}t} = \boldsymbol{r}_C \times \sum \boldsymbol{F}_i^{(e)} = \sum \boldsymbol{r}_C \times \boldsymbol{F}_i^{(e)}$$

则式(3)变为

$$\frac{\mathrm{d}\boldsymbol{L}_O}{\mathrm{d}t} = \frac{\mathrm{d}\boldsymbol{L}_C}{\mathrm{d}t} + \boldsymbol{r}_C \times \frac{\mathrm{d}}{\mathrm{d}t}(m\boldsymbol{v}_C) = \frac{\mathrm{d}\boldsymbol{L}_C}{\mathrm{d}t} + \sum \boldsymbol{r}_C \times \boldsymbol{F}_i^{(e)} \tag{4}$$

从式(2)和式(4)，得

$$\sum \boldsymbol{r}_i \times \boldsymbol{F}_i^{(e)} = \frac{\mathrm{d}\boldsymbol{L}_C}{\mathrm{d}t} + \sum \boldsymbol{r}_C \times \boldsymbol{F}_i^{(e)}$$

有

$$\frac{\mathrm{d}\boldsymbol{L}_C}{\mathrm{d}t} = \sum \boldsymbol{r}_i \times \boldsymbol{F}_i^{(e)} - \sum \boldsymbol{r}_C \times \boldsymbol{F}_i^{(e)} = \sum (\boldsymbol{r}_i - \boldsymbol{r}_C) \times \boldsymbol{F}_i^{(e)} = \sum \boldsymbol{r'}_i \times \boldsymbol{F}_i^{(e)}$$

式中 $\sum \boldsymbol{r'} \times \boldsymbol{F}_i^{(e)}$ 为质点系所有外力对质心 C 的力矩的矢量和(主矩)，以 $\sum \boldsymbol{M}_C(\boldsymbol{F}_i^{(e)})$ 表示，则有

$$\frac{\mathrm{d}\boldsymbol{L}_C}{\mathrm{d}t} = \sum \boldsymbol{M}_C(\boldsymbol{F}_i^{(e)}) \tag{13.22}$$

此式即为质点系相对质心的动量矩定理，也就是质点系相对于质心的动量矩对时间的一阶导数，等于作用于质点系的所有外力对质心的主矩。该定理在形式上与质点系对于固定点的动量矩定理完全一样。

请读者考虑，对任意的动点，此形式是否成立？

13.6* 刚体平面运动微分方程

在第 10 章中，对刚体的平面运动从运动学的角度进行了讨论，求其速度和加速度的方法，基本上按运动分解的思想进行，即把刚体的平面运动分解为随基点的平移和绕基点的转动，且基点的选择是任意的。现在，从动力学的角度讨论刚体的平面运动。在动力学中，已讨论过质心运动定理，其把质心的运动与质点系所受外力的主矢联系起来，而相对于质心的动量矩定理，又把相对质心的运动与质点系所受外力的主

矩联系起来。因此，若选质心为基点，把刚体的平面运动分解为随质心的平移与绕质心的转动，随质心的平移用质心运动定理度量，相对质心的运动用相对质心的动量矩定理度量，这样就可以从动力学的角度完整地描述刚体的平面运动。本节就是从这个角度出发，描述刚体的平面运动，得到刚体平面运动微分方程。

1. 平面运动刚体相对于质心的动量矩

选质心 C 为基点，见图 13.17，由求速度的基点法公式，任一点 i 的速度为

$$\boldsymbol{v}_{ia}=\boldsymbol{v}_C+\boldsymbol{v}_{iC}=\boldsymbol{v}_C+\boldsymbol{v}_{ir}$$

由式(13.20)，质点系对质心的动量矩的定义 $\boldsymbol{L}_C=\sum \boldsymbol{r}'_i\times m_i\boldsymbol{v}_{ir}$，有

$$\boldsymbol{L}_C=\sum \boldsymbol{r}'_i\times m_i\boldsymbol{v}_{ir}=\sum r'_i\cdot m_ir'_i\omega\boldsymbol{k}'=(\sum m_ir'^2_i)\omega\boldsymbol{k}'$$

式中，$\sum m_ir'^2_i$ 为刚体对垂直于图示平面的质心轴的转动惯量，以 J_C 表示；$\boldsymbol{k}'$为沿 z'轴的单位矢量(图中未画出)。以后为方便计，刚体平面运动对质心的动量矩以代数量表示，即刚体平面运动时对质心的动量矩为

$$L_C=J_C\omega \tag{13.23}$$

式中，J_C 是刚体对通过质心且和平面运动图形垂直的轴的转动惯量，ω 为刚体的角速度。

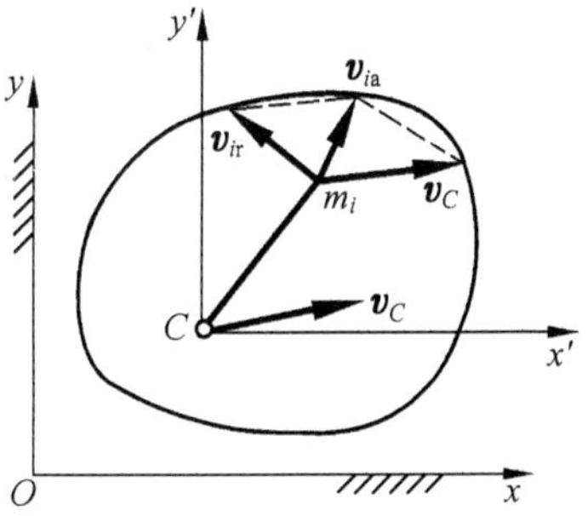

图 13.17

2. 刚体平面运动微分方程

设在平面运动刚体上作用的外力可向质心所在的平面简化为一平面任意力系 $\boldsymbol{F}_1,\boldsymbol{F}_2,\cdots,\boldsymbol{F}_n$，把刚体的平面运动分解为随质心的平移和绕质心的转动，随质心的平移用质心运动定理描述，绕质心的转动用相对质心的动量矩定理描述，有

$$m\boldsymbol{a}_C=\sum \boldsymbol{F}_i^{(e)},\quad \frac{\mathrm{d}}{\mathrm{d}t}(J_C\omega)=J_C\alpha=\sum M_C(\boldsymbol{F}_i^{(e)}) \tag{13.24}$$

式中，m 为刚体的质量，$\boldsymbol{a}_C$ 为质心的加速度，$\alpha=\frac{\mathrm{d}\omega}{\mathrm{d}t}$为刚体的角加速度。上式也可写成

$$m\frac{\mathrm{d}^2\boldsymbol{r}_C}{\mathrm{d}t^2}=\sum \boldsymbol{F}_i^{(e)},\quad J_C\frac{\mathrm{d}^2\varphi}{\mathrm{d}t^2}=\sum M_C(\boldsymbol{F}_i^{(e)}) \tag{13.25}$$

称以上两组式子为刚体平面运动微分方程。应用时，前一式取其投影式。

下面举例说明刚体平面运动微分方程的应用。

例 13.7　半径为 r、质量为 m 的均质圆轮沿水平直线做纯滚动，如图 13.18 所示。车轮的惯性半径为 ρ_C，作用于车轮的力偶矩为 M，圆轮对地面的静滑动摩擦因数为 f_s。求轮心的加速度和不致使车轮滑动的驱动力偶矩 M。

解题分析与思路: 取车轮为研究对象，车轮做平面运动，用刚体平面运动微分方程，考虑运动学关系求解。考虑使车轮不滑动的条件，求驱动力偶矩 M。

解:　取车轮为研究对象，受力和运动分析如图 13.18 所示，由刚体平面运动微分方程，有

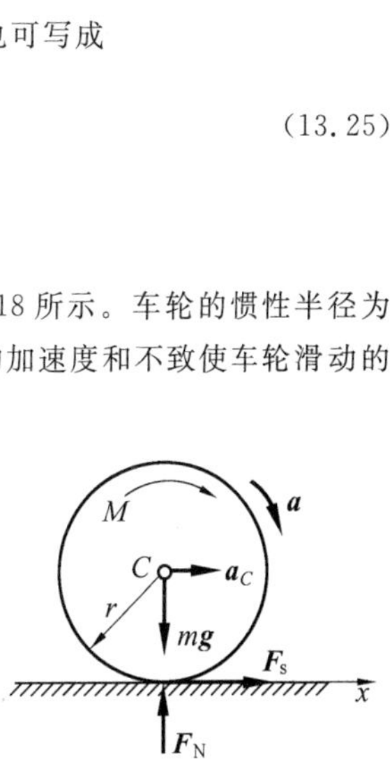

图 13.18

$$ma_{Cx}=F_s \tag{1}$$

$$ma_{Cy}=F_N-mg \tag{2}$$

$$m\rho_C^2\cdot\alpha=M-F_sr \tag{3}$$

式中 $a_{Cy}=0$，$a_{Cx}=a_C$，因车轮做纯滚动，有 $a_C=r\alpha$，联立求解式(1)和式(3)，得轮心的加速度为

$$a_C=\frac{Mr}{m(\rho_C^2+r^2)}$$

由式(2)，$F_N=mg$，欲使车轮纯滚而不打滑的条件是 $F_s\leqslant f_sF_N=f_smg$，而 $F_s=ma_C$，得车轮不打滑所需驱动力偶矩为

$$M\leqslant f_s mg\frac{\rho_C^2+r^2}{r}$$

例 13.8 图 13.19 所示质量为 m 长为 l 的均质直杆 AB，其一端放在光滑地板上，杆与铅直方向的夹角 $\theta_0=30°$，杆由此位置无初速地倒下，求此瞬时，地板对杆的约束(作用)力。

解题分析与思路： 取杆为研究对象，杆做平面运动，列出其在任意位置的刚体平面运动微分方程，并找出运动学关系为补充方程，联立求解。

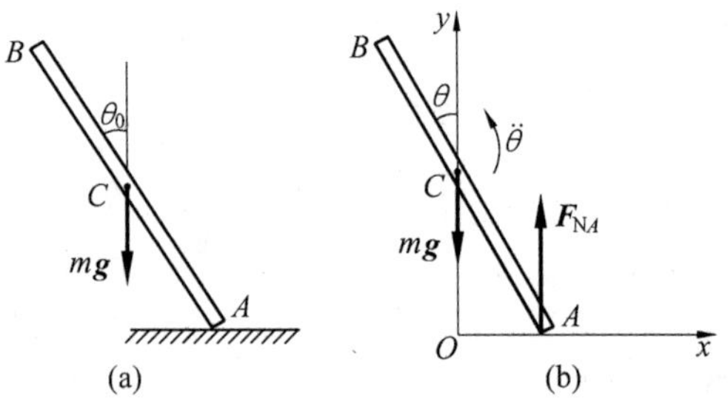

图 13.19

解： 取杆为研究对象，杆做平面运动，把杆放在任意位置 θ 角，列出其运动微分方程，为

$$m\ddot{x}_C=0 \tag{1}$$

$$m\ddot{y}_C=F_{NA}-mg \tag{2}$$

$$J_C\ddot{\theta}=F_{NA}\cdot\frac{l}{2}\sin\theta \tag{3}$$

三个方程中有 $\ddot{x}_C,\ddot{y}_C,\ddot{\theta},F_{NA}$ 四个未知量，为此还需要列出一方程，从图中可看出

$$y_C=\frac{l}{2}\cos\theta$$

对时间求一阶和两阶导数，有

$$\dot{y}_C=-\frac{l}{2}\dot{\theta}\sin\theta$$

$$\ddot{y}_C=-\frac{l}{2}\ddot{\theta}\sin\theta-\frac{l}{2}\dot{\theta}^2\cos\theta \tag{4}$$

在 $\theta=30°$ 时，$\dot{\theta}=0$，有 $\ddot{y}_C=-\frac{l}{4}\ddot{\theta}$，把此式和式(2)、(3)联立求解，得初瞬时，地板对杆的约束(作用)力为

$$F_{NA}=\frac{4}{7}mg$$

习 题

13.1 质量为 m 的质点在平面 Oxy 内运动，运动方程为 $x=a\cos\omega t$，$y=b\sin 2\omega t$，其中 a,b,ω 为常量。求质点对原点 O 的动量矩。

13.2 计算题 12.1 中图(a)，(b)，(d)，(e)所示各物体对其转轴的动量矩。

13.3 图示小球 M 系于线 AOM 的一端，此线穿过一铅直小管，小球绕管轴沿半径 $MC=R$ 的圆周运动，每分钟 120 转。若将线段 AO 慢慢向下拉，使外面的线段缩短到 OM_1 的长度，此时小球沿半径 $C_1M_1=\frac{R}{2}$ 的圆周运动。求此时小球沿此圆周每分钟的转数。

13.4 图示小球 A，质量为 m，连接在长为 l 的无重杆 AB 上，放在盛有液体的容器中。杆以初角速度 ω_0 绕轴 O_1O_2 转动，小球受到与速度反向的液体阻力 $F=km\omega$ 的作用，k 为比例常数。求经过多少时间角速度 ω 变为初角速度的一半？

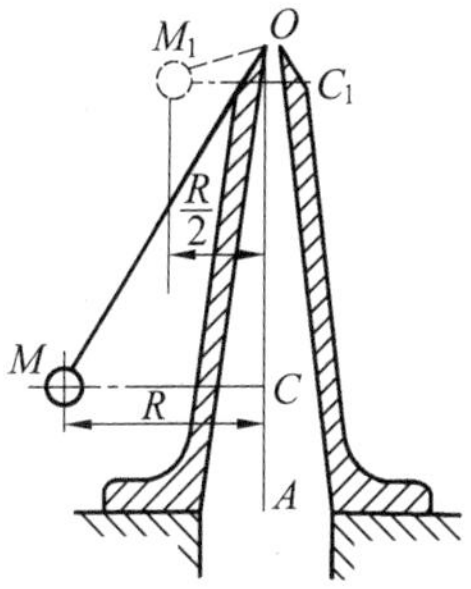

题 13.3 图

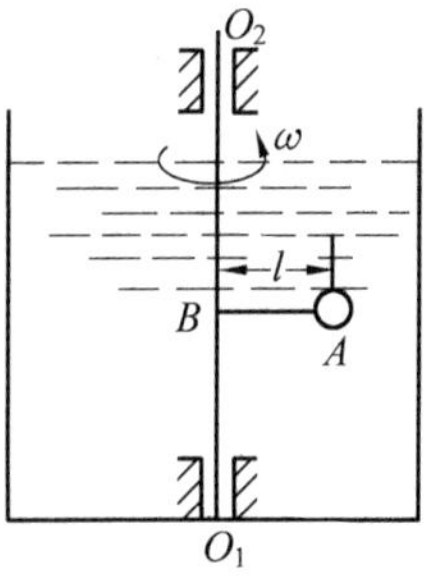

题 13.4 图

13.5　一半径为 R，质量为 m_1 的均质圆盘，可绕通过其中心的铅直轴无摩擦地旋转，如图所示。一质量为 m_2 的人在盘上由点 B 相对圆盘按规律 $s=\dfrac{1}{2}at^2$ 沿半径为 r 的圆周行走。开始时，圆盘和人静止。求圆盘的角速度和角加速度。

13.6　图示水平圆板可绕轴 z 转动。在圆板上有一质点 M 相对圆板做圆周运动，圆的半径为 r，圆心到轴 z 的距离为 l，其速度大小 v 为常量，质点的质量为 m，点 M 在圆板上的位置由角 φ 确定，如图所示。圆板的转动惯量为 J，且当点 M 离轴 z 最远在点 M_0 时，圆板的角速度为零。轴的摩擦和空气阻力略去不计，求圆板的角速度与角 φ 的关系。

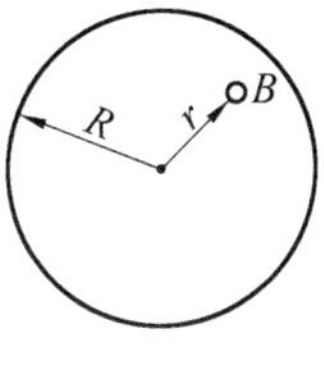

题 13.5 图

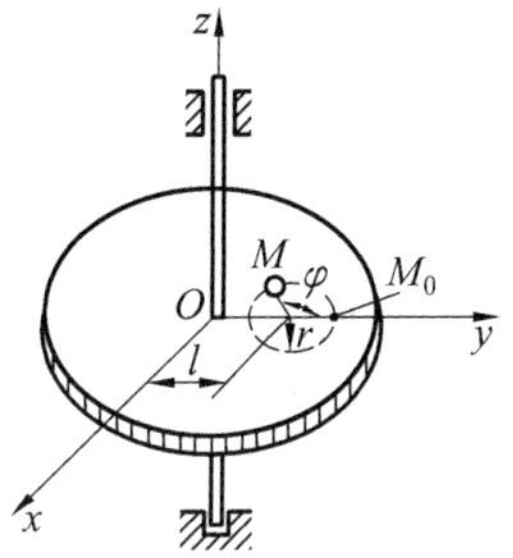

题 13.6 图

13.7　两个重物 M_1 和 M_2 的质量各为 m_1 与 m_2，分别系在两条不计质量的绳上，如图所示。此两绳又分别绕在半径为 r_1 和 r_2 的塔轮上。塔轮的质量为 m_3，质心在轴 O，对轴 O 回转半径为 ρ。重物受重力作用而运动，求塔轮的角加速度。

13.8　手柄 AB 受力偶矩为 M 的力偶作用，通过鼓轮 C 水平拖动物体 D，如图所示。鼓轮的半径为 r，质量为 m_1，可看作为均质圆柱体。物体 D 的质量为 m_2，与水平面间的动滑动摩擦因数为 f。手柄、绳索的质量及轴承摩擦都忽略不计，求物体 D 的加速度。

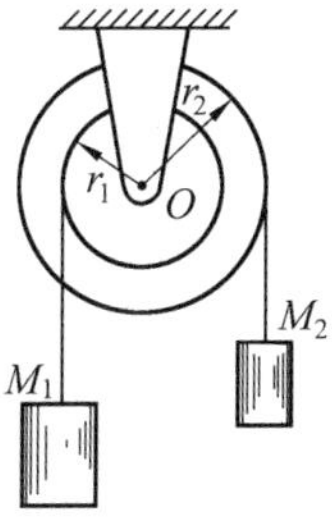

题 13.7 图

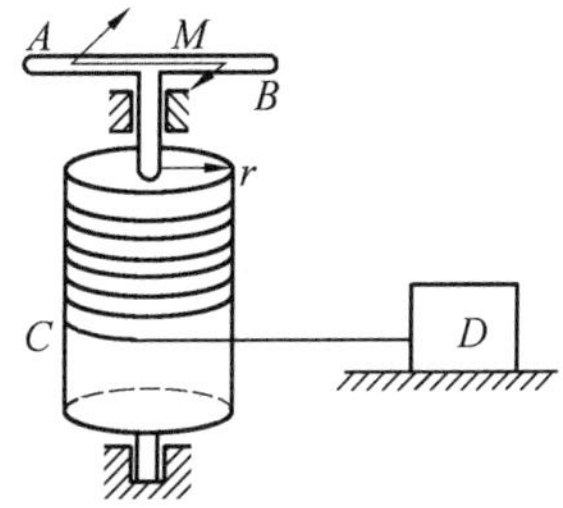

题 13.8 图

13.9 如图所示，为求半径 $R=0.5$ m 的飞轮对通过其重心轴 A 的转动惯量，在飞轮上绕以细绳，绳的末端系一质量为 $m_1=8$ kg 的重锤，重锤自高度 $h=2$ m 处无初速落下，测得落下的时间 $t_1=16$ s。为消去轴承摩擦的影响，再用质量 $m_2=4$ kg 的重锤作第二次试验，此重锤自同一高度无初速落下的时间为 $t_2=25$ s。假定阻力矩为一常数，且与重锤的重量无关，求飞轮的转动惯量和阻力矩。

13.10 飞轮在力偶矩 $M_0\cos\omega t$ 作用下绕铅直轴转动，如图所示。沿飞轮的轮辐有两个质量均为 m 的重物，做周期性的运动。初瞬时 $r=r_0$。问 r 应满足什么条件，才能使飞轮以匀角速度转动。

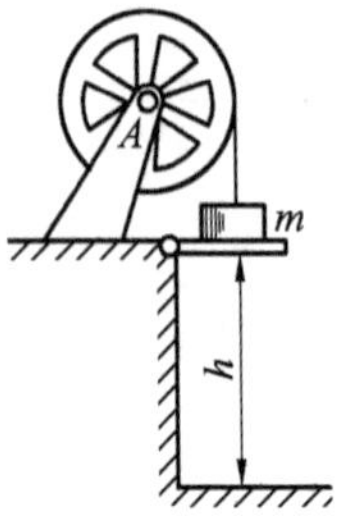

题 13.9 图

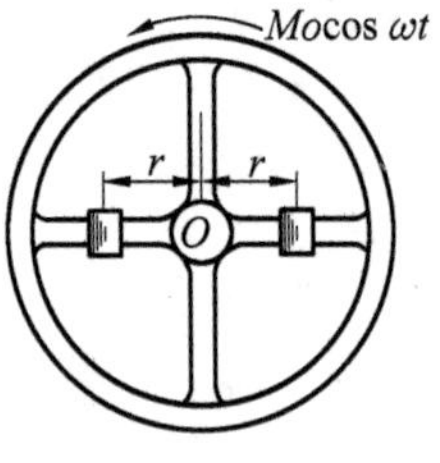

题 13.10 图

13.11 质量为 100 kg，半径为 1 m 的均质圆轮，以转速 $n=120$ r/min 绕轴 O 转动，如图所示。有一水平常力 $\boldsymbol{F}$ 作用于闸杆，轮经 10 s 后停止转动，摩擦因数 $f=0.1$，求力 $\boldsymbol{F}$ 的大小。

13.12 图示两带轮的半径各为 R_1 和 R_2，其质量各为 m_1 和 m_2，两轮以胶带相连接，各绕两平行的固定轴转动。在第一个带轮上作用矩为 M 的主动力偶，在第二个带轮上作用矩为 M' 的阻力偶。带轮可视为均质圆盘，胶带与轮间无滑动，胶带质量略去不计。求第一个带轮的角加速度。

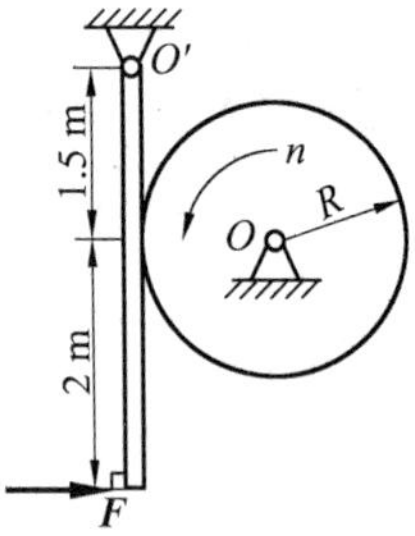

题 13.11 图

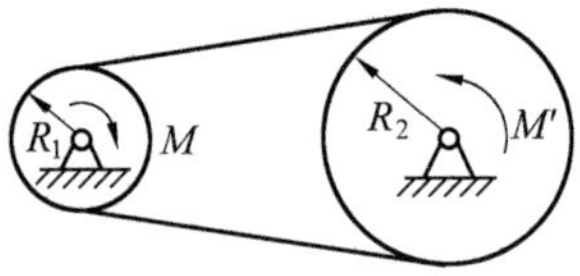

题 13.12 图

13.13 图示电动绞车提升一质量为 m 的重物，在其主动轴上作用有矩为 M 的主动力偶，主动轴和从动轴连同安装在这两轴上的齿轮以及其他附属零件的转动惯量分别为 J_1 和 J_2；传动比 $z_2:z_1=i$，吊索缠绕在鼓轮上，此轮半径为 R，轴承的摩擦和吊索的质量均略去不计。求重物的加速度。

13.14 图示连杆的质量为 m，质心在点 C，$AC=a$，$BC=b$，连杆对轴 B 的转动惯量为 J_B。求连杆对轴 A 的转动惯量。

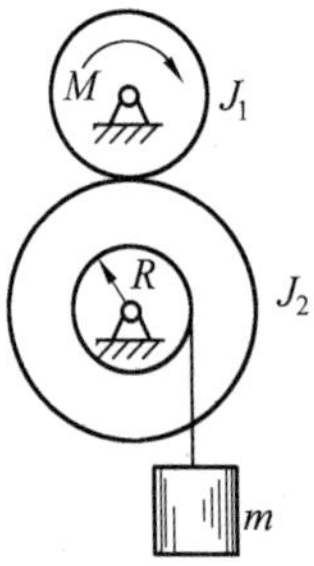

题 13.13 图

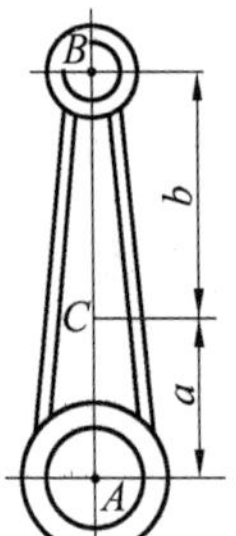

题 13.14 图

13.15　为求刚体对于通过重心 G 的轴 AB 的转动惯量，用两杆 AD，BE 与刚体牢固连接，将刚体挂在水平轴 DE 上，如图所示。AB 轴平行于 DE，然后使刚体绕 DE 轴作微小摆动，测出振动周期 T。刚体的质量为 m，轴 AB 与 DE 间的距离为 h，杆 AD 和 BE 的质量忽略不计，求刚体对 AB 轴的转动惯量。

13.16　质量 $m=3$ kg 且长度 $ED=EA=200$ mm 的直角弯杆，在点 D 铰接于加速运动的板上。为了防止杆的转动，在板上 A，B 两点固定两个光滑螺栓，整个系统位于铅垂面内，板沿直线轨道运动。

(1)若板的加速度 $a=2g$（g 为重力加速度），求螺栓 A 或 B 及铰 D 给予弯杆的力；

(2)若弯杆在 A，B 处均不受力，求板的加速度 a 及铰 D 给予弯杆的力。

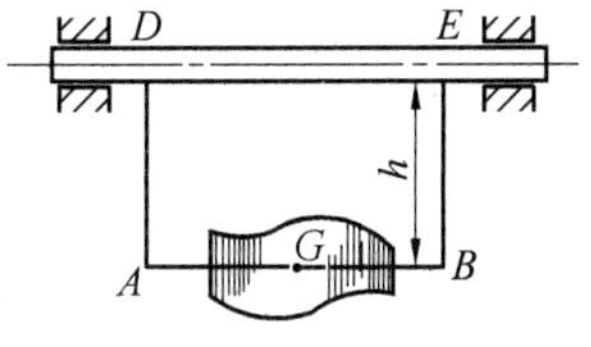

题 13.15 图

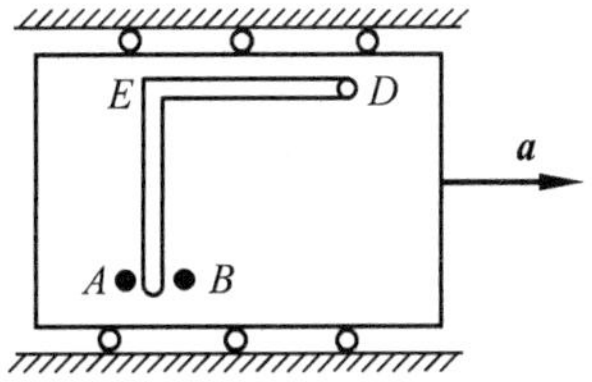

题 13.16 图

13.17　均质圆柱体 A 的质量为 m，在外圆上绕以细绳，绳的一端 B 固定不动，如图所示。圆柱体因绳子打开而下降，其初速为零。求当圆柱体的轴心降落了高度 h 时轴心的速度和绳子的张力。

13.18　均质圆柱体 A 和 B 的质量均为 m，半径均为 r，一绳缠在绕固定轴 O 转动的圆柱 A 上，绳的另一端绕在圆柱 B 上，如图所示，摩擦不计。求：(1)圆柱体 B 下落时质心的加速度；(2)若在圆柱体 A 上作用一逆时针转向，矩为 M 的力偶，问在什么条件下圆柱体 B 的质心加速度将向上。

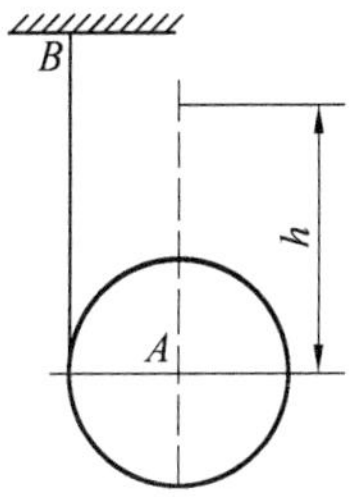

题 13.17 图

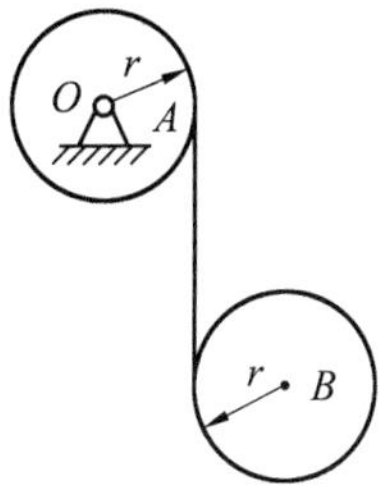

题 13.18 图

13.19　重物 A 质量为 m_1，系在绳子上，绳子跨过不计质量的固定滑轮 D，并绕在鼓轮 B 上，如图所示。由于重物下降，带动了轮 C，使它沿水平轨道滚动而不滑动。鼓轮半径为 r，轮 C 的半径为 R，两者固连在一起，总质量为 m_2，质心位于转轴 O 处，对于其水平轴 O 的回转半径为 ρ。求重物 A 的加速度。

13.20　图示均质杆 AB 长为 l，放在铅直平面内，杆的一端 A 靠在光滑的铅直墙上，另一端 B 放在光滑的水平地板上，并与水平面成 φ_0 角。此后，杆由静止状态倒下。求：(1)杆在任意位置时的角加速度和角速度；(2)当杆脱离墙时，此杆与水平面所夹的角。

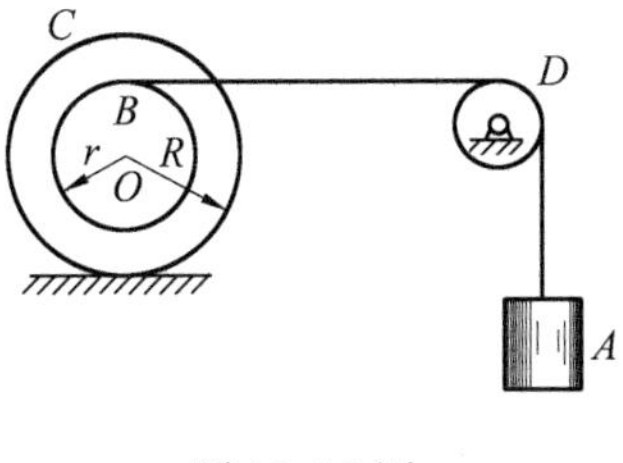

题 13.19 图

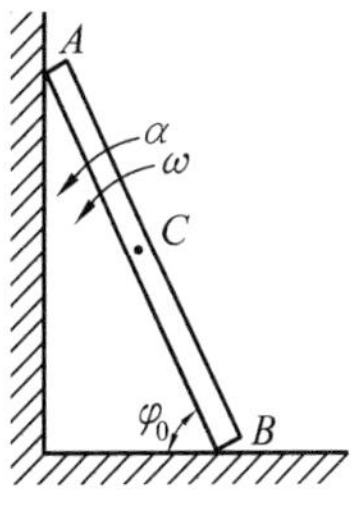

题 13.20 图

13.21　如图所示，板的质量为 m_1，受水平力 $\boldsymbol{F}$ 作用，沿水平面运动，板与平面间的动摩擦因数为 f。在板上放一质量为 m_2 的均质实心圆柱，此圆柱对板只滚动而不滑动。求板的加速度。

13.22 均质实心圆柱体 A 和薄铁环 B 的质量均为 m，半径都等于 r，两者用杆 AB 铰接，无滑动地沿斜面滚下，斜面与水平面的夹角为 θ，如图所示。杆的质量忽略不计，求杆 AB 的加速度和杆的内力。

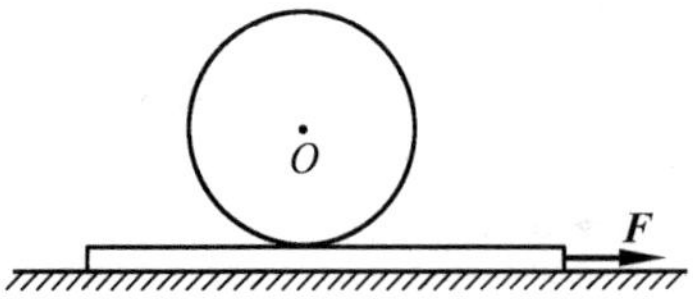

题 13.21 图

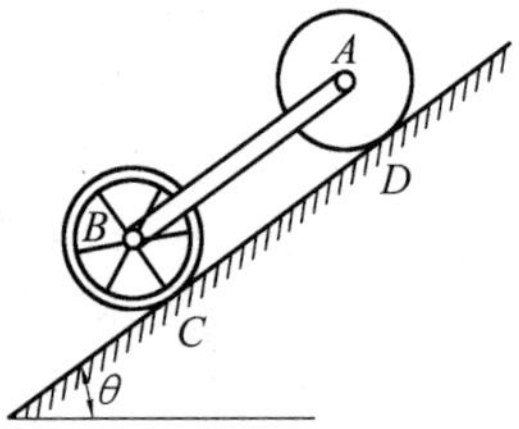

题 13.22 图

第14章 动能定理

只要具有中学物理和大学物理力学的基本概念与知识和前面学习的基础，即可学习本章。

自然界和工程中存在多种运动形式，相应的就有不同的能量，如机械能、电能、热能、原子能等。这些运动形式和能量在一定的条件下可以互相转化，如何度量这些运动形式的转化？可以用能量这个量建立它们的联系。也就是说，各种运动形式和各种运动形式之间的转化，可以统一用能量来度量。因此，几乎每门科学和工程技术领域都要使用能量的概念和方法。理论力学的主要研究对象是物体的机械运动，因此，用能量的方法研究物体的机械运动具有重要的意义。

本章用能量的方法研究物体的机械运动，复习与介绍动能、力的功、功率等重要概念，推导出动能定理并举例说明其应用。最后将综合应用动量定理、动量矩定理和动能定理分析解决一些较复杂的动力学问题。

14.1 质点和质点系的动能

1. 质点的动能

设质点的质量为 m，速度为 $\boldsymbol{v}$，则质点的**动能**定义为

$$T=\frac{1}{2}mv^2 \tag{14.1}$$

动能是标量，恒取正值。动能的量纲与功的量纲相同。动能的单位，在国际单位制中为J（焦耳）。

动能和动量都是表征机械运动的量，前者与质点速度的平方成正比，是标量；后者与质点速度的一次方成正比，是矢量，它们是机械运动的两种度量。

2. 质点系的动能

和质点系的动量和动量矩一样，把质点系内各质点的动量求和为质点系的动量，质点系内各质点的动量矩求和为质点系的动量矩，把质点系内各质点动能的算术和定义为质点系的动能，即

$$T=\sum\frac{1}{2}m_iv_i^2 \tag{14.2}$$

对于一般的质点系，应按式(14.2)计算其动能。而刚体是一个特殊的质点系，理论力学里对刚体运动的研究占有重要的篇幅。对于刚体不同的运动形式，其动能的表达式不同。下面按质点系动能的定义，对刚体平移、刚体定轴转动和刚体平面运动，推出其动能的计算公式。

(1)平移刚体的动能

当刚体平移时，各点的速度都相同，可以质心速度 v_C 为代表，于是得平移刚体的动能为

$$T=\sum\frac{1}{2}m_iv_i^2=\sum\frac{1}{2}m_iv_C^2=\frac{1}{2}v_C^2\cdot\sum m_i$$

或写成

$$T=\frac{1}{2}mv_C^2 \tag{14.3}$$

式中 $m=\sum m_i$ 是刚体的质量，因此刚体平移的动能等于刚体的总质量与其质心速度平方的乘积的一半。

(2)定轴转动刚体的动能

当刚体绕定轴 z 转动时，设其中任一点 i 的质量为 m_i，其到转轴的距离为 r_i，刚体转动的角速度为 ω，则此点的速度为 $v_i=r_i\omega$，则刚体定轴转动时的动能为

$$T=\sum\frac{1}{2}m_iv_i^2=\sum\frac{1}{2}m_ir_i^2\omega^2=\frac{1}{2}(\sum m_ir_i^2)\omega^2$$

而$\sum m_ir_i^2=J_z$，是刚体对 z 轴的转动惯量，有

$$T=\frac{1}{2}J_z\omega^2 \tag{14.4}$$

即绕定轴转动刚体的动能，等于刚体对于转轴的转动惯量与角速度的平方乘积的一半。

(3)平面运动刚体的动能

刚体平面运动时，取刚体质心 C 所在的平面图形如图 14.1 所示。设图形中的点 P 是某瞬时的速度瞬心，ω 是平面图形转动的角速度，其中任一点 i 的质量为 m_i，其到速度瞬心轴的距离为 r'_i，则此点的速度为 $v_i=r'_i\omega$，于是平面运动的刚体的动能为

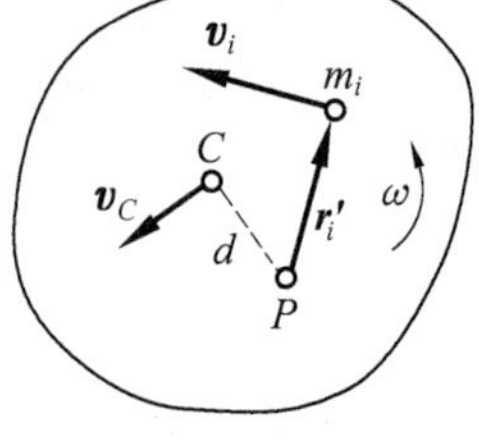

图 14.1

$$T=\sum\frac{1}{2}m_iv_i^2=\sum\frac{1}{2}m_ir'^2_i\omega^2=\frac{1}{2}(\sum m_ir'^2_i)\omega^2$$

记 $J_P=\sum m_ir'^2_i$，是刚体对速度瞬心轴的转动惯量，于是得刚体平面运动时其动能的计算公式为

$$T=\frac{1}{2}J_P\omega^2 \tag{14.5}$$

设刚体的质心 C 到速度瞬心 P 的距离为 d，由计算转动惯量的平行轴定理，有

$$J_P=J_C+md^2$$

式中，m 为刚体的质量，J_C 为刚体对质心轴的转动惯量，则

$$T=\frac{1}{2}J_P\omega^2=\frac{1}{2}(J_C+md^2)\omega^2=\frac{1}{2}J_C\omega^2+\frac{1}{2}m(d\omega)^2$$

而 $d\omega=v_C$，为质心的速度，所以又有

$$T=\frac{1}{2}mv_C^2+\frac{1}{2}J_C\omega^2 \tag{14.6}$$

即做平面运动的刚体的动能，等于随质心平移的动能与绕质心转动的动能的和。计算刚体平面运动的动能时，视方便程度如何，可用式(14.5)来计算，也可用式(14.6)来计算。

对其他运动形式的刚体，按其速度分布计算该刚体的动能，也可推出相应的计算公式。

14.2　力的功

设质点 M 在大小和方向都不变的力 $\boldsymbol{F}$ 作用下，沿直线走过一段路程 s，力 $\boldsymbol{F}$ 在这段路程内所积累的效应定义为**功**，以 W 记之，以公式表示为

$$W=F\cos\theta\cdot s$$

式中，θ 为力 $\boldsymbol{F}$ 与直线位移方向之间的夹角。

功是代数量，在国际单位制中，其单位为 J（焦耳）。1 J（焦耳）等于 1 N 的力在同方向 1 m路程上做的功。

设质点 M 在任意变力 $\boldsymbol{F}$ 作用下沿曲线运动，如图 14.2 所示。力 $\boldsymbol{F}$ 在无限小位移 $\mathrm{d}\boldsymbol{r}$ 中可视为常力，经过的一小段弧长（路程）$\mathrm{d}s$ 可视为直线，$\mathrm{d}\boldsymbol{r}$ 可视为沿此处的切线。在一无限小位移中力做的功称为**微(元)功**，以 δW① 记之，有

$$\delta W=F\cos\theta\cdot \mathrm{d}s$$

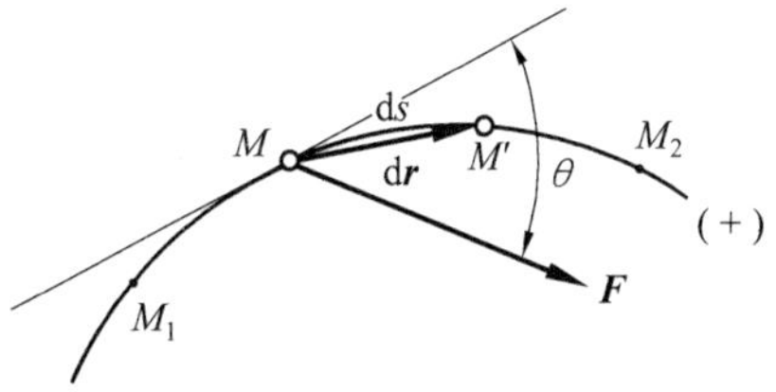

图 14.2

力在全路程上做的功等于元功之和，即

$$W=\int_0^s F\cos\theta\cdot \mathrm{d}s \tag{14.7}$$

力所做的元功也可写成矢量点乘形式，即

$$\delta W=\boldsymbol{F}\cdot \mathrm{d}\boldsymbol{r}$$

力在全路程上做的功等于元功之和，写成矢量点乘形式，即

$$W=\int_{M_1}^{M_2}\boldsymbol{F}\cdot \mathrm{d}\boldsymbol{r} \tag{14.8}$$

由上面几式可知，当力始终与质点位移垂直时，该力不做功。

若取固结于地面的直角坐标系为参考系，$\boldsymbol{i},\boldsymbol{j},\boldsymbol{k}$ 为三坐标轴的单位矢量，则

$$\boldsymbol{F}=F_x\boldsymbol{i}+F_y\boldsymbol{j}+F_z\boldsymbol{k},\quad \mathrm{d}\boldsymbol{r}=\mathrm{d}x\boldsymbol{i}+\mathrm{d}y\boldsymbol{j}+\mathrm{d}z\boldsymbol{k}$$

将以上两式代入式(14.8)，展开点乘积，得到作用力在质点从 M_1 到 M_2 的运动过程中所做的功为

$$W_{12}=\int_{M_1}^{M_2}(F_x\mathrm{d}x+F_y\mathrm{d}y+F_z\mathrm{d}z) \tag{14.9}$$

称此式为功的解析表达式。

请读者考虑，当一物块相对地面滑动时，如图14.3(a)所示，摩擦力 $\boldsymbol{F}_{s1}$ 做不做功？当车轮相对地面做纯滚动时，假设摩擦力 $\boldsymbol{F}_{s2}$ 向左，如图 14.3(b)所示，摩擦力 $\boldsymbol{F}_{s2}$ 做不做功？

下面计算几种常见力所做的功。

1. 重力的功

设质点由位置 M_1 运动到位置 M_2，如图 14.4 所示，其重力 $\boldsymbol{P}=m\boldsymbol{g}$ 在直角坐标轴上的

---

① 因为力的元功只在某些条件下才可能是函数 W 的全微分 $\mathrm{d}W$，因而一般把力的元功写成 δW 而不写成 $\mathrm{d}W$。

投影为

$$F_x=0,\quad F_y=0,\quad F_z=-mg$$

应用式(14.9),重力所做功为

$$W_{12}=\int_{z_1}^{z_2}-mg\,\mathrm{d}z=mg(z_1-z_2) \quad (14.10)$$

可见重力做功仅与质点运动开始和末了位置的高度差 z_1-z_2 有关,与轨迹的形状无关。

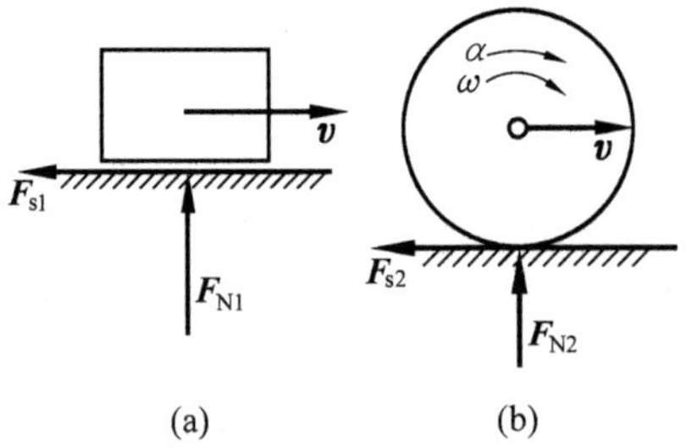

图 14.3

对于质点系,设质点 i 的质量为 m_i,运动始末的高度差为 $z_{i1}-z_{i2}$,则全部重力做功之和为

$$\sum W_{12}=\sum m_i g(z_{i1}-z_{i2})$$

由质心坐标公式,有

$$mz_C=\sum m_i z_i$$

由此可得

$$\sum W_{12}=mg(z_{C1}-z_{C2}) \quad (14.11)$$

式中,m 为质点系全部质量之和,$z_{C1}-z_{C2}$ 为运动始末位置其质心的高度差。

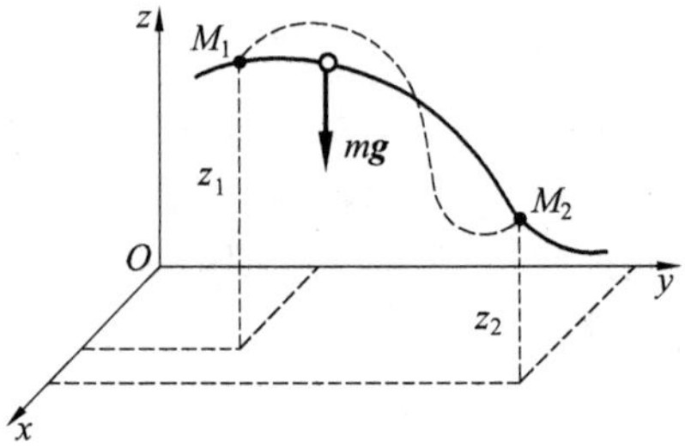

图 14.4

质心下降,重力做正功;质心上移,重力做负功。质点系重力做功仍与质心的轨迹形状无关。

2. 弹性力的功

设物体受到弹性力的作用,作用点 A 的轨迹为图 14.5 所示的曲线 $\widehat{A_1A_2}$。在弹簧的弹性极限内,弹性力的大小与其变形量 δ 成正比,即

$$F=k\delta$$

称比例系数 k 为**弹簧的刚性系数**(或刚度系数)。在国际单位制中,k 的单位为 N/m 或 N/mm。

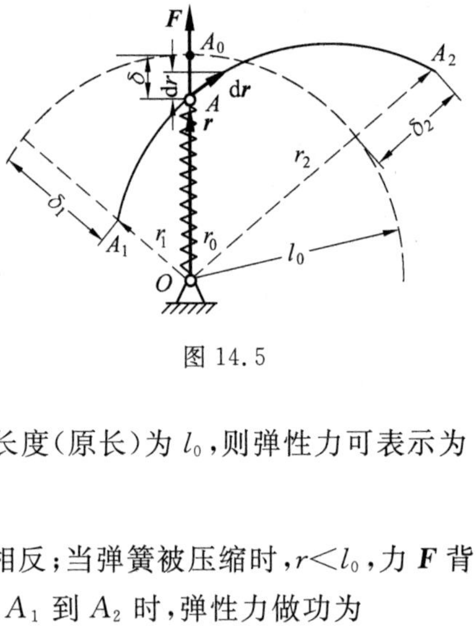

图 14.5

以点 O 为坐标原点,设点 A 的矢径为 $\boldsymbol{r}$,其长度为 r。令沿矢径方向的单位矢量为 $\boldsymbol{r}_0=\dfrac{\boldsymbol{r}}{r}$,弹簧的自然长度(原长)为 l_0,则弹性力可表示为

$$\boldsymbol{F}=-k(r-l_0)\boldsymbol{r}_0$$

当弹簧伸长时,$r>l_0$,力 $\boldsymbol{F}$ 指向坐标原点,与 $\boldsymbol{r}_0$ 的方向相反;当弹簧被压缩时,$r<l_0$,力 $\boldsymbol{F}$ 背离坐标原点,与 $\boldsymbol{r}_0$ 的方向一致。应用式(14.8),点 A 由 A_1 到 A_2 时,弹性力做功为

$$W_{12}=\int_{A_1}^{A_2}\boldsymbol{F}\cdot\mathrm{d}\boldsymbol{r}=\int_{A_1}^{A_2}-k(r-l_0)\boldsymbol{r}_0\cdot\mathrm{d}\boldsymbol{r}$$

因为

$$\boldsymbol{r}_0\cdot\mathrm{d}\boldsymbol{r}=\frac{\boldsymbol{r}}{r}\cdot\mathrm{d}\boldsymbol{r}=\frac{1}{2r}\mathrm{d}(\boldsymbol{r}\cdot\boldsymbol{r})=\frac{1}{2r}\mathrm{d}(r^2)=\mathrm{d}r$$

有

$$W_{12}=\int_{A_1}^{A_2}-k(r-l_0)\boldsymbol{r}_0\cdot\mathrm{d}\boldsymbol{r}=\int_{r_1}^{r_2}-k(r-l_0)\mathrm{d}r=\frac{k}{2}[(r_1-l_0)^2-(r_2-l_0)^2]$$

记 $\delta_1=r_1-l_0$,为弹簧的初变形,$\delta_2=r_2-l_0$,为弹簧的末变形,则上式可写为

$$W_{12}=\frac{k}{2}(\delta_1^2-\delta_2^2) \tag{14.12}$$

式(14.12)是计算弹性力做功的普遍公式。上述推导中轨迹$\overset{\frown}{A_1A_2}$可以是空间任意曲线。由此可见,弹性力做的功只与弹簧在初始和末了位置的变形量 δ 有关,与力作用点 A 的轨迹形状无关。由式(14.12)可见,当 $\delta_1>\delta_2$ 时,弹性力做正功;$\delta_1<\delta_2$ 时,弹性力做负功。

请读者考虑,弹簧由其自然位置拉长 δ 或压缩 δ,弹性力做的功是否相等? 拉长 δ 再拉长 δ,这两个过程中位移相等,弹性力做功是否相同?

3. 作用于定轴转动刚体上力的功

刚体定轴转动时,如何计算其上力所做的功? 设刚体第 i 个点上作用有力 $\boldsymbol{F}_i$,此点到转轴的距离为 r_i,把此力沿转轴 z 和垂直于转轴 z 分解为 $\boldsymbol{F}_{iz}$ 和 $\boldsymbol{F}_{ixy}$,如图 14.6(a)所示,显然力 $\boldsymbol{F}_{iz}$ 不做功,在垂直于转轴 z 的平面内,把力 $\boldsymbol{F}_{ixy}$ 分解为切向力 $\boldsymbol{F}_{it}$ 和法向力 $\boldsymbol{F}_{in}$,图 14.6(b),显然力 $\boldsymbol{F}_{in}$ 不做功。因此在刚体定轴转动的情况下,只有切向力 $\boldsymbol{F}_{it}$ 做功,设刚体转过微小转角 $\mathrm{d}\varphi$,其微小线位移为 $\mathrm{d}s=r_i\mathrm{d}\varphi$,此力所做的微功为

$$\delta W_i=F_{it}\cdot\mathrm{d}s=F_{it}\cdot r_i\mathrm{d}\varphi=F_{it}r_i\cdot\mathrm{d}\varphi$$

式中,$F_{it}r_i$ 是力 $\boldsymbol{F}_i$ 对转轴 z 的力矩,以 M_{iz} 表示,则此力所做的微功为

$$\delta W_i=M_{iz}\mathrm{d}\varphi$$

设刚体上有 n 个力 $\boldsymbol{F}_1,\boldsymbol{F}_2,\cdots,\boldsymbol{F}_n$ 作用,则所有力在微小位移中做的功为

$$\delta W=\sum\delta W_i=\sum M_{iz}\mathrm{d}\varphi=(\sum M_{iz})\mathrm{d}\varphi$$

式中,$\sum M_{iz}$ 为所有力对 z 轴的力矩和,以 M_z 表示,则定轴转动刚体上所有力在微小位移中做的微功为

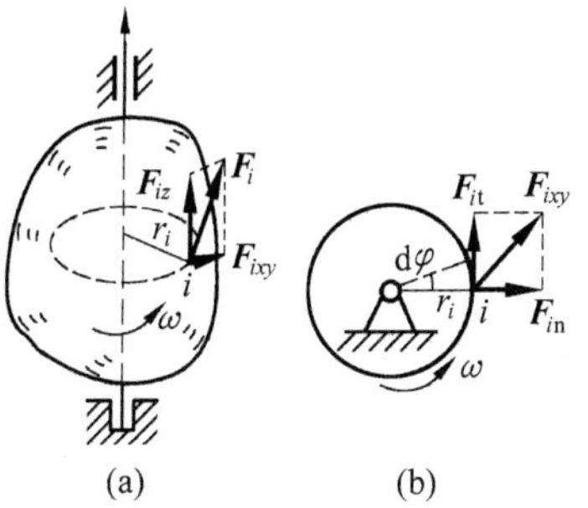

图 14.6

$$\delta W=M_z\mathrm{d}\varphi \tag{14.13}$$

刚体在从角 φ_1 转到 φ_2 过程中,所有力做的功为

$$W_{12}=\int_{\varphi_1}^{\varphi_2}M_z\mathrm{d}\varphi \tag{14.14}$$

如果 $M_z=C$,则

$$W_{12}=M_z(\varphi_2-\varphi_1) \tag{14.15}$$

如果作用在刚体上的是力偶,若力偶对转轴 z 的矩为 $M_z=M$,则力偶所做的功仍可用上式计算。

14.3　动能定理

本节推导质点和质点系的动能定理,并举例说明其应用。

1. 质点的动能定理

设质点的质量为 m,作用其上的力为 $\boldsymbol{F}$,其加速度为 $\boldsymbol{a}$,由牛顿第二定律,$m\boldsymbol{a}=\boldsymbol{F}$,可改写为

$$m\boldsymbol{a}=m\frac{\mathrm{d}\boldsymbol{v}}{\mathrm{d}t}=\boldsymbol{F}$$

在方程的两边点乘该质点的微小位移 $\mathrm{d}\boldsymbol{r}$，有

$$m\frac{\mathrm{d}\boldsymbol{v}}{\mathrm{d}t}\cdot\mathrm{d}\boldsymbol{r}=\boldsymbol{F}\cdot\mathrm{d}\boldsymbol{r}$$

则

$$m\frac{\mathrm{d}\boldsymbol{v}}{\mathrm{d}t}\cdot\mathrm{d}\boldsymbol{r}=m\mathrm{d}\boldsymbol{v}\cdot\frac{\mathrm{d}\boldsymbol{r}}{\mathrm{d}t}=m\mathrm{d}\boldsymbol{v}\cdot\boldsymbol{v}=\boldsymbol{F}\cdot\mathrm{d}\boldsymbol{r} \tag{1}$$

而

$$m\mathrm{d}\boldsymbol{v}\cdot\boldsymbol{v}=\frac{1}{2}m\mathrm{d}(\boldsymbol{v}\cdot\boldsymbol{v})=\mathrm{d}(\frac{1}{2}mv^2)$$

式中，$\frac{1}{2}mv^2=T$ 为质点的动能，$\boldsymbol{F}\cdot\mathrm{d}\boldsymbol{r}=\delta W$ 为作用于质点的力 $\boldsymbol{F}$ 做的微功，则式(1)可写为

$$\mathrm{d}T=\delta W \tag{14.16}$$

称此式为质点动能定理的微分形式，即质点动能的微分等于作用在质点上力的微功。

积分上式，有

$$T_2-T_1=W_{12} \tag{14.17}$$

称此式为质点动能定理的积分形式，即在质点运动的某个过程中，质点动能的改变量等于作用于质点的力做的功。

由质点的动能定理可见，质点的动能定理建立了质点的动能与作用力的功的关系。还可看出，力做正功，质点动能增加；力做负功，质点动能减小。

例 14.1　一不计尺寸的套筒的质量 $m=1$ kg，初始位于图 14.7 所示的位置 A，以初速度 $v_A=1.5$ m/s，沿半径为 $R=0.2$ m 的圆弧形轨道滑下，弹簧的刚度系数 $k=200$ N/m，原长 $l_0=0.2$ m。套筒滑到点 B 时过渡到水平轨道 BC 上。轨道光滑，位于铅垂面内。求套筒滑到位置 B 时的速度和套筒在此位置受到的轨道的约束力。

解题分析与思路：因不计套筒的尺寸，可视为一质点，动能与功均容易计算，所以可用动能定理求速度。求出速度后，用牛顿第二定律可求在位置 B 时的约束力。但要注意，位置 B 是一个特殊的位置，是圆弧轨道和直线轨道的过渡点，认为套筒在圆弧轨道上，其有法向加速度，认为套筒在直线轨道上，其无法向加速度。如何确定其加速度？这是个问题。一般是在圆弧轨道上计算一遍，再在直线轨道上计算一遍。

解：　取套筒为研究对象，用动能定理，初动能 $T_A=\frac{1}{2}mv_A^2$，末动能 $T_B=\frac{1}{2}mv_B^2$。只有重力和弹性力做功，做功为

$$W_{AB}=mgR+\frac{k}{2}[R^2-(\sqrt{2}R-l_0)^2]$$

由动能定理 $T_B-T_A=W_{AB}$，代入数据计算后得

$$v_B=3.58\ \text{m/s}$$

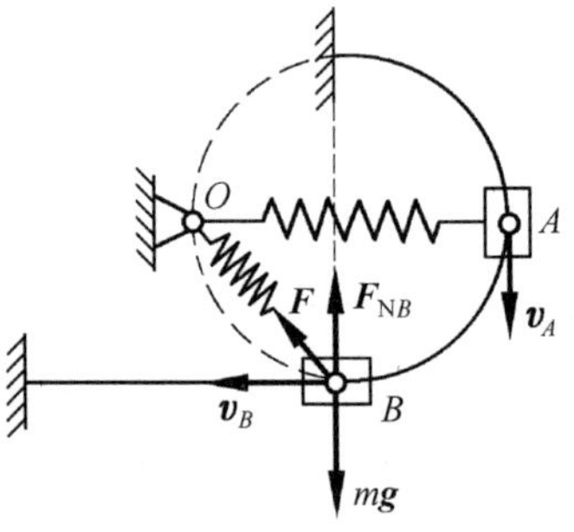

图 14.7

套筒在圆弧轨道上，其有法向加速度 $a_B^n=\frac{v_B^2}{R}$，由牛顿第二定律，有

$$ma_B^n=F_{NB1}+k(\sqrt{2}R-l_0)\cos45°-mg$$

计算得

$$F_{NB1}=62.2\ \text{N}$$

套筒在直线轨道上，没有法向加速度，$a_B^n=0$，由牛顿第二定律，有

$$ma_B^n=F_{NB2}+k(\sqrt{2}R-l_0)\cos45°-mg=0$$

计算得

$$F_{NB2} = -1.91\ \text{N}$$

讨论:此题是质点动能定理的一个应用,这是选此题为例题的一个目的。同时想说明一个问题,这就是由此题的计算结果可看出,按这种方法设计轨道,约束力在位置 B 有突然改变,约束力不但大小变化剧烈,其方向也发生改变。如果铁路、公路和一些游乐设施也按此种方法设计轨道,则在此处就容易发生事故,所以一定要避开按这种方法设计轨道。约束力的突然改变,是由于加速度的突然改变,而加速度的突然改变,是由于轨道曲率半径的突然改变。所以要想避开这种情况发生,就要设计使得轨道的曲率半径渐渐改变。

2. 质点系的动能定理

类同质点系动量定理和动量矩定理的推导,设质点系由 n 个质点组成,取其中任意第 i 个质点,设其质量为 m_i,加速度为 $\boldsymbol{a}_i$。外界物体对该质点作用力的合力以 $\boldsymbol{F}_i^{(e)}$ 表示,称为外力。质点系内其他质点对该质点作用力的合力以 $\boldsymbol{F}_i^{(i)}$ 表示,称为内力。由牛顿第二定律,有

$$m_i \boldsymbol{a}_i = m_i \frac{d\boldsymbol{v}_i}{dt} = \boldsymbol{F}_i^{(e)} + \boldsymbol{F}_i^{(i)} \quad (i=1,2,\cdots,n)$$

两边同点乘该点的微小位移 $d\boldsymbol{r}_i$,有

$$m_i \frac{d\boldsymbol{v}_i}{dt} \cdot d\boldsymbol{r}_i = \boldsymbol{F}_i^{(e)} \cdot d\boldsymbol{r}_i + \boldsymbol{F}_i^{(i)} \cdot d\boldsymbol{r}_i \quad (i=1,2,\cdots,n)$$

和质点动能定理的推导类似,有

$$d\left(\frac{1}{2}m_i v_i^2\right) = \boldsymbol{F}_i^{(e)} \cdot d\boldsymbol{r}_i + \boldsymbol{F}_i^{(i)} \cdot d\boldsymbol{r}_i \quad (i=1,2,\cdots,n)$$

将这 n 个方程相加,有

$$\sum d\left(\frac{1}{2}m_i v_i^2\right) = \sum \boldsymbol{F}_i^{(e)} \cdot d\boldsymbol{r}_i + \sum \boldsymbol{F}_i^{(i)} \cdot d\boldsymbol{r}_i \tag{1}$$

而 $\sum d\left(\frac{1}{2}m_i v_i^2\right) = d\left(\sum \frac{1}{2}m_i v_i^2\right) = dT$,$\sum \boldsymbol{F}_i^{(e)} \cdot d\boldsymbol{r}_i + \sum \boldsymbol{F}_i^{(i)} \cdot d\boldsymbol{r}_i$ 为质点系上所有外力和内力所做微功的和,以 δW 表示,则式(1)变为

$$dT = \delta W \tag{14.18}$$

称此式为质点系动能定理的微分形式,即质点系动能的微分等于作用在质点系上所有力的微功的和。

积分上式,有

$$T_2 - T_1 = W_{12} \tag{14.19}$$

称此式为质点系动能定理的积分形式,即在质点系运动的某个过程中,质点系动能的改变量等于作用于质点系的所有力做的功。

注意质点动能定理的微分形式和积分形式式(14.16)、(14.17)和质点系动能定理的微分和积分形式式(14.18)、(14.19)相同。

此处还要指出,在质点系动量定理和动量矩定理的推导中,质点系内力的矢量和(主矢)与对点的力矩的矢量和(主矩)均为零,但在动能定理的推导中,质点系内力所做功的和是否也为零?答案是,不一定,内力所做功的和不一定为零。

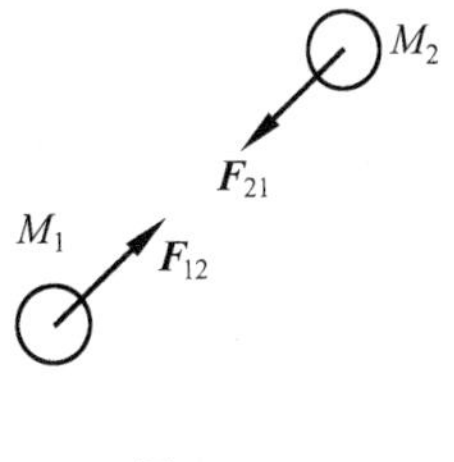

图 14.8

要注意,作用于质点系的内力,虽然等值、反向、共线,但在某些情形下,内力所做功的和

并不等于零。例如，由两个相互吸引的质点 M_1 和 M_2 组成的质点系，两质点相互作用的力 $\boldsymbol{F}_{12}$ 和 $\boldsymbol{F}_{21}$ 是一对内力，如图 14.8 所示。虽然内力的矢量和等于零，但是当两质点相互趋近时，两力所做功的和为正；当两质点相互离开时，两力所做功的和为负。在这种情况下，内力所做功的和不为零。又如，汽车发动机气缸内膨胀的气体对活塞和气缸的作用力都是内力，内力功的和不等于零，内力的功使汽车的动能增加。此外，如机器中轴与轴承之间相互作用的摩擦力对于整个机器是内力，它们做负功，总和为负。应用动能定理时都要计入这些内力所做的功。

同时也应注意，在不少情况下，内力所做功的和等于零。例如，刚体内两质点相互作用的力是内力，两力等值、反向、共线，因为刚体上任意两点的距离保持不变，沿这两点连线的位移必定相等，其中一力做正功，另一力必做负功，这一对力所做的功的和等于零。刚体内任一对内力所做功的和都等于零。于是得结论：刚体内所有内力做功的和等于零。

不可伸长的柔绳、钢索等所有内力做功的和也等于零。

从以上分析可见，在应用质点系的动能定理时，要根据具体情况仔细分析所有的作用力，以确定它是否做功。

3. 理想约束

在应用动能定理解决问题时，要考虑和计算力所做的功，在静力学中讲过许多约束，这些约束力在应用动能定理解决问题时做不做功？此处介绍理想约束的概念，可以回答这个问题。同时可看到，有了理想约束的概念，给使用动能定理解决问题带来了方便。

何为理想约束？称约束力做功等于零的约束或做功之和等于零的约束为理想约束。

对于静力学中讲到的光滑接触约束，由于其约束力都垂直于力作用点的位移，所以其约束力不做功，为理想约束。对于光滑铰支座、球铰链、止推轴承、固定端等约束，由于其力作用点没有位移，所以也为理想约束。

对光滑铰链、刚性二力杆以及不可伸长的柔性体等作为系统内的约束时，其中单个的约束力可以做功，但一对约束力做功之和等于零。如图 14.9(a)所示的铰链，铰链处相互作用的约束力 $\boldsymbol{F}$ 和 $\boldsymbol{F}'$ 等值、反向、共线，它们在铰链中心的任何位移 $\mathrm{d}\boldsymbol{r}$ 上做功之和都等于零。又如图14.9(b)中，跨过光滑轮的柔索对系统中两个质点的拉力 $F_1=F_2$，如柔索不可伸长，则两端的位移 $\mathrm{d}\boldsymbol{r}_1$ 和 $\mathrm{d}\boldsymbol{r}_2$ 沿柔索的投影必相等，一个力做正功，另一个力必做负功，且大小相等，因而 $\boldsymbol{F}_1$ 和 $\boldsymbol{F}_2$ 两约束力做功之和等于零。对图 14.9(c)所示的二力杆，对 A，B 两点的约束力，其大小 $F_1=F_2$，方向相反，而两端位移沿 AB 连线的投影相等，同样一个力做正功，另一个力必做负功，且大小相等，显然约束力 $\boldsymbol{F}_1$，$\boldsymbol{F}_2$ 做功之和也等于零。这些约束的约束力做功之和等于零，所以这些约束也都是理想约束。

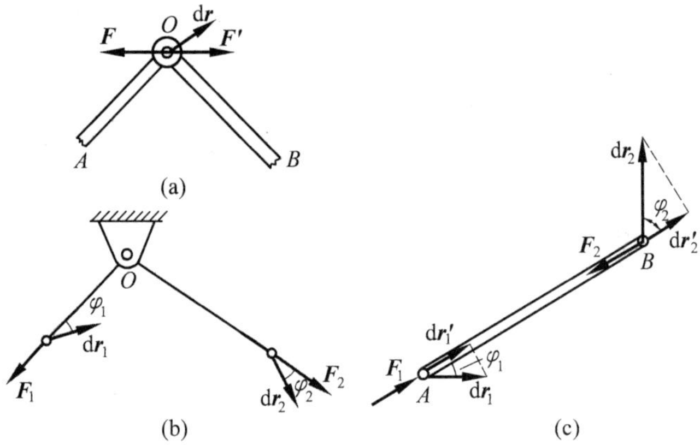

图 14.9

一般情况下，滑动摩擦力与物体的相对位移反向，摩擦力做负功，不是理想约束，应用动能定理时要计入摩擦力的功。但当轮子在固定面上只滚不滑时，接触点为瞬心，滑动摩擦力作用点没动，此时的滑动摩擦力也不做功。因此，不计滚动摩阻时，纯滚动的接触点也是理想约束。

工程中很多约束可视为理想约束，在理想约束条件下，质点系动能的改变只与主动力做功有关，在式(14.18)和(14.19)中只需计算主动力所做的功，此时的未知约束力并不做功，用动能定理解题时，这就非常方便，这是使用动能定理解题的优点之一。

下面举例说明质点系动能定理的应用。

例 14.2　如图 14.10 所示卷扬机，鼓轮 O 在矩为 M 的常力偶的作用下将圆柱 C 沿斜坡上拉，鼓轮的半径为 R_1，质量为 m_1，质量分布在轮缘上；圆柱的半径为 R_2，质量为 m_2，质量均匀分布，斜坡的倾角为 θ，圆柱只滚不滑。系统从静止开始运动，求圆柱中心 C 经过路程 s 时的速度和加速度。

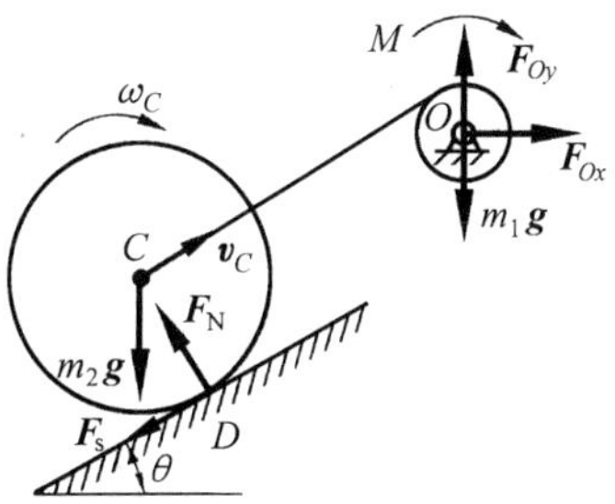

图 14.10

解题分析与思路：系统初始静止，求经过任意路程 s 时的速度，系统为理想约束，初动能为零，末动能也容易计算，力做功也容易计算，所以可取整体用动能定理求速度。至于求加速度，由于求出的速度 v 是路程 s 的函数 $v(s)$，所以可以对时间求一阶导数得加速度。

解：　取整体为研究对象，画出受力图如图 14.10 所示，用动能定理求解。

系统的初动能 $T_1=0$，系统在圆柱中心 C 经过路程 s 时的动能为

$$T_2=\frac{1}{2}J_1\omega_O^2+\frac{1}{2}m_2v_C^2+\frac{1}{2}J_C\omega_C^2$$

式中转动惯量 $J_1=m_1R_1^2, J_C=\frac{1}{2}m_2R_2^2$，而运动学关系为

$$\omega_O=\frac{v_C}{R_1},\quad \omega_C=\frac{v_C}{R_2}$$

整理后得

$$T_2=\frac{1}{4}(2m_1+3m_2)v_C^2$$

系统为理想约束，所有力做的功为

$$W_{12}=M\varphi-m_2g\cdot s\sin\theta$$

且 $\varphi=\frac{s}{R_1}$，则

$$W_{12}=\frac{M-m_2gR_1\sin\theta}{R_1}s$$

由动能定理 $T_2-T_1=W_{12}$，有

$$\frac{1}{4}(2m_1+3m_2)v_C^2-0=\frac{M-m_2gR_1\sin\theta}{R_1}s \tag{1}$$

则圆柱中心 C 经过路程 s 时的速度为

$$\underset{\sim\sim\sim\sim\sim\sim\sim\sim\sim\sim\sim\sim\sim\sim\sim\sim\sim\sim}{v_C=2\sqrt{\frac{M-m_2gR_1\sin\theta}{(2m_1+3m_2)R_1}s}} \tag{2}$$

把式(1)对时间求一阶导数，有

$$\frac{1}{2}(2m_1+3m_2)v_Ca_C=\frac{M-m_2gR_1\sin\theta}{R_1}v_C$$

则得圆柱中心 C 经过路程 s 时的加速度为

$$\underset{\sim\sim\sim\sim\sim\sim\sim\sim\sim\sim\sim\sim\sim\sim\sim\sim}{a_C=\frac{2(M-m_2gR_1\sin\theta)}{(2m_1+3m_2)R_1}}$$

提示：动能定理本身并没有出现加速度或角加速度，一般先求出的是速度或角速度，但因为求出的速度或角速度是位移或角位移的函数，从而速度或角速度也就是时间的函数，所以利用动能定理得出的结果，对时间求一阶导数得到加速度和角加速度，往往是一种很方便的方法，读者要注意此方法的应用。再者，要注意到，对式(2)求导数不如对式(1)求导数方便，所以一般都对类似式(1)的式子求导。

请读者考虑，在求得加速度 $\boldsymbol{a}_C$ 的情况下，能否求得钢丝绳的拉力？轴承处的约束力 $\boldsymbol{F}_{Ox}$，$\boldsymbol{F}_{Oy}$？静摩擦力 $\boldsymbol{F}_s$？如果能求，应如何求出？

再请读者考虑，本书例 13.1 题整体对点 O 用动量矩定理可以求得矿斗的加速度，对此例题，能否整体对点 O 用动量矩定理求得圆柱的加速度？又能否用动能定理求得例题 13.1 中矿斗的加速度？

例 14.3　在绞车的主动轴Ⅰ上作用一矩为 M 的恒力偶提升质量为 m 的重物，如图14.11所示，主动轴Ⅰ和从动轴Ⅱ连同安装在轴上的齿轮等附件的转动惯量分别为 J_1 和 J_2，传动比 $\frac{\omega_1}{\omega_2}=i_{12}$，鼓轮的半径为 R。轴承的摩擦和吊索的质量均不计。绞车初始静止，求当重物上升距离 h 时的速度和加速度。

解题分析与思路：此题解题思路和上一例题基本相同。系统初始静止，求上升任意距离 h 时的速度，系统为理想约束，初动能为零，末动能也容易计算，力做功也容易计算，所以可取整体用动能定理求速度。至于求加速度，由于求出的速度 v 是距离 h 的函数 $v(h)$，所以可以对时间求一阶导数得加速度。

解：　取整体为研究对象，把重物的静止位置和升高 h 时的位置作为质点系运动的第一时刻和第二时刻，在这两瞬时的动能分别为

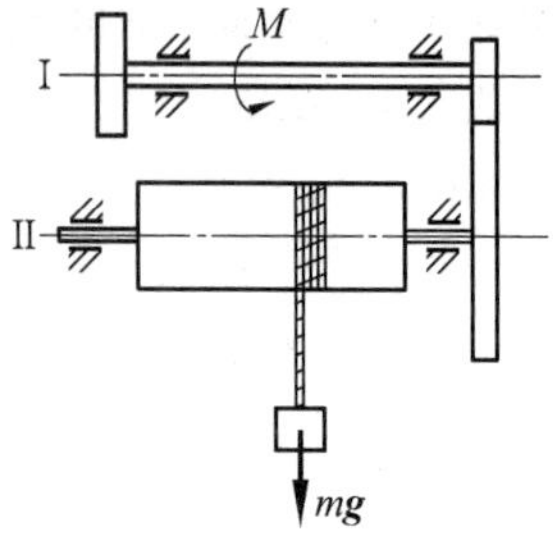

图 14.11

$$T_1=0$$

$$T_2=\frac{1}{2}J_1\omega_1^2+\frac{1}{2}J_2\omega_2^2+\frac{1}{2}mv^2$$

运动学关系为

$$\omega_1=i_{12}\omega_2,\quad v=R\omega_2$$

代入上式，整理得

$$T_2=\frac{1}{2}(J_1i_{12}^2+J_2+mR^2)\frac{v^2}{R^2}$$

所有力做的功为

$$W_{12}=M\varphi_1-mgh$$

而 $\varphi_1=i_{12}\varphi_2=\frac{h}{R}i_{12}$，有

$$W_{12}=(Mi_{12}-mgR)\frac{h}{R}$$

由动能定理 $T_2-T_1=W_{12}$，有

$$\frac{1}{2}(J_1i_{12}^2+J_2+mR^2)\frac{v^2}{R^2}-0=(Mi_{12}-mgR)\frac{h}{R}\tag{1}$$

解得重物上升距离 h 时的速度为

$$v=\sqrt{\frac{2(Mi_{12}-mgR)Rh}{J_1i_{12}^2+J_2+mR^2}}$$

将式(1)两端对时间取一阶导数，注意到 $\frac{\mathrm{d}v}{\mathrm{d}t}=a$，$\frac{\mathrm{d}h}{\mathrm{d}t}=v$，得

$$(J_1i_{12}^2+J_2+mR^2)\frac{va}{R^2}=(Mi_{12}-mgR)\frac{v}{R}$$

解得

$$a=\frac{(Mi_{12}-mgR)R}{J_1i_{12}^2+J_2+mR^2}$$

提示：读者可把此题和本书习题 13.13 比较，这两个题实质是一样的。在本书 13 章中，是如何求解习

题 13.13 的？能否用动能定理求解习题 13.13？把两种方法进行比较。

综合以上例题，总结应用动能定理解题的步骤如下：

(1)选取某质点系(或质点)作为研究对象；

(2)选定应用动能定理的一段过程；

(3)分析质点系的运动，计算在选定的过程第一时刻和第二时刻的动能；

(4)分析作用于质点系的力，计算各力在选定过程中所做的功，并求它们的代数和；

(5)应用动能定理建立方程，求解未知量。

14.4* 功率　功率方程　机械效率

1. 功率

在工程中，常常需要知道一部机器单位时间内能做多少功。称单位时间内力所做的功为**功率**，以 P 表示。

功率的数学表达式为

$$P=\frac{\delta W}{\mathrm{d}t}$$

在线位移的情况下，因为 $\delta W=\boldsymbol{F}\cdot\mathrm{d}\boldsymbol{r}$，因此功率的计算公式为

$$P=\frac{\delta W}{\mathrm{d}t}=\boldsymbol{F}\cdot\frac{\mathrm{d}\boldsymbol{r}}{\mathrm{d}t}=\boldsymbol{F}\cdot\boldsymbol{v} \tag{14.20}$$

式中，$\boldsymbol{v}$ 是力 $\boldsymbol{F}$ 作用点的速度。

由此可见，力与位移(路程)的点乘积是功，力与速度的点乘积是功率。

功率是工程中的一个重要概念，每部机器能够输出的最大功率是一定的，如汽车的最大功率是一定的，汽车上坡时，需要较大的驱动力，这时驾驶员一般要换低速挡，以降低速度，得在发动机功率一定的条件下，产生较大的驱动力。

在角位移的情况下，因为 $\delta W=M_z\mathrm{d}\varphi$，因此功率的计算公式为

$$P=\frac{\delta W}{\mathrm{d}t}=M_z\frac{\mathrm{d}\varphi}{\mathrm{d}t}=M_z\omega \tag{14.21}$$

式中，M_z 是力对转轴的矩，ω 是物体的角速度。

由此可见，力矩与角位移的乘积是功，力矩与角速度的乘积是功率。

每台车床的最大功率是一定的，因此用车床加工时，如果需要的切削力大，需要的力矩大，则必须选择低的转速，使二者的乘积不超过车床能够输出的最大功率。

在国际单位制中，功率的单位为 W(瓦)或 kW(千瓦)。每秒钟力所做的功等于 1 J 时，其功率为 1 W。一般常用的单位为 kW。

2. 功率方程

质点系动能定理的微分形式为 $\mathrm{d}T=\delta W$，积分形式为 $T_2-T_1=W$，把质点系动能定理的微分形式，两端除以 $\mathrm{d}t$，得

$$\frac{\mathrm{d}T}{\mathrm{d}t}=\frac{\delta W}{\mathrm{d}t}=P \tag{14.22}$$

可称为质点系动能定理的导数形式，也被称为**功率方程**，即质点系动能对时间的一阶导数，等于作用于质点系的所有力的功率的代数和。

功率方程常用来研究机器在工作时能量的变化和转化问题，例如车床接通电源后，电场对电机转子作用的力做正功，使转子转动，电场力的功率称为输入功率。由于皮带传动、齿轮传动和轴承与轴之间都有摩擦，摩擦力做负功，使一部分机械能转化为热能，传动系统中的零件也会相互碰撞，也要损失一部分功

率，这些功率都取负值，被称为无用功率或损耗功率。车床切削工件时，切削阻力对夹持在车床主轴上的工件做负功，这是车床加工零件必须付出的功率，被称为有用功率或输出功率。

每部机器的功率都可分为上述三部分。在一般情形下，式(14.22)可写成

$$\frac{\mathrm{d}T}{\mathrm{d}t}=P_{输入}-P_{有用}-P_{无用} \tag{14.23}$$

或

$$P_{输入}=P_{有用}+P_{无用}+\frac{\mathrm{d}T}{\mathrm{d}t}$$

即系统的输入功率等于有用功率、无用功率和系统动能变化率的和。

3. 机械效率

任何一部机器在工作时都需要从外界输入功率，同时由于部分机械能转化为热能、声能等，都将消耗一部分功率。在工程中，把有效功率(包括克服有用阻力的功率和使系统动能改变的功率)与输入功率的比值称为机器的**机械效率**，用 η 表示，即

$$\eta=\frac{有效功率}{输入功率}=\frac{P_{有效}}{P_{输入}} \tag{14.24}$$

其中 $P_{有效}=P_{有用}+\frac{\mathrm{d}T}{\mathrm{d}t}$。由上式可知，机械效率 η 表明机器对输入功率的有效利用程度，它是评定机器质量好坏的指标之一。显然，一般情况下，$\eta<1$。

14.5 普遍定理综合应用

质点和质点系的动量定理、动量矩定理和动能定理被统称为动力学普遍定理。这些定理可分为两类：动量定理和动量矩定理属于一类，本质为矢量形式；动能定理属于另一类，为标量形式。两者都可用于研究机械运动，而后者还可用于研究机械运动和其他运动能量转化的问题。

基本定理提供了解决动力学问题的一般方法，在求解比较复杂的问题时，往往用一个定理不可能解决全部问题，需要联合运用几个定理。针对某个具体的问题，究竟用什么定理或用什么定理联合求解比较方便，具有很大的灵活性，不可能列出几条固定不变的选择原则，但一般说来，有以下几条规律可供参考。

(1)在动能与功容易计算的情况下，利用动能定理的积分形式，可以较方便地求解速度和角速度的问题。

(2)利用动能定理的积分形式，如果第二个时刻(末了时刻)的速度或角速度是任意位置的函数(从而也就是时间的函数)，则可以对时间求一阶导数求得加速度或角加速度。

(3)利用动能定理往往可以取整个系统，在很多实际问题中约束力不做功，这是用动能定理的方便之处，但却求不出这些约束力。求约束力一般需考虑用动量(质心运动)定理和动量矩定理等。

(4)若系统中有刚体平移、刚体定轴转动或刚体的平面运动，往往可拆开分别利用质心运动定理、刚体定轴转动微分方程、刚体平面运动微分方程求解。

(5)一般涉及刚体的平移可以用动量定理，涉及转动可以用动量矩定理。

(6)注意动量守恒、动量矩守恒定律的应用。

上面虽然列出了几条一般规律，但远不能概而全之。要真正做到较熟练地掌握普遍定理的综合应用，只有通过做一定数目的习题，不断总结经验，见多识广，熟能生巧，才能提高

解题的能力。

在例13.1中，先整体用动量矩定理求得矿斗的加速度，若要求钢丝绳的拉力，可取矿斗用质心运动定理(或牛顿第二定律)求得。若继而再要求轴承处的约束力，可取鼓轮为研究对象，在求得钢丝绳拉力的情况下，用质心运动定理求得轴承处的约束力。当然，对鼓轮也可用刚体绕定轴转动微分方程求得钢丝绳的拉力。这就是一个综合应用问题，是动量定理和动量矩定理的综合应用问题。对此题，也可以用动能定理求加速度。

在例14.2中，先取整体用动能定理求得轮心的速度和加速度，若要求绳子的受力，可取鼓轮为研究对象，用刚体绕定轴转动微分方程求得。若再要求出轴承处的约束力，可取鼓轮用质心运动定理求得。若再要求出摩擦力，可取圆柱对质心用动量矩定理求得。这也是个综合应用题目，是动能定理、动量矩定理、动量定理的综合应用问题。

下面再举例说明动力学普遍定理的综合应用问题。

例14.4　图14.12(a)所示系统中，A，B两鼓轮的质量皆为m_1，转动惯量皆为J；大轮半径皆为R，小轮半径皆为$\dfrac{R}{2}$，两啮合齿轮压力角为θ。鼓轮B的大轮上绕有细绳，挂一质量为m_2的重物；鼓轮A小轮上绕有细绳连一刚度系数为k的无重弹簧。现于弹簧的原长处自由释放重物，求重物下降高度h时的速度、加速度、齿轮间的切向啮合力和轴承B处的约束力。

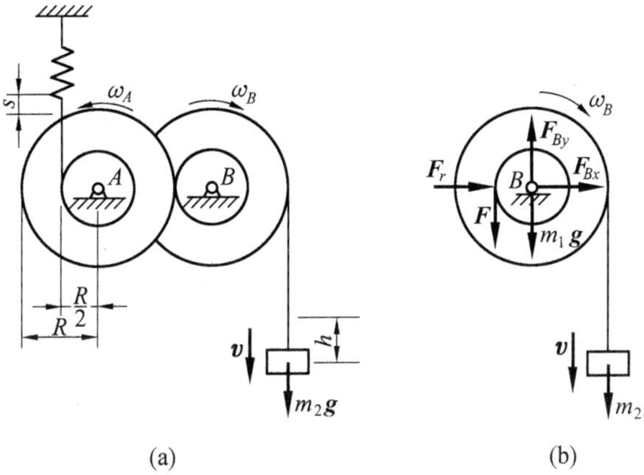

图14.12

解题分析与思路：为求重物下降高度h时的速度和加速度，可取整体为研究对象，用动能定理。为求齿轮间啮合力，可取鼓轮B及重物为研究对象，用对轴B的动量矩定理求解。为求轴承B处的约束力，可对鼓轮B及重物组成的系统沿水平和铅直方向用动量定理求解。这样，此题就是动能定理、动量矩定理和动量定理综合应用的问题。当然，还可以用其他方法求解。

解：　取整体为研究对象，用动能定理。系统初动能为

$$T_1=0$$

重物下降高度h时系统的动能为

$$T_2=\frac{1}{2}m_2v^2+\frac{1}{2}J\omega_A^2+\frac{1}{2}J\omega_B^2$$

式中，v为重物的速度，运动学关系为

$$\omega_B=\frac{v}{R},\quad \omega_A=\frac{\omega_B}{2}=\frac{v}{2R}$$

整理后得

$$T_2=\frac{1}{2}\left(m_2+\frac{5J}{4R^2}\right)v^2$$

重物下降高度 h 时，弹簧被拉长 $s=\frac{h}{4}$，系统中所有力做的功为

$$W_{12}=m_2gh-\frac{1}{2}ks^2=m_2gh-\frac{1}{32}kh^2$$

由动能定理 $T_2-T_1=W_{12}$，有

$$\frac{1}{2}(m_2+\frac{5J}{4R^2})v^2-0=m_2gh-\frac{1}{32}kh^2 \tag{1}$$

求得重物下降高度 h 时的速度为

$$v=\sqrt{\frac{(32m_2g-kh)hR^2}{16m_2R^2+20J}}$$

为求重物加速度，将式(1)两端对时间求一阶导数，得

$$(m_2+\frac{5J}{4R^2})v\frac{\mathrm{d}v}{\mathrm{d}t}=(m_2g-\frac{1}{16}kh)\frac{\mathrm{d}h}{\mathrm{d}t}$$

因 $\frac{\mathrm{d}v}{\mathrm{d}t}=a$，$\frac{\mathrm{d}h}{\mathrm{d}t}=v$，求得重物的加速度为

$$a=\frac{(16m_2g-kh)R^2}{16m_2R^2+20J}$$

为求齿轮间啮合力，取鼓轮 B 及重物为研究对象，受力图如图 14.12(b)所示，系统对轴 B 的动量矩为

$$L_B=J\omega_B+m_2vR=(\frac{J}{R}+m_2R)v$$

由系统对轴 B 的动量矩定理 $\frac{\mathrm{d}L_B}{\mathrm{d}t}=\sum M_B$，有

$$(\frac{J}{R}+m_2R)a=m_2gR-F_t\cdot\frac{R}{2}$$

求解整理得齿轮间的切向啮合力为

$$F_t=2m_2g-(\frac{J}{R^2}+m_2)\frac{(16m_2g-kh)R^2}{8m_2R^2+10J}$$

对图 14.12(b)所示系统，其 x 方向的动量为 $p_x=0$，由动量定理 $\frac{\mathrm{d}p_x}{\mathrm{d}t}=\sum F_{ix}$，有

$$0=F_{Bx}-F_r$$

而齿轮的法向力与切向力之间的关系为 $F_r=F_t\tan\theta$，代入整理后得

$$F_{Bx}=(\frac{J}{R^2}+m_2)\frac{(16m_2g-kh)R^2}{8m_2R^2+10J}\tan\theta-2m_2g\tan\theta$$

其 y 方向的动量为 $p_y=-m_2v$，由动量定理 $\frac{\mathrm{d}p_y}{\mathrm{d}t}=\sum F_{iy}$，有

$$-m_2a=F_{By}-F_t-m_1g-m_2g$$

解得

$$F_{By}=F_t+(m_1+m_2)g-m_2a=(m_1+3m_2)g-\frac{(2J+3m_2R^2)(16m_2g-kh)}{4(4m_2R^2+5J)}$$

提示：对此题，在用动能定理求得加速度的前提下，也可取重物用牛顿第二定律求得细绳的拉力，然后取鼓轮 B 为研究对象，用刚体绕定轴转动微分方程和质心运动定理求齿轮间的啮合力与轴承 B 处的约束力。

对此题，还可分别取重物与两轮，分别用牛顿第二定律、定轴转动微分方程和质心运动定理求解，求得加速度后，积分求得速度。这样做，就是动量定理和动量矩定理的综合应用。

例 14.5 图 14.13(a)所示均质细杆长为 l，质量为 m，静止直立于光滑水平面上。当杆受微小干扰倒下时，求整根杆刚刚接触地面时的角速度和地面的约束力。

解题分析与思路：由于水平面光滑，水平方向无力作用，质心在水平方向守恒，杆质心沿铅直线下落，

在任意瞬时，杆的速度瞬心如图 14.13(a)所示，在整根杆刚刚接触地面瞬时，其速度瞬心位于点 A，如图 14.13(b)所示。由于初始为静止，选为第一个时刻，整根杆刚刚接触地面时为第二个时刻，用动能定理可求出角速度。考虑到杆做平面运动，用刚体平面运动微分方程加运动学关系可以求解。这样做，是动能定理与刚体平面运动微分方程的综合求解。

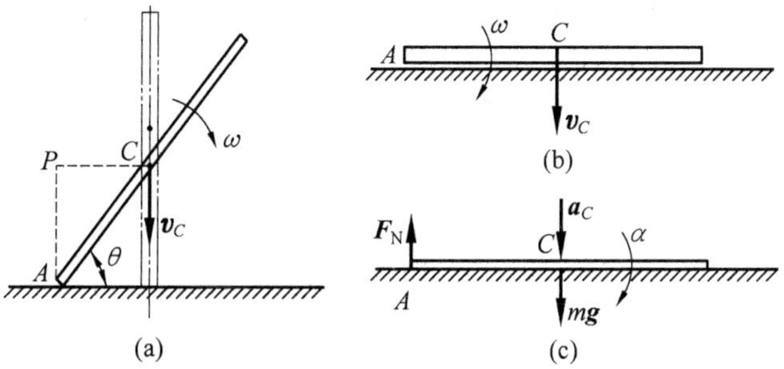

图 14.13

解： 由于质心沿水平方向不动，其在任意位置时的速度瞬心如图 14.13(a)所示，整根杆刚刚接触地面瞬时，其速度瞬心位于点 A，如图 14.13(b)所示。用动能定理，初始动能 $T_1=0$，在整根杆刚刚接触地面时的动能为

$$T_2=\frac{1}{2}J_A\omega^2=\frac{1}{2}\cdot\frac{1}{3}ml^2\omega^2=\frac{1}{6}ml^2\omega^2$$

而力做的功为

$$W_{12}=mg\cdot\frac{l}{2}$$

由动能定理 $T_2-T_1=W_{12}$，有

$$\frac{1}{6}ml^2\omega^2-0=\frac{1}{2}mgl$$

得角速度为

$$\omega=\sqrt{\frac{3g}{l}}$$

整根杆刚刚接触地面时的受力分析和运动分析如图 14.13(c)所示，杆做平面运动，由刚体平面运动微分方程得

$$ma_C=mg-F_N \tag{1}$$

$$\frac{1}{12}ml^2\cdot\alpha=F_N\cdot\frac{l}{2} \tag{2}$$

共有 a_C，F_N，α 三个未知数，为此找运动学关系，点 A 的加速度为水平，因质心在水平方向守恒，质心加速度铅直，选点 A 为基点，求点 C 的加速度，有

$$\boldsymbol{a}_C=\boldsymbol{a}_A+\boldsymbol{a}_{CA}^{n}+\boldsymbol{a}_{CA}^{t}$$

沿铅垂方向投影得

$$a_C=a_{CA}^{t}=\frac{l}{2}\alpha \tag{3}$$

式(1)，(2)，(3)三个方程，三个未知数，联立解得

$$F_N=\frac{mg}{4}$$

例 14.6 图 14.14(a)所示均质细杆 OA 质量为 m_1，长为 l，可绕水平轴 O 转动。另一端 A 铰接一均质圆盘，圆盘质量为 m_2，半径为 R，可绕 A 在铅垂平面内自由转动。不计各处摩擦，初始时杆 OA 水平，杆和圆盘静止。求杆与水平线成夹角为 θ 时，杆的角速度、角加速度和轴承 O 处的约束力。

解题分析与思路： 因系统初始静止，系统在运动过程中的动能和功均容易计算，所以可取整体为研究对象，用动能定理求解角速度和角加速度。注意取圆盘为研究对象，可看出圆盘的运动为平移。在求得角速度和角加速度的情况下，写出系统沿杆方向的质心坐标，则质心的加速度为已知，对整体用质心运动定理可求得轴承 O 处的约束力。这样做，此题就是动能定理、动量矩定理、质心运动定理的综合应用。

对此题，还可取整体为研究对象用动量矩定理求出角加速度，然后积分求得角速度，用质心运动定理求轴承 O 处的约束力。这样求解，是动量矩定理、质心运动定理的综合应用。

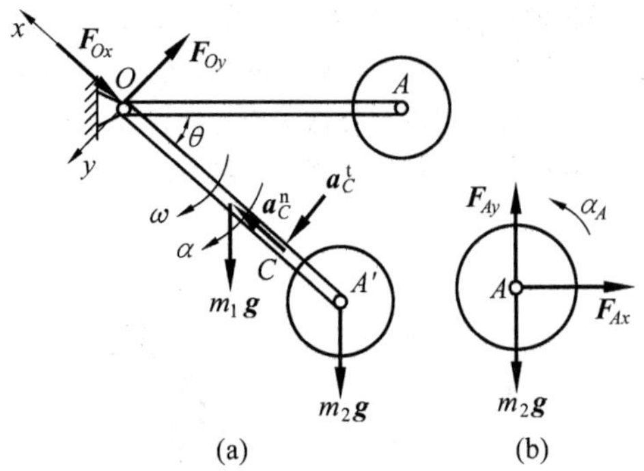

图 14.14

解： 取圆盘为研究对象，其受力图如图 14.14(b)所示，由对质心的动量矩定理，有

$$J_A\alpha_A=0$$

求得 $\alpha_A=0$，则 ω_A 为常数，因初始静止，$\omega_A=0$，所以始终有 $\omega_A=0$，即圆盘做平移运动。

系统的初动能 $T_1=0$，在任意 θ 角时的动能为

$$T_2=\frac{1}{2}\cdot\frac{1}{3}m_1l^2\cdot\omega^2+\frac{1}{2}m_2v_A^2=\frac{1}{6}(m_1+3m_2)l^2\omega^2$$

所有力做的功为

$$W_{12}=m_1g\cdot\frac{l}{2}\sin\theta+m_2g\cdot l\sin\theta=\frac{1}{2}(m_1+2m_2)gl\sin\theta$$

由动能定理 $T_2-T_1=W_{12}$，有

$$\frac{1}{6}(m_1+3m_2)l^2\omega^2-0=\frac{1}{2}(m_1+2m_2)gl\sin\theta \tag{1}$$

解得

$$\omega=\sqrt{\frac{3m_1+6m_2}{m_1+3m_2}\ \frac{g}{l}\sin\theta}$$

将式(1)对时间求一阶导数整理得

$$\alpha=\frac{3m_1+6m_2}{m_1+3m_2}\ \frac{g}{2l}\cos\theta$$

为求轴承 O 处的约束力，用质心运动定理求解，系统质心的坐标为

$$x_C=\frac{m_1\cdot\frac{l}{2}+m_2\cdot l}{m_1+m_2}=\frac{m_1+2m_2}{2(m_1+m_2)}l$$

系统质心的加速度为

$$a_C^t=x_C\alpha,\quad a_C^n=x_C\omega^2$$

为求解方便，把约束力分解，如图 14.14(a)所示，由质心运动定理 $ma_{Cx}=\sum F_{ix}$，$ma_{Cy}=\sum F_{iy}$，有

$$(m_1+m_2)\ddot{x}_C=(m_1+m_2)a_C^n=-F_{Ox}-(m_1+m_2)g\sin\theta$$

$$(m_1+m_2)\ddot{y}_C=(m_1+m_2)a_C^t=-F_{Oy}+(m_1+m_2)g\cos\theta$$

分别解得

$$F_{Ox}=-\frac{1}{2}(m_1+2m_2)l\omega^2-(m_1+m_2)g\sin\theta$$

$$F_{Oy}=-\frac{1}{2}(m_1+2m_2)l\alpha+(m_1+m_2)g\cos\theta$$

对此题，还可取整体用动量矩定理，有

$$L_O=\frac{1}{3}m_1l^2\omega+m_2\cdot l\omega\cdot l=\frac{1}{3}(m_1+3m_2)l^2\omega$$

由 $\frac{\mathrm{d}L_O}{\mathrm{d}t}=\sum M_O$，有

$$\frac{1}{3}(m_1+3m_2)l^2\alpha=m_1g\cdot\frac{l}{2}\cos\theta+m_2g\cdot l\cos\theta$$

解得角加速度为

$$\alpha=\frac{3m_1+6m_2}{m_1+3m_2}\frac{g}{2l}\cos\theta$$

由
$$\alpha=\frac{d\omega}{dt}=\frac{d\omega}{d\theta}\frac{d\theta}{dt}=\omega\frac{d\omega}{d\theta}$$

分离变量积分得角速度，然后再用质心运动定理求轴承约束力。

习　题

14.1　图示弹簧原长 $l=100$ mm，刚性系数 $k=4.9$ kN/m，一端固定在点 O，此点在半径为 $R=100$ mm的圆周上。把弹簧的另一端由点 B 拉至点 A 和由点 A 拉至点 D，直径 OA，BD 相互垂直。分别计算弹簧力在这两个过程中所做的功。

14.2　圆盘的半径 $r=0.5$ m，可绕水平轴 O 转动。在绕过圆盘的绳上吊有两物块 A，B，质量分别为 $m_A=3$ kg，$m_B=2$ kg。绳与盘之间无相对滑动，在圆盘上作用一力偶，力偶矩按 $M=4\varphi$ 的规律变化（M 以 N・m计，φ 以 rad 计）。求由 $\varphi=0$ 到 $\varphi=2\pi$ 时，系统所有力做功之和。

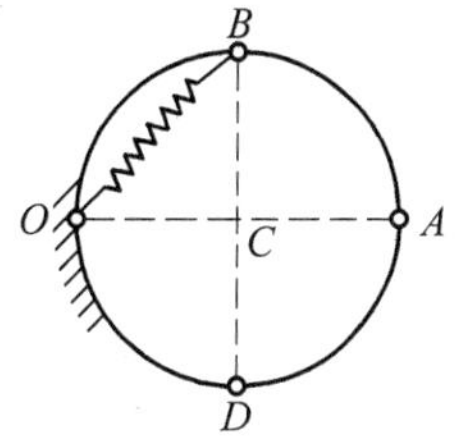

题 14.1 图

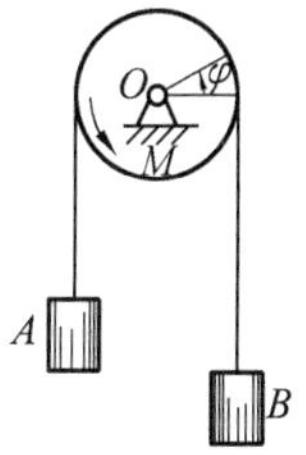

题 14.2 图

14.3　图示坦克的履带质量为 m_1，两个车轮的质量均为 m_2。车轮被看成均质圆盘，半径为 R，两车轮轴间的距离为 πR，坦克前进速度为 $\boldsymbol{v}$，求此系统的动能。

14.4　滑道连杆机构曲柄 OA 长为 a，以匀角速度 ω 绕轴 O 转动，曲柄对转动轴的转动惯量为 J_O，滑道连杆质量为 m，不计滑块 A 的质量，求此机构的动能，并问角 φ 为多大时，动能有最大值与最小值？且最大值与最小值是什么？

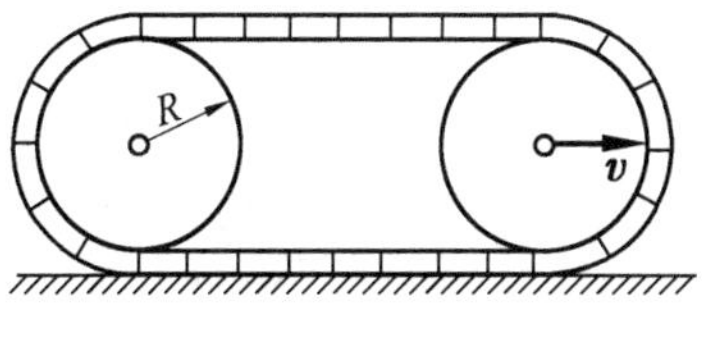

题 14.3 图

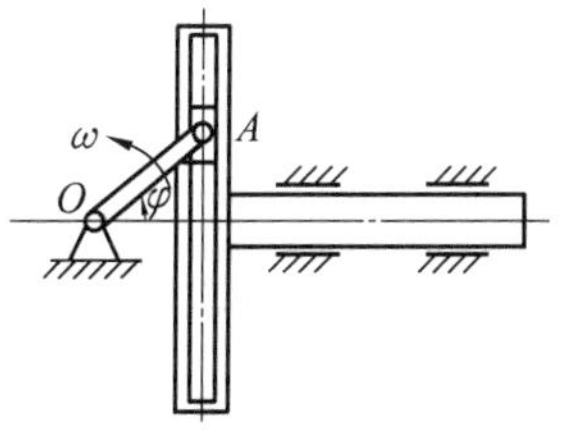

题 14.4 图

14.5　自动弹射器如图放置，弹簧在未受力时的长度为 200 mm，恰好等于筒长。欲使弹簧改变 10 mm，需力 2 N。如弹簧被压缩到 100 mm，然后让质量为 30 g 的小球自弹射器中射出。求小球离开弹射器筒口时的速度。

14.6　如图所示，安装在汽阀上的弹簧原长 $l_0=60$ mm，当汽阀完全打开时，阀升高 $s=6$ mm，这时弹簧长度 $l=40$ mm，此后阀门在弹力推动下关闭。阀体的质量为 0.4 kg，弹簧刚度系数 $k=0.1$ N/mm，摩擦阻力不计。求阀门到达全闭位置时的速度。

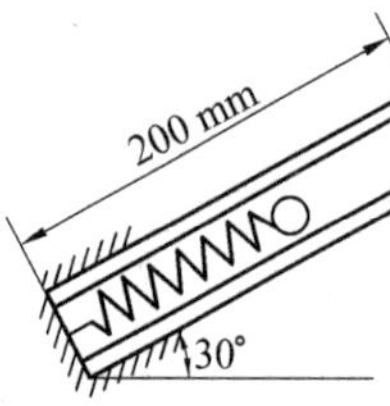

题 14.5 图

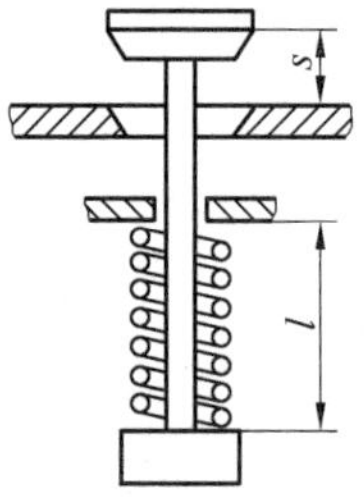

题 14.6 图

14.7　平面机构由两均质杆 AB，BO 组成，两杆的质量均为 m，长度均为 l，在铅垂平面内运动。在杆 AB 上作用一不变的力偶矩 M，系统从图示位置由静止开始运动，不计摩擦。求当 AB 杆的 A 端即将碰到铰支座 O 时 A 端的速度。

14.8　两均质杆 AC 和 BC 的质量均为 m，长均为 l，在点 C 由铰链相连接，放在光滑水平面上，如图所示。由于 A 和 B 端的滑动，杆系在铅直面内落下。点 C 的初始高度为 h，开始时系统静止。求铰链 C 与地面相碰时的速度。

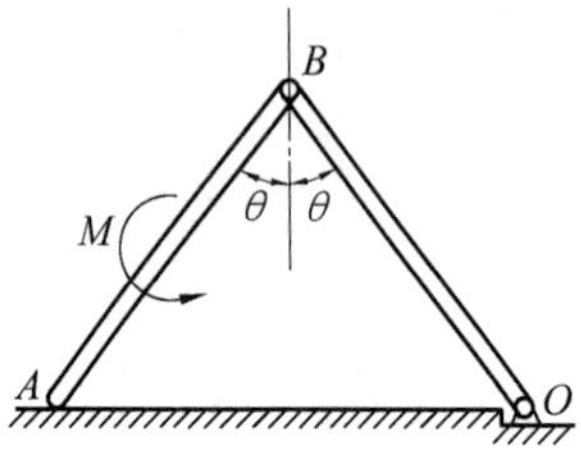

题 14.7 图

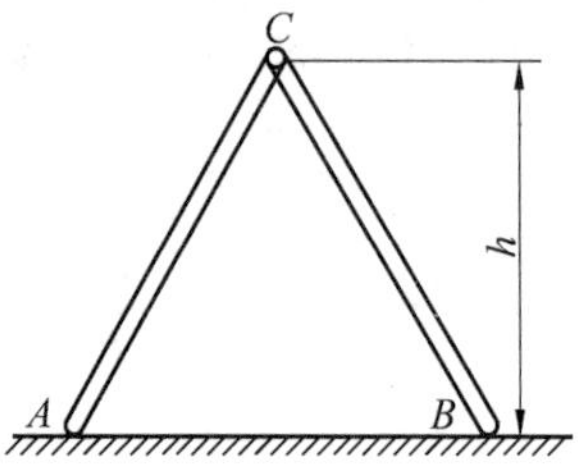

题 14.8 图

14.9　在图示滑轮组中悬挂两个重物，重物Ⅰ的质量为 m_1，重物Ⅱ的质量为 m_2。定滑轮 O_1 的半径为 r_1，质量为 m_3；动滑轮 O_2 的半径为 r_2，质量为 m_4，两轮都可视为均质圆盘。绳重和摩擦略去不计，$m_2 > 2m_1 - m_4$。求系统由静止开始运动，重物Ⅱ下降距离 h 时的速度。

14.10　两个质量均为 m_2 的物体用绳连接，此绳跨过滑轮 O，如图所示。在左方物体上放有一带孔的薄圆板，而在右方物体上放有两个相同的薄圆板，圆板的质量均为 m_1。系统由静止开始运动，当右方物体和圆板落下距离 x_1 时，重物通过一固定圆环板，质量为 $2m_1$ 薄圆板被搁住。不计滑轮的质量和摩擦，该重物继续下降距离 x_2 时的速度为零，求 x_2 与 x_1 的比值。

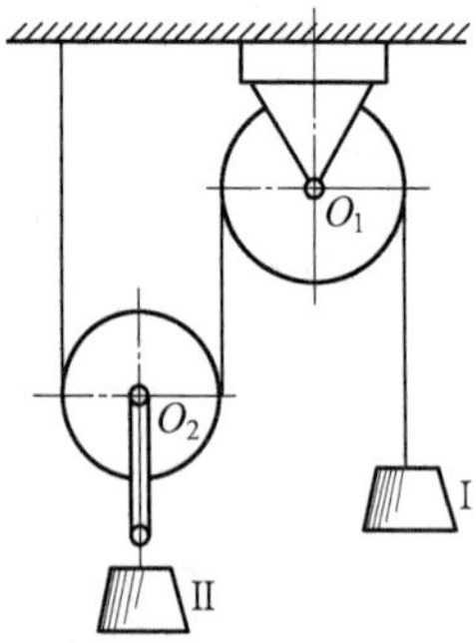

题 14.9 图

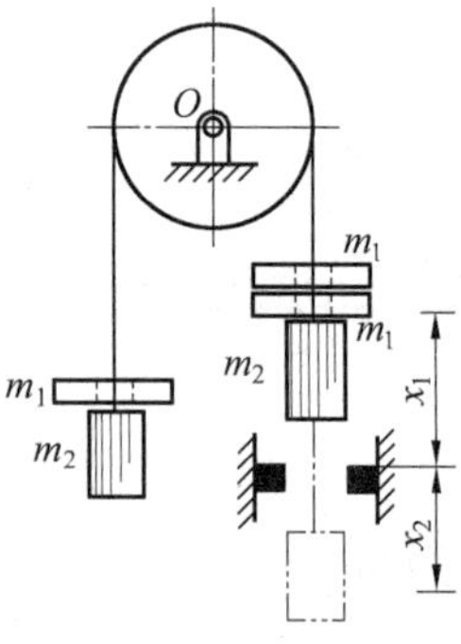

题 14.10 图

14.11　均质连杆 AB 的质量为 4 kg，长 $l = 600$ mm。均质圆盘 B 质量为 6 kg，半径 $r = 100$ mm。弹簧刚度系数 $k = 2$ N/mm，不计套筒 A 和弹簧的质量。连杆在图示位置被无初速释放后，A 端沿光滑杆滑下，圆盘做纯滚动。求：(1) 当 AB 达水平位置而接触弹簧时，圆盘与连杆的角速度；(2) 弹簧的最大压缩量。

14.12　图示正弦机构，位于铅垂面内，其中均质曲柄 OA 长为 l，质量为 m_1，受矩 M 为常数的力偶作用绕 O 点转动，并以滑块带动框架沿水平方向运动。框架质量为 m_2，滑块 A 的质量不计，框架与滑道间的动滑动摩擦力为常值，不计其他各处摩擦。当曲柄与水平线夹角为 φ_0 时，系统由静止开始运动，求曲柄转过一周时的角速度。

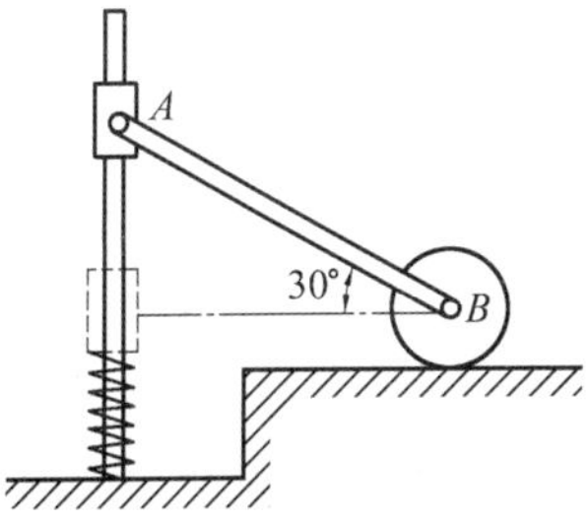

题 14.11 图

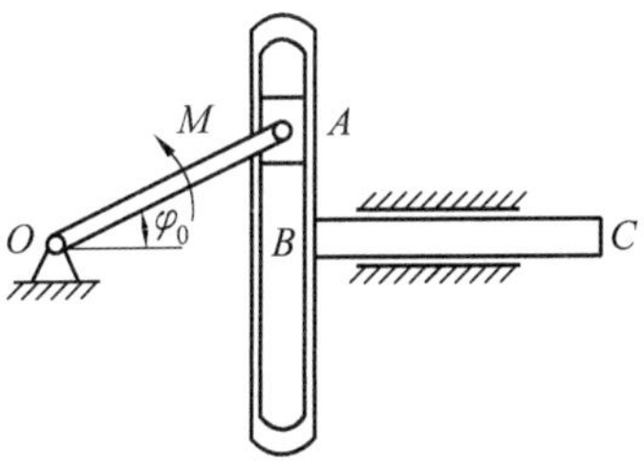

题 14.12 图

14.13　如图所示(a)、(b)两种支撑情况下的均质正方形板，边长均为 a，质量均为 m，初始时均处于静止状态。受某干扰后均沿顺时针方向倒下，不计摩擦，求当 OA 边处于水平位置时，两方板的角速度。

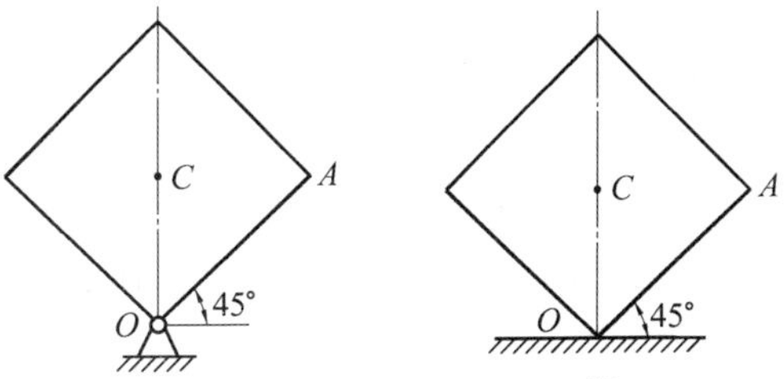

(a)　　(b)

题 14.13 图

14.14　力偶矩 M 为常量，作用在绞车的鼓轮上，使轮转动，如图所示。轮的半径为 r，质量为 m_1。缠绕在鼓轮上的绳子系一质量为 m_2 的重物，使其沿倾角为 θ 的斜面上升。重物与斜面间的动滑动摩擦因数为 f，绳子质量不计，鼓轮可视为均质圆柱。在开始时，此系统静止。求鼓轮转过 φ 角时的角速度和角加速度。

14.15　图示带式运输机的轮 B 受恒力偶矩 M 的作用，使胶带运输机由静止开始运动。被提升物体 A 的质量为 m_1，轮 B 和轮 C 的半径均为 r，质量均为 m_2，并视为均质圆柱。运输机胶带与水平线成交角 θ，其质量忽略不计，胶带与轮之间没有相对滑动。求物体 A 移动距离 s 时的速度和加速度。

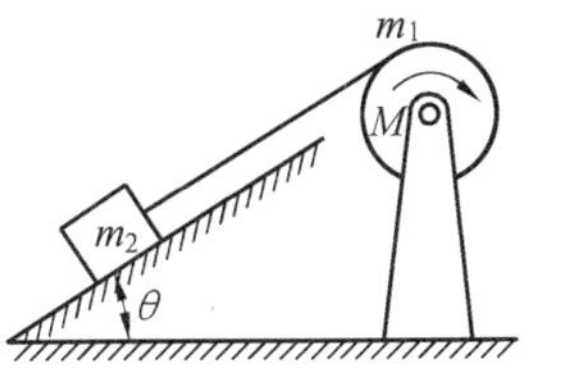

题 14.14 图

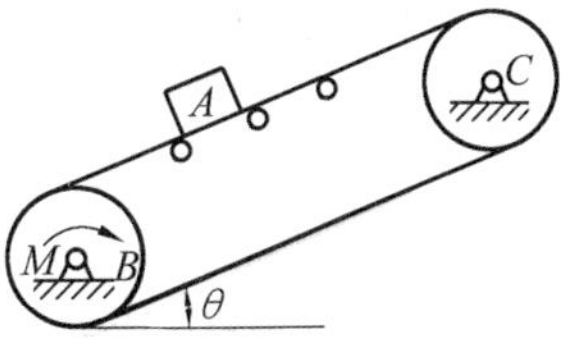

题 14.15 图

14.16　图示周转齿轮传动机构放在水平面内，动齿轮半径为 r，质量为 m_1，可看成均质圆盘；曲柄 OA 质量为 m_2，可看成均质杆；定齿轮半径为 R。在曲柄上作用一不变的力偶，其矩为 M，使机构由静止开始运动。求曲柄转过 φ 角后的角速度和角加速度。

14.17　图示椭圆规位于水平面内，由曲柄 OC 带动，曲柄和椭圆规尺 AB 都是均质杆，质量分别为 m_1 和 $2m_1$，$OC=CA=CB=l$，滑块 A 和 B 的质量均为 m_2。作用在曲柄上的力偶矩为 M，且为常数。$\varphi=0$ 时系统静止，忽略摩擦，求曲柄在任意 φ 角时的角速度和角加速度。

14.18 均质细杆长为 l，质量为 m_1，上端 B 靠在光滑墙上，下端 A 以铰链与均质圆柱的中心相连。圆柱质量为 m_2，半径为 R，放在粗糙地面上，自图示 $\theta=45°$ 位置由静止开始运动，圆柱滚动而不滑动。求点 A 在初瞬时的加速度。

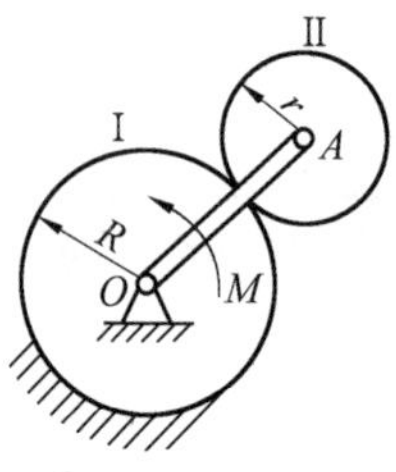

题 14.16 图

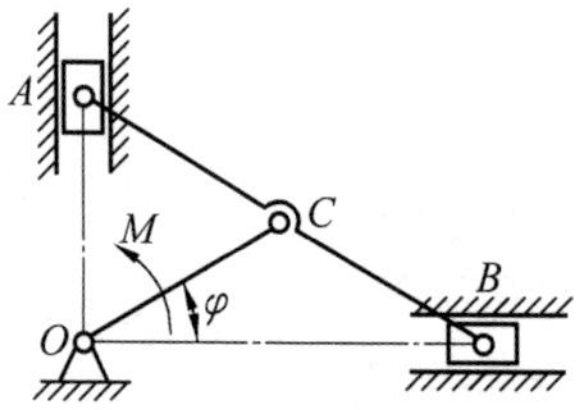

题 14.17 图

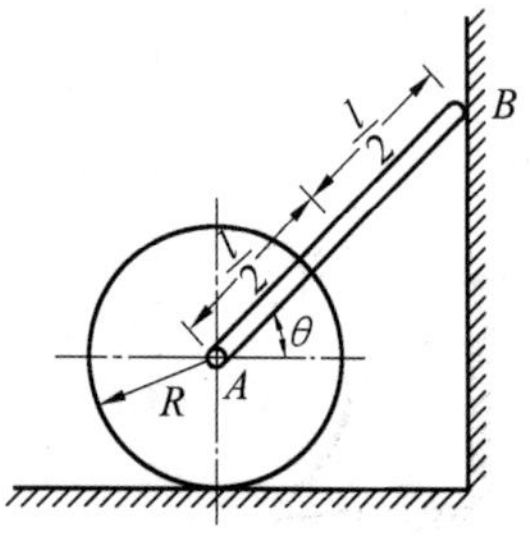

题 14.18 图

动力学综合应用习题

综.1 图示正方形均质板的质量为 40 kg，在铅直平面内以三根软绳拉住，板的边长 $b=100$ mm。求：(1)当水平软绳 FG 被剪断后，木板开始运动的加速度以及绳 AD 和 BE 所受的拉力；(2)当 AD 和 BE 两绳运动至铅直位置时，板中心 C 的加速度和两绳的拉力。

综.2 图示三棱柱 A 沿三棱柱 B 的光滑斜面滑动，A 和 B 的质量各为 m_1 与 m_2，三棱柱 B 的斜面与水平面成 θ 角。开始时系统静止，忽略摩擦，求运动过程中三棱柱 B 的加速度。

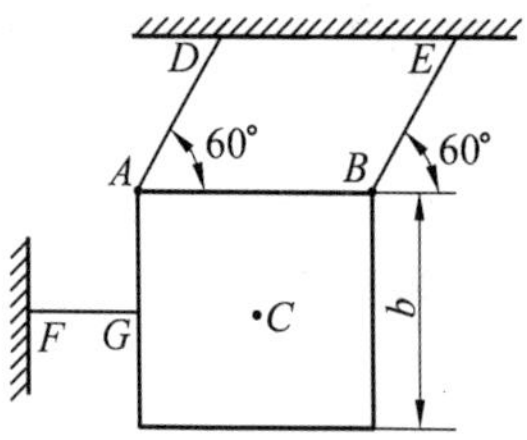

题综.1 图

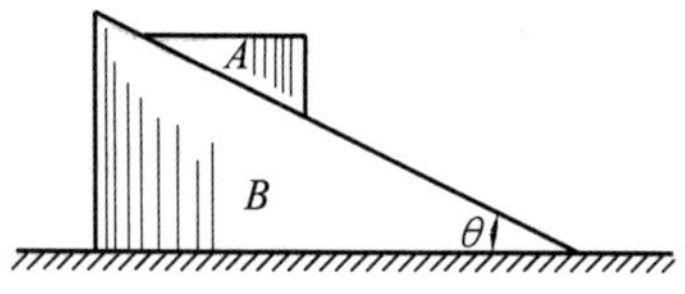

题综.2 图

综.3 图示三棱柱体 ABC 的质量为 m_1，放在光滑的水平面上，可以无摩擦地滑动。质量为 m_2 的均质圆柱体 O 由静止沿倾角为 θ 的斜面 AB 向下滚动而不滑动。求运动过程中三棱柱体的加速度。

综.4 如图所示，均质圆盘 A 和 B，半径均为 R，质量均为 m_1，绕在两轮上的绳索中间连着重物 C，其质量为 m_2，放在光滑的水平面上。在轮 A 上作用一矩不变的力偶 M，求轮 A 与重物之间绳索的拉力。

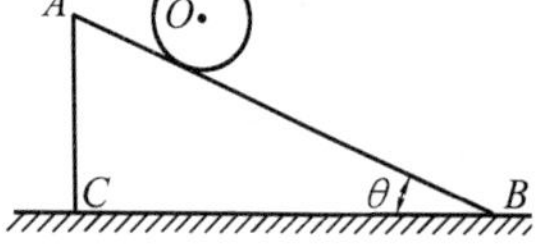

题综.3 图

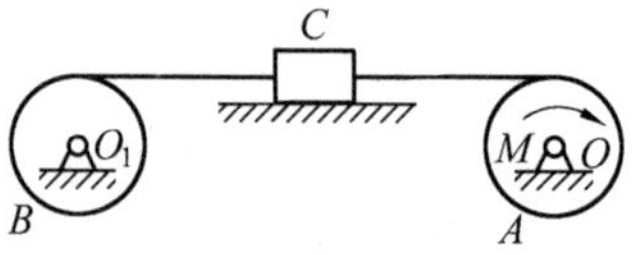

题综.4 图

综.5 图示圆环以角速度 ω 绕铅直轴 AC 自由转动。此圆环半径为 R，对轴的转动惯量为 J。在圆环中的点 A 放一质量为 m 的小球，由于微小干扰小球离开点 A。圆环中的摩擦忽略不计，求当小球到达点 B 和点 C 时，圆环的角速度和小球的速度。

综.6 图示为曲柄滑槽机构，均质曲柄 OA 绕水平轴 O 做匀角速度转动。已知曲柄 OA 的质量为 m_1，$OA=r$，滑槽 BC 的质量为 m_2(重心在点 D)。滑块 A 的质量和各处摩擦不计。求当曲柄转至图示位置时，

滑槽 BC 的加速度、轴承 O 的约束力和作用在曲柄上的力偶矩 M。

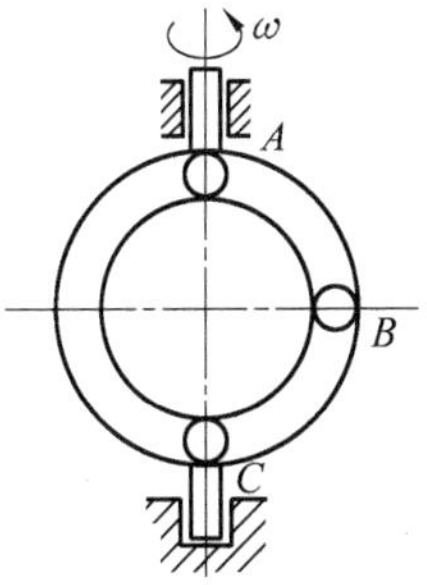

题综.5 图

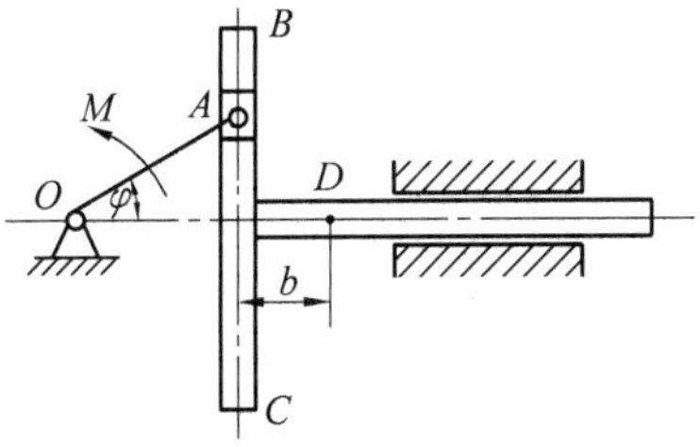

题综.6 图

综.7　图示均质杆 AB 的质量 $m=4$ kg，其两端悬挂在两条平行绳上，杆处在水平位置，若其中一绳突然断开，求此瞬时另一绳的拉力。

综.8　图示机构中，物块 A，B 的质量均为 m，两均质圆轮 C，D 的质量均为 $2m$，半径均为 R。C 轮铰接于无重悬臂梁 CK 上，D 为动滑轮，梁的长度为 $3R$，绳与轮间无滑动。系统由静止开始运动。求：(1)A 物块上升的加速度；(2)HE 段绳的拉力；(3)固定端 K 处的约束力。

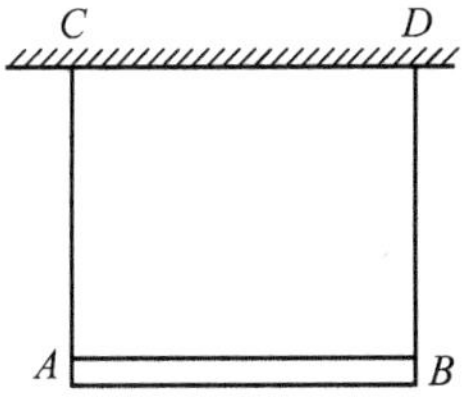

题综.7 图

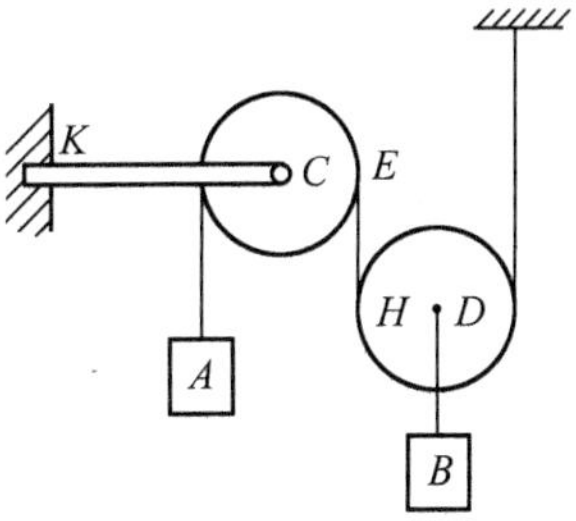

题综.8 图

综.9　图示滚子 A 质量为 m_1，沿倾角为 θ 的斜面向下滚动而不滑动，滚子借一跨过滑轮 B 的绳提升质量为 m_2 的物体 C，同时滑轮 B 绕轴 O 转动。滚子 A 与滑轮 B 的质量相等，半径相同，且都为均质圆盘，不计滚动摩阻。求滚子重心的加速度和系在滚子上的绳的拉力。

综.10　图示机构中，沿斜面纯滚动的圆柱体 O' 和鼓轮 O 为均质物体，质量均为 m，半径均为 R。绳子不能伸缩，质量略去不计。粗糙斜面的倾角为 θ，不计滚动摩阻。在鼓轮上作用一矩为 M 的常力偶。求：(1)鼓轮的角加速度；(2)轴承 O 的水平约束力。

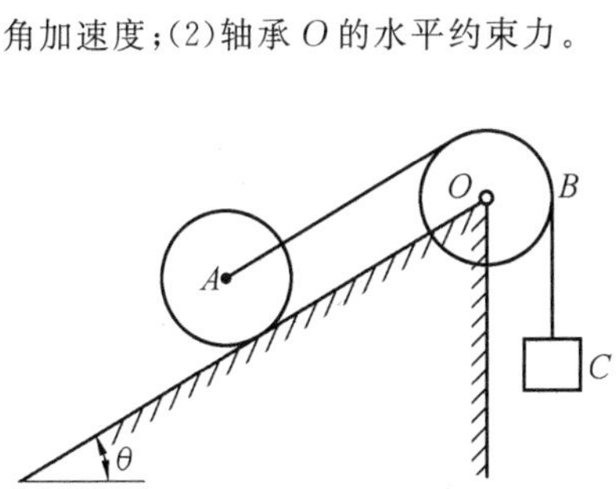

题综.9 图

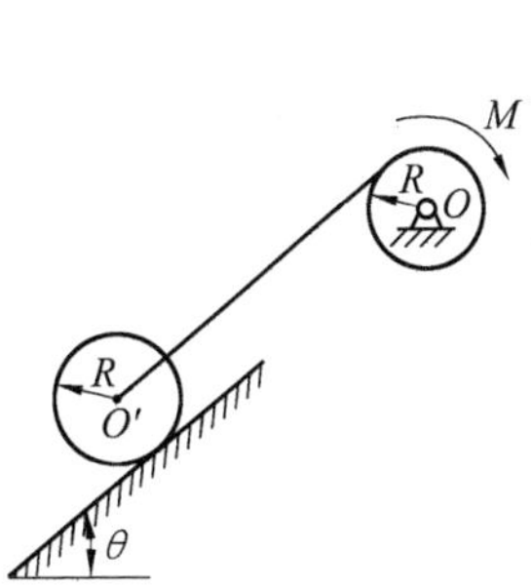

题综.10 图

综.11　如图所示，均质细杆 AB 长为 l，质量为 m，由直立位置开始滑动，上端 A 沿墙壁向下滑，下端 B 沿地板向右滑，不计摩擦。求细杆在任一位置 θ 时的角速度，角加速度和 A，B 处的约束力。

综.12　如图所示，均质细杆 AB 长为 l，质量为 m，初始在直立位置，由于微小干扰，杆绕 B 点倾倒如图。不计摩擦。求:(1)B 端未脱离墙时杆的角速度,角加速度和 B 处的约束力;(2)B 端脱离墙壁时的角度;(3)整根杆着地时质心的速度和杆的角速度。

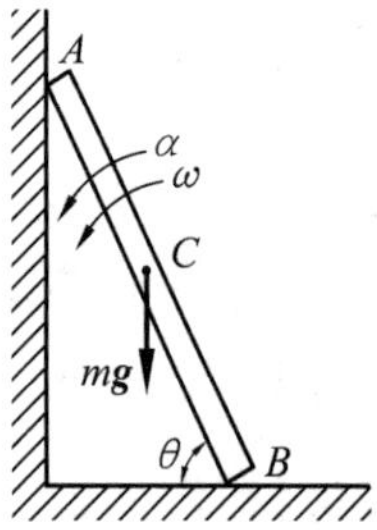

题综.11 图

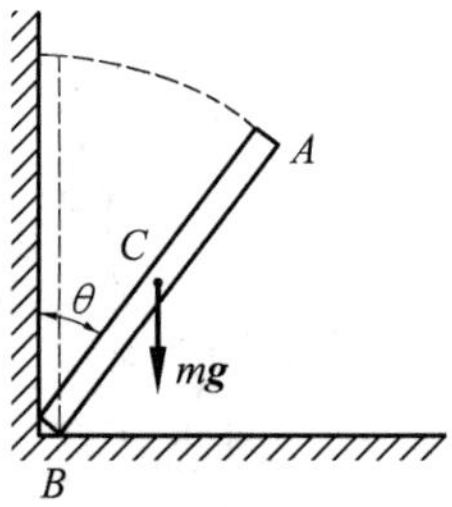

题综.12 图

第 15 章　动静法(达朗贝尔原理)

在基本掌握前面所学知识的基础上,即可学习本章。

在已学完静力学、运动学和基本学完动力学的基础上,一般可能都感觉到静力学相对容易学,相对容易掌握,动力学相对不容易学,相对不容易掌握。那么,动力学问题能不能用静力学方法求解?本章讲解的就是这种方法,一般称为动静法(或达朗贝尔原理),本书以后均称此方法为动静法。所谓动静法,就是动力学问题用静力学方法求解的方法,简称动静法。

15.1　质点和质点系的动静法

动静法,把动力学问题转化为静力学问题求解的方法。如何把动力学问题转化为静力学问题?这个方法是如何实现的?初看起来,似乎很玄妙,不好理解,但通过质点动静法(从而也就有质点系的动静法)的推导,可看出,实现这种转化其实相当简单。

1. 质点的动静法

设一质点的质量为 m,加速度为 $\boldsymbol{a}$,作用于质点的力有主动力 $\boldsymbol{F}$ 和约束力 $\boldsymbol{F}_{\mathrm{N}}$,如图15.1所示。根据牛顿第二定律,有

$$m\boldsymbol{a}=\boldsymbol{F}+\boldsymbol{F}_{\mathrm{N}}$$

将上式左边的 $m\boldsymbol{a}$ 移项到等号的右边,为

$$\boldsymbol{F}+\boldsymbol{F}_{\mathrm{N}}-m\boldsymbol{a}=0 \tag{1}$$

记

$$\boldsymbol{F}_{\mathrm{I}}=-m\boldsymbol{a} \tag{15.1}$$

$\boldsymbol{F}_{\mathrm{I}}$ 具有力的量纲,称其为质点的**惯性力**,惯性力的大小等于质点的质量与加速度的乘积,方向与质点的加速度方向相反。则式(1)变为

$$\boldsymbol{F}+\boldsymbol{F}_{\mathrm{N}}+\boldsymbol{F}_{\mathrm{I}}=0 \tag{15.2}$$

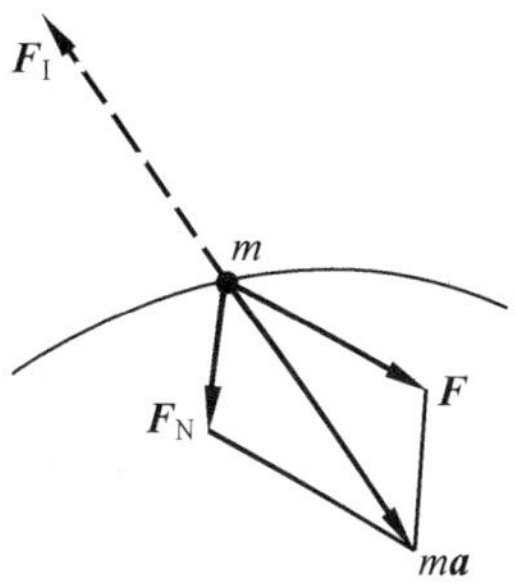

图 15.1

牛顿第二定律 $m\boldsymbol{a}=\boldsymbol{F}+\boldsymbol{F}_{\mathrm{N}}$ 与式(15.2)并没有本质上的区别,只是形式上的不同。但式(15.2)在形式上是一个平衡方程,如果对式(15.2)做这样的解释,即质点上作用有主动力和约束力,若把质点的惯性力假想地作用在该质点上,则质点在主动力、约束力、惯性力作用下处于“平衡”状态。这就是质点的**动静法**。这样就轻而易举地把质点的动力学问题转化为了静力学问题。既然质点在主动力、约束力和惯性力作用下处于“平衡”状态,那么就可以列“平衡”方程求解,这就是质点动静法的实质所在。

此处应强调指出,这种平衡只是形式上的,实际上质点并未处于平衡状态,动静法只是在形式上把动力学问题转化成静力学问题求解的一种方法。

例 15.1　图 15.2 所示一圆锥摆,质量 $m=0.1$ kg 的小球系于长 $l=0.3$ m 的细绳上,绳的另一端系在固定点 O,小球在水平面内做匀速圆周运动,绳与铅直线成角 $\theta=60°$。求小球的速度和绳子的拉力。

解题分析与思路:取小球,作为质点考虑,可以用动力学牛顿第二定律的方法,沿法向和铅直方向列投影方程求解,也可以用刚讲到的动静法求解。此处对此题用这两种方法求解,并把两种方法进行比较。

解： 1.用动力学方法求解

取小球为研究对象，受力和运动分析如图所示，其法向加速度 $a_n=\frac{v^2}{l\sin\theta}$，用牛顿第二定律沿法向 $\boldsymbol{n}$ 和铅直方向 $\boldsymbol{b}$ 投影，有

$$ma_n=m\frac{v^2}{l\sin\theta}=F_T\sin\theta \tag{1}$$

$$ma_b=m\cdot 0=F_T\cos\theta-mg \tag{2}$$

由式(2)解得绳的拉力$F_T=1.96\text{ N}$，代入式(1)解得小球的速度$v=2.1\text{ m/s}$。

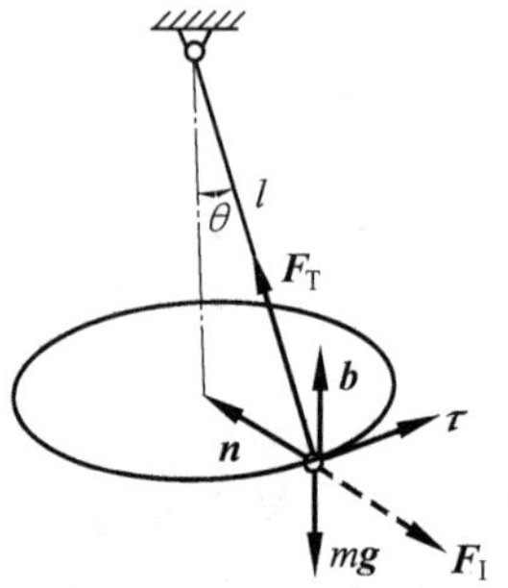

图 15.2

2.用动静法求解

小球受到的主动力为其重力 $m\boldsymbol{g}$，约束力为绳的拉力 $\boldsymbol{F}_T$，据质点的动静法，再加上惯性力即可按静力学方法求解，其惯性力大小为 $F_I=ma_n=m\frac{v^2}{l\sin\theta}$，方向如图 15.2 所示，沿法向 $\boldsymbol{n}$ 和铅直方向 $\boldsymbol{b}$ 列平衡方程，有

$$\sum F_n=0,\quad F_T\sin\theta-m\frac{v^2}{l\sin\theta}=0 \tag{3}$$

$$\sum F_b=0,\quad F_T\cos\theta-mg=0 \tag{4}$$

同样可解得绳的拉力$F_T=1.96\text{ N}$，小球的速度$v=2.1\text{ m/s}$。

分析与比较：对此题，把动力学方法和动静法比较，可看出，动力学方程(2)和动静法的平衡方程(4)完全一样，而动力学方程(1)和动静法的平衡方程(3)的差别只是移一下项而已。所以这两种方法并没有本质上的区别，但形式上一个是用动力学方法求解，一个是用静力学方法求解。

从质点动静法的推导和此例题可以看出，用质点动静法求解质点动力学问题并没有什么优越性。从数学观点看，质点的动静法不过是将牛顿第二定律 $m\boldsymbol{a}=\boldsymbol{F}+\boldsymbol{F}_N$，移项为

$$\boldsymbol{F}+\boldsymbol{F}_N-m\boldsymbol{a}=\boldsymbol{F}+\boldsymbol{F}_N+\boldsymbol{F}_I=0$$

写成了平衡方程形式，所以用动静法求解质点动力学问题一般并不具有什么优越性。但不要因此而轻视动静法的应用与理论价值，其在质点系动力学的应用中，具有比较明显的优越性，有重要的使用价值。在此顺便提一句，本章所讲的动静法和下一章讲到的虚位移原理一起，构成了另一门重要课程《分析力学》的基础，所以还具有重要的理论价值。

2. 质点系的动静法

质点系的动静法一般有两种表述方式，下面分别介绍这两种表述方式。

(1)质点系动静法的第一种表述方式

设质点系由 n 个质点组成，其中任一质点 i 的质量为 m_i，加速度为 $\boldsymbol{a}_i$，作用于此质点的主动力的合力为 $\boldsymbol{F}_i$，约束力的合力为 $\boldsymbol{F}_{iN}$，对这个质点假想地加上它的惯性力 $\boldsymbol{F}_{iI}=-m_i\boldsymbol{a}_i$，由质点的动静法，有

$$\boldsymbol{F}_i+\boldsymbol{F}_{iN}+\boldsymbol{F}_{iI}=0\quad(i=1,2,\cdots,n) \tag{15.3}$$

可把此式解释为：质点系中每个质点上作用的主动力、约束力和虚加的惯性力在形式上组成平衡力系，因而可用静力学的方法求解动力学问题，这就是质点系的动静法。质点系的动静法这种表述可简单地说为，作用在质点系上的主动力、约束力和惯性力组成平衡力系，因而可用静力学方法求解。这是质点系动静法的一种表述，质点系的动静法还有另一种表述形式。

(2)质点系动静法的第二种表述方式

类同质点系动量、动量矩、动能定理的推导，可以把作用于质点系第 i 个质点上的所有

力分为外力的合力 $\boldsymbol{F}_i^{(e)}$，内力的合力 $\boldsymbol{F}_i^{(i)}$，再对此质点加上惯性力 $\boldsymbol{F}_{i\mathrm{I}}$，则式(15.3)可改写为

$$\boldsymbol{F}_i^{(e)}+\boldsymbol{F}_i^{(i)}+\boldsymbol{F}_{i\mathrm{I}}=0 \quad (i=1,2,\cdots,n) \tag{15.4}$$

可把此式解释为，质点系中每个质点上作用的外力、内力和虚加在质点上的惯性力在形式上组成平衡力系。显然，整个质点系的全部外力、内力和惯性力在形式上也组成平衡力系。设此力系为空间任意力系，由静力学知，空间任意力系平衡的充分必要条件是力系的主矢和对于任意一点的主矩等于零，即

$$\sum\boldsymbol{F}_i^{(e)}+\sum\boldsymbol{F}_i^{(i)}+\sum\boldsymbol{F}_{i\mathrm{I}}=0$$
$$\sum\boldsymbol{M}_O(\boldsymbol{F}_i^{(e)})+\sum\boldsymbol{M}_O(\boldsymbol{F}_i^{(i)})+\sum\boldsymbol{M}_O(\boldsymbol{F}_{i\mathrm{I}})=0$$

由于质点系的内力总是成对存在，且等值、反向、共线，因此有 $\sum\boldsymbol{F}_i^{(i)}=0$ 和 $\sum\boldsymbol{M}_O(\boldsymbol{F}_i^{(i)})=0$，于是有

$$\left.\begin{aligned}&\sum\boldsymbol{F}_i^{(e)}+\sum\boldsymbol{F}_{i\mathrm{I}}=0\\&\sum\boldsymbol{M}_O(\boldsymbol{F}_i^{(e)})+\sum\boldsymbol{M}_O(\boldsymbol{F}_{i\mathrm{I}})=0\end{aligned}\right\} \tag{15.5}$$

可把此两式解释为，作用在质点系上的所有外力与虚加在每个质点上的惯性力在形式上组成平衡力系，其主矢和对任意一点的主矩都等于零。这是质点系动静法的另一表述。

在静力学中，称 $\sum\boldsymbol{F}_i^{(e)}$ 为主矢，$\sum\boldsymbol{M}_O(\boldsymbol{F}_i^{(e)})$ 为主矩，现在称 $\sum\boldsymbol{F}_{i\mathrm{I}}$ 为惯性力的主矢，$\sum\boldsymbol{M}_O(\boldsymbol{F}_{i\mathrm{I}})$ 为惯性力的主矩。与静力学中空间任意力系的平衡条件

$$\boldsymbol{F}'_{\mathrm{R}}=\sum\boldsymbol{F}_i=\sum\boldsymbol{F}_i^{(e)}=0,\quad \boldsymbol{M}_O=\sum\boldsymbol{M}_O(\boldsymbol{F}_i)=\sum\boldsymbol{M}_O(\boldsymbol{F}_i^{(e)})=0$$

比较，式(15.5)中分别多出了惯性力系的主矢 $\sum\boldsymbol{F}_{i\mathrm{I}}$ 与惯性力系的主矩 $\sum\boldsymbol{M}_O(\boldsymbol{F}_{i\mathrm{I}})$，由质点系的动静法，这在形式上也是一个平衡力系，因而可用静力学各章所述求解各种平衡力系的方法，求解动力学问题。

在静力学中，空间任意力系的平衡条件可以平衡方程表示为

$$\sum F_{ix}=0,\quad \sum F_{iy}=0,\quad \sum F_{iz}=0,\quad \sum M_{ix}=0,\quad \sum M_{iy}=0,\quad \sum M_{iz}=0$$

同样，在应用质点系的动静法时，式(15.5)也同样使用这样的投影形式，只不过方程里除外力外，还包括惯性力。

可以证明，式(15.5)中的第一式相当于质点系的动量定理，第二式相当于质点系的动量矩定理，因此，质点系的动静法，实际上是把质点系的动量定理和动量矩定理结合在一起，以平衡方程的形式出现，在形式上把动力学问题转化成了静力学问题，这正是使用质点系动静法的优越性所在。

例 15.2　如图 15.3 所示，滑轮的半径为 r，质量 m 均匀分布在轮缘上，绕着水平轴转动。轮缘上跨过的软绳的两端各挂质量为 m_1 和 m_2 的重物，且 $m_1>m_2$。绳的重量不计，绳与滑轮之间无相对滑动，轴承摩擦忽略不计。求重物的加速度。

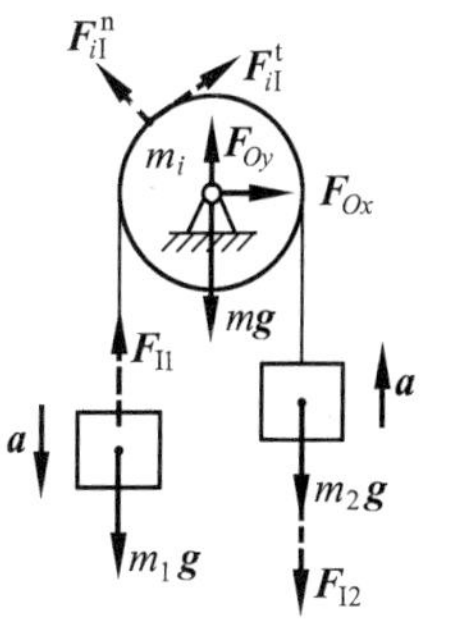

图 15.3

解题分析与思路：这是一个动力学问题，现应用质点系的动静法求解此题。取整体为研究对象，其受的主动力为两重物和滑轮的重力，约束力为轴承的约束力，据质点系的动静法，对质点系加上惯性力即可按静力学方法求解。因 $m_1>m_2$，设重物的加速度如图所示，视两重物为质点，则其惯性力大小分别为 $F_{\mathrm{I1}}=m_1a$，$F_{\mathrm{I2}}=m_2a$，方向如图所示。对滑轮，取其边缘上任意一点 i，设其质量为 m_i，其切向加速度和法向加速度分别为 $a_i^{\mathrm{t}}=r\alpha=a$，$a_i^{\mathrm{n}}=\dfrac{v^2}{r}$，其惯性力大小为

$$F_{i\mathrm{I}}^{\mathrm{t}}=m_i a_i^{\mathrm{t}}=m_i a, \quad F_{i\mathrm{I}}^{\mathrm{n}}=m_i a_i^{\mathrm{n}}=m_i \frac{v^2}{r}$$

方向如图所示。此时，按质点系的动静法，对轴 O 列一个取矩方程可求解。

解： 取整体为研究对象，受力分析和运动分析如图 15.3 所示，对两重物和滑轮加惯性力有

$$F_{\mathrm{I1}}=m_1 a, \quad F_{\mathrm{I2}}=m_2 a, \quad F_{i\mathrm{I}}^{\mathrm{t}}=m_i a_i^{t}=m_i a, \quad F_{i\mathrm{I}}^{\mathrm{n}}=m_i a_i^{\mathrm{n}}=m_i \frac{v^2}{r}$$

方向如图所示，据质点系的动静法，列平衡方程，有

$$\sum M_O=0, \quad (m_1 g-F_{\mathrm{I1}}-m_2 g-F_{\mathrm{I2}})r-\sum F_{i\mathrm{I}}^{\mathrm{t}} \cdot r=0$$

即

$$(m_1 g-m_1 a-m_2 g-m_2 a)r-\sum m_i a \cdot r=0$$

注意到

$$\sum m_i a \cdot r=(\sum m_i)ra=mra$$

解得

$$a=\frac{m_1-m_2}{m_1+m_2+m}g$$

15.2 刚体惯性力系的简化

用动静法求解质点系动力学问题，需要对质点系内每个质点加上各自的惯性力，这些惯性力也形成一个力系，称为惯性力系。由静力学中的力系简化理论，任何一个复杂的力系均可以用一个主矢和主矩等效代替。若利用静力学中的力系简化理论，求出惯性力系的主矢和主矩，代替对每一个质点加惯性力，将给解题带来很大方便。刚体是一个特殊的质点系，本节对刚体平移、定轴转动和刚体的平面运动，推出其惯性力系的简化结果，以方便用动静法求解问题时使用。

首先讨论刚体惯性力系简化的主矢，以 $\boldsymbol{F}_{\mathrm{IR}}$ 表示惯性力系的主矢，有

$$\boldsymbol{F}_{\mathrm{IR}}=\sum \boldsymbol{F}_{i\mathrm{I}}=\sum(-m_i \boldsymbol{a}_i)$$

由式(12.2)有

$$m\boldsymbol{r}_C=\sum m_i \boldsymbol{r}_i$$

对时间求两阶导数得

$$m\boldsymbol{a}_C=\sum m_i \boldsymbol{a}_i$$

可见

$$\boldsymbol{F}_{\mathrm{IR}}=\sum(-m_i \boldsymbol{a}_i)=-m\boldsymbol{a}_C \tag{15.6}$$

注意到式(12.2)对任何质点系做任意运动均成立，所以式(15.6)对任意质点系也成立，当然对刚体的平移、定轴转动、刚体的平面运动均成立，因此可得结论为：刚体平移、定轴转动和平面运动时，惯性力系的主矢大小均等于刚体的质量和刚体质心加速度的乘积，方向与质心加速度方向相反。

由静力学中力系简化理论可知，主矢的大小和方向与简化中心的位置无关(但可否画在任意点处?)，但主矩一般与简化中心有关。对惯性力系的简化来说，主矩的简化不但与简化中心的位置有关，而且与刚体的运动形式有关，因刚体运动形式不同，其惯性力系也不同。下面分别推导刚体平移，定轴转动和平面运动时惯性力系简化的主矩。

1. 刚体平移时惯性力系简化的主矩

当刚体平移时，每一瞬时刚体内任一质点 i 的加速度 $\boldsymbol{a}_i$ 都相同，都等于刚体质心的加速度 $\boldsymbol{a}_C$，即 $\boldsymbol{a}_i=\boldsymbol{a}_C$，刚体的惯性力系分布如图 15.4 所示，任选一点 O 为简化中心，主矩用 $\boldsymbol{M}_{\mathrm{IO}}$ 表示，有

$$\boldsymbol{M}_{IO}=\sum \boldsymbol{r}_i\times\boldsymbol{F}_{iI}=\sum \boldsymbol{r}_i\times(-m_i\boldsymbol{a}_i)=$$
$$-\sum \boldsymbol{r}_i\times m_i\boldsymbol{a}_C=-(\sum m_i\boldsymbol{r}_i)\times\boldsymbol{a}_C=$$
$$-m\boldsymbol{r}_C\times\boldsymbol{a}_C$$

式中，$\boldsymbol{r}_C$ 为质心 C 到简化中心 O 的矢径，此主矩一般不为零。若选质心为简化中心，主矩以 $\boldsymbol{M}_{IC}$表示，则质心的位置矢径 $\boldsymbol{r}_C=0$，有

$$\boldsymbol{M}_{IC}=0 \tag{15.7}$$

刚体平移时，惯性力系对任意点 O 简化的主矩一般不为零，但若选质心为简化中心，其主矩为零。所以有结论，刚体平移时，选质心为简化中心，惯性力系对质心的主矩为零。

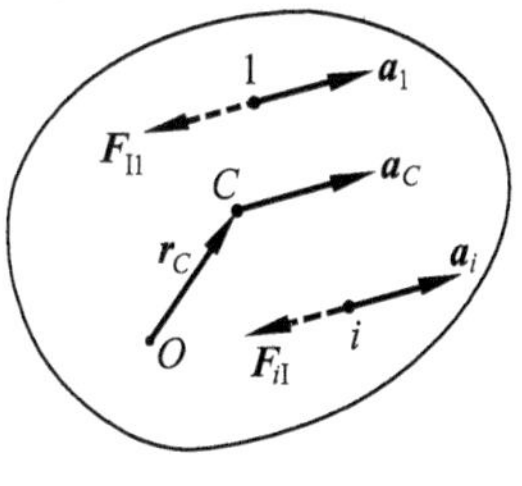

图 15.4

2. 刚体定轴转动时惯性力系简化的主矩

刚体定轴转动时，设刚体的角速度为 ω，角加速度为 α，刚体内任一质点 i 的质量为 m_i，到转轴的距离为 r_i，其加速度为 $\boldsymbol{a}_i$，则刚体内任一质点 i 的惯性力为 $\boldsymbol{F}_{iI}=-m_i\boldsymbol{a}_i$。在刚体定轴转动情况下，任一点的加速度分为切向加速度 $\boldsymbol{a}_i^{\mathrm{t}}$ 和法向加速度 $\boldsymbol{a}_i^{\mathrm{n}}$，惯性力也可分为切向惯性力 $\boldsymbol{F}_{iI}^{\mathrm{t}}$和法向惯性力 $\boldsymbol{F}_{iI}^{\mathrm{n}}$，为计算简单起见，在转轴上任选一点 O 为简化中心，则惯性力系对点 O 的主矩为

$$\boldsymbol{M}_{IO}=\sum \boldsymbol{r}_i\times\boldsymbol{F}_{iI}^{\mathrm{n}}+\sum \boldsymbol{r}_i\times\boldsymbol{F}_{iI}^{\mathrm{t}} \tag{15.8}$$

同样为计算简单起见，由静力学里知，力对点的矩在过该点的轴上的投影，等于力对该轴的矩，所以建直角坐标系如图 15.5 所示，质点 i 的坐标为 x_i,y_i,z_i。现在分别计算惯性力系对 x,y,z 轴的矩，分别以 M_{Ix},M_{Iy},M_{Iz}表示。

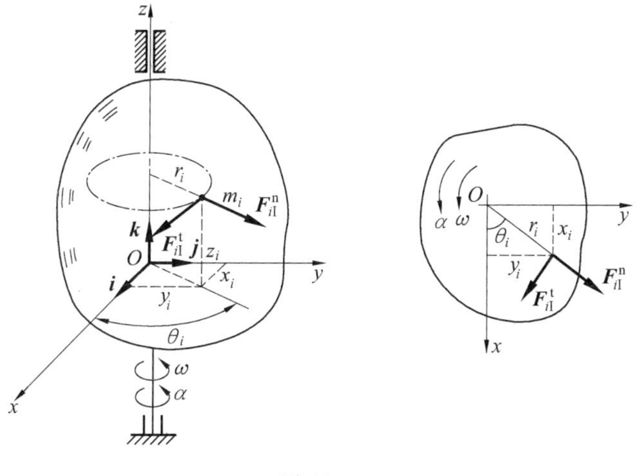

图 15.5

质点的惯性力 $\boldsymbol{F}_{iI}=-m_i\boldsymbol{a}_i$，分解为切向惯性力 $\boldsymbol{F}_{iI}^{\mathrm{t}}$和法向惯性力 $\boldsymbol{F}_{iI}^{\mathrm{n}}$，其方向如图 15.5 所示，大小分别为

$$F_{iI}^{\mathrm{t}}=m_ia_i^{\mathrm{t}}=m_i\cdot r_i\alpha$$
$$F_{iI}^{\mathrm{n}}=m_ia_i^{\mathrm{n}}=m_i\cdot r_i\omega^2$$

惯性力系对 x 轴的矩为

$$M_{Ix}=\sum M_x(\boldsymbol{F}_{iI})=\sum M_x(\boldsymbol{F}_{iI}^{\mathrm{t}})+\sum M_x(\boldsymbol{F}_{iI}^{\mathrm{n}})=$$
$$\sum m_ir_i\alpha\cdot\cos\theta_i\cdot z_i+\sum -m_ir_i\omega^2\cdot\sin\theta_i\cdot z_i$$

而
$$\cos\theta_i=\frac{x_i}{r_i},\quad \sin\theta_i=\frac{y_i}{r_i}$$

则
$$M_{\mathrm{I}x}=\sum m_i r_i\alpha\cdot\frac{x_i}{r_i}\cdot z_i-\sum m_i r_i\omega^2\cdot\frac{y_i}{r_i}\cdot z_i=(\sum m_i x_i z_i)\alpha-\omega^2\sum m_i y_i z_i$$

记
$$J_{xz}=\sum m_i x_i z_i,\quad J_{yz}=\sum m_i y_i z_i \tag{15.9}$$

其具有和转动惯量相同的量纲，称其为刚体对 z 轴的离心转动惯量或惯性积，它决定于刚体的质量和刚体质量的分布情况。于是，惯性力系对于 x 轴的矩为

$$M_{\mathrm{I}x}=J_{xz}\alpha-J_{yz}\omega^2 \tag{15.10}$$

同样可推得惯性力系对 y 轴的矩为

$$M_{\mathrm{I}y}=J_{yz}\alpha+J_{xz}\omega^2 \tag{15.11}$$

而惯性力系对 z 轴的矩为

$$M_{\mathrm{I}z}=\sum M_z(\boldsymbol{F}_{i\mathrm{I}})=\sum M_z(\boldsymbol{F}_{i\mathrm{I}}^{\mathrm{t}})+\sum M_z(\boldsymbol{F}_{i\mathrm{I}}^{\mathrm{n}})$$

由于各质点的法向惯性力均通过轴 z，$\sum M_z(\boldsymbol{F}_{i\mathrm{I}}^{\mathrm{n}})=0$，有

$$M_{\mathrm{I}z}=\sum M_z(\boldsymbol{F}_{i\mathrm{I}}^{\mathrm{t}})=\sum -m_i r_i\alpha\cdot r_i=-(\sum m_i r_i^2)\alpha$$

而 $\sum m_i r_i^2=J_z$，为刚体对转轴 z 的转动惯量，所以有

$$M_{\mathrm{I}z}=-J_z\alpha \tag{15.12}$$

综上可得，刚体定轴转动时，惯性力系向转轴上一点 O 简化的主矩为

$$\boldsymbol{M}_{\mathrm{I}O}=M_{\mathrm{I}x}\boldsymbol{i}+M_{\mathrm{I}y}\boldsymbol{j}+M_{\mathrm{I}z}\boldsymbol{k} \tag{15.13}$$

如果刚体有质量对称平面且该平面与转 z 轴垂直，取简化中心 O 为此平面和转轴 z 的交点，则对 z 轴的离心转动惯量或惯性积为

$$J_{xz}=\sum m_i x_i z_i=0,\quad J_{yz}=\sum m_i y_i z_i=0$$

在这种情况下，或对某平面有 $J_{xz}=0$，$J_{yz}=0$，惯性力系简化的主矩为

$$M_{\mathrm{I}O}=M_{\mathrm{I}z}=-J_z\alpha \tag{15.14}$$

因此有结论，刚体定轴转动时，任选转轴上一点 O 为简化中心，惯性力系的主矩由式(15.13)确定。若刚体有质量对称平面且与转轴 z 垂直，或对某平面有 $J_{xz}=0$，$J_{yz}=0$，简化中心取为此平面与转轴 z 的交点，则惯性力系简化的主矩为 $M_{\mathrm{I}O}=M_{\mathrm{I}z}=-J_z\alpha$。

3.* 刚体平面运动时惯性力系简化的主矩

刚体平面运动时，设刚体平行于固定平面 Oxy 运动，如图 15.6 所示。为计算简单方便计，把刚体的平面运动分解为随质心 C 的平移与绕质心 C 的转动，设质心 C 的加速度为 $\boldsymbol{a}_C$，则刚体上任一点的加速度为

$$\boldsymbol{a}_i=\boldsymbol{a}_C+\boldsymbol{a}_{iC}^{\mathrm{n}}+\boldsymbol{a}_{iC}^{\mathrm{t}}$$

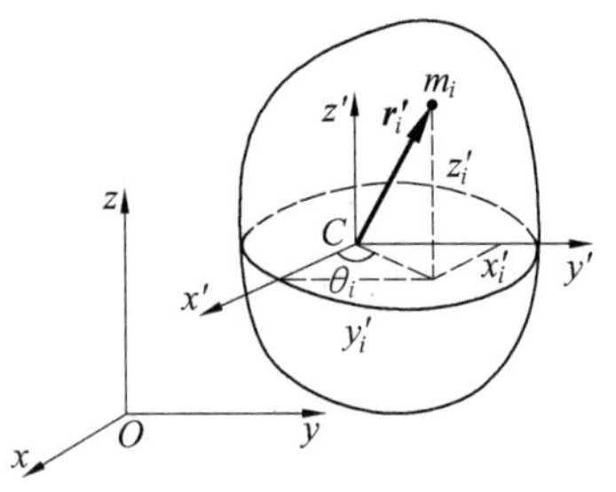

图 15.6

选质心 C 为简化中心，任意点 i 相对质心 C 的位置矢量为 $\boldsymbol{r}'_i$，主矩以 $\boldsymbol{M}_{\mathrm{I}C}$ 表示，有

$$\boldsymbol{M}_{\mathrm{I}C}=\sum\boldsymbol{r}'\times(-m_i\boldsymbol{a}_i)=-\sum\boldsymbol{r}'_i\times m_i(\boldsymbol{a}_C+\boldsymbol{a}_{iC}^{\mathrm{n}}+\boldsymbol{a}_{iC}^{\mathrm{t}})=-(\sum m_i\boldsymbol{r}'_i)\times\boldsymbol{a}_C+(\sum\boldsymbol{r}'_i\times\boldsymbol{F}_{i\mathrm{I}}^{\mathrm{n}}+\sum\boldsymbol{r}'_i\times\boldsymbol{F}_{i\mathrm{I}}^{\mathrm{t}})$$

式中，$\sum m_i\boldsymbol{r}'_i=m\boldsymbol{r}'_C=0$，因动系 $Cx'y'z'$ 坐标原点建于质心上，则

$$\boldsymbol{M}_{\mathrm{I}C}=\sum\boldsymbol{r}'_i\times\boldsymbol{F}_{i\mathrm{I}}^{\mathrm{n}}+\sum\boldsymbol{r}'_i\times\boldsymbol{F}_{i\mathrm{I}}^{\mathrm{t}}$$

相当于定轴转动刚体惯性力系向转轴上一点 O 简化的主矩，即与式(15.8)类同，所以有

$$\boldsymbol{M}_{IC}=M_{Ix'}\boldsymbol{i}'+M_{Iy'}\boldsymbol{j}'+M_{Iz'}\boldsymbol{k}' \tag{15.15}$$

而　　$M_{Ix'}=J_{x'z'}\alpha-J_{y'z'}\omega^2,\quad M_{Iy'}=J_{y'z'}\alpha+J_{x'z'}\omega^2,\quad M_{Iz'}=-J_{z'}\alpha$

若图示平面 $Cx'y'$ 为刚体的质量对称平面，则有 $J_{x'z'}=0, J_{y'z'}=0$，或对某平面有 $J_{x'z'}=0, J_{y'z'}=0$，有 $M_{Ix'}=0, M_{Iy'}=0$，此种情况下，惯性力系向质心简化的主矩为

$$M_{IC}=M_{Iz'}=-J_{z'}\alpha=-J_C\alpha \tag{15.16}$$

式中，J_C 为平面运动刚体对过质心且垂直于质量对称平面的轴的转动惯量。

工程中，做平面运动的刚体常常有质量对称平面，且平行于此平面运动，在此种情况下，惯性力系向刚体的质心简化，简化结果比较简单，简化结果为，向质心简化的主矩大小等于刚体对过质心且垂直于质量对称平面的轴的转动惯量与角加速度的乘积，转向与角加速度的转向相反，即 $M_{IC}=-J_C\alpha$。

例 15.3　用动静法，用简化好的刚体惯性力系的简化结果解例 15.2。

解题分析与思路：取整体为研究对象，其受的主动力为两重物和滑轮的重力，约束力为轴承的约束力。据质点系的动静法，对质点系加上惯性力即可按静力学方法求解。因 $m_1>m_2$，设重物的加速度如图所示。两重物为平移，其惯性力大小分别为 $F_{I1}=m_1a, F_{I2}=m_2a$，方向如图所示。定滑轮质量分布在轮缘上，为一圆环，其对转轴的转动惯量为 $J_O=mr^2$，由于质心在转轴上，惯性力系的主矢为零，而主矩为 $M_{IO}=mr^2\alpha$，转向如图所示。由对转轴 O 列一力矩平衡方程可求解。

解：　取整体为研究对象，受力分析和运动分析如图 15.7 所示，对两重物和滑轮加惯性力有

$$F_{I1}=m_1a,\quad F_{I2}=m_2a$$

$$M_{IO}=mr^2\alpha=mra$$

方向如图所示，据质点系的动静法，列平衡方程，有

$$\sum M_O=0,\quad (m_1g-F_{I1}-m_2g-F_{I2})r-M_{IO}=0$$

即　　$(m_1g-m_1a-m_2g-m_2a)r-mra=0$

解得　　$a=\dfrac{m_1-m_2}{m_1+m_2+m}g$

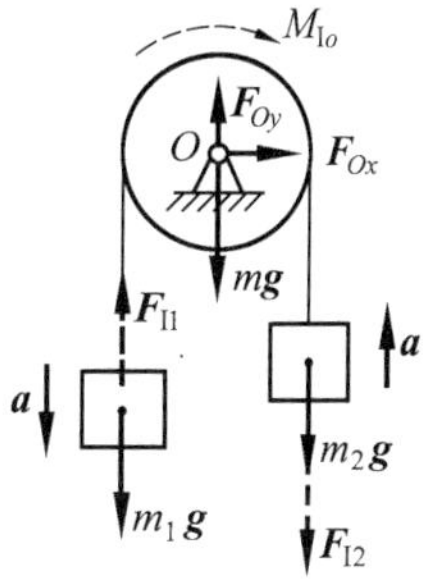

图 15.7

例 15.4　图 15.8(a)所示均质杆的质量为 m，长为 l，绕定轴 O 转动的角速度为 ω，角加速度为 α。求惯性力系向点 O 的简化结果(方向在图中画出)。

解题分析与思路：杆为定轴转动，应利用刚体定轴转动惯性力系的简化结果，向转轴 O 处简化。主矢大小等于质量与质心加速度的乘积，方向和质心加速度方向相反，但要注意应画在何处。主矩的大小等于对轴 O 的转动惯量与角加速度的乘积，转向与角加速度相反。

解：　杆为定轴转动，惯性力系向点 O 简化的主矢、主矩大小分别为

$$F_{IO}^{t}=ma_C^{t}=\frac{l}{2}m\alpha,\quad F_{IO}^{n}=ma_C^{n}=\frac{l}{2}m\omega^2$$

$$M_{IO}=J_O\alpha=\frac{1}{3}ml^2\alpha$$

方向分别如图 15.8(b)所示。

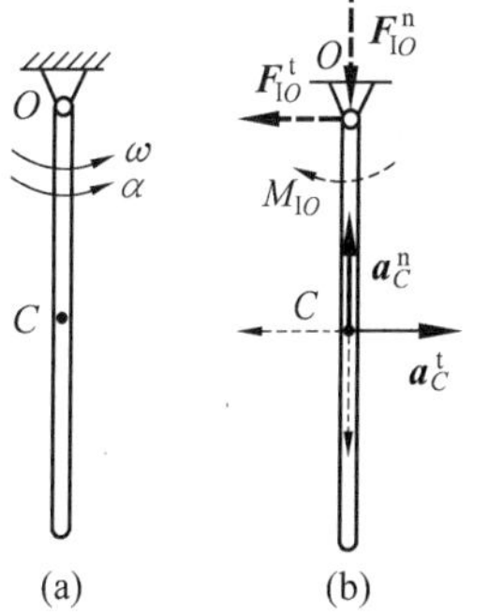

图 15.8

注意：能不能以 $\boldsymbol{F}_{IR}=-m\boldsymbol{a}_C$，惯性力系主矢和质心加速度相反为由，把惯性力系的主矢画在质心 C 处，如图 15.8(b)中 C 处虚线所示？

例 15.5　图 15.9 所示电动机定子质量为 m_1，安装在水平基础上，转轴 O 与水平面距离为 h，转子质量为 m_2，其质心在点 C，偏心距 $OC=e$，运动开始时质心 C 在最低位置。转子以匀角速度 ω 转动，求基础与地脚螺钉对电动机总的约束力。

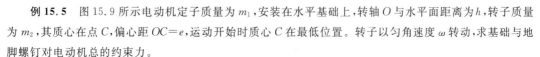

解题分析与思路：此题和例 12.1 题相同，当时是用动量定理或质心运动定理求解，但无法求出约束力

偶。现在用动静法求解。仍取整体为研究对象,其所受主动力为定子和转子的重力,约束力为基础和螺钉给电动机的力,对转子加惯性力,由于为匀速转动,无惯性力矩,惯性力系的主矢大小为 $F_I=m_2e\omega^2$,方向和法向加速度方向相反。这样,电动机为一平面任意力系作用,列三个平衡方程可求解三个未知力。

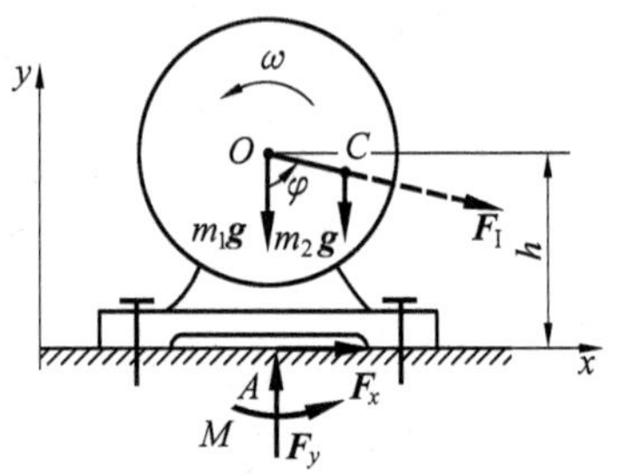

图 15.9

解: 取整体为研究对象,受力图如图 15.9 所示,加惯性力

$$F_I=m_2e\omega^2$$

方向如图所示,列平衡方程,有

$$\sum F_{ix}=0,\quad F_x+F_I\sin\varphi=0$$

$$\sum F_{iy}=0,\quad F_y-m_1g-m_2g-F_I\cos\varphi=0$$

$$\sum M_A=0,\quad M-m_2ge\sin\varphi-F_Ih\sin\varphi=0$$

转子匀速转动,$\varphi=\omega t$,代入上列方程组中,解得

$$F_x=-m_2e\omega^2\sin\omega t$$

$$F_y=(m_1+m_2)g+m_2e\omega^2\cos\omega t$$

$$M=m_2e(g+\omega^2h)\sin\omega t$$

例 15.6 图 15.10 所示电动绞车安装在梁上,梁的两端搁在支座上,绞车与梁共重为 $\boldsymbol{P}$,绞盘与电机转子固结在一起,质心在转轴 O 处,转动惯量为 J。绞车以加速度 a 提升质量为 m 的重物,绞盘半径为 R,其他尺寸如图所示。求支座 A,B 受到的铅直方向的附加动约束力。

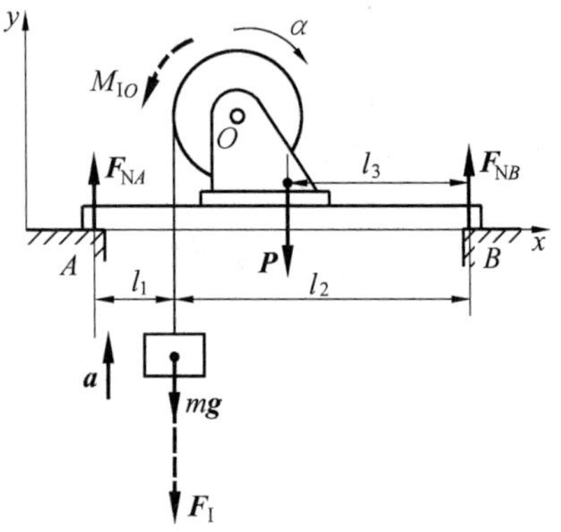

图 15.10

解题分析与思路:取整体为研究对象,所受的主动力为绞车与梁的共重 P,重物的重量 $m\boldsymbol{g}$,约束力为支座 A,B 受到的铅直方向的约束力。用动静法求解,加惯性力。重物为平移,惯性力的大小为 $F_I=ma$,方向和加速度方向相反。电机转子与绞盘为定轴转动,其质心位于转轴上,惯性力系的主矢为零,而主矩大小为 $M_{IO}=J\alpha=J\dfrac{a}{R}$,转向和角加速度转向相反。此时可用一取力矩方程求得一力,然后沿铅直方向列一投影方程求得另一力。

解: 取整体为研究对象,受力图如图 15.10 所示,加惯性力,对重物有

$$F_I=ma$$

对电机转子与绞盘

$$F_{IR}=ma_C=0,\quad M_{IO}=J\alpha=J\frac{a}{R}$$

列平衡方程,有

$$\sum M_B=0,\quad -F_{NA}(l_1+l_2)+mgl_2+F_Il_2+Pl_3+M_{IO}=0$$

$$\sum F_{iy}=0,\quad F_{NA}-mg-F_I-P+F_{NB}=0$$

分别解得

$$F_{NA}=\frac{1}{l_1+l_2}\left[mgl_2+Pl_3+\left(ml_2+\frac{J}{R}\right)a\right]$$

$$F_{NB}=\frac{1}{l_1+l_2}\left[mgl_2+P(l_1+l_2+l_3)+\left(ml_1-\frac{J}{R}\right)a\right]$$

上两式中前两项为支座静约束力,最后一项为附加动约束力,所以,支座 A,B 受到的铅直方向的附加动约束力为

$$F'_{NA}=\frac{a}{l_1+l_2}\left(ml_2+\frac{J}{R}\right),\quad F'_{NB}=\frac{a}{l_1+l_2}\left(ml_1-\frac{J}{R}\right)$$

提示：只求附加动约束力时，由于附加动约束力决定于惯性力系，所以画受力图和列平衡方程时，可以不考虑重力等主动力。

由以上例题可见，应用动静法求解动力学问题的步骤为：

(1)取研究对象，画出受力图。这一步和静力学求解的第一步一样。

(2)运动分析。这一步主要用到运动学的知识。

(3)加惯性力。这是和前面用动力学方法求解问题不同的一步。

(4)列平衡方程求解。

由以上例题还可见，在解题画受力图加惯性力时，其主矢和主矩的方向最好在图上就与 $\boldsymbol{a}$ 和 α 反向，而惯性力的表达式只写出其大小，这样做可给解题带来方便。

15.3　绕定轴转动刚体的轴承附加动约束力

在日常生活和工程中，存在大量绕定轴转动的刚体(如电动机、柴油机、电风扇、车床主轴等等)，如何使这些机械在转动时不产生破坏、振动与噪声，是工程师相当关心的问题。如果这些机械在转动起来后轴承受力和不转动时一样，则一般说来这些机械就不会产生破坏，也不会产生振动和噪声。这一点能否做到？答案是，从理论上从而也在实践上，这一点能够做到。本节就主要讨论这个问题。

由前面已知静约束力、动约束力、附加动约束力的概念，对绕定轴转动的刚体，如果能够消除轴承附加动约束力，使轴承只受到静约束力作用，就可以做到这一点。为此，先把任意一个绕定轴转动刚体的轴承动(全)约束力(包括静约束力和附加动约束力)求出来，然后再推出消除附加动约束力的条件。

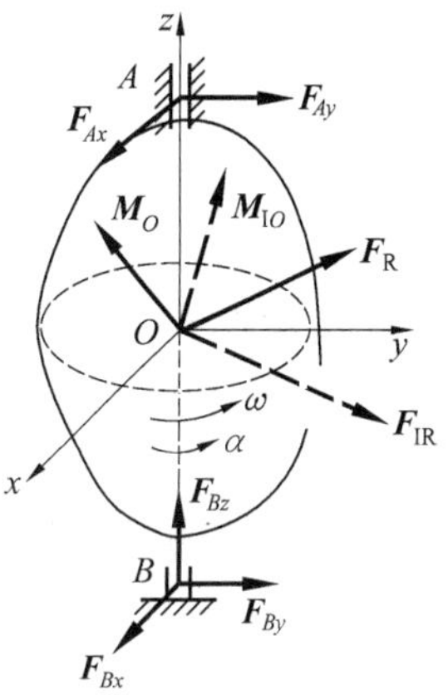

图 15.11

设任一刚体绕定轴 AB 转动，角速度为 ω，角加速度为 α。取此刚体为研究对象，转轴上任意一点 O 为简化中心，把其上所有主动力向 O 点简化的主矢和主矩用 $\boldsymbol{F}_{\mathrm{R}}$ 与 $\boldsymbol{M}_O$ 表示。惯性力系向 O 点简化的主矢和主矩用 $\boldsymbol{F}_{\mathrm{IR}}$ 与 $\boldsymbol{M}_{\mathrm{IO}}$ 表示，注意，在刚体定轴转动的情况下，惯性力系的主矢没有沿轴 z 方向的分量。轴承 A，B 处的五个约束力分别以 $\boldsymbol{F}_{Ax}$，$\boldsymbol{F}_{Ay}$，$\boldsymbol{F}_{Bx}$，$\boldsymbol{F}_{By}$，$\boldsymbol{F}_{Bz}$ 表示，均如图 15.11 所示。

为求出轴承 A，B 处的全(动)约束力，建坐标系如图 15.11 所示，根据质点系的动静法，此刚体在主动力、约束力、惯性力作用下，形成一空间任意平衡力系，列平衡方程如下

$$\sum F_{ix}=0,\quad F_{Ax}+F_{Bx}+F_{\mathrm{R}x}+F_{\mathrm{I}x}=0$$

$$\sum F_{iy}=0,\quad F_{Ay}+F_{By}+F_{\mathrm{R}y}+F_{\mathrm{I}y}=0$$

$$\sum F_{iz}=0,\quad F_{Bz}+F_{\mathrm{R}z}=0$$

$$\sum M_{ix}=0,\quad F_{By}\cdot OB-F_{Ay}\cdot OA+M_x+M_{\mathrm{I}x}=0$$

$$\sum M_{iy}=0,\quad -F_{Bx}\cdot OB+F_{Ax}\cdot OA+M_y+M_{\mathrm{I}y}=0$$

由上述 5 个方程求得 5 个轴承全约束力为

$$\left.\begin{aligned}F_{Ax}&=-\frac{1}{AB}[(M_y+F_{Rx}\cdot OB)+(M_{Iy}+F_{Ix}\cdot OB)]\\F_{Ay}&=\frac{1}{AB}[(M_x-F_{Ry}\cdot OB)+(M_{Ix}-F_{Iy}\cdot OB)]\\F_{Bx}&=\frac{1}{AB}[(M_y-F_{Rx}\cdot OA)+(M_{Iy}-F_{Ix}\cdot OA)]\\F_{By}&=-\frac{1}{AB}[(M_x+F_{Ry}\cdot OA)+(M_{Ix}+F_{Iy}\cdot OA)]\\F_{Bz}&=-F_{Rz}\end{aligned}\right\}\tag{15.17}$$

由于惯性力没有沿 z 轴方向的分量，所以止推轴承 B 沿 z 轴的约束力 F_{Bz} 与惯性力无关。而与 z 轴垂直的轴承约束力 $\boldsymbol{F}_{Ax}$，$\boldsymbol{F}_{Ay}$，$\boldsymbol{F}_{Bx}$，$\boldsymbol{F}_{By}$ 显然与惯性力系的主矢 $\boldsymbol{F}_{IR}$ 与主矩 $\boldsymbol{M}_{IO}$ 有关。由于 $\boldsymbol{F}_{IR}$，$\boldsymbol{M}_{IO}$ 引起的轴承约束力为附加动约束力，要使附加动约束力等于零，很明显必须有

$$F_{Ix}=F_{Iy}=0,\quad M_{Ix}=M_{Iy}=0$$

即要使轴承附加动约束力等于零的条件是：惯性力系的主矢等于零，惯性力系对于 x 轴和 y 轴的主矩等于零。由式(15.6)和式(15.10)，(15.11)，要使 $F_{Ix}=F_{Iy}=0$，$M_{Ix}=M_{Iy}=0$，应有

$$F_{Ix}=-ma_{Cx}=0,\quad F_{Iy}=-ma_{Cy}=0$$
$$M_{Ix}=J_{xz}\alpha-J_{yz}\omega^2=0,\quad M_{Iy}=J_{yz}\alpha+J_{xz}\omega^2=0$$

由此可见，要使惯性力系的主矢等于零，必须有 $\boldsymbol{a}_C=0$，即转轴必须通过质心。而要使 $M_{Ix}=0$，$M_{Iy}=0$，可有 $\omega=0$，$\alpha=0$，显然，对刚体绕定轴转动来说，这是不可取的。所以要使 $M_{Ix}=0$，$M_{Iy}=0$，必须有 $J_{xz}=J_{yz}=0$，即刚体对于转轴 z 的惯性积必须等于零。

于是得结论：刚体定轴转动时，避免出现轴承附加动约束力的条件是，转轴通过刚体的质心，刚体对转轴的惯性积等于零。

如果刚体对于通过某点的 z 轴的惯性积 J_{xz} 和 J_{yz} 等于零，则称此轴为过该点的**惯性主轴**。可以证明通过刚体上任意一点，都有三根相互垂直的惯性主轴(证明略)。通过质心的惯性主轴，称为**中心惯性主轴**。于是上述结论也可叙述为：避免出现轴承附加动约束力的条件是，刚体的转轴应为刚体的中心惯性主轴。

设刚体的转轴通过质心，且刚体除受重力作用外，没有受到其他主动力的作用，则刚体可以在任意位置静止不动，称这种现象为**静平衡**。当刚体的转轴通过质心且为惯性主轴时，刚体转动时不出现轴承附加动约束力，称这种现象为**动平衡**。能够静平衡的定轴转动刚体，不一定能够实现动平衡。但能够动平衡的定轴转动刚体，一定处于静平衡。例如，图 15.12(a)所示的单盘转子其质心位于转轴上，其是静平衡的，也是动平衡的。而图 15.12(b)所示的单盘转子，质心虽然位于转轴上，但由于安装误差，其转轴不是惯性主轴，所以其是静平衡的，但不是动平衡的。

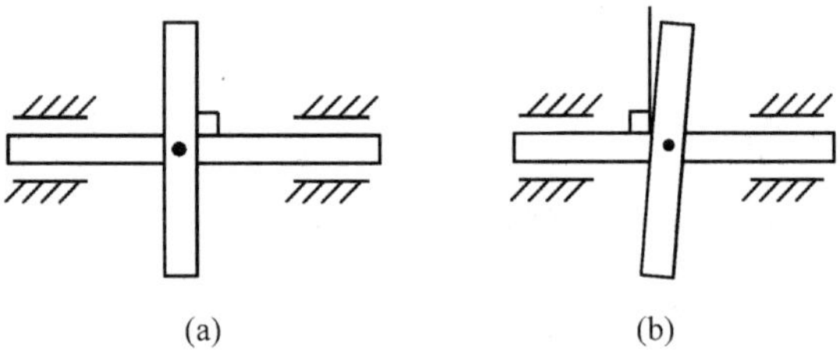

(a) (b)

图 15.12

事实上，由于材料的不均匀或制造、安装误差等，都可能使定轴转动刚体的转轴偏离中

心惯性主轴。为了避免出现轴承附加动约束力,确保机器运行安全可靠,在有条件的情况下,可在专门的静平衡和动平衡试验机上进行静、动平衡试验,根据试验数据,在刚体的适当位置添加一些质量或去掉一些质量,使其达到静、动平衡。静平衡试验机可以调整质心在转轴上或尽可能地在转轴上,动平衡试验机可以调整对转轴的惯性积,使其对转轴的惯性积为零或尽可能地为零。

当然,在工程中也有相反的实例,即制造定轴转动刚体时,故意制造出偏心距,如某些打夯机,正是利用偏心块的运动来夯实地基的,这种情况另当别论。

习　题

15.1　图示由相互铰接的水平臂连成的传送带,将圆柱形零件从一高度传送到另一个高度,零件与臂之间的静摩擦因数 $f_s=0.2$。求:(1)降落加速度 a 为多大时,零件不在水平臂上滑动;(2)在此加速度的情况下,比值 h/d 等于多少时,零件在滑动之前先倾倒。

15.2　两重物质量 $m_1=2\ 000$ kg,$m_2=800$ kg,连接如图所示,并由电动机 A 带动,连接电动机转子铅直段绳的张力为 3 kN,不计滑轮重量,求重物 E 的加速度和绳 FD 段的拉力。

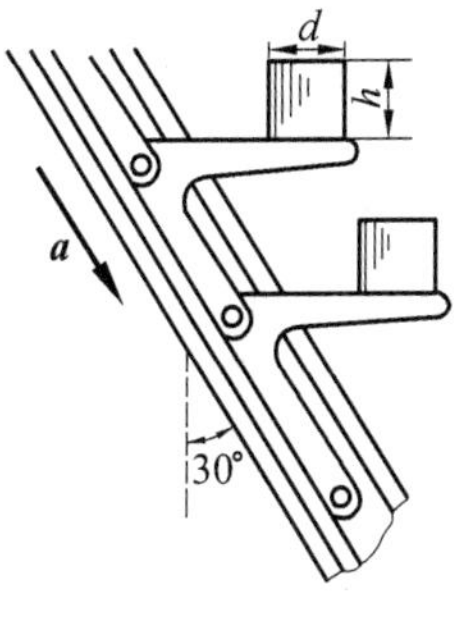

题 15.1 图

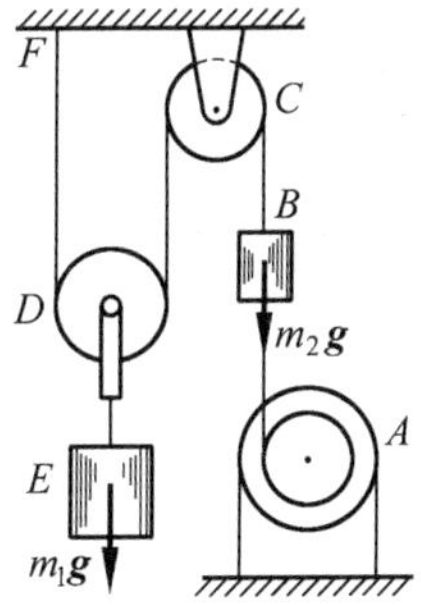

题 15.2 图

15.3　图示汽车总质量为 m,以加速度 a 做水平直线运动。汽车质心 C 离地面的高度为 h,汽车的前后轴到通过质心垂线的距离分别等于 c 和 b。求其前后轮的正压力,又,汽车应如何行驶方能使前后轮的正压力相等。

15.4　图示矩形块质量 $m_1=100$ kg,置于平台车上。车质量为 $m_2=50$ kg,此车沿光滑的水平面运动。车和矩形块在一起由质量为 m_3 的物体牵引,使之作加速运动。物块与车之间的摩擦力足够阻止相互滑动,求能够使车加速运动的质量 m_3 的最大值,以及此时车的加速度大小。

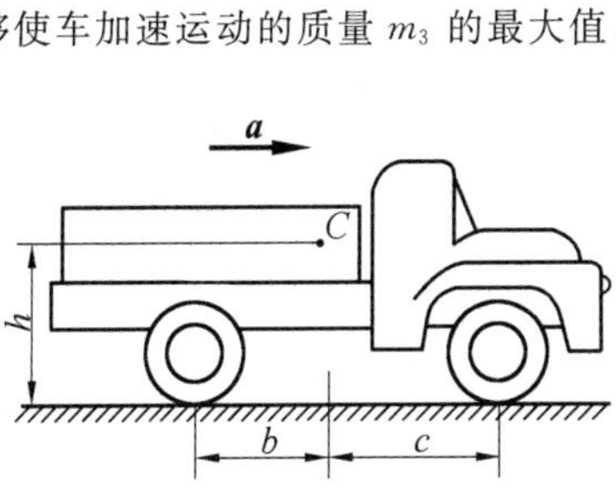

题 15.3 图

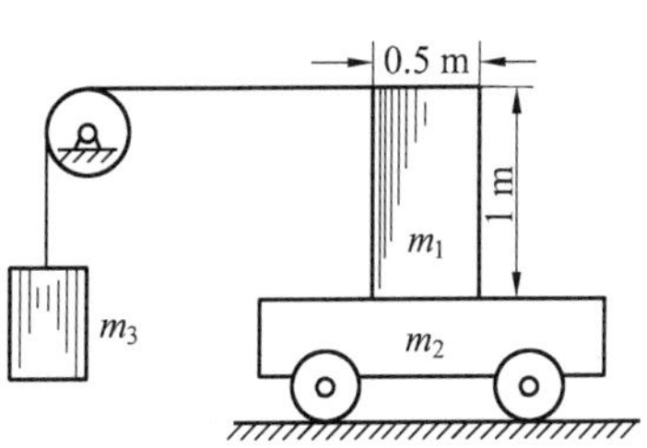

题 15.4 图

15.5　调速器由两个质量为 m_1 的均质圆盘构成,圆盘偏心地铰接于距转动轴距离为 a 的 A,B 两点。调速器以等角速度 ω 绕铅直轴转动,圆盘中心到悬挂点的距离为 l,如图所示。调速器的外壳质量为 m_2,并放在两个圆盘上。不计摩擦,求角速度 ω 与偏角 φ 的关系。

15.6 转速表的简化模型如图所示，杆 CD 的两端各有质量为 m 的 C 球和 D 球，CD 杆与转轴 AB 铰接，质量不计。当转轴 AB 转动且外荷载变化时，CD 杆的转角 φ 就发生变化。当 $\omega=0$ 时，$\varphi=\varphi_0$，且盘簧中无力。盘簧产生的力矩 M 与转角 φ 的关系为 $M=k(\varphi-\varphi_0)$，k 为盘簧刚度。求：(1)角速度 ω 与角 φ 之间的关系；(2)当系统处于图示平面时，轴承 A，B 处的约束力，$OA=OB=b$。

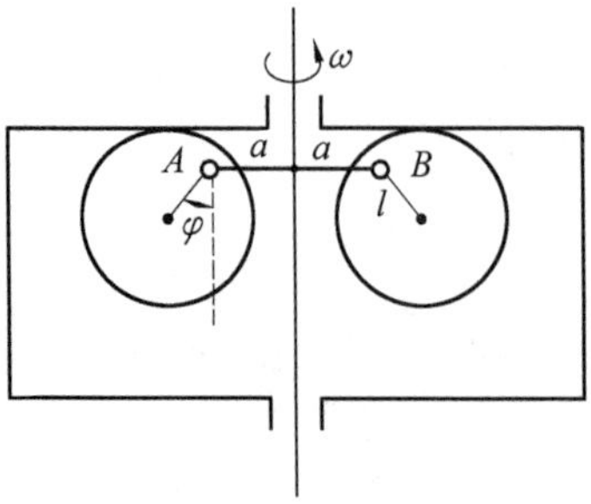

题 15.5 图

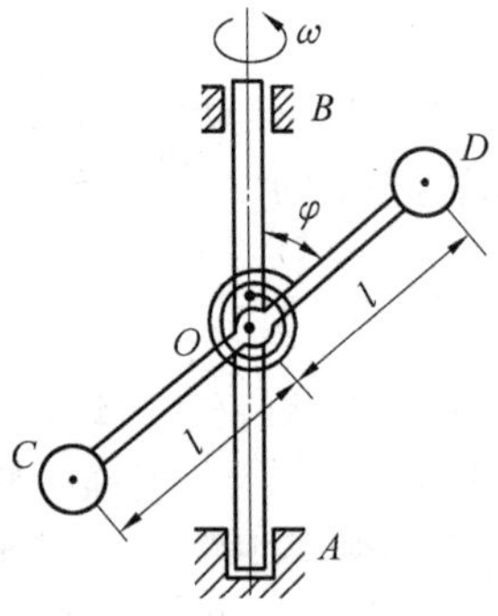

题 15.6 图

15.7 当发射卫星实现星箭分离时，打开卫星整流罩的一种方案如图所示。先由释放机构将整流罩缓慢送到图示位置，然后令火箭加速，加速度为 $\boldsymbol{a}$，从而使整流罩向外转。当其质心 C 转到位置 C' 时，O 处铰链自动脱开，使整流罩离开火箭。设整流罩质量为 m，对轴 O 的回转半径为 ρ，质心到轴 O 的距离 $OC=r$。问整流罩脱落时，角速度为多大？

15.8 图示长方形均质平板，质量为 27 kg，由两个销 A 和 B 悬挂。如果突然撤去销 B，求在撤去销 B 的瞬时，平板的角加速度和销 A 的约束力。

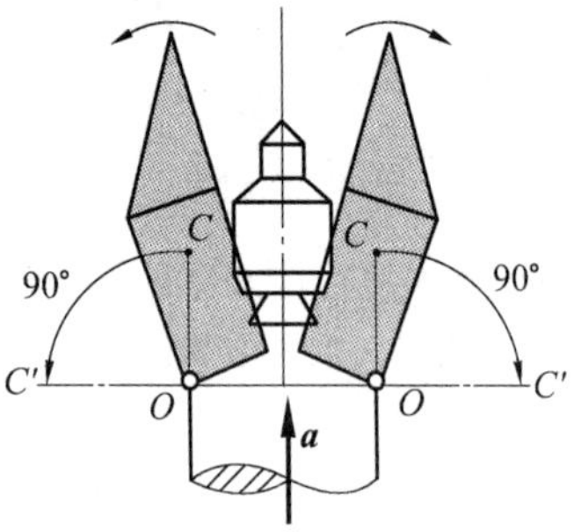

题 15.7 图

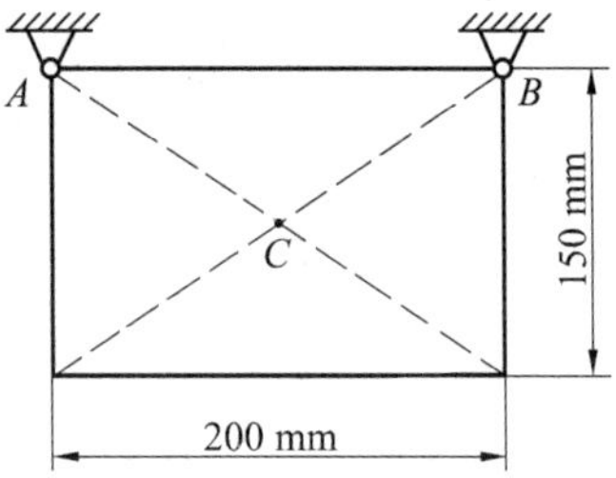

题 15.8 图

15.9 如图所示，轮轴对轴 O 的转动惯量为 J，质心位于转轴 O 上。在轮轴上系有两个物体，质量各为 m_1 和 m_2。此轮轴顺时针转向转动，求轮轴的角加速度和轴承 O 的附加动约束力。

15.10 图示曲柄 OA 质量为 m_1，长为 r，以等角速度 ω 绕水平轴 O 逆时针方向转动。曲柄的 A 端推动水平板 B，使质量为 m_2 的滑杆 CD 沿铅直方向运动，忽略摩擦。求当曲柄与水平方向夹角为 30°时的力偶矩 M 和轴承 O 的约束力。

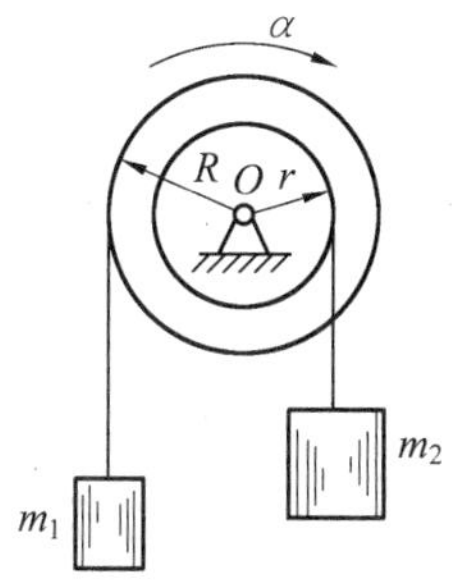

题 15.9 图

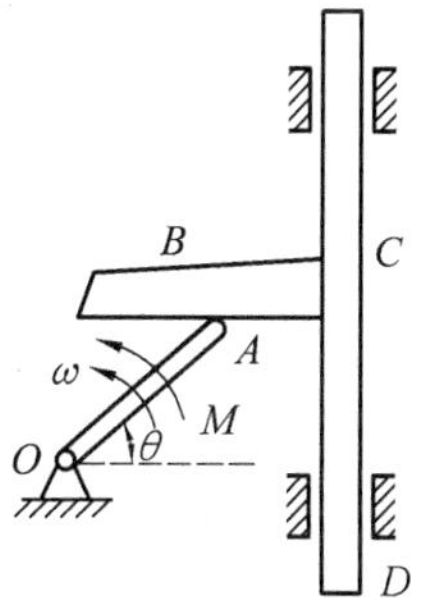

题 15.10 图

15.11　图示均质板质量为 m，放在两个均质圆柱滚子上，滚子质量皆为 $m/2$，半径均为 r。在板上作用一水平力 $\boldsymbol{F}$，滚子做纯滚动，求板的加速度。

15.12　图示质量为 m_1 的物体 A 下落时，带动质量为 m_2 的均质圆盘 B 转动，不计支架和绳子的质量和轴承处的摩擦，$BC=l$，圆盘的半径为 R。求固定端 C 处的约束力。

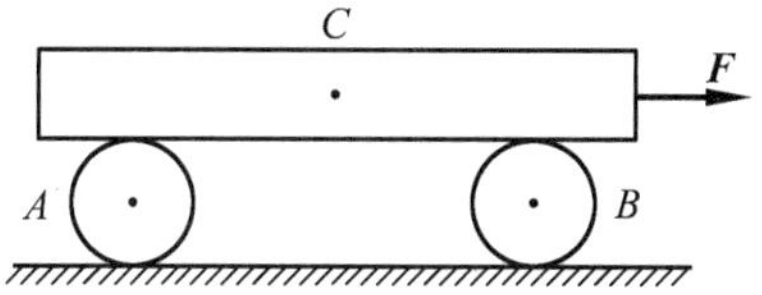

题 15.11 图

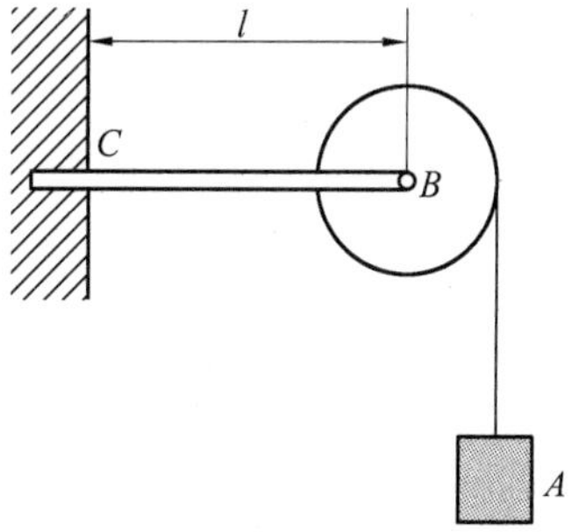

题 15.12 图

第 16 章　虚位移原理

只要具有静力学和运动学的基本知识，掌握功的基本概念与计算，即可学习本章。

上一章讲述了动力学问题用静力学方法求解的动静法，那么，静力学问题能否用动力学方法求解？本章讲述的就是这种方法，习惯称之为虚位移原理，也可以称之为静动法——静力学问题用动力学方法求解。这是求解静力学平衡问题的另一途径，和已学过的静力学方法相比，是一种完全崭新的方法。虚位移原理不用平衡方程表达平衡条件，而是用主动力的虚功表达平衡条件。对有些静力学问题，用虚位移原理求解比列平衡方程方便。

虚位移原理不但在求解静力学问题中有用，而且虚位移原理（静动法）和动静法结合起来，组成了动力学普遍方程（因此，虚位移原理又被称为静力学普遍方程），动力学普遍方程为求解复杂系统动力学问题提供了另一种普遍方法，正如上一章所指出，动静法和虚位移原理（静动法）是另一门力学课程《分析力学》的两个引理，其构成了分析力学的基础。

本书只介绍虚位移原理的工程应用，而不按分析力学的体系追求其理论上的完整性和严密性。

16.1　约束　虚位移　虚功

1. 约束和其分类

对约束的概念，大家已不陌生。在静力学中，把限制物体位移的物体称为约束。现在考虑到运动学和更普遍的情况，把约束的概念予以扩充：把限制质点系（含质点）运动的各种条件（如位移、速度等）称为**约束**。为方便起见，通常把这些约束条件以数学方程表示，称之为**约束方程**。约束有多种多样的形式，为研究问题的方便，对约束一般有如下的分类。

如图 16.1(a)所示的单摆，其约束方程为 $x^2+y^2=l^2$。图 16.1(b)所示的曲柄连杆机构，其约束方程为 $x_A^2+y_A^2=R^2$，$(x_B-x_A)^2+(y_B-y_A)^2=l^2$，$y_B=0$。这些约束其约束方程只是各点的坐标的函数，称这种约束为**几何约束**。

如图 16.1(c)所示的沿直线轨道做纯滚动的车轮，点 P 为其速度瞬心，则轮心 A 的速度 v_A 与角速度 ω 之间的关系为 $v_A=R\omega$，此关系可以改写为 $\dot{x}_A-R\dot{\varphi}=0$，此为此车轮做纯滚动的一个约束方程。此种约束约束方程中含有坐标对时间的导数，称这种约束为**运动约束**。

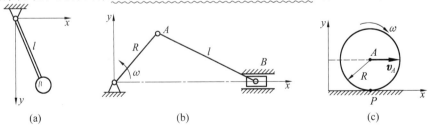

图 16.1

如图 16.2(a)所示，单摆摆线的一端被匀速 $\boldsymbol{v}$ 拉动，若初始摆长为 l_0，此时单摆的约束方程为 $x^2+y^2=(l_0-vt)^2$，约束方程中显含时间 t，称这种约束为**含时约束(非定常约束)**。若约束方程中不显含时间，称这种约束为**非含时约束(定常约束)**。图 16.1 中所示约束均为非含时约束。

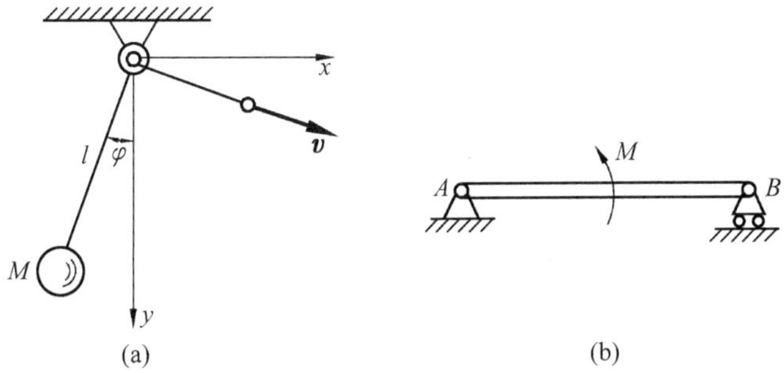

图 16.2

若一粒珠子被限制在半径为 R 的篮球内运动，对珠子其约束方程为 $x^2+y^2+z^2\leqslant R^2$，约束方程为不等式形式，称这种约束为**单面(可离)约束**；约束方程为等式形式，称这种约束为**双面(不可离)约束**。如图 16.2(b)所示的简支梁，滚动支座 B 处一般被看成双面约束，即其约束力可以铅直向下。

另外，在分析力学里，对约束还有一种重要分类，在此处予以简要介绍。若约束方程为下述形式

$$f_j(\boldsymbol{r}_1,\boldsymbol{r}_2,\cdots,\boldsymbol{r}_i,\cdots,\boldsymbol{r}_n;t)=0\quad(j=1,2,\cdots,s)\tag{1}$$

式中，n 为质点系中的质点数；$\boldsymbol{r}_i$ 为各质点的矢径；s 为约束方程的个数，称这类约束为**完整约束**。

若约束方程为下述形式

$$f_k(\boldsymbol{r}_1,\boldsymbol{r}_2,\cdots,\boldsymbol{r}_i,\cdots,\boldsymbol{r}_n;\dot{\boldsymbol{r}}_1,\dot{\boldsymbol{r}}_2,\cdots,\dot{\boldsymbol{r}}_i,\cdots,\dot{\boldsymbol{r}}_n;t)=0\quad(k=1,2,\cdots,m)$$

式中，n 为质点系中的质点数；$\boldsymbol{r}_i$ 为各质点的矢径；$\dot{\boldsymbol{r}}_i$ 为各质点矢径对时间的一阶导数；m 为约束方程的个数，且不能积分为方程(1)的形式，称这类约束为**非完整(微分)约束。**

在本章中，只讨论和涉及定常完整的双面几何约束，这类约束其约束方程的一般形式为

$$f_l(\boldsymbol{r}_1,\boldsymbol{r}_2,\cdots,\boldsymbol{r}_i,\cdots,\boldsymbol{r}_n)=0\quad(l=1,2,\cdots,r)$$

式中，n 为质点系中的质点数；$\boldsymbol{r}_i$ 为各质点的矢径；r 为约束方程的个数。

2. 虚位移

在静力学中，主要涉及的是静止平衡问题，现在要用动力学方法求解，系统处于静止状态，其并没有产生位移，如何让其动起来？可以假想地给静止的系统以位移，但这些位移又不能任意，为了达到预期的目的，这些位移应该满足某些条件，由此就有了虚位移的概念(定义)。在某瞬时，质点系在约束允许的条件下，人所假想的无限小位移，称为**虚位移**。虚位移可以是线位移，也可以是角位移。虚位移不是经过 dt 时间发生的真实小位移，而是假想的、约束允许的某种无限小位移，因而不用微分符号 d，而用符号 δ 表示。δ 是变分符号，基本上是数学里所讲的《变分法》里的通用符号，它包含有无限小"变更"的意思，与虚位移的含义相一致。

如图 16.3 所示，曲柄连杆机构处于静止平衡状态，可假想曲柄 OA 顺时针转过一无限

小角度$\delta\varphi$，这为约束所允许。同样在约束允许的条件下，A点的虚位移为线位移$\delta \boldsymbol{r}_A$，B点的虚位移为$\delta \boldsymbol{r}_B$，$\delta\varphi$、$\delta \boldsymbol{r}_A$、$\delta \boldsymbol{r}_B$均为虚位移，且其有图示的关系。当然，也可假设曲柄OA逆时针转过一无限小角度$\delta\varphi$，这为约束所允许。同样在约束允许的条件下，也会产生相应的虚位移（图中没画出）。

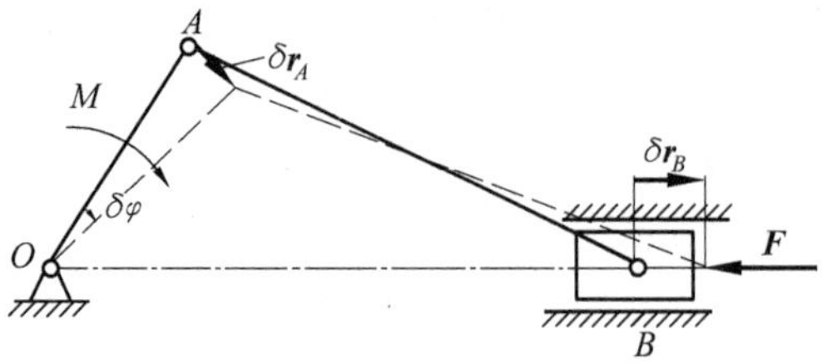

图 16.3

虚位移与实际位移（简称实位移）是不同的概念。实位移是质点系在一定的时间内真正产生的位移，它除了与约束条件有关，还与时间、主动力与初始条件有关。实位移是唯一确定的，具有确定的方向，可能是微小值，也可能是有限值。虚位移视约束情况可以有多个，甚至无穷多个，是微小位移。一个静止的质点系，不会有实位移，但可以有虚位移。

3. 虚功

力在虚位移中所做的功被称为**虚功**。因为虚位移为无限小位移，所以虚功表现为元功形式。虚功的计算与力在真实小位移上所做元功的计算相同。如图 16.3 中，按图示的虚位移，力$\boldsymbol{F}$的虚功为$\boldsymbol{F}\cdot\delta \boldsymbol{r}_B$，是负功，力偶$M$的虚功为$M\cdot\delta\varphi$，是正功。虚功与实功（力在实际位移中做的功）是有区别的，因为虚位移是假想的、不是真实发生的位移，因而虚功也是假想的，是“虚”的。图 16.3 所示机构处于静止平衡状态，显然任何力都没有做实功，但力可以做虚功。

在动能定理一章，已介绍过理想约束的概念，约束力不做功或做功之和等于零的约束被称为理想约束。在虚位移原理的推导与应用中，也要用到理想约束的概念。但此处理想约束的概念，从虚位移原理推导与应用的角度，把理想约束定义为：在质点系的任何虚位移中，约束力不做功或约束力所做虚功之和等于零的约束，被称为**理想约束**。设作用在第i个质点上的约束力的合力以$\boldsymbol{F}_{Ni}$表示，该质点产生的虚位移以$\delta \boldsymbol{r}_i$表示，则理想约束可以数学公式表示为

$$\sum \boldsymbol{F}_{Ni}\cdot\delta \boldsymbol{r}_i=0$$

在动能定理一章已分析过光滑接触、不可伸长的柔索、光滑铰链、固定端、二力杆等约束是理想约束，现在从虚位移的角度，同样可以证明，这些约束也为理想约束，证明方法与动能定理里的证明类同，此处从略。

16.2 虚位移原理

此节推导虚位移原理并举例说明其应用。

设一由n个质点组成的质点系处于静止平衡状态，取质点系中任一质点i，作用在该质点上的主动力的合力以$\boldsymbol{F}_i$表示，约束力的合力以$\boldsymbol{F}_{Ni}$表示，据二力平衡公理，有$\boldsymbol{F}_i+\boldsymbol{F}_{Ni}=0$。因为质点系处于平衡状态，则各个质点均处于平衡状态，因此又有

$$\boldsymbol{F}_i+\boldsymbol{F}_{Ni}=0\quad(i=1,2,\cdots,n)$$

假想该质点系产生虚位移，质点i的虚位移以$\delta \boldsymbol{r}_i$表示，则作用在质点i上力$\boldsymbol{F}_i$和$\boldsymbol{F}_{Ni}$所做虚功的和为

$$(\boldsymbol{F}_i+\boldsymbol{F}_{Ni})\cdot\delta\boldsymbol{r}_i=\boldsymbol{F}_i\cdot\delta\boldsymbol{r}_i+\boldsymbol{F}_{Ni}\cdot\delta\boldsymbol{r}_i=0$$

此式对质点系中每一个质点均成立，于是有

$$\boldsymbol{F}_i\cdot\delta\boldsymbol{r}_i+\boldsymbol{F}_{Ni}\cdot\delta\boldsymbol{r}_i=0\quad(i=1,2,\cdots,n)$$

将这些等式从1到n相加，显然有

$$\sum\boldsymbol{F}_i\cdot\delta\boldsymbol{r}_i+\sum\boldsymbol{F}_{Ni}\cdot\delta\boldsymbol{r}_i=0$$

如果质点系具有理想约束，约束力在虚位移中所做虚功之和为零，即$\sum\boldsymbol{F}_{Ni}\cdot\delta\boldsymbol{r}_i=0$，代入上式得

$$\sum\boldsymbol{F}_i\cdot\delta\boldsymbol{r}_i=0\tag{16.1}$$

此式表达的即为质点系的**虚位移原理**，以文字表述，为：对于具有理想约束的质点系，其保持静止平衡的条件是，作用于质点系上的所有主动力在任何虚位移中所做虚功之和等于零。因为此式具有功的量纲，且为虚功，所以又称虚位移原理为**虚功原理**，也称式(16.1)为虚功方程。

以上证明的是虚位移原理成立的必要条件，即，若处于理想约束条件下的质点系处于静止平衡状态，则式(16.1)必定成立。其充分条件是否成立？即，若处于理想约束条件下的质点系上的主动力满足式(16.1)，质点系是否处于静止平衡状态？可以证明，其充分条件成立。下面用反证法证明之。

如果质点系受力作用而不平衡，质点系由静止平衡状态到非静止状态，至少有一个点的$m_i\boldsymbol{a}_i=\boldsymbol{F}_i+\boldsymbol{F}_{Ni}\neq0$，假想此质点系产生虚位移，此质点的虚位移以$\delta\boldsymbol{r}_i$表示，应有

$$\boldsymbol{F}_i\cdot\delta\boldsymbol{r}_i+\boldsymbol{F}_{Ni}\cdot\delta\boldsymbol{r}_i\neq0$$

求和，有

$$\sum\boldsymbol{F}_i\cdot\delta\boldsymbol{r}_i+\sum\boldsymbol{F}_{Ni}\cdot\delta\boldsymbol{r}_i\neq0$$

若质点系仍处于理想约束条件下，有

$$\sum\boldsymbol{F}_{Ni}\cdot\delta\boldsymbol{r}_i=0$$

则

$$\sum\boldsymbol{F}_i\cdot\delta\boldsymbol{r}_i\neq0$$

与式(16.1)矛盾，因此在满足式(16.1)的条件下，质点系必处于静止平衡状态。充分性得证。

在直角坐标系下考虑问题，引进单位矢量$\boldsymbol{i},\boldsymbol{j},\boldsymbol{k}$，式(16.1)还可以写为

$$\sum\boldsymbol{F}_i\cdot\delta\boldsymbol{r}_i=\sum(F_{ix}\boldsymbol{i}+F_{iy}\boldsymbol{j}+F_{iz}\boldsymbol{k})\cdot(\delta x_i\boldsymbol{i}+\delta y_i\boldsymbol{j}+\delta z_i\boldsymbol{k})=0$$

可得

$$\sum(F_{ix}\delta x_i+F_{iy}\delta y_i+F_{iz}\delta z_i)=0\tag{16.2}$$

称此式为虚位移原理的解析表达式，式中，F_{ix}，F_{iy}，F_{iz}分别表示作用于质点i上的主动力$\boldsymbol{F}_i$在直角坐标轴x，y，z上的投影；δx_i，δy_i，δz_i分别表示该质点的虚位移$\delta\boldsymbol{r}_i$在直角坐标轴x，y，z上的投影。求δx_i，δy_i，δz_i的具体做法是，在建立的坐标系下把各点的坐标x_i，y_i，z_i写出来，然后进行变分运算。对定常约束，变分运算规则与微分运算规则完全相同(证明略)，只需把微分符号d换成变分符号δ即可。

对于虚位移原理的应用，还可以指出以下几点：

(1)在实际应用中，根据题目的不同，有时用式(16.1)求解比较方便，称式(16.1)表示的方法为**几何法**。有时用式(16.2)求解比较方便，称式(16.2)表示的方法为**解析法**。

(2)应用虚位移原理的条件是系统具有理想约束，但对于具有非理想约束的质点系(如

具有摩擦的情况)，只要把非理想约束力当作主动力(如摩擦力当作主动力)，在虚功方程中计入非理想约束力所做的虚功即可。这样，虚位移原理就可以推广使用到具有非理想约束的系统上。

(3)在静力学中，主要涉及的是求约束力的问题，而虚功方程中并未包含约束力，能否用虚位移原理求解约束力？只要把约束解除(最好一个一个地解除约束)，代之以约束力，把约束力当做主动力看待即可。

但同时要注意，对静力学中的大多数题目，实际用虚位移原理求解并不方便。虚位移原理又称静力学普遍方程，理论上可以解决所有静力学问题，但实际用起来并不方便。如果用起来方便，则静力学的内容可以不讲，节省好多学时。

(4)在上面虚位移原理的推导中，可以说没有明显地考虑到力偶的作用，如果质点系中有力偶作用，在计算虚功时，也要考虑到力偶的虚功。力偶的虚功(微功)计算方法和力偶的实际做功(微功)计算方法完全相同。因此，若以$\delta W_F=\sum\delta W_{iF}$表示所有主动力做的虚功，则虚位移原理(虚功方程)也可以表示为

$$\delta W_F=0 \tag{16.3}$$

此表达式具有更普遍的意义。

(5)因为在运动学中，求速度的训练比较多，用所谓的“**虚速度法**”比用式(16.1)表示的几何法可能更习惯些。所谓的虚速度法指的是，既然可以假想处于静止平衡的质点系可以产生虚位移，也可以假想此质点系产生虚速度。力在虚位移上可以做虚功，力在虚速度上可以有虚功率。理想约束的约束力在虚位移上不做功，在虚速度中也不会产生虚功率。因此，简单推导可有

$$\sum \boldsymbol{F}_i\cdot\boldsymbol{v}_i=0 \tag{16.4}$$

其量纲为功率，但习惯称此式表达的方法为虚速度法。

下面举例说明虚位移原理的应用。

例 16.1 图 16.4 所示椭圆规机构，连杆 AB 长为 l，不计各构件自重和各处摩擦，求在图示位置平衡时，主动力 $\boldsymbol{F}_A$ 和 $\boldsymbol{F}_B$ 之间的关系。

解题分析与思路：取整个机构为研究对象，该系统为理想约束。可用几何法、解析法、虚速度法三种求解。用几何法，在不破坏约束的条件下，设给滑块 A 一图示的虚位移 $\delta\boldsymbol{r}_A$，则有 B 处的虚位移 $\delta\boldsymbol{r}_B$，主动力 $\boldsymbol{F}_A$ 和 $\boldsymbol{F}_B$ 在这两个虚位移中做功，写出虚功方程，找出两个虚位移之间的关系，可求解。用解析法求解，写出 A，B 两点的坐标，求变分(和微分运算规则相同)，代入解析法方程(16.2)可求解。用虚速度法，设给滑块 A 一图示的虚速度 $\boldsymbol{v}_A$，则有 B 处的虚速度 $\boldsymbol{v}_B$，代入虚速度方程(16.4)，找出两个虚速度之间的关系，可求解。可看出，对此题，用三种方法求解难度相差不大。

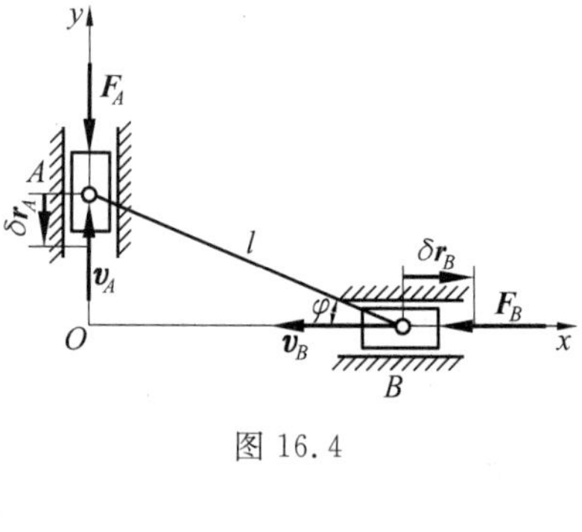

图 16.4

解： 1. 几何法

设给滑块 A 一图示的虚位移 $\delta\boldsymbol{r}_A$，则有 B 处的虚位移 $\delta\boldsymbol{r}_B$，虚功方程为

$$F_A\delta r_A-F_B\delta r_B=0$$

AB 杆不可伸缩，虚位移 $\delta\boldsymbol{r}_A$ 与 $\delta\boldsymbol{r}_B$ 之间的关系为

$$\delta r_B\cos\varphi=\delta r_A\sin\varphi$$

或
$$\delta r_A=\delta r_B\cot\varphi$$
代入虚功方程中得
$$(F_A\cot\varphi-F_B)\delta r_B=0$$
因 δr_B 是任意的，因此有
$$F_A\cot\varphi=F_B$$

2. 解析法

建立图示的坐标系，由 $\sum(F_{ix}\delta x_i+F_{iy}\delta y_i+F_{iz}\delta z_i)=0$，有虚功方程
$$-F_B\delta x_B-F_A\delta y_A=0$$
写出坐标 x_B，y_A 为
$$x_B=l\cos\varphi,\quad y_A=l\sin\varphi$$
进行变分运算，有
$$\delta x_B=-l\sin\varphi\delta\varphi,\quad \delta y_A=l\cos\varphi\delta\varphi$$
代入虚功方程，整理得
$$F_A\cot\varphi=F_B$$

3. 虚速度法

假想点 A 产生虚速度 $\boldsymbol{v}_A$，则点 B 产生虚速度 $\boldsymbol{v}_B$，如图所示，由 $\sum\boldsymbol{F}_i\cdot\boldsymbol{v}_i=0$，有虚速度法方程
$$F_Bv_B-F_Av_A=0$$
由速度投影定理有
$$v_B\cos\varphi=v_A\sin\varphi$$
得
$$v_B=v_A\tan\varphi$$
代入虚速度法方程，同样解得
$$F_A\cot\varphi=F_B$$

例 16.2　图 16.5 所示机构，不计各构件自重与各处摩擦，求机构在图示位置平衡时主动力偶矩 M 与主动水平拉力 $\boldsymbol{F}$ 之间的关系。

解题分析与思路：取整个机构为研究对象，该系统为理想约束。可用几何法、解析法、虚速度法三种方法求解。用几何法，在不破坏约束的条件下，可假设杆 OA 在图示位置逆时针转过一微小转角 $\delta\theta$，写出虚功方程，找出虚位移之间的关系，可求解。用解析法求解，主动力偶矩 M 所做虚功为 $M\delta\theta$，写出点 C 的 x 方向坐标，求变分(和微分运算规则相同)，代入解析法方程可求解。用虚速度法，可假设杆 OA 在图示位置逆时针有角速度 ω，写出虚速度法方程，找出虚速度之间的关系，可求解。可看出，对此题，用三种方法求解难度相差也不大。

解：　1. 几何法

假设杆 OA 在图示位置逆时针转过一微小转角 $\delta\theta$，则点 C 将会有水平虚位移 $\delta\boldsymbol{r}_C$，由 $\delta W_F=0$，有虚功方程
$$M\cdot\delta\theta-F\cdot\delta r_C=0$$
虚位移之间的关系如图 16.5 所示，杆 OA 的微小转角 $\delta\theta$ 将引起滑块 B 的牵连位移 $\delta\boldsymbol{r}_e$，从而有绝对位移 $\delta\boldsymbol{r}_a$ 与相对位移 $\delta\boldsymbol{r}_r$ 之间的关系如图所示，牵连位移为
$$\delta r_e=OB\cdot\delta\theta=\frac{h}{\sin\theta}\delta\theta$$
而
$$\delta r_C=\delta r_a=\frac{\delta r_e}{\sin\theta}=\frac{h\delta\theta}{\sin^2\theta}$$
代入虚功方程中可解得
$$M=\frac{Fh}{\sin^2\theta}$$

2. 解析法

建立图示的 x 轴，由 $\delta W_F=0$，注意力偶做功为 $M\delta\theta$，有虚功方程

$$M\delta\theta+F\delta x_C=0$$

而

$$x_C=h\cot\theta+BC$$

进行变分运算，有

$$\delta x_C=-\frac{h\delta\theta}{\sin^2\theta}$$

代入虚功方程，解得

$$M=\frac{Fh}{\sin^2\theta}$$

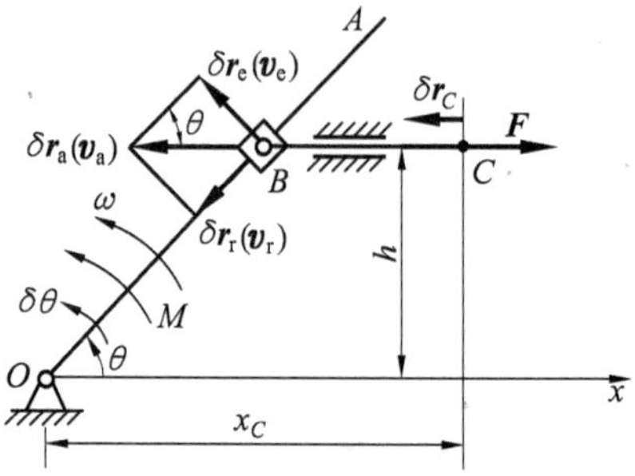

图 16.5

3. 虚速度法

假设杆 OA 在图示位置逆时针有角速度 ω，则各虚速度之间的关系如图所示，有虚速度法方程

$$M\omega-Fv_C=0$$

虚速度之间的关系为 $\boldsymbol{v}_a=\boldsymbol{v}_e+\boldsymbol{v}_r$，有

$$v_e=OB\cdot\omega=\frac{h}{\sin\theta}\omega,\quad v_a=v_C=\frac{v_e}{\sin\theta}=\frac{h\omega}{\sin^2\theta}$$

代入虚速度法方程，同样可解得

$$M=\frac{Fh}{\sin^2\theta}$$

提问：请读者考虑，对此题，若在 M 与 $\boldsymbol{F}$ 已知的情况下，水平杆与滑道间有摩擦，这已不是理想约束，能否用虚位移原理求此摩擦力？答案是，可以求。但如何求？请读者考虑并求之。

上面两个例题求的都是机构平衡时，主动力之间的关系。例题 16.1 是两个主动力之间的关系，例题 16.2 是一个力偶和一个力之间的关系。这是虚位移原理应用的一个重要方面。但在静力学绝大部分题目中，要求的都是约束力。正如前面所指出的，用虚位移也可以求解约束力，最好一个一个地解除约束，并代之以约束力，把约束力当作主动力看待即可。看下面几个求约束力的例题。

例 16.3　如图 16.6 所示，在螺旋压榨机的手柄 AB 上作用一在水平面内的力偶 $(\boldsymbol{F},\boldsymbol{F}')$，其力偶矩 $M=2Fl$，螺杆的螺距为 h，求机构平衡时作用于被压榨物体上的力。

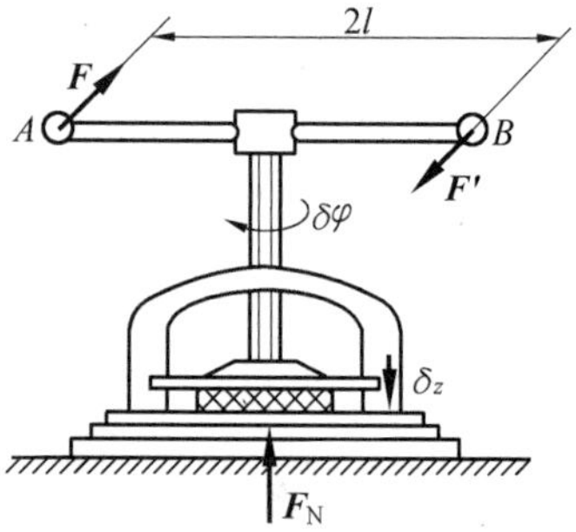

图 16.6

解题分析与思路：取整个机构为研究对象，作用在系统上的主动力为手柄上的力偶 $(\boldsymbol{F},\boldsymbol{F}')$，被压榨物体对于该机构来说，相当于一个约束，被压榨物体给系统的力相当于约束力。把被压榨物体去掉，代之以力 $\boldsymbol{F}_N$，如图中所示，把此力作为主动力考虑。因螺杆和螺母间涂有润滑油，可把系统当作理想约束，假想手柄在图示方向转过一微小转角 $\delta\varphi$，则螺杆与压板将有向下的虚位移 δz，如图所示。列出虚功方程，找出虚位移之间的关系，可求解。此题用几何法比较方便。

解：　研究以手柄、螺杆和压板组成的平衡系统，忽略螺杆和螺母间的摩擦，则约束是理想的。假想手柄在图示方向转过一微小转角 $\delta\varphi$，则螺杆与压板将有向下的虚位移 δz，如图所示。虚功方程为

$$\delta W_F=0,\quad M\delta\varphi-F_N\cdot\delta z=0$$

由机构的传动关系知，对于单头螺纹，手柄 AB 转一周，螺杆上升或下降一个螺距 h，一般称单位转角螺杆的升降高度为升降率，以 k 表示，有 $k=\dfrac{h}{2\pi}$，现手柄转过 $\delta\varphi$ 角，有

$$\delta z=k\cdot\delta\varphi=\frac{h}{2\pi}\delta\varphi$$

代入虚功方程，解得

$$F_{\mathrm{N}}=4\pi\frac{l}{h}F$$

作用于被压榨物体上的力与此力等值、反向、共线。

提示：对例题 16.1 和 16.2，用静力学列平衡方程的方法求解也很方便，读者可以一试。但对此例题，用列平衡方程求解的方法求解则比较困难。

例 16.4　不计图 16.7(a)所示结构各构件自重，各杆都以光滑铰链相接，$AC=CE=BC=CD=DG=GE=l$。在点 G 作用一铅直方向的力 $\boldsymbol{F}$，求支座 B 的水平约束力。

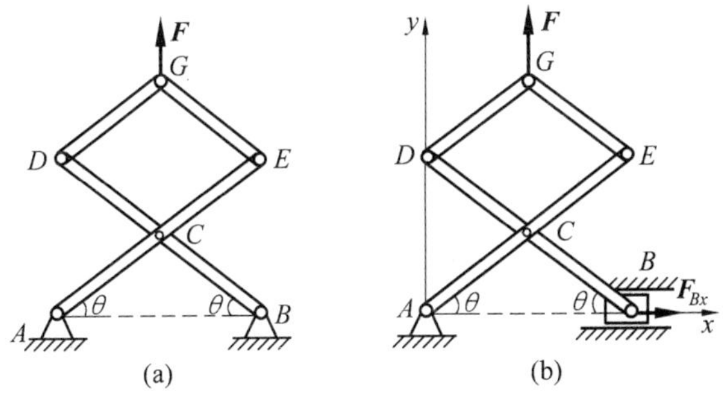

图 16.7

解题分析与思路：上面三个例题涉及的都是机构，可以不解除约束而设其产生虚位移，但此题涉及的是一个结构，无论如何假想产生虚位移，结构都不允许。为求支座 B 处水平约束力，需把 B 处水平方向约束解除，以力 $\boldsymbol{F}_{Bx}$ 代替，把此力当作主动力，则结构变成图 16.7(b)所示的机构，此时就可以假想产生虚位移，用虚位移原理求解。

此题比较适合用解析法求解，建立如图 16.7(b)所示坐标系，写出主动力 $\boldsymbol{F}_{Bx}$ 和 $\boldsymbol{F}$ 作用点的坐标，求变分运算后代入虚功方程求解可得结果。

解：　解除 B 处水平方向约束，以力 $\boldsymbol{F}_{Bx}$ 代替，把此力当作主动力，则结构变成图16.7(b)所示的机构。用解析法，建坐标系如图，虚功方程为

$$\delta W_F=0,\quad F_{Bx}\cdot\delta x_B+F\cdot\delta y_G=0$$

而　$x_B=2l\cos\theta,\quad y_G=3l\sin\theta$

其变分为　$\delta x_B=-2l\sin\theta\cdot\delta\theta,\quad \delta y_G=3l\cos\theta\cdot\delta\theta$

代入虚功方程，得

$$F_{Bx}\cdot(-2l\sin\theta)\cdot\delta\theta+F\cdot 3l\cos\theta\cdot\delta\theta=0$$

解得

$$F_{Bx}=\frac{3}{2}F\cot\theta$$

提示：这是一个适合用解析法求解的题目，若用几何法或虚速度法求解，将比解析法麻烦得多，读者可以一试。但作为对运动学题目的练习与复习，用虚速度法求解此题，则是一个很有特色的题目。

例 16.5　在上例中，在 C，G 两点之间连接一质量不计，刚度系数为 k 的弹簧，如图16.8(a)所示。在图示位置，弹簧已有伸长量 δ_0，其他条件不变，仍求支座 B 的水平约束力。

解题分析与思路：这是一个带有弹簧的静力学平衡题目，对弹簧的处理，可以认为弹簧是一个约束，把其解除，代之以弹性(约束)力，把弹性(约束)力当作主动力处理。也可以不解除弹簧，弹性力为内力，没有暴露出来，但计算虚功时，要注意弹性力做功，用弹性力做功公式 $W=\frac{k}{2}(\delta_1^2-\delta_2^2)$ 计算弹性力做的虚功，略

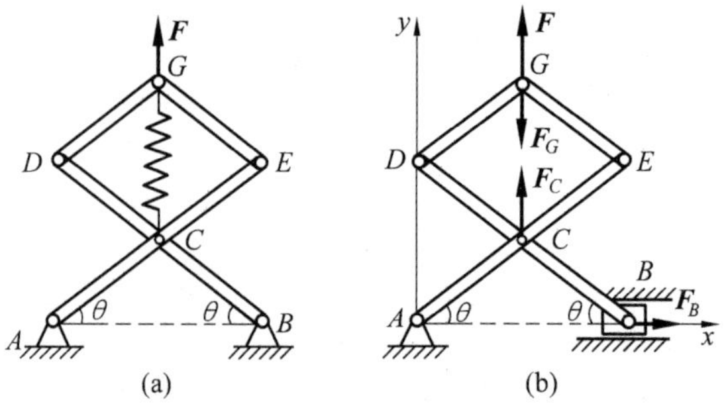

图 16.8

去高阶小量，这样处理弹性力做功也可以。在此处，本例题用前一种方法求解。有兴趣的读者可以按第二种方法一做。

对 B 处水平方向约束力的处理，如同上例，不重述。

解： 解除 B 处水平方向约束，并去掉弹簧，均代之以力，如图 16.8(b)所示。在图示位置，弹簧已有伸长量 δ_0，所以弹性力 $F_C = F_G = k\delta_0$。仍用解析法，虚功方程为

$$\delta W_F = 0, \quad F_{Bx} \cdot \delta x_B + F_C \cdot \delta y_C - F_G \cdot \delta y_G + F \cdot \delta y_G = 0$$

而

$$x_B = 2l\cos\theta, \quad y_C = l\sin\theta, \quad y_G = 3l\sin\theta$$

其变分为

$$\delta x_B = -2l\sin\theta \cdot \delta\theta, \quad \delta y_C = l\cos\theta \cdot \delta\theta, \quad \delta y_G = 3l\cos\theta \cdot \delta\theta$$

代入虚功方程，得

$$F_{Bx} \cdot (-2l\sin\theta) \cdot \delta\theta + k\delta_0 \cdot l\cos\theta \cdot \delta\theta - k\delta_0 \cdot 3l\cos\theta \cdot \delta\theta + F \cdot 3l\cos\theta \cdot \delta\theta = 0$$

解得

$$F_{Bx} = \left(\frac{3}{2}F - k\delta_0\right)\cot\theta$$

例 16.6 求图 16.9(a)所示组合梁支座 A 的约束力。

解题分析与思路：这也是一个求约束力的题目，幸好题目只让求一个约束力，否则将会复杂与麻烦得多。对此题，解除支座 A 的约束而代以约束力，并将此力看作是主动力，给系统以虚位移，写出虚功方程，找出各虚位移之间的关系，代入虚功方程可求解。

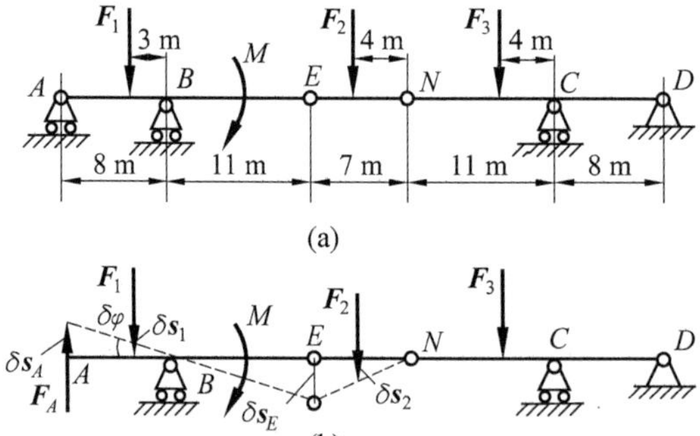

图 16.9

解： 解除支座 A 的约束，代以约束力 $\boldsymbol{F}_A$，如图 16.9(b)所示，将 $\boldsymbol{F}_A$ 看作是主动力，给这系统以虚位移如图 16.9(b)所示，则虚功方程为

$$\delta W_F = 0, \quad F_A\delta s_A - F_1\delta s_1 + M \cdot \delta\varphi + F_2\delta s_2 = 0$$

从图中可看出虚位移之间的关系为

$$\delta\varphi=\frac{\delta s_A}{8},\quad \delta s_1=3\cdot\delta\varphi=\frac{3}{8}\delta s_A,\quad \delta s_E=11\cdot\delta\varphi=\frac{11}{8}\delta s_A$$

而

$$\frac{\delta s_2}{\delta s_E}=\frac{4}{7},\quad \delta s_2=\frac{4}{7}\delta s_E=\frac{4}{7}\cdot\frac{11}{8}\delta s_A=\frac{11}{14}\delta s_A$$

代入虚功方程解得

$$F_A=\frac{3}{8}F_1-\frac{11}{14}F_2-\frac{1}{8}M$$

提示:此题是一个典型的多跨梁的平衡问题,若用列平衡方程的方法求解此力,可先取 EN 梁,对点 N 列一个取矩方程,求出 E 点铅直方向的约束力。然后取梁 ABE,对点 B 列一个取矩方程即可。求解并不复杂,读者可以一试。

由例 16.4、16.5、16.6 可见,求结构中某一支座约束力时,需要解除该支座的约束而代以约束力,并给予虚位移,但要注意不解除结构的其他约束条件。这样,在虚功方程中只有一个未知的约束力而可使计算简化。

对例 16.4、16.5、16.6,若列平衡方程求解,也并不困难,读者可以一试,用虚位移原理求解也算简单。但若要求所有约束力或多处约束力时,需要一个一个地解除约束,代之以力,给出虚位移,列出虚功方程,找虚位移之间的关系求解,这样实际并不方便。从理论上,虚位移原理又被称为静力学普遍方程,可以求解所有静力学问题(当然,静不定问题除外),但在实际应用上,并不是都很方便,特别是对静力学教材中的大部分题目。若用虚位移原理求解所有静力学问题都很方便,则理论力学中静力学的内容可以不学不讲。对此,读者要给予一定的注意。

用虚位移原理做题时,几何法与虚速度法实际是同一类方法,在求解时,两种方法基本上是一样的。但由于在运动学中求速度的训练比较多,用虚速度法求解,可以充分利用运动学中求速度的方法,如写出运动方程求导数、用点的合成运动的方法、刚体平面运动的方法等,因此,用虚速度法求解可能更自然更习惯些。

用虚位移原理做题时,有些题目适合于用几何法(虚速度法)求解,有些题目适合于用解析法求解。有些题目用这些方法都适合,难度相差不大,但有些题目难度则相差很大,这要视具体情况(题目)而定。

用几何法求解时,一般可直接考虑各力做功的正负(但也不绝对),但用解析法求解时,在建坐标系后,列虚功方程时,不用考虑各力做功的正负,各主动力的正负均按投影考虑,各点坐标均按正常方法写出,然后把各坐标进行变分(微分)运算,结果是正即正,是负即负,最后代入虚功方程即可,这样计算一般不易出错。

习　题

16.1　图示曲柄式压榨机的销钉 B 上作用有水平力 $\boldsymbol{F}$,此力位于平面 ABC 内,$AB=BC$,各处摩擦与杆重不计,求对物体的压力。

16.2　在压缩机的手轮上作用一力偶,其矩为 M。手轮轴的两端各有螺距同为 h 但方向相反的螺纹。螺纹上各套有一个螺母 A 和 B,这两个螺母分别与长为 a 的杆铰接,四杆形成菱形框,如图所示。此菱形框的点 D 固定不动,而点 C 连接在压缩机的水平压板上。当菱形框的顶角等于 2θ 时,求压缩机对被压物体的压力。

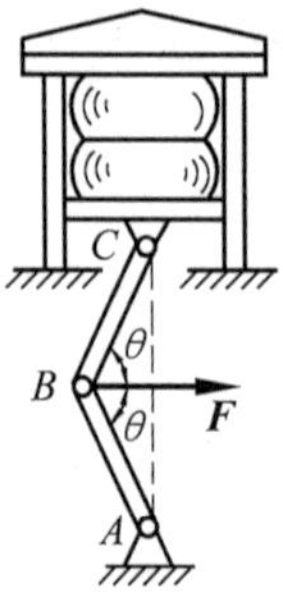

题 16.1 图

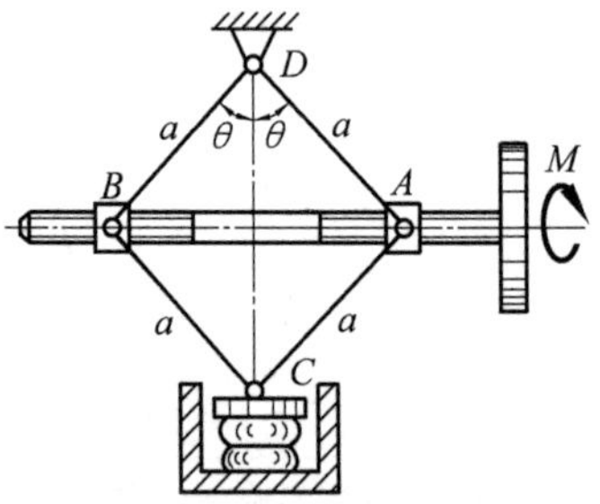

题 16.2 图

16.3 挖土机挖掘部分示意如图，支臂 DEF 不动，液压油缸 AD 伸缩时可通过连杆 AB 使挖斗 BFC 绕 F 转动，$EA=FB=r$。当 $\theta_1=\theta_2=30°$时，杆 $AE\perp DF$，此时油缸推力为 $\boldsymbol{F}$。不计各构件重量，求此时挖斗可克服的最大阻力矩 M。

16.4 图示远距离操纵用的夹钳为对称结构，当操纵杆 EF 向右移动时，两块夹板就会合拢将物体夹住，操纵杆的水平拉力为 $\boldsymbol{F}$，在图示位置两夹板正好相互平行，求被夹物体所受的压力。

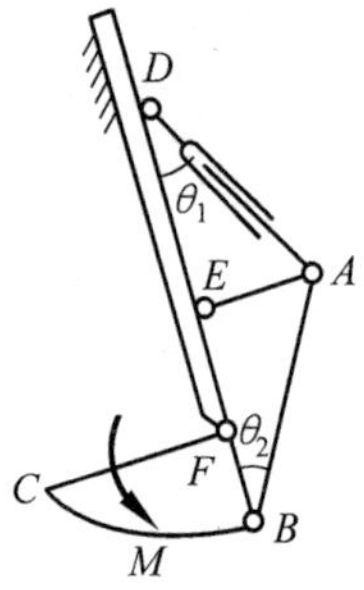

题 16.3 图

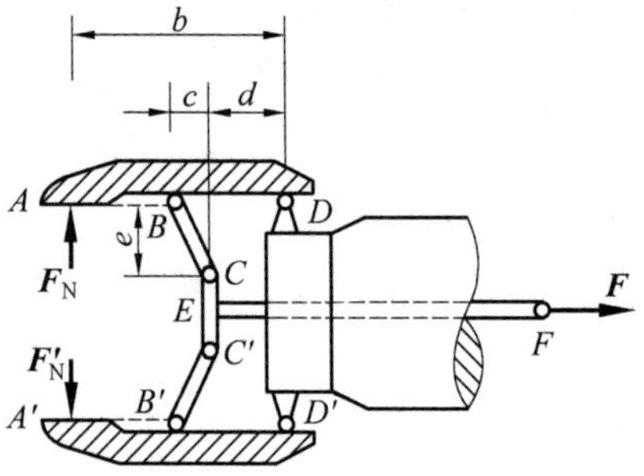

题 16.4 图

16.5 图示机构中，不计各构件自重和各处摩擦，求机构在图示位置平衡时力 $\boldsymbol{F}_1$ 与 $\boldsymbol{F}_2$ 的关系。

16.6 在图示机构中，曲柄 OA 上作用一矩为 M 的力偶，在滑块 D 上作用一水平力 $\boldsymbol{F}$，机构尺寸如图所示，不计各构件自重和各处摩擦。求当机构平衡时，力 $\boldsymbol{F}$ 与力偶矩 M 的关系。

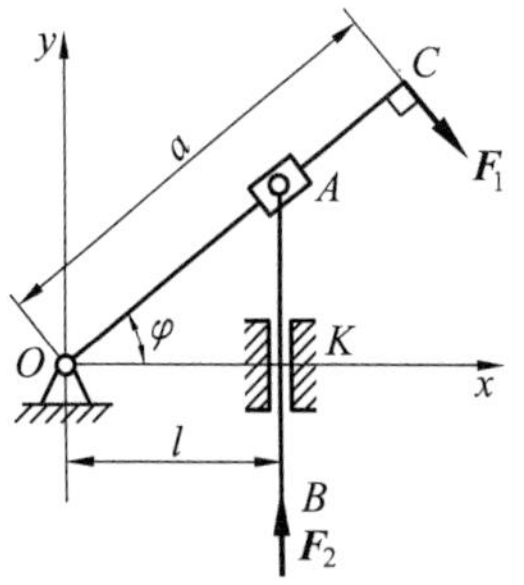

题 16.5 图

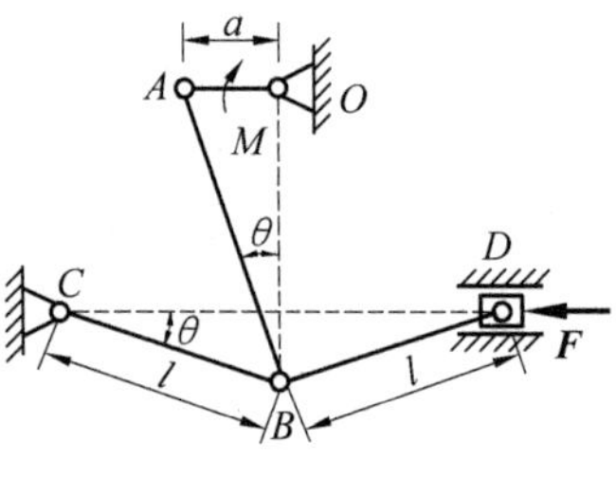

题 16.6 图

16.7 图示滑套 D 套在光滑直杆 AB 上，$\theta=0°$时弹簧为原长，弹簧刚性系数为 5 kN/m，不计各构件自重和各处摩擦。求在图示位置平衡时，应加多大的力偶矩 M?

16.8 图示两等长杆 AB 与 BC 在点 B 用铰链连接，又在杆的 D，E 两点连一弹簧，弹簧的刚性系数为 k，当距离 $AC=a$ 时，弹簧内拉力为零，不计各构件自重和各处摩擦。现在点 C 作用一水平力 $\boldsymbol{F}$，系统平衡，求距离 x 之值。

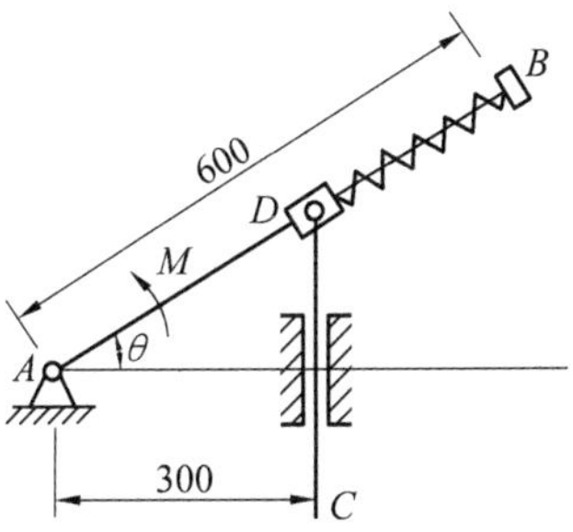

题 16.7 图

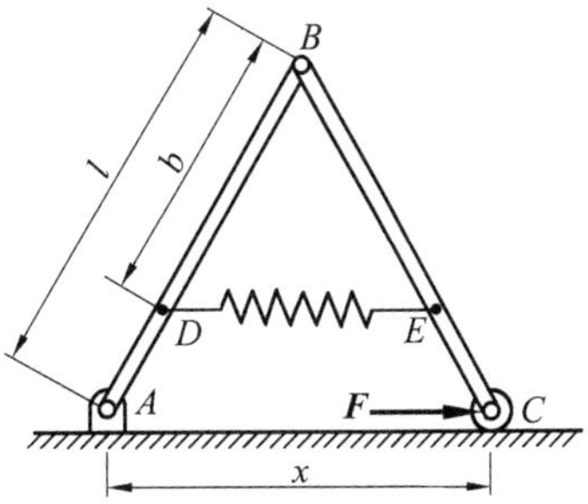

题 16.8 图

16.9　在图示机构中，曲柄 AB 和连杆 BC 为均质杆，具有相同的长度和重量 $\boldsymbol{P}_1$，滑块 C 的重量为 $\boldsymbol{P}_2$，约束都是理想的，求系统在铅垂面内的平衡位置。

16.10　图示机构在力 $\boldsymbol{F}_1$ 和 $\boldsymbol{F}_2$ 作用下在图示位置平衡，不计各构件自重和各处摩擦，$OD=BD=l_1$，$AD=l_2$，求 F_1/F_2 的值。

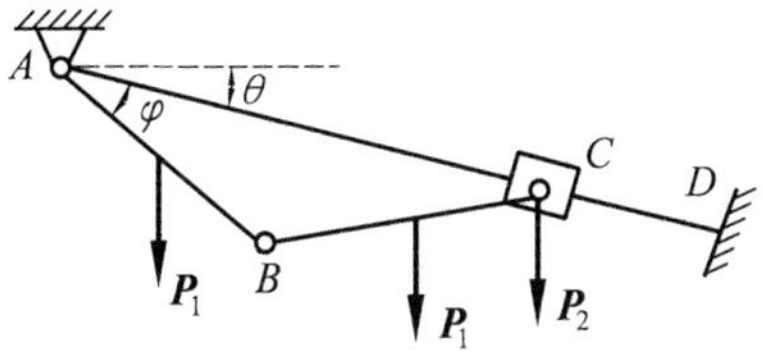

题 16.9 图

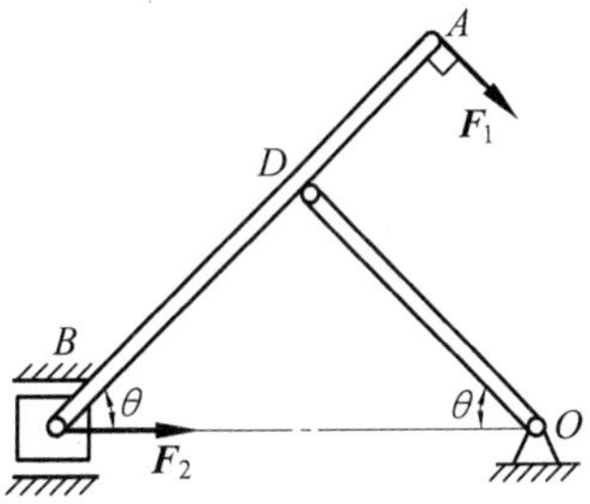

题 16.10 图

16.11　用虚位移原理求图示桁架中杆 3 的内力。

16.12　组合梁荷载分布如图所示，跨度 $l=8$ m，$P=4\ 900$ N，均布力 $q=2\ 450$ N/m，力偶矩 $M=4\ 900$ N·m。求各支座约束力。

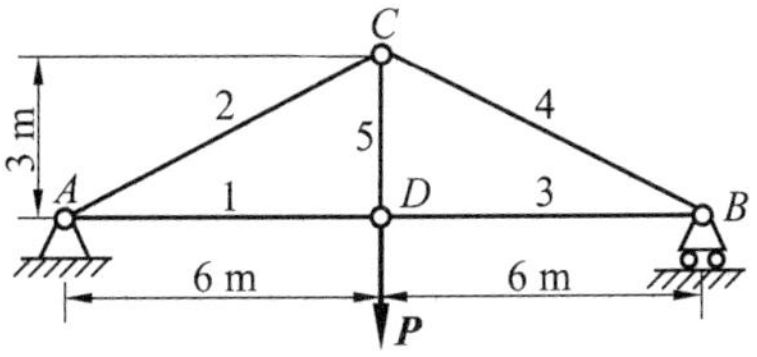

题 16.11 图

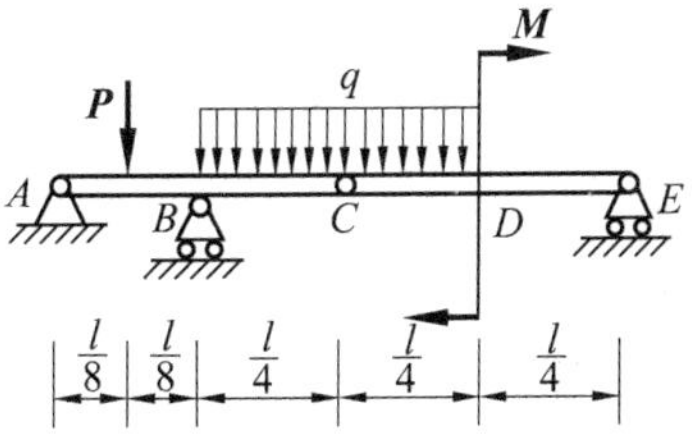

题 16.12 图

第 17 章　机械振动基础

在基本掌握前面所学内容的基础上，即可学习本章。

振动是日常生活和工程中普遍存在的现象，任何一个物理量（如位移、速度、加速度、电压、电流等）在某一位置（或数值）附近从大到小，又从小到大，反复交替变化的运动统称为**振动**。如机械振动、电磁振荡、光的波动、声音的传播、心脏的跳动、大海的波涛等都是振动。而物体的机械振动是很常见的一种振动，任何一个物体在某一位置（一般指平衡位置）附近来回往复的运动被称为**机械振动**。如钟摆的摆动、汽车的颠簸、混凝土振动捣实、各种转动机械由于转轴不是中心惯性主轴引起的振动以及地震等，都是物体的机械振动。一般把物体的机械振动分为如下几类。

(1)按自由度分

分为单自由度系统振动，两自由度系统振动，多自由度系统振动，连续体（无限多个自由度）振动。

(2)按产生振动的原因分

分为自由振动，受迫振动，自激振动，参变振动。

(3)按有无阻尼分

分为无阻尼振动和有阻尼振动。

(4)按振动规律分

分为规律振动（如简谐振动、非简谐振动、周期振动、非周期振动等）和无规律振动（如随机振动）。

(5)按微分方程分

分为线性振动和非线性振动。

(6)按位移特征分

分为线位移振动和角位移振动。

显然，在许多情况下，振动有其有害或非常有害的一面，如许多机械由于机械振动而损坏，机床的振动影响加工精度和表面光洁度，各种交通车辆的振动使乘客感到不舒服，振动的噪音使人烦躁甚至影响健康，震级较大的地震带来巨大的危害等。但振动也有其非常有利的一面，如振动打桩机、振动造型机、振动清沙机、振动筛、混凝土振捣器、地震仪、各种乐器的适宜振动等。所以学习和研究物体的机械振动，掌握物体机械振动的基本规律，可以设法减少振动带来的危害，更好地利用有益的振动，兴利除弊，造福于人。另外，了解了物体的机械振动，还有助于了解其他形式的振动。

本章只研究物体单自由度系统的振动，所谓单自由度系统，简单地说，就是确定系统的位置只需一个独立参数（坐标）的系统。

为方便起见，本章后面多数情况下称机械振动为振动，不再重复说明。

17.1　单自由度系统的无阻尼自由振动

本节讨论物体单自由度系统的无阻尼自由振动，这是机械振动中最简单的振动，通过讨论可以了解振动里最基本的概念，为研究后面的问题打下基础。

一般称图 17.1 所示系统为**质量一弹簧系统**，此系统是由不计质量的弹簧和不计弹性的质量（物体）组成，是研究振动问题的最简单最基本的力学模型。在没有外界干扰时，系统在位置 O 保持平衡，称点 O 为**平衡位置**。如果给系统以初干扰（初位移或初速度），系统就在平衡位置附近上、下做往复运动，因为物体偏离平衡位置后，弹簧因变形而产生弹性力将物体拉回到平衡位置，当物体回到平衡位置时，又由于其自身的惯性使系统继续运动，从而又偏离平衡位置，如此不断地循环往复就形成了振动。在质量一弹簧系统中，当系统离开平衡位置时，始终有一种使系统回到平衡位置的力，称这样的力为**恢复力**。称系统受到初干扰后，只在恢复力作用下，在平衡位置附近所做的往复运动为**无阻尼自由振动**。

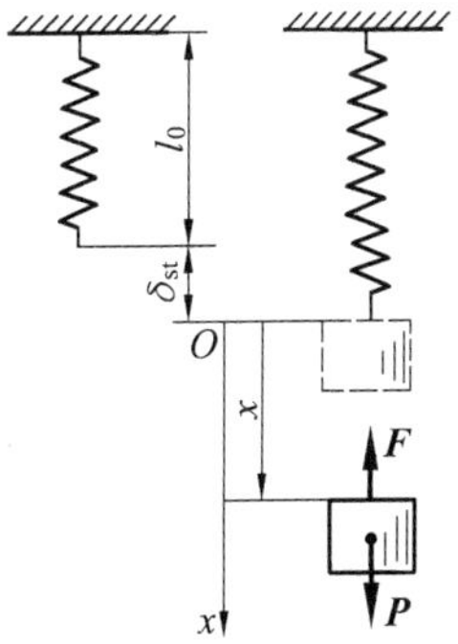

图 17.1

1. 无阻尼自由振动微分方程和其解

对图 17.1 所示的系统，为分析其运动规律，先列出其运动微分方程。

设弹簧的原长为 l_0，刚度系数为 k。在重力 $\boldsymbol{P}=m\boldsymbol{g}$ 作用下弹簧的变形为 δ_{st}，称为静变形，系统在这一位置为平衡位置。平衡时重力 $\boldsymbol{P}$ 和弹性力 $\boldsymbol{F}$ 大小相等，有

$$P=F=k\delta_{st}$$

则

$$\delta_{st}=\frac{P}{k}$$

为研究问题的方便，取系统的平衡位置点 O 为坐标原点，x 轴的正向铅直向下，如图 17.1 所示，则重物在任意位置 x 处弹簧力 $\boldsymbol{F}$ 在 x 轴上的投影为

$$F=-k\delta=-k(\delta_{st}+x)$$

由牛顿第二定律有

$$m\frac{d^2x}{dt^2}=P-k(\delta_{st}+x)=P-k\delta_{st}-kx$$

有

$$m\frac{d^2x}{dt^2}=-kx \tag{17.1}$$

此即该系统的运动微分方程。

设

$$\omega_n^2=\frac{k}{m} \tag{17.2}$$

则式(17.1)变为

$$\frac{d^2x}{dt^2}+\omega_n^2x=0 \tag{17.3}$$

称此式为单自由度系统无阻尼自由振动微分方程的标准形式，它是一个二阶齐次线性常系数微分方程。按数学里求解微分方程的理论，此微分方程的解为

$$x=A\sin(\omega_nt+\theta) \tag{17.4}$$

式中，A 和 θ 相当于两个积分常数，由初始条件来确定。

此式表明，无阻尼自由振动是简谐振动，振动中心在平衡位置。

2. 关于振动的一些重要概念

(1)振幅、相位和初相位

式(17.4)中的 A 被称为**振幅**，是物体偏离振动中心的最大距离。称$(\omega_nt+\theta)$为**相位**(或**相位角**)，相位决定了物体在某瞬时 t 的位置，具有角度的量纲。而称 θ 为**初相位**，它决定了物体运动的起始位置。

振幅和初相位均由系统运动的初始条件来确定，设在初始 $t=0$ 时，物体的坐标是 $x=x_0$，速度是 $v=v_0$。为确定振幅 A 和初相位 θ，将式(17.4)对时间求一阶导数，得物体的速度为

$$v=\frac{dx}{dt}=A\omega_n\cos(\omega_nt+\theta) \tag{17.5}$$

将初始条件代入式(17.4)和(17.5)得

$$x_0=A\sin\theta$$

$$v_0=A\omega_n\cos\theta$$

由上述两式，得到振幅 A 和初相位 θ 的表达式为

$$\left.\begin{aligned} A &= \sqrt{x_0^2 + \frac{v_0^2}{\omega_n^2}} \\ \tan\theta &= \frac{\omega_n x_0}{v_0} \end{aligned}\right\} \tag{17.6}$$

(2)周期、固有频率和固有圆频率

称系统每振动一次所需的时间为**周期**，以 T 表示，单位是 s(秒)。由式(17.4)，每经过一个周期，相位就增加 2π，故有

$$[\omega_n(t+T)+\theta]-(\omega_n t+\theta)=2\pi$$

由此得自由振动的周期为

$$T=\frac{2\pi}{\omega_n}=2\pi\sqrt{\frac{m}{k}} \tag{17.7}$$

称系统在每秒钟内振动的次数为**固有频率**，以 f 表示，单位是 Hz(赫兹)，它与周期 T 互为倒数，即

$$f=\frac{1}{T}=\frac{1}{2\pi}\sqrt{\frac{k}{m}} \tag{17.8}$$

由式(17.7)得

$$\omega_n=\frac{2\pi}{T}=2\pi f \tag{17.9}$$

所以 ω_n 表示 2π 秒内的振动次数，称为**固有圆频率**，单位是 rad/s(弧度/秒)。

从式(17.8)、(17.9)或式(17.2)可知，固有频率 f 与固有圆频率 ω_n 只决定于系统的固有参数——物体的质量 m 和弹簧的刚度 k，而与运动的初始条件无关，它是振动系统的固有特性，所以称为固有频率和固有圆频率。

对图 17.1 所示的振动系统，因 $m=\frac{P}{g}$，$k=\frac{P}{\delta_{st}}$，代入 $\omega_n=\sqrt{\frac{k}{m}}$，得

$$\omega_n=\sqrt{\frac{g}{\delta_{st}}} \tag{17.10}$$

此式表明，对这样的振动系统，只要知道重力作用下的静变形，就可求得系统的固有圆频率。例如，我们可以根据车厢下面弹簧的压缩量来估算车厢上下振动的频率。显然，满载车厢的弹簧静变形比空载车厢大，则其振动频率比空载车厢低。

例 17.1 质量为 $m=0.5$ kg 的物块，沿光滑斜面无初速度滑下，如图 17.2 所示。当物块下落高度 $h=0.1$ m 时撞于无质量的弹簧上并与弹簧不再分离。弹簧刚度 $k=0.8$ kN/m，倾角 $\beta=30°$，求此系统振动的固有圆频率和振幅，并给出物块的运动方程。

解题分析与思路：系统振动的固有圆频率按公式 $\omega_n=\sqrt{\frac{k}{m}}$ 计算即可，其与斜面的倾角 β 无关。斜面的倾角会影响系统的静平衡(振动中心)位置，不会影响系统的运动微分方程。为对此有个清晰的了解，写出系统的运动微分方程便可知。然后确定初始条件，由此确定振幅和初相位，从而确定物块的运动方程。

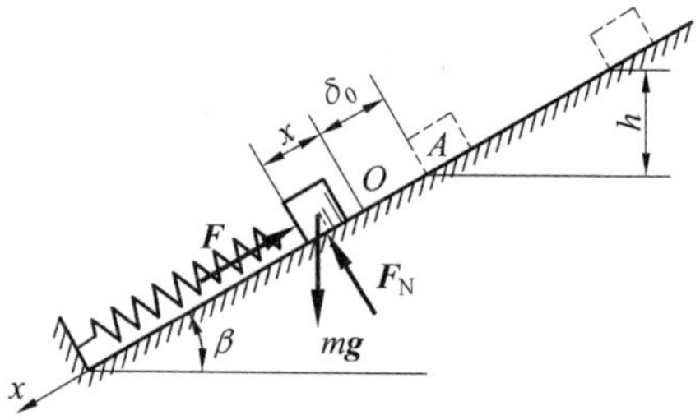

图 17.2

解： 系统平衡时，弹簧力与重力的关系为

$$k\delta_0=mg\sin\beta$$

以物块静平衡位置 O 为原点，取 x 轴如图 17.2 所示。由牛顿第二定律，物块沿 x 轴的运动微分方程为

$$m\frac{d^2x}{dt^2}=mg\sin\beta-k(\delta_0+x)$$

整理得

$$m\frac{d^2x}{dt^2}+kx=0$$

此系统的通解为　$x=A\sin(\omega_n t+\theta)$

此系统的固有圆频率为　$\omega_n=\sqrt{\frac{k}{m}}=\sqrt{\frac{0.8\times 1\ 000}{0.5}}\ \text{rad/s}=40\ \text{rad/s}$

系统的初始条件为，$t=0$ 时，$x_0=-\delta_0=-\frac{0.5\times 9.8\times \sin 30°}{0.8\times 1\ 000}\ \text{m}=-3.06\times 10^{-3}\ \text{m}$，

$$v_0=\sqrt{2gh}=\sqrt{2\times 9.8\times 0.1}=1.4\ \text{m/s}$$

代入式(17.6)，得振幅与初相位为

$$A=\sqrt{x_0^2+\frac{v_0^2}{\omega_n^2}}=35.1\ \text{mm}$$

$$\theta=\arctan\frac{\omega_n x_0}{v_0}=-0.087\ \text{rad}$$

则此物块的运动方程为

$$x=35.1\sin(40t-0.087)$$

例 17.2　图 17.3 所示无重弹性梁，当其中部放置质量为 m 的物块时，其静挠度为2 mm，将此物块在梁未变形位置处无初速释放，求系统的振动规律。

解题分析与思路：工程中的许多振动问题，都可简化为图 17.1 所示的质量—弹簧系统，此例即是如此。无重弹性梁相当于弹簧，其静挠度相当于弹簧的静变形，从而可确定系统的固有圆频率。取其平衡位置为坐标原点，沿铅直方向建一坐标轴，列出系统的运动微分方程，考虑初始条件可求解。

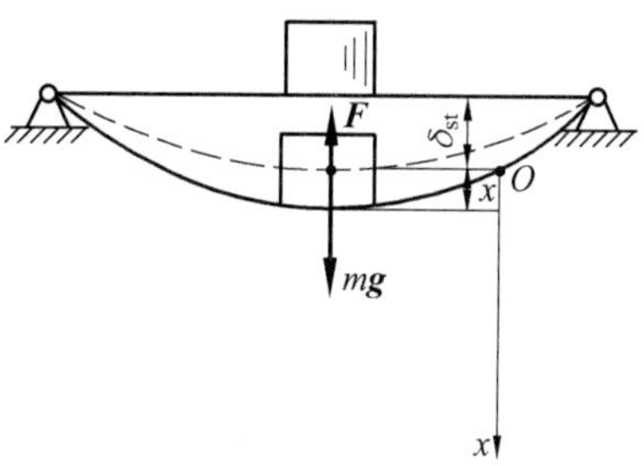

图 17.3

解：　此系统相当于质量—弹簧系统，梁的刚度系数为

$$k=\frac{mg}{\delta_{st}}$$

系统的固有圆频率为

$$\omega_n=\sqrt{\frac{k}{m}}=\sqrt{\frac{g}{\delta_{st}}}=\sqrt{\frac{9\ 800}{2}}\ \text{rad/s}=70\ \text{rad/s}$$

取其静平衡位置为坐标原点，x 轴方向铅直向下，列出系统的运动微分方程为

$$m\frac{d^2x}{dt^2}=mg-k(\delta_{st}+x)=-kx$$

即　$$m\frac{d^2x}{dt^2}+kx=0$$

其解为　$$x=A\sin(\omega_n t+\theta)$$

初始条件为 $t=0$ 时，$x_0=-\delta_{st}=-2\ \text{mm}$，$v_0=0$

则振幅为　$$A=\sqrt{x_0^2+\frac{v_0^2}{\omega_n^2}}=2\ \text{mm}$$

初相位为　$$\theta=\arctan\frac{\omega_n x_0}{v_0}=\arctan(-\infty)=-\frac{\pi}{2}$$

最后得系统的自由振动规律为　$x=-2\cos 70t$

讨论：从上面的推导可知，图 17.1～17.3 所示的系统虽然形式不一样，但其振动微分方程相同。

3. 弹簧的并联与串联

工程中所用的弹簧往往不止一个，而是由几个弹簧并联或串联而成，那么，其能不能用一个弹簧来等效代替？用一个弹簧代替后，其等效弹簧刚度等于什么？固有圆频率等于什么？下面予以讨论。

图 17.4 表示的系统称为弹簧的并联，两弹簧的刚度系数分别为 k_1 和 k_2，设物块做平移，则图 17.4(a)、(b)所示系统弹簧的变形量 δ_{st} 相同，两弹簧的弹性力分别为

$$F_1=k_1\delta_{st},\quad F_2=k_2\delta_{st}$$

系统平衡时，有

$$mg=F_1+F_2=(k_1+k_2)\delta_{st}$$

令
$$k_{eq}=k_1+k_2 \tag{17.11}$$

称 k_{eq} 为弹簧的等效刚度系数，有

$$mg=k_{eq}\delta_{st}$$

即相当于两根弹簧可以用一根弹簧来代替，此弹簧的刚度系数为 k_{eq}。此时系统的固有圆频率为

$$\omega_n=\sqrt{\frac{k_{eq}}{m}}=\sqrt{\frac{k_1+k_2}{m}}$$

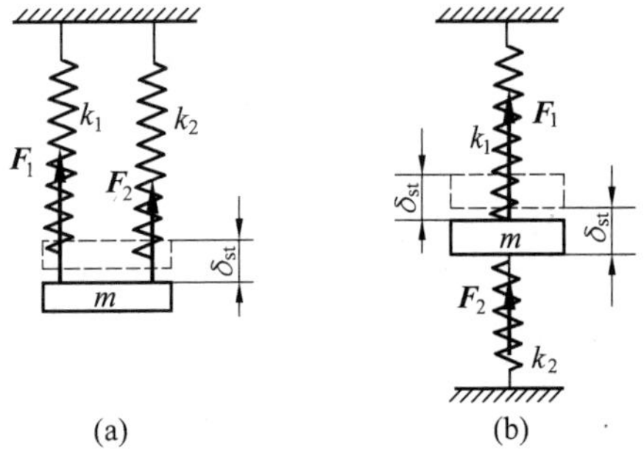

图 17.4

即当两个弹簧并联时，其可以用一根弹簧等效代替，弹簧的等效刚度系数等于两个弹簧刚度系数的和。这一结论可以推广到多个弹簧并联的情形。

图 17.5 表示的系统称为弹簧的串联，两弹簧的刚度系数分别为 k_1 和 k_2，此种情况下，每根弹簧所受的力都等于物块的重量 mg，因此两个弹簧的静伸长分别为

$$\delta_{st1}=\frac{mg}{k_1},\quad \delta_{st2}=\frac{mg}{k_2}$$

两个弹簧总的静伸长为

$$\delta_{st}=\delta_{st1}+\delta_{st2}=mg\left(\frac{1}{k_1}+\frac{1}{k_2}\right)$$

若这两根弹簧用一根弹簧代替，设其等效弹簧刚度为 k_{eq}，应有

$$\delta_{st}=\frac{mg}{k_{eq}}$$

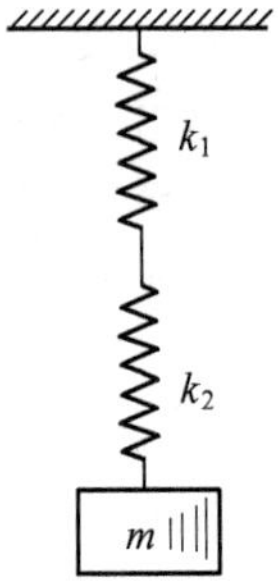

图 17.5

比较上面两式得

$$\frac{1}{k_{eq}}=\frac{1}{k_1}+\frac{1}{k_2} \tag{17.12}$$

或
$$k_{eq}=\frac{k_1k_2}{k_1+k_2} \tag{17.13}$$

因此弹簧串联系统的固有圆频率为

$$\omega_n=\sqrt{\frac{k_{eq}}{m}}=\sqrt{\frac{k_1k_2}{m(k_1+k_2)}} \tag{17.14}$$

由此可见，当两个弹簧串联时，其等效弹簧刚度系数的倒数等于两个弹簧刚度系数倒数的和。这一结论可以推广到多个弹簧串联的情形。

4. 计算固有圆频率的能量法

对于振动问题，确定其固有圆频率是很重要的，上面均通过建立系统的振动微分方程来计算系统的固有圆频率。下面介绍另外一种计算圆固有频率的方法，称为能量法。对于一些较复杂的系统，有时用这种方法相对方便一些。

对图 17.1 所示的单自由度无阻尼振动系统，当系统做自由振动时，物块的运动为简谐振动，它的运动规律可以写为

$$x=A\sin(\omega_n t+\theta)$$

其速度为

$$v=\frac{dx}{dt}=\omega_n A\cos(\omega_n t+\theta)$$

在瞬时 t 物块的动能为

$$T=\frac{1}{2}mv^2=\frac{1}{2}m\omega_n^2A^2\cos^2(\omega_n t+\theta)$$

而系统的势能 V 为弹簧势能与重力势能的和，选平衡位置为零势能点，有

$$V=\frac{1}{2}k\left[(x+\delta_{st})^2-\delta_{st}^2\right]-Px$$

注意到 $k\delta_{st}=P$，则

$$V=\frac{1}{2}kx^2=\frac{1}{2}kA^2\sin^2(\omega_n t+\theta)$$

可见，对于有重力影响的弹性系统，如果以平衡位置为零势能位置，则重力势能与弹性力势能之和等于由平衡位置处计算的弹簧变形所产生的单独弹性力的势能。

当物块处于平衡位置（振动中心）时，其速度达到最大，系统具有最大动能

$$T_{max}=\frac{1}{2}m\omega_n^2A^2 \tag{17.15}$$

当物块处于偏离振动中心的极端位置时，其位移最大，系统具有最大势能

$$V_{max}=\frac{1}{2}kA^2 \tag{17.16}$$

无阻尼自由振动系统是保守系统，系统的机械能守恒。选平衡位置为零势能点，则在平衡位置时，系统的势能为零，其动能 T_{max} 就是全部机械能。而在振动的极端位置时，系统的动能为零，其势能 V_{max} 等于其全部机械能。由机械能守恒定律，有

$$T_{max}=V_{max} \tag{17.17}$$

由此可得到系统的固有频率为

$$\omega_n=\sqrt{\frac{k}{m}}$$

根据上述道理，可以求出其他类型机械振动系统的固有圆频率，称用这种方法确定系统固有圆频率的方法为能量法，下面举例说明。

例 17.3　在图 17.6 所示振动系统中，摆杆 OA 对铰接点 O 的转动惯量为 J，在杆的点 A 和 B 各安置一个刚度系数分别为 k_1 和 k_2 的弹簧，系统在水平位置处于平衡，求系统做微振动时的固有圆频率。

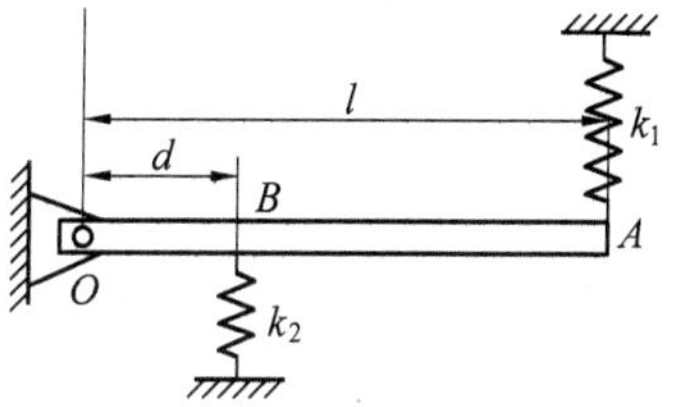

图 17.6

解题分析与思路：用能量法确定此系统的固有圆频率，此系统的振动为角振动，设系统的振动规律为 $\varphi=\Phi\sin(\omega_n t+\theta)$，对时间求一次导数有 $\omega=\Phi\omega_n\cos(\omega_n t+\theta)$，由此可得系统的最大动能。以静平衡位置为零势能点，写出系统的最大势能，由能量法可得系统的固有圆频率。

解：　设系统的振动规律为

$$\varphi=\Phi\sin(\omega_n t+\theta)$$

则系统振动时摆杆的动能为

$$T=\frac{1}{2}J\omega^2=\frac{1}{2}J\Phi^2\omega_n^2\cos^2(\omega_n t+\theta)$$

最大动能为

$$T_{max}=\frac{1}{2}J\omega_n^2\Phi^2$$

摆杆的最大角位移为 Φ，选静平衡位置为零势能点，这样计算系统势能时可以不考虑重力，而由平衡位置计算弹簧变形，此时最大势能等于两个弹簧最大势能之和，有

$$V_{max}=\frac{1}{2}k_1(l\Phi)^2+\frac{1}{2}k_2(d\Phi)^2=\frac{1}{2}(k_1l^2+k_2d^2)\Phi^2$$

由机械能守恒定律有

$$T_{max}=V_{max}$$

即
$$\frac{1}{2}J\omega_n^2\Phi^2=\frac{1}{2}(k_1l^2+k_2d^2)\Phi^2$$

则得系统的固有圆频率为

$$\omega_n=\sqrt{\frac{k_1l^2+k_2d^2}{J}}$$

例 17.4 图 17.7 所示两个相同的塔轮，相啮合的齿轮半径皆为 R，半径为 r 的鼓轮上绕有细绳，轮Ⅰ连一铅直弹簧，轮Ⅱ挂一重物。塔轮对轴的转动惯量皆为 J，弹簧刚度系数为 k，重物质量为 m。求此系统振动的固有圆频率。

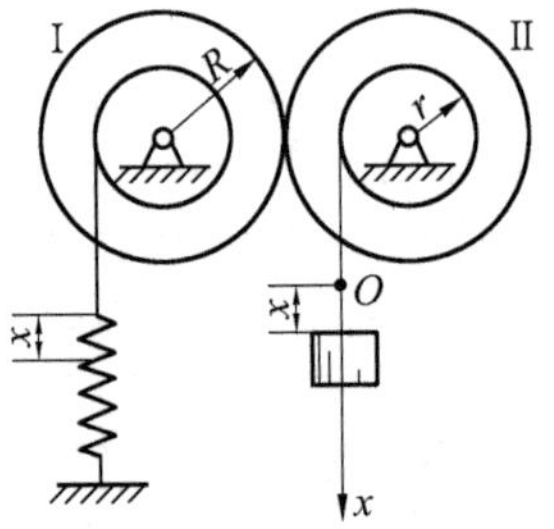

图 17.7

解题分析与思路：用能量法确定此系统的固有圆频率。设系统的振动规律为 $x=A\sin(\omega_nt+\theta)$，写出系统动能的表达式，得最大动能。以静平衡位置为零势能点，写出系统的最大势能，可得系统的固有圆频率。

解：以系统静平衡时重物的位置为坐标原点，取 x 轴如图 17.7 所示。重物于任意坐标 x 处，速度为 $\dot{x}$，两塔轮的角速度皆为 $\omega=\dot{x}/r$，则系统动能为

$$T=\frac{1}{2}m\dot{x}^2+2\times\frac{1}{2}J\left(\frac{\dot{x}}{r}\right)^2=\left(\frac{1}{2}m+\frac{J}{r^2}\right)\dot{x}^2$$

设系统的振动规律为 $x=A\sin(\omega_nt+\theta)$，则 $\dot{x}=A\omega_n\cos(\omega_nt+\theta)$，系统的动能为

$$T=\left(\frac{1}{2}m+\frac{J}{r^2}\right)A^2\omega_n^2\cos^2(\omega_nt+\theta)$$

最大动能为
$$T_{max}=\left(\frac{1}{2}m+\frac{J}{r^2}\right)A^2\omega_n^2$$

系统平衡处弹簧虽有拉长，但如前所述，从平衡位置起计算弹性变形，可以不再计入重力与弹簧静变形的势能。由几何关系，当重物位于 x 处，弹簧由平衡位置计算的变形量也是 x，则系统的最大势能为

$$V_{max}=\frac{1}{2}kA^2$$

由机械能守恒定律有
$$T_{max}=V_{max}$$

即
$$T_{max}=\left(\frac{1}{2}m+\frac{J}{r^2}\right)A^2\omega_n^2=\frac{1}{2}kA^2$$

则得系统的固有圆频率为
$$\omega_n=\sqrt{\frac{kr^2}{mr^2+2J}}$$

17.2 单自由度系统的有阻尼自由振动

无阻尼自由振动的规律是简谐振动，即振动一旦发生，将永远保持等幅的周期振动，但实际上并不是如此，自由振动的振幅是衰减的，经过一定的时间后，振动会完全停止。这是因为，实际的振动系统总是不可避免地存在着各种阻力，一般习惯称之为阻尼，阻尼将不断地消耗系统的能量，使振动逐渐衰减直至最后完全消失。

1. 阻尼

振动过程中的阻力习惯上被称为**阻尼**。产生阻尼的原因很多，例如在介质中振动时的介质阻尼、由于材料变形而产生的内阻尼和由于接触面的摩擦而产生的干摩擦阻尼等。当振动速度不大时，由于介质黏性引起的阻力近似地与速度的一次方成正比，称这样的阻尼为**黏性阻尼**。设振动物体的速度为 $\boldsymbol{v}$，则黏性阻尼的阻力 $\boldsymbol{F}_c$ 可以表示为

$$\boldsymbol{F}_c = -c\boldsymbol{v} \tag{17.18}$$

其中比例常数 c 被称为**黏性阻尼系数**(简称为**阻尼系数**),负号表示阻尼与速度方向相反。

当振动系统中存在黏性阻尼时,经常用如图 17.8(a)所示的阻尼元件表示。黏性阻尼是最常见的一种阻尼,本节就讨论这种阻尼。这样,一般的机械振动系统都可以简化为由惯性元件(m)、弹性元件(k)和阻尼元件(c)组成的系统。

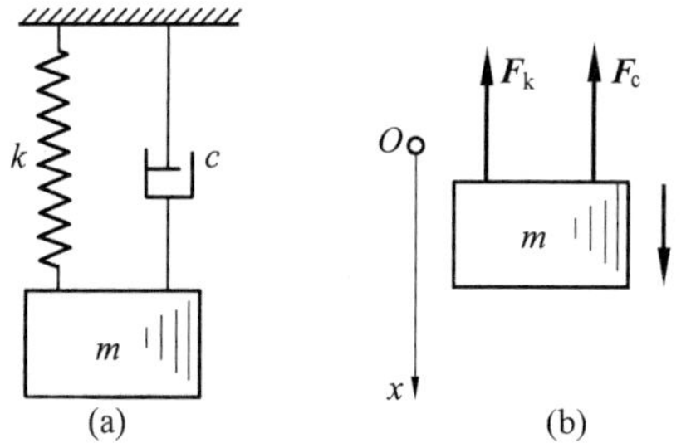

图 17.8

2. 运动微分方程

现建立图 17.8(a)所示系统的自由振动微分方程。前面的讨论已经表明,以平衡位置为坐标原点,在建立此系统的振动微分方程时可以不再计入重力与弹簧静变形的作用。这样,在振动过程中作用在物块上的力有(图 17.8(b))恢复力 $\boldsymbol{F}_k$,方向指向平衡位置 O,大小与偏离平衡位置的距离成正比,即

$$F_k = -kx$$

黏性阻尼力 $\boldsymbol{F}_c$ 的方向与速度方向相反,大小与速度成正比,即

$$F_c = -cv_x = -c\frac{dx}{dt}$$

物块的运动微分方程为

$$m\frac{d^2x}{dt^2} = -kx - c\frac{dx}{dt}$$

将上式两端除以 m,并令

$$\omega_n^2 = \frac{k}{m},\quad n = \frac{c}{2m} \tag{17.19}$$

式(17.19)可整理为

$$\frac{d^2x}{dt^2} + 2n\frac{dx}{dt} + \omega_n^2 x = 0 \tag{17.20}$$

此式为单自由度系统有阻尼自由振动微分方程的标准形式,是一个二阶齐次常系数线性微分方程。由微分方程理论知,随着 n 与 ω_n 的不同,其解也有很大的不同。下面按 $n<\omega_n$,$n>\omega_n$ 和 $n=\omega_n$ 三种不同情形分别讨论。

(1)小(欠)阻尼情形($n<\omega_n$)

当 $n<\omega_n$ 时,阻尼系数 $c<2\sqrt{mk}$,这时阻尼较小,称为小阻尼情形。由微分方程理论,这时微分方程(17.20)的解为

$$x = Ae^{-nt}\sin\left(\sqrt{\omega_n^2 - n^2}\,t + \theta\right) \tag{17.21}$$

或

$$x = Ae^{-nt}\sin(\omega_d t + \theta) \tag{17.21$'$}$$

其中 A 和 θ 为两个积分常数,由运动的初始条件确定。而 $\omega_d = \sqrt{\omega_n^2 - n^2}$,表示有阻尼自由振动的圆频率。

设在 $t=0$ 初瞬时,物块的坐标为 $x=x_0$,速度 $v=v_0$,仿照求无阻尼自由振动的振幅和初相位的求法,可求得有阻尼自由振动中的振幅和相位为

$$A = \sqrt{x_0^2 + \frac{(v_0 + nx_0)^2}{\omega_n^2 - n^2}} \tag{17.22}$$

$$\tan\theta = \frac{x_0\sqrt{\omega_n^2 - n^2}}{v_0 + nx_0} \tag{17.23}$$

式(17.21)是小阻尼情形下的自由振动表达式,这种振动的振幅是随时间不断衰减的,所以又称为**衰减震动**。衰减振动的运动图线如图 17.9 所示。

由衰减振动的表达式(17.21)知，这种振动不符合周期振动的定义，所以不是周期振动。但这种振动仍然是围绕平衡位置的往复运动，仍具有振动的特点。习惯将物块从一个最大偏离位置到下一个最大偏离位置所需的时间称为衰减振动的周期，记为 T_d，如图17.9所示。由式(17.21)知

$$T_d=\frac{2\pi}{\omega_d}=\frac{2\pi}{\sqrt{\omega_n^2-n^2}} \tag{17.24}$$

或

$$T_d=\frac{2\pi}{\omega_n\sqrt{1-\left(\frac{n}{\omega_n}\right)^2}}=\frac{2\pi}{\omega_n\sqrt{1-\zeta^2}} \tag{17.25}$$

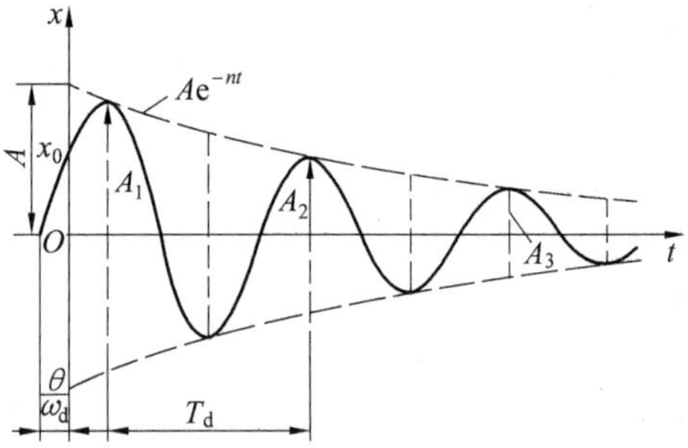

图 17.9

其中

$$\zeta=\frac{n}{\omega_n}=\frac{c}{2\sqrt{mk}} \tag{17.26}$$

称 ζ 为**阻尼比**。阻尼比是振动系统中反映阻尼特性的重要参数，在小阻尼情形下，$\zeta<1$。由式(17.25)可以得到有阻尼自由振动的周期 T_d、频率 f_d 和圆频率 ω_d 与相应的无阻尼自由振动的 T,f 和 ω_n 的关系为

$$T_d=\frac{T}{\sqrt{1-\zeta^2}},\quad f_d=f\sqrt{1-\zeta^2},\quad \omega_d=\omega_n\sqrt{1-\zeta^2}$$

由上述三式可以看到，由于阻尼的存在，使系统自由振动的周期增大，频率减小。在空气中的振动系统阻尼比都比较小，对振动频率影响不大，一般可以认为 $\omega_d=\omega_n$，$T_d=T$。

由衰减振动的运动规律式(17.21)可见，其中 Ae^{-nt} 相当于振幅。设在某瞬时 t_i，振动达到的最大偏离值为 A_i，有

$$A_i=Ae^{-nt_i}$$

经过一个周期 T_d 后，系统到达另一个比前者略小的最大偏离值 A_{i+1}，参看图 17.9，有

$$A_{i+1}=Ae^{-n(t_i+T_d)}$$

这两个相邻振幅之比为

$$\frac{A_i}{A_{i+1}}=\frac{Ae^{-nt_i}}{Ae^{-n(t_i+T_d)}}=e^{nT_d} \tag{17.27}$$

称这个比值为**振幅减缩率**。从上式可以看到，任意两个相邻振幅之比为一常数，所以衰减振动的振幅呈几何级数减小，很快趋近于零。

上述分析表明，在小阻尼情况下，阻尼对自由振动的频率影响较小，但阻尼对自由振动的振幅影响则很大，使振幅呈几何级数下降。例如，当阻尼比 $\xi=0.5$ 时，可以计算出其振动频率只比无阻尼自由振动时下降 0.125%，而振幅减缩率为 73%。经过 10 个周期后，振幅只有原振幅的 4.3%。

对式(17.27)的两端取自然对数得

$$\delta=\ln\frac{A_i}{A_{i+1}}=nT_d \tag{17.28}$$

称 δ 为**对数减幅系数**。

将式(17.25)和(17.26)代入式(17.28)可以建立对数减幅系数 δ 与阻尼比 ζ 的关系为

$$\delta=\frac{2\pi\zeta}{\sqrt{1-\zeta^2}}\approx 2\pi\zeta \tag{17.29}$$

上式表明对数减幅系数 δ 与阻尼比 ζ 之间只差 2π 倍，因此 δ 也是反映阻尼特性的一个参数。

(2)临界阻尼和大阻尼情形($n=\omega_n$,$n>\omega_n$)

当 $n=\omega_n$($\zeta=1$)时，称为临界阻尼情形。这时系统的阻尼系数用 c_c 表示，称 c_c 为**临界阻尼系数**。从式(17.26)得

$$c_c=2\sqrt{mk} \tag{17.30}$$

在临界阻尼情况下，微分方程(17.20)的解为

$$x=\mathrm{e}^{-nt}(C_1+C_2 t) \tag{17.31}$$

式中，C_1 和 C_2 为两个积分常数，由运动的起始条件决定。

此式表明，这时物体的运动是随时间的增长而无限地趋向平衡位置，因此运动已不具有振动的特点。

当 $n>\omega_\mathrm{n}(\zeta>1)$ 时，称为大阻尼情形，此时阻尼系数 $c>c_\mathrm{c}$。在这种情形下，微分方程式(17.20)的解为

$$x=-\mathrm{e}^{-nt}(C_1\mathrm{e}^{\sqrt{n^2-\omega_\mathrm{n}^2}t}+C_2\mathrm{e}^{-\sqrt{n^2-\omega_\mathrm{n}^2}t}) \tag{17.32}$$

式中，C_1 和 C_2 为两个积分常数，由运动起始条件来确定，运动图线如图 17.10 所示，也不再具有振动性质。

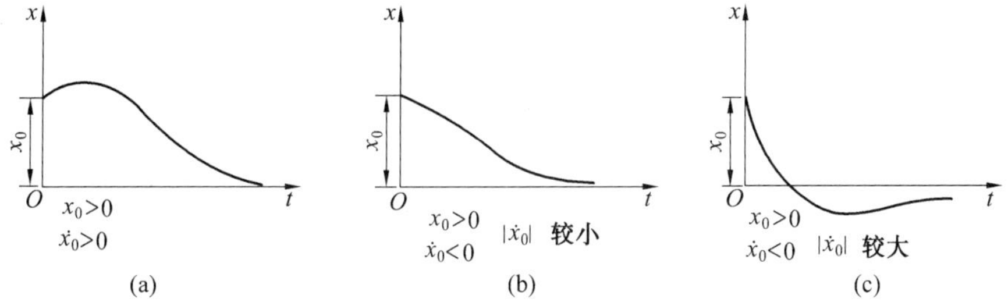

图 17.10

例 17.5　图 17.8 所示弹簧质量阻尼系统，其物块质量为 0.05 kg，弹簧刚度系数 $k=2\ 000$ N/m，系统发生自由振动，测得其相邻两个振幅之比 $\dfrac{A_i}{A_{i+1}}=\dfrac{100}{98}$。求系统的临界阻尼系数和阻尼系数各为多少？

解题分析与思路：此题是对对数减幅系数、阻尼比、临界阻尼系数和阻尼系数的一个基本计算，意在对这些基本概念有一个熟悉过程。按相应的公式计算即可。

解：　由公式(17.28)首先求出对数减幅系数

$$\delta=\ln\frac{A_i}{A_{i+1}}=\ln\frac{100}{98}=0.020\ 2$$

阻尼比为

$$\zeta=\frac{\delta}{2\pi}=0.003\ 215$$

系统的临界阻尼系数为

$$c_\mathrm{c}=2\sqrt{mk}=2\sqrt{0.05\times 2\ 000}\ \mathrm{N\cdot s/m}=20\ \mathrm{N\cdot s/m}$$

阻尼系数为

$$c=\zeta c_\mathrm{c}=0.064\ 3\ \mathrm{N\cdot s/m}$$

17.3　单自由度系统的无阻尼受迫振动

工程中的自由振动，都会由于阻尼的存在而逐渐衰减，最后完全停止。但实际上又存在大量不衰减的持续振动，这是由于系统承受外加的激振力或激励位移等外部激励，外界有能量输入以补充阻尼的消耗。称在外部激励作用下所产生的振动为**受迫振动**。例如，图 17.11 所示，弹性梁上的电动机由于转子偏心，在转动时引起的振动等。

一般地说，干扰力或激励是多种多样的，可分为简谐激振、周期激振、非周期激振、随机激振等。工程中常见的激振力多是周期变化的，一般回转机械、往复式机械、交流电磁铁等多会引起周期激振力。简谐激振力是一种常见的典型的简单的周期变化的激振力，本书只讨论这种简谐激振力的情形。简谐激振力随时间变化的规律可以写成

$$F=H\sin(\omega t+\varphi) \tag{17.33}$$

式中，H 为激振力的力幅，即激振力的最大值；ω 为激振力的圆频率；φ 为激振力的初相位，它们都是定值。

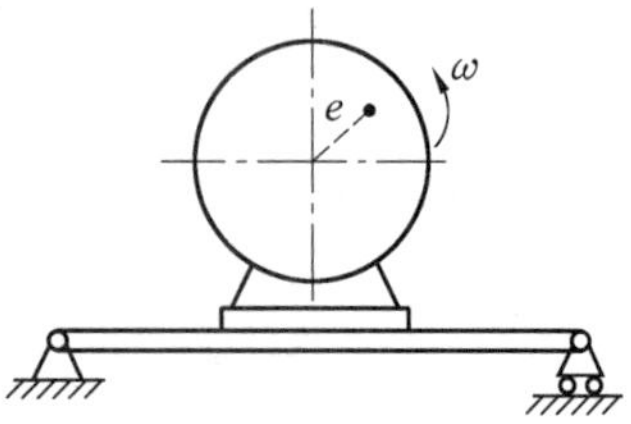

图 17.11

1. 振动微分方程与其解

对图 17.12(a)所示的振动系统，设物块的质量为 m，物块所受的力有恢复力 $\boldsymbol{F}_k$ 和激振力 $\boldsymbol{F}$，如图 17.12(b)所示。取物块的平衡位置为坐标原点，坐标轴 x 铅直向下，则恢复力 $\boldsymbol{F}_k$ 在坐标轴上的投影为

$$F_k = -kx$$

式中，k 为弹簧刚度系数。简谐激振力 $\boldsymbol{F}$ 在坐标轴上的投影以式(17.33)表示。则系统的运动微分方程为

$$m\frac{d^2x}{dt^2} = -kx + H\sin(\omega t + \varphi)$$

将上式两端除以 m，并设 $\omega_n = \frac{k}{m}$，$h = \frac{H}{m}$ (17.34)

则得 $$\frac{d^2x}{dt^2} + \omega_n^2 x = h\sin(\omega t + \varphi) \tag{17.35}$$

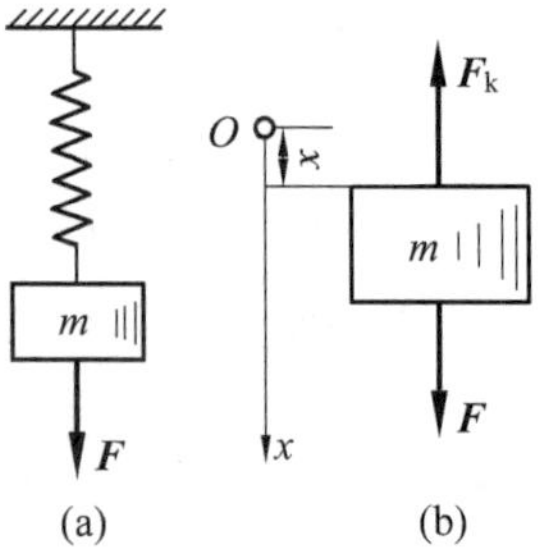

图 17.12

该式为单自由度系统无阻尼受迫振动微分方程的标准形式，是二阶常系数非齐次线性微分方程，由微分方程理论，其解由两部分组成，即

$$x = x_1 + x_2$$

其中 x_1 对应于方程(17.35)的齐次通解，x_2 为其特解。由 17.1 节知，齐次方程的通解为

$$x_1 = A\sin(\omega_n t + \theta)$$

设方程(17.35)的特解有如下形式

$$x_2 = b\sin(\omega t + \varphi) \tag{17.36}$$

其中 b 为待定常数，将 x_2 代入方程(17.35)，得

$$-b\omega^2\sin(\omega t + \varphi) + b\omega_n^2\sin(\omega t + \varphi) = h\sin(\omega t + \varphi)$$

解得

$$b = \frac{h}{\omega_n^2 - \omega^2} \tag{17.37}$$

于是得方程(17.35)的全解为

$$x = A\sin(\omega_n t + \theta) + \frac{h}{\omega_n^2 - \omega^2}\sin(\omega t + \varphi) \tag{17.38}$$

上式表明，无阻尼受迫振动是由两个谐振动合成的：第一部分是频率为固有圆频率的自由振动，第二部分是频率为激振力频率的振动，称为受迫振动。由于实际的振动系统中总有阻尼存在，自由振动部分总会逐渐衰减下去，因而着重研究第二部分受迫振动，它是一种稳态的振动。

2. 受迫振动的振幅

由式(17.36)和(17.37)知，在简谐激振的条件下，系统的受迫振动为谐振动，其振动频率等于激振力的频率，振幅的大小与运动起始条件无关，而与振动系统的固有频率 ω_n、激振力的力幅 H、激振力的频率 ω 有关。下面讨论受迫振动的振幅与激振力频率之间的关系。

(1)若 $\omega \to 0$，此种激振力的周期趋近于无穷大，即激振力相当于一恒力，此时并不振动，所谓的振幅 b 用 b_0 表示，其实际为静力 H 作用下的静变形。由式(17.37)得

$$b_0 = \frac{h}{\omega_n^2} = \frac{H}{k} \tag{17.39}$$

(2)若 $0 < \omega < \omega_n$，则由式(17.37)知，ω 值越大，振幅越大，即振幅随着频率 ω 单调上升，当 ω 接近 ω_n 时，振幅 b 将趋于无穷大。

(3)若 $\omega>\omega_n$,按式(17.37),b 为负值。但习惯上把振幅都取为正值,因而此时 b 取其绝对值,而视受迫振动 x_2 与激振力反向,即式(17.36)的位相应加(或减)180°。这时,随着激振力频率 ω 增大,振幅 b 减小。当 $\omega\to\infty$ 时,振幅 $b\to 0$。

上述振幅 b 与激振力频率 ω 之间的关系可用图 17.13(a)中的曲线表示。称该曲线为**振幅频率曲线**,又称为**共振曲线**。为了使曲线具有更普遍的意义,将纵轴取为 $\beta=\frac{b}{b_0}$,称 β 为**振幅比**或**放大系数**。横轴取为 $\lambda=\frac{\omega}{\omega_n}$,称 λ 为**频率比**。β 和 λ 都是无量纲的量,无量纲的振幅频率曲线如图 17.13(b)所示。

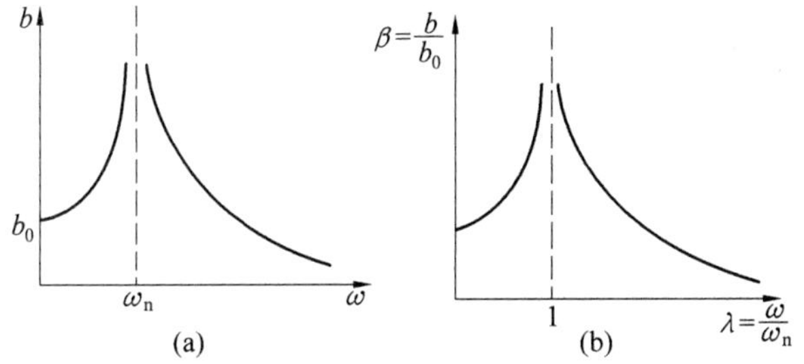

图 17.13

3. 共振现象

在上述分析中,当 $\omega=\omega_n$ 时,即激振力频率等于系统的固有频率时,振幅 b 在理论上应趋向无穷大,称这种现象为**共振**。

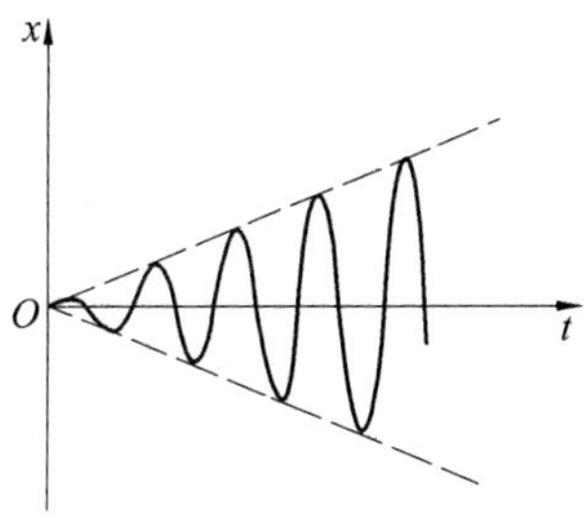

图 17.14

事实上,当 $\omega=\omega_n$ 时,式(17.37)没有意义,微分方程式(17.35)的特解应具有下面的形式

$$x_2=Bt\cos(\omega_n t+\varphi) \tag{17.40}$$

将此式代入式(17.35)中,得

$$B=-\frac{h}{2\omega_n}$$

故共振时受迫振动的运动规律为

$$x_2=-\frac{h}{2\omega_n}t\cos(\omega_n t+\varphi) \tag{17.41}$$

其幅值为

$$b=\frac{h}{2\omega_n}t$$

由此可见,当 $\omega=\omega_n$ 时,系统共振,受迫振动的振幅随时间无限地增大,其运动图线如图 17.14 所示。实际上,由于系统存在阻尼,共振时振幅不可能达到无限大。但一般来说,共振时的振幅都是相当大的,往往使机器产生过大的变形,甚至造成破坏,因此如何避免发生共振是工程中一个非常重要的课题。

例 17.6　图 17.15(a)所示电动机,固定在无重弹性梁上,弹性梁的刚性系数为 k。电动机除转子外的质量为 m_1,转子的质量为 m_2,转子的偏心距为 e,求当电动机以匀角速度 ω 旋转时系统的受迫振动规律。

解题分析与思路:不考虑系统水平方向的运动,电动机和梁可简化为图 17.15(b)所示的质量一弹簧系统,以静平衡位置为坐标原点,铅直向上为 x 轴,用质心运动定理、动量定理或动静法写出系统的运动微分方程,套用受迫振动求解的公式,可得系统的受迫振动规律。

解:　把系统简化为图 17.15(b)所示的质量一弹簧系统,以静平衡位置为坐标原点,铅直向上为 x 轴,系统质心的坐标为

$$x_C=\frac{m_1x+m_2(x+e\sin\omega t)}{m_1+m_2}$$

由质心运动定理 $ma_{Cx}=\sum F_{ix}$,运算后有

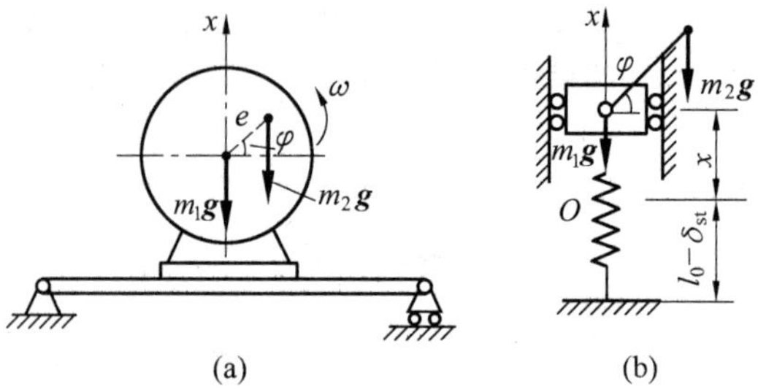

图 17.15

$$(m_1+m_2)\ddot{x}-m_2e\omega^2\sin\omega t=-kx$$

或

$$(m_1+m_2)\ddot{x}+kx=m_2e\omega^2\sin\omega t$$

整理成无阻尼受迫振动微分方程的标准形式，为

$$\frac{\mathrm{d}^2x}{\mathrm{d}t^2}+\frac{k}{m_1+m_2}x=\frac{m_2e\omega^2}{m_1+m_2}\sin\omega t$$

即

$$\omega_{\mathrm{n}}^2=\frac{k}{m_1+m_2}\qquad h=\frac{m_2e\omega^2}{m_1+m_2}$$

则受迫振动的振幅为

$$b=\frac{h}{\omega_{\mathrm{n}}^2-\omega^2}=\frac{m_2e\omega^2}{k-(m_1+m_2)\omega^2}$$

所以此系统的受迫振动规律为

$$x=\frac{m_2e\omega^2}{k-(m_1+m_2)\omega^2}\sin\omega t$$

17.4 单自由度系统的有阻尼受迫振动

在实际的振动系统中阻尼总是存在的，现在以图 17.16 所示的系统为例，讨论阻尼对受迫振动的影响。

对图 17.16 所示的有阻尼振动系统，设物块的质量为 m，作用在物块上的力有线性恢复力 $\boldsymbol{F}_{\mathrm{k}}$、黏性阻尼力 $\boldsymbol{F}_{\mathrm{c}}$ 和简谐激振力 $\boldsymbol{F}(F=H\sin\omega t)$。选平衡位置 O 为坐标原点，坐标轴铅直向下，则各力在坐标轴上的投影为

$$F_{\mathrm{k}}=-kx,\quad F_{\mathrm{c}}=-cv=-c\frac{\mathrm{d}x}{\mathrm{d}t},\quad F=H\sin\omega t$$

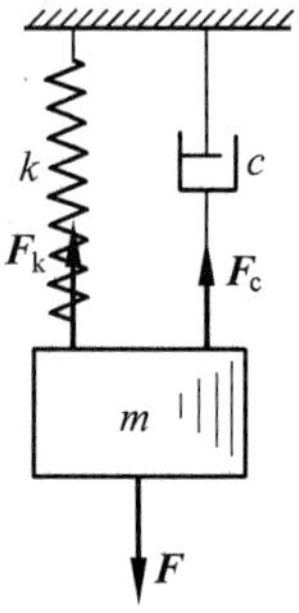

图 17.16

用牛顿第二定律建立系统的运动微分方程为

$$m\frac{\mathrm{d}^2x}{\mathrm{d}t^2}=-kx-c\frac{\mathrm{d}x}{\mathrm{d}t}+H\sin\omega t$$

将上式两端除以 m，并令

$$\omega_n^2=\frac{k}{m},\quad 2n=\frac{c}{m},\quad h=\frac{H}{m}$$

则有

$$\frac{\mathrm{d}^2x}{\mathrm{d}t^2}+2n\frac{\mathrm{d}x}{\mathrm{d}t}+\omega_{\mathrm{n}}^2x=h\sin\omega t \tag{17.42}$$

这是单自由度系统有阻尼受迫振动微分方程的标准形式，是二阶线性常系数非齐次微分方程，由微分方程理论，其解由两部分组成，即

$$x=x_1+x_2$$

其中 x_1 对应于方程(17.42)的齐次方程的通解，在小阻尼($n<\omega_{\mathrm{n}}$)的情形下，有

$$x_1 = Ae^{-nt}\sin(\sqrt{\omega_n^2 - n^2}\,t + \theta) \tag{17.43}$$

x_2 为方程(17.42)的特解，设它有下面的形式

$$x_2 = b\sin(\omega t - \gamma) \tag{17.44}$$

式中，γ 表示受迫振动的相位落后于激振力的相位角，将上式代入方程(17.42)，可得

$$-b\omega^2\sin(\omega t-\gamma) + 2nb\omega\cos(\omega t-\gamma) + \omega_n^2 b\sin(\omega t-\gamma) = h\sin\omega t$$

再将上式右端改写为

$$h\sin\omega t = h\sin[(\omega t-\gamma)+\gamma] = h\cos\gamma\sin(\omega t-\gamma) + h\sin\gamma\cos(\omega t-\gamma)$$

这样前式可整理为

$$[b(\omega_n^2-\omega^2) - h\cos\gamma]\sin(\omega t-\gamma) + (2nb\omega - h\sin\gamma)\cos(\omega t-\gamma) = 0$$

对任意瞬时 t，上式都必须是恒等式，则有

$$b(\omega_n^2-\omega^2) - h\cos\gamma = 0$$

$$2nb\omega - h\sin\gamma = 0$$

将上述两方程联立，可解出

$$b = \frac{h}{\sqrt{(\omega_n^2-\omega^2)^2 + 4n^2\omega^2}} \tag{17.45}$$

$$\tan\gamma = \frac{2n\omega}{\omega_n^2 - \omega^2} \tag{17.46}$$

于是得方程(17.42)的通解为

$$x = Ae^{-nt}\sin(\sqrt{\omega_n^2-n^2}\,t+\theta) + b\sin(\omega t-\gamma) \tag{17.47}$$

其中 A 和 θ 为积分常数，由运动的初始条件确定。

由式(17.47)可知，有阻尼受迫振动由两部分合成，如图 17.17(c)所示，第一部分是衰减振动如图 17.17(a)所示，第二部分是受迫振动，如图 17.17(b)所示。

由于阻尼的存在，第一部分振动随时间的增加，很快就衰减了，衰减振动非常明显的这段过程被称为**过渡过程**(或称**瞬态过程**)。一般来说，过渡过程是很短暂的，以后系统基本上按第二部分受迫振动的规律进行振动，过渡过程以后的这段过程被称为**稳态过程**。下面着重研究稳态过程的振动。

由受迫振动的运动方程(17.44)可知，虽然有阻尼存在，受简谐激振力作用的受迫振动仍然是谐振动，其振动频率 ω 等于激振力的频率，其振幅表达式见式(17.45)。可以看到受迫振动的振幅不仅与激振力的力幅有关，还与激振力的频率以及振动系统的参数 m、k 和阻力系数 c 有关。

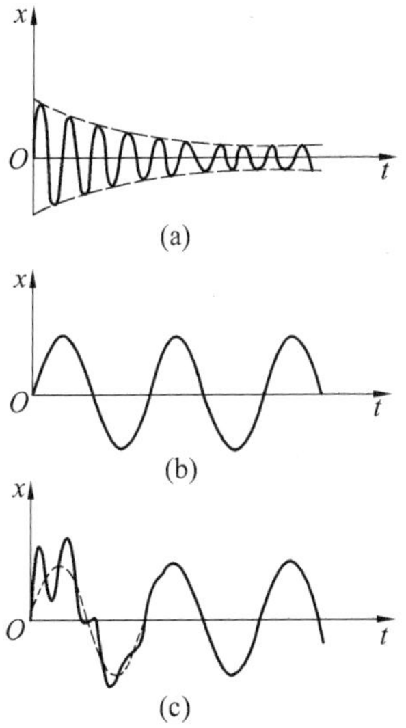

图 17.17

为了清楚地表达受迫振动的振幅与其他因素的关系，将不同阻尼条件下的振幅频率关系用曲线(**幅频曲线**)表示出来，如图 17.18 所示。采用无量纲形式，横轴表示频率比 $\lambda = \frac{\omega}{\omega_n}$，纵轴表示振幅比 $\beta = \frac{b}{b_0}$。阻尼的改变用阻尼比 $\zeta = \frac{c}{c_c} = \frac{n}{\omega_n}$ 的改变来表示。这样，式(17.45)和(17.46)可写为

$$\beta = \frac{b}{b_0} = \frac{1}{\sqrt{(1-\lambda^2)^2 + 4\zeta^2\lambda^2}} \tag{17.48}$$

$$\tan\gamma = \frac{2\zeta\lambda}{1-\lambda^2} \tag{17.49}$$

从式(17.45)和图 17.18 可以看出阻尼对振幅的影响程度与频率有关。

(1)当 $\omega \ll \omega_n$ 时，阻尼对振幅的影响甚微，这时可忽略系统的阻尼而当作无阻尼受迫振动处理。

(2)当 $\omega \to \omega_n$（即 $\lambda \to 1$）时，振幅显著地增大。这时阻尼对振幅有明显的影响，即阻尼增大，振幅显著地下降。

在 $\omega = \sqrt{\omega_n^2 - 2n^2} = \omega_n \sqrt{1 - 2\zeta^2}$ 时，振幅 b 具有最大值 b_{max}，称这时的频率 ω 为共振频率。在共振频率下的振幅为

$$b_{max} = \frac{h}{2n\sqrt{\omega_n^2 - n^2}}$$

或

$$b_{max} = \frac{b_0}{2\zeta\sqrt{1 - \zeta^2}}$$

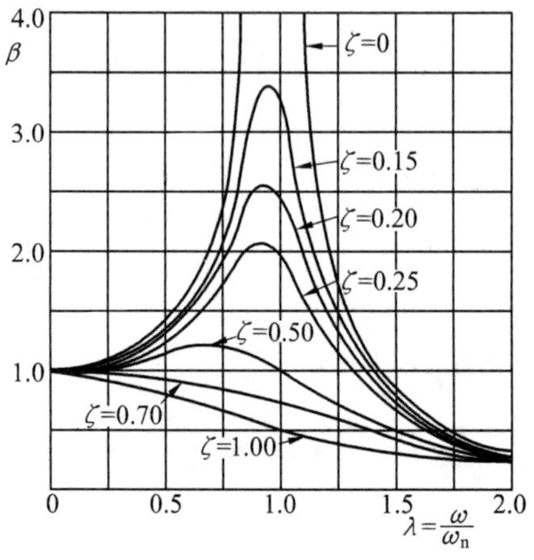

图 17.18

在一般情况下，阻尼比 $\zeta \ll 1$，这时可以认为共振频率 $\omega = \omega_n$，即当激振力频率等于系统固有频率时，系统发生共振。共振的振幅为

$$b_{max} \approx \frac{b_0}{2\zeta}$$

(3)当 $\omega \gg \omega_n$ 时，阻尼对受迫振动的振幅影响也较小，这时又可以忽略阻尼，将系统当作无阻尼系统处理。

由式(17.44)知，有阻尼受迫振动的相位总比激振力落后一个相位角 γ，称 γ 为相位差。式(17.46)表达了相位差 γ 随谐振力频率的变化关系。根据式(17.49)可以画出相位差 γ 随激振力频率的变化曲线（**相频曲线**），如图 17.19 所示。由图示曲线可以看到，相位差总是在 0°～180°区间变化，是一单调上升的曲线。共振时，$\frac{\omega}{\omega_n} = 1$，$\gamma = 90°$，阻尼值不同的曲线都交于这一点。当越过共振区之后，随着频率 ω 的增加，相位差趋近 180°，这时激振力与位移反相。

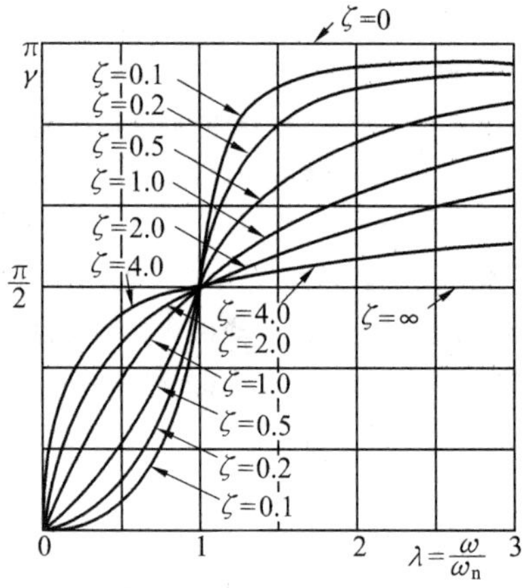

图 17.19

例 17.7 图 17.20 所示为一无重刚杆，其一端铰支，距铰支端 l 处有一质量为 m 的质点，距 $2l$ 处有一阻尼器，其阻尼系数为 c，距 $3l$ 处有一刚度为 k 的弹簧，并作用一简谐激振力 $F = F_0 \sin \omega t$。刚杆在水平位置平衡。求系统的振动微分方程、系统的固有圆频率 ω_n，以及当激振力频率 $\omega = \omega_n$ 时质点的振幅。

解题分析与思路：此为一单自由度有阻尼受迫振动系统，因系统为定轴转动，选转角 θ 为独立参数，选静平衡位置为参考位置，用刚体绕定轴转动微分方程建立系统的运动微分方程，从而可得固有圆频率。把运动微分方程写成有阻尼受迫振动微分方程的标准形式，代入求振幅的公式可得质点的振幅。

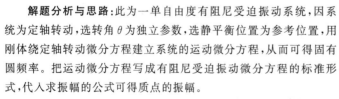

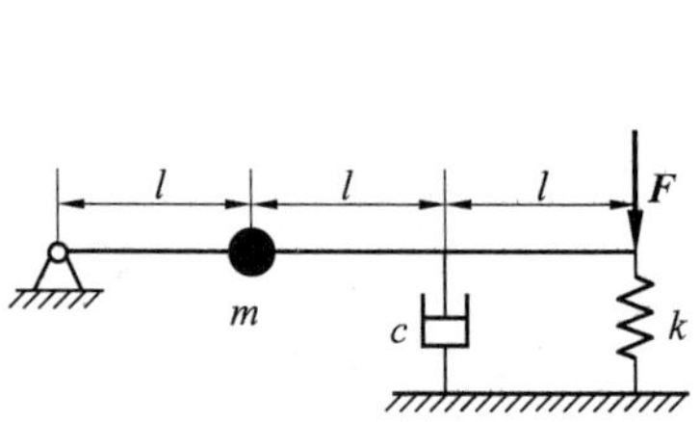

图 17.20

解： 设刚杆在振动时的摆角为 θ，选静平衡位置为参考位置，由刚体绕定轴转动微分方程建立系统的振动微分方程为

$$ml^2\ddot{\theta} = -4cl^2\dot{\theta} - 9kl^2\theta + 3F_0 l\sin \omega t$$

整理成标准形式为

$$\ddot{\theta} + \frac{4c}{m}\dot{\theta} + \frac{9k}{m}\theta = \frac{3F_0}{ml}\sin \omega t$$

则

$$\omega_n=\sqrt{\frac{9k}{m}},\quad n=\frac{2c}{m},\quad h=\frac{3F_0}{ml}$$

当 $\omega=\omega_n$ 时，其摆角 θ 的振幅可由式(17.45)求出为

$$\theta_{max}=b=\frac{h}{2n\omega_n}=\frac{3F_0}{4c\omega_n l}=\frac{F_0}{4cl}\sqrt{\frac{m}{k}}$$

这时质点的振幅为

$$B=lb=\frac{F_0}{4c}\sqrt{\frac{m}{k}}$$

17.5　减振和隔振的概念

工程中，振动现象是不可避免的，为了防止或限制振动带来的危害和影响，需采取各种措施进行减振与隔振。

所谓**减振**，就是使振动系统本身的振动减弱甚至消失的措施。这是一项积极的治本措施，减振一般有以下几种方法。

(1)直接消除或减小引起振动的干扰力。如对各种需要消除振动的转动机械，进行动平衡试验，提高动平衡的精度，减弱甚至消除干扰力等。

(2)使干扰力的频率尽量远离共振区。根据实际情况，在可能的情况下，改变系统的固有频率或改变机器的工作转速，使系统的固有频率远离工作频率，避免发生共振和减弱振动。

(3)适当增加阻尼。适当增加系统的阻尼，可以多吸收系统振动产生的能量，从而减弱振动。

(4)采用专门设计的各种形式的减振装置(减振器)。

但振源并不总是可以消除的，振动有时是总要发生的，这时可采取另外一种措施——隔振。

所谓**隔振**，就是将振源与需要防振的物体之间采用某种方式进行隔离的措施。隔振分为主动隔振和被动隔振两类。

1. 主动隔振

主动隔振是将振源与支持振源的基础隔离开的措施。例如，电动机由于转子的偏心而产生振动，为一振源，在电动机与基础之间用橡胶块隔离开来，以减弱电动机传至基础上的干扰力，减弱振源通过基础传到周围物体上的振动。

现在以图 17.21(a)所示的电动机为例，说明主动隔振的概念与机理。对图 17.21(a)所示的电动机，可将其简化为图 17.21(b)所示的主动隔振的力学模型。电动机整个的质量为 m，橡胶块和地基抽象为刚度为 k 的弹簧和阻尼系数为 c 的阻尼元件，由于电动机转子的偏心引起的激振力设为 $F(t)=H\sin\omega t$。按有阻尼受迫振动的理论，物块的振幅为

$$b=\frac{h}{\sqrt{(\omega_n^2-\omega^2)^2+4n^2\omega^2}}=\frac{b_0}{\sqrt{(1-\lambda^2)^2+4\zeta^2\lambda^2}}$$

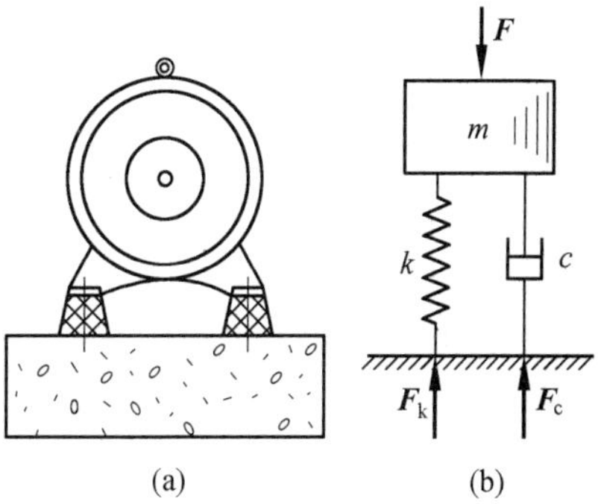

图 17.21

物块振动时传递到基础上的力由两部分合成，一部分是由于弹簧变形而作用于基础上的力

$$F_k=kx=kb\sin(\omega t-\gamma)$$

另一部分是通过阻尼元件作用于基础的力

$$F_c=c\dot{x}=cb\omega\cos(\omega t-\gamma)$$

这两部分力相位差为 90°，而频率相同，由物理中振动合成的知识知道，它们可以合成为一个同频率的合力，合力的最大值为

$$F_{\mathrm{Nmax}}=\sqrt{F_{\mathrm{kmax}}^2+F_{\mathrm{cmax}}^2}=\sqrt{(kb)^2+(cb\omega)^2}$$

或改写为
$$F_{\mathrm{Nmax}}=kb\sqrt{1+4\zeta^2\lambda^2}$$

F_{Nmax}是振动时传递给基础的力的最大值，它与激振力的力幅 H 之比为

$$\eta=\frac{F_{\mathrm{Nmax}}}{H}=\sqrt{\frac{1+4\zeta^2\lambda^2}{(1-\lambda^2)^2+4\zeta^2\lambda^2}} \tag{17.50}$$

称 η 为**力的传递率**。上式表明力的传递率与阻尼和激振频率有关。图 17.22 是在不同阻尼情况下力的传递率 η 与频率比 λ 之间的关系曲线。

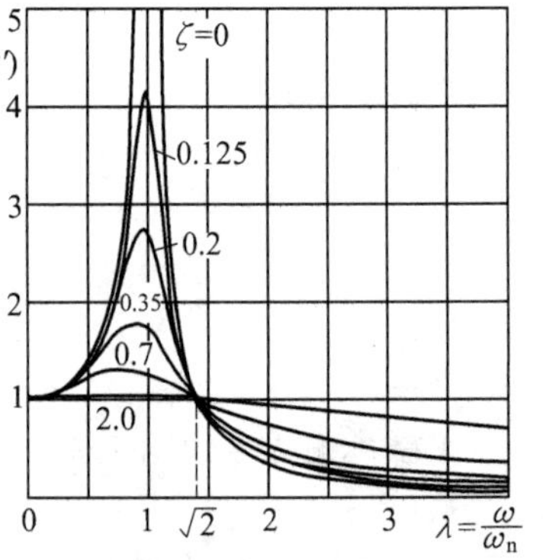

图 17.22

由传递率 η 的定义知，只有当 $\eta<1$ 时，隔振才有意义。又从图 17.22 可见，只有当频率比 $\lambda>\sqrt{2}$，即 $\omega>\sqrt{2}\,\omega_{\mathrm{n}}$ 时，才有 $\eta<1$，才能达到隔振的目的。因此，为了达到较好的隔振效果，要求系统的固有频率 ω_{n} 越小越好，为此，必须选用刚度小的弹簧作为隔振弹簧。又由图 17.22 可见，当 $\lambda>\sqrt{2}$时，加大阻尼反而使振幅增大，降低隔振效果。但是阻尼太小，机器在越过共振区时又会产生很大的振动，因此在采取隔振措施时，要选择恰当的阻尼值。

2. 被动隔振

被动隔振是指基础在振动，将需要防振的物体与基础的振动隔离开，以减小需要防震的物体的振动而采取的措施。例如，各种易碎、贵重物品在运输时，各种车辆的振动是不可避免的，所以对各种易碎、贵重物品在运输时，要加以很好的包装，就是一种被动隔振的措施。又如，基础在振动，为防止对精密仪器的影响，在精密仪器的底座和基础之间用橡胶或泡沫塑料隔离，也是被动隔振的实例。

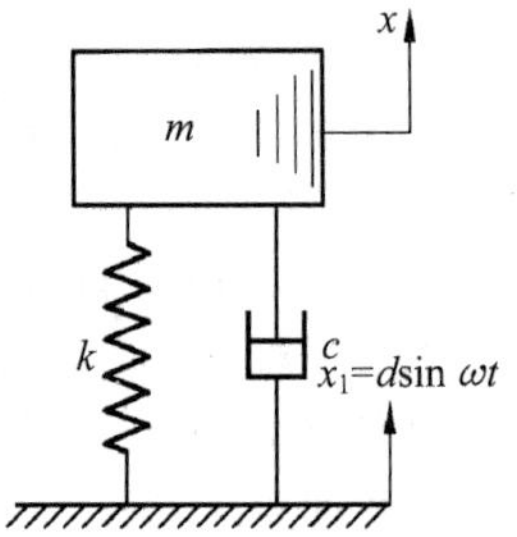

图 17.23

图 17.23 为简化好的被动隔振的力学模型。物块表示被隔振的物体，其质量为 m，弹簧和阻尼器表示隔振元件，弹簧的刚性系数为 k，阻尼器的阻尼系数为 c。设地基振动为简谐振动，即

$$x_1=d\sin\omega t$$

由于地基的振动引起的搁置在其上的物体振动，称这种激振为**位移激振**。设物块的振动位移为 x，则作用在物块上的弹簧力为$-k(x-x_1)$，阻尼力为$-c(\dot{x}-\dot{x}_1)$，系统的运动微分方程为

$$m\ddot{x}=-k(x-x_1)-c(\dot{x}-\dot{x}_1)$$

整理得

$$m\ddot{x}+c\dot{x}+kx=kx_1+c\dot{x}_1$$

将 x_1 的表达式代入，得

$$m\ddot{x}+c\dot{x}+kx=kd\sin\omega t+c\omega d\cos\omega t$$

将上述方程右端的两个同频率的谐振动合成为一项，得

$$m\ddot{x}+c\dot{x}+kx=H\sin(\omega t+\theta) \tag{17.51}$$

其中
$$H=d\sqrt{k^2+c^2\omega^2},\quad \theta=\arctan\frac{c\omega}{k}$$

设上述方程的特解(稳态振动)为

$$x=b\sin(\omega t-\gamma)$$

将上式代入方程(17.51)中，得

$$b=d\sqrt{\frac{k^2+c^2\omega^2}{(k-m\omega^2)^2+c^2\omega^2}} \tag{17.52}$$

写成无量纲形式为

$$\eta' = \frac{b}{d} = \sqrt{\frac{1+4\zeta^2\lambda^2}{(1-\lambda^2)^2+4\zeta^2\lambda^2}} \tag{17.53}$$

其中 η' 是振动物体的位移幅值与地基激振位移幅值之比，称为**位移传递率**。注意，上式与式(17.50)完全相同，所以位移传递率曲线与力的传递率曲线相同，均如图 17.22 所示。因此，在被动隔振问题中，对隔振元件的要求与主动隔振是一样的。主动隔振和被动隔振只是表面形式的不同，其隔振的原理相同。

例 17.8　图 17.24 所示为一汽车在波形路面行走的力学模型。设路面的波形可以用公式 $y_1 = d\sin\frac{2\pi}{l}x$ 表示，其中幅度 $d=25$ mm，波长 $l=5$ m，汽车的质量 $m=3\ 000$ kg，弹簧刚性系数为 $k=294$ kN/m，忽略阻尼。求汽车以速度 $v=45$ km/h 匀速前进时，车体的垂直振幅为多少？汽车的临界速度为多少？

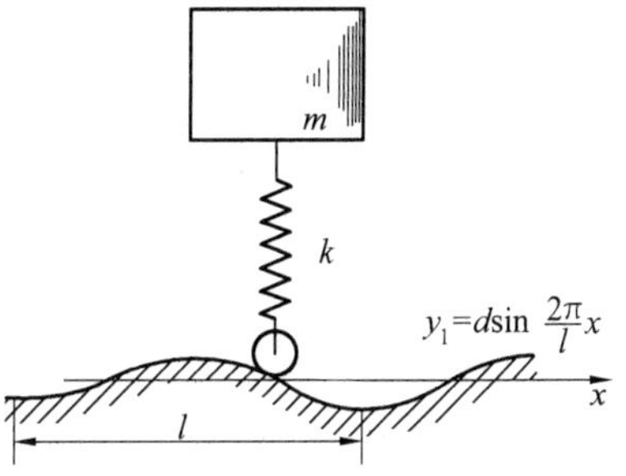

图 17.24

解题分析与思路：因汽车匀速行驶，设水平方向行驶规律为 $x=vt$，代入路面波形方程可得位移激振频率。系统的固有频率由所给条件为已知。代入位移传递率公式(17.53)可得车体的垂直振幅。因干扰频率和固有频率为已知，由共振的条件可得汽车的临界速度。

解：　汽车匀速行驶，水平方向行驶规律为

$$x = vt$$

以汽车起始位置为坐标原点，路面的波形方程可以改写为

$$y_1 = d\sin\frac{2\pi}{l}x = d\sin\frac{2\pi}{l}vt$$

则
$$\omega = \frac{2\pi v}{l}$$

有
$$y_1 = d\sin\omega t$$

ω 为位移激振频率(激励频率)，将速度 $v=45$ km/h 代入，求得

$$\omega = \frac{2\pi v}{l} = 5\pi\ \text{rad/s}$$

系统的固有频率为

$$\omega_n = \sqrt{\frac{k}{m}} = 9.9\ \text{rad/s}$$

激振频率与固有频率的频率比为

$$\lambda = \frac{\omega}{\omega_n} = \frac{5\pi}{9.9} = 1.59$$

由公式(17.53)求得位移传递率为

$$\eta' = \frac{b}{d} = \sqrt{\frac{1}{(1-\lambda^2)^2}} = 0.65$$

因此车体的垂直振幅为

$$b = \eta' d = 0.65\times 25\ \text{mm} = 16.4\ \text{mm}$$

当 $\omega=\omega_n$ 时系统发生共振，有

$$\omega = \frac{2\pi v_{cr}}{l} = \omega_n$$

解得临界速度

$$v_{cr} = \frac{l\omega_n}{2\pi} = 7.88\ \text{m/s} = 28.4\ \text{km/h}$$

17.6　转子临界转速的概念

工程中存在大量的转动机械，如涡轮机、发电机、电动机等，在运转时经常由于转轴的弹性和转子的偏心而发生振动。当转速增至某个特定值时，振幅会突然加大，振动异常激烈，当转速超过这个特定值时，振幅又会很快减小。使转子发生激烈振动的特定转速称为**临界转速**。现以单圆盘转子为例，说明这种现象。

图 17.25(a)所示的单圆盘转子垂直地安装在无质量的弹性转轴上。设圆盘的质量为 m，质心为 C，点 A 为圆盘与转轴的交点，偏心距 $e=AC$。圆盘与转轴一起以匀角速度 ω 转动时，由于惯性力的影响，转轴将发生弯曲而偏离原固定的几何轴线 z。设点 O 为 z 轴与圆盘的交点，$r_A=OA$ 为转轴上点 A 的挠度(变形)，如图 17.25(b)所示。

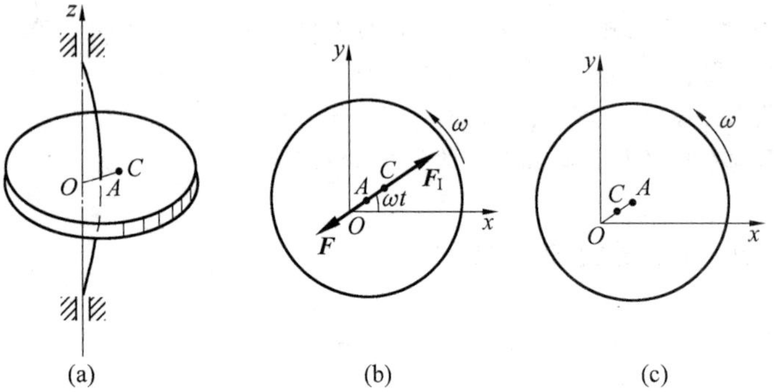

图 17.25

设转轴安装于圆盘的中点，当轴弯曲时，圆盘仍在自身平面内绕点 O 匀速转动。圆盘惯性力的合力 $\boldsymbol{F}_{\mathrm{I}}$ 通过质心，背离点 O，大小为 $F_{\mathrm{I}}=m\omega^2\cdot OC$。作用于圆盘上的弹性恢复力 $\boldsymbol{F}$ 指向轴心点 O，大小为 $F=kr_A$，k 为轴的刚度系数。由动静法，惯性力 $\boldsymbol{F}_{\mathrm{I}}$ 与恢复力 $\boldsymbol{F}$ 相互平衡，因而点 O,A,C 应在同一直线上，且有

$$kr_A=m\omega^2\cdot OC=m\omega^2(r_A+e) \tag{17.54}$$

由此解出 A 点挠度为

$$r_A=\frac{m\omega^2 e}{k-m\omega^2} \tag{17.55}$$

以 m 除上式的分子与分母，并注意$\sqrt{\dfrac{k}{m}}=\omega_{\mathrm{n}}$ 为此系统的固有频率，则上式为

$$r_A=\frac{e\omega^2}{\omega_{\mathrm{n}}^2-\omega^2} \tag{17.56}$$

式(17.56)中 e,ω_{n} 为定值，当转动角速度 ω 从 0 逐渐增大时，挠度 r_A 也逐渐增大，当$\omega=\omega_{\mathrm{n}}$时，$r_A$ 趋于无穷大。但实际上由于阻尼和非线性刚度的影响，r_A 为一很大的有限值。使转轴挠度异常增大的转动角速度被称为**临界角速度**，记为 ω_{cr}，它等于系统的固有频率 ω_{n}，称此时的转速为**临界转速**，记为 n_{cr}。

当 $\omega>\omega_{\mathrm{cr}}$时，式(17.56)为负值，习惯上挠度取正值，$r_A$ 取其绝对值。ω 再增大时，挠度值 r_A 迅速减小而趋于定值 e(偏心距)，如图 17.26 所示。此时质心位于点 A 与点 O 之间，如图 17.25(c)所示。当 $\omega\gg\omega_{\mathrm{cr}}$时，$r_A\approx e$，这时质心 C 与轴心点 O 趋于重合，即圆盘绕质心转动，称这种现象为**自动定心现象**。

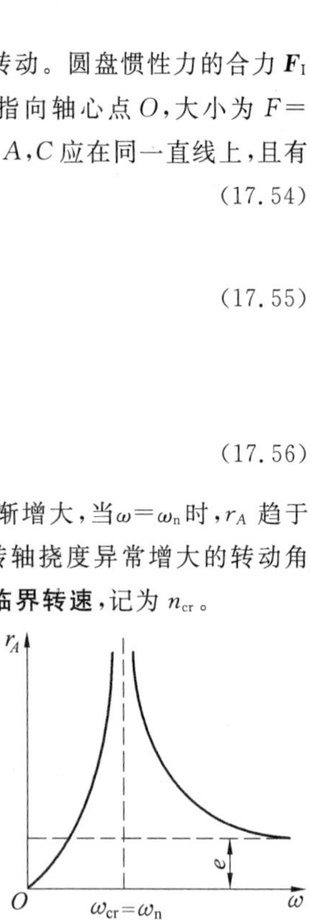

图 17.26

偏心转子转动时，由于惯性力作用，弹性转轴将发生弯曲变形而绕原几何轴线转动，称为**弓状回转**。此时转轴对轴承压力的方向是周期性变化的。当转子的角速度接近临界角速度，也就是系统的固有频率时，转轴的变形和惯性力都急剧增大，对轴承作用很大的动压力，机器也会发生剧烈的振动。

所以,在一般情况下,转子不允许在临界转速下运转,只能在远低于或远高于临界转速下运行。

习　题

17.1　图示两个弹簧的刚性系数分别为 $k_1=5$ kN/m,$k_2=3$ kN/m,物块的质量 $m=4$ kg。求物体自由振动的周期。

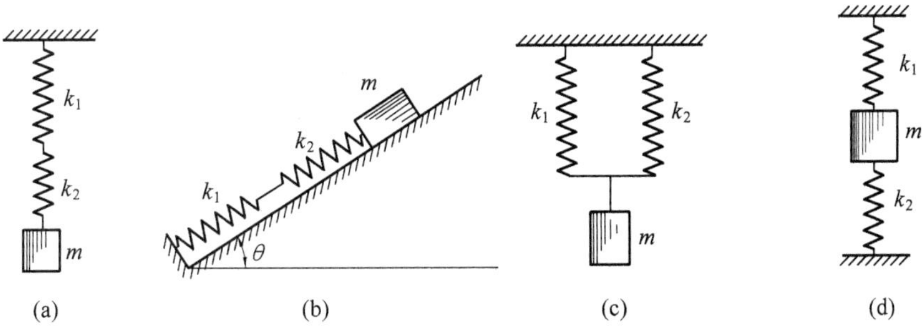

题 17.1 图

17.2　一盘悬挂在弹簧上,如图所示。当盘上放质量为 m_1 的物体时,系统做微幅振动,测得的周期为 T_1。在盘上换一质量为 m_2 的物体时,系统仍做微幅振动,测得振动周期为 T_2。求弹簧的刚度系数。

17.3　如图所示,质量 $m=200$ kg 的重物在钢丝绳上以等速度 $v=5$ m/s 下降。在下降过程中,由于钢丝绳突然嵌入滑轮的夹子内,钢丝绳的上端被夹住,若钢丝绳的刚度系数 $k=400$ kN/m,不计钢丝绳的重量,求此后重物振动时钢丝绳中的最大拉力。

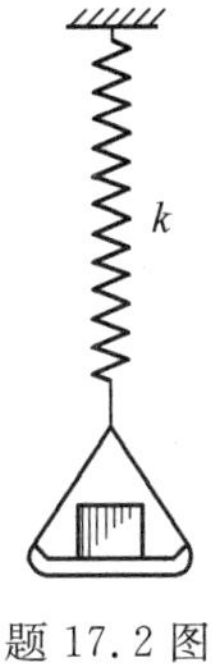

题 17.2 图

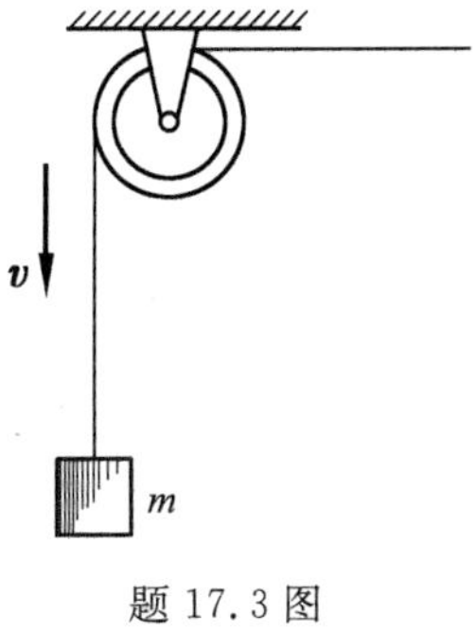

题 17.3 图

17.4　图示质量为 m 的重物,初速为零,自高度 $h=1$ m 处落下,落在水平梁的中部后与梁不再分离。梁在此重物静力作用下,梁中点的静变形 $\delta_0=5$ mm。以重物在梁上的静止平衡位置 O 为坐标原点,铅直向下为 y 轴,梁的重量不计。求重物的运动方程。

17.5　图示轮船质量为 $m=21\ 500$ t,浮在水面时,其水平截面积 $A=2\ 320$ m^2(设各层截面积大小与高度无关)。海水密度为 $\gamma=1\ 041$ kg/m^3,由于水的黏滞性所引起的阻力略去不计。求船在静水中做铅直自由振动的周期。

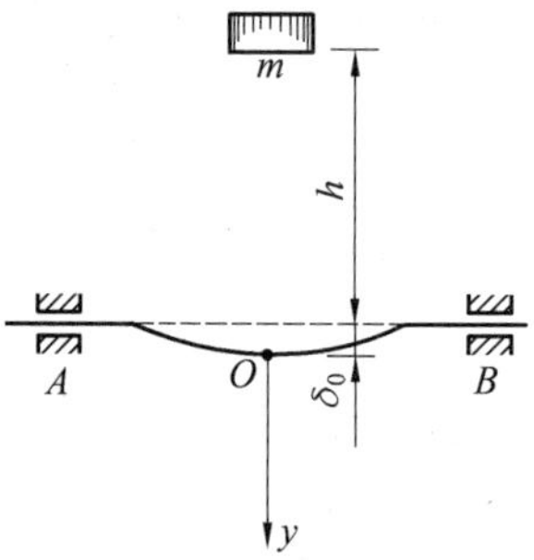

题 17.4 图

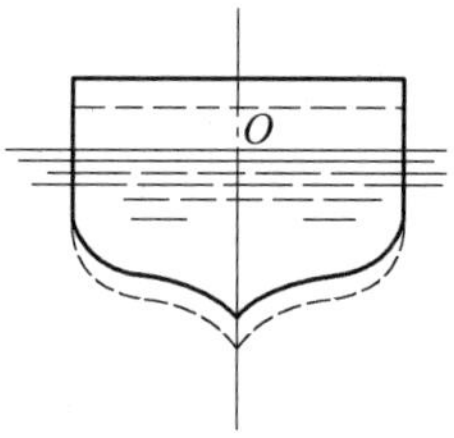

题 17.5 图

17.6 质量为 m 的小车在光滑斜面上自高度 h 处无初速滑下，而与缓冲器相碰，如图所示。缓冲弹簧的刚性系数为 k，斜面倾角为 θ。求小车碰到缓冲器后自由振动的周期与振幅。

17.7 质量为 m 的杆水平地放在两个半径相同的轮上，两轮的中心在同一水平线上，距离为 $2a$。两轮以等值而反向的角速度各绕其中心轴转动，如图所示。杆 AB 借助与轮接触点的摩擦力而运动，此摩擦力与杆对滑轮的压力成正比，摩擦因数为 f。如将杆的质心 C 推离其对称位置点 O，然后释放。(1)证明质心 C 的运动为谐振动，并求周期 T；(2)若 $a=250$ mm和 $T=2$ s时，求摩擦因数 f。

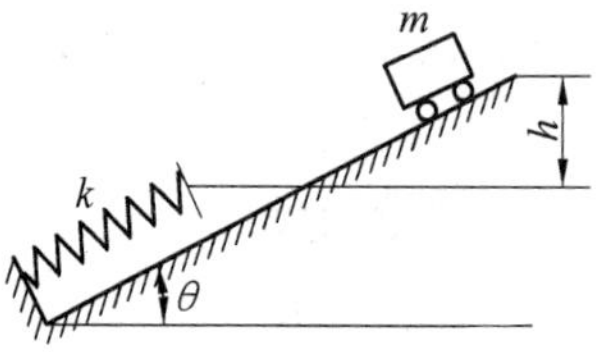

题 17.6 图

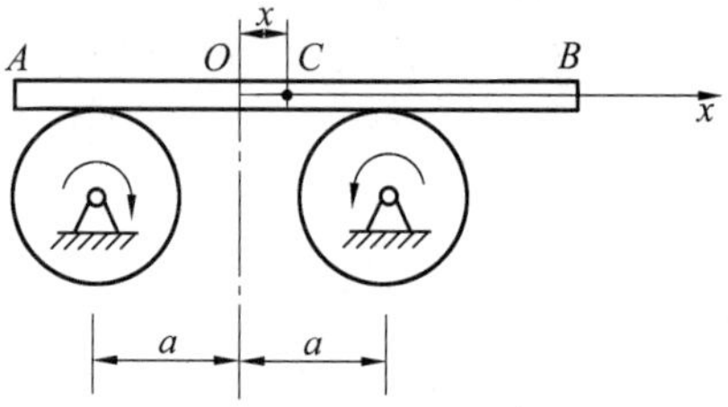

题 17.7 图

17.8 图示均质杆 AB，质量为 m_1，长为 $3l$，B 端刚性连接一质量为 m_2 不计大小的物体，杆 AB 在 O 处为铰支，两弹簧刚性系数均为 k。求系统的固有圆频率。

17.9 均质细杆长 $OA=l$，质量为 m_1，均质圆盘 D 焊于杆 OA 的中点 B，圆盘质量为 m_2，半径为 R，如图所示。杆 OA 的一端铰支，一端挂在弹簧 AE 上，弹簧刚性系数为 k，质量不计。静平衡时 OA 处于水平位置。求系统微幅振动的周期。

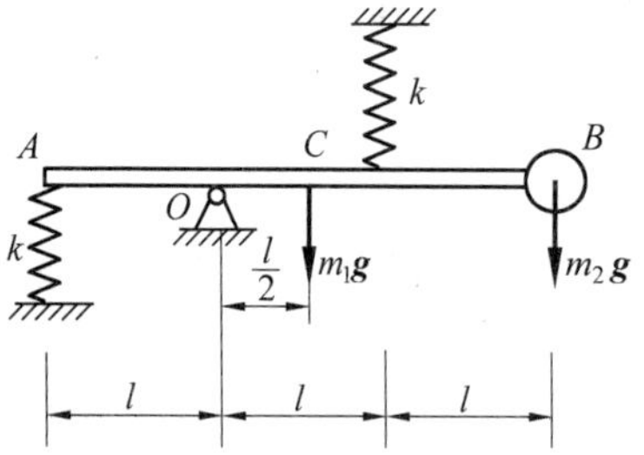

题 17.8 图

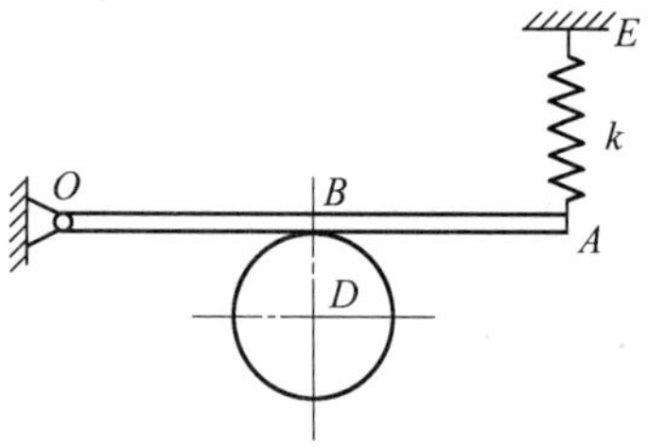

题 17.9 图

17.10 可用下述方法测定液体的阻尼系数：如图所示在弹簧上悬一质量为 m 的薄板 A，测定出它在空气中的自由振动周期 T_1，薄板与空气间的阻力略去不计。然后将薄板放在欲测阻尼系数的液体中，令其振动，测定出周期 T_2。液体与薄板间的阻力等于 $2Acv$，其中 $2A$ 是薄板的表面积，v 为其速度，而 c 为阻尼系数。则根据实验测得的周期 T_1 与 T_2，可求得阻尼系数。求此阻尼系数。

17.11 图示均质滚子的质量 $m=10$ kg，半径 $r=0.25$ m，在斜面上做纯滚动，弹簧刚度系数

$k=20$ N/m，阻尼器阻尼系数 $c=10$ N·s/m。求：(1)无阻尼的固有频率；(2)阻尼比；(3)有阻尼的固有频率；(4)此阻尼系统自由振动的周期。

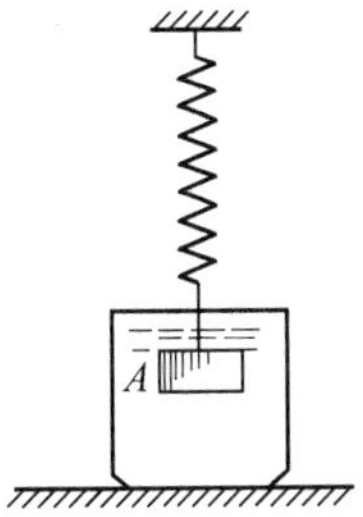

题 17.10 图

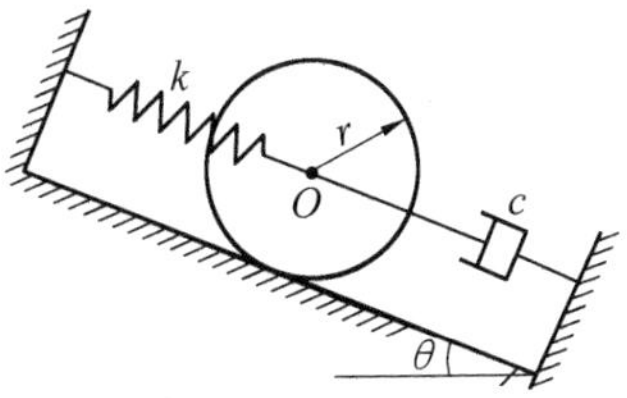

题 17.11 图

17.12　大皮带轮半径为 R，质量为 m，对轴 O_1 的回转半径为 ρ，由刚性系数为 k 的弹性胶带与半径为 r 的小轮连在一起。小轮受外力作用做受迫摆动，摆动的规律为 $\theta=\theta_0\sin\omega t$，且无论小轮如何运动都不会使弹性胶带松弛或打滑。求大轮稳态振动的振幅。

17.13　电动机质量 $m_1=250$ kg，由 4 个刚性系数 $k=30$ kN/m 的弹簧支持，如图所示。在电动机转子上装有一质量 $m_2=0.2$ kg 的物体，距转轴 $e=10$ mm。电动机被限制在铅直方向运动，求：(1)发生共振时的转速；(2)当转速为 1 000 r/min 时，稳定振动的振幅。

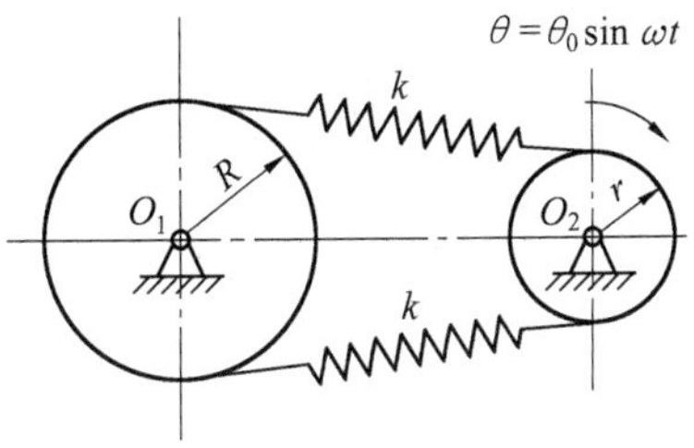

题 17.12 图

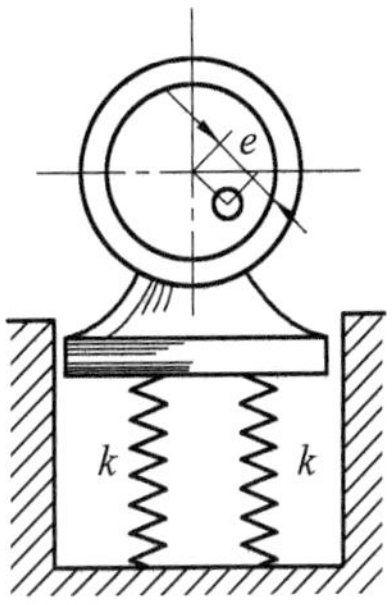

题 17.13 图

17.14　图示为蒸汽机的示功计。活塞 B 上连有弹簧 D，并能在圆筒 E 中活动，活塞与杆 BC 相连为一体，在杆上连画针 C。蒸汽对活塞的压强按 $p=400+300\sin\frac{2\pi}{T}t$ 变化，其中 p 以 kN/m^2 计，而 T 则为卷筒每转一周所需的秒数。若卷筒每秒转 3 转，活塞面积 $A=400$ mm^2，示功计活动部分(活塞和杆)质量 $m=1$ kg，弹簧每压缩 10 mm 需力 30 N。求画针 C 的振幅。

17.15　质量为 $m=0.4$ kg 的物体 M 悬挂在弹簧 AB 上，如图所示。弹簧的上端 A 做铅垂直线谐振动，其振幅 $b=20$ mm，圆频率 $\omega=7$ rad/s，即 $O_1C=b\sin\omega t$(mm)，弹簧在 0.4 N 力作用下伸长 10 mm。求物块 B 受迫振动的规律。

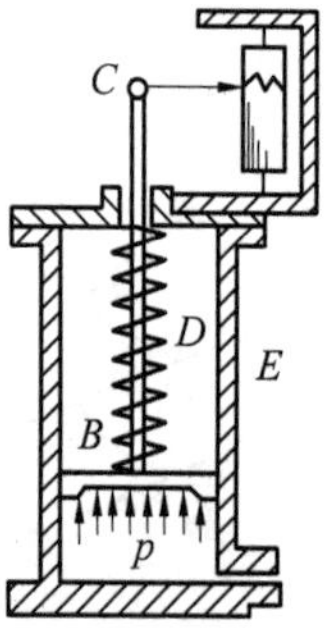

题 17.14 图

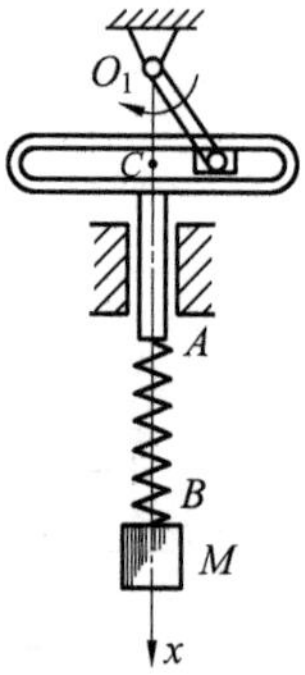

题 17.15 图

17.16 图示弹簧的刚性系数 $k=20$ N/m，其上悬一质量 $m=0.1$ kg 的磁棒。磁棒下端穿过一线圈，线圈内通过 $I=20\sin 8\pi t$ 的电流，式中 I 以安培计。电流自时间 $t=0$ 开始流通，并吸引磁棒，在此以前，磁棒在弹簧上保持不动，磁棒和线圈间的吸引力 $F=16\pi I\times 10^{-5}$ N。求磁棒的受迫振动规律。

17.17 图示两个振动系统，物块质量均为 m，弹簧刚度系数均为 k，阻尼系数均为 c。干扰位移 $x_1=a\sin\omega t$，求物块的受迫振动规律。

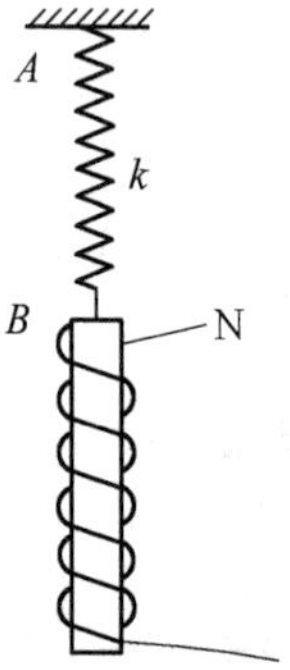

题 17.16 图

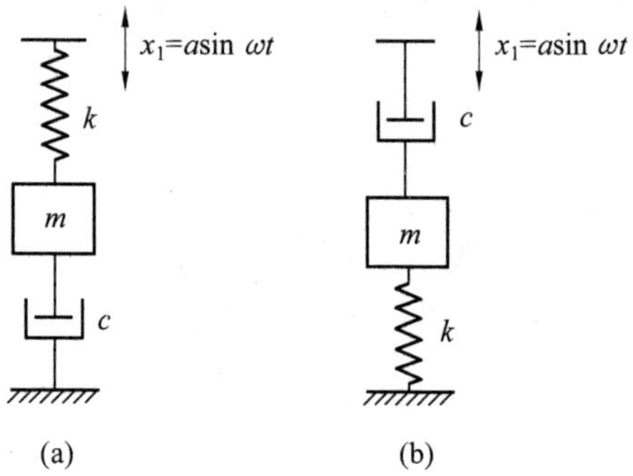

题 17.17 图

17.18 电动机的转速 $n=1\ 800$ r/min，全机质量 $m=100$ kg，此电机安装在图示的隔振装置上。欲使传到地基的干扰力达到不安装隔振装置的十分之一。求隔振装置弹簧总的刚度系数。

17.19 精密仪器使用时，要避免地面振动的干扰，为了隔振，如图所示在 A,B 两端下边安装 8 个相同的弹簧(每边 4 个并联而成)。A,B 两点到质心 C 的距离相等，地面的振动规律为 $y_1=\sin 10\pi t$(mm)，仪器质量为 800 kg，容许振动的振幅为 0.1 mm。求每根弹簧应有的刚度系数。

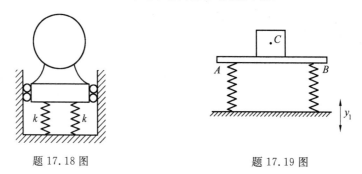

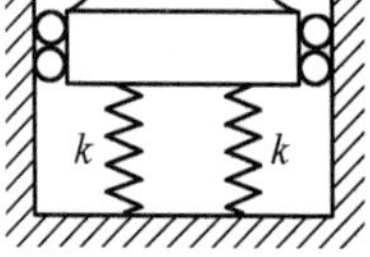

题 17.18 图

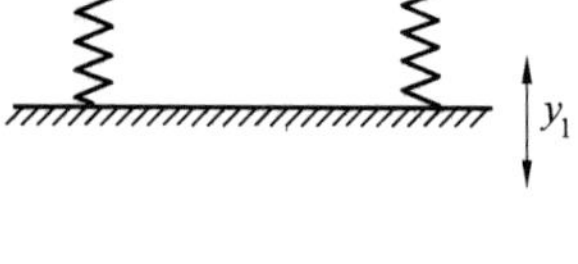

题 17.19 图

17.20　图示加速度计安装在蒸汽机的十字头上，十字头沿铅直方向做谐振动。记录在卷筒上的振幅等于 7 mm。弹簧刚度系数 $k=1.2\ \mathrm{kN/m}$，其上悬挂的重物质量 $m=0.1\ \mathrm{kg}$。求十字头的加速度(提示：加速度计的固有频率 ω_n 通常都远远大于被测物体的振动频率 ω，即 $\frac{\omega}{\omega_n}\ll 1$)。

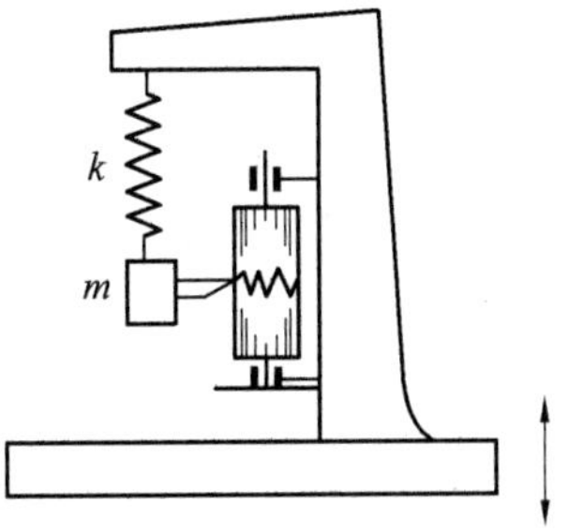

题 17.20 图

习题答案与提示

第1章

（略）

第2章

2.1　点 B 处 n 个力的合力和点 A 处的力 $\boldsymbol{F}$ 等值、反向、共线，此杆仍是二力杆。

点 A 处 m 个力的合力和点 B 处 n 个力的合力等值、反向、共线，此杆仍是二力杆。

提示：此题是对二力平衡公理、二力杆、汇交力系合力概念的考核题，意在解除某些读者的疑惑，知道这些杆件实质上仍是二力杆。

2.2　$F_R=16.12\ \text{kN}$，$\angle(\boldsymbol{F}_R,\boldsymbol{F}_1)=29°44'$

提示：本书中平面汇交力系求合力的唯一一个作业题，用解析法比较方便，意在对平面汇交力系合成的解析法进行一下基本训练。

2.3　$F_{CA}=10\ \text{kN}$（压），$F_{CB}=5\ \text{kN}$（拉）

提示：两根杆均为二力杆，可取点 C 为研究对象，也可取 AC 杆为研究对象，画出受力图。用几何法，画出封闭力三角形，可看出此力三角形和构架组成的 $\triangle ABC$ 相似而求解，或求出角度后求解力三角形求解；也可用解析法求解。此题可以用中学物理里的方法求解，但最好用理论力学新学的方法求解。

2.4　$F_{BA}=54.64\ \text{kN}$（拉），$F_{BC}=-74.64\ \text{kN}$（压）

提示：两根杆均为二力杆，BD 绳中拉力和重物的重量相等，因实际中滑轮尺寸很小，或题目已告知不计滑轮大小，所以4个力汇交于点 B，为一平面汇交力系。此题用解析法求解比较方便。

2.5　$F_2=173.2\ \text{kN}$，$\gamma=95°$

提示：静力学中平衡的定义是物体相对地面静止或者做匀速直线运动，静力学中大部分题目都是静止平衡的，这是唯一一个物体做匀速直线运动的题目，其也是处于平衡状态，所以可用平衡的方法求解。火箭在3个力作用下平衡，可用解析法求解，也可用几何法求解，用解析法求解相对方便些。

2.6　$F_C=2\ 000\ \text{N}$，$F_A=F_B=2\ 010\ \text{N}$

提示：这是一个另类的题目。严格说来，下垂电线应形成一悬链线，求电线拉力应该用积分的方法。但把电线的重量按沿水平直线均匀分布，计算简单，且精度很好，所以此题把电线的重量按沿水平直线均匀分布计算。注意电线中点 C 处的拉力沿水平方向，取 AC 或 CB 部分电线，其重力作用在中点10 m处，水平拉力和此重力交于一点，由三力平衡汇交定理可确定另一端电线拉力的作用线，用几何法求解相对简单些。

2.7　$F=58.76\ \text{kN}$

提示：此题和例2.4基本相同，应分别取销钉 B 和 C 滑块，用解析法或几何法求解。注意 $1\ \text{MPa}=10^6\ \text{N/m}$。此题需分别取两次研究对象求解。

2.8　$F=80\ \text{kN}$

提示：分别取点 D 和 B 为研究对象，均为三力汇交点，分别画出封闭力三角形，用几何法求解相对简单些。此题也需要分别取两次研究对象求解。

2.9 $F_A=F_B=26.39$ kN(AD,BD 杆受压),$F_C=33.46$ kN(CD 杆受拉)

提示:求 A,B,C 处受力和求三根杆受力相同。三根杆均为二力杆,点 D 为力的汇交点,可以取点 D 也可以取整体为研究对象,用解析法求解。注意对 DA,DB 杆受力投影计算时需用二次投影法。

2.10 $F_{OB}=F_{OC}=707$ N(拉),$F_{OA}=1\ 414$ N(压)

提示:三根杆均为二力杆,点 O 为力的汇交点,可以取点 O 也可以取整体为研究对象,用解析法求解。

2.11 $F_{CB}=P$(拉),$F_{CA}=-\sqrt{2}P$(压),$F_{BD}=P(\cos\theta-\sin\theta)$,

$F_{BE}=P(\cos\theta+\sin\theta)$,$F_{AB}=-\sqrt{2}P\cos\theta$

提示:先取点 C 为研究对象,为平面汇交力系,用几何法或解析法求出 BC 和 CA 杆受力;后取点 B 为研究对象,为空间汇交力系汇交点,用解析法求解。此题需用平面汇交力系和空间汇交力系的方法联合求解。

2.12 $F_1=F_2=-5$ kN(压),$F_3=-7.07$ kN(压),

$F_4=F_5=5$ kN(拉),$F_6=-10$ kN(压)

提示:各杆均为二力杆,先取点 A 为研究对象,后取点 B 为研究对象,用解析法求解。此题需连续取两次研究对象求解。

第 3 章

3.1 (a)$M_O(\boldsymbol{F})=0$,(b)$M_O(\boldsymbol{F})=Fl$,(c)$M_O(\boldsymbol{F})=-Fb$,

(d)$M_O(\boldsymbol{F})=Fl\sin\theta$,(e)$M_O(\boldsymbol{F})=F\sin\beta\sqrt{l^2+b^2}$,(f)$M_O(\boldsymbol{F})=F(l+r)$

提示:平面中力对点的矩的基本计算题,注意把图(e)中的力 $\boldsymbol{F}$ 分解为水平力和铅直力计算比较方便。

3.2 $M_A(\boldsymbol{F})=-Fb\cos\theta$,$M_B(\boldsymbol{F})=F(a\sin\theta-b\cos\theta)$

提示:注意把力 $\boldsymbol{F}$ 分解为水平力和铅直力计算比较方便,最好不用原来物理里直接计算力臂的方法。

3.3 $F=22.63$ kN

提示:力矩或说杠杆的基本计算题,对点 A 计算力矩的和为零可得。

3.4 $l_1=\dfrac{b}{3}$,$l_2=\dfrac{b}{4}$,$l_3=\dfrac{b}{5}$

提示:先取板Ⅰ为研究对象,再取板Ⅱ为研究对象,最后取板Ⅲ为研究对象,分别对点 C,D,E 列力矩平衡方程可得。

3.5 $M_x(\boldsymbol{F})=-F(l+a)\cos\theta$,$M_y(\boldsymbol{F})=-Fl\cos\theta$,$M_z(\boldsymbol{F})=-F(l+a)\sin\theta$

提示:空间力对轴的矩的基本计算题,把力 $\boldsymbol{F}$ 分解为水平力和铅直力计算。

3.6 $M_{AB}(\boldsymbol{F})=Fa\sin\theta\sin\beta$

提示:把力 $\boldsymbol{F}$ 分解为与轴 AB 平行和垂直的两个分力计算。

3.7 $M_x(\boldsymbol{F})=\dfrac{F}{4}(h-3R)$,$M_y(\boldsymbol{F})=\dfrac{\sqrt{3}F}{4}(h+R)$,$M_z(\boldsymbol{F})=-\dfrac{1}{2}FR$

提示:力对轴的矩的基本计算题,把力 $\boldsymbol{F}$ 沿着题图所示坐标系分解为三个分力,然后用分力计算力矩比较方便。

3.8 $F=9$ kN,$F_{NA}=F_{ND}=11.7$ kN

提示:据力偶只能由力偶来平衡的性质,可知钢索拉力和荷载 $\boldsymbol{P}$ 形成一力偶,此种情况下只有轮 A,D 受力,也形成一力偶,列平面力偶系的平衡方程可求出轮 A,D 受力。

3.9 (a)$F_{RA}=F_{NB}=\dfrac{M}{l}$,(b)$F_{RA}=F_{NB}=\dfrac{M}{l}$,(c)$F_{RA}=F_{NB}=\dfrac{M}{l\cos\theta}$

提示:根据 B 处为可动铰支座和力偶只能由力偶来平衡的性质,画出受力图,列平面力偶系的平衡方程求解。

3.10 $F_{RA}=F_{RC}=\frac{M_1-M_2}{2\sqrt{2}a}$

提示：注意 BC 杆为二力杆，可取整体由力偶只能由力偶来平衡的性质画受力图，列平面力偶系的平衡方程求解。

3.11 $F_{O_1}=\frac{M_1}{r_1\cos\theta}(\swarrow)$，$F_{O_2}=\frac{M_1}{r_1\cos\theta}(\nearrow)$，$M_2=\frac{r_2}{r_1}M_1$

提示：分别取两齿轮为研究对象，由压力角的概念和力偶只能由力偶来平衡的性质画受力图，列平面力偶系的平衡方程求解。

3.12 $F_{AB}=500$ N(拉)，$M_2=300$ N·m

提示：注意 AB 杆为二力杆，分别取杆 O_1A 和 O_2B，按力偶只能由力偶来平衡的性质画受力图，列平面力偶系的平衡方程求解。

3.13 $F_{NA}=F_{RB}=\frac{20}{3}\sqrt{3}$ kN，$F_{EC}=10\sqrt{2}$ kN(压)

提示：A 处为滚动支座，取整体为研究对象按力偶只能由力偶来平衡的性质画受力图，列平面力偶系的平衡方程求解支座 A，B 处受力。然后取 DE 杆为研究对象，注意 EC 杆为二力杆，按力偶只能由力偶来平衡的性质画出 EC 杆的受力图，列平面力偶系的平衡方程求解。

3.14 $F_{RA}=\frac{\sqrt{2}M}{l}$

提示：取 BC 构件为研究对象，注意 B 处为滚动支座，按力偶只能由力偶来平衡的性质画受力图，列平面力偶系的平衡方程求解出 C 处的约束力，然后取 ADC 构件，按三力平衡汇交定理画出其受力图，用几何法或解析法求出 A 处约束力。这是一个把平面力偶系和平面汇交力系合起来求解的题目。

3.15 $F=\frac{M}{a}\cot 2\theta$

提示：注意 AB，BC，BD 杆为二力杆，可先取滑块 D 为研究对象，按三力平衡汇交定理画出其受力图，用解析法求出 BD 杆受力。然后取销钉(点)B 为研究对象，用平面汇交力系的方法(解析法方便)求出 AB 杆受力，最后取杆 OA 为研究对象，按力偶平衡画出其受力图，列力偶系的平衡方程即可求解。这是另一个把平面力偶系和平面汇交力系合起来求解的题目。

第4章

4.1 主矢 $F'_R=466.5$ N，主矩 $M_O=21.44$ N·m；合力 $F_R=F'_R=466.5$ N，$d=45.96$ mm

提示：力系简化基本计算题，按力系简化公式计算即可。合力大小和主矢相同，距离 d 按 M_O/F'_R 计算(力系简化基本计算题共两个，为题 4.1 和 4.2)。

4.2 (1)主矢 $F'_R=150$ N，主矩 $M_O=-900$ N·mm；

(2)合力 $\boldsymbol{F}_R=-150\boldsymbol{i}$ N，$y=-6$ mm

提示：力系简化基本计算题，按力系简化公式计算即可。合力大小和主矢相同，用 $M_O=xF_{Ry}-yF_{Rx}$ 计算合力作用线位置。

4.3 $F_T=196.6$ kN，$F_{NB}=90.12$ kN，$F_{NA}=47.54$ kN

提示：取料车为研究对象，画出其受力图。沿斜面先列投影方程求出钢索受力，再列取矩方程、投影方程求出轨道的约束力。(4.3～4.9 题为单个物体的平衡问题)

4.4 $F_{NA}=-\frac{P_1a+P_2b}{c}$，$F_{Bx}=\frac{P_1a+P_2b}{c}$，$F_{By}=P_1+P_2$

提示：取起重机为研究对象，画出其受力图。先对点 B 列取矩方程求出 A 处约束力，再列两个投影方程求出 B 处约束力。

4.5 $F_{Ax}=0,F_{Ay}=6\ \mathrm{kN},M_A=12\ \mathrm{kN\cdot m}$

提示：取刚架为研究对象，画出其受力图。按$\sum F_x=0,\sum F_y=0,\sum M_A=0$顺序列方程。注意三角形分布荷载的计算，注意把力$\boldsymbol{F}$分解后取矩。

4.6 $F_{Ax}=-4\ \mathrm{kN},F_{Ay}=54.62\ \mathrm{kN},F_{NB}=52.31\ \mathrm{kN}$

提示：取屋架为研究对象，画出其受力图，注意不要把风力漏画，其垂直作用在AC中间。按列一个方程求一个未知数的原则列平衡方程求解。

4.7 $F_{Ax}=0,F_{Ay}=-2.5\ \mathrm{kN},F_{NB}=37.5\ \mathrm{kN}$

提示：取梁为研究对象，画出其受力图。按列一个方程求一个未知数的原则列平衡方程求解。注意三角形分布荷载合力与作用线位置的计算。

4.8 $F_{BC}=848.5\ \mathrm{N},F_{Ax}=2\ 400\ \mathrm{N},F_{Ay}=1\ 200\ \mathrm{N}$

提示：取梁AB为研究对象，杆BC为二力杆，可带着滑轮也可去掉滑轮，画出受力图。按列一个方程求一个未知数的原则列平衡方程求解。此题可认为是单个物体的平衡问题。

4.9 $F_{Ax}=F,F_{Ay}=P+ql,M_A=Pl+\frac{1}{2}ql^2+Fa$

提示：取水平梁为研究对象，注意梁根部A处为平面固定端约束，画出受力图，列3个一元一次方程求解。

4.10 $P_{2\min}=333.3\ \mathrm{kN},x_{\max}=6.75\ \mathrm{m}$

提示：平面平行力系唯一一个计算题。取起重机为研究对象，考虑满载时轮A处的约束力应为$F_{NA}\geqslant 0$，空载时轮B处的约束力应为$F_{NB}\geqslant 0$，列取矩方程求解。

4.11 $F_{ND}=15\ \mathrm{kN},F_{NB}=40\ \mathrm{kN},F_{Ax}=0,F_{Ay}=-15\ \mathrm{kN}$

提示：先取CD梁为研究对象，画出受力图，由$\sum M_C=0$求出D处约束力。然后取整体为研究对象，画出受力图，列3个一元一次方程求A,B处约束力。

4.12 $M_{\min}=\frac{rr_1r_3}{r_2r_4}P,F_{3x}=\frac{r}{r_4}P\tan\theta,F_{3y}=(1-\frac{r}{r_4})P$

提示：先取轮O_3和闸门为一体，画出受力图，由$\sum M_{O_3}=0$求出齿轮所受切向力，由压力角概念求出齿轮所受法向力，再用两个方程求出轴承O_3受力。然后取轮O_2为研究对象，画出受力图，由$\sum M_{O_2}=0$求出齿轮O_2和O_1之间的切向力，最后取轮O_1为研究对象，画出受力图，由$\sum M_{O_1}=0$求出最小启门力偶矩。

4.13 $F_T=\frac{Fa\cos\theta}{2h}$

提示：先对整体画出受力图，由$\sum M_C=0$求出B处地面约束力，然后取AB部分为研究对象，画出受力图，由$\sum M_A=0$求出绳子受力。

4.14 $F_{Ax}=-F,F_{Ay}=-F;F_{Dx}=2F,F_{Dy}=F;F_{Bx}=-F,F_{By}=0$

提示：先取整体为研究对象，由$\sum M_C=0$求出B处铅直方向约束力。然后取DE杆为研究对象，用两个方程求出D处两个约束力。最后取ADB杆为研究对象，用3个方程求出其余3个约束力。

4.15 $F_{Ax}=1\ 200\ \mathrm{N},F_{Ay}=150\ \mathrm{N},F_{NB}=1\ 050\ \mathrm{N};F_{BC}=-1\ 500\ \mathrm{N}$(压)

提示：先取整体为研究对象，由$\sum M_A=0$求出B处铅直方向约束力，然后列两个投影方程求出A处两个约束力。再取ADB杆或CDE杆(带着滑轮或去掉滑轮)为研究对象，注意到BC杆为二力杆，列一个取矩方程求解。

4.16 $F_{Dx}=0,F_{Dy}=-1\ 400\ \mathrm{N};F_{Ax}=200\sqrt{2}\ \mathrm{N},F_{Ay}=2\ 083\ \mathrm{N},M_A=-1\ 178\ \mathrm{N\cdot m}$

提示：先取DCE杆为研究对象，用3个一元一次方程求出C,D处约束力，然后取ABC杆为研究对象，用3个一元一次方程求出A处约束力。

4.17 $F_{Ax}=-120\ \mathrm{kN},F_{Ay}=-160\ \mathrm{kN};F_{CD}=-80\ \mathrm{kN}$(压)，$F_{BE}=160\sqrt{2}\ \mathrm{kN}$(拉)

提示：分别取 ABC 和 DEF 构件为研究对象，注意 CD，BE 杆为二力杆，对点 A 列一个取矩方程，对点 F 列一个取矩方程，联立求出 B，C 处（CD，BE 杆）受力。最后取 ABC 构件为研究对象，已为两个未知数，列两个一元一次方程求出 A 处约束力。

前面各题基本上都可以列一个方程求解一个未知数，即列出的基本都是一元一次方程。本题是一个按正常解法须解二元一次方程组的题目，4.18 题也是一个须解二元一次方程组的题目。

4.18　$F_{Dx}=37.5\ \text{kN}$，$F_{Dy}=75\ \text{kN}$（或 $F_D=84\ \text{kN}$）

提示：先取整体用 3 个一元一次方程求出 A，B 处约束力，然后取 ADE 杆对点 E 列一个取矩方程，取 DCB 杆对点 C 列一个取矩方程，这样得到两个关于 D 处两个约束力的二元一次方程组，联立求解即可。这是本章另一个须解二元一次方程组的题目。

4.19　$F_{Ax}=0$，$F_{Ay}=1\ 510\ \text{N}$，$M_A=6\ 840\ \text{N}\cdot\text{m}$；$F_{Bx}=-2\ 280\ \text{N}$，$F_{By}=-1\ 785\ \text{N}$；

$F_{Cx}=2\ 280\ \text{N}$，$F_{Cy}=455\ \text{N}$

提示：先取整体为研究对象，用 3 个一元一次方程求出 A 处约束力。然后取 CD 杆，用对点 D 的取矩方程求出 C 处铅直方向约束力。最后取 ABC 杆为研究对象，已经为 3 个未知数，列 3 个一元一次方程求出其他约束力。

书中大部分题目多不计构件自重，若考虑自重怎么办？这是一个特意给出构件自重的题目，其实是一样的求解。

考虑不考虑构件的自重，也有些变化，如不计构件自重，此题中的 BD 杆为二力杆，仍求本题所求，则就相对简单些，读者可以一做。

4.20　$F_{Ax}=-qa$，$F_{Ay}=P+qa$，$M_A=(P+qa)a$；$F_{BAx}=\dfrac{1}{2}qa$，$F_{BAy}=P+qa$；

$F_{BCx}=-\dfrac{1}{2}qa$，$F_{BCy}=-qa$

提示：先取 CD 杆为研究对象，由 $\sum M_D=0$ 求出 C 处水平方向约束力。然后取 BC 杆为研究对象，不包含销钉 B 画出其受力图，用两个方程求出销钉 B 给 BC 杆的约束力。接着取销钉 B 为研究对象，用平面汇交力系的方法求出销钉给 AB 杆的作用力。最后取 AB 杆为研究对象，B 处不包含销钉 B，已为 3 个未知数，列 3 个一元一次方程求解 A 处约束力。

这是本章的一个难题，但只要分析清楚了，实际上也不难。

4.21　$F_{Cx}=0.367P$，$F_{Cy}=1.667P$；$F_{Dx}=-0.367P$，$F_{Dy}=-0.667P$；

$F_{Ex}=0.367P$，$F_{Ey}=1.033P$

提示：可先对整体分析，由 $\sum M_B=0$ 求出 A 处地面约束力。然后取 CD 坐椅板为研究对象，用两个方程求出 C，D 处铅直方向约束力。最后取 ACE 构件为研究对象，已为 3 个未知量，列 3 个一元一次方程可求解。

其他题目一般为工程中的题目，这是一个实际生活中折叠椅的销钉受力计算题。

4.22　$F_{EF}=8.167\ \text{kN}$（拉），$F_{AD}=-158\ \text{kN}$（压）

提示：先取整体为研究对象，由 $\sum M_C=0$ 求出 AD 杆受力。然后取 $FHIKJG$ 部分为研究对象，由 $\sum M_H=0$ 求 EF 杆受力。

此题为一挖掘机示意图，4.23 题为一掘铲机示意图，题目越接近工程实际问题，其尺寸一般就越复杂，计算一般也就无太多的技巧可言。这两个题不计各构件自重，也选择了所求的力，所以计算比较简单，有技巧性可言。

4.23　$F_{BC}=15.4\ \text{kN}$（压），$F_{IJ}=9.05\ \text{kN}$（拉）

提示：先取整体为研究对象，由 $\sum M_A=0$ 求出 BC 杆受力。再取铲斗为研究对象，注意 HF 弯杆为二力杆，由 $\sum M_D=0$ 求出 HF 杆受力。最后取 HJE 杆为研究对象，由 $\sum M_E=0$ 求出 IJ 杆受力。

4.24　$F_6=-4.33\ \text{kN}$（压），$F_7=-6.771\ \text{kN}$（压），$F_9=10\ \text{kN}$（拉），$F_{10}=14.35\ \text{kN}$（拉）

提示：先取整体为研究对象，用 3 个方程求出支座 A,B 处约束力，然后用截面法截断 6,7,8 杆为研究对象，取左边部分，用 3 个方程求出 6,7,8 杆受力，最后取 8,9,10 杆的连接节点为研究对象，用两个方程求出 9,10 杆受力。

4.25 $F_{CD}=-\frac{\sqrt{3}}{2}F=-0.866F$（压）

提示：用节点法判断出 ED 杆不受力（零杆），然后用截面截断 CF,CD,ED,AD 4 根杆，由方程 $\sum M_B=0$ 求出 CD 杆受力。

4.26 $F_1=-\frac{4}{9}F$（压），$F_2=-\frac{2}{3}F$（压），$F_3=0$

提示：用截面法，截断 DA,EF,CB 3 根杆，取三角形 CDF 部分，由 $\sum F_x=0$，$\sum M_D=0$，两个方程求出杆 3 和杆 2 受力。然后取节点 C，用平面汇交力系的方法或由 $\sum M_F=0$ 求出杆 1 受力。

第 5 章

5.1 (1) $F_x=75\ \text{N}$，$F_y=0$；(2) $M=22.5\ \text{N}\cdot\text{m}$；(3) $F_{Ax}=75\ \text{N}$，$F_{Ay}=0$，$F_{Az}=50\ \text{N}$

提示：取手摇钻，画出受力图。按 $\sum M_y=0$，$\sum M_x=0$，$\sum M_z=0$，先列 3 个取矩方程，再列 3 个投影方程，用 6 个一元一次方程求解 6 个未知力。

5.2 $l=0.1\ \text{m}$，$F_{Bz}=950\ \text{N}$，$F_{Bx}=0$，$F_{Ax}=0$，$F_{Az}=300\ \text{N}$

提示：取整体为研究对象，画出受力图。先由 $\sum M_y=0$ 避开轴承约束力求出 l，再由 $\sum M_x=0$，$\sum M_z=0$ 求出 B 处两个约束力，然后列两个投影方程求解。用 5 个一元一次方程求解 5 个未知力。

5.3 $F_3=4\ 000\ \text{N}$，$F_4=2\ 000\ \text{N}$，$F_{Bz}=3\ 897\ \text{N}$，$F_{Bx}=-4\ 125\ \text{N}$，
$F_{Ax}=-6\ 375\ \text{N}$，$F_{Az}=1\ 299\ \text{N}$

提示：取整体为研究对象，画出受力图。先由 $\sum M_y=0$ 避开轴承约束力求出皮带拉力，再由 $\sum M_x=0$，$\sum M_z=0$ 求出 B 处两个约束力，然后列两个投影方程求解。用 5 个一元一次方程加 $F_3=2F_4$ 求解 6 个未知力。

5.4 $P_2=36\ \text{kN}$，$F_{Bz}=23\ \text{kN}$，$F_{Bx}=\sqrt{3}\ \text{kN}$，$F_{Az}=16\ \text{kN}$，$F_{Ax}=-4\sqrt{3}\ \text{kN}$

提示：断开轮 C 上的绳子，相当于取整体为研究对象，画出受力图。先由 $\sum M_y=0$ 避开轴承约束力求出 $\boldsymbol{P}_2$，再由 $\sum M_x=0$，$\sum M_z=0$ 求出 B 处两个约束力，然后列两个投影方程求解。用 5 个一元一次方程求解 5 个未知力。

5.5 $F_1=10\ \text{kN}$，$F_2=5\ \text{kN}$，$F_{Bz}=1.5\ \text{kN}$，$F_{Bx}=-7.8\ \text{kN}$，$F_{Ax}=-5.2\ \text{kN}$，$F_{Az}=6\ \text{kN}$

提示：断开两根链条，相当于取整体为研究对象，画出受力图。先由 $\sum M_y=0$ 避开轴承约束力求出链条拉力，再由 $\sum M_x=0$，$\sum M_z=0$ 求出 B 处两个约束力，然后列两个投影方程求解。用 5 个一元一次方程加 $F_1=2F_2$ 求解 6 个未知力。

5.6 $F_{Bz}=-3.004\ \text{kN}$，$F_{Bx}=-1.093\ \text{kN}$，$F_{Ax}=-2.078\ \text{kN}$，$F_{Az}=-5.708\ \text{kN}$，
$F_{Dz}=23.25\ \text{kN}$，$F_{Dx}=-6.275\ \text{kN}$，$F_{Cx}=-0.378\ \text{kN}$，$F_{Cz}=12.46\ \text{kN}$

提示：教材中空间任意力系的平衡问题大多都是单个物体的平衡问题，这是一个不多的空间物体系的平衡问题。

先取 AB 轴，画出受力图。先对轴 AB 列一个取矩方程求出齿轮 D_1，D_2 接触处的切向力，由压力角概念得出径向力。然后由 $\sum M_x=0$，$\sum M_z=0$ 求出轴承 B 处的约束力，再列两个投影方程求出轴承 A 处的约束力。

接着取轴 CD，画出受力图。先由 $\sum M_y=0$ 求出齿轮 D_3，D_4 接触处的切向力，由压力角概念得出径向力。然后由 $\sum M_x=0$，$\sum M_z=0$ 求出轴承 D 处的约束力，最后列两个投影方程求出轴承 C 处的约束力。

5.7 $F_{Ay}=-325.3\ \text{N}$，$F_{Ax}=2\ 667\ \text{N}$，$F_{Cx}=-666.7\ \text{N}$，$F_{Cy}=-14.7\ \text{N}$，$F_{Cz}=12\ 640\ \text{N}$

提示：取整体为研究对象，画出受力图。先由$\sum M_z=0$求出圆周力F_t，然后由比例关系得到轴向力F_a和径向力F_r。接着由$\sum M_x=0$，$\sum M_y=0$求出轴承A处的约束力，最后列3个投影方程求出轴承C处的约束力。

5.8 $F_T=200\ \text{N}, F_{Bz}=0, F_{Bx}=0, F_{Ax}=86.6\ \text{N}, F_{Ay}=150\ \text{N}, F_{Az}=100\ \text{N}$

提示：注意画此题受力图时，考虑到蝶铰链的约束性质，B处应画3个约束力。但这样画受力图，将有7个未知力(绳受力，球铰A处3个未知力，蝶铰B处3个未知力)，为静不定问题，无法求解。考虑到此题的实际情况，若把蝶铰链B两端的铆头去掉，此系统也可以平衡，即直接认为蝶铰链B沿y轴方向无力作用，画出受力图为6个未知力，可以求解。

先由$\sum M_y=0$求出绳子受力，然后由$\sum M_x=0$，$\sum M_z=0$求出蝶铰链B的约束力，最后列3个投影方程求出A处约束力。

5.9 $F_4=0, F_6=0, F_2=0, F_1=-F$(压)，$F_3=F$(拉)，$F_5=-F$(压)

提示：取板画出受力图，可考虑用6矩式方程求解。先对沿杆3的轴取矩得$F_4=0$，对沿杆1的轴取矩得$F_6=0$，对沿杆5的轴取矩得$F_2=0$，对CB轴取矩得杆1受力等。

5.10 $F_4=F_5=F_6=-\dfrac{4M}{3a}$(压)，$F_1=F_2=F_3=\dfrac{2M}{3a}$(拉)

提示：取板画出受力图，可考虑用6矩式方程求解。先对沿杆3的轴取矩得杆4受力，对沿杆1的轴取矩得杆5受力，对沿杆2的轴取矩得杆6受力，对沿CB的轴取矩得杆1受力等。

5.11 $x_C=90\ \text{mm}$

提示：利用工字钢的对称性，把x轴建在其对称线上，则$y_C=0$。用有限分割法，分割为3个小矩形求解。

5.12 $x_C=135\ \text{mm}, y_C=140\ \text{mm}$

提示：用有限分割法，分割为矩形、三角形、四分之一圆形求解。注意四分之一圆形的重心公式可以积分，也可以查表得到。

5.13 $x_C=78.26\ \text{mm}, y_C=59.53\ \text{mm}$

提示：用负面积法求解。可分为3个矩形和一个圆，圆的面积为负值。

5.14 $x_C=23.1\ \text{mm}, y_C=38.5\ \text{mm}, z_C=-28.1\ \text{mm}$

提示：分为两个长方体用有限分割法计算。

5.15 $h=\dfrac{\sqrt{2}}{2}r$

提示：选点C为坐标原点，铅直轴为坐标轴，如为轴z，则$z_C=0$，分割为一圆柱和半球，用有限分割法来计算。半球的重心位置可查表得到。

第6章

6.1 (1)$F_{s1}=1.492\ \text{kN}$(↗)，$F_{s2}=-1.508\ \text{kN}$(↙)

(2) $F_{T1}=26.06\ \text{kN}, F_{T2}=20.93\ \text{kN}$

提示：(1)此种情况下，不能用库仑摩擦定律求摩擦力，且摩擦力的方向难以判断，所以可假设其方向，沿斜面列一平衡方程求解。这是为考虑不能用库仑摩擦定律求摩擦力，且摩擦力方向可以假定而选的一个题目。(2)此种情况下，摩擦力的方向为已知，不能假设，分别沿斜面和垂直于斜面列平衡方程，加动滑动摩擦定律联立求解。

6.2 $s=0.456l$

提示：取梯子为研究对象，画出受力图，列出3个平衡方程，加两处的库仑摩擦定律，5个方程联立求解。

6.3 $f_s=0.223$

提示:题 6.3 和题 6.4 是为考虑摩擦平衡求摩擦因数而选的两个题目。

取棒料画受力图,列 3 个平衡方程加两处的库仑摩擦定律联立求解,得到一关于 f_s 的一元二次方程,解此方程舍一根得解。注意此题受力不对称,和 V 形槽接触处的法向约束力并不相等。

6.4 $f_{sA}=f_{sC}=\dfrac{1}{2\sqrt{3}}$

提示:考虑到对称性,先取整体由 $\sum M_C=0$ 得 A 处法向约束力,然后取 AB 杆由 $\sum M_B=0$ 加库仑摩擦定律求解。

6.5 $x=a+\dfrac{a}{f}\tan\theta$

提示:这是另一个为考虑动滑动摩擦力而选的一个题目。

取长板为研究对象,画出受力图,列出 3 个平衡方程,加两处的动滑动摩擦定律两个方程联立求解。

6.6 $F\geqslant 800$ N

提示:考虑到对称性,取左边或右边闸杆用一个取矩方程求出闸块与轮间的正压力,用库仑摩擦定律得到摩擦力,然后取轮用取矩方程得到结果。

6.7 $M=300$ N·m

提示:依次取 O_1AB 杆,EDC 杆,左、右闸杆(带闸块),鼓轮为研究对象。注意 AC,KE 杆为二力杆,避开列不必要的方程,均可列一元一次方程求解。

提问:O_1AB 杆与 O_1D 构件在 O_1 处的作用力是否作用反作用力?若对 O_1AB 杆求出 O_1 处的水平约束力,对 O_1D 杆按作用反作用力计算,对 D 点取矩求鼓轮与闸块间的正压力,将会出现什么情况?有兴趣的读者可做一做。

6.8 $b\leqslant 110$ mm

提示:先取整体为研究对象,然后取砖(几块砖为一体)为研究对象,再取 AGB 杆为研究对象,分别列平衡方程求解。

另一简单解法是,注意到杆 $DECG$ 为二力杆,也可用摩擦角的概念求解。

6.9 $49.61\ \text{N}\cdot\text{m}\leqslant M_C\leqslant 70.39\ \text{N}\cdot\text{m}$

提示:题 6.9 和 6.10 是考虑为保持系统平衡,主动力有一个取值范围而选的两个题目。题 6.9 主动力偶有一个取值范围,题 6.10 主动力有一个取值范围。应分别考虑两种趋势求解。

注意运动的两种趋势,M_C 大于某值时杆将逆时针转动,M_C 小于某值时杆将顺时针转动,分别取两杆对点 A,C 取矩,考虑库仑摩擦定律求解。

6.10 $\dfrac{M\sin(\theta-\varphi)}{l\cos\theta\cos(\beta-\varphi)}\leqslant F\leqslant\dfrac{M\sin(\theta+\varphi)}{l\cos\theta\cos(\beta+\varphi)}$

提示:分别取 OA 杆与滑块 B 为研究对象,对 OA 杆用取矩方程,对滑块 B 用汇交力系的平衡方程,考虑两种运动趋势加库仑摩擦定律求解。解方程整理中,注意三角公式的应用。

6.11 $b=0.4a$

提示:这是一个为既需考虑滑动又需考虑翻倒而选的唯一一个题目。

设物体重量,考虑有翻倒趋势时,法向约束力和摩擦力集中在下面棱处,列一取矩方程可得 $a/b=\tan\theta$。然后考虑沿斜面下滑的条件为 $\theta=\varphi_f=\arctan f_s$ 即可。

6.12 $\varphi_B=30^\circ$,$\varphi_C=30^\circ$,$\varphi_A=16^\circ6'$

提示:6.12 和 6.13 题是为用几何法(利用摩擦角概念)求解而选的两个题目。此题是一个用几何法和解析法合起来求解比较方便的题目,6.13 题是一个用几何法求解比较方便的题目。本章这 15 个习题中,大部分题用几何法求解并不方便。

BC 杆为二力杆,由三力平衡汇交定理,用几何法可直接得到 B,C 处的摩擦角。求 A 处的摩擦角,可用三角公式求解,比较麻烦,也可用解析法列 3 个平衡方程求解。

6.13 $\dfrac{\sin\theta-f_s\cos\theta}{\cos\theta+f_s\sin\theta}P\leqslant F\leqslant\dfrac{\sin\theta+f_s\cos\theta}{\cos\theta-f_s\sin\theta}P$ 或 $P\tan(\theta-\varphi_f)\leqslant F\leqslant P\tan(\theta+\varphi_f)$

提示：不管有几个滚珠，考虑总体效果，即整体水平约束力与铅直约束力均用一个力表示。先取整体为研究对象，求出地面约束力。再取物块 A 为研究对象，分别考虑物块的两种滑动趋势，画封闭力三角形求解比较方便。

6.14 $F_s=P_2\sin\theta, F_N=P_1-P_2\cos\theta, M=P_2(R\sin\theta-r)$

提示：6.14 和 6.15 两个题是为考虑滚动摩阻而选的题目，所以画受力图和列方程时应考虑滚动摩阻。取轮为研究对象，用解析法，列三个方程可解 3 个未知数。

注意：题目没有说轮处于临界平衡状态，所以摩擦力不能用公式 $F_s=f_sF_N$ 计算，滚动摩阻力偶矩也不能用 $M=\delta F_N$ 计算。

6.15 $\theta_{\min}=1°9'$

提示：取钢管为研究对象，垂直斜面列一方程求得斜面支持力，对钢管与斜面接触点取矩求得滚动摩阻力偶矩 M，用 $M\leqslant\delta F_N$ 条件即可得解。

第 7 章

7.1 $x_D=200\cos\dfrac{\pi}{5}t(\text{mm}), y_D=100\sin\dfrac{\pi}{5}t(\text{mm})$；$\dfrac{x_D^2}{200^2}+\dfrac{y_D^2}{100^2}=1$

提示：在图示坐标系下写出点 D 的坐标即为运动方程，把时间参数消去即为轨迹方程。

7.2 对地：$y_B=0.01\sqrt{64-t^2}+h(\text{m}), v_B=\dfrac{0.01t}{\sqrt{64-t^2}}(\text{m/s})$，铅直向下；

对凸轮：$x'_B=0.01t(\text{m}), y'_B=0.01\sqrt{64-t^2}+h(\text{m})$，

$$v'_{Bx}=0.01\ (\text{m/s}), v'_{By}=\frac{0.01t}{\sqrt{64-t^2}}(\text{m/s})，铅直向下。$$

提示：活塞 B 相对地面沿铅直轴运动，设为 y 轴，设 $AB=h$，写出活塞 B 的坐标即为相对地面的运动方程，求一阶导数即得其速度。

活塞 B 相对凸轮的运动，设 $AB=h$，在图示坐标系下写出活塞 B 的坐标即为相对凸轮的运动方程，求一阶导数即得其速度。

7.3 $x=l, y=l\tan kt$；

$$\theta=\frac{\pi}{6}时, v=\frac{4}{3}lk, a=\frac{8}{9}\sqrt{3}lk^2；\theta=\frac{\pi}{3}时, v=4lk, a=8\sqrt{3}lk^2$$

提示：在图示坐标系下写出火箭的运动方程，求一阶和二阶导数得速度和加速度的表达式，把 $\theta=\dfrac{\pi}{6}$ 和 $\theta=\dfrac{\pi}{3}$ 代入运算即可得。

7.4 $v=-\dfrac{v_0}{x}\sqrt{x^2+l^2}$；$a=\dfrac{l^2v_0^2}{x^3}$

提示：此题最好从绳的总长度去考虑，即 $\sqrt{x^2+l^2}+v_0t+l_0=L$，式中 l_0 为除 AB 段绳长和新卷到轮上的绳长之外的绳长，L 为总绳长。然后求一阶和二阶导数整理可得。

7.5 $y_B=e\sin\omega t+\sqrt{R^2-e^2\cos^2\omega t}+h, v_B=e\omega\cos\omega t+\dfrac{e^2\omega\sin 2\omega t}{2\sqrt{R^2-e^2\cos^2\omega t}}$

提示：设 $AB=h$，以点 O 为坐标原点，铅直向上为 y 轴，写出点 B 的坐标即为运动方程，求一阶导数即为其速度。

7.6 $t=0$ 时，$a_n=0, a_t=10\ \text{m/s}^2$；$t=1$ s 时，$a_n=106.7\ \text{m/s}^2, a_t=10\ \text{m/s}^2$；

$t=2$ s时，$a_n=83.3\ m/s^2$，$a_t=10\ m/s^2$

提示：把弧坐标表示的运动方程对时间求一阶和二阶导数，得速度和切向加速度的表达式，把时间代入运动方程得点 M 的位置，可得切向加速度，而法向加速度按 $a_n=\frac{v^2}{\rho}$ 计算即可。

7.7 $l=14.64$ m 时速度 v_0 最小

提示：在点 A 建一直角坐标系，直接写出或求出抛射体的运动方程(为抛物线)，消去时间 t 得其轨迹方程，然后把 B,C 两点的坐标代入，整理得 v_0 关于 l 的函数表达式 $v_0=f(l)$，对 l 求一阶导数，令$\frac{dv_0}{dl}=0$，可求得题所求 l。

7.8 $v_D=ak$，$v'_D=-ka\sin kt$

提示：滑块 D 相对地面做圆周运动，运动轨迹为已知，用弧坐标法写出其运动方程，对时间求一阶导数可得其速度。滑块 D 相对 OA 杆为沿 OA 杆的直线运动，写出其运动方程，对时间求一阶导数可得其相对 OA 杆的速度。

7.9 $v_M=\frac{hbv}{(y-h)^2}$，$a_M=\frac{2hbv^2}{(y-h)^3}$

提示：设点 M 的坐标为 x，光源 A 的坐标为 y，由图示相似三角形的关系写出$\frac{x}{x-b}=\frac{y}{h}$，对时间求一阶和二阶导数，注意 $\dot{y}=-v$，可得结果。

7.10 $v_M=v\sqrt{1+\frac{p}{2x}}$，$a_M=-\frac{v^2}{4x}\sqrt{\frac{2p}{x}}$

提示：在图示坐标系下，小环 M 的坐标为 x，y，把方程 $y^2=2px$ 对时间求导数，注意 $\dot{x}=v$，$\ddot{x}=0$，而 $v_M=\sqrt{\dot{x}^2+\dot{y}^2}$，$a_M=\ddot{y}$ 可得结果。

第8章

8.1 $x=0.2\cos 4t$(m)，$\varphi=30°$时，$v=-0.4$ m/s，$a=-2.771\ m/s^2$

提示：滑杆 BC 为直线平移，以点 O 为坐标原点，写出点 O_1 的坐标即为滑杆 BC 的运动方程，求导数即得速度和加速度。

8.2 $\varphi=\frac{1}{30}t$，$x^2+(y+0.8)^2=1.5^2$

提示：杆 AB 的运动为平移，点 A,B 的速度相同，由$\frac{v_A}{OA}$得杆 OA 的角速度，得转动方程。在图示坐标系下写出点 B 的运动方程，消去参数 φ 得轨迹方程。

8.3 $v_C=9.948$ m/s，轨迹是半径为 0.25 m 的圆。

提示：搅拌杆 ABC 平移，点 A,B,C 的轨迹、速度相同，求出点 A 或点 B 的轨迹、速度即为点 C 的轨迹和速度。

8.4 $\omega=\frac{v}{2l}$，$\alpha=-\frac{v^2}{2l^2}$

提示：写出 OC 杆的转角 $\tan\varphi=vt/l$，对时间求导数得角速度和角加速度，代入具体数值即可。

8.5 $\theta=\arctan\frac{R\sin\omega_0 t}{h-R\cos\omega_0 t}$

提示：在$\triangle OBC$ 中，利用几何关系 $R\sin\varphi=(h-R\cos\varphi)\tan\theta$ 可得结果。

8.6 钢板的速度 $v=0.524$ m/s，加速度 $a=0$；滚子与钢板接触点的加速度 $a_t=0$，$a_n=2.742\ m/s^2$

提示：钢板平移，其速度 $v=\frac{d}{2}\cdot\omega=C$，加速度$\frac{dv}{dt}=0$，无法向加速度；注意滚子为定轴转动，其边缘上点的切向加速度和钢板的相同，但滚子上的点有法向加速度。

8.7　$\omega=20t\ \text{rad/s}$，$\alpha=20\ \text{rad/s}^2$；$a=10\sqrt{1+400t^2}\ \text{m/s}^2$

提示：把物体的运动方程对时间求导数得绳的速度和加速度，轮边缘上的速度和切向加速度和绳的速度、加速度相同，由 $\omega=\dfrac{v}{R}$，$\alpha=\dfrac{a_t}{R}$ 得轮的角速度和角加速度。注意轮上有法向加速度，把切向加速度和法向加速度合起来即为全加速度。

8.8　$\varphi=\dfrac{\sqrt{3}}{3}\ln\dfrac{1}{1-\sqrt{3}\omega_0 t}$，$\omega=\omega_0 e^{\sqrt{3}\varphi}$

提示：由 $\dfrac{\alpha}{\omega^2}=\tan 60°$ 和 $\alpha=\dfrac{d\omega}{dt}=\dfrac{d\omega}{d\varphi}\cdot\dfrac{d\varphi}{dt}=\omega\dfrac{d\omega}{d\varphi}$ 可得 $\dfrac{d\omega}{\omega}=\sqrt{3}\,d\varphi$，考虑初始条件积分即可。

8.9　$v=1.676\ \text{m/s}$；$a_{AB}=a_{CD}=0$，$a_{AD}=32.9\ \text{m/s}^2$，$a_{BC}=13.16\ \text{m/s}^2$

提示：由轮系传动比求出轮Ⅱ的角速度，得重物 P 的速度。轮为匀速转动，各点无切向加速度，所以皮带的 AB，CD 段无加速度，但皮带的 AD，BC 段有法向加速度，按公式 $a_n=r\omega^2$ 计算。

请读者考虑，轮Ⅰ上点 A 的加速度和皮带上点 A 的加速度是否相同？轮Ⅱ上点 B 的加速度和皮带上点 B 的加速度是否相同？同样可考虑点 C，D 的加速度。

8.10　(1)$\alpha_2=\dfrac{5\,000\pi}{d^2}\ \text{rad/s}^2$；(2)$a=592.2\ \text{m/s}^2$

提示：由两轮接触点的线速度相同，得轮Ⅱ的角速度，求导数得轮Ⅱ的角加速度。由 $a=R\sqrt{\alpha^2+\omega^4}$ 得全加速度。

8.11　$\omega_2=0$，$\alpha_2=-\dfrac{bl}{r_2}\omega^2$

提示：刚体 ACB 平移，从而可得两齿轮啮合点 D 的速度和切向加速度，也即可得齿轮2上点 D 的速度和切向加速度，可得题目所求。

8.12　$\alpha=\dfrac{hv^2}{2\pi r^3}$

提示：此题有多种做法，但从面积的角度考虑更好。磁带的厚度很小，可认为是一个圆，设初始时半径为 R，则有面积方面的表达式 $\pi R^2-\pi r^2=hvt$，同时又有关系 $r\omega=v$，把这两式对时间求导数后整理可得题目所求。

第9章

提示：题 9.1～9.10 为求速度的题目，题 9.11～9.16 是动系平移时求加速度的题目，题 9.17～9.22 是动系为定轴转动时求加速度的题目。

9.1　$L=200\ \text{m}$，$v_r=0.333\ \text{m/s}$，$v=0.2\ \text{m/s}$

提示：把动系建于河水上，随河水流动，船为动点。画出两种情况下的速度平行四边形，列出速度、时间、距离的关系式可得解。

9.2　$v_r=3.982\ \text{m/s}$，$v_2=1.035\ \text{m/s}$

提示：把动系建于传送带上，选矿砂为动点，两种情况下，矿砂绝对速度不变。第一种情况，绝对速度和牵连速度为已知，可求相对速度。第二种情况设相对速度和牵连速度垂直可求解。

9.3　$v_a=3.059\ \text{m/s}$

提示：取重球为动点，动系建于轴 AB 上，牵连速度垂直纸面向里，相对速度垂直球柄向上，两速度成直角，由 $v_a=\sqrt{v_e^2+v_r^2}$ 可得绝对速度的大小。

9.4　(a)$\omega_2=1.5\ \text{rad/s}$；(b)$\omega_2=2\ \text{rad/s}$

提示：对图(a)，取杆 O_1A 上的点 A 为动点(或套筒 A)，杆 O_2A 为动系，则绝对速度大小与方向，牵连速度与相对速度方位均已知，速度四边形为一矩形，可求解。对图(b)，取杆 O_2A 上的点 A 为动点(或套筒 A)，杆 O_1A 为动系，则牵连速度大小与方向，绝对速度与相对速度方位均已知，速度四边形为一矩形，可求解。

9.5 $v_A=\dfrac{alv}{x^2+a^2}$

提示：取弯杆上与 OA 杆的接触点 B 为动点，动系建于杆 OA 上，绝对速度即为弯杆的速度，相对速度沿杆 OA，牵连速度与杆 OA 垂直，画出的速度四边形为一矩形，v_e，v_r 的大小未知，求出 v_e 得杆 OA 的角速度，由此可得杆端 A 的速度。

9.6 $\varphi=0°$时，$v_{BC}=\dfrac{\sqrt{3}}{3}r\omega$，向左；$\varphi=30°$时，$v_{BC}=0$；$\varphi=60°$时，$v_{BC}=\dfrac{\sqrt{3}}{3}r\omega$，向右

提示：取杆 OA 上的点 A 为动点，动系固结在杆 $CBDE$ 上，则绝对速度大小与方向，牵连与相对速度方位为已知，放在任意 φ 角位置，速度四边形为一平行四边形，求出 v_e 的表达式，把各 φ 角代入可得杆 BC 的速度。此题也可按 $\varphi=0°$，30°，60°时的位置分别画出速度四边形求解。

9.7 $v_C=\dfrac{av}{2l}$

提示：选 AB 杆上的点 A(或套筒 A)为动点，杆 OC 为动系，速度 $\boldsymbol{v}$ 即为绝对速度，牵连、相对速度方位已知，速度四边形为一长方形，求出点 A 的牵连速度，得 OC 杆的角速度，然后可求得点 C 的速度。

9.8 $v_{AB}=e\omega$

提示：在图示任意 φ 角位置，选轮心 C 为动点，动系建于顶杆 AB 上，则绝对速度大小、方向为已知，牵连、相对速度方位为已知，速度四边形为一长方形，顶杆 AB 为平移，求出的牵连速度即为顶杆 AB 的速度。此题也可以把机构放于 $\varphi=0°$的位置求解。

9.9 $v_{aM}=0.529\ \text{m/s}$

提示：选销子 M 为动点，动系固结在圆盘上，则绝对速度大小、方向均未知，加之相对速度大小未知，所以不能求解。同理，若选销子 M 为动点，动系固结在杆 OA 上，也为 3 个未知数，不能求解。因此应同时选圆盘与杆 OA 为动系，写出点 M 的速度表达式，有 $\boldsymbol{v}_a=\boldsymbol{v}_a$，变为两个未知数求解。

9.10 $v=\dfrac{1}{\sin\theta}\sqrt{v_1^2+v_2^2-2v_1v_2\cos\theta}$

提示：取交点 M 为动点(可视为套在两杆上的小圆环)，绝对速度大小、方向均未知，若单选一杆为动系，则相对速度大小未知，有 3 个未知量。因此，应同时选两根杆为动系，交点 M 为动点，如同 9.9 题，有 $\boldsymbol{v}_a=\boldsymbol{v}_a$，变为两个未知数求解。

9.11 $v_{CD}=0.1\ \text{m/s}$，$a_{CD}=0.346\ \text{m/s}^2$

提示：取 CD 杆上的点 C(或套筒 C)为动点，动系建于 AB 杆上，AB 杆为平移，其上各点速度、加速度相同。所以牵连速度大小、方向已知，绝对、相对速度方位已知，大小未知，求速度为两个未知量。牵连加速度大小、方向已知，绝对、相对加速度方位已知，大小未知，无科氏加速度，也为两个未知量，所以均可求解。

9.12 $v_r=0.052\ \text{m/s}$，$a_r=0.005\ 27\ \text{m/s}^2$，$\omega=0.175\ \text{rad/s}$，$\alpha=0.035\ 2\ \text{rad/s}^2$

提示：选刀片 E 为动点，动系建于工作台上，把 s 对时间求一阶与二阶导数得牵连速度与牵连加速度，把 $t=1$ s 代入，得此时的牵连速度与加速度。注意固定在滑块 C 上的刀片 E 随滑块作平移，则牵连速度大小、方向为已知，绝对、相对速度方位已知，大小未知，为两个未知数，可求解。牵连加速度大小、方向为已知，绝对法向加速度大小、方向已知，绝对切向加速度、相对加速度方位已知，大小未知，无科氏加速度，加速度也为两个未知数，取一个投影轴可求 a_a^t，从而可得角加速度。

9.13 $v_{BC}=0.173\ \text{m/s}$，$a_{BC}=0.05\ \text{m/s}^2$

提示：把动系建于滑杆 BC 上，动点选为 OA 杆上的点 A，则绝对速度大小、方向为已知，牵连、相对速

度方位为已知，只有大小未知，为两个未知数，可求解。绝对切向加速度为零，法向加速度大小、方向为已知，牵连、相对加速度方位已知，大小未知，无科氏加速度，为两个未知数，取一个投影轴可以求解。

9.14 $v_r=\frac{2\sqrt{3}}{3}v_0$，$a_r=\frac{8\sqrt{3}}{9}\ \frac{v_0^2}{R}$

提示：由题意，把动系建于凸轮上，动点为 AB 杆上的 A 点，凸轮的速度即为牵连速度，其大小与方向均已知，绝对速度、相对速度方位已知，大小未知，速度四边形为平行四边形，有两个未知数，可求解。牵连加速度为零，相对法向加速度大小、方向已知，相对切向加速度与绝对加速度方位已知，大小未知，无科氏加速度，有两个未知数，取一投影轴可求解。

9.15 $a_a=0.1\sqrt{5}\ \text{m/s}^2$；$v_a=0.1\sqrt{5}t\ \text{m/s}$；$x=0.1t^2(\text{m})$，$y=h-0.05\ t^2(\text{m})$；$y=h-\frac{x}{2}\ (\text{m})$

提示：以物块 M 为动点，动系建于三角物体上，牵连、相对加速度大小、方向为已知，无科氏加速度，只有绝对加速度大小、方向未知，沿图示坐标系投影得绝对加速度在两轴上的投影，利用初始条件做一次积分得速度在两轴上的投影，再积分得运动方程，消去时间 t 即得轨迹方程。

9.16 $a_{Aa}=0.746\ 4\ \text{m/s}^2$

提示：选点 A 为动点，动系建于小车上，牵连加速度即为小车的加速度，相对加速度为轮绕轴 O 转动的加速度，把 $\varphi=t^2$ 对时间求一阶与两阶导数，得轮转动的角速度与角加速度，于是可得 $t=1$ s 时的相对切向、法向加速度，动系平移，无科氏加速度，只有绝对加速度大小、方向未知，按投影计算得绝对加速度在水平与铅直方向上的投影，然后可得绝对加速度。

9.17 $\omega_1=\frac{\omega}{2}$，$\alpha_1=\frac{\sqrt{3}}{12}\omega^2$

提示：动系建于 O_1A 杆上，动点选为轮心 C（与杆非接触点），则绝对速度大小、方向为已知，牵连、相对速度方位已知、大小未知，注意牵连速度应垂直于 O_1C 连线，相对速度平行于 O_1A 杆，速度四边形为一平行四边形，两个未知数，可求解。绝对切向加速度为零，绝对法向加速度大小、方向已知，牵连法向加速度大小、方向已知，牵连切向加速度方位已知，大小未知，相对加速度方位已知，大小未知，科氏加速度大小、方向均已知，为两个未知数，取一投影轴可以求得 a_e^t，从而可得角加速度。

9.18 $v_r=316.2\ \text{mm/s}$，$a_r=500\ \text{mm/s}^2$

提示：选点 A 为动点，盘 1 为动系，则绝对速度大小为 $v_a=R\omega_2$，方向垂直纸面向里；牵连速度大小为 $v_e=(l+R)\omega_1$，方向铅直向上；相对速度大小、方向未知，两个未知数，可以求解。绝对加速度大小、方向为已知，牵连加速度大小、方向为已知，科氏加速度大小、方向已知，只有相对加速度大小、方向未知，用一个投影方程可以求解。

9.19 $a_1=r\omega^2-\frac{v^2}{r}-2\omega v$，$a_2=\sqrt{(r\omega^2+\frac{v^2}{r}+2\omega v)^2+4r^2\omega^4}$

提示：分别取液滴 1，2 为动点，动系建于圆环上，均是牵连、相对、科氏加速度大小和方向已知，绝对加速度大小、方向未知，有两个未知量，可求解。点 1 处的加速度均位于铅直线上，点 2 处的相对、科氏加速度指向 O_1，牵连加速度指向 O，按水平、铅直方向投影后再计算。

9.20 $v_M=0.173\ \text{m/s}$，$a_M=0.35\ \text{m/s}^2$

提示：选小圆环 M 为动点，动系建于直角弯杆上，则牵连速度与 OM 垂直，大小、方向为已知，绝对与相对速度方位已知，大小未知，速度四边形为一平行四边形，可求解。牵连法向加速度大小、方向已知，牵连切向加速度为零，科氏加速度大小、方向已知，绝对、相对加速度方位已知，大小未知，为两个未知量，取一投影轴可求解。

9.21 $v_{CD}=0.325\ \text{m/s}$，$a_{CD}=0.657\ \text{m/s}^2$

提示：先求速度。首先把动系建于 O_2B 杆上，选 O_1A 杆上点 A 为动点，则绝对速度大小、方向为已知，牵连、相对速度方位已知，可求出牵连、相对速度，从而可得 O_2B 杆的角速度。再把动系建于滑枕 CD 上，

动点选为杆 O_2B 上的点 B，则绝对速度大小、方向已知，牵连、相对速度方位已知，从而可求出滑枕的速度，滑枕为平移。

再求加速度。动点、动系的选择和求速度时相同。点 A 的绝对加速度大小、方向为已知，牵连法向加速度大小、方向为已知，科氏加速度大小、方向已知，牵连切向、相对加速度方位已知，大小未知，用一个投影方程求出牵连切向加速度，从而求得杆 O_2B 的角加速度。此时点 B 的绝对切向、法向加速度大小、方向均已知，牵连、相对加速度方位已知，大小未知，为两个未知量，列一个投影方程可求得滑枕 CD 的加速度。

9.22 $a_M=355.5\ \text{mm/s}^2$

提示：选点 M 为动点，动系建于圆盘上，把 $\omega=2t$ 对时间求导得角加速度，把 $OM=40t^2$ 对时间求一阶与两阶导数得相对速度与加速度表达式，确定 $t=1$ s 时点 M 的位置及此时的牵连、相对、科氏加速度，可知牵连切向、法向加速度大小、方向为已知，相对加速度大小、方向已知，科氏加速度大小、方向已知，只有绝对加速度大小、方向未知，建一空间坐标系投影后再求解。这是习题中一个各加速度矢量不在同一平面内的题目。

第 10 章

10.1 $x_C=r\cos\omega_0 t, y_C=r\sin\omega_0 t, \varphi=\omega_0 t$

提示：设杆 OC 和水平线的夹角为 φ，且认为 $t=0$ 时，$\varphi=0$，则 $\varphi=\omega_0 t$。在图示坐标系下写出点 C 的坐标，即为基点的运动方程，$\varphi=\omega_0 t$ 即为其转动方程。

10.2 $x_A=0, y_A=\dfrac{1}{3}gt^2, \varphi=\dfrac{g}{3r}t^2$

提示：在图示坐标系下写出点 A 的坐标，由 $v=\dfrac{dy_A}{dt}=\dfrac{2}{3}\sqrt{3gh}$，积分得 y_A，且 $y_A=h=r\varphi$，由此可得 φ。

10.3 $\omega=\dfrac{v\sin^2\theta}{R\cos\theta}$

提示：选点 A 为基点，杆上点 C 的速度与圆周相切，C 点相对 A 点的速度与杆 AB 垂直向下，画出速度平行四边形可求解。也可用速度瞬心法求解。

10.4 $\omega_{DE}=\dfrac{10}{3}\sqrt{3}\ \text{rad/s}, \omega_{OD}=10\sqrt{3}\ \text{rad/s}$

提示：杆 EB 为平移，杆 AB 为瞬时平移，得 E,B,A 点的速度相同。选点 E 为基点，求点 D 的速度可得解。也可用速度瞬心法求解。

10.5 $v_{BC}=2v_A=2.513\ \text{m/s}$

提示：筛子 BC 为平移，可用基点法、速度瞬心法求解，但此题最方便的方法是用速度投影定理求解。

10.6 $\omega=\dfrac{v_1-v_2}{2r}, v_O=\dfrac{v_1+v_2}{2}$

提示：可选点 B 为基点求点 A 的速度可得角速度，仍可取点 B 为基点求点 O 的速度可得结果。也可用速度瞬心法求解。

10.7 $\omega_{ABD}=1.072\ \text{rad/s}, v_D=0.254\ \text{m/s}$

提示：可选点 A 为基点，通过求点 B 的速度求出三角板的角速度，再取点 A 为基点求出点 D 的速度。也可通过 A,B 两点的速度找出三角板的速度瞬心，用瞬心法求解。

10.8 $\omega_{EF}=1.333\ \text{rad/s}, v_F=0.462\ \text{m/s}$

提示：AB 杆为瞬时平移，BC 杆的速度瞬心在点 D，与三角板 CDE 的转轴重合，利用 $v_B=v_A$，求得 BC 杆与三角板 CDE 的角速度，然后得点 E 的速度。最后利用速度瞬心法或基点法可得所求。

10.9 $\omega_{OB}=3.75\ \text{rad/s}, \omega_1=6\ \text{rad/s}$

提示：构件 AB 作平面运动，由点 A,B 的速度可确定其速度瞬心，由此得点 B 的速度(也可用基点法求得）与两齿轮接触点 C 的速度，则有曲柄 OB 和齿轮Ⅰ的角速度。

注意，两齿轮接触点 C 与杆 OB 的重合点的速度不相同。

10.10 $n=10\ 800\ \mathrm{r/min}$

提示：齿轮Ⅱ作平面运动，其速度瞬心为齿轮Ⅱ与固定内齿轮的接触点，轮心 O_2 的速度为已知，由此可得齿轮Ⅱ的角速度，得齿轮Ⅱ与齿轮Ⅰ接触点的速度，则齿轮Ⅰ的角速度可求。

10.11 $v_M=\dfrac{b}{a}\dfrac{r\omega\sin(\gamma+\beta)}{\cos\gamma}$

提示：对 AB 杆用速度投影定理求速度比较方便，得点 B 的速度，O_1B 构件的角速度，从而得点 M 的速度。

10.12 $v_F=1.295\ \mathrm{m/s}$

提示：杆 AD 与 EBD 做平面运动，由点 E 和点 B 的速度方位确定出杆 EBD 的速度瞬心，从而求出点 D 速度与杆 AD 间的夹角，由速度投影定理求得点 D 的速度，由杆 EBD 的速度瞬心可看出 $v_E=v_D$，而杆 EF 为平移，$v_F=v_E$，即求出的点 D 的速度大小即为压头 F 的速度大小。

10.13 $a_C=2r\omega_O^2$

提示：点 C 是齿轮Ⅰ的速度瞬心，由此可得齿轮Ⅰ的角速度为 ω_O，角加速度为零。取点 O_1 为基点，求点 C 的加速度可得结果。

10.14 $v_O=\dfrac{Rv}{R-r},a_O=\dfrac{Ra}{R-r}$

提示：点 C 为轮的速度瞬心，由此可得轮的角速度，从而可得轮心的速度。在轮纯滚动的情况下，速度瞬心的加速度为已知，可取瞬心为基点，求轮上点 A 的加速度，从而得轮的角加速度。因为 v,a 为任意，也可对求得的角速度求导数得角加速度。在轮的角加速度为已知的情况下，可取点 C 也可取点 A 为基点求轮心的加速度，从而可求解。注意若取点 A 为基点时，轮上点 A 与线上点 A 的加速度不相同。

10.15 $v_B=2\ \mathrm{m/s},v_C=2.828\ \mathrm{m/s},a_B=8\ \mathrm{m/s^2},a_C=11.31\ \mathrm{m/s^2}$

提示：AB 杆做瞬时平移，因此点 B 和点 A 的速度相同。轮做平面运动，和圆弧槽接触点为速度瞬心，由此可得轮的角速度，有点 C 的速度。取点 A 为基点，求点 B 的加速度，沿水平方向投影，避开求 AB 杆的角加速度，求得点 B 的加速度。再取点 B 为基点，求得点 C 的加速度。

10.16 $v_M=0.097\ 8\ \mathrm{m/s},a_M=0.012\ 7\ \mathrm{m/s^2}$

提示：O_1A 构件为定轴转动，AB 杆为平移，取点 A 为基点，求两齿轮接触点的速度，再取点 C 为基点，求两齿轮接触点的速度，两齿轮接触处的速度相等，由此求得齿轮 C 的角速度和 O_1A 构件的角速度相同，因 ω 为常数，所以齿轮 C 的角加速度也为零。在此基础上，再取点 C 为基点，求点 M 的速度和加速度。最后求点 M 的速度和加速度的大小可用余弦定理。

注意：对绕定轴转动的刚体，由于其也是刚体平面运动，所以也可以用刚体平面运动的方法求其上任意一点的速度与加速度。在大多数情况下，对绕定轴转动的刚体，均按定轴转动的方法求其速度与加速度。但在按定轴转动不容易计算，按刚体平面运动容易计算的情况下，则按刚体平面运动来计算。对此题中的 O_1A 构件，就是这样处理的。

实际上，对此题，站在 AB 杆上看两轮，两轮为定轴转动，马上可得齿轮 C 的角速度。

10.17 $a_B^n=2r\omega_O^2,a_B^t=r(\sqrt{3}\omega_O^2-2\alpha_O)$

提示：杆 AB 做平面运动，用速度投影定理可求得点 B 的速度，从而可知点 B 的法向加速度。用基点法或速度瞬心法求得 AB 杆的角速度，然后取点 A 为基点求点 B 的加速度，由于可以不求 AB 杆的角加速度，用一个投影方程可求出点 B 的切向加速度。

10.18 $v_C=\dfrac{3}{2}r\omega_O,a_C=\dfrac{\sqrt{3}}{12}r\omega_O^2$

提示：杆 AB,BC 做平面运动，若只求速度，分别用两次速度投影定理可求得点 C 的速度，但因为还要

求点 C 的加速度，所以需要知道两杆的角速度，所以可用基点法或速度瞬心法先求得两杆的角速度，再依次取点 A，B 为基点，求得点 C 的加速度。

运动学综合习题

综.1 $v_C=0.4\ \text{m/s}$，$v_r=0.2\ \text{m/s}$；$a_D=0.159\ \text{m/s}^2$，$a_r=0.139\ \text{m/s}^2$

提示：AB 杆作平面运动，套筒 D 相对 O_1C 杆有相对运动，所以是点的合成运动与刚体平面运动的综合应用题目。先用基点法或速度瞬心法求得 AB 杆的角速度，从而得点 B 的速度，O_1C 杆的角速度。把动系建于 O_1C 杆上，动点选为滑块 D，则牵连速度大小、方向已知，绝对、相对速度方位已知，大小未知，可求得滑块 D 的绝对速度和相对于摇杆的速度。再取点 A 为基点，利用一个投影方程求得点 B 的切向加速度，得 O_1C 杆的角加速度。最后由点的合成运动求加速度的方法，列两个投影方程，求得滑块 D 的绝对加速度和相对于摇杆的加速度。

综.2 $\omega_{OC}=\dfrac{3}{4}\dfrac{v}{b}$，$\alpha_{OC}=\dfrac{3\sqrt{3}}{8}\dfrac{v^2}{b^2}$；$v_E=\dfrac{v}{2}$，$a_E=\dfrac{7}{8\sqrt{3}}\dfrac{v^2}{b}$

提示：套筒 B 相对 ODC 杆有相对运动，DE 杆做平面运动，所以是点的合成运动与刚体平面运动的综合应用题目。把动系建于 ODC 杆上，动点为滑块 B，$\boldsymbol{v}$ 为绝对速度，绝对加速度为零，用点的合成运动的方法求出 ODC 杆的角速度与角加速度。再用速度瞬心法或选点 D 为基点求出杆 DE 的角速度与点 E 的速度，最后以点 D 为基点用一个投影方程求出滑块 E 的加速度。

综.3 $\omega_{OA_1}=0.2\ \text{rad/s}$，$\alpha_{OA_1}=0.046\ 2\ \text{rad/s}^2$

提示：轮做平面运动，销子相对杆有相对运动，所以此题是点的合成运动与刚体平面运动的综合应用题目。点 C 为轮的速度瞬心，可求得轮的角速度为 $\omega_O=\dfrac{v_O}{R}$，角加速度为零。选销子为动点，动系建于摇杆上，由轮的速度瞬心求得销子的速度即为销子的绝对速度，求得牵连速度后即可得摇杆的角速度。以轮心 O 为基点，求出销子的加速度只有指向轮心 O 的加速度，即为绝对加速度，沿摇杆切向投影得牵连切向加速度，可得摇杆的角加速度。

综.4 $v_{Dr}=1.155l\omega_O$，$a_{Dr}=2.222l\omega_O^2$

提示：AD 杆做平面运动，套筒 B 相对 OA 杆，套筒 D 相对 BC 杆有相对运动，所以是点的合成运动与刚体平面运动的综合应用题目。先取杆 BC 上的点 B 为动点，动系建于 OA 杆上，求得 BC 杆上点 B 的绝对速度与加速度。再对 AD 杆用基点法或速度瞬心法求得 AD 杆上点 D 的速度，以点 A 为基点求得 AD 杆上点 D 的加速度。最后把动系建于杆 BC 上，AD 杆上点 D 为动点，杆 BC 为平移，BC 杆上点 B 的绝对速度与加速度为牵连速度与牵连加速度，AD 杆上点 D 的速度、加速度为绝对速度、加速度，由此可得套筒 D 相对杆 BC 的速度和加速度。

综.5 $\omega_{OC_1}=6.186\ \text{rad/s}$，$\alpha_{OC_1}=78.18\ \text{rad/s}^2$

提示：杆 ABD 做平面运动，滑块 D 相对摇杆有相对运动，所以此题是点的合成运动与刚体平面运动的综合应用题目。杆 ABD 为瞬时平移，由此得点 D 的速度与点 A 的速度相同，把动系建于摇杆 O_1C 上，动点选为滑块 D，求得牵连速度可得摇杆 O_1C 的角速度。选点 A 为基点，求点 B 的加速度，用一个投影方程求出点 B 相对点 A 的切向加速度，从而得到杆 AB 的角加速度。再选点 A 为基点，求点 D 的加速度，这样求出的加速度即为点 D 的绝对加速度，最后由点的合成运动概念列一个投影方程求出牵连切向加速度，由此得摇杆 O_1C 的角加速度。

综.6 $v_{CD}=\dfrac{1}{15}\sqrt{3}\ \text{m/s}$，$a_{CD}=\dfrac{2}{3}\ \text{m/s}^2$

提示：AB 杆作平面运动，套筒 C 相对 AB 杆有相对运动，所以是点的合成运动与刚体平面运动的综合应用题目。先找出 AB 杆的速度瞬心，求出 AB 杆的角速度，求出 AB 杆上点 C 的速度。把动系建于 AB

杆上，则 AB 杆上点 C 的速度为牵连速度，大小、方向已知，绝对速度、相对速度大小未知，可求解。选点 A 为基点，通过求点 B 的加速度求出 AB 杆的角加速度；选点 A 为基点，求出 AB 杆上点 C 的加速度，此即为牵连加速度。最后由点的合成运动的概念列一个投影方程求得杆 CD 的加速度。

综.7 $v_{r1}=0.6\ \mathrm{m/s}$，$v_{r2}=0.9\ \mathrm{m/s}$，$v_{aM}=0.459\ \mathrm{m/s}$

$a_{r1}=2.816\ \mathrm{m/s^2}$，$a_{r2}=4.592\ \mathrm{m/s^2}$，$a_{aM}=2.5\ \mathrm{m/s^2}$

提示：两个大圆环做平面运动，小圆环相对大圆环有运动，因此是点的合成运动与刚体平面运动的综合应用题目。分别以两个大圆环为动系，小圆环为动点，分别写出小圆环的绝对速度、加速度的表达式，有 $\boldsymbol{v}_{Ma}=\boldsymbol{v}_{Ma}$，$\boldsymbol{a}_{Ma}=\boldsymbol{a}_{Ma}$。两个大圆环均做平面运动，其速度瞬心为已知，由此求出的速度为牵连速度，大小、方向已知，只有两个相对速度大小未知，分别沿 AM，BM 投影可求出相对速度，然后用余弦定理可求出绝对速度。分别取两轮心为基点，求出两个大圆环上和小圆环重合点的加速度，此为牵连加速度，大小、方向为已知，而两个相对法向、科氏加速度大小、方向均为已知，只有两个切向相对加速度大小未知，分别列出两个投影方程求得相对加速度，然后得绝对加速度。

综.8 $\omega_{\mathrm{IV}}=\dfrac{v_1 y-v_2 x}{x^2+y^2}$，$v_{\mathrm{III}}=v_1\dfrac{ay}{x^2}-v_2\dfrac{a-x}{x}$

提示：滑道Ⅳ做平面运动，两滑块相对滑道有相对运动，所以是点的合成运动与刚体平面运动的综合应用题目。取点 A 为基点，求滑块 B 和滑道Ⅳ重合点的速度，从点的合成运动的概念（动系建于滑道Ⅳ上，动点为滑块 B），此为牵连速度，而绝对速度为 $\boldsymbol{v}_1$，大小、方向已知，有相对速度大小、点 B 相对点 A 的速度大小未知，避开求相对速度，列一个投影方程求出点 B 相对点 A 的速度大小，从而得滑道Ⅳ的角速度。再取点 A 为基点，求滑块 C 和滑道Ⅳ重合的点的速度，从点的合成运动的概念（动系建于滑道Ⅳ上，动点为滑块 C），此为牵连速度，大小、方向为已知，绝对、相对速度方位已知，只有绝对、相对速度大小未知，杆Ⅲ为平移，列一个投影方程求出的绝对速度即为杆Ⅲ的速度。

综.9 (a) $v_{CD}=r\omega(\leftarrow)$，(b) $v_{CD}=\dfrac{\sqrt{3}}{3}r\omega(\leftarrow)$

(c) $v_{CD}=\sqrt{3}r\omega(\leftarrow)$，(d) $v_{CD}=\dfrac{4}{3}r\omega(\leftarrow)$

提示：这些题均是点的合成运动与刚体平面运动的综合应用题目。

(a)动系建于杆 O_2B 上，动点为滑块 A，求出杆 O_2B 的角速度，从而有点 B 的速度，用速度投影定理、基点法或速度瞬心法均可求出滑枕 CD 平移的速度。

(b) BD 杆为瞬时平移，动系建于 BD 杆上，动点为滑块 A，由绝对速度必须在速度平行四边形的对角线上，可知滑枕 CD 平移的速度向左，求出的牵连速度即为滑枕 CD 平移的速度。

(c) BD 杆作平面运动，由 B，D 两点的速度方位可得 BD 杆的速度瞬心。动系建于 BD 杆上，动点为滑块 A，由绝对速度必须在速度平行四边形的对角线上，可求出 BD 杆的角速度大小，方向为逆时针。从而可得滑枕 CD 平移的速度。

(d) BD 杆作平面运动，由 BD 杆上与轴 O_2 重合点的速度方位和点 D 的速度方位，可得 BD 杆的速度瞬心。动系建于 BD 杆上，动点为滑块 A，由绝对速度必须在速度平行四边形的对角线上，可求出 BD 杆的角速度大小，方向为逆时针。从而可得滑枕 CD 平移的速度。

综.10 (a) $a_{CD}=\dfrac{5\sqrt{3}}{12}r\omega^2(\leftarrow)$，(b)* $a_{CD}=\left(1+\dfrac{2\sqrt{3}}{9}\right)r\omega^2(\leftarrow)$

提示：这些题均是点的合成运动与刚体平面运动的综合应用题目。

(a)动系建于杆 O_2B 上，动点为滑块 A，求出杆 O_2B 的角速度，再求出杆 O_2B 的角加速度。从而有点 B 的加速度，以点 B 为基点，求点 C 的加速度，沿 BC 轴投影可得滑枕 CD 平移的加速度。

此题求加速度是基本计算题。

(b)动系建于杆 BD 上，动点为滑块 A，绝对加速度大小、方向已知（切向为零），牵连加速度大小、方向未知，相对加速度大小未知，BD 杆为瞬时平移，无科氏加速度，有 3 个未知量，不能求解。选加速度大小未知，方位已知的点 D 为基点，求 BD 杆上和滑块 A 重合的点的加速度，此即为牵连加速度，这样已有两个矢量方程，但又增加了点 D 加速度的大小与 BD 杆的角加速度两个未知数。两个矢量方程，5 个未知数，不能求解。为此再选加速度大小未知，方位已知的点 D 为基点，求点 B 的加速度。点 B 绕 O_2 点转动，其切向加速度大小未知，且由于点 D 加速度大小未知，BD 杆的角加速度未知，所以单此式也不能求解。但又增加了一个矢量方程，共有 3 个矢量方程，6 个未知数，所以可求解。当然求解中要注意投影轴的选择，以尽量减少投影方程与计算量。

此题求加速度属于难题。

第 11 章

11.1 $\varphi=0°$时，$F=2\ 369$ N，向左；$\varphi=90°$时，$F=0$

提示：在任意 φ 角位置时，取滑块 A 为动点，动系建于 BDC 构件上，求出构件 BDC 的加速度；或者写出构件 BDC 的坐标，对时间求两阶导数，得构件 BDC 的加速度。然后取构件 BDC，因构件 BDC 为平移，可按质点考虑，沿水平方向列质点运动微分方程可求解。

11.2 $f_{\min}=\dfrac{1}{2\pi}\sqrt{\dfrac{g}{A}}=3.151$ Hz

提示：设砂粒的运动方程为 $x=A\sin(\omega t+\theta)$，求两阶导数得砂粒的加速度，沿铅直方向列出质点的运动微分方程，得出支持力 F_N 的表达式，考虑到砂粒与筛面分离的条件是 $F_N=0$，可得结果。

11.3 $n_{\max}=\dfrac{30}{\pi}\sqrt{\dfrac{f_s g}{r}}$ (r/min)

提示：取物块为研究对象，视物块为质点，进行受力分析与运动分析，由 $ma_n=mr\omega^2=F_s$ 及 $F_s\leqslant fF_N=fmg$ 可求解。

11.4 $t=\sqrt{\dfrac{h}{g}\dfrac{m_1+m_2}{m_1-m_2}}$

提示：分别取两物块为研究对象，受力与运动分析，沿铅直方向列质点运动微分方程，考虑到两边绳的拉力相同，解出物块升降的加速度，为常数，由公式 $s=\dfrac{1}{2}at^2$ 可得结果。

11.5 $n=67$ r/min

提示：取一滴铁水为研究对象，受力分析与运动分析，沿管的法向列质点运动微分方程 $ma_n=F_N+mg\cos\theta$，从中得出最小压力的表达式 $F_{N\min}$，考虑到铁水不离开管壁的条件是 $F_{N\min}\geqslant0$，由此可得解。

11.6 $h=78.4$ mm

提示：以列车重心代表列车，设其质量为 m，考虑到铁轨给车轮的支持力应垂直于铁轨，画出受力图，沿铅直轴和主法线轴方向列质点运动微分方程，且考虑到倾角较小，$\sin\theta\approx\dfrac{h}{b}$，$\cos\theta\approx1$ 可求解。

11.7 (1)$F_{N\max}=m(g+e\omega^2)$；(2)$\omega_{\max}=\sqrt{\dfrac{g}{e}}$

提示：以点 O 为坐标原点，铅直向上为坐标轴，写出物块的运动方程，对时间求两阶导数得物块的加速度，写出物块的运动微分方程，从中可求得最大压力与最小压力。考虑到物块不离开导板的条件是最小压力应大于等于零，由此可得最大转速。

11.8 $F_{MA}=\dfrac{ml}{2a}(a\omega^2+g)$，$F_{MB}=\dfrac{ml}{2a}(a\omega^2-g)$

提示：取球 M 为研究对象，沿铅直和主法线方向列质点的运动微分方程，铅直方向加速度为零，主法线方向加速度为 $a_n=\sqrt{l^2-a^2}\,\omega^2$，两个方程两个未知数可以求解。

11.9 $F=m(g+\frac{l^2v^2}{x^3})\sqrt{1+(\frac{l}{x})^2}$

提示：参看题7.4，考虑绳子的总长度或从其他方面考虑，先求出套管的加速度，然后沿铅直方向列质点运动微分方程可求解。

11.10 $F_N=0.284\ \text{N}$

提示：取销钉 M 为动点，动系建于水平槽上，分析其速度、加速度，求出销钉 M 的切向、法向加速度，然后沿切向、法向列质点的运动微分方程，可以求解。

11.11 椭圆 $\frac{x^2}{x_0^2}+\frac{k}{m}\frac{y^2}{y_0^2}=1$

提示：在图示坐标系下写出质点的运动微分方程，整理后为 $\ddot{x}+\frac{k}{m}x=0$，$\ddot{y}+\frac{k}{m}y=0$，考虑到初始条件，积分得运动方程，消去参数 t 即可得轨迹方程。

11.12 $x=\frac{v_0}{k}(1-\mathrm{e}^{-kt})$，$y=h-\frac{g}{k}t+\frac{g}{k^2}(1-\mathrm{e}^{-kt})$；$y=h-\frac{g}{k^2}\ln\frac{v_0}{v_0-kx}+\frac{gx}{kv_0}$

提示：在图示坐标系下写出质点的运动微分方程，整理后为 $\ddot{x}+k\dot{x}=0$，$\ddot{y}+k\dot{y}=-g$，考虑到初始条件，积分得运动方程，消去参数 t 即可得轨迹方程。

第12章

12.1 (a) $p=\frac{1}{2}ml\omega$；(b) $p=\frac{1}{6}ml\omega$；(c) $p=\frac{\sqrt{3}}{3}mv$；

(d) $p=\frac{1}{2}ma\omega$；(e) $p=mR\omega$；(f) $p=mv$

提示：用质点系动量的计算公式 $\boldsymbol{p}=m\boldsymbol{v}_C$ 直接计算即可，注意图(d)中T形杆中一杆的动量为零。题目让求各动量的大小，动量是矢量，请读者考虑此题中各物体的动量的方向如何？

12.2 $\boldsymbol{p}=(m_1+2m_2)\boldsymbol{v}$

提示：用质点系动量的计算公式 $\boldsymbol{p}=m\boldsymbol{v}_C$ 直接计算即可，质点系质心的速度为 $\boldsymbol{v}$。

12.3 $p=\frac{5}{2}ml_1\omega$，方向水平向左。

提示：对两根杆和轮分别用公式 $\boldsymbol{p}=m\boldsymbol{v}_C$ 计算其动量，然后相加。

12.4 $F_{Ox}=m_3\frac{R}{r}a\cos\theta+m_3g\cos\theta\sin\theta$，

$$F_{Oy}=(m_1+m_2+m_3)g-m_3g\cos^2\theta+m_3\frac{R}{r}a\sin\theta-m_2a$$

提示：取整体为研究对象，沿水平和铅直方向写出系统的动量 p_x 和 p_y，然后用动量定理 $\frac{\mathrm{d}p_x}{\mathrm{d}t}=\sum F_{ix}^{(e)}$，$\frac{\mathrm{d}p_y}{\mathrm{d}t}=\sum F_{iy}^{(e)}$，运算整理可得。

第二种解法是，分别取重物 B、C，用牛顿第二定律求出绳的拉力，然后取鼓轮，用动量定理或质心运动定理求解。

12.5 $\ddot{x}+\frac{k}{m_1+m_2}x=\frac{m_2l\omega^2}{m_1+m_2}\sin\omega t$

提示：取整体为研究对象，沿水平方向写出系统的动量 p_x，然后用动量定理 $\frac{\mathrm{d}p_x}{\mathrm{d}t}=\sum F_{ix}^{(e)}$ 运算整理可得。

12.6 (1) $x_C=\frac{m_3l}{2(m_1+m_2+m_3)}+\frac{m_1+2m_2+2m_3}{2(m_1+m_2+m_3)}l\cos\omega t$，

$$y_C=\frac{m_1+2m_2}{2(m_1+m_2+m_3)}l\sin\omega t;$$

(2) $F_{x\max}=\frac{1}{2}(m_1+2m_2+2m_3)l\omega^2$，$F_{y\max}=(m_1+m_2)g+\frac{1}{2}(m_1+2m_2)l\omega^2$

提示：在图示坐标系下写出系统整体质心的坐标即为机构质心的运动方程，取整体由质心运动定理 $ma_{Cx}=\sum F_x$ 可得作用在轴 O 处的最大水平约束力。取曲柄和滑块为一体，写出其质心 y 方向坐标，用质心运动定理 $ma_{Cy}=\sum F_y$ 可得结果。

12.7 $F_x=-(m_1+m_2)e\omega^2\cos\omega t$，$F_y=-m_2e\omega^2\sin\omega t$

提示：以点 O 为坐标原点建一坐标系，可设底座总质量为 m_3，其质心坐标为常数，在此坐标系下写出系统质心的坐标，求两阶导数得质心的加速度，用质心运动定理求解，求解出总的约束力之后，把其中的重力去掉即可。

12.8 $F_{Ox}=-m\frac{4R}{3\pi}(\omega^2\cos\varphi+\alpha\sin\varphi)$，

$F_{Oy}=mg+m\frac{4R}{3\pi}(\omega^2\sin\varphi-\alpha\cos\varphi)$

提示：由质心运动定理 $ma_{Cx}=\sum F_x$，$ma_{Cy}=\sum F_y$ 计算整理可得。

12.9 $\Delta x=-0.266$ m，向左移动

提示：因 $\sum F_x=0$，系统沿水平方向质心运动守恒。任意建一常规直角坐标系，设起重机沿轴正向移动了 Δx，写出系统在两个位置时质心的坐标 x_{C_1}，x_{C_2}，由 $x_{C_1}=x_{C_2}$ 可求得 Δx。

12.10 $\Delta x=-0.138$ m，向左移动

提示：因 $\sum F_x=0$，系统沿水平方向质心运动守恒。任意建一常规直角坐标系，设四棱柱沿 x 轴正向移动了 Δx，写出系统在两个位置时质心的坐标 x_{C_1}，x_{C_2}，由 $x_{C_1}=x_{C_2}$ 可求得 Δx。

12.11 $\Delta x=-\frac{a-b}{4}$，向左移动

提示：因 $\sum F_x=0$，系统沿水平方向质心运动守恒。任意建一常规直角坐标系，设大三棱柱 A 沿 x 轴正向移动了 Δx，写出系统在两个位置时质心的坐标 x_{C_1}，x_{C_2}，由 $x_{C_1}=x_{C_2}$ 可求得 Δx。

12.12 $4x^2+y^2=l^2$

提示：因 $\sum F_x=0$，杆沿水平方向质心运动守恒，即杆在倒下过程中，质心始终在 y 轴上，以与水平线的夹角为参数，写出点 A 在图示坐标系下的坐标，消去参数即可得轨迹。

12.13 $F_x=-138.6$ N，$F_y=0$

提示：直接套用公式 $\boldsymbol{F}''_{\mathrm{N}}=q_{\mathrm{v}}\rho(\boldsymbol{v}_b-\boldsymbol{v}_a)$ 沿水平，铅直方向投影即可。

12.14 $F_x=q\rho(v_1+v_2\cos\theta)$

提示：直接套用公式 $\boldsymbol{F}''_{\mathrm{N}}=q_{\mathrm{v}}\rho(\boldsymbol{v}_b-\boldsymbol{v}_a)$ 沿水平方向投影即可。

12.15 $F_x=30$ N

提示：直接套用公式 $\boldsymbol{F}''_{\mathrm{N}}=q_{\mathrm{v}}\rho(\boldsymbol{v}_b-\boldsymbol{v}_a)$，注意 $q_{\mathrm{v}}\rho=20$ kg/s，沿水平方向投影即可。

12.16 $F_x=67.82$ N

提示：直接套用公式 $\boldsymbol{F}''_{\mathrm{N}}=q_{\mathrm{v}}\rho(\boldsymbol{v}_b-\boldsymbol{v}_a)$，注意 $q_{\mathrm{v}}=\frac{109}{3\ 600}$ m^3/s，沿水平方向投影即可。

第13章

13.1 $L_O=2abm\omega\cos^3\omega t$

提示：由动量矩的定义 $\boldsymbol{L}_O=\boldsymbol{r}\times m\boldsymbol{v}$ 或 $L_O=x\cdot mv_y-y\cdot mv_x$ 计算后可得。

13.2 (a) $L_O=\frac{1}{3}ml^2\omega$；(b) $L_O=\frac{1}{9}ml^2\omega$；(d) $L_O=\frac{5}{6}ma^2\omega$；(e) $L_O=\frac{3}{2}mR^2\omega$

提示：各物体均为定轴转动，按定轴转动动量矩的计算公式 $L_O=J_O\omega$ 计算即可。

13.3 $n=480\ \mathrm{r/min}$

提示：小球对铅直轴的动量矩守恒，写出两个时刻的动量矩，让其相等可得结果。

13.4 $t=\frac{l}{k}\ln 2$

提示：质点动量矩定理的简单应用，写出质点对转轴的动量矩定理，分离变量做一简单积分即可。

13.5 $\omega=\frac{2m_2art}{m_1R^2+2m_2r^2}$，$\alpha=\frac{2m_2ar}{m_1R^2+2m_2r^2}$

提示：取整体为研究对象，由于所有外力对转轴的力矩为零，系统对轴的动量矩守恒，且整体动量矩为零。注意 s 为相对运动规律，求一阶导数为相对速度，由动量矩守恒求得角速度，求导数可得角加速度。

13.6 $\omega=\frac{ml(1-\cos\varphi)v}{J+m(l^2+r^2+2lr\cos\varphi)}$

提示：取整体为研究对象，由于所有外力对转轴的力矩为零，系统对轴的动量矩守恒，写出点 M 离 z 轴最远在点 M_0 时系统对转轴的动量矩，再写出点在任意 φ 角时系统对转轴的动量矩，由动量矩守恒可得结果。

13.7 $\alpha=\frac{(m_1r_1-m_2r_2)g}{m_1r_1^2+m_2r_2^2+m_3\rho^2}$

提示：取整体为研究对象，写出系统对轴 O 的动量矩，用动量矩定理可得结果。

13.8 $a_D=\frac{2(M-fm_2gr)}{(m_1+2m_2)r}$

提示：取整体为研究对象，写出系统对轴 O 的动量矩，用动量矩定理可得结果，注意对轴的力矩为力偶矩 M 和摩擦力的矩。

13.9 $J=1\ 060\ \mathrm{kg\cdot m^2}$，$M_f=6.024\ \mathrm{N\cdot m}$

提示：取整体为研究对象，对轴 A 写出系统的动量矩，求导数用动量矩定理分别列出两个关于两轮角加速度与摩擦力矩的方程，可看出两轮的角加速度均为常数，因此公式 $h=\frac{1}{2}at^2$ 可用，因 h,t_1,t_2 为已知，由此可求出两轮的角加速度，代入动力学的两个方程可求解。

13.10 $r=\sqrt{r_0^2+\frac{M_0}{2m\omega^2}\sin\omega t}$

提示：取整体为研究对象，写出系统对轴 O 的动量矩，求导数用动量矩定理，考虑到角加速度 $\alpha=0$，得到 $\dot{r}$ 的表达式，积分可得。

13.11 $F=269.3\ \mathrm{N}$

提示：分别取闸杆和轮为研究对象，对闸杆用平衡时的力矩方程求出力 F 和正压力 F_N 的关系，对轮用动量矩定理，积分整理可得。

13.12 $\alpha_1=\frac{2(R_2M-R_1M')}{(m_1+m_2)R_1^2R_2}$

提示：分别取两轮为研究对象，用定轴转动微分方程，把轮两边胶带的拉力作为一个未知数可求解。

13.13 $a=\frac{(Mi-mgR)R}{mR^2+J_1i^2+J_2}$

提示：分别取轮 1 和轮 2 为研究对象，对轮 2 连同重物为一体，对轮 1 用刚体绕定轴转动微分方程，对轮 2 连同重物用动量矩定理，考虑到轮系传动比，联立求解即可。也可把两轮与重物各分开求解。

13.14 $J_A=J_B+m(a^2-b^2)$

提示：由平行轴定理，写出对轴 A,B 的转动惯量，联立求解，消去对质心的转动惯量，即可。

13.15 $J_{AB}=mgh(\frac{T^2}{4\pi^2}-\frac{h}{g})$

提示：由刚体绕定轴转动微分方程可得其周期为 $T=2\pi\sqrt{\frac{J_{DE}}{mgh}}$，由此得 $J_{DE}=\frac{T^2 mgh}{4\pi^2}$，然后由平行轴定理可得所求。

13.16 (1)$F_{AB}=7.35$ N，向左，$F_{Dx}=66.15$ N，$F_{Dy}=29.4$ N；

(2)$a=3g$，$F_{Dx}=88.2$ N，$F_{Dy}=29.4$ N

提示：(1)先确定出弯杆的质心，弯杆做平面平移，其也是刚体的平面运动，用刚体平面运动微分方程，只是考虑到弯杆为平移，其角加速度为零，列出 3 个方程有 3 个未知数(未知力)，可求解。(2)仍然用刚体平面运动微分方程，只是考虑到 A，B 处不受力，列出 3 个方程有 3 个未知数(两个未知力，一个未知加速度)，可求解。

这是一个刚体平面平移也是刚体平面运动的题目，遇到类似题目也可以用刚体平面运动微分方程求解。

13.17 $F_T=\frac{1}{3}mg$，$v=\frac{2}{3}\sqrt{3gh}$

提示：圆柱体做平面运动，列出平面运动微分方程，可解出轴心的加速度为 $a_A=\frac{2}{3}g$ 与绳的拉力，因 a_A 为常数，由公式 $v^2=2as$ 可得结果。

13.18 (1)$a=\frac{4}{5}g$；(2)$M>2mgr$

提示：(1)分别取两圆柱为研究对象，圆柱 A 为定轴转动，圆柱 B 做平面运动，对圆柱 A 列刚体定轴转动微分方程，对圆柱 B 列刚体平面运动微分方程，不用列水平方向的方程，考虑到运动学条件，联立求解。(2)仍分别取两圆柱为研究对象，圆柱 A 为定轴转动，圆柱 B 做平面运动，只是圆柱 A 的刚体定轴转动微分方程有所改变，多了一个矩为 M 的力偶，其余条件不变，考虑到要求圆柱 B 质心的加速度向上，即 $a_B<0$，联立求解可得。

13.19 $a_A=\frac{m_1 g(R+r)^2}{m_1(R+r)^2+m_2(R^2+\rho^2)}$

提示：首先取重物 A 为研究对象，用牛顿第二定律或质心运动定理列一个关于绳的拉力和加速度的关系的方程，然后取鼓轮为研究对象，列出刚体平面运动微分方程，不用列铅直方向的方程，考虑到运动学关系，联立求解即可。

注意：此题中定滑轮两边绳的拉力相等。

13.20 (1)$\alpha=\frac{3g}{2l}\cos\varphi$，$\omega=\sqrt{\frac{3g}{l}(\sin\varphi_0-\sin\varphi)}$；(2)$\varphi_1=\arcsin(\frac{2}{3}\sin\varphi_0)$

提示：杆做平面运动，在图示坐标系下，列出刚体平面运动 3 个微分方程，用运动学的概念写出质心的坐标，求两阶导数得质心的加速度，5 个方程共有质心两个方向的加速度、角速度、角加速度、墙与地面的两个支持力 6 个未知数，再考虑到 $\alpha=\frac{d\omega}{dt}$，且 $\alpha=\frac{d\omega}{dt}=\frac{d\omega}{d\varphi}\cdot\frac{d\varphi}{dt}=-\omega\frac{d\omega}{d\varphi}$，注意到 $\dot{\varphi}=-\omega$，6 个方程联立可求解。求出墙的支持力后，脱离墙的条件是，此支持力为零，由此可得杆脱离墙时的夹角。

此题也可以对速度瞬心用动量矩定理，用一个方程求出杆的角加速度，然后积分得到角速度，再用质心运动定理求出两个支持力。

提问：在求得杆的角速度、角加速度以后，若不用写质心坐标求导数的方法求质心的加速度，如何用刚体平面运动的方法求出质心的加速度？

13.21 $a=\frac{F-f(m_1+m_2)g}{m_1+\frac{m_2}{3}}$

提示：分别取板与圆柱为研究对象，对板沿水平方向用质心运动定理列一个方程，对圆柱列刚体平面运动微分方程，考虑到板的加速度、圆柱中心的加速度和圆柱的角加速度的关系，联立可求解。

13.22 $a=\frac{4}{7}g\sin\theta, F=-\frac{1}{7}mg\sin\theta$(压)

提示:AB杆为平移,可知两轴心A,B的加速度相同,从而两物体的角加速度也相同。分别取均质圆柱体A和薄环B为研究对象,其均做平面运动,分别列出刚体平面运动微分方程,不列垂直斜面的方程,联立求解可得。为了少解联立方程,也可以对两轮分别对速度瞬心用动量矩定理,避开摩擦力而求解。

第14章

14.1 $W_{BA}=-20.3\ \text{J}, W_{AD}=20.3\ \text{J}$

提示:弹性力做功基本计算题,直接由弹性力做功公式 $W=\frac{k}{2}(\delta_1^2-\delta_2^2)$ 计算即可。

14.2 $W=109.7\ \text{J}$

提示:重力做功属基本计算,很容易,其位移为 $2\pi r$。力偶矩 M 的大小在变,其做功需积分求出。

14.3 $T=\frac{1}{2}(2m_1+3m_2)v^2$

提示:动能基本计算且稍带技巧性的计算题。两车轮作平面运动,动能按刚体平面运动动能的公式计算。履带的动能可分为四部分计算,和地面接触部分的动能为零,和地面平行部分的动能视为平移,动能也容易计算,贴在轮上部分的动能可积分计算,但因为动能是代数量,可把贴在轮上的两部分履带合起来作为一个圆环,按圆环做平面运动计算,这样计算相当简便。

14.4 $T=\frac{1}{2}(J_O+ma^2\sin^2\varphi)\omega^2$

当 $\varphi=\frac{(2i-1)\pi}{2}, (i=1,2,\cdots)$ 时,$T_{\max}=\frac{1}{2}(J_O+ma^2)\omega^2$;

当 $\varphi=(i-1)\pi, (i=1,2,\cdots)$ 时,$T_{\min}=\frac{1}{2}J_O\omega^2$

提示:动能基本计算题。曲柄为定轴转动,按刚体定轴转动动能计算公式计算。滑道连杆为平移,运动学分析求出其速度,按刚体平移动能计算公式计算。

14.5 $v=8.1\ \text{m/s}$

提示:此题为质点动能定理的应用。由题意,已知弹簧刚度,初动能 T_1 为零,小球离开弹射器筒口时的动能为 $T_2=\frac{1}{2}mv^2$,计算出弹性力与重力做功,由动能定理 $T_2-T_1=W_{12}$ 计算可得结果。

14.6 $v=0.41\ \text{m/s}$

提示:动能定理基本计算题,阀门为平移,初动能为零,全闭位置的动能为 $T_2=\frac{1}{2}mv^2$,计算出弹性力和重力做功,用动能定理计算即可。

14.7 $v_A=\sqrt{\frac{3}{m}[M\theta-mgl(1-\cos\theta)]}$

提示:OB杆为定轴转动,AB杆做平面运动,用动能定理 $T_2-T_1=W_{12}$ 计算此题。初动能 T_1 为零,杆端A碰到铰支座O时,作为第二个时刻。OB杆的动能容易计算,注意找出AB杆的速度瞬心,其角速度和OB杆的角速度相同,用刚体平面运动计算动能的公式计算出AB杆的动能。做功为力偶M做功与重力做功,由动能定理 $T_2-T_1=W_{12}$ 可得结果。

14.8 $v=\sqrt{3gh}$

提示:取整体为研究对象,水平方向无力作用,质心在水平方向运动守恒,点C铅直下落。两杆接触地时的速度瞬心分别为点A和B,初动能为零,两杆接触地时为第二个时刻,用动能定理求解。

14.9 $v_{\text{II}}=\sqrt{\dfrac{4gh(m_2-2m_1+m_4)}{8m_1+2m_2+4m_3+3m_4}}$

提示：用动能定理计算此题。初动能 T_1 为零，下降距离 h 时的动能为两重物的动能与两轮的动能，注意运动学的关系，动能与做功均容易计算，由动能定理 $T_2-T_1=W_{12}$ 可得结果。

14.10 $x_2:x_1=(2m_2+m_1):(2m_2+3m_1)$

提示：用两次动能定理 $T_2-T_1=W_{12}$ 计算此题。初始静止作为第一个时刻，下落距离 x_1 时作为第二个时刻，用一次动能定理，得一个表达式。两块圆板被搁住时作为第一个时刻，该重物又下落距离 x_2 时作为第二个时刻，再用一次动能定理，又得一个表达式，由这两个表达式可得结果。

14.11 (1)$\omega_B=0$，$\omega_{AB}=4.95$ rad/s；

(2)$\delta_{\max}=87.1$ mm

提示：(1)当杆 AB 达水平位置接触弹簧时，点 B 是杆 AB 的速度瞬心，因此圆盘的角速度为零。接着用动能定理 $T_2-T_1=W_{12}$ 计算，初动能 T_1 为零，计算出杆 AB 达水平位置接触弹簧时，杆的动能 T_2 与重力做功，即可求出杆 AB 的角速度。(2)再一次使用动能定理 $T_2-T_1=W_{12}$，杆 AB 达水平位置接触弹簧时，杆的动能为 T_1，弹簧达到最大压缩量时的动能 $T_2=0$，计算重力与弹簧力做功即可求解。

14.12 $\omega=\sqrt{\dfrac{12(M\pi-2fm_2gl)}{(m_1+3m_2\sin^2\varphi_0)l^2}}$

提示：用动能定理计算此题。初动能 T_1 为零，分析运动学关系，计算转过一周时的动能为第二个时刻的动能 T_2，做功为力偶做功和摩擦力做负功，由 $T_2-T_1=W_{12}$ 计算可得。

14.13 (a)$\omega=\dfrac{2.468}{\sqrt{a}}$ rad/s，(b)$\omega=\dfrac{3.121}{\sqrt{a}}$ rad/s

提示：用动能定理计算此题。板初动能 T_1 均为零，图(a)中，板为定轴转动，用定轴转动公式计算其动能，做功只有重力做功。图(b)中，板做平面运动，考虑到 $\sum F_x=0$，质心 C 将铅直下落，由此确定出板的速度瞬心，据此计算板的动能。两种情况下做功相同，均只有重力做功。由 $T_2-T_1=W_{12}$ 可求其角速度。

14.14 $\omega=\dfrac{2}{r}\sqrt{\dfrac{M-m_2gr(\sin\theta+f\cos\theta)}{m_1+2m_2}\varphi}$，

$\alpha=\dfrac{2[M-m_2gr(\sin\theta+f\cos\theta)]}{(m_1+2m_2)r^2}$

提示：用动能定理计算此题。系统初动能 T_1 为零，计算出圆轮转过 φ 角时系统的动能 T_2，有常力偶做功，物体重力做功，摩擦力做功，由 $T_2-T_1=W_{12}$ 可得角速度。因求出的 $\omega=\omega(\varphi)$，体现为时间的函数，所以对 ω 的隐式或显式求导可得角加速度。

14.15 $v=\sqrt{\dfrac{2(M-m_1gr\sin\theta)s}{(m_1+m_2)r}}$，$a=\dfrac{M-m_1gr\sin\theta}{(m_1+m_2)r}$

提示：用动能定理计算此题。系统初动能 T_1 为零，计算出物体 A 移动距离为 s 时系统的动能 T_2，有常力偶与物体重力做功，由 $T_2-T_1=W_{12}$ 可得物体 A 的速度。因求出的 $v=v(s)$，体现为时间的函数，所以对 v 的隐式或显式求导可得加速度。

14.16 $\omega=\dfrac{2}{R+r}\sqrt{\dfrac{3M\varphi}{9m_1+2m_2}}$，$\alpha=\dfrac{6M}{(R+r)^2(9m_1+2m_2)}$

提示：用动能定理计算此题。系统初动能 T_1 为零，曲柄 OA 为定轴转动，动齿轮做平面运动，两齿轮接触点为其速度瞬心，分别用相应公式计算其动能。注意系统位于水平面内，只有力偶做功，由 $T_2-T_1=W_{12}$ 求出角速度。因求出的 $\omega=\omega(\varphi)$，体现为时间的函数，所以对 ω 的隐式或显式求导可得角加速度。

14.17 $\omega=\sqrt{\dfrac{2M\varphi}{(3m_1+4m_2)l^2}}$，$\alpha=\dfrac{M}{(3m_1+4m_2)l^2}$

提示：用动能定理 $T_2-T_1=W_{12}$ 计算此题。系统初动能 T_1 为零，进行运动学分析，找出各速度和角速度之间的关系，分别用相应公式计算其动能。注意系统位于水平面内，只有力偶做功，由 $T_2-T_1=W_{12}$ 求出角速度。因求出的 $\omega=\omega(\varphi)$，体现为时间的函数，所以对 ω 的隐式或显式求导可得角加速度。

14.18 $a_A=\dfrac{3m_1 g}{4m_1+9m_2}$

提示：用动能定理计算，系统运动应该应该有一个过程，动能为瞬时量，功应该有一段时间历程。而此题求的是初瞬时的加速度，还没有时间做功，如何计算？把系统放于任意位置，仍把初始时刻作为第一个时刻，$T_1=0$，在任意位置作为第二个时刻，写出系统的动能，计算出力的功，由 $T_2-T_1=W_{12}$ 可得任意时刻的速度（或角速度），求导数可得任意时刻的加速度（或角加速度），当然对初始时刻也成立，把初始条件代入，即可得初瞬时的加速度。对此题，初始瞬时，$\theta=45°$，$v_A=0$，代入 $T_2-T_1=W_{12}$ 求导后的表达式中可得题目所求。

动力学综合应用习题

综.1 (1)$a=a_t=\dfrac{1}{2}g=4.9\ \mathrm{m/s^2}$，$F_A=72\ \mathrm{N}$，$F_B=268\ \mathrm{N}$；

(2)$a=a_n=(2-\sqrt{3})g=2.63\ \mathrm{m/s^2}$，$F_A=F_B=248.5\ \mathrm{N}$

提示：(1)软绳 FG 被剪断后板做平移运动。在初瞬时，板上任意一点无速度，分析板上点 A 的运动情况。点 A 为 DA 绳上一点，故点 A 只有切向加速度，从而板质心也具有此加速度。考虑到刚体平面平移时也是刚体的平面运动，只是其角加速度等于零，列出刚体平面运动 3 个微分方程求解 3 个未知量。(2)板初始静止，用动能定理，选此为第一个时刻，绳至铅直位置为第二个时刻，只有平移动能，只有重力做功，由动能定理可得此时板的速度，然后列刚体平面运动微分方程求解。

此题是刚体平面运动微分方程和动能定理的综合应用，也可以说是动量、动量矩、动能定理的综合应用。

综.2 $a_B=\dfrac{m_1 g\sin 2\theta}{2(m_2+m_1\sin^2\theta)}$

提示：先考虑运动学关系，动系建于大三棱柱上，动点为小三棱柱（平移），得两三棱柱速度的关系。对整体分析，因水平方向无力作用，故水平方向动量守恒，又得两三棱柱速度的一关系。然后用动能定理得速度的表达式，求导数整理可得结果。

此题这样求解，是动量定理和动能定理的综合应用。

此题也可以不用动能定理，整体考虑后再拆开，分别对两三棱柱用质心运动定理求解。

综.3 $a=\dfrac{m_2 g\sin 2\theta}{3m_1+m_2+2m_2\sin^2\theta}$

提示：此题和综.2 题类似，只不过圆柱做平面运动，思路相同，求解复杂些。考虑运动学关系，整体考虑水平方向动量守恒和整体用动能定理联合求解，或分别拆开用刚体平面运动微分方程求解。

综.4 $F=\dfrac{M(m_1+2m_2)}{2(m_1+m_2)R}$

提示：此题可以把系统拆开，分别取两轮与物块为研究对象，分别用刚体绕定轴转动微分方程和质心运动定理（牛顿第二定律），且考虑运动学关系求解。这样求解是动量定理和动量矩定理的综合应用。

此题虽无初始静止字样，但也可以用动能定理，设任意某个时刻的动能为 T_1，为一常数，此后轮 A 转过任意 φ 角为第二个时刻，写出此时的动能，力做功只有力偶做功，为 $W_{12}=M\varphi$，由动能定理，对时间求导可得轮 A 的角加速度，然后对轮 A 分析，用刚体绕定轴转动微分方程可求解。这样求解是动能定理和动量矩定理的综合应用。

综.5 $\omega_B=\dfrac{J\omega}{J+mR^2}$，$v_B=\sqrt{2gR+\dfrac{(2J+mR^2)JR^2\omega^2}{(J+mR^2)^2}}$；

$\omega_C=\omega$，$v_C=2\sqrt{Rg}$

提示：取整体考虑，系统对转轴的力矩和为零，对转轴的动量矩守恒，选 A 位置为第一位置，B,C 位置分别为第二位置，注意小球动量矩的计算，由动量矩守恒可得两位置时的角速度。同样选 A 位置为第一时刻，B,C 位置分别为第二时刻，用动能定理求解可得两位置时小球的速度。此题是动量矩守恒和动能定理的综合应用题。

综.6 $a_{BC}=-r\omega^2\cos\omega t$；$F_{Ox}=-\frac{1}{2}(m_1+2m_2)r\omega^2\cos\omega t$，

$$F_{Oy}=m_1g-\frac{1}{2}m_1r\omega^2\sin\omega t；M=(\frac{1}{2}m_1g+m_2r\omega^2\sin\omega t)r\cos\omega t$$

提示：先进行运动学分析，用运动学关系求加速度。然后拆开系统，对滑槽 BC 沿水平方向用用质心运动定理，求得滑槽 BC 和曲柄之间的作用力。再对曲柄分析，其做定轴转动，也为刚体的平面运动，用质心运动定理和定轴转动微分方程或说刚体平面运动微分方程求解。此题可以说是动量定理和动量矩定理的综合应用题。

注意，此题不适宜用动能定理求解，因力偶矩 M 是时间的函数，其做功不好计算。

综.7 $F=9.8$ N

提示：设绳 AC 突然断开，此时运动学条件是杆的角速度等于零，杆上各点(包括点 B)的速度等于零，点 B 的法向加速度等于零。杆做平面运动，列出刚体平面运动微分方程。再选点 B 为基点，求杆质心的加速度，联立求解可得。此题主要利用的是刚体平面运动微分方程，也可以说是动量定理和动量矩定理的综合应用。

综.8 (1)$a_A=g/6$；(2)$F_{HE}=4/3mg$；(3)$F_{Kx}=0$，$F_{Ky}=4.5mg$，$M_K=13.5\ mgR$

提示：取整体用动能定理求导数求加速度，有刚体平移、定轴转动、平面运动动能的计算，做功为重力做功。取物块 A 求出与之相连的绳的受力。取轮 C 用定轴转动微分方程求另一段绳受力，用质心运动定理求出轴承处受力，最后取梁 KC 列平衡方程求 K 处约束力。此题是动能定理、动量定理、动量矩定理、牛顿第二定律、平衡方程的综合应用问题。

此题也可以全拆开用相应定理求解。

综.9 $a=\frac{m_1\sin\theta-m_2}{2m_1+m_2}g$，$F=\frac{3m_1m_2+(2m_1m_2+m_1^2)\sin\theta}{2(2m_1+m_2)}g$

提示：此题虽然没有初始静止字样，但也可以取整体用动能定理求导数求出加速度，用刚体平面运动微分方程或定轴转动微分方程求绳的拉力。这样做就是动能定理、动量矩定理的综合应用。

此题也可以全拆开，分别取滚子、滑轮、物块为研究对象，用刚体平面运动微分方程、刚体定轴转动微分方程、牛顿第二定律联立求解。

综.10 (1)$\alpha=\frac{M-mgR\sin\theta}{2mR^2}$；

(2)$F_{Ox}=\frac{1}{8R}(6M\cos\theta+mgR\sin 2\theta)$

提示：此题虽然没有初始静止字样，但也可以取整体用动能定理求导数求出角加速度，然后取轮 O 用定轴转动微分方程求绳的拉力，最后用质心运动定理求轴承约束力。此题这样做就是动能定理、刚体定轴转动微分方程、质心运动定理的综合应用。

此题也可以拆开，分别取滚子与鼓轮为研究对象，用刚体平面运动微分方程、刚体定轴转动微分方程、质心运动定理联立求解。

综.11 $\omega=\sqrt{\frac{3g}{l}(1-\sin\theta)}$，$\alpha=\frac{3g}{2l}\cos\theta$；

$$F_A=\frac{9}{4}mg\cos\theta(\sin\theta-\frac{2}{3})，F_B=\frac{1}{4}mg[1+9\sin\theta(\sin\theta-\frac{2}{3})]$$

提示：参看 13.20 题，此题可用刚体平面运动微分方程求解。

此题也可以用动能定理，先求得角速度，求导数得到角加速度。然后用运动学的方法求得质心的加速度，最后用质心运动定理求约束力。此题这样做，是动能定理和质心运动定理的综合应用。

综.12 (1)$\omega=\sqrt{\dfrac{3g}{l}(1-\cos\theta)}$，$\alpha=\dfrac{3g}{2l}\sin\theta$；

$F_{Bx}=\dfrac{3}{4}mg\sin\theta(3\cos\theta-2)$，$F_{By}=mg-\dfrac{3}{4}mg(3\sin^2\theta+2\cos\theta-2)$；

(2)$\theta=\arccos\dfrac{2}{3}$；

(3)$\omega=\sqrt{\dfrac{8g}{3l}}$，$v_C=\dfrac{1}{3}\sqrt{7gl}$

提示：(1)B 端未脱离墙时杆为定轴转动，由动能定理可求得角速度，求导数可求得角加速度。此时质心切向加速度和法向加速度为已知，用质心运动定理可求得 B 处约束力。(2)B 端脱离墙时，墙水平方向的约束力应该为零，代入已求得的墙的水平约束力的表达式，可得此时的角度。并可同时得到杆的角速度，质心的速度和质心沿水平方向的速度。(3)B 端脱离墙后，杆做平面运动。由水平方向无力作用，知质心水平方向运动守恒，则质心水平方向的速度为已知。写出质心沿铅直方向的坐标，求导数得到质心铅直方向速度和角速度的关系。然后用动能定理，选直立时为第一个时刻，整根杆着地时为第二个时刻，只有重力做功，用动能定理可得整根杆着地时的角速度，知质心铅直方向的速度。最后把水平和铅直方向的速度合起来可得质心的速度。

此题为动能定理、质心运动定理、质心运动守恒定律的综合应用。

第 15 章

15.1 (1)$a\leqslant 2.91\ \mathrm{m/s^2}$；(2)$\dfrac{h}{d}\geqslant 5$ 时，先倾倒

提示：(1)取零件为研究对象，对零件加惯性力，零件在重力、支持力、摩擦力、惯性力作用下“平衡”，按平面汇交力系列“平衡”方程，考虑不滑的条件(摩擦力小于最大摩擦力)即可求解。(2)取零件为研究对象，按已求出的加速度加惯性力。零件绕某棱边抬起时，即认为处于翻倒状态，此时支持力与摩擦力都集中在此棱边处，对此棱边取矩即可求解。

15.2 $a_E=0.4\ \mathrm{m/s^2}$，$F_{FD}=10.21\ \mathrm{kN}$

提示：可分别取两重物和两个轮为研究对象，受力分析、运动分析、加惯性力，列平衡方程，联立求解。

15.3 $F_{NA}=\dfrac{bg-ha}{b+c}m$，$F_{NB}=\dfrac{cg+ha}{b+c}m$；$a=\dfrac{b-c}{2h}g$

提示：取汽车整体为研究对象，汽车整体为平移，在质心加一惯性力，对前、后轮与地接触点各列一取矩方程，或列一取矩方程后，再列一投影方程，即可求解；令求出的前、后轮的压力相等，即可求出此时的加速度。

15.4 $m_3=50\ \mathrm{kg}$，$a=\dfrac{g}{4}=2.45\ \mathrm{m/s^2}$

提示：先取重物为研究对象，加上惯性力，求出绳的拉力，得一方程；然后取矩形块，加上惯性力，考虑不翻倒的条件，对一棱边列取矩方程，又得一方程；最后取矩形块与平台车作为一体，加惯性力，沿水平方向列一方程，又得一方程。3 个方程联立求解可得绳的拉力、重物的质量与车的加速度。

对此题，由于不计平台车与地面的摩擦，所以车轮已无什么作用，可认为平台车放在无摩擦的滑轨上。

15.5 $\omega=\sqrt{\dfrac{(2m_1+m_2)g}{2m_1(a+l\sin\varphi)}\tan\varphi}$

提示：由于对称，取任一圆盘，加上惯性力，考虑到调速器外壳作用在圆盘上的力(外壳重量的一半)，用一个取矩方程可求解。

15.6 (1)$\omega=\sqrt{\dfrac{k(\varphi-\varphi_0)}{ml^2\sin 2\varphi}}$

(2)$F_{Bx}=0, F_{By}=-\dfrac{ml^2\omega^2\sin 2\varphi}{2b}$;$F_{Ax}=0, F_{Ay}=\dfrac{ml^2\omega^2\sin 2\varphi}{2b}, F_{Az}=2mg$

提示:(1)取杆 CD 分析受力且加惯性力,对杆中点 O 列取矩方程求解;(2)取整体分析受力且加惯性力,按空间力系列平衡方程可求解。

15.7 $\omega=\dfrac{\sqrt{2ra}}{\rho}$

提示:整流罩在打开过程中做平面运动,用基点法求得整流罩质心绝对加速度的表达式,对整流罩质心加上惯性力的主矢和主矩,对点 O 列力矩方程得整流罩的角加速度,然后积分求角速度。

15.8 $\alpha=47\ \text{rad/s}^2, F_{Ax}=-95.34\ \text{N}, F_{Ay}=137.72\ \text{N}$

提示:突然撤去一销子,板即做定轴转动,此时板的角速度等于零。把惯性力主矢与主矩加在转轴处或质心上,列 3 个方程求解 3 个未知数。矩形平板对质心的转动惯量可查表得到。

15.9 $\alpha=\dfrac{(m_2r-m_1R)g}{J+m_1R^2+m_2r^2}, F'_{Ox}=0, F'_{Oy}=-\dfrac{(m_2r-m_1R)^2g}{J+m_1R^2+m_2r^2}$

提示:取整体受力分析,对两重物与轮轴各加惯性力,列一个取矩方程与两个投影方程求解,除去静约束力即为附加动约束力。

15.10 $F_{Oy}=(m_1+m_2)g-\dfrac{1}{4}r\omega^2(m_1+2m_2), F_{Ox}=-\dfrac{\sqrt{3}}{4}m_1r\omega^2$

$M=\dfrac{\sqrt{3}}{4}(m_1+2m_2)gr-\dfrac{\sqrt{3}}{4}m_2r^2\omega^2$

提示:先用点的合成运动的概念把动系建于水平板 B 上,求得水平板的加速度,然后取整体加惯性力,沿铅直方向列平衡方程求得点 O 处铅直方向约束力,再取杆 OA 沿水平方向列平衡方程求得水平方向约束力,再对点 A 取矩求得力偶矩 M。用 3 个一元一次方程求解 3 个未知数。

15.11 $a=\dfrac{8F}{11m}$

提示:分别取均质板与滚子为研究对象,分析运动学关系,分别加惯性力,对平板沿水平向列一投影方程,对滚子与地接触点列取矩方程,联立求解。

15.12 $F_{Cx}=0, F_{Cy}=\dfrac{3m_1+m_2}{2m_1+m_2}m_2g, M_C=\dfrac{3m_1+m_2}{2m_1+m_2}m_2gl$

提示:取均质圆盘与物体 A 为一体,加惯性力对点 B 取矩求得均质圆盘的角加速度或物体 A 的加速度,取整体受力分析加惯性力求解。也可取均质圆盘与物体 A 为一体,求得轴 B 处受力,再取 CB 杆列 3 个一元一次方程求解。

第 16 章

16.1 $F_N=\dfrac{F}{2}\tan\theta$

提示:此题用几何法求解比较方便,注意杆 AB 为定轴转动,点 B 的虚位移方向不能沿力 $\boldsymbol{F}$ 的方向。

16.2 $F_N=\dfrac{M\pi}{h}\cot\theta$

提示:此题用几何法求解比较方便,注意升降率 $k=\dfrac{h}{2\pi}$ 的概念,还要注意点 A,B 的虚位移方向不能沿 AB 方向,杆 DB,DA 分别做定轴转动。

16.3 $M=\dfrac{1}{2}Fr$

提示：此题用几何法求解比较方便，注意构件 EA，FB 做定轴转动。

16.4 $F_N=\frac{F}{2}\frac{(c+d)e}{cb}$

提示：此题用几何法求解比较方便，注意构件 $CEC'F$ 做平移，杆 BC，$B'C'$ 为平面运动，构件 ABD，$A'B'D'$ 可看为定轴转动，由构件 $CEC'F$ 做平移和构件 ABD，$A'B'D'$ 为定轴转动确定点 B，C 和 B'，C' 的位移方向。

16.5 $F_1=\frac{F_2 l}{a\cos^2\varphi}$

提示：此题用虚速度法求解可能更自然些，注意点的合成运动的概念和应用，用点的合成运动的方法分析各虚速度的关系。

16.6 $F=M\cot 2\theta/a$

提示：此题用虚速度法求解可能更自然些，注意刚体平面运动的概念和应用，用刚体平面运动的方法分析各虚速度的关系。

16.7 $M=450\frac{\sin\theta(1-\cos\theta)}{\cos^3\theta}$ (N·m)

提示：先求出弹簧的变形量与弹性力，用虚速度法求解可能更自然些，用点的合成运动方法分析虚速度间的关系。注意弹性力做功的计算，把弹簧去掉，弹性力暴露出来比较方便。

16.8 $x=a+\frac{Fl^2}{kb^2}$

提示：去掉弹簧，代之以弹性力，写出各点坐标求变分，用解析法比较方便。

16.9 $\tan\varphi=\frac{P_1}{2(P_1+P_2)}\cot\theta$

提示：写出各点坐标求变分，用解析法比较方便。

16.10 $\frac{F_1}{F_2}=\frac{2l_1\sin\theta}{l_2+l_1(1-2\sin^2\theta)}$

提示：此题用虚速度法或解析法求解比较简单，用虚速度法时注意求速度用基点法比较方便。

16.11 $F_3=P$

提示：断开杆 3，代之以力，用几何法求解方便。

16.12 $F_{Ax}=0$，$F_{Ay}=-2\ 450$ N，$F_B=14\ 700$ N，$F_E=2\ 450$ N

提示：分别一个一个地解除相应约束，代之以相应的力，用几何法求解比较方便。

第 17 章

17.1 (a)，(b) $T=2\pi\sqrt{\frac{m(k_1+k_2)}{k_1k_2}}=0.29$ s；

(c)，(d) $T=2\pi\sqrt{\frac{m}{k_1+k_2}}=0.14$ s

提示：(a)，(b)中弹簧为串联，(c)，(d)中弹簧为并联，计算出等效弹簧刚度，代入 $T=2\pi\sqrt{\frac{m}{k}}$ 计算即可。

17.2 $k=\frac{4\pi^2(m_1-m_2)}{T_1^2-T_2^2}$

提示：此题提供了测定弹簧刚度系数的一种方法。此题没给出托盘的质量，可设托盘的质量为 m_3，由计算周期的公式 $T_1=2\pi\sqrt{\frac{m_1+m_3}{k}}$ 和 $T_2=2\pi\sqrt{\frac{m_2+m_3}{k}}$ 计算整理可得。

17.3 $F_{max}=k(\delta_{st}+x_{max})=46.68\ \text{kN}$

提示：钢丝绳被卡住后，系统沿铅直方向做微幅振动，写出系统的运动微分方程，由初始条件确定其振幅 x_{max}，由静平衡时确定其静伸长 δ_{st}，由 $F_{max}=k(\delta_{st}+x_{max})$ 计算得最大拉力。

17.4 $y=-5\cos 44.3t+100\sin 44.3t(\text{mm})$

提示：按 $\omega_n=\sqrt{\dfrac{g}{\delta_0}}$ 计算系统的固有频率，初始条件为 $y_0=-\delta_0$，$\dot{y}_0=\sqrt{2gh}$，代入微分方程的解 $y=C_1\cos\omega_n t+C_2\sin\omega_n t$ 中确定积分常数可得结果。

17.5 $T=2\pi\sqrt{\dfrac{m}{A\gamma g}}=5.99\ \text{s}$

提示：选静平衡位置为坐标原点，这时重力和浮力相平衡。当船由此位置下沉距离 y 时，浮力静增加 $F=Ay\gamma g$，这就是船体上下振动的恢复力，写出系统的振动微分方程可得解。

17.6 $T=2\pi\sqrt{\dfrac{m}{k}}$，$A=\sqrt{\dfrac{mg}{k}\left(\dfrac{mg}{k}\sin^2\theta+2h\right)}$

提示：选小车静置于弹簧上的静平衡位置为坐标原点，则其运动微分方程为 $m\ddot{x}+kx=0$，写出初始条件，代入固有频率和振幅的计算公式计算即可。

17.7 (1)$T=2\pi\sqrt{\dfrac{a}{fg}}$；(2)$f=\dfrac{4\pi^2 a}{gT^2}=0.25$

提示：(1)取板为研究对象，用平衡方程求出板与轮间的正压力，得动滑动摩擦力，对板用质心运动定理(或牛顿第二定律)得板的运动微分方程，可得周期。(2)把所给数据代入周期的表达式计算即可。

17.8 $\omega_n=\sqrt{\dfrac{2k}{m_1+4m_2}}$

提示：用刚体绕定轴转动微分方程建立系统的运动微分方程，可得固有频率。

17.9 $T=\dfrac{2\pi}{\omega_n}=2\pi\sqrt{\dfrac{J_0}{kl^2}}=2\pi\sqrt{\dfrac{4m_1+3m_2+18m_2\dfrac{R^2}{l^2}}{12k}}$

提示：用刚体绕定轴转动微分方程建立系统的运动微分方程，注意圆盘转动惯量的计算，可得固有频率。

17.10 $c=\dfrac{2m\pi}{T_1T_2A}\sqrt{T_2^2-T_1^2}$

提示：系统在空气中振动时的周期 $T_1=\dfrac{2\pi}{\omega_n}$。选系统静平衡位置为坐标原点，写出系统在液体中振动时的微分方程，可得阻尼比 ζ，其周期为 $T_2=\dfrac{2\pi}{\omega_n\sqrt{1-\zeta^2}}$，联立运算可得。

17.11 (1)$f_n=\dfrac{1}{2\pi}\sqrt{\dfrac{2k}{3m}}=0.184\ \text{Hz}$；(2)$\zeta=\dfrac{c}{2\sqrt{\dfrac{3}{2}mk}}=0.289$；

(3)$f_d=f_n\sqrt{1-\zeta^2}=0.176\ \text{Hz}$；(4)$T_d=\dfrac{1}{f_d}=5.667\ \text{s}$

提示：选静平衡位置为坐标原点，写出系统的运动微分方程，按公式计算各项即可。

17.12 $\varphi_{max}=\dfrac{r\theta_0}{R\left(1-\dfrac{\omega^2}{\omega_n^2}\right)}$，式中 $\omega_n=\dfrac{R}{\rho}\sqrt{\dfrac{2k}{m}}$

提示：取大轮为研究对象，用刚体绕定轴转动微分方程写出系统的运动微分方程，注意弹性绳弹性力的计算。得一无阻尼受迫振动微分方程，代入求稳态振动振幅的公式计算即可。

17.13 (1)$n=\dfrac{60\omega_n}{2\pi}=209\ \text{r/min}$；(2)$b=\dfrac{m_2e\omega^2}{|4k-(m_1+m_2)\omega^2|}=8.4\times10^{-3}\ \text{mm}$

提示：取系统静平衡位置为坐标原点，用动量定理或质心运动定理写出系统的运动微分方程，考虑共振的条件为 $\omega=\omega_n$ 可得共振时的转速，代入求振幅的公式计算即可。

17.14 $b=\dfrac{300A\times 10^3}{k-m(\frac{2\pi}{T})^2}=45.4\ \text{mm}$

提示：取系统静平衡位置为坐标原点，用动量定理或质心运动定理写出系统的运动微分方程，代入求振幅的公式计算即可。

17.15 $x_B=\dfrac{ka}{k-m\omega^2}\sin\omega t=39.22\sin 7t\ (\text{mm})$

提示：取系统静平衡位置为坐标原点，用牛顿第二定律写出系统的运动微分方程，代入受迫振动的解的公式计算即可。

17.16 $x=\dfrac{320\pi\times 10^{-5}}{k-m(8\pi)^2}\sin 8\pi t=-0.233\sin 8\pi t(\text{mm})$

提示：取系统静平衡位置为坐标原点，用牛顿第二定律写出系统的运动微分方程，代入受迫振动的解的公式计算即可。

17.17 (a) $x=\dfrac{a}{\sqrt{(1-\lambda^2)^2+(2\zeta\lambda)^2}}\sin(\omega t-\varphi)$，

(b) $x=\dfrac{ca\omega}{k\sqrt{(1-\lambda^2)^2+(2\zeta\lambda)^2}}\cos(\omega t-\varphi)$

两式中均有 $\lambda=\dfrac{\omega}{\omega_n}$，$\omega_n=\sqrt{\dfrac{k}{m}}$，$\zeta=\dfrac{c}{2\sqrt{mk}}$，$\varphi=\arctan\dfrac{2\zeta\lambda}{1-\lambda^2}$

提示：取系统静平衡位置为坐标原点，用牛顿第二定律写出系统的运动微分方程，代入有阻尼受迫振动的解的公式计算即可。

17.18 $k=\dfrac{m\omega^2}{11}=323\ \text{kN/m}$

提示：直接代入主动隔振力的传递率公式计算即可。

17.19 $k\leqslant\dfrac{(100\pi)^2}{11}=8.97\ \text{kN/m}$

提示：取物块为研究对象，以静平衡位置为坐标原点，写出系统的振动微分方程，可得各参数。代入受迫振动振幅的计算公式，考虑到容许振动的振幅的条件，计算可得。

17.20 $\ddot{x}_{max}=84\ \text{m/s}^2$

提示：设十字头在铅直方向简谐运动的规律为 $x_1=A\sin\omega t$，取物块为研究对象，以静平衡位置为坐标原点，写出系统的振动微分方程，可得各参数。考虑到卷筒上记录的振幅，是物块和卷筒的相对运动振幅，而卷筒的运动就是十字头的运动，得相对运动规律，相对运动中的振幅。考虑到题给记录在卷筒上的振幅的条件求得 A，最后对 $x_1=A\sin\omega t$ 求两阶导数可得最大加速度。

主要参考文献

[1] 哈尔滨工业大学理论力学教研室.理论力学[M].4版.北京:高等教育出版社,1982.
[2] 哈尔滨工业大学理论力学教研室.理论力学[M].5版.北京:高等教育出版社,1997.
[3] 哈尔滨工业大学理论力学教研室.理论力学[M].6版.北京:高等教育出版社,2002.
[4] 清华大学理论力学教研组.理论力学[M].4版.北京:高等教育出版社,1994.
[5] 贾书惠,李万琼.理论力学[M].北京:高等教育出版社,2002.
[6] 贾书惠.理论力学教程[M].北京:清华大学出版社,2004.
[7] 朱照宣,周起钊,殷金生.理论力学[M].北京:北京大学出版社,1982.
[8] 李俊峰.理论力学[M].北京:清华大学出版社,2001.
[9] 高云峰,李俊峰.理论力学辅导与习题集[M].北京:清华大学出版社,2003.
[10] 范钦珊.理论力学[M].北京:高等教育出版社,2000.
[11] 洪嘉振,杨长俊.理论力学[M].北京:高等教育出版社,1999.
[12] 浙江大学理论力学教研室.理论力学[M].3版.北京:高等教育出版社,1999.
[13] 吴镇.理论力学[M].上海:上海交通大学出版社,1989.
[14] 合肥工业大学理论力学教研室.理论力学[M].合肥:中国科学技术大学出版社,1995.
[15] 贾启芬,刘习军,王春敏.理论力学[M].天津:天津大学出版社,2003.
[16] 景荣春,郑建国.理论力学简明教程[M].北京:清华大学出版社,2005.
[17] 邓危梧,裴家驹,梁智权.理论力学[M].修订本.重庆:重庆大学出版社,1996.
[18] 张曙红,张宝中.理论力学[M].重庆:重庆大学出版社,1998.
[19] 刘福胜,韩克平.理论力学[M].北京:中国水利水电出版社,2006.
[20] 边宇虹.理论力学[M].北京:机械工业出版社,1996.
[21] 赵彤,丁建华.理论力学[M].哈尔滨:黑龙江科学技术出版社,1997.
[22] 郝桐生.理论力学[M].北京:高等教育出版社,1986.
[23] 刘明威.理论力学[M].武汉:武汉大学出版社,1992.
[24] 南京工学院,西安交通大学.理论力学[M].北京:高等教育出版社,1994.
[25] 肖士珣.理论力学简明教程[M].北京:高等教育出版社,1984.
[26] 胡仰馨.理论力学[M].北京:高等教育出版社,1984.
[27] 郭士堃.理论力学[M].北京:高等教育出版社,1984.
[28] 西北工业大学,北京航空学院,南京航空学院,等.理论力学[M].北京:人民教育出版社,1981.
[29] 黄安基.理论力学[M].北京:人民教育出版社,1981.
[30] 陈大堃.理论力学[M].北京:高等教育出版社,1984.
[31] 谢传锋.静力学[M].北京:高等教育出版社,1999.
[32] 谢传锋.动力学[M].北京:高等教育出版社,1999.
[33] 谢传锋.理论力学答疑[M].北京:高等教育出版社,1988.

[34] 华东水利学院工程力学教研室《理论力学》编写组. 理论力学[M]. 北京:高等教育出版社,1988.
[35] 南京工学院,西安交通大学,等. 理论力学[M]. 北京:人民教育出版社,1979.
[36] 李树焕,杨来伍,戴泽墩. 自学函授理论力学[M]. 北京:北京理工大学出版社,1991.
[37] 虞润禄,毕学涛,肖龙翔. 理论力学难题分析[M]. 北京:高等教育出版社,1989.
[38] 密歇尔斯基. 理论力学习题集[M]. 36 版. 北京:高等教育出版社,1994.
[39] 韦林. 理论力学学习方法及习题指导[M]. 上海:同济大学出版社,2002.
[40] 蔡泰信,和兴锁. 理论力学[M]. 北京:机械工业出版社,2004.
[41] 蔡泰信,和兴锁. 理论力学导教、导学、导考[M]. 西安:西北工业大学出版社,2004.
[42] 贾书惠,张怀瑾. 理论力学辅导[M]. 北京:清华大学出版社,2000.
[43] 吕茂烈. 理论力学范例分析[M]. 西安:陕西科学技术出版社,1986.
[44] 顾乡,赵晴. 理论力学学习辅导[M]. 北京:机械工业出版社,2001.
[45] 周纪卿,韩省亮,何望云. 理论力学重点及典型题精解[M]. 西安:西安交通大学出版社,2001.
[46] 范钦珊,薛克宗,王波. 工程力学[M]. 北京:高等教育出版社,1999.
[47] 北京钢铁学院,东北工学院. 工程力学(上册)[M]. 北京:高等教育出版社,1996.
[48] 孙望超,李冬华. 工程力学[M]. 北京:北京科学技术出版社,1999.
[49] 李洪,聂毓琴. 工程力学[M]. 长春:吉林人民出版社,1999.
[50] 程燕平. 静力学[M]. 哈尔滨:哈尔滨工业大学出版社,2004.
[51] 程靳,程燕平. 理论力学学习辅导[M]. 北京:高等教育出版社,2003.
[52] 王铎,程靳. 理论力学解题指导及习题集[M]. 3 版. 北京:高等教育出版社,2005.
[53] 陈明,程燕平,刘喜庆. 理论力学解题指导[M]. 哈尔滨:哈尔滨工业大学出版社,1998.
[54] 程靳. 理论力学试题精选与答题技巧[M]. 哈尔滨:哈尔滨工业大学出版社,2000.
[55] 程靳. 理论力学思考题解与思考集[M]. 哈尔滨:哈尔滨工业大学出版社,2000.
[56] 程靳. 理论力学思考题集[M]. 北京:高等教育出版社,2004.
[57] 程靳. 简明理论力学[M]. 北京:高等教育出版社,2004.
[58] 程靳. 理论力学学习与考研指导[M]. 北京:科学出版社,2004.
[59] 程靳,程燕平,袁家欣. 理论力学名师大课堂[M]. 北京:科学出版社,2006.
[60] 程靳,程燕平,袁家欣. 理论力学考研大串讲[M]. 北京:科学出版社,2007.
[61] 哈尔滨工业大学理论力学教研室. 理论力学[M]. 7 版. 北京:高等教育出版社,2009.
[62] 蔡泰信,和兴锁. 理论力学教与学[M]. 北京:高等教育出版社,2007.
[63] 周衍柏. 理论力学教程[M]. 3 版. 北京:高等教育出版社,2009.
[64] 姜峰,黄丽华,李心宏. 理论力学学习指导及考研试题精解[M]. 3 版. 大连:大连理工大学出版社,2008.
[65] 哈尔滨工业大学理论力学教研室. 理论力学学习指导书[M]. 北京:高等教育出版社,1983.
[66] 江晓仑,杨苏勤,李定海,等. 理论力学一题多解范例[M]. 北京:清华大学出版社,2007.
[67] 朱熙然,曹严华,王武林. 工程力学[M]. 上海:上海交通大学出版社,1999.

[68] 杨晓翔，史云沛. 工程力学[M]. 哈尔滨：哈尔滨工程大学出版社，1998.
[69] 程靳. 工程力学[M]. 北京：机械工业出版社，2002.
[70] 程燕平，孙毅. 1979—2007 哈工大硕士研究生入学理论力学试题汇编与解答[M]. 哈尔滨：哈尔滨工业大学出版社，2007.
[71] 程燕平，王春香. 1978—2008 哈工大理论力学本科期末试题汇编[M]. 哈尔滨：哈尔滨工业大学出版社，2009.
[72] 张居敏，杨侠，许福东. 理论力学[M]. 北京：机械工业出版社，2009.
[73] 孙雅珍，侯祥林. 理论力学教程[M]. 北京：中国电力出版社，2012.
[74] 程燕平. 对理论力学教材中刚体绕定轴转动定义的质疑[J]. 力学与实践，2001，23(1)：62-63.
[75] 程燕平，王春香. 关于力系简化中主矢是不是力的讨论[J]. 力学与实践，2004，26(3)：81-82.
[76] 程燕平，王春香. 对“实位移是虚位移中的一个”传统提法的质疑[J]. 哈尔滨商业大学学报，2005，21(3)：334-335.
[77] 程燕平，王春香. 对理论力学教材中“平衡”定义的质疑与商榷[J]. 哈尔滨商业大学学报，2010，26(2)：243-245.
[78] 程燕平，王春香. 关于“虚位移原理”中虚速度方法的新解释[J]. 哈尔滨工业大学学报(增刊)，2012，14(2)：83-84.
[79] 王雪，程燕平. 对中学与大学物理教材中“牛顿第一定律”描述的质疑[J]. 哈尔滨工业大学学报(增刊)，2013，15(2)：223-224.
[80] 程燕平，王春香. 平面桁架内力求解的“奇怪”现象分析[J]. 哈尔滨商业大学学报，2013，29(6)：704-706.

后　记

随着教育形式的发展，与十多年前相比，适应各种层次的理论力学教材已种类很多，但适应一般高等院校和近几年由大专升格为本科院校的理论力学教材则相应少一些。在这种情况下，哈尔滨工业大学出版社组织出版一些面向此类读者群的教材，而把理论力学教材的编写任务交给了我。

现在的理论力学教材已很多，那么，如何写出有一些特点的教材，在基本内容不能改变的前提下，如何写出比较通俗易懂的教材，是一个很值得探讨的问题。理论力学教材的大框架近些年不会变，那么，就要在细节上做些工作。本教材在这方面做了些努力，具体有下面几点做法。

1. 考虑到现有学生的基础与学时的限制，将平面汇交力系和空间汇交力系合并为一章讲授；把平面中力对点的矩、空间中力对点的矩与力对轴的矩合并在一起讲授；把平面力偶系和空间力偶系合并在一起讲授。据编者多年来在一般院校的教学经验，这样讲授学生绝对可以接受，而且节省学时。对平面任意力系和空间任意力系，考虑到平面任意力系在现有教材和实际中的重要性，考虑到平面任意力系在考研中所处的地位，所以仍单独为一章来讲授，这样还可以使学生的基础打得更加牢固，知识掌握得更加扎实。

2. 因为现在学时限制等原因，桁架的内容没有单独列为一节，也没有像有的教材那样，以例题的形式出现。本书仍以正文的形式介绍了求桁架内力的节点法、截面法、节点法和截面法的结合，这种写法并不多见。至于关于桁架的一些假设与简化并没有介绍，因为以前所有理论力学教材中给出的都是简化好的桁架模型（题目），并不需要也不可能让学生自己去建立桁架模型，而只是要求掌握求桁架内力的方法即可，所以本教材采用了这种新的写法。

3. 对牛顿第二定律，大家都很熟悉，但这是在惯性参考系下的。在非惯性参考系中，牛顿第二定律如何？以什么样的形式表达？这也是力学问题中很重要的一个方面。在质点动力学基本方程一章，本书将此内容作为一节讲授，但以加注 * 号的形式出现，读者用几分钟的时间即可了解这方面的内容，从而可以开阔视野。

4. 从培养应用型人才的实际情况与目的出发，对理论力学中比较难一些的理论推导，如加速度合成定理、质点系相对质心的动量矩定理等均先给出结论，详细的推导均以小号字并加注 * 号示出。是否讲解与推导这方面的内容，教师或学生可根据具体情况而定。对培养应用型人才而言，能熟练应用理论力学的概念、公式等即可，一些复杂的理论推导可以不讲或少讲。

5. 在一些具体问题的写法上，有些与其他教材也有所不同。如力偶系的合成，根据力偶的性质，引进了自由矢量的概念，从而使力偶系合成的推导相对简单许多。又如在力系的简化中，对主矢的提法，认为主矢是力，主矢的大小与方向和简化中心无关，作用点与简化中心有关。在虚位移原理一章中，对虚位移原理的推导，对虚速度法的解释等也有一些不同。对这些问题的认识与解释，大部分均可见编者已在《力学与实践》等杂志公开发表的教学研究论文中。

6. 解题分析与解题过程基本完全分开。以前所有教材对例题的讲法都是边讲解、边做题，讲解结束，例题也解完。编者认为，对学生的这种引导和写法不十分合适。如受力图，对分析过程要用很多文字叙述，有的学生就按例题的做法，做题时也用了许多文字叙述，其中不乏不严格、不通顺、甚至错误的词句，这样对培养学生的基本素质不利，而且也给教师批改作业带来麻烦。实际上学生做受力图的题目时，只要画出受力图即可。学生做其他题目时也是这样，要先寻求解题思路，然后正式做题，而解题思路一般是在脑子里形成或者是写在演草纸上的，这些分析过程一般是不落在作业本或卷子上的，真正落在作业本或卷子上的是解题过程而不是分析过程，这符合大多数学生解题的习惯。所以本教材对所有例题的讲解都分为两部分，第一部分先给出解题分析与思路，第二部分是解题过程。这样做的目的是引导学生做每道题时，都要先寻求解题思路，然后再正式落笔做题。这样做，可使学生的作业本或卷子上涂涂抹抹的现象少一些，作业就会清晰很多，一目了然。而且这样做，主要是为了培养学生严谨的科学分析方法和归纳总结能力，对养成好的习惯有利。

7. 和大多数教材一样，对每道习题均给出了答案(第 1 章受力图除外)，但与绝大多数教材不同的是，本书在给出答案的同时，对每道题(第 1 章受力图除外)都给出了详细的提示，提示中包含对题目的分析、解题思路、注意事项等。在正式教材中，给出每道习题答案的同时给出每道习题的解题提示的写法，就编者所见所限，目前还没有见到过。这样做的好处是，学生做题遇到困难时，参看本书的提示即可解决。现在有不少的习题解答、习题辅导书，都给出了很详细的解题过程，存在一些负面效应，如学生抄作业等。本教材这样做，一本书相当于两本书(正式教材和习题解答书)，学生不会做题可以看提示达到掌握的目的，不必再去看其他的习题指导书，同时又堵死了照书抄作业之路。

8. 本教材中还有一个细微做法贯穿全书，就是对每道例题的答案均以波浪线示出，这样做的目的是引导学生也这样做。现在随着大学的扩招，学生人数的增加，教师批改作业与试卷的工作量大大增加，教师批改作业与试卷时，主要是看其得分点或关键点，对一些细致的步骤不可能全看，而答案正是一个很重要的得分点或关键点。答案对了，一般来说，此题就解对了。答案均以波浪线(或其他方法)示出，非常醒目，给老师批改作业和试卷会带来方便。答案是问题的结论，是最关键的部分，把问题的最关键部分清晰地示意予人，对培养自己的自信心和良好习惯是有好处的。所以，如果你自己很自信的话，请在解题的答案下画出波浪线。

在此，再次感谢哈尔滨工业大出版社，感谢他们将面向一般高等院校、面向培养应用型人才的理论力学教材的编写任务交给我。使我得以把在30年的理论力学教学中得到的教学经验和体会能够写进教材里，呈现在大家面前。

这是我参与正式出版的第20本教材(含教学参考书)，在这本教材里，集前19本教材和参考书的经验和教训，把许多优秀的东西汇总体现在这本教材里。这是作者本人的努力与意愿。具体效果如何，希望读者和同仁提出宝贵意见！

程燕平

2008年5月于哈尔滨